书中精彩案例欣赏

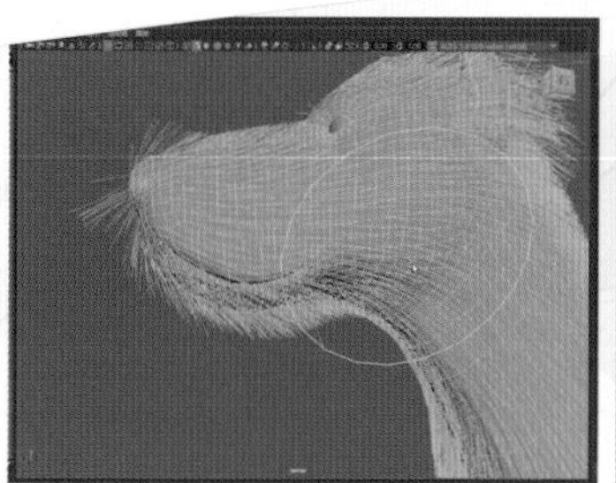

狗的毛发 1

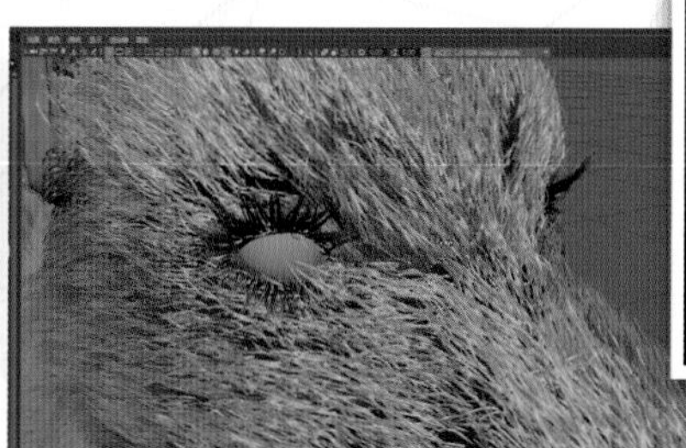

狗的毛发 2

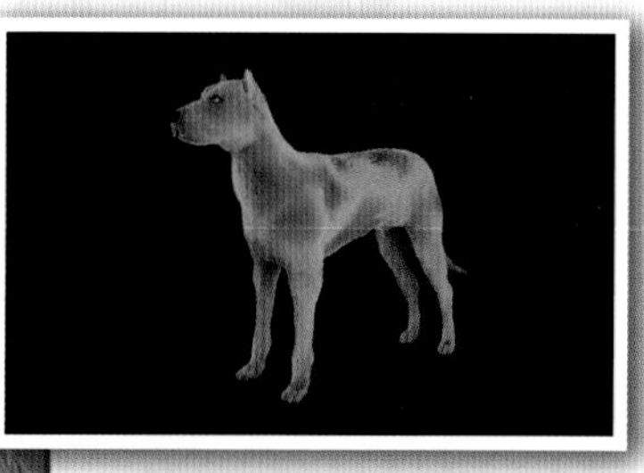

狗的毛发 3

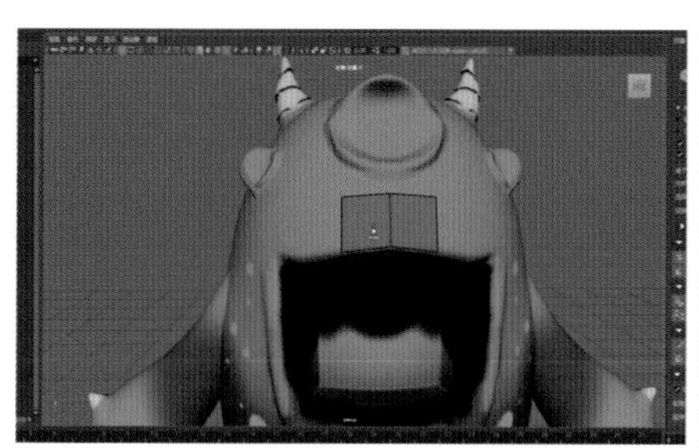

怪兽模型 1

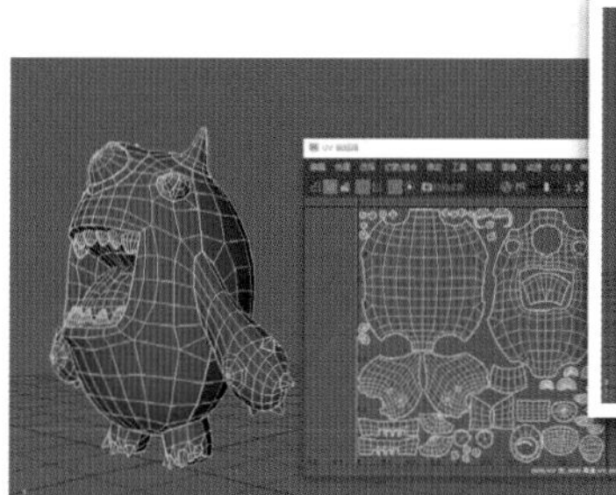

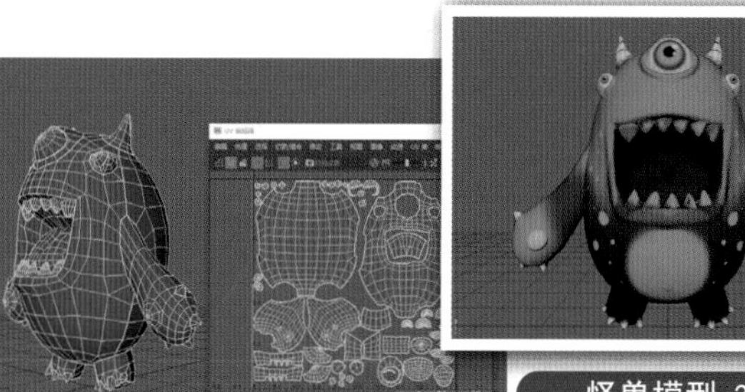

怪兽模型 2

怪兽模型 3

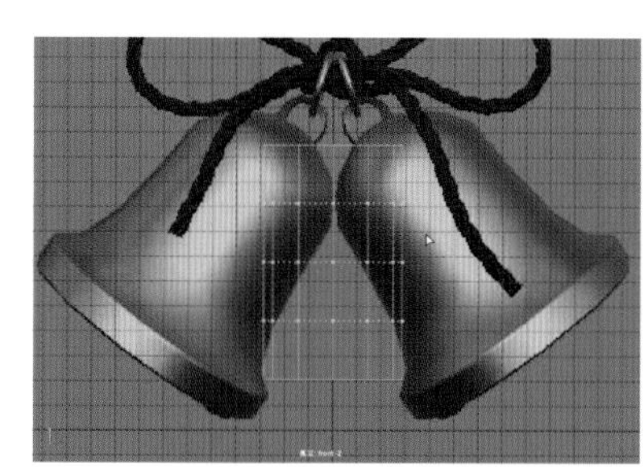

铃铛模型 1

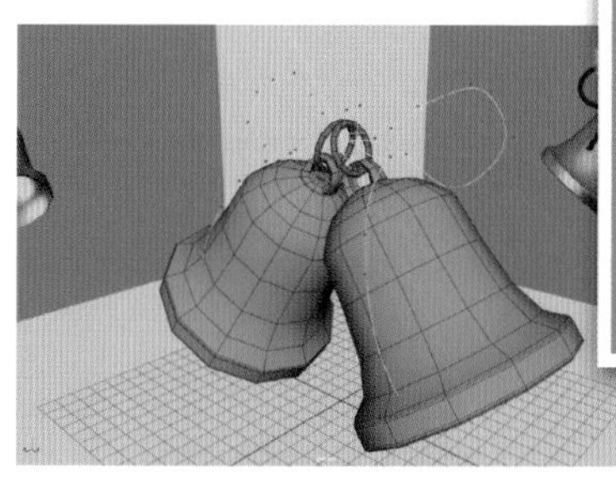

铃铛模型 2

铃铛模型 3

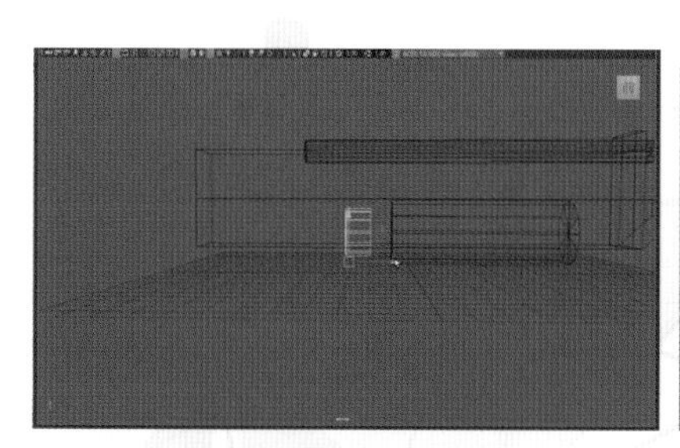

科幻枪武器 1

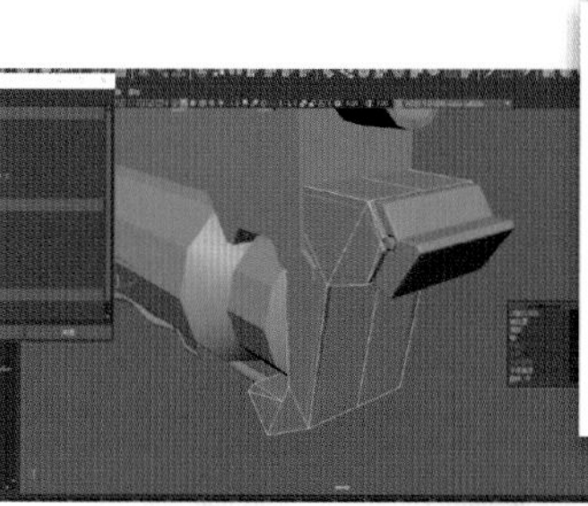

科幻枪武器 2

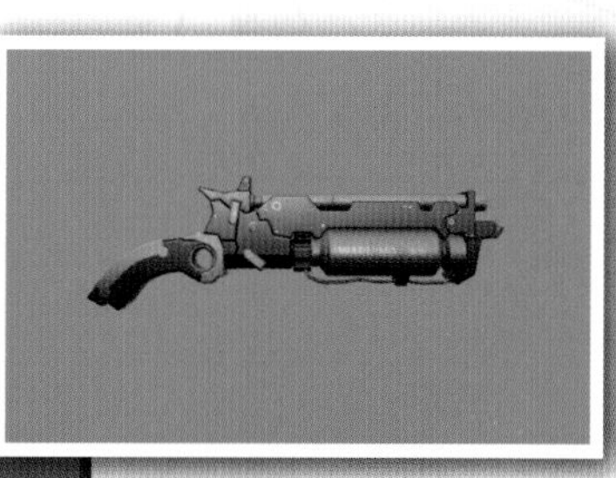

科幻枪武器 3

书中精彩案例欣赏

女巫帽模型 3

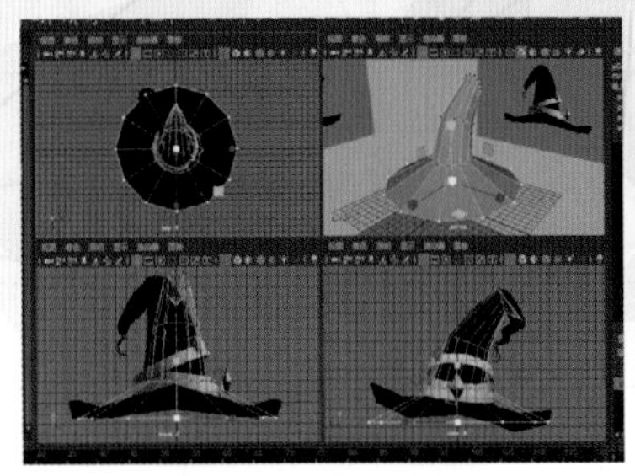
女巫帽模型 1

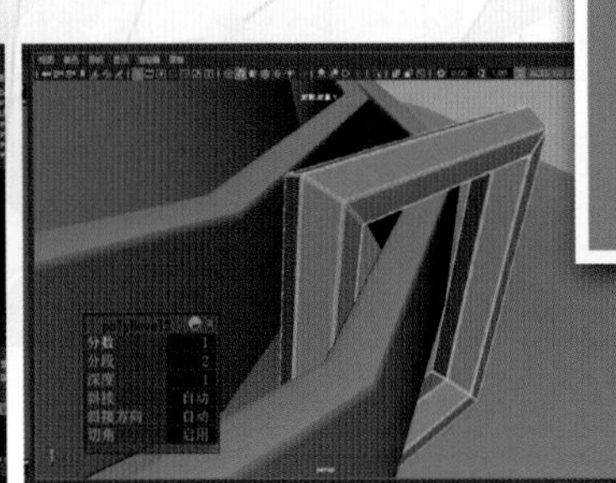
女巫帽模型 2

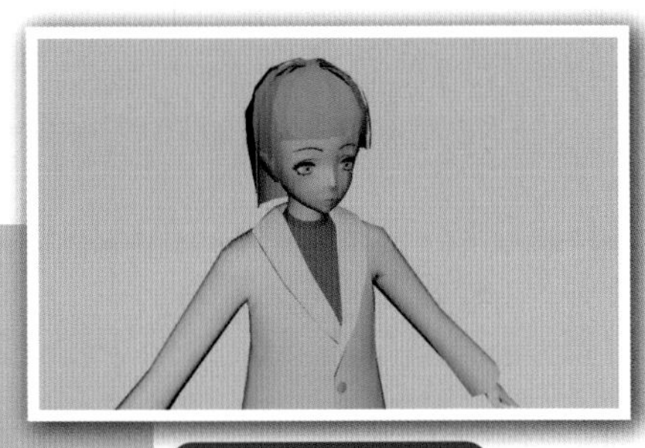
人物角色 3

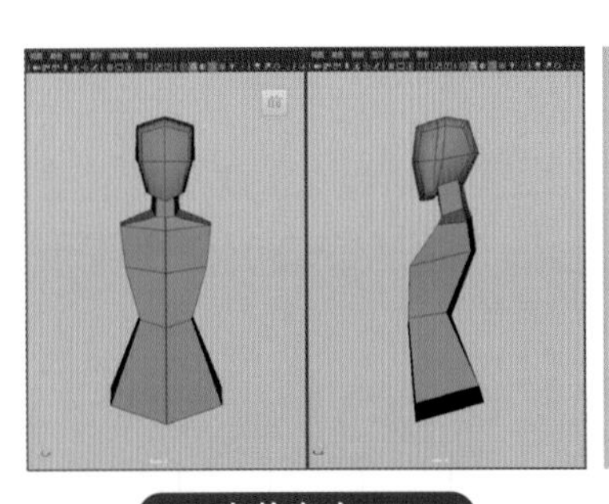
人物角色 1

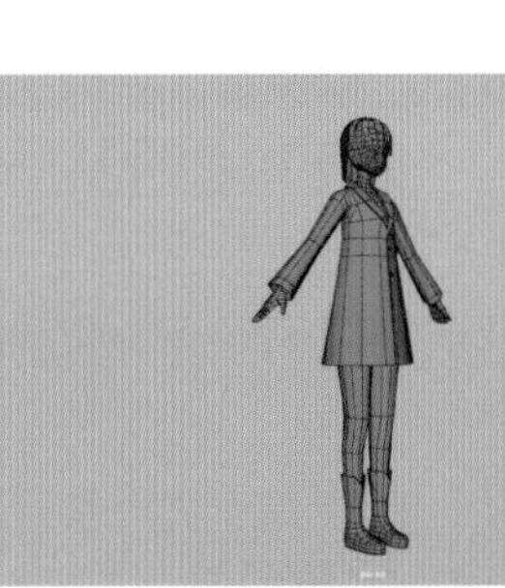
人物角色 2

亭子模型 3

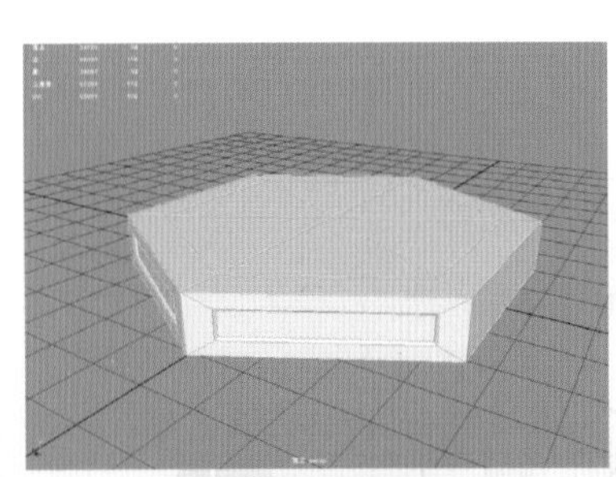
亭子模型 1

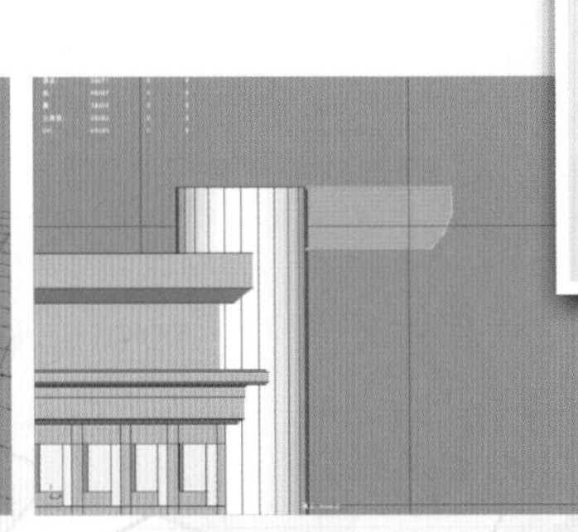
亭子模型 2

Maya建模案例全解析

(微视频版)

卢 琛 编著

清華大學出版社

北 京

内容简介

本书以通俗易懂的语言、翔实生动的案例全面介绍使用 Maya 进行三维建模的整体流程和核心技巧。全书共分 7 章，内容涵盖 Maya 建模基础知识、道具建模、硬表面武器建模、古建筑场景建模、卡通怪兽建模、动物毛发制作和角色制作方法等，力求帮助读者提升三维建模实战能力。

与书中内容同步的案例操作教学视频可供读者随时扫码学习。本书具有很强的实用性和可操作性，可以作为高等院校相关专业的教材，也可作为从事三维动画设计和动画建模制作人员的实用参考书。

本书配套的电子课件和实例源文件可以到 http://www.tupwk.com.cn/downpage 网站下载，也可以扫描前言中的二维码获取。扫描前言中的视频二维码可以直接观看教学视频。

图书在版编目(CIP)数据

Maya建模案例全解析 : 微视频版 / 卢琛编著.
北京 : 清华大学出版社, 2024. 8. -- ISBN 978-7-302
-66632-5

Ⅰ. TP391.414

中国国家版本馆CIP数据核字第20246UR293号

责任编辑： 胡辰浩
封面设计： 高娟妮
版式设计： 妙思品位
责任校对： 马遥遥
责任印制： 丛怀宇

出版发行： 清华大学出版社
网　　址： https://www.tup.com.cn，https://www.wqxuetang.com
地　　址： 北京清华大学学研大厦A座　　**邮　　编：** 100084
社 总 机： 010-83470000　　**邮　　购：** 010-62786544
投稿与读者服务： 010-62776969，c-service@tup.tsinghua.edu.cn
质 量 反 馈： 010-62772015，zhiliang@tup.tsinghua.edu.cn
印 装 者： 三河市铭诚印务有限公司
经　　销： 全国新华书店
开　　本： 185mm×260mm　　**印　　张：** 17.25　　**插　　页：** 1　　**字　　数：** 431千字
版　　次： 2024年8月第1版　　**印　　次：** 2024年8月第1次印刷
定　　价： 98.00元

产品编号：104673-01

前言 PREFACE

随着数字媒体行业的蓬勃发展，三维建模成为近年来最引人注目的技术之一。Maya 作为一款功能强大的建模软件，凭借其丰富的建模工具和强大的功能，成为众多三维技术人员的首选工具之一。优质的三维模型可以为后续的制作流程提供良好的基础，这对于后续制作的材质贴图、光照效果和动画等环节都至关重要。本书将全面解析 Maya 的建模方式和制作流程，帮助读者提升建模实战技能。

本书主要内容

本书内容丰富，信息量大，文字通俗易懂，讲解深入透彻，案例精彩，实用性强。读者可以通过本书系统全面地学习 Maya 高级建模技术，并在实际项目中得以应用和实践。同时，本书可以帮助读者快速掌握三维建模的精髓，高质量完成各类三维设计工作。

全书共分为 7 章。

第 1 章主要讲解 Maya 建模的基础知识，包括项目制作概述，模型制作常用软件，模型的制作方式和项目文件的创建等内容。

第 2 章主要讲解道具建模的基本步骤和技巧，通过案例向读者展示如何制作铃铛模型和女巫帽模型。

第 3 章以制作科幻枪武器模型为例，主要讲解硬表面武器建模的制作流程，包括科幻枪武器概述，创建项目工程文件，制作武器基础模型，制作硬表面高模，调整模型低模，整理 UV 与贴图，使用 Substance Painter 软件制作贴图，以及贴图的输出与保存等内容。

第 4 章主要讲解古建筑结构原理和风格特点，通过实例展示如何制作亭子模型。

第 5 章主要讲解如何在 Maya 中对卡通怪兽高模进行拓扑，以及烘焙贴图的制作方法。

第 6 章主要讲解如何利用 XGen 工具在 Maya 中制作动物毛发的效果，以及控制毛发的方向、长度、密度和颜色等内容。

第 7 章主要讲解角色建模，包括角色建模概述，创建项目工程文件，制作角色基础模型，制作角色服饰，制作角色发型，拆分模型 UV 和绘制模型贴图等内容。

本书主要特色

❑ 图文并茂，内容全面，轻松易学

本书涵盖了三维建模流程中从基础到高级的建模技巧和实战案例，让读者可以系统地学习三维建模的技术精髓。书中配有丰富的案例图片和详细的操作步骤，可以帮助读者更直观地理解建模过程，从而加深对内容的理解。本书通过通俗易懂的语言和逻辑清晰的讲解，帮助读者轻松地理解并掌握建模实用技能。

❑ 案例精彩，实用性强，随时随地扫码学习

本书在进行案例讲解时，都配备相应的教学视频，详细讲解操作要领，使读者快速领会操作技巧。书中提供丰富多样的建模案例，涵盖不同的制作难度和风格。本书重点围绕实际工作中的项目需求展开，帮助读者掌握 Maya 建模的关键技巧和方法。案例中的各个知识点在关键处给出提示和注意事项，从理论的讲解到案例完成效果的展示，都进行了全程式的互动教学，让读者真正快速地掌握软件应用实战技能。

❑ 配套资源丰富，全方位扩展应用能力

本书提供电子课件和实例源文件，读者可以扫描下方右侧的二维码或通过登录本书信息支持网站 (http://www.tupwk.com.cn/downpage) 下载相关资料。扫描下方左侧的视频二维码可以直接观看本书配套的教学视频。

扫一扫，看视频

扫码推送配套资源到邮箱

本书由上海市信息管理学校的卢琛编写。由于作者水平有限，书中难免存在不足之处，欢迎广大读者批评指正。我们的邮箱是 992116@qq.com，电话是 010-62796045。

作　者

2024 年 3 月

目录 CONTENTS

第1章　Maya 建模基础知识

第2章　道具建模

第3章　硬表面武器建模

第4章　古建筑场景建模

第5章　卡通怪兽建模

第 6 章 动物毛发制作

第 7 章 角色制作

第 1 章
Maya 建模基础知识

Maya 是一款功能强大且应用范围广泛的三维动画软件，其操作灵活度高，项目制作效率高，渲染真实感强的特点深受三维设计人员的喜爱。了解 Maya 建模的基础知识对于想要从事相关行业的用户来说至关重要。本章将为用户讲解 Maya 建模基础知识，包括项目制作概述、模型制作常用软件、模型制作流程及项目文件的创建等。

1.1 游戏项目制作概述

游戏建模项目制作涉及多个阶段和过程，应当遵循一系列流程和步骤。团队需要对项目的目标、范围及可行性进行全面评估。项目需要对游戏要素进行评估，包括对游戏的主题、故事情节、角色设计等进行详细分析和规划，此阶段还包括对游戏引擎、工具和技术的选择，以及确定游戏的美术风格和音效需求等。游戏建模项目制作的内容，涉及游戏的各个方面，如场景建模、角色动画、特效设计等。此外，还需要进行贴图、动画、渲染等后期处理，以提高游戏的视觉表现力。

因此，一个项目的整体框架能够帮助团队成员理解项目的要求，包括项目前期准备、项目分析和项目内容规划，以确保项目顺利进行。

1.1.1 项目前期准备

在开始实际的建模工作之前，了解项目的背景和目的至关重要，从项目规划、素材收集、初稿设计、制作、后期处理到最后的发布，需要有明确规划。这通常涉及与概念艺术家、客户或项目利益相关方的合作，以审阅概念艺术作品或设计参考。在这一阶段同样要考虑模型的用途，比如是电影中的视觉效果还是视频游戏中的实时资产，因为这将影响模型的复杂性、拓扑结构和纹理解析度。因此，如何在有限的资源和时间内，打造出既满足高品质视觉效果，又能适应不同应用场景和性能要求的模型变得至关重要。

在资源方面，除核心的Maya软件外，我们还需要高效能的计算机硬件，确保所有硬件和软件资源都已到位，以支持高强度的计算和渲染。此外，为了实现更高效的团队协作，我们还使用在线协作平台进行实时沟通，以确保团队项目制作的效率和效果。

为了实现这样一套3D模型，我们需要围绕项目的主要内容及其技术难点展开。首先要做的是进行概念设计，包括根据项目需求提炼创意，撰写概念设定文档，并绘制概念草图。这一阶段的目的是为接下来的建模提供清晰的指导。在初步的设定和草图完成后，我们需要开始使用Maya软件进行基础建模，确立模型的主要形状和结构。

在项目开始前，对项目的全面分析是至关重要的，这样可以预见可能出现的问题并找到最佳的解决方案。过去的建模经验、时间安排、工作流程等都会影响最终的项目结果。特别是要认真考虑模型的复杂度和细节程度，以免过于复杂的模型导致项目无法按时完成或超出预算。同时，还需要考虑后期的渲染和动画制作，确定模型的细节和效果是否能实现所需的效果。团队应该根据这些分析调整项目计划，合理分配资源和时间，达到最优的项目完成质量。

1.1.2 项目分析

在Maya模型建模项目制作中，项目分析是至关重要的一个阶段。对模型建模的种类和模型风格类型等因素进行准确分析，对整个项目流程的顺利进行具有重要的引导作用。

1. Maya 建模种类

Maya建模的种类通常分为Polygon建模和NURBS建模。Polygon建模是Maya中最常用的建模方法之一，Polygon建模的特点是操作灵活，可在创建的基础模型之上利用多边形建模工具对组件进行编辑，为其添加足够的细节并优化，从而制作出关系结构复杂的模型，效果如图1-1所示。在项目制作中也可以用较少的面来描绘出一个复杂模型的造型，这样在后续制作中，不仅能加快渲染速度，还能在游戏或其他应用软件中提供更高的运行速度和交互式性能。Polygon建模适用于CG动画、游戏建模、工业产品和室内设计等领域。另外，Polygon建模与曲面建模在技术上有着不同之处。Polygon模型在UV编辑上非常自由，用户可以对UV进行手动编辑，方便后续的贴图制作，而NURBS模型的UV则无法手动编辑。

NURBS建模也称为曲面建模，以可变形的曲线作为基本构成元素，非常适合创建光滑、有连续曲面特征的模型，效果如图1-2所示。这种建模方法适用于工业造型及生物模型的创建，并被广泛运用于游戏制作、工业设计和产品设计等。NURBS建模经常作为视觉表现使用，最终以生产效果图或视频表现为主，如果后续项目需要，还可以将NURBS模型转换为多边形模型。

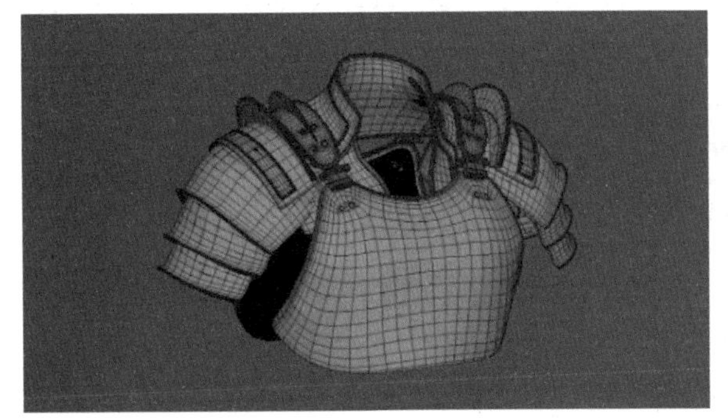

图1-1　Polygon 建模

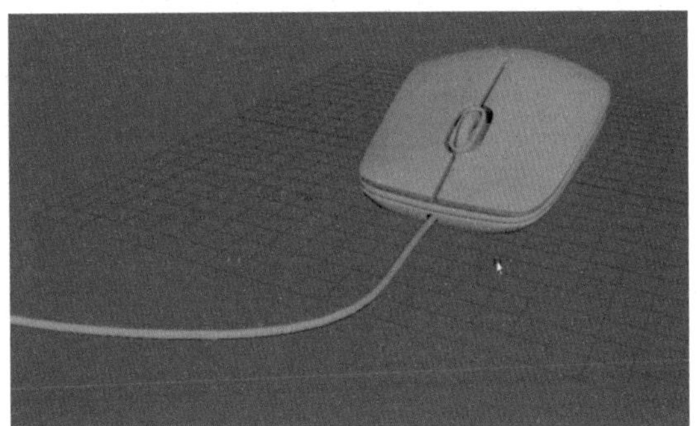

图1-2　NURBS 建模

2. 模型的美术风格

在项目中，模型美术风格的选择对于整个视觉的呈现至关重要，不同风格的模型需要不同的建模技术和艺术理念。理解每种模型美术风格的核心特质和制作流程，对于游戏设计师和三维艺术家来说至关重要。通过准确把握各种美术风格的特点，可以使制作出来的游戏模型更加符合游戏的整体风格和氛围，从而为玩家提供富有吸引力且沉浸感强烈的游戏体验。常见的模型风格可以分为写实类模型、风格化类模型、卡通类模型等。

写实类模型主要依赖对真实世界的观察和表现。这类模型在设计理念和细节上都力求还原现实，写实类模型的目标是使模型看起来接近于真实世界中的物体，如图1-3所示。利用Maya的精细建模工具，设计师可以复制细节丰富的纹理和描绘准确的光照效果。在制作中，需要为模型提供详细和精确的网格拓扑，实施多层次的纹理贴图，灯光要考虑环境反射、光源颜色和强度等多种因素，然后使用Maya的强大渲染器(如Arnold)进行逼真渲染。

图1-3　写实类模型

不同于写实类模型对现实世界的精确再现，风格化类模型则赋予艺术家无尽的创造力。通过强调模型中的特定要素，或者简化模型的几何形状，风格化模型丰富了游戏世界的视觉效果，如图1-4所示。造就风格化模型的关键是保证模型的视觉统一性并找出需要强调的视觉元素，可以是模型的形状，也可以是模型的色彩、纹理或者光影效果。在风格化模型的制作过程中，用户需要关心模型的整体视觉效果而非具体的细节，以全新的视角和方式对模型的设计和制作进行思考。例如，通过非对称设计和夸张手法，可以让模型看起来更加生动和有趣；而通过色彩和光影的创新运用，可以赋予模型独特的艺术气息。

图1-4　风格化类模型

卡通类模型作为风格化模型的一种表现形式，注重通过简化和夸张的技法来显现模型的特性。该模型简洁明快和夸张表达的特点使得这种模型风格被广泛应用于儿童游戏或者轻松幽默的游戏中，如图1-5所示。卡通类模型的特征在于其追求的是形式上的简洁和视觉上的强烈表达。在卡通模型的制作过程中，模型的形状简化和线条流畅是非常重要的。另外，为了增加模型的生动性，我们还可以适当地夸张模型的某些特性，比如添加夸张的表情和动作等。同样，卡通模型的光照和纹理设置通常也会十分个性化，如采用平滑着色和鲜明的色彩等效果，有效增加卡通模型的艺术表达力。

图 1-5　卡通类模型

1.1.3　项目内容

在Maya模型建模项目中，模型的分类较为广泛，涉及道具模型、场景模型、动物模型或者角色模型等，如图1-6所示，通过合理地运用Maya的各种建模工具和技术，我们可以创建出高质量、具有吸引力的游戏模型，为玩家提供沉浸式的游戏体验。同时，在整个建模过程中，充分考虑游戏性能的优化也是十分重要的一环。

道具模型指的是游戏中可被玩家操控或与其互动的物品，如武器、家具或环境中的小型建筑物等，用于提高游戏的可玩性。通过使用高质量的材质和纹理，可以使道具看起来更加真实，有助于增加游戏中的沉浸感。需要注意的是，用户不仅要关注创建单个物体，还要时刻考虑道具模型将来是否需要用于动画制作，如是否与角色产生互动关系。因此在建模阶段，需要为后期的动画设计做好预先的考虑。

场景模型的构建是一个庞大且耗时的过程，场景模型可以为游戏提供基础环境，为角色行动提供空间。可以通过创建山脉、河流、森林、房屋、桥梁和城堡等模型来构建虚拟世界中所需要的基本元素。在Maya中需注意场景模型的结构、整体布局的合理性及光照配合，以便为游戏环境打造出富有层次感、空间感和真实感的场景。

动物模型指的是游戏中出现的各类生物，如野生动物、家养动物及虚构生物等，它们是游戏世界中的重要组成部分，可以增强游戏的动态和灵活性。动物模型相关的建模需要用户对生物解剖和动态有深入的理解。在Maya中，用户可以使用多边形建模、曲线建模和使用ZBrush

软件进行雕刻等方法来创建高质感的生物模型。同时，投影和UV展开工具有助于制作自然的皮肤纹理和细节。在骨骼绑定与权重矫正阶段强化生物的动态特性，以制作逼真的生物模型。

角色模型指的是游戏中的主角、配角、NPC等，它们通常具有复杂的拓扑结构和表面细节，是动画、游戏和电影等项目中的核心元素。在Maya中，角色模型制作分为几个关键阶段，包括概念设计、高精度模型制作、低精度模型制作和细节雕刻等。角色模型的制作需要掌握基本的建模技术和艺术原则，如拓扑优化、解剖学知识、面部表情捕捉等，还需要涉及角色绑定和动画制作过程，确保角色在动画场景中具有良好的表现。此外，用户要关注多边形计数和优化，以确保游戏性能。

图 1-6　不同分类的模型

1.1.4　美术团队职能分工

在如今的游戏市场中，美术团队的作用至关重要，一般通过概念艺术的设定来确立游戏的美术风格。一个高质量游戏产品不仅能够在市场中具有较高的识别度，还会直接影响玩家的游戏体验。游戏美术美术团队可以分为游戏原画设计师、三维建模师、游戏动画设计师、游戏特效设计师和游戏UI设计师等职位。团队内部通常分工明确，各司其职才能保证项目的顺利进行，并保证创造出高质量的视觉效果。

1. 游戏原画设计师

游戏原画设计师也称为概念艺术家。在项目前期，游戏原画设计师会根据策划的方案，构思并绘制出游戏中各种视觉元素的初步概念，这通常定义了游戏整体的主题和风格，如图1-7所示，因此需要游戏原画设计师具备较强的美术功底。游戏原画设计师一般分为三种，分别是角色原画设计师、场景原画设计师和道具原画设计师，分别负责游戏角色原画、游戏场景原画及各类游戏道具的原画设计工作，为之后的三维建模师、动画设计师及特效设计师提供了一个参考的蓝图。

图 1-7　原画作品

角色原画设计师擅长挖掘和描绘游戏中人物角色的灵魂。通过与剧情和游戏设计师紧密合作，他们将角色的性格、故事背景和功能性转化为独具特色的视觉形象。角色设计师需要深入理解游戏的世界观和氛围，以此作为设计角色造型、服饰和动态的基础，同时考虑角色的可识别性和与玩家的情感联结。角色原画设计师需要按照要求绘制出正侧背三视图，给出材质参考指定图。

与角色设计师着重人物表现不同，场景原画设计师致力于构造游戏世界中的空间与环境。他们的作品为游戏赋予了广阔的物理维度和美学深度，从神秘的森林到繁华的城市，每一个细节都是经过精心设计的。这些设计同样需要满足游戏的交互和功能需求，确保玩家在探索和互动时的连贯性与沉浸感。

道具原画设计师关注的是游戏世界中的物品和工具。无论是日常的小物件还是为特定任务设计的关键物品，他们的工作都是为游戏世界增添可信度与丰富性。不仅如此，道具设计还需要简洁地传达物品的使用方法和功能，与游戏的玩法无缝对接。

游戏原画设计师还需要将初步概念进行细化，并且对角色的每个配件或者场景中的每个小装饰都给予精确的描述，便于美术团队成员制作出角色的细节部分。因此，游戏原画设计师需要常与美术团队成员进行沟通，共同推动项目的发展和创意的实现。

2. 三维建模师

三维建模师主要负责按照原画设计制作三维模型及绘制贴图，三维建模师的创作内容极为广泛，主要分为游戏角色模型、游戏场景模型及游戏道具模型三种，如图1-8所示。

三维建模师需要具备较高的专业能力，有较强的造型能力。三维建模师必须精确地捕捉到角色的性格特点、环境的空间感，以及道具的功能性和审美风格。在制作过程中，三维建模师必须确保模型符合项目的制作方法及面数要求。

游戏角色模型的创作是三维建模师的一项重要工作。在这一工作领域，建模师负责根据游戏设定和故事背景，创建角色模型，这包括人物、敌对生物、友好NPC或其他关键角色的外观细节，从而将游戏剧本中的角色化为现实。角色模型的创作要求建模师不仅具备高超的艺术设计能力，还必须对动画及角色的运动学有深刻理解，以便之后的动画师能够赋予角色流畅自然的动作。

图 1-8　角色模型

游戏场景模型是三维建模师负责的另一核心领域。建模师在这里承担着构建游戏世界的任务，包括自然环境(如山脉、森林、河流)，以及游戏内的城镇、建筑物等，如图1-9所示。场景模型对于整个游戏的体验至关重要，因为它们为玩家提供了沉浸式的背景并确定了游戏的基调。三维建模师在设计过程中，需要考虑光照、阴影、贴图等因素，以及模型的优化，确保场景模型在游戏运行时不会过度消耗硬件资源。

图 1-9　角色模型

游戏道具模型是游戏中不可或缺的元素。游戏道具模型可以包括武器、装备、消耗品、环境元素等，如图1-10所示。建模师须在注重细节的同时保证这些模型与游戏内的其他元素风格保持统一。道具不仅要符合游戏世界的美学，还需要与游戏的交互设计和机制相匹配。

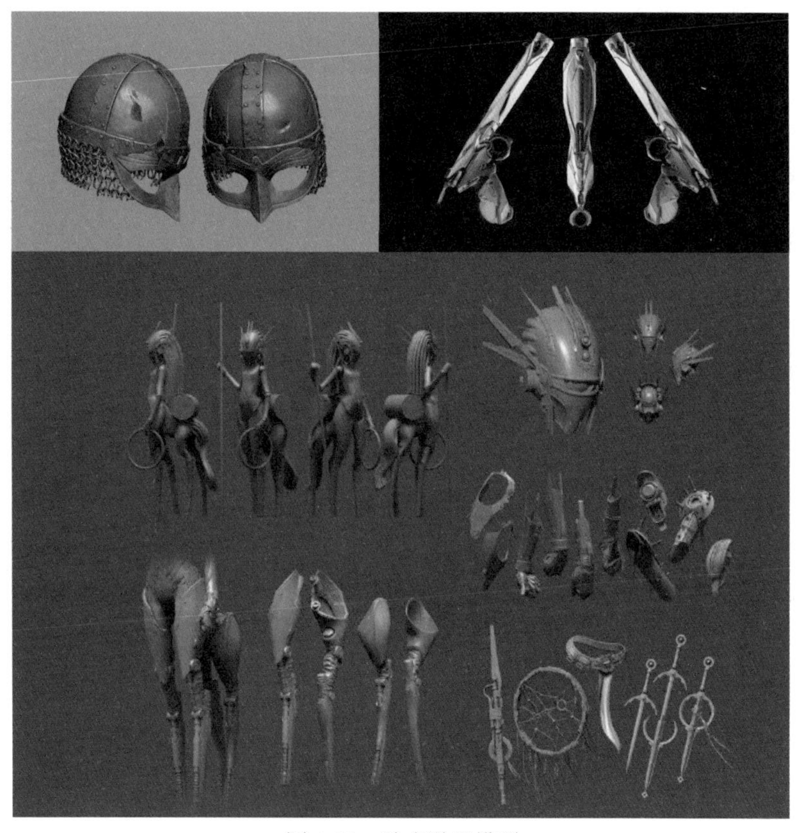

图1-10　游戏道具模型

三维建模师还负责制作贴图。贴图包括颜色贴图、法线贴图、透明度贴图、粗糙度贴图等，每种贴图都有其独特的作用和影响。建模师需要精通贴图制作工具和技术，保证贴图效果与游戏的视觉风格统一，同时要兼顾贴图对游戏性能的影响。贴图绘制完毕之后，在模型制作后期，三维建模师将确保模型与动画制作工作流程兼容，这通常要求良好的拓扑结构和合理的面数分配，以便动画师能够对其进行无碍的动画制作。它们也可能涉及刚体动力学和模型的物理属性设置，为游戏引擎内的物理模拟做好准备。

3. 游戏动画设计师

游戏动画设计师负责创建和设计游戏中物体的动画效果，创建游戏内的二维或三维动画。这些动画可能包括人物行走、奔跑、跳跃、飞行和攻击等动作(如图1-11所示)，以及复杂的剧情动画。游戏动画设计师需要充分了解动画运动规律，对表现可爱风格的柔美感和格斗游戏的打击感都要有深刻的理解。

使用专业的三维建模软件，如Maya、3ds Max等，来创建游戏中的角色、道具和场景的三维模型，以及相应的动画效果时，游戏动画设计师需要了解三维建模和动画制作的原理和流程，并熟悉骨骼动画、物理模拟等技术。除了技术方面的要求，3D动画设计师还需要具备良好的角色动作认知和艺术创造力，以表达游戏中角色的行为和情感。3D动画设计师的工作主要包括骨骼搭建和蒙皮等，他们与游戏开发团队密切合作，确保游戏中的3D动画效果质量和表现力。

在现代游戏动画制作中，动作捕捉技术是一种常用的手段。游戏动画设计师可能会参与动作捕捉的准备和执行工作，以获取真实的运动数据，通过进一步的修正、调试，将其转化为游戏中的动画效果。他们需要理解和运用动作捕捉技术，以制作出逼真、流畅的动画效果。

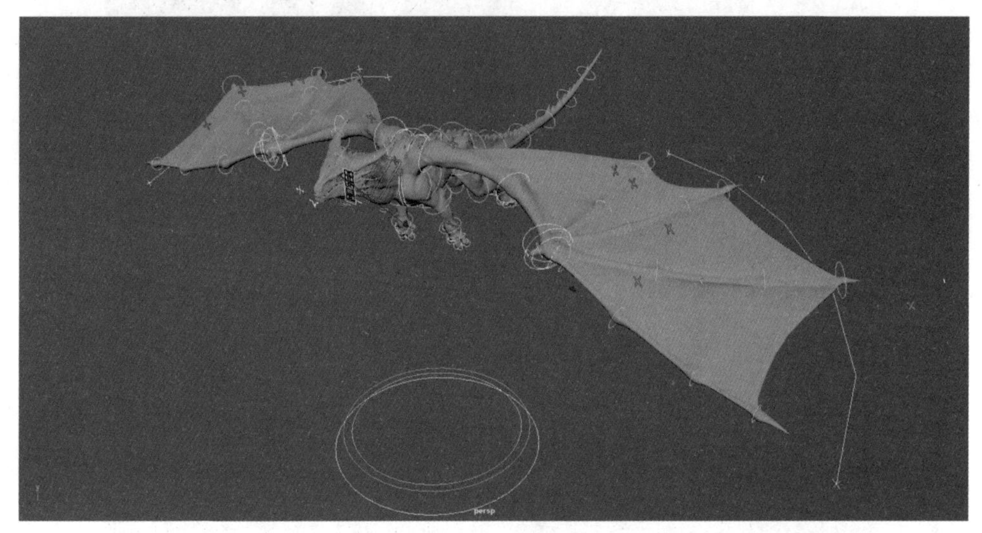

图 1-11　动画绑定

4. 游戏特效设计师

游戏特效设计师负责创建出游戏中的各种特殊效果，如图1-12所示，应熟悉游戏引擎的特效制作流程。他们使用粒子系统或者物理引擎技术，如Maya、Unity或Unreal Engine等，创建出烟雾、火焰、爆炸、魔法效果、刀光剑影和气候效果等，以增强游戏环境、角色动作、场景转换及其他游戏元素的画面表现，提升玩家的游戏体验。

游戏特效设计师既需要具备艺术感知力，如对颜色、光影和动态效果的理解，也需要掌握各种特效技术。将创意与技术相结合，确保特效能够满足游戏设计的要求。

游戏特效设计师需要掌握相关的特效制作软件和工具，同时，他们还需要理解动态效果的原理，通过调整特效的速度、频率和幅度，以适应不同的游戏场景和角色动作。

图 1-12　游戏特效

5. 游戏 UI 设计师

游戏UI设计师负责游戏界面的设计，要具备较强的创新能力及色彩感觉，熟悉不同美术风格表现的要素。游戏UI设计师需要了解游戏的核心玩法和机制，以此为基础设计出游戏中的各个组件，如菜单、头像、技能栏、按钮等，如图1-13所示。同时，要考虑用户的操作习惯、视觉效果和操作性，设计出易于操作且完善的游戏界面。

游戏UI设计师会根据游戏的整体风格和主题来设计界面，选择适当的配色方案、字体和图标，以及应用其他视觉元素，从而增强玩家的沉浸感和界面体验，使视觉效果与游戏整体风格统一。

在游戏开发过程中，游戏UI设计师还需要程序团队与其他团队成员进行设计沟通，确保设计的游戏界面能够在不同平台上正常运行，并符合项目需求和游戏美术风格。

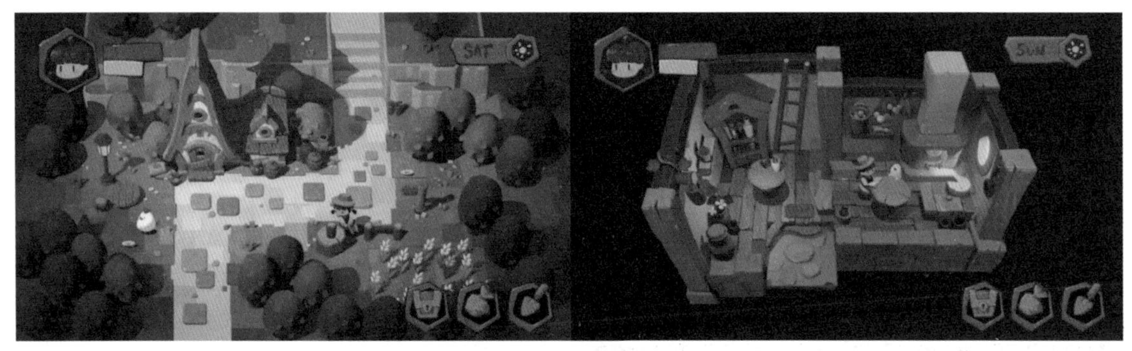

图 1-13　游戏界面中的组件

1.2　模型制作常用软件

游戏模型制作是一项技术和艺术高度结合的工作，涉及三维建模、雕刻、拓扑、材质创建和纹理绘制等众多步骤。

其各自具有特定的功能和特点，能够满足不同层次和风格的游戏制作需求，用户根据项目需求选择适合的软件。在建模制作过程中，常用的软件主要包括Maya、3ds Max、ZBrush、Substance Painter、BodyPainter 3D、Marmoset Toolbag和Photoshop等。

Maya是Autodesk公司开发的一款著名的三维软件，如图1-14所示。它广泛应用于游戏制作、动画电影制作和视觉特效等领域。Maya提供了先进的建模工具，如NURBS建模和多边形建模，使得开发者可以创建出细腻的角色和场景。此外，Maya还具备强大的动画功能，包括骨骼绑定、动画曲线编辑和物理模拟等，使得开发者可以轻松地制作出流畅的动画效果。同时，Maya的渲染引擎可以提供高质量的渲染结果，让游戏画面更加逼真。

3ds Max是Autodesk公司开发的一款功能强大的建模、动画和渲染软件，如图1-15所示。它被广泛应用于游戏角色和环境的建模、动画和渲染方面。3ds Max提供了丰富的建模工具，如多边形建模、曲线建模和次表面细分建模等，使得开发者可以轻松地创建各种复杂的角色和场景。此外，3ds Max还提供了强大的动画和渲染功能，能够创建逼真的动画效果和高质量的渲染结果。

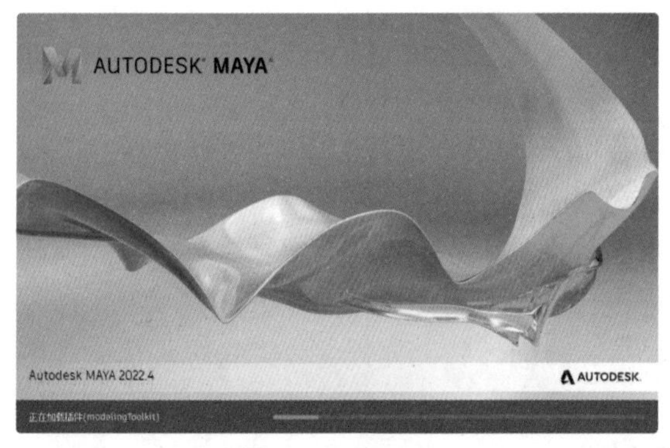

图 1-14　Maya

图 1-15　3ds Max

ZBrush是一款专注于雕刻和绘画的三维软件，如图1-16所示，被广泛用于游戏制作中的角色和环境细节处理。它提供了强大的雕刻工具和多边形细分技术，使游戏开发人员能够在角色和环境上添加细致的纹理和细节。ZBrush还支持多边形细节的绘制和模型的纹理UV空间制作，以及生成法线贴图和置换贴图。这些功能使得角色和环境更加逼真和有质感。

Substance Painter是一款先进的贴图软件，如图1-17所示，被广泛用于游戏制作中的纹理和贴图制作。它提供了直观的界面和强大的工具，使游戏开发人员能够快速创建高品质的纹理。Substance Painter支持基于物理的渲染和PBR(Physically Based Rendering)材质制作，能够产生逼真的光照效果。此外，它还支持生成其他类型的贴图，如法线贴图、高光贴图和金属贴图。

图 1-16　ZBrush

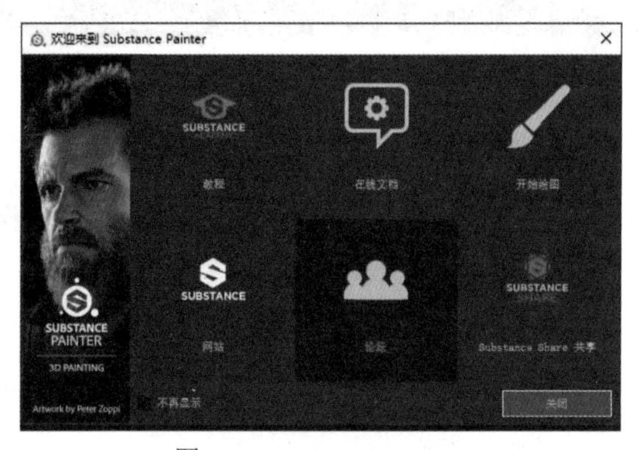

图 1-17　Substance Painter

BodyPainter 3D是一款专为游戏开发和数字艺术家设计的二维和三维绘图软件，如图1-18所示。它与三维建模软件兼容，并提供了丰富的绘画工具和贴图功能，用于绘制游戏中的模型贴图。BodyPainter 3D具有强大的纹理绘制功能，可以绘制高质量的贴图，并支持细节设计和纹理修饰。

Marmoset Toolbag是一款专业的实时渲染软件，如图1-19所示，在游戏制作中被广泛用于渲染和预览三维模型。它提供了强大的渲染引擎和实时预览功能，能够展现出模型的真实外观和光照效果。Marmoset Toolbag支持多种常用的材质类型，如金属、塑料和布料，以及高级的光照技术，如全局光照和环境光遮蔽。通过这些功能，游戏开发人员可以在开发过程中实时检查和调整模型的质感和渲染效果，以获得更精确的视觉表现。此外，Marmoset Toolbag还提供一键式的纹理贴图制作和调整功能。它支持导入不同类型的纹理贴图，并提供直观的界面和工具，使用户能够快速编辑和优化纹理。用户可以调整色彩、对比度和细节，以及应用各种滤镜和特效，来实现各种视觉效果。Marmoset Toolbag还支持渲染和保存高质量的图像和视频，方便与团队成员和客户分享和展示。

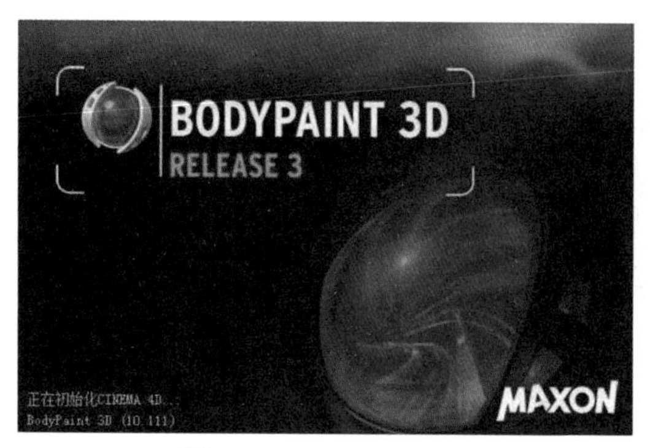

图 1-18　BodyPainter 3D

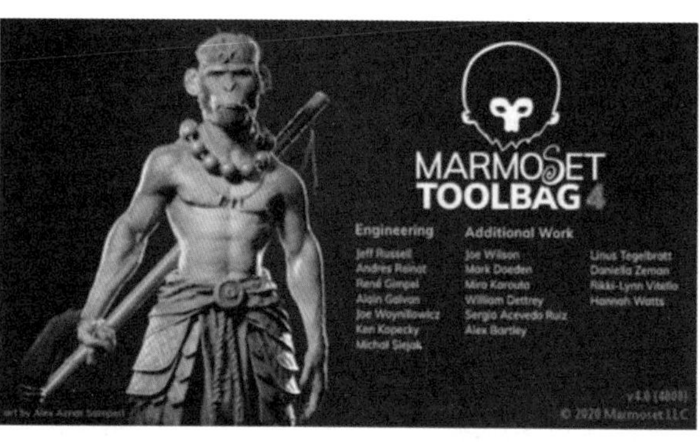

图 1-19　Marmoset Toolbag

Photoshop是由Adobe公司开发的功能强大的图像处理软件，如图1-20所示，被广泛应用于游戏开发领域。它具有丰富的绘图工具和功能，可以用来绘制游戏角色、场景和界面的原画。Photoshop的笔刷功能非常强大，可以精确地绘制细节，并支持多种图层和特效，使设计师能够灵活地创建各种风格的游戏图像。

图 1-20　Photoshop

1.3　模型的制作方式

随着技术的不断更新和发展，Maya游戏模型制作流程也逐渐从早期的传统手绘建模向现代的次时代建模发展。传统手绘建模和次时代建模的区别主要体现在建模方法、材质贴图、制作软件和制作流程方面。其中，次时代建模为游戏产业带来更高的模型质量和更强的创作灵活性，同时对用户有更高的技术要求。

1.3.1　传统手绘建模

传统手绘建模涉及对模型贴图的手工绘制，用户需要具有扎实的美术功底和经验。这种方法通常需要消耗较长的时间，需要用户精心绘制出每个角色模型、场景模型和道具模型等方面的细节，如图1-21所示，增加了游戏制作的时间成本，但能够使模型呈现出独特的艺术风格。

传统手绘的制作流程：第一步，使用Maya或3ds Max软件制作出低模，以最少的面来呈现出模型最好的效果；第二步，拆分模型UV；第三步，使用Photoshop软件或者BodyPainter软件绘制贴图。

图 1-21　Maya 2022 应用程序主页

1.3.2　次时代建模

次时代建模是一种更先进的建模技术，在游戏行业中得到了广泛的使用。次时代建模能够呈现出更多的细节，包括皮肤纹理、肌肉线条、皮革、金属或者锈迹等，同时，光影的效果会更加逼真，使玩家能够更加真实地还原现实世界，让玩家沉浸其中，提供更好的游戏体验。

通过3D模型贴图绘制软件，如Marmoset Toolbag或者Substance Painter，将高模上的细节用贴图烘焙出来，再回贴到低模上，使低模能够呈现出高模的细节纹理效果，与传统手绘建模相比，大幅度减少手工绘制的工作量。烘焙的贴图种类比较多，一般用到的是法线贴图、颜色贴图、粗糙度贴图、金属度贴图、高光贴图与AO贴图等。

法线贴图用来表现模型的凹凸效果；颜色贴图用来表现模型的颜色和纹理；粗糙度贴图用来表现物体表面的光滑度，黑色表示光滑，白色表示粗糙；金属度贴图用来表现物体表面的金属度，黑色表示非金属，白色表示金属；高光贴图用来表现物体在光线照射条件下体现出的质感；AO贴图用来表现物体之间的阴影关系，增加物体的体积感。

例如，Substance Painter这类的3D模型贴图绘制软件可以帮助艺术家更有效地创建高质量的贴图，如图1-22所示，与传统手绘建模相比，可大幅度减少手工绘制的工作量。

次时代建模的制作流程：第一步，通常使用Maya或者3ds Max软件制作模型的大致形态；第二步，将中模导入ZBrush软件进行高模雕刻，雕刻后的模型面数比较高；第三步，将高模导入Maya，拓扑出低模，以创建较少面数的低模来最大程度保留高模的结构；第四步，拆分低模的UV；第五步，烘焙贴图；第六步，绘制材质贴图；第七步，引擎调试；第八步，进行渲染。

图 1-22　Maya 三维作品

1.4　工程文件的创建

项目文件又称项目工程文件，它是一个或多个模型文件的集合。集合内容包括模型、XGen毛发、灯光、摄影机、贴图等元素。在创建项目文件后，各类元素将被统一归档到用户所设置的文件地址中。

Maya的项目管理机制的主要功能是对各类元素进行详细归类，将不同类型的数据文件分别放在集合文件下的对应目录中，以方便用户将打包完成的文件转移至不同的计算机中。例如，在另一台计算机中打开之前已完成的Maya项目文件，Maya会根据文件分类自动读取相关的数据。Maya项目文件需要建模师在创作之初就有意识地进行设置，在此后的制作过程中Maya会自动将文件保存在相对应的文件名称下。在开始制作项目前完成Maya项目工程文件的设置，有助于用户更好地整理整个场景中的相关元素，可以有效地提高工作效率。

打开Maya软件，在菜单栏中执行“文件”|“项目窗口”命令，打开“项目窗口”窗口，如图1-23所示。在“当前项目”文本框右侧单击“新建”按钮并在“当前项目”文本框中输入项目的名称(名称根据项目要求进行设置)。在“位置”文本框内更改项目文件存放的路径。所有项目文件名称不能出现中文(中文会导致文件在制作过程中有损坏或之后无法打开所保存的Maya文件)。

其他设置保持默认即可，单击“接受”按钮，完成新项目的创建。项目创建成功后，打开指定的项目文件夹，项目文件夹包含14个子文件夹，如图1-24所示，其中包括scenes(场景)文件夹、sourceimages(源图像)文件夹、images(图像)文件夹。场景文件夹主要用于存储场景中创建的所有模型文件，保存的Maya文件会自动保存在该文件夹中；源图像文件夹主要用于存储各种模型的贴图文件；图像文件夹用于存储渲染出的图片或者视频。

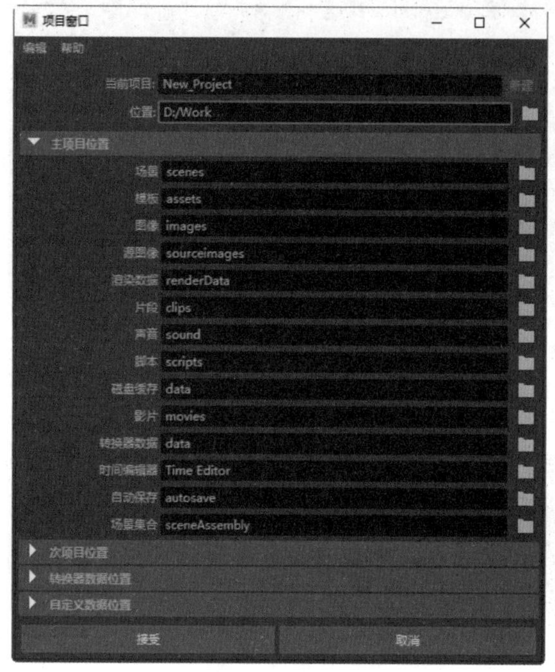

图 1-23　新建项目文件

图 1-24　项目文件夹

1.5　思考与练习

1. 简述在项目前期准备中需要注意的事项。
2. 简述美术团队中的职能分工。
3. 模型制作常用软件有哪些？
4. 简述如何在Maya场景中创建一个项目工程文件。

第 2 章

道具建模

游戏道具一般分为装备类、宝石类、使用类和特效类等。道具建模主要是训练形体的造型能力，因为大多数道具不会像角色一样运动，所以布线的要求也偏低。要想做好道具模型，必须要将其形体与质感根据游戏项目需求表现出来。本章将通过制作铃铛和女巫帽模型，帮助读者学习道具建模的方法、命令和制作流程，并且快速掌握模型的布线技巧。

2.1 制作铃铛模型

铃铛在游戏中的应用非常广泛，是一个极具特色和多功能性的设计元素，不仅可以作为一种装饰品或重要的任务物品，还可以作为武器或道具等。

当铃铛作为装饰品出现在角色身上时，道具铃铛能够丰富角色的外观表现，为角色增添个性化的装饰元素；作为任务奖励、收集品或商城道具时，玩家可以通过完成任务、收集道具或购买获取，从而增加了游戏的可玩性和挑战性。在某些类型的游戏中，道具铃铛还可以作为重要的游戏机制之一，如解谜游戏中触发开关的道具，为玩家提供了更多的游戏体验和挑战。此外，在某些类型的游戏中，铃铛拥有特殊的攻击能力或使用效果，玩家可以将其作为武器来进行战斗或解决游戏中的难题。

铃铛的造型通常呈现为圆润的造型，有时还带有悬挂的绳子或者链条。根据不同的游戏类型和项目需求，铃铛可以呈现出各种不同的形态，有的铃铛小巧玲珑，有的则古朴沉稳。因此，在建模之前，建模师会依据原画设计进行造型分析，考虑物体的结构、比例、细节处理及游戏风格，从而清晰地向游戏玩家传达其功能和作用。

铃铛作为游戏道具通常具有声音效果和互动效果。当角色移动或者进行特定动作时，铃铛可能会发出清脆悦耳的声音，例如，叮叮当当的响声为游戏增加了更多的趣味与活力。此外，一些游戏可能会赋予铃铛特定的互动效果，如与其他角色进行互动时，铃铛会产生特殊的效果或声音反馈，提升玩家的互动体验。

本节将以一个如图2-1所示的游戏道具铃铛为例，根据参考图，制作出铃铛的铃身、铃舌和绳结等各部件模型。

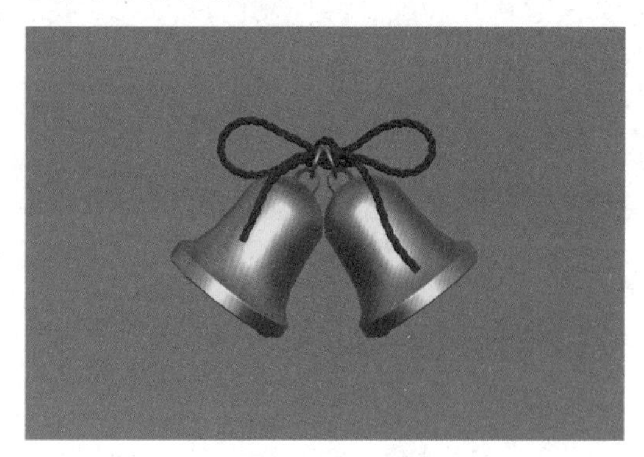

图 2-1　铃铛模型

2.1.1 创建项目工程文件

【例 2-1】 本实例将讲解如何创建项目工程文件。视频

01 打开Maya 2022 软件，在菜单栏中选择“窗口”|“设置/首选项”|“首选项”命令，如图 2-2 所示。

02 打开“首选项”窗口，在“设置”类别中，将工作单位中的“线性”设置为“毫米”，如图 2-3 所示，单击“保存”按钮。

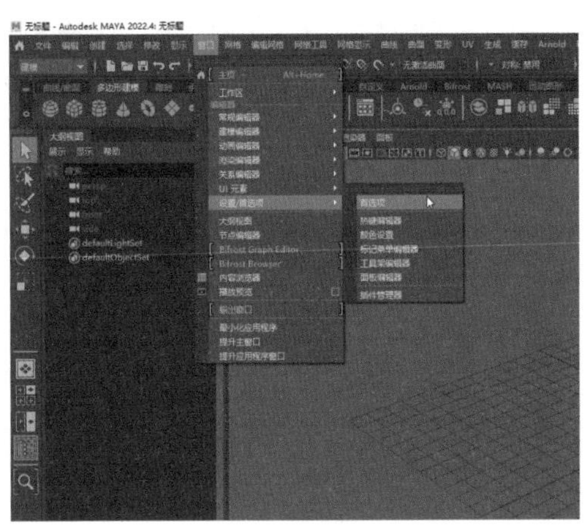

图 2-2　选择“首选项”命令

图 2-3　设置“首选项”窗口

03 在菜单栏中选择“文件”|“项目窗口”命令，打开“项目窗口”窗口，单击“当前项目”文本框右侧的“新建”按钮，根据自己的情况设定文件保存路径，可以设置保存在计算机任意的磁盘空间中，如图2-4所示，然后单击“接受”按钮。

04 项目创建成功后，桌面上会出现一个以New_Project命名的文件夹，打开New_Project文件夹中的sourceimages(源图像)子文件夹，将三张参考图复制至该文件夹内，如图2-5所示。

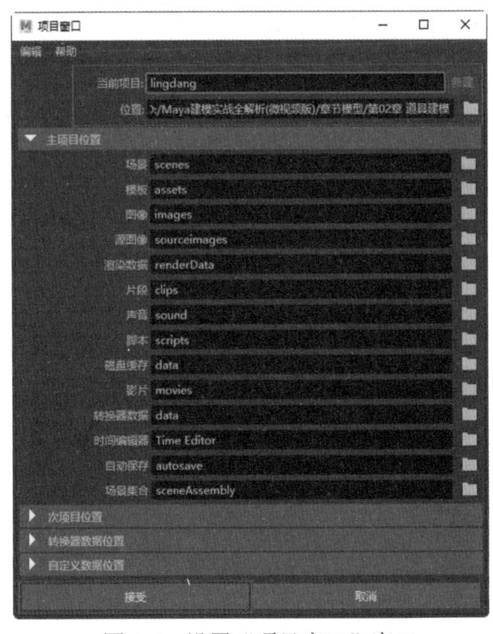

图 2-4　设置“项目窗口”窗口

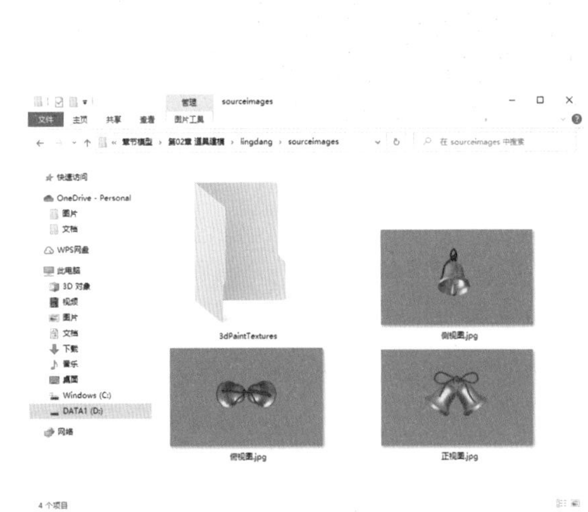

图 2-5　放入参考图

2.1.2　导入参考图

【例 2-2】 本实例将讲解如何导入参考图。 视频

01 启动Maya 2022，单击Maya按钮，如图2-6左图所示。从弹出的菜单中选择“前视图”命令，在面板菜单中选择“视图”|“图像平面”|“导入图像”命令，如图2-6右图所示。

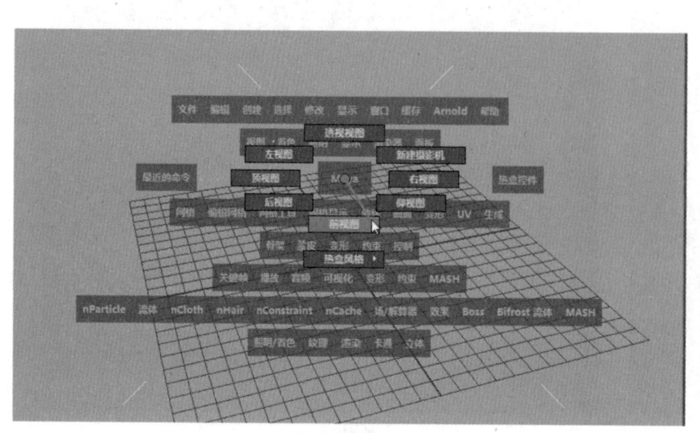

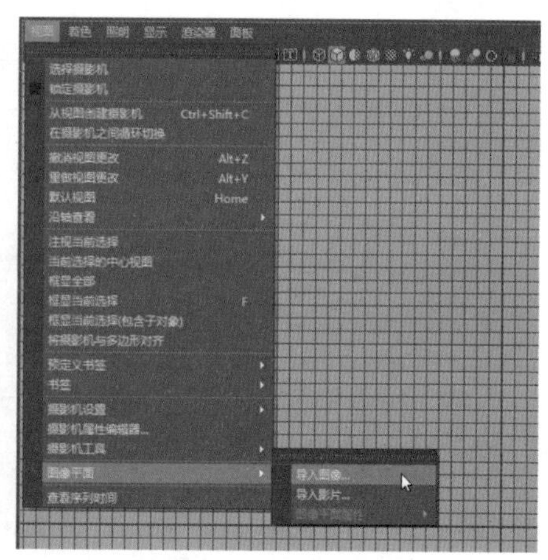

图 2-6　进入前视图并选择“导入图像”命令

02 此时，Maya会弹出“打开”对话框并自动链接到sourceimages文件夹内，选择第一张铃铛前视参考图，如图2-7左图所示。这时场景里会出现一张参考图，如图2-7右图所示。

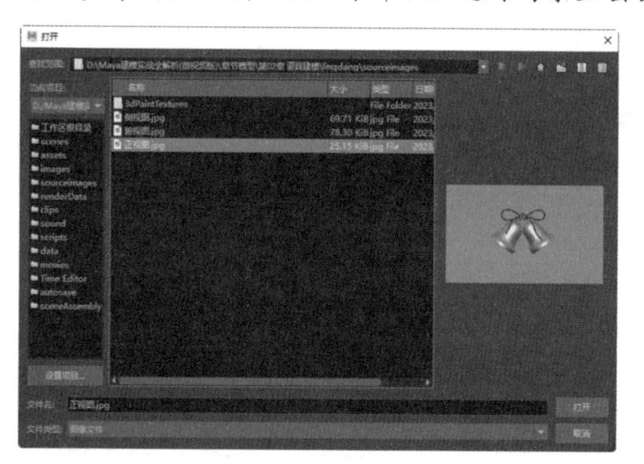

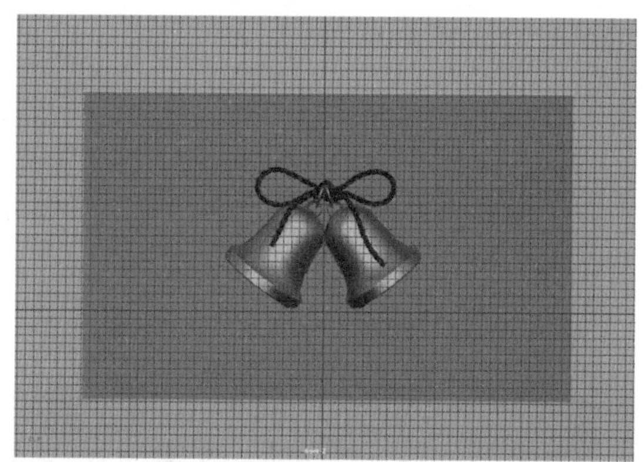

图 2-7　导入铃铛前视参考图

03 按照步骤2的方法，导入铃铛的侧视图，如图2-8左图所示，继续导入铃铛的俯视图，这时场景里会出现三张参考图，然后选择这三张参考图，将其上移至网格之上，并调整其位置，如图2-8右图所示。

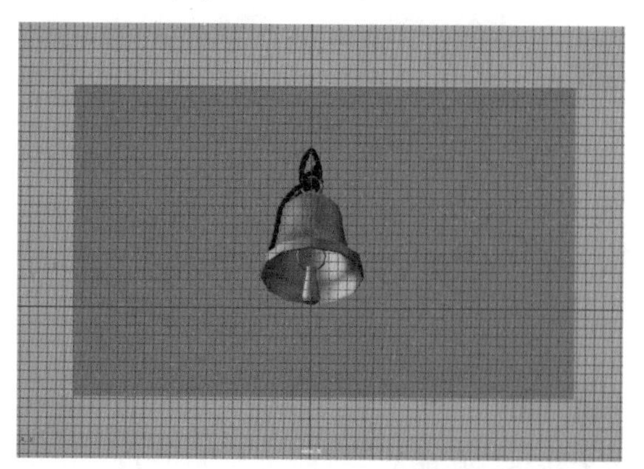

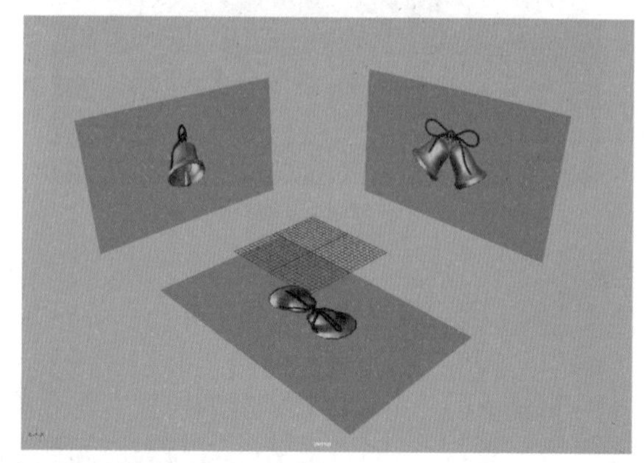

图 2-8　继续导入参考图并调整其位置

04 在“大纲视图”面板中，选择三视图，如图2-9所示。

05 在“属性编辑器”面板中单击“创建新层并指定选定对象”按钮，然后单击两次“layer1”的第三个框，使其显示为R，如图2-10所示。之后，用户在场景中将无法选中该层中的物体。

图 2-9　选择三视图

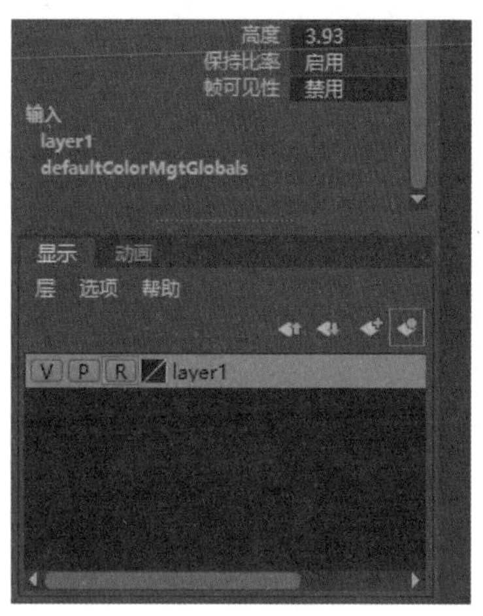

图 2-10　创建图层

2.1.3　制作铃铛基础模型

【例 2-3】 本实例将讲解如何制作铃铛基础模型。 视频

01 在“多边形建模”工具架中单击“多边形圆柱体”按钮，在场景中创建一个多边形圆柱体模型，在“属性编辑器”面板中设置“轴向细分数”文本框的数值为12，如图2-11所示。

02 选择模型，然后右击并从弹出的快捷菜单中选择“面”命令，进入面模式，删除多边形圆柱体底部的面，结果如图2-12所示。

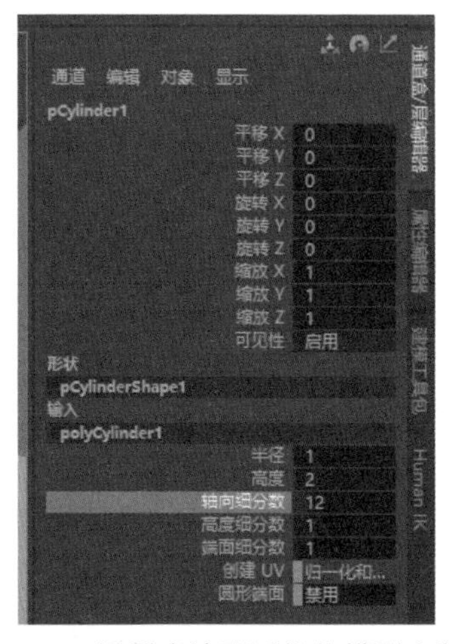

图 2-11　设置多边形圆柱体模型参数

图 2-12　删除面

03 右击并从弹出的快捷菜单中选择“边”命令，进入边模式，然后按Shift键并右击鼠标，从弹出的快捷菜单中选择“插入循环边工具”命令右侧的复选框，如图2-13所示。

04 打开“工具设置”窗口，设置“循环边数”文本框中的数值为3，如图2-14所示。

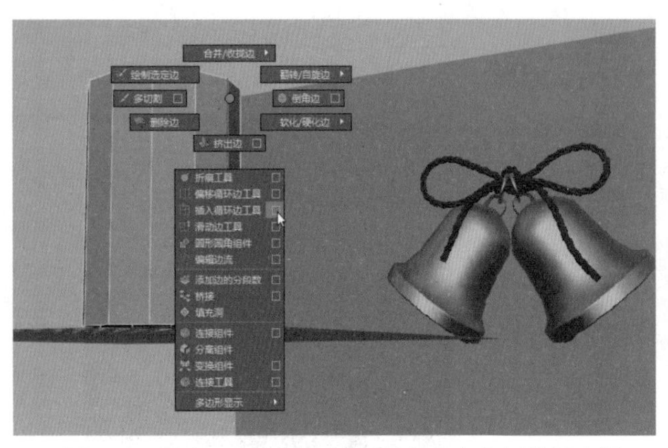

图 2-13　选择“插入循环边工具”命令右侧的复选框

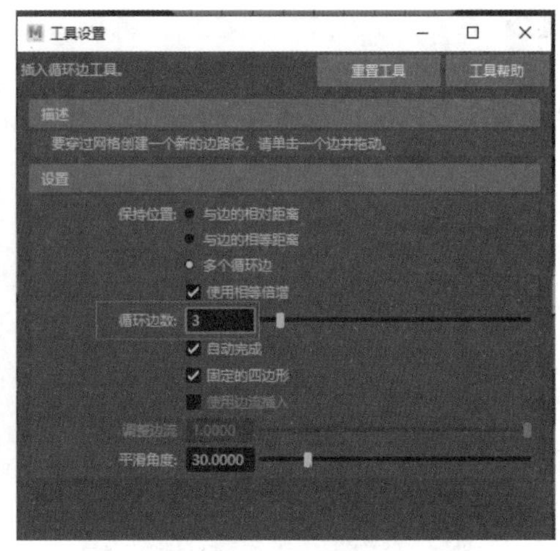

图 2-14　设置“循环边数”参数

05 单击多边形圆柱体模型，为其添加三条循环边，如图 2-15 左图所示，并根据参考图调整圆柱体模型的造型，如图 2-15 右图所示。

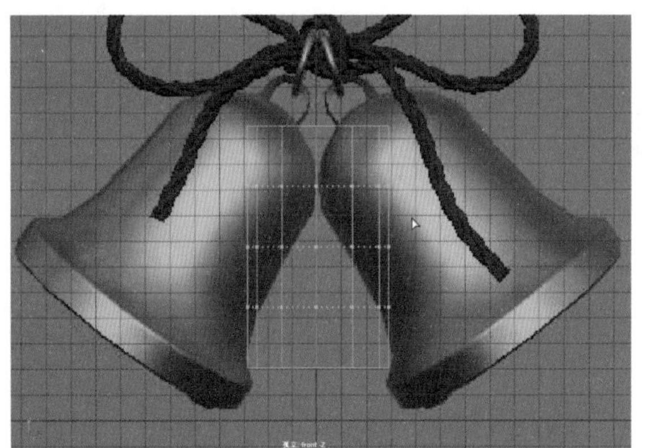

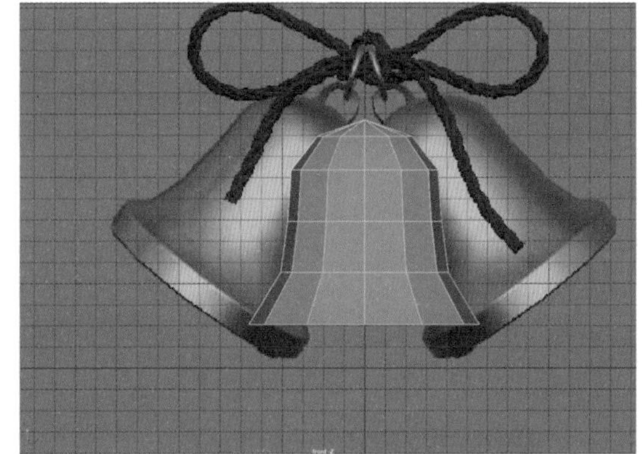

图 2-15　添加三条循环边并调整造型

06 在“多边形建模”工具架中单击“多切割工具”按钮，按Shift键并拖曳鼠标，进行垂直切割，结果如图 2-16 所示。

07 按照步骤 6 的方法，为铃身添加线段，并调整其造型，如图 2-17 所示。

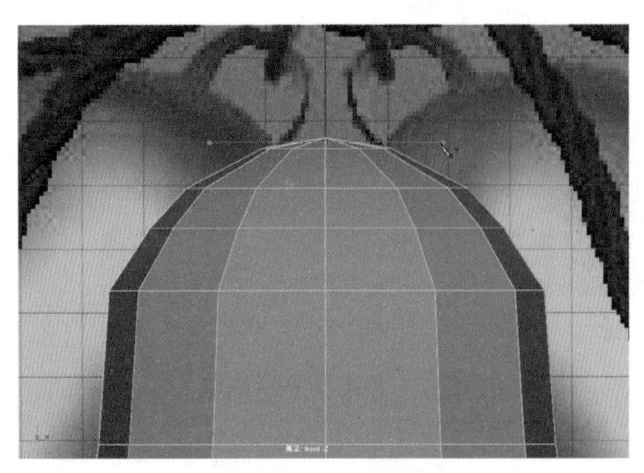

图 2-16　切割模型

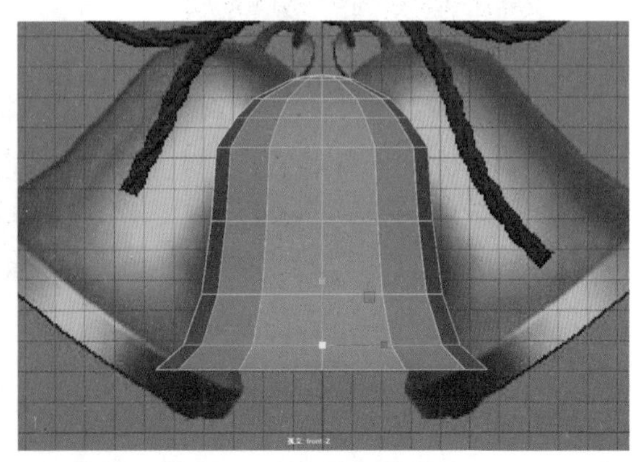

图 2-17　继续切割模型

08 双击选择底端的边，如图2-18左图所示，按Ctrl+E快捷键激活“挤出”命令，向下挤出，如图2-18右图所示。

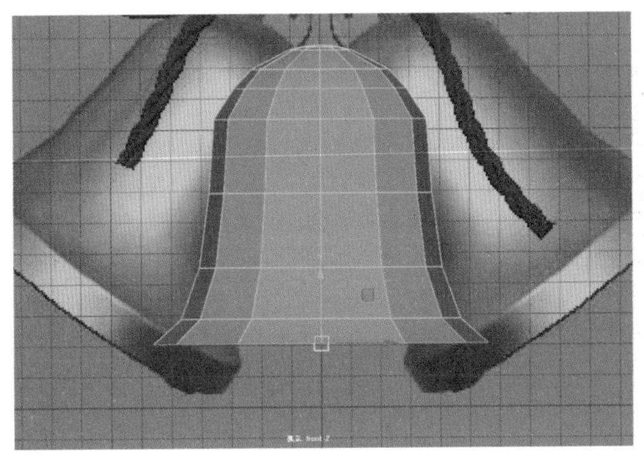

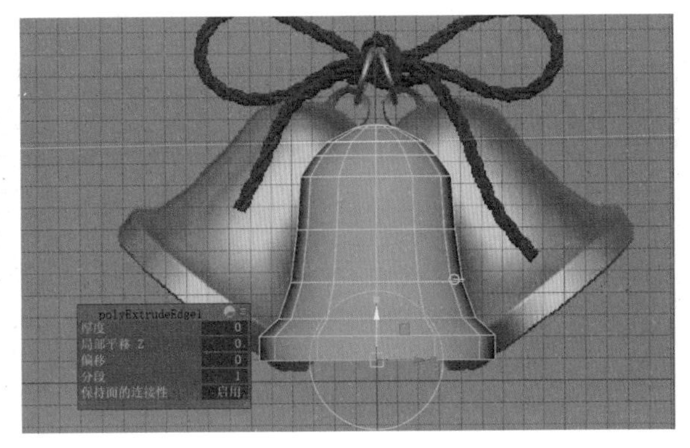

图2-18　向下挤出

09 右击并从弹出的快捷菜单中选择“对象模式”命令，然后选择模型，按Ctrl+E快捷键激活“挤出”命令，在打开的面板中，设置“局部平移Z”数值为0.25，如图2-19所示，制作出铃身的厚度。

10 删除铃身内部多余的面，结果如图2-20所示。

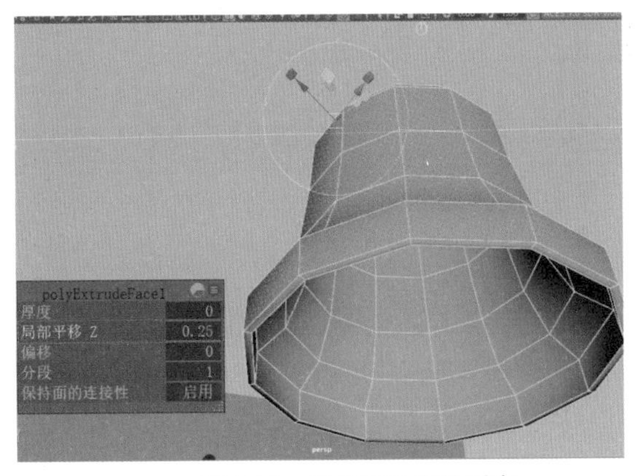

图2-19　制作出铃身的厚度

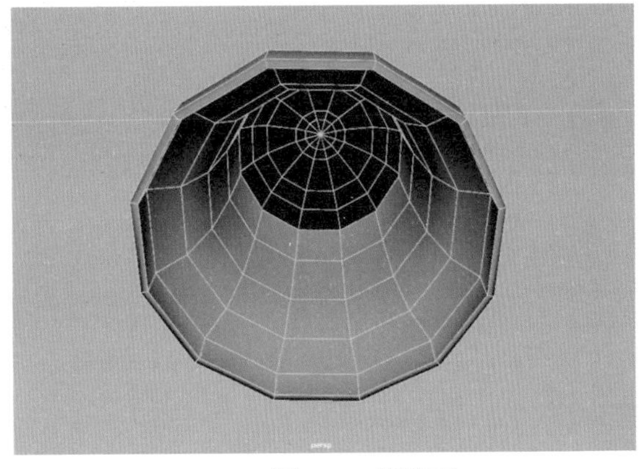

图2-20　删除面

11 双击如图2-21左图所示的边，多次按Ctrl+E快捷键激活“挤出”命令，向内挤出，制作出如图2-21右图所示的结构。

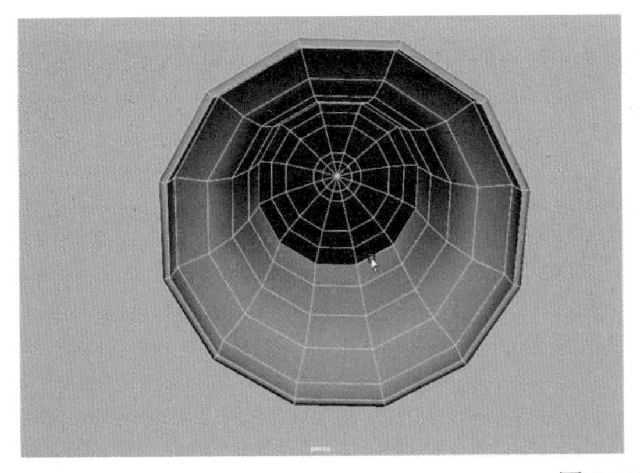

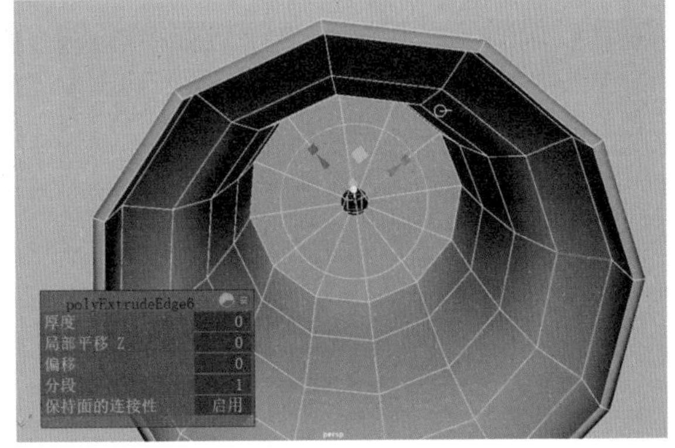

图2-21　向内挤出

12 按照步骤11的方法，向下挤出，制作出如图2-22所示的结构。

13 按Shift键并右击鼠标，从弹出的快捷菜单中选择“到顶点”命令，按Shift键并右击鼠标，从弹出的快捷菜单中选择“合并顶点”|“合并顶点到中心”命令，如图2-23所示。

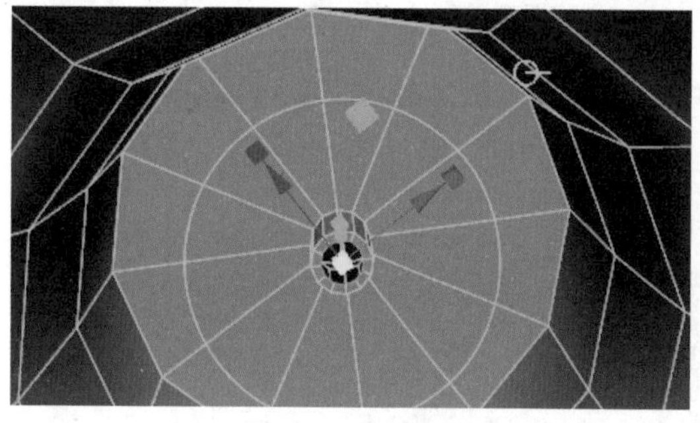

图2-22　向下挤出

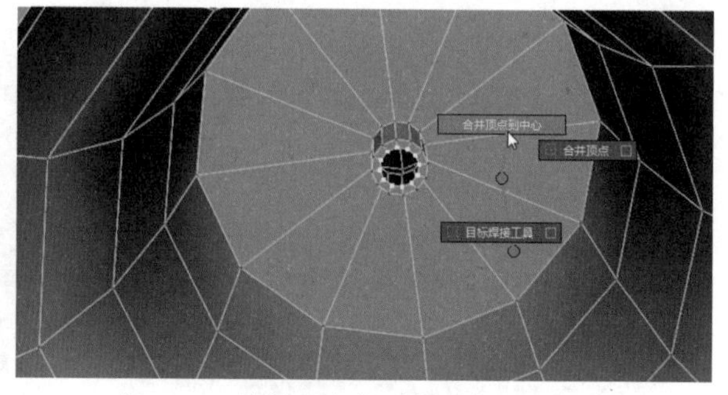

图2-23　选择“合并顶点到中心”命令

14 在状态行中单击“对称”下拉按钮，从弹出的下拉列表中选择“对象Z”命令，如图2-24左图所示，然后选择如图2-24右图所示的面。

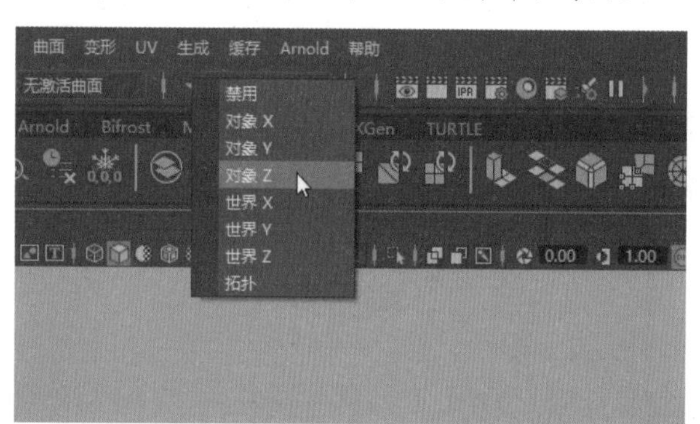

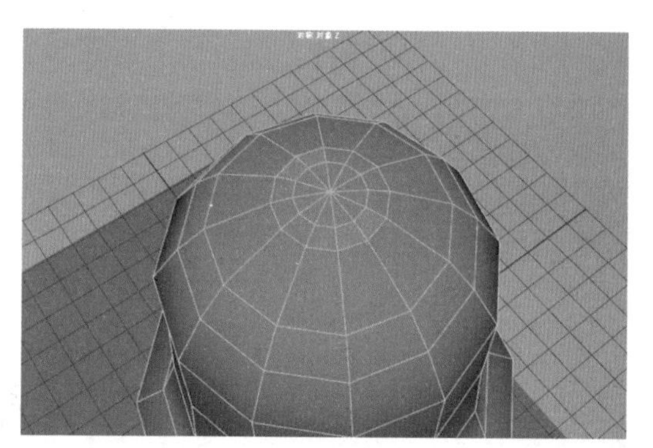

图2-24　选择“对象Z”命令并选择面

15 多次按Ctrl+E快捷键激活“挤出”命令，向上挤出，制作出铃铛顶的造型，框选接口处的所有顶部，按R键沿X轴向中心收缩，结果如图2-25所示。

16 框选接口处的所有顶部，按X键激活“捕捉到栅格”命令，将其沿X轴捕捉到栅格中心位置，然后框选交界处的所有顶点，按Shift键并右击鼠标，从弹出的快捷菜单中选择“合并顶点”|“合并顶点”命令，如图2-26所示。

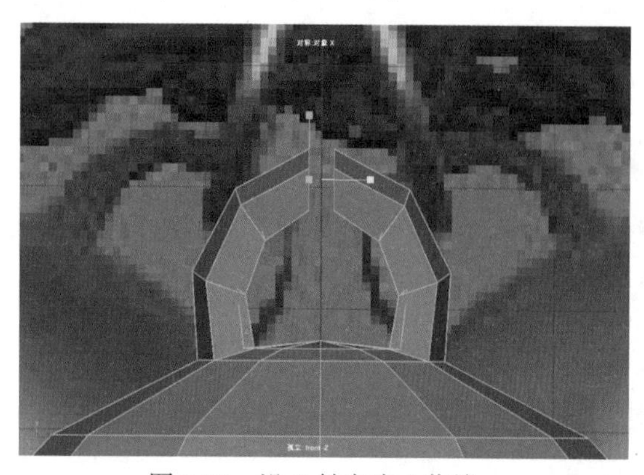

图2-25　沿X轴向中心收缩

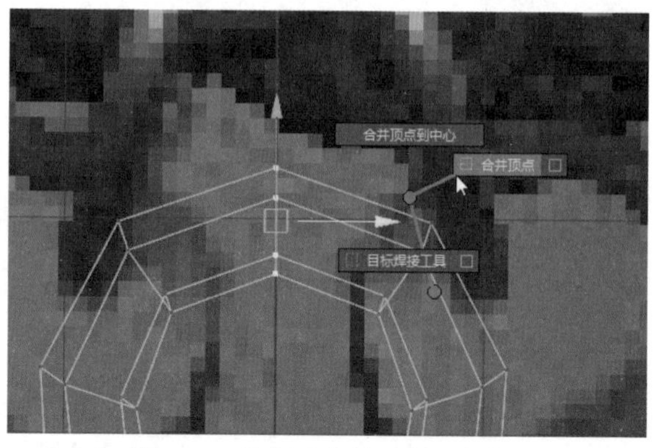

图2-26　选择“合并顶点”命令

17 选择铃身模型，按照参考图调整模型的方向，结果如图 2-27 所示。

18 在“多边形建模”工具架中单击“多边形圆环”按钮，在“通道盒/层编辑器”面板中设置“截面半径”数值为 0.1，设置“轴向细分数”和“高度细分数”数值均为 12，将其放置于如图 2-28 所示的位置。

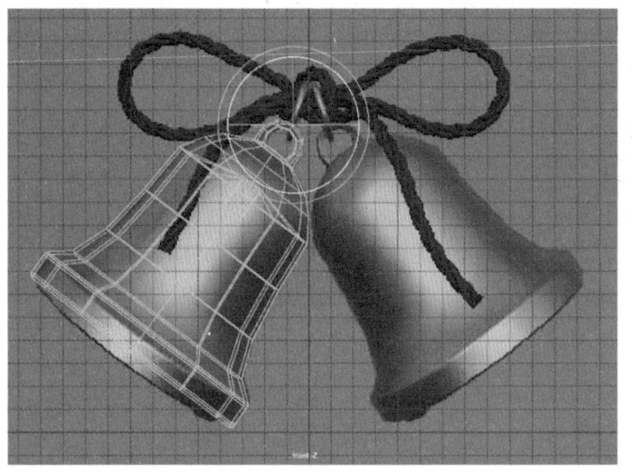

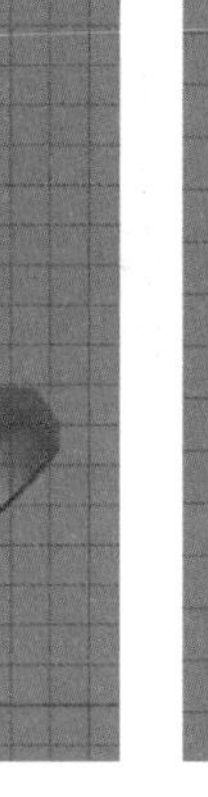

图 2-27　调整模型的方向

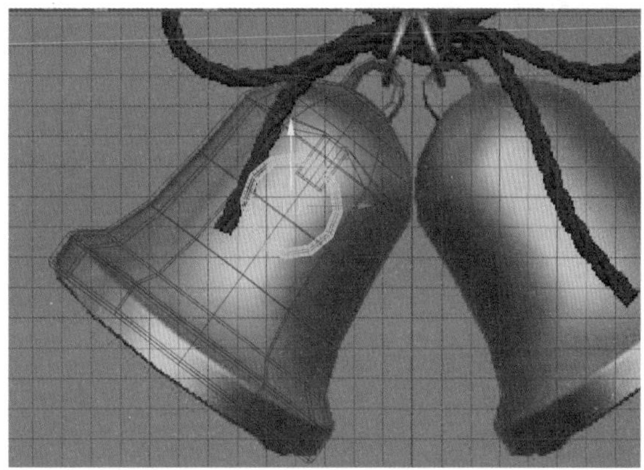

图 2-28　创建多边形圆环

19 按Ctrl+D快捷键复制出一个多边形圆环的副本模型，并将其放置于如图 2-29 所示的位置。

20 在“多边形建模”工具架中单击“多边形圆柱体”按钮，在“属性编辑器”面板中设置“轴向细分数”文本框的数值为 12，进入边模式，然后按Shift键并右击鼠标，从弹出的快捷菜单中选择“插入循环边工具”命令，结果如图 2-30 所示。

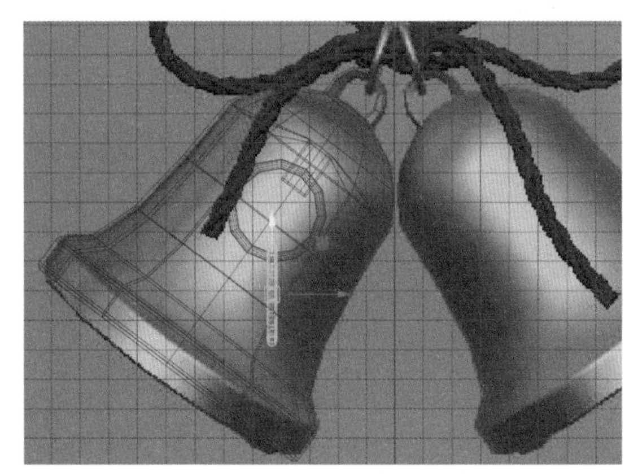

图 2-29　复制模型

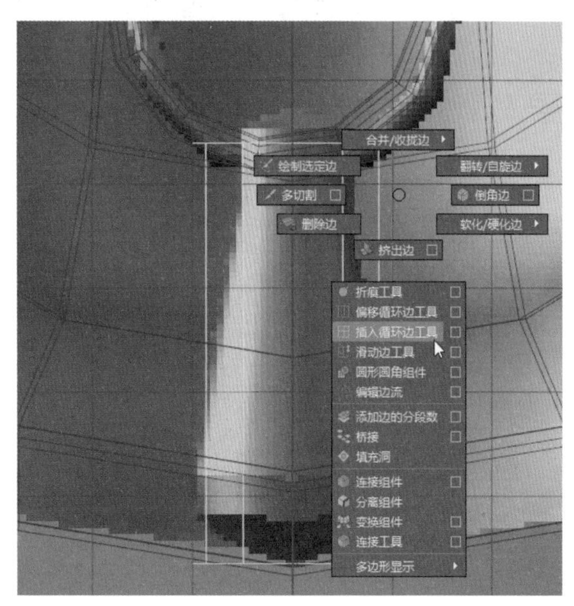

图 2-30　选择“插入循环边工具”命令

21 按照步骤 5 的方法，添加线段，制作出铃舌模型，并将其放置于如图 2-31 所示的位置。

22 在“多边形建模”工具架中单击“多边形圆环”按钮，在“通道盒/层编辑器”面板中设置“截面半径”数值为 0.1，设置“轴向细分数”和“高度细分数”数值均为 12，将其放置于如图 2-32 所示的位置。

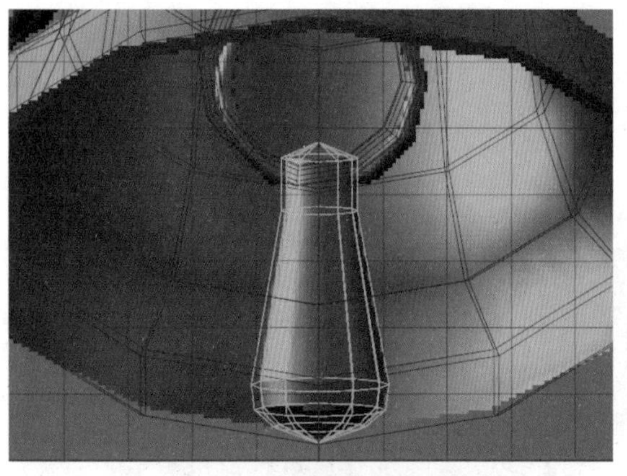

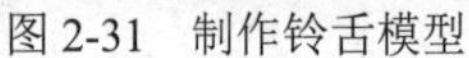

图 2-31　制作铃舌模型

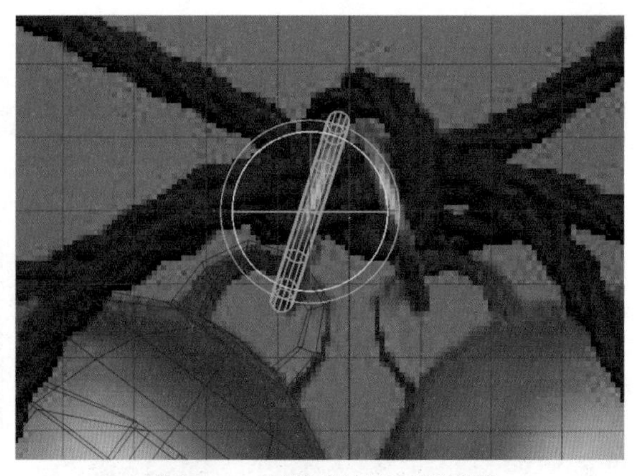

图 2-32　创建多边形圆环模型

23 在大纲视图中选择所有铃铛部件的模型，然后按Ctrl+G快捷键进行编组，结果如图 2-33 所示。

24 选择group1，然后按Ctrl+D快捷键复制组，进行备份，然后选择group1，按H键将其隐藏，结果如图 2-34 所示。

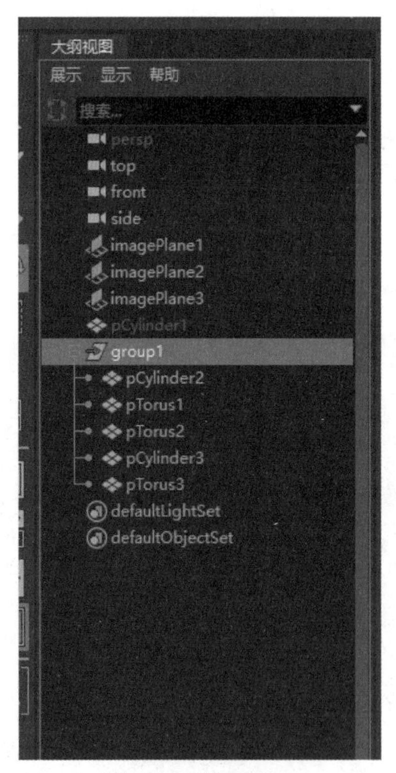

图 2-33　进行编组

图 2-34　复制组

25 在“多边形建模”工具架中单击“UV编辑器”按钮，打开“UV编辑器”窗口，拆分铃铛模型的UV，如图 2-35 所示。

26 选择场景中的铃铛模型，按Shift键并右击鼠标，从弹出的快捷菜单中选择“结合”命令，如图 2-36 所示。

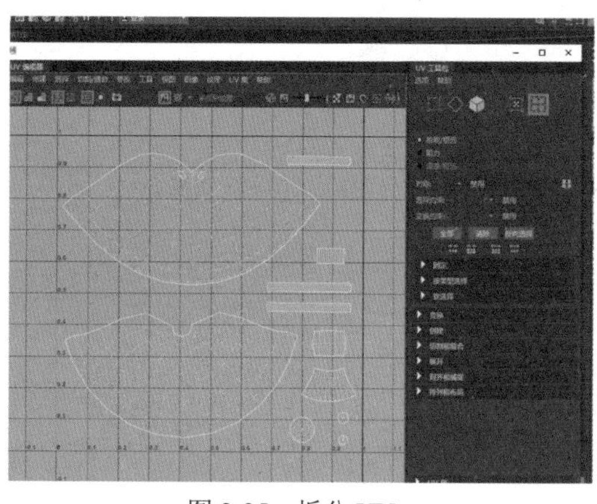

图 2-35 拆分 UV

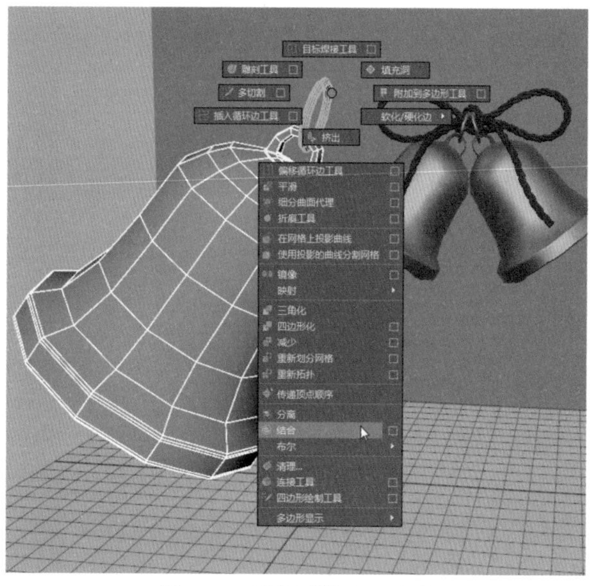

图 2-36 选择“结合”命令

27 按D键进入自定义枢轴模式，然后按X键激活“捕捉到栅格”命令，将枢轴捕捉到栅格中心位置，如图 2-37 所示，再按一次D键结束命令。

28 选择铃铛模型，然后在菜单栏中选择“编辑”|“特殊复制”命令右侧的复选框，如图 2-38 所示。

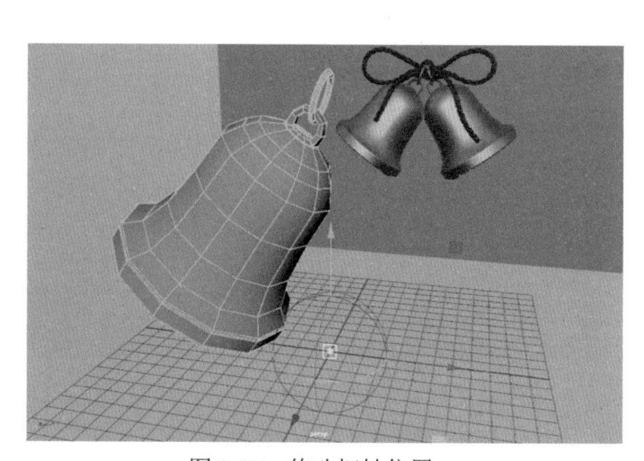

图 2-37 修改枢轴位置

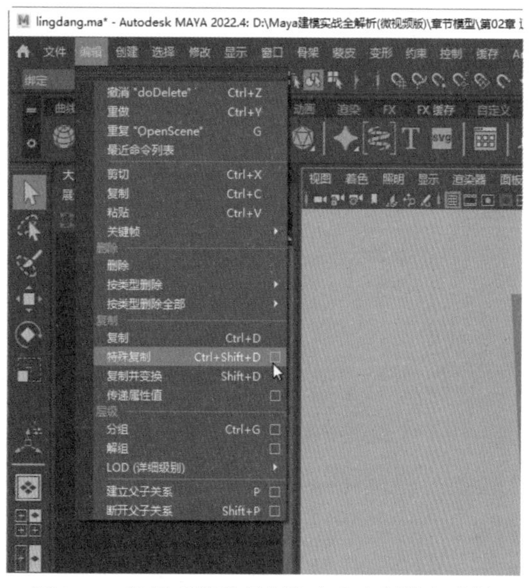

图 2-38 选择“特殊复制”命令右侧的复选框

29 打开“特殊复制选项”窗口，选中“实例”单选按钮，在“缩放”X轴文本框中输入-1，然后单击“特殊复制”按钮，如图 2-39 所示。

30 设置结束后，即可对称复制出一个铃铛副本模型，结果如图 2-40 所示。

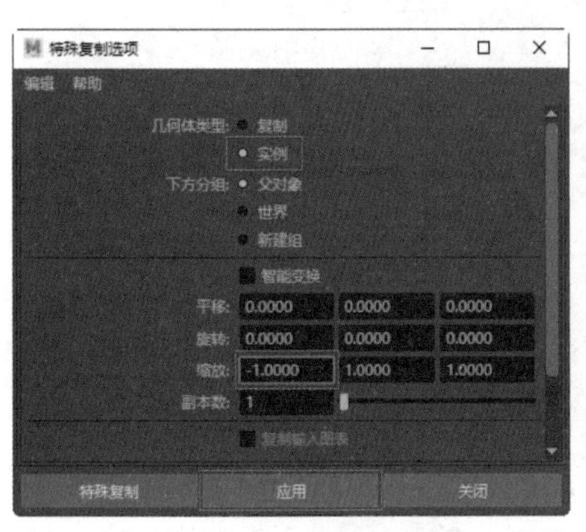

图 2-39　设置“特殊复制选项”窗口参数

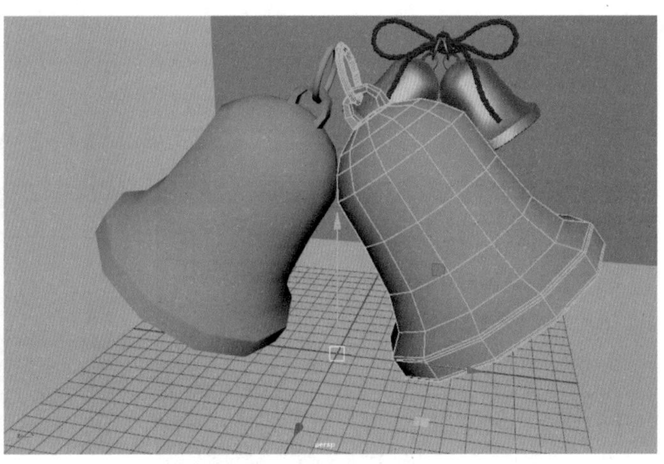

图 2-40　复制铃铛模型

2.1.4　制作绳结

【例 2-4】 本实例将讲解如何制作绳结。视频

01 在“曲线/曲面”工具架中，单击“EP 曲线工具”图标，通过单击鼠标绘制出如图 2-41 所示的曲线。

02 右击鼠标，从弹出的快捷菜单中选择“控制顶点”命令，向左拖动鼠标并调整曲线的前后关系，结果如图 2-42 所示。

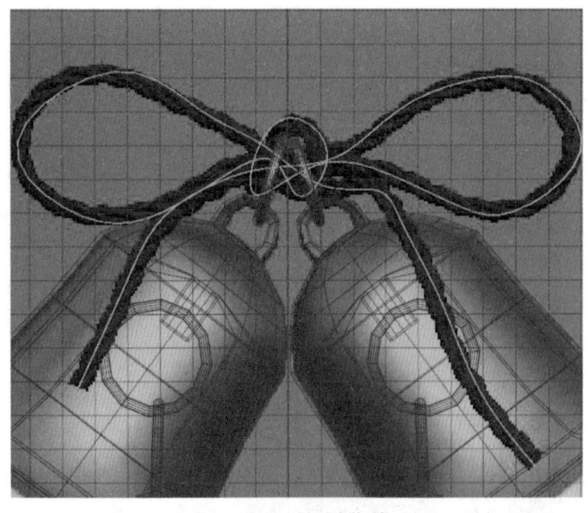

图 2-41　绘制曲线

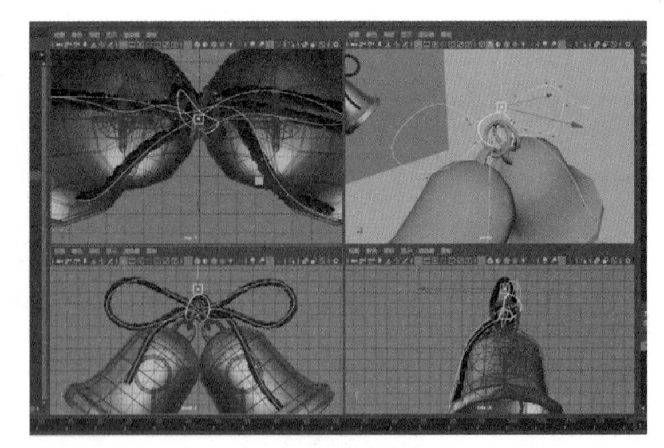

图 2-42　调整曲线

03 选择曲线，在菜单栏中选择“曲线”|“重建”命令右侧的复选框，如图 2-43 所示。

04 打开“重建曲线选项”窗口，设置“跨度数”文本框的数值为 46，然后单击“应用”按钮，如图 2-44 所示，均匀分布曲线上的顶点。

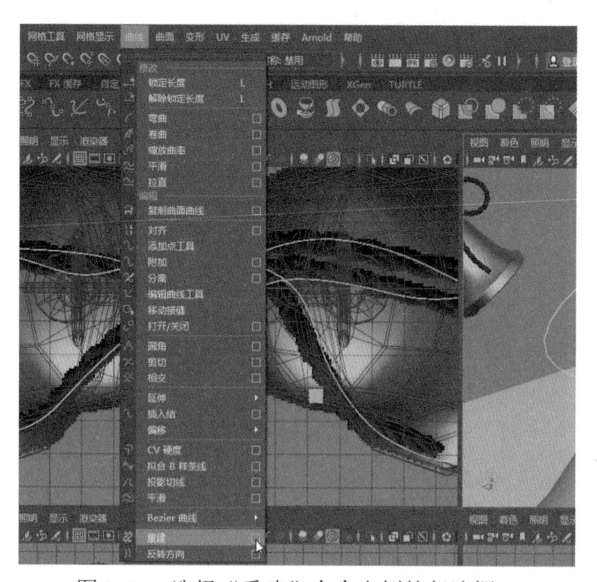

图 2-43　选择“重建”命令右侧的复选框

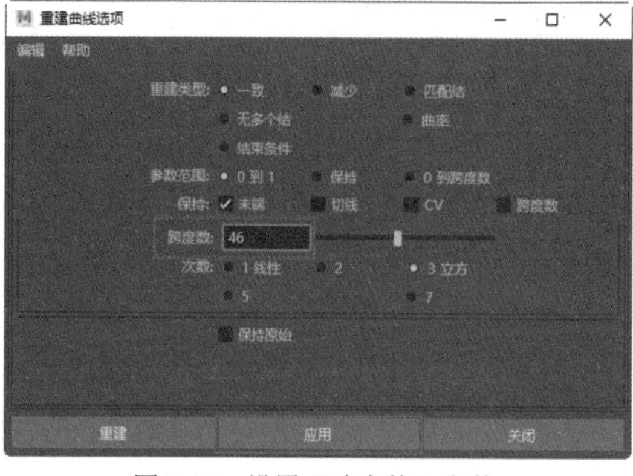

图 2-44　设置“跨度数”参数

05 选择曲线，然后在菜单栏中选择“创建”|“扫描网格”命令，如图 2-45 所示。

06 在“属性编辑器”面板中的“sweepMeshCreator1”选项卡中，在“分布”卷展栏中选择“分布”复选框，设置“实例数”文本框的数值为 3，设置“缩放实例”文本框的数值为 1；在“变换”卷展栏中，设置“缩放剖面”文本框的数值为 0.17，设置“扭曲”文本框的数值为 25；在“插值”卷展栏中，设置“精度”文本框的数值为 90，如图 2-46 所示。

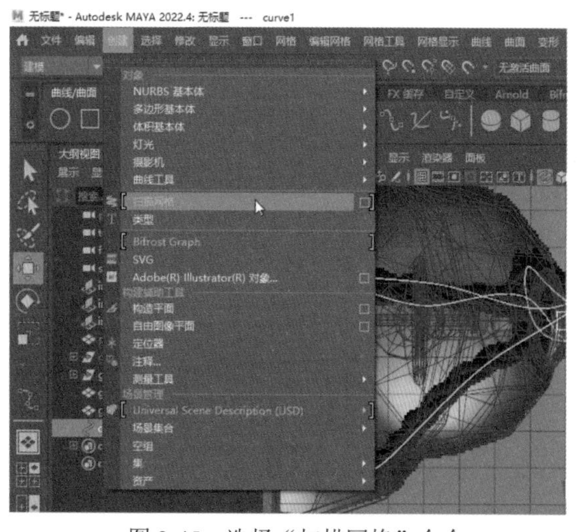

图 2-45　选择“扫描网格”命令

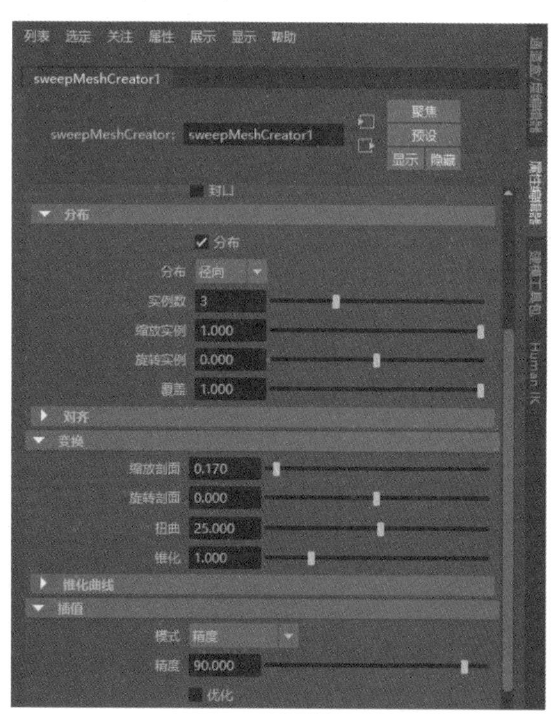

图 2-46　设置参数

07 设置结束后，绳结的显示结果如图 2-47 所示。

08 选择所有绳结底部空洞的边缘线，按Shift键并右击，从弹出的快捷菜单中选择“填充洞”命令，如图 2-48 所示。

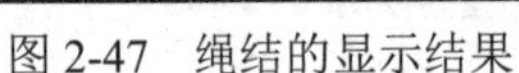

图 2-47　绳结的显示结果

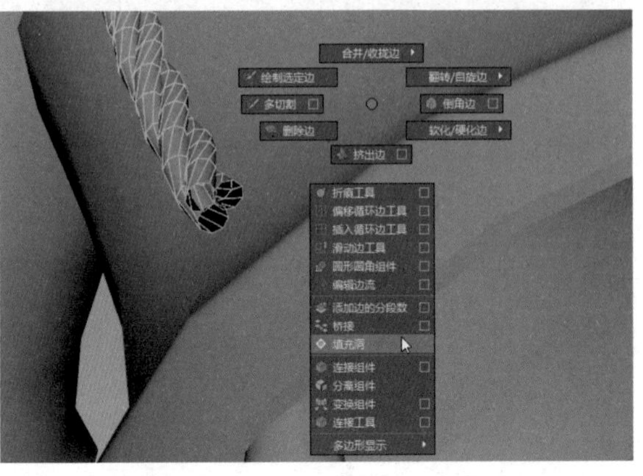

图 2-48　选择“填充洞”命令

09 对绳结拆分UV，绳结的显示结果如图 2-49 所示。

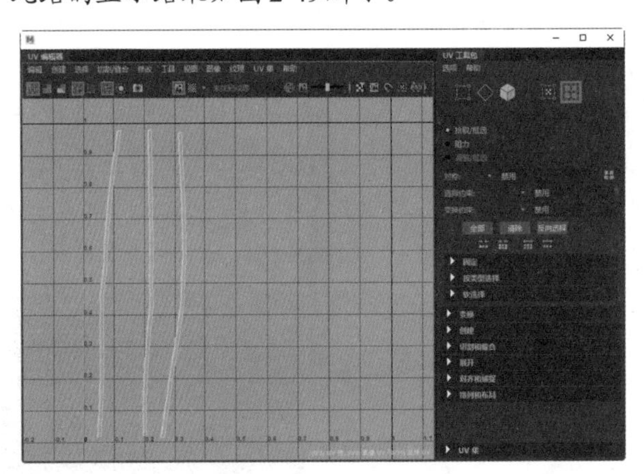

图 2-49　拆分绳结 UV

10 此时，模型的最终效果如图 2-1 所示。

2.2　制作女巫帽模型

女巫帽作为一种具有神秘魔力气息的道具，是魔幻类游戏及魔法师角色的经典道具之一，外观设计通常为锥形的帽身，宽大的帽檐，并融入一些魔法元素，如星星、月亮或者魔法符文等，以此突出其神秘而强大的特性。

女巫帽的外貌设计常常与游戏背景和设定相契合，因此，在造型和颜色处理上都需要进行精心的雕琢。例如，在奇幻或者魔法题材游戏中，女巫帽可能会注重古老且浓郁的神秘感和奇幻色彩；在童话题材游戏中，女巫帽可能更加可爱或者夸张，如帽子顶端加上粉色的蝴蝶结，或者在侧面点缀上可爱的贝壳或星星图案。在冒险类或战斗类游戏中，女巫帽可能会呈现出更为粗犷的设计风格，可能采用深色皮革制成，帽檐加宽加硬，帽子上加上羽毛，绣有斗篷标志或铭文，强调实用性和战斗氛围；在恐怖或暗黑系的游戏中，女巫帽可能会加入更多令人不安的图案或其他元素，如在帽檐下方带有遮掩眼睛的面纱，或者在帽子上加入神秘涂鸦，注重突出紧张和诡异的氛围。

本节以一个游戏道具女巫帽为例，如图2-50所示，请根据参考图，制作出女巫帽的各部件模型。

图 2-50　女巫帽模型

2.2.1　创建项目工程文件

【例 2-5】 本实例将讲解如何创建项目工程文件。 视频

01 打开Maya 2022软件，在菜单栏中选择“窗口”|“设置/首选项”|“首选项”命令，如图2-51所示。

02 打开“首选项”窗口，在“设置”类别中，将工作单位中的“线性”设置为“厘米”，如图2-52所示。

图 2-51　选择“首选项”命令

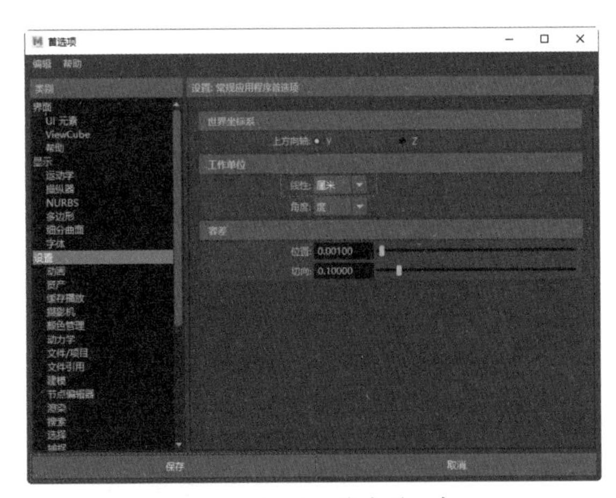

图 2-52　设置“首选项”窗口

03 在菜单栏中选择“文件”|“项目窗口”命令，打开“项目窗口”窗口，单击“当前项目”文本框右侧的“新建”按钮，根据自己的情况设定文件保存路径，可以设置保存在计算机任意的磁盘空间中，如图2-53所示，然后单击“接受”按钮。

04 项目创建成功后，桌面上会出现一个以New_Project命名的文件夹，打开New_Project文件夹中的sourceimages(源图像)子文件夹，将三张参考图复制至该文件夹内，如图2-54所示。

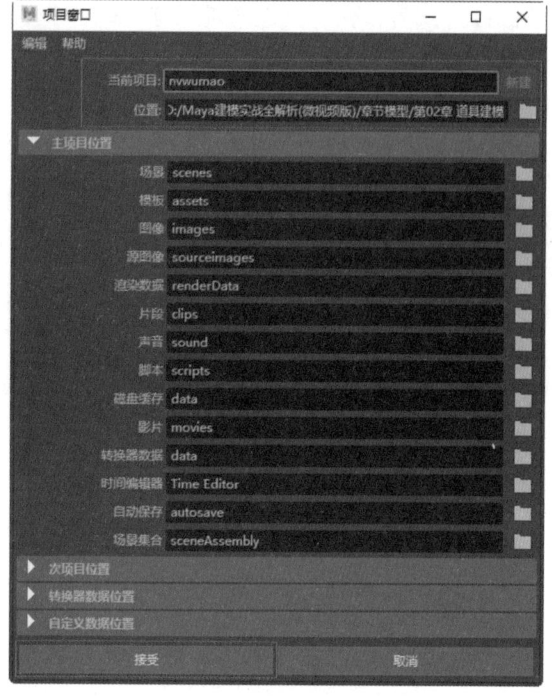

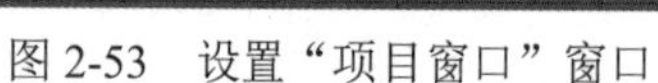
图 2-53 设置“项目窗口”窗口

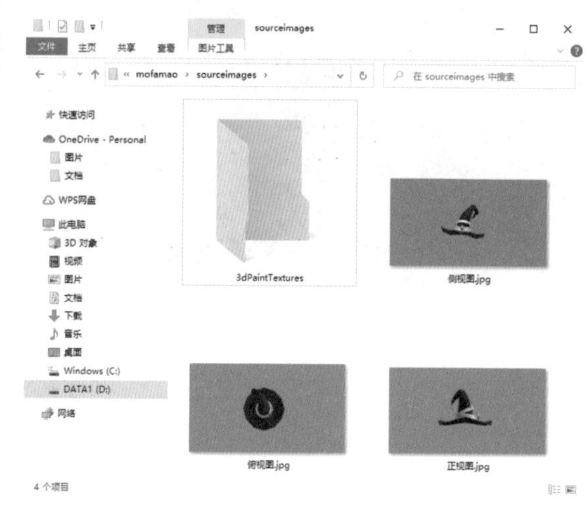

图 2-54 放入参考图

2.2.2 导入参考图

【例 2-6】 本实例将讲解如何导入参考图。视频

01 启动Maya 2022，单击Maya按钮，如图2-55左图所示。从弹出的菜单中选择“前视图”命令，在面板菜单中选择“视图”|“图像平面”|“导入图像”命令，如图2-55右图所示。

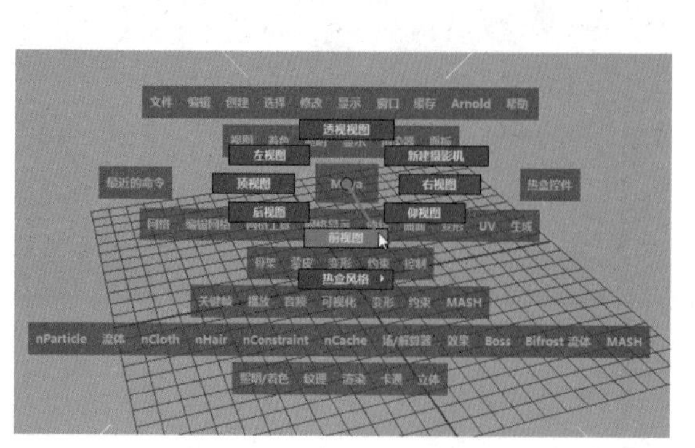

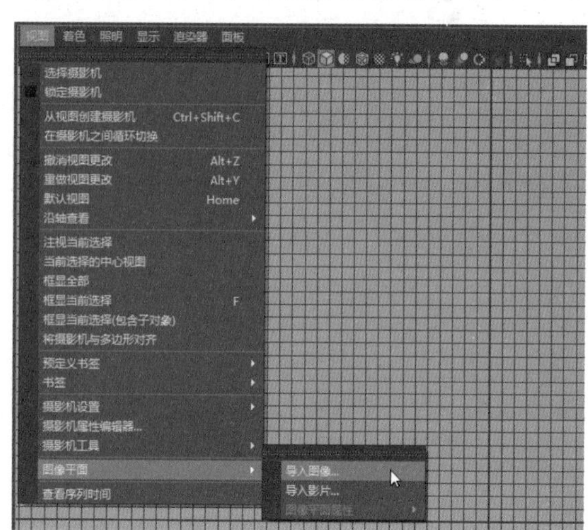

图 2-55 进入前视图并选择“导入图像”命令

02 此时，Maya会弹出“打开”对话框并自动链接到sourceimages文件夹内，选择第一张女巫帽前视参考图，如图2-56左图所示。这时场景里会出现一张参考图，如图2-56右图所示。

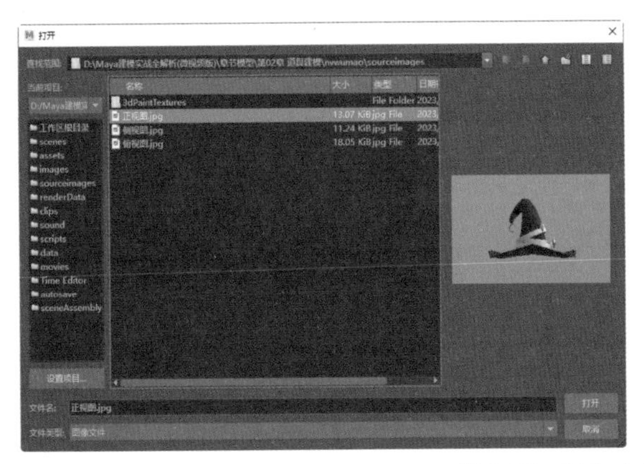

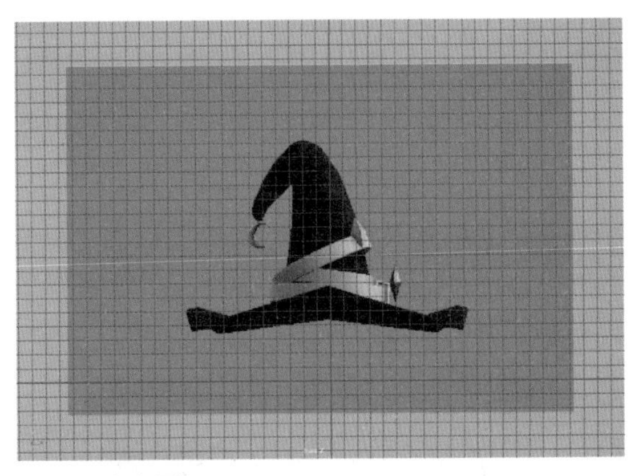

图 2-56　导入女巫帽前视参考图

03 按照步骤2的方法，导入女巫帽的侧视图，如图2-57左图所示，继续导入女巫帽的俯视图，这时场景里会出现三张参考图，然后选择这三张参考图，将其上移至网格之上，并调整其位置，如图2-57右图所示。

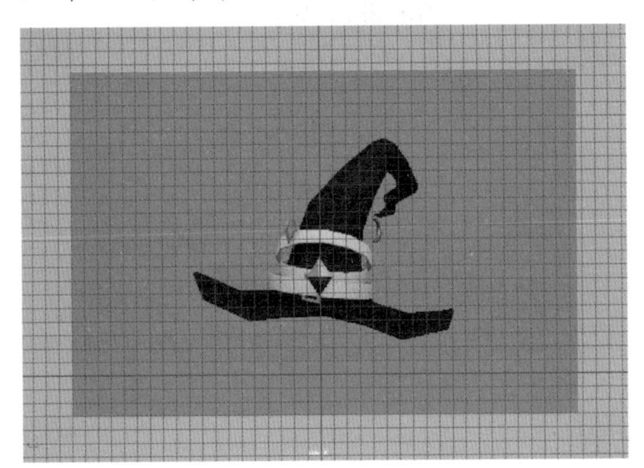

图 2-57　继续导入参考图并调整其位置

04 在大纲视图面板中，选择三视图，如图2-58所示。

05 在“属性编辑器”面板中单击“创建新层并指定选定对象”按钮，然后单击两次“layer1”的第三个框，使其显示为“R”，如图2-59所示，用户在场景中将无法选中该层中的物体。

图 2-58　选择三视图

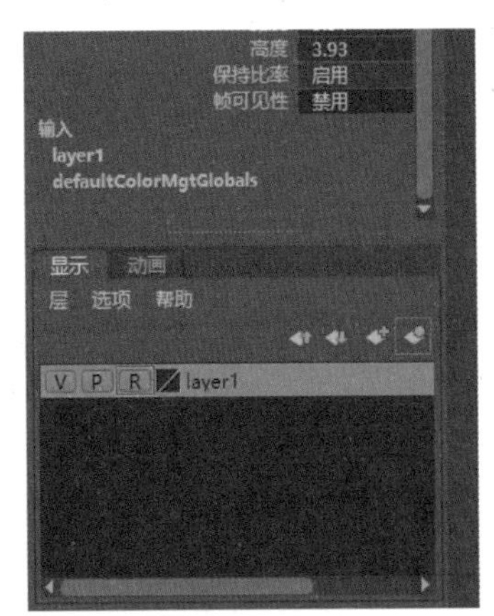

图 2-59　创建图层

2.2.3 制作帽子基础模型

【例 2-7】 本实例将讲解如何制作帽子基础模型。视频

01 在“多边形建模”工具架中单击“多边形圆锥体”按钮，在场景中创建一个多边形圆锥体模型，在“属性编辑器”面板中设置“轴向细分数”文本框的数值为12，如图2-60所示。

02 进入边模式，在“多边形建模”工具架中单击“多切割工具”按钮，按Shift键并拖曳鼠标，进行垂直切割，如图2-61所示。

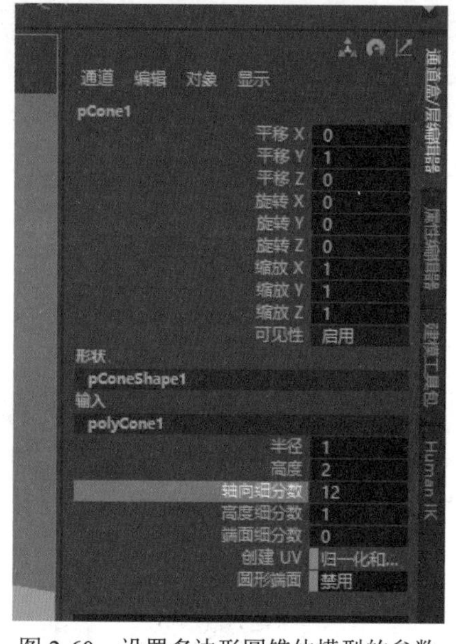

图 2-60 设置多边形圆锥体模型的参数

图 2-61 切割模型

03 调整多边形圆锥模型体至如图2-62所示的造型。

04 按照步骤2的方法添加线段，并大致调整出帽子的造型，结果如图2-63所示。

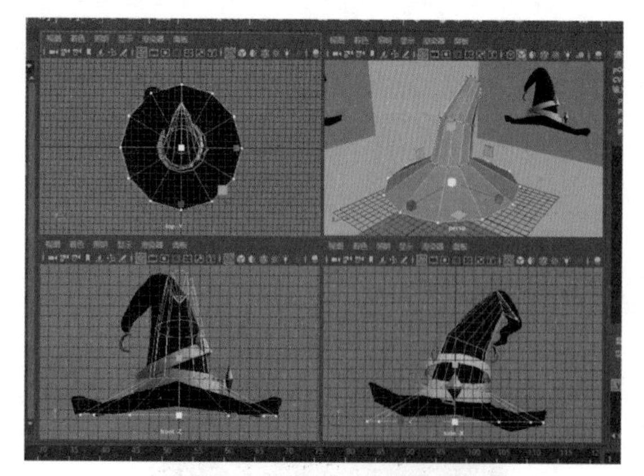

图 2-62 调整多边形圆锥模型

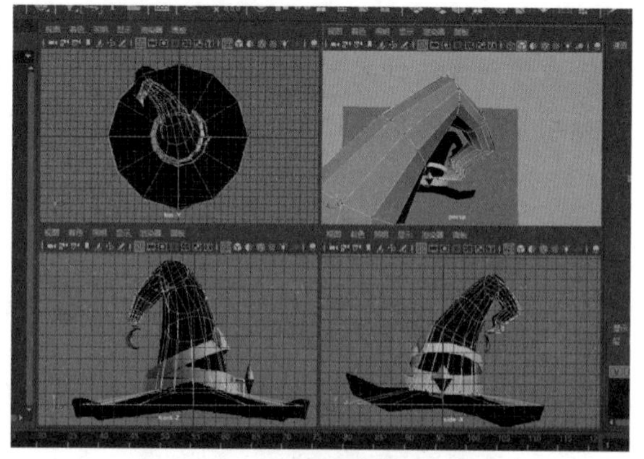

图 2-63 调整出帽子的造型

05 按照步骤2的方法，在帽子的转折处添加线段，结果如图2-64所示。

06 选择模型，按Ctrl+E快捷键激活“挤出”命令，在打开的面板中，设置“局部平移Z”文本框的数值为-0.3，制作出帽子的厚度，结果如图2-65所示。

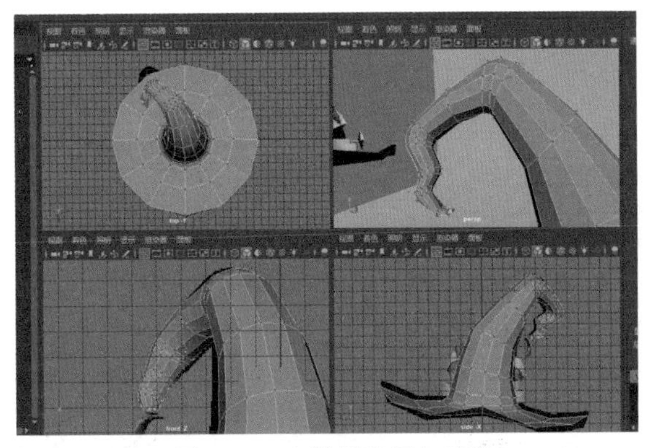
图2-64　在转折处添加线段

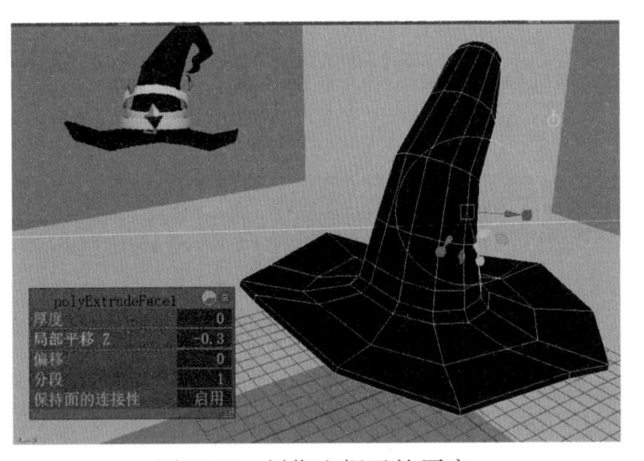

图2-65　制作出帽子的厚度

07 此时，模型显示为黑面，用户可以选择模型，在菜单栏中选择“网格显示”|“反向”命令，如图2-66所示。

08 设置完成后，此时场景中的模型显示结果如图2-67所示。

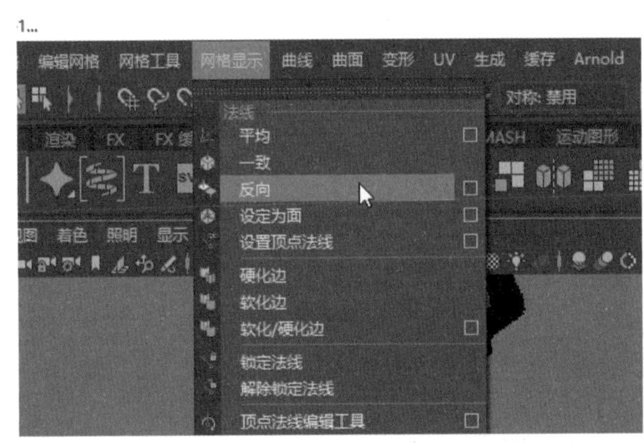

图2-66　选择“反向”命令

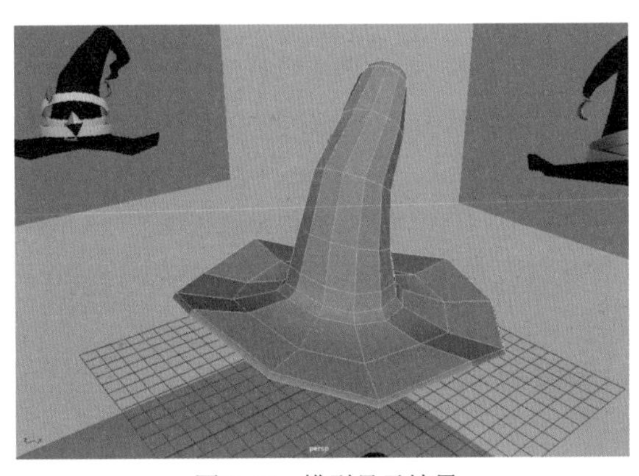
图2-67　模型显示结果

09 在“多边形建模”工具架中单击“UV编辑器”按钮，打开“UV编辑器”窗口，右击并从弹出的快捷菜单中选择“UV壳命令”，选择UV，如图2-68所示，按Delete键将其删除。

10 双击选择边，多次按Ctrl+E快捷键激活“挤出”命令，向内挤出，制作出如图2-69所示的结构。

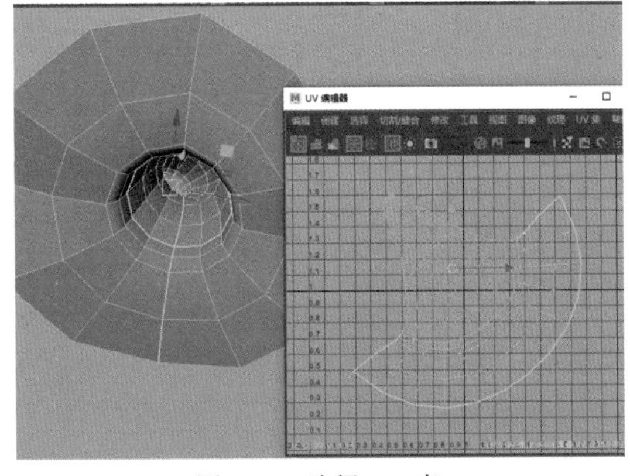
图2-68　选择UV壳

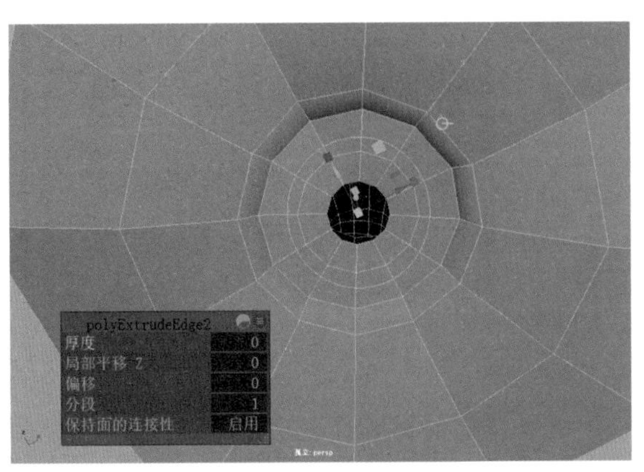

图2-69　向内挤出

11 按Ctrl键并右击鼠标，从弹出的菜单中选择“到顶点”|“到顶点”命令，然后按Shift键并右击鼠标，从弹出的菜单中选择“合并顶点”|“合并顶点到中心”命令，如图2-70所示。

12 选择顶点，调整帽子内部的造型，结果如图2-71所示。

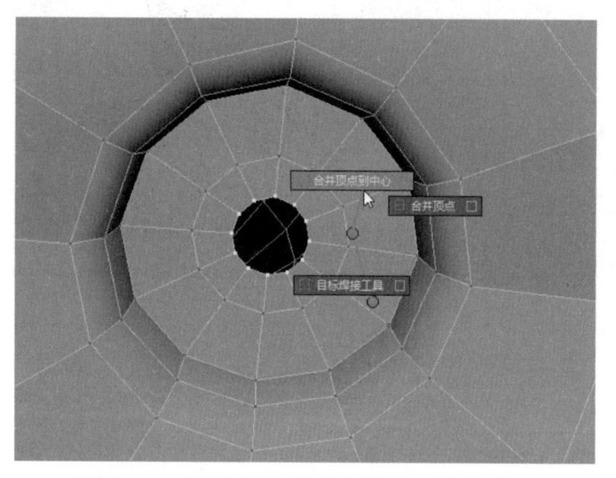

图2-70　选择“合并顶点到中心”命令

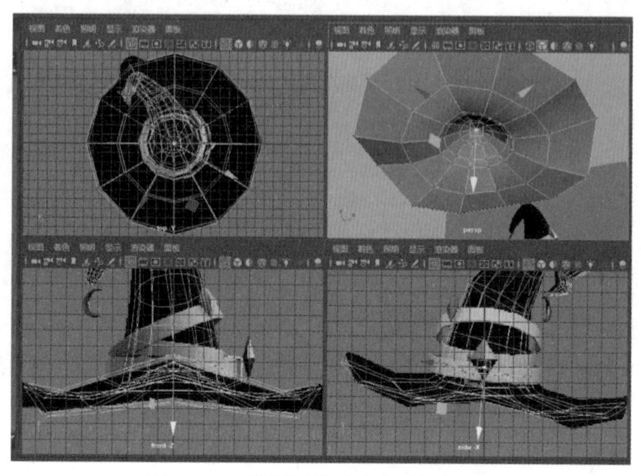

图2-71　调整帽子内部的造型

13 双击选择帽檐的边，按Ctrl+B快捷键激活“倒角”命令，设置“分数”文本框数值为0.8，制作出倒角结构，如图2-72所示。

14 按3键进入平滑质量显示，如图2-73所示，这样能够帮助用户快速地预览低模细分之后的效果。

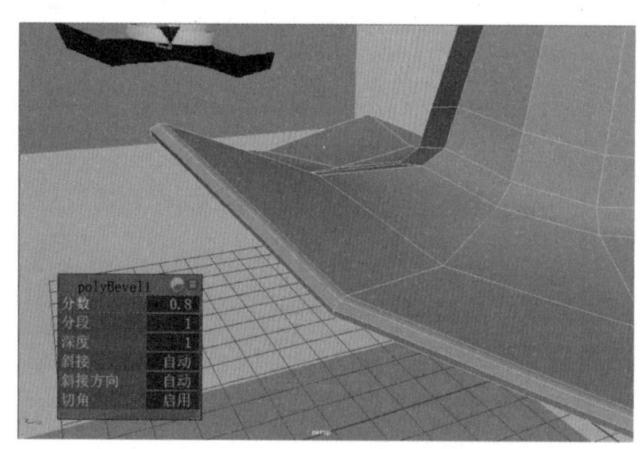

图2-72　制作出倒角结构

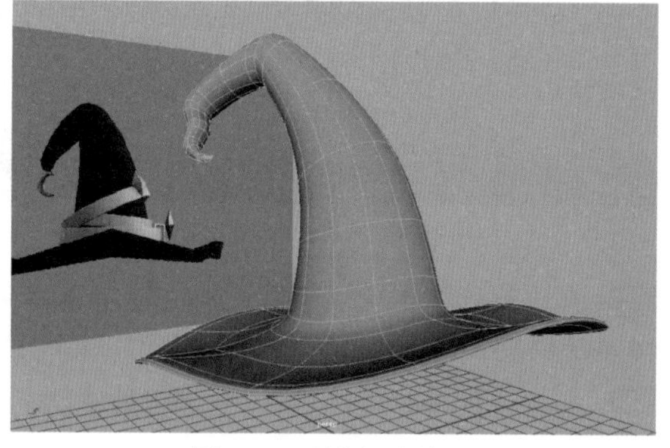

图2-73　预览细分效果

2.2.4　制作装饰物

【例2-8】 本实例将讲解如何制作装饰物。视频

01 在“多边形建模”工具架中单击“多边形圆柱体”按钮，在场景中创建一个多边形圆柱体模型，在“属性编辑器”面板中设置“轴向细分数”文本框的数值为12，右击并从弹出的快捷菜单中选择“面”命令，进入面模式，然后删除多边形圆柱体模型顶部和底部的面，结果如图2-74所示。

02 选择模型将其放置于如图2-75所示的位置，作为皮带模型。

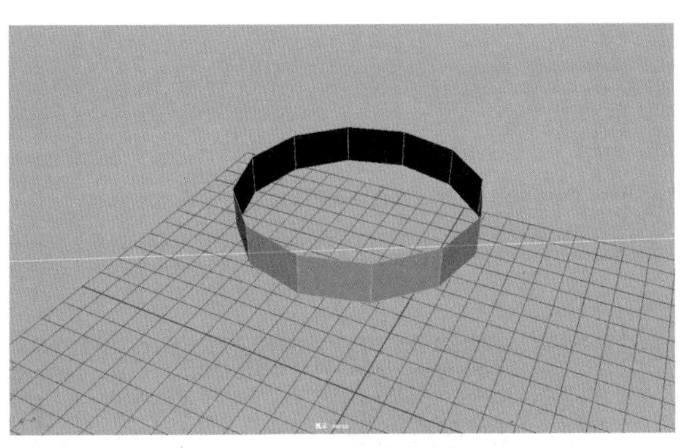

图2-74 删除面

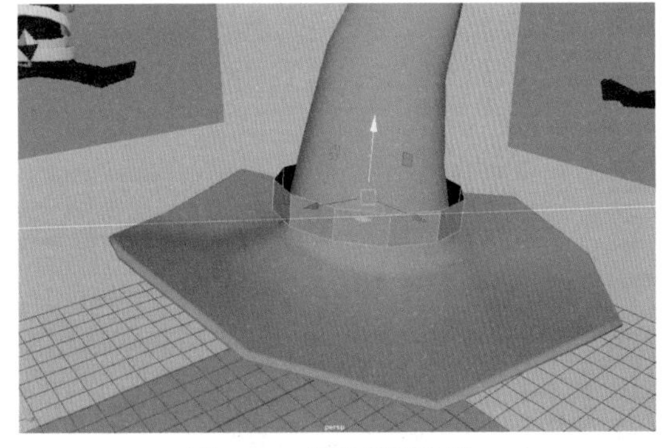

图2-75 调整模型位置

03 右击并从弹出的快捷菜单中选择“对象模式”命令，选择模型，按Ctrl+E快捷键激活“挤出”命令，在打开的面板中，设置“局部平移Z”文本框的数值为0.25，制作出皮带的厚度，如图2-76所示。

04 按Shift键加选皮带模型的四条边线，按Ctrl+B快捷键激活“倒角”命令，在打开的面板中，设置“分数”文本框的数值为0.4，在“分段”文本框中输入2，如图2-77所示。

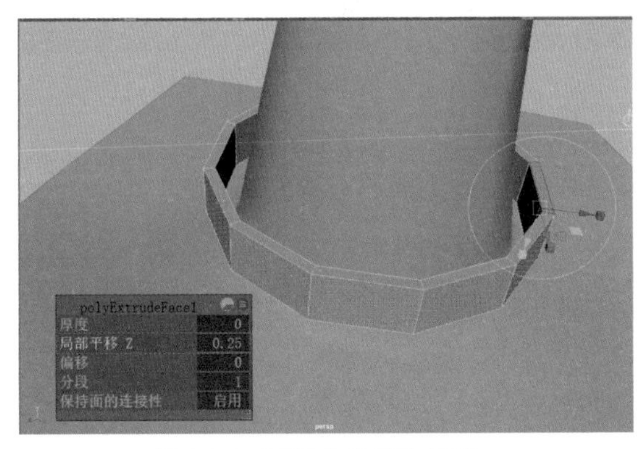

图2-76 制作出皮带的厚度

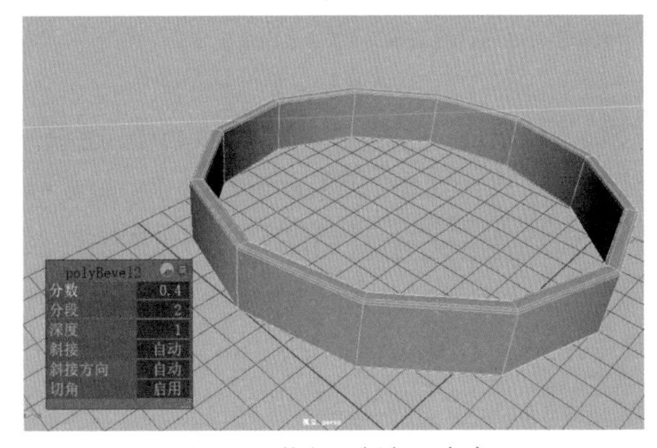

图2-77 执行“倒角”命令

05 选择皮带模型，按Ctrl+D快捷键，复制出一个皮带模型的副本，并调整其位置和比例，结果如图2-78所示。

06 按照步骤5的方法，复制出第三条皮带模型，调整至如图2-79所示的位置。

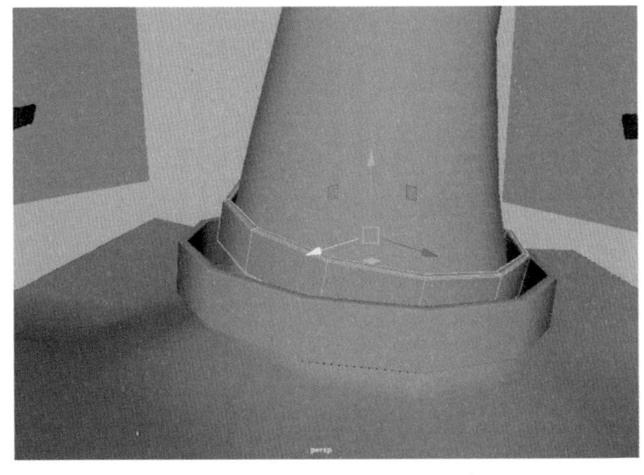

图2-78 复制模型

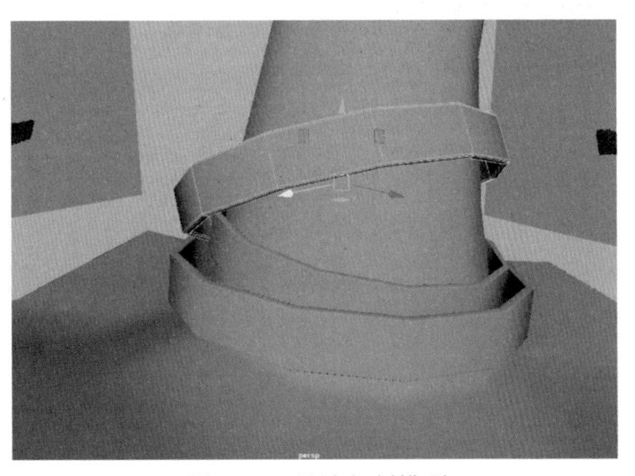

图2-79 继续复制模型

07 在“多边形建模”工具架中单击“多边形圆环”按钮，在“通道盒/层编辑器”面板中设置“截面半径”数值为0.07，设置“轴向细分数”和“高度细分数”数值均为12，将其放置于如图2-80所示的位置。

08 在“多边形建模”工具架中单击“多边形球体”按钮，在“通道盒/层编辑器”面板中设置“轴向细分数”和“高度细分数”数值均为12，并删除多余的面，结果如图2-81所示，制作月亮装饰物。

图2-80　创建多边形圆环模型

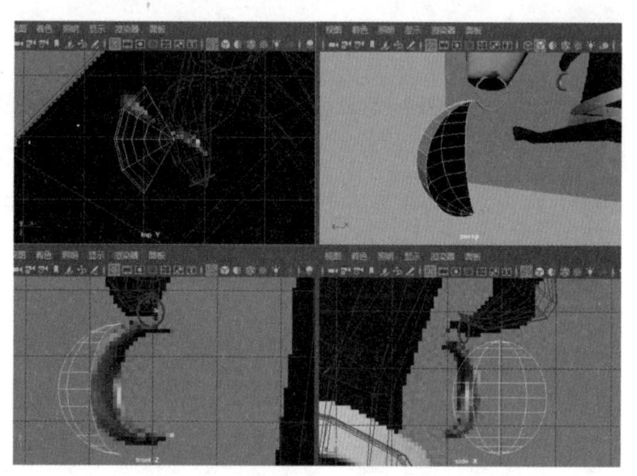

图2-81　创建多边形球体模型

09 选择边，按R键沿Z轴向中心收缩，结果如图2-82所示。

10 双击选择边线，然后按Shift键并右击鼠标，从弹出的快捷菜单中选择“填充洞”命令，如图2-83所示。

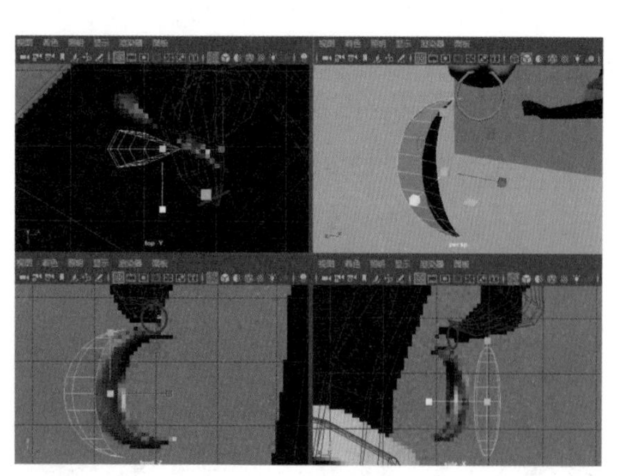

图2-82　调整模型

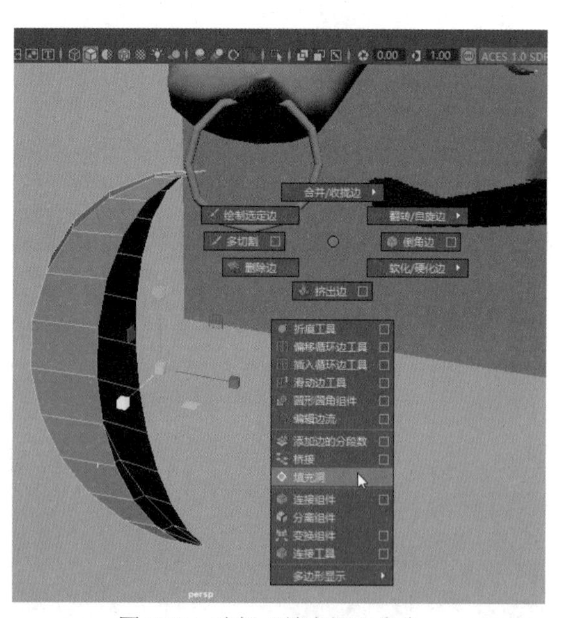

图2-83　选择“填充洞”命令

11 按Shift键加选相对应的顶点，然后按Shift键并右击鼠标，从弹出的快捷菜单中选择“连接组件”命令，如图2-84所示。

12 分别选择相对应的顶点，按G键重复上一步操作，调整模型的布线，结果如图2-85所示。

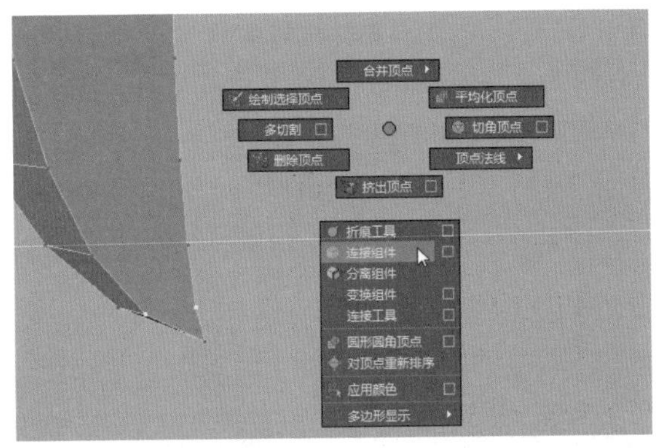

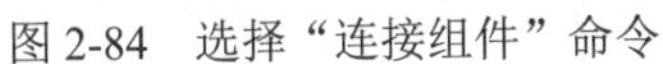
图2-84　选择“连接组件”命令

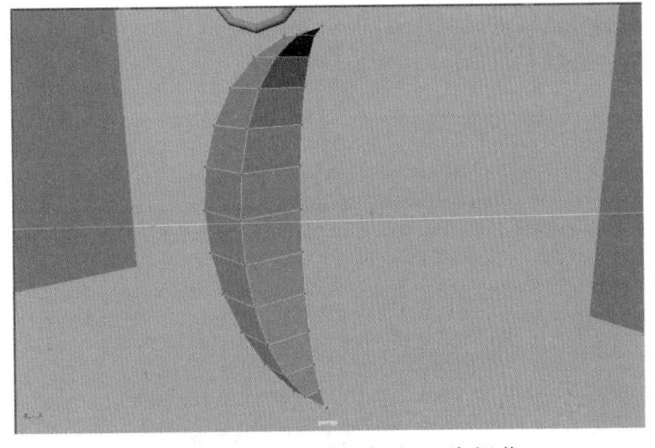

图2-85　按G键重复上一步操作

13 按Shift键并右击鼠标，从弹出的快捷菜单中选择“多切割”命令，然后按Shift键沿边捕捉50%的顶点，结果如图2-86所示。

14 按照步骤13的方法，继续对模型进行多切割操作，结果如图2-87所示。

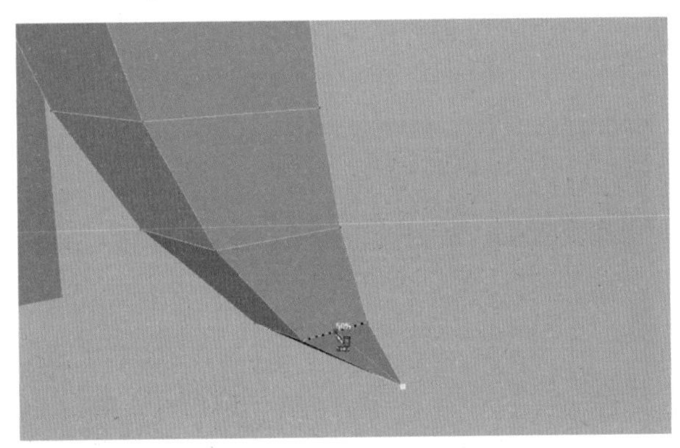

图2-86　沿边捕捉顶点

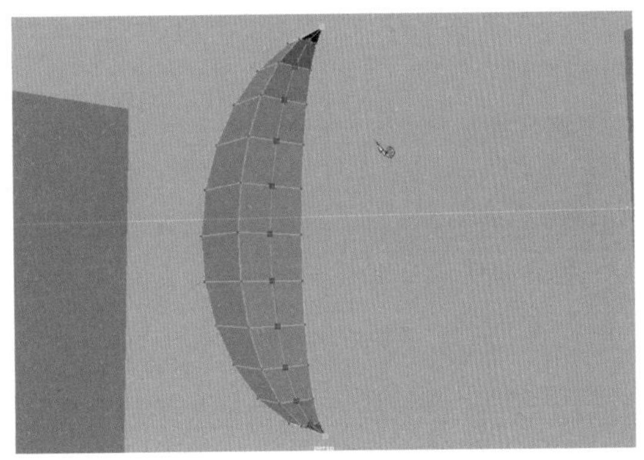

图2-87　进行多切割操作

15 调整月亮装饰物的造型，结果如图2-88所示。

16 调整月亮装饰物的方向，并将其放置于如图2-89所示的位置。

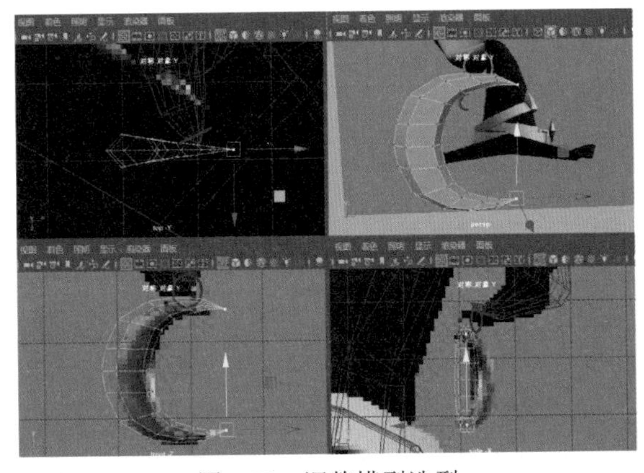

图2-88　调整模型造型

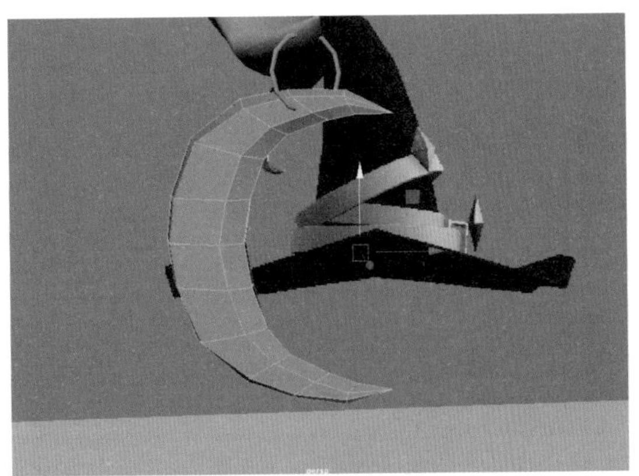

图2-89　调整模型方向

17 在“多边形建模”工具架中单击“多边形圆环”按钮，在“属性编辑器”面板中设置“截面半径”文本框的数值为0.17，设置“轴向细分数”文本框的数值为4，结果如图2-90所示，制作卡扣模型。

18 选择卡扣模型的所有边，按Ctrl+B快捷键激活“倒角”命令，在打开的面板中，设置“分数”文本框的数值为1，设置“分段”文本框中的数值为2，结果如图2-91所示。

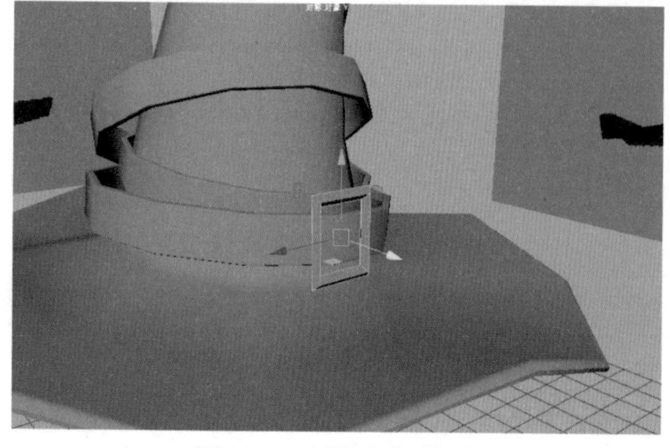

图 2-90　制作卡扣模型

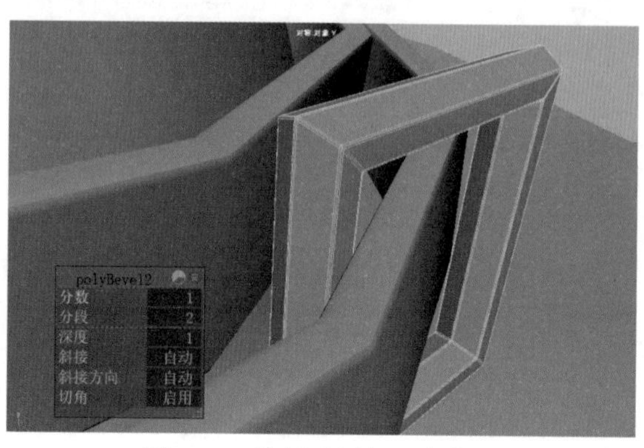

图 2-91　执行“倒角”命令

19 调整卡扣模型的位置，结果如图2-92所示。

20 在“多边形建模”工具架中单击“多边形立方体”按钮，调整其位置和方向，如图2-93所示，制作菱形装饰物。

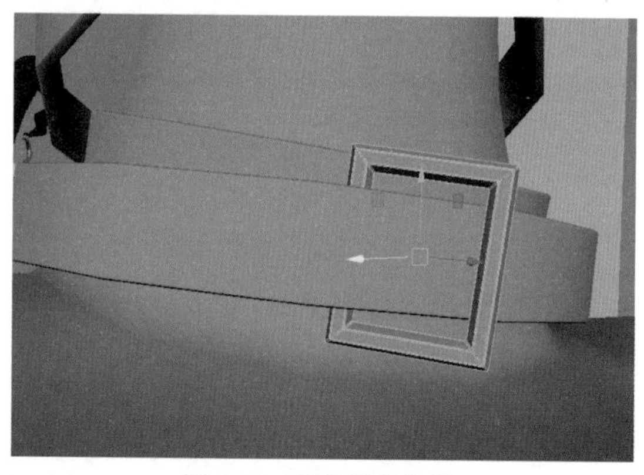

图 2-92　调整模型位置

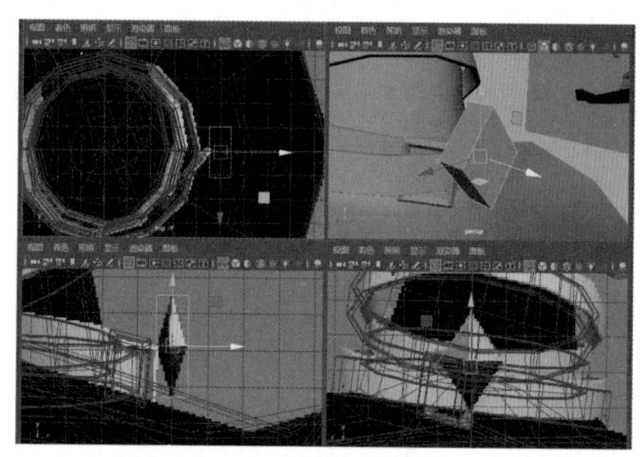

图 2-93　制作菱形装饰物

21 选择菱形装饰物模型，进入边模式，选择任意一条边，按Shift键并右击鼠标，从弹出的快捷菜单中选择“多切割”命令，调整模型的布线，结果如图2-94所示。

22 选择顶点，按Shift键并右击鼠标，从弹出的快捷菜单中选择“合并顶点”|“合并顶点到中心”命令，如图2-95所示。

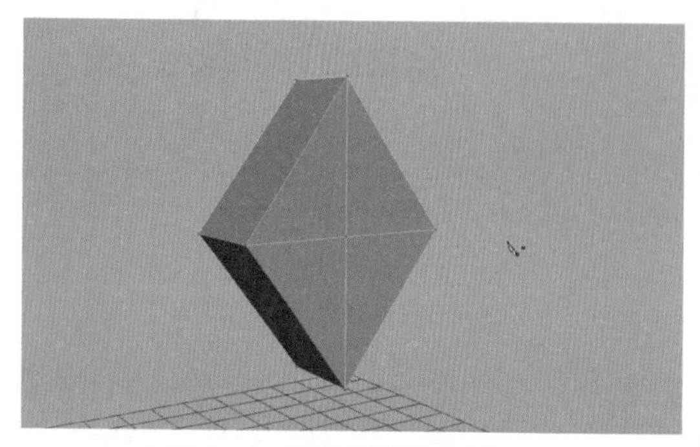

图 2-94　调整模型的布线

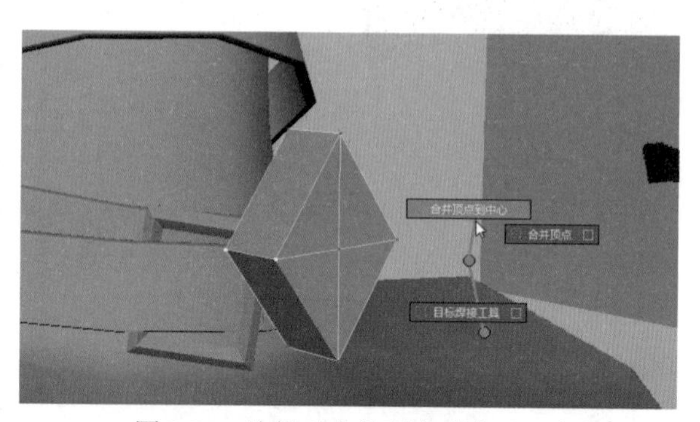

图 2-95　选择“合并顶点到中心”命令

23 设置完成后，菱形装饰物模型的显示结果如图2-96所示。

24 选择菱形装饰物模型的所有边线，按Ctrl+B快捷键激活“倒角”命令，在打开的面板中，设置“分数”文本框的数值为0.1，设置“分段”文本框中的数值为2，如图2-97所示。

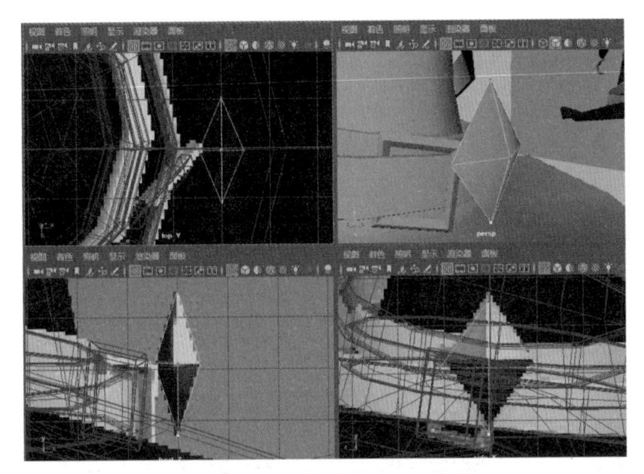

图2-96　模型的显示结果

图2-97　执行“倒角”命令

25 按D键进入自定义枢轴模式，然后按X键激活“捕捉到栅格”命令，修改模型坐标轴的位置，结果如图2-98所示，再按一次D键结束命令。

26 按V键激活“捕捉到顶点”命令，并将模型吸附至如图2-99所示的位置。

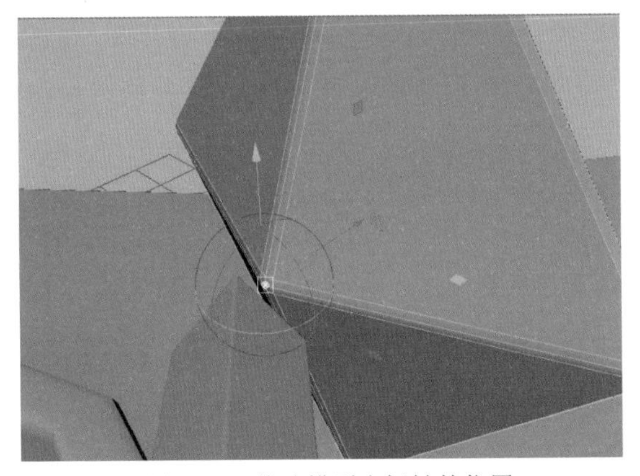

图2-98　修改模型坐标轴的位置

图2-99　调整模型位置

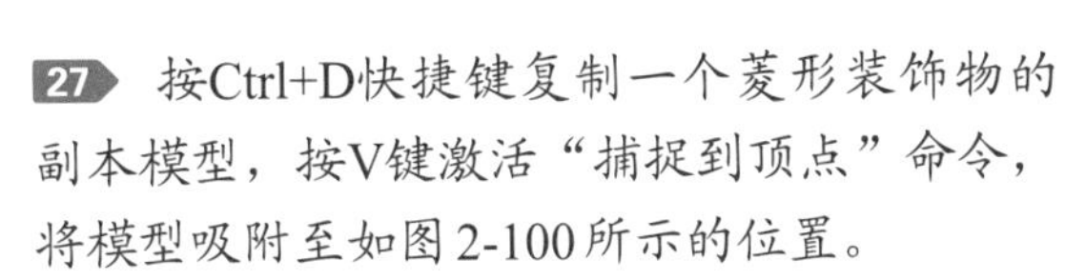

27 按Ctrl+D快捷键复制一个菱形装饰物的副本模型，按V键激活“捕捉到顶点”命令，将模型吸附至如图2-100所示的位置。

28 此时，模型的最终效果如图2-50所示。

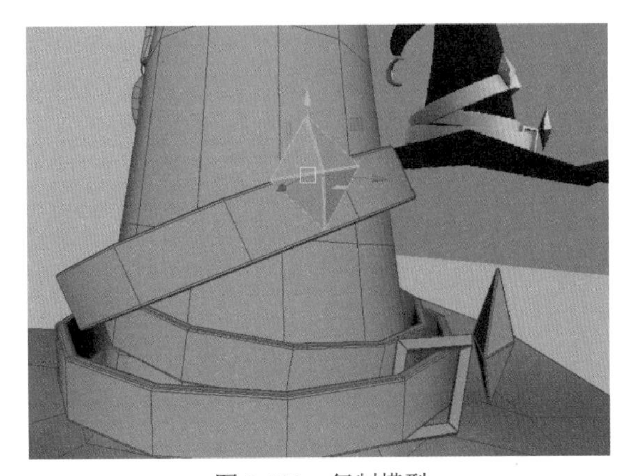

图2-100　复制模型

2.3 思考与练习

1. 收集相关游戏道具的三维模型及参考图，并对游戏道具模型的结构进行分析。

2. 创建如图2-101所示的道具斧子模型，要求熟练掌握道具模型的制作规范和布线规律。

图 2-101　斧子模型

第3章

硬表面武器建模

硬表面建模是指创建机械、武器、车辆等具有坚固外观和结构类物品的模型，是建模中较为重要和复杂的部分。本章将通过制作武器科幻枪模型，以硬表面建模的技术为基础，讲解细节的调整和贴图的制作，帮助读者熟练掌握高质量的硬表面模型制作流程。

3.1 科幻枪武器概述

在科幻电影、游戏和动漫作品中，科幻枪是一种极具未来感和科技感的武器道具，其在作品中的独特魅力，以及极具前瞻性的外观和令人叹为观止的光影效果十分引人注目。

与传统枪械相比，科幻枪往往拥有更加复杂、前卫和精细的外形结构，以及高科技设备，如能量武器、光束枪、激光枪等，能够让人感受到未来科技的力量。科幻枪不受现实世界物理规律的限制，设计师可以基于极其宽广的设计空间，设计出形态多变和功能独特的武器，可以是充满弧线和棱角的结构，或者拥有复杂纹理和发光效果的装饰品。科幻枪的设计不仅要考虑在功能性上的可行性，还需要考虑在美学上的独特性。有的科幻枪采用流线型、机械化的造型，强调科技的进步和较高的战斗力；有的科幻枪则散发着未来感十足的光影效果，给人一种梦幻般的感受。无论是枪身上闪烁的LED灯光、可调节的能量输出装置，还是细致的纹理和雕花，都体现了设计师的创意和想象力。

本章将以一个游戏武器科幻枪为例，如图3-1所示，从基本形状开始，如枪管和握把，逐步添加细节，如螺纹、机械零件等，以丰富枪械的外观，最后通过贴图来表现科幻枪的纹理和材质。

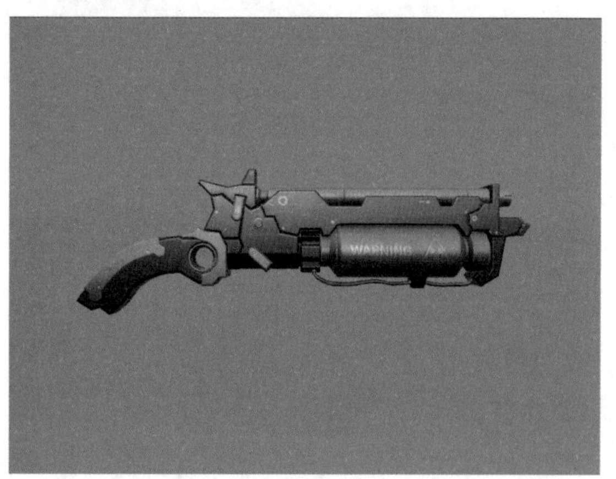

图 3-1　科幻枪模型

3.2 创建项目工程文件

【例 3-1】 本实例将讲解如何创建项目工程文件。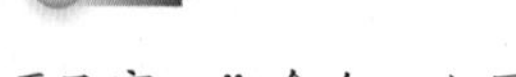

01 打开Maya 2022软件，在菜单栏中选择“文件”|“项目窗口”命令，如图3-2所示。

02 打开“项目窗口”窗口，单击“当前项目”文本框右侧的“新建”按钮，根据自己的情况设定文件保存路径，可以设置保存在计算机任意的磁盘空间中，如图3-3所示，然后单击“接受”按钮。

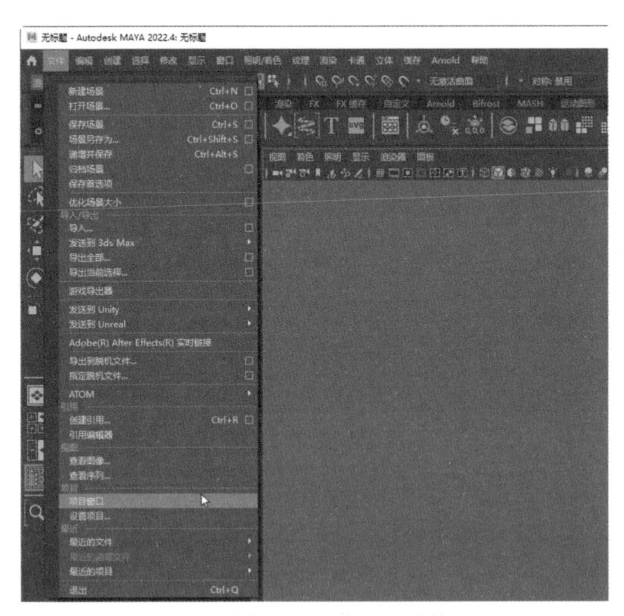

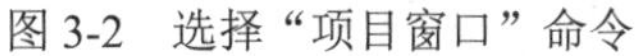
图 3-2　选择“项目窗口”命令

图 3-3　设置“项目窗口”窗口

3.3　制作武器基础模型

【例 3-2】 本实例将讲解如何制作武器基础模型。视频

01 按Shift键并右击鼠标，从弹出的快捷菜单中选择“立方体”命令，在场景中创建一个立方体模型，在“属性编辑器”面板中设置“宽度”文本框的数值为20，如图3-4所示。

02 调整立方体模型的造型，并将其移动至栅格上方，结果如图3-5所示。

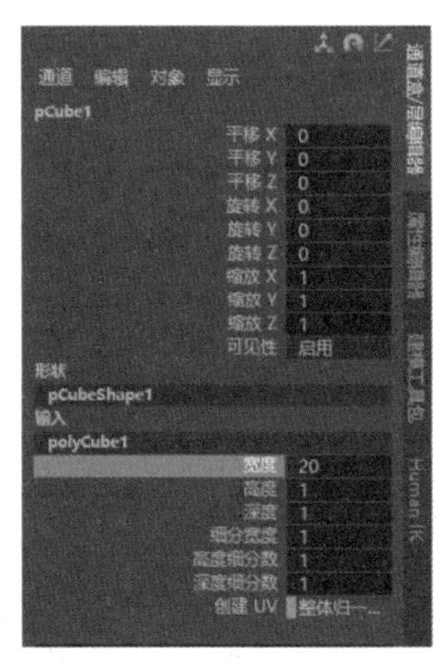

图 3-4　设置立方体模型参数

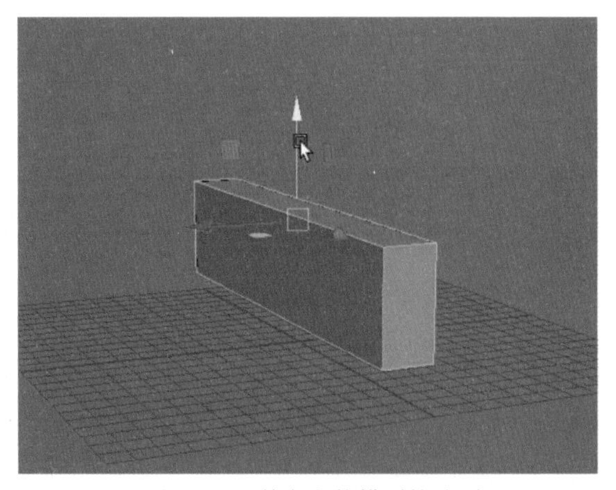

图 3-5　调整立方体模型的造型

03 按Shift键并右击鼠标，从弹出的快捷菜单中选择“圆柱体”命令，在“属性编辑器”面板中设置“旋转Z”为-90，设置“轴向细分数”文本框的数值为12，调整多边形圆柱体模型的造型，放置在多边形立方体模型上方，如图3-6所示。

04 选择多边形立方体模型，进入“边”模式，按Ctrl键并右击鼠标，从弹出的快捷菜单中选择“环形边工具”|“到环形边并分割”命令，如图3-7所示。

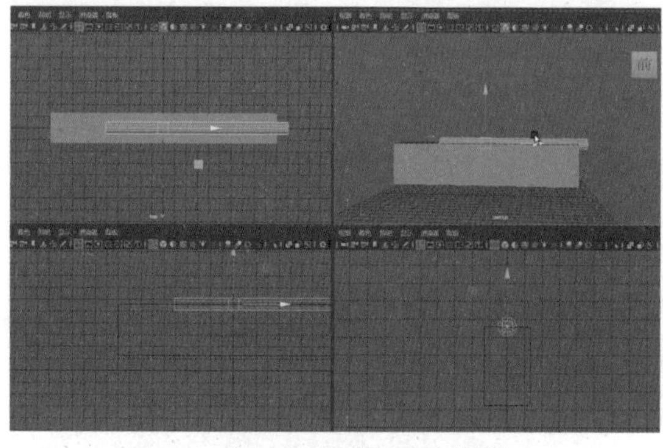

图 3-6　创建多边形圆柱体模型

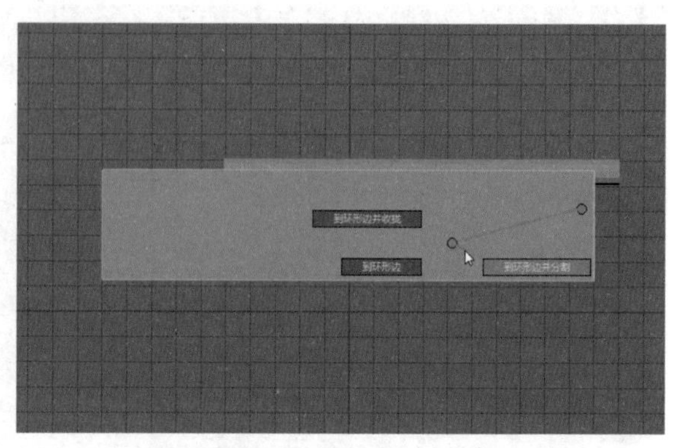

图 3-7　选择“到环形边并分割”命令

05 选择下半部分右侧的面，按Ctrl+E快捷键激活“挤出”命令，向右挤出，如图3-8所示。

06 调整模型的造型，然后按Shift键并右击鼠标，从弹出的快捷菜单中选择“多切割”命令，按Ctrl键，将光标放置在如图3-9所示的位置，单击鼠标。

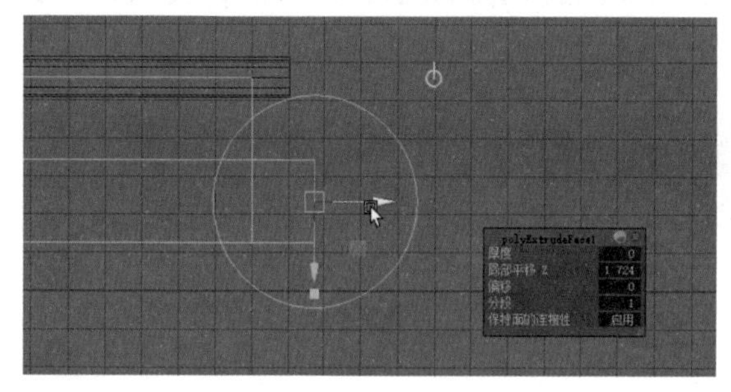

图 3-8　执行“挤出”命令

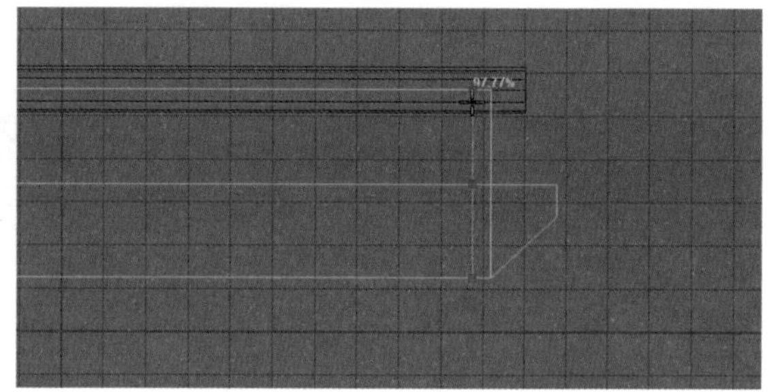

图 3-9　执行“多切割”命令

07 按照步骤5的方法，制作出如图3-10所示的造型。

08 按Shift键并右击鼠标，从弹出的快捷菜单中选择“圆柱体”命令，在“属性编辑器”面板中设置“旋转Z”为-90，设置“轴向细分数”文本框的数值为12，调整多边形圆柱体模型的造型，如图3-11所示。

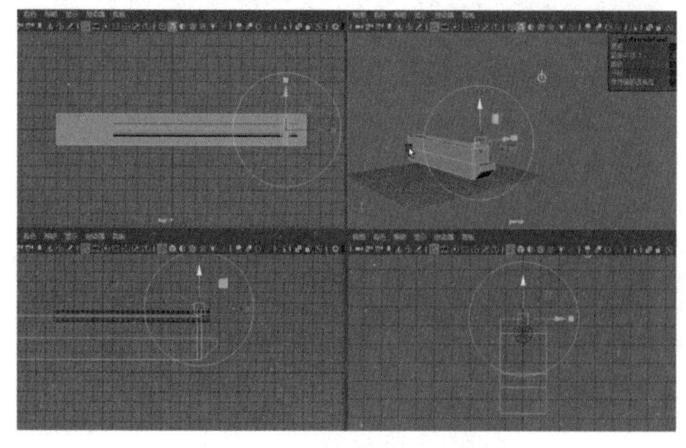

图 3-10　调整模型的造型

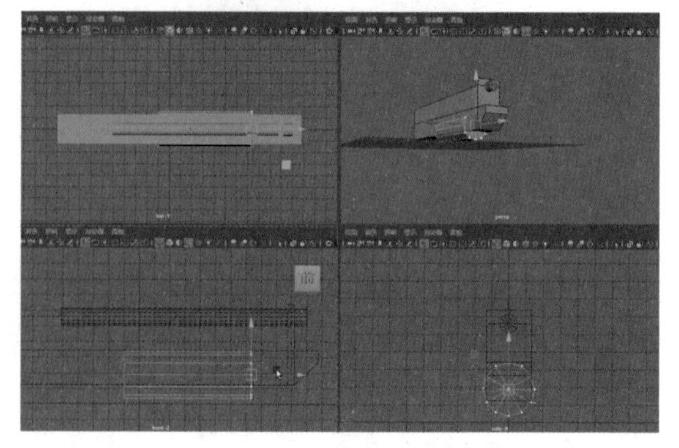

图 3-11　创建多边形圆柱体模型

09 选择多边形圆柱体模型，按Ctrl+D快捷键，复制出一个副本模型，如图3-12所示。

10 选择多边形圆柱体模型两端的面，多次按Ctrl+E快捷键激活“挤出”命令向外挤出，并向中心收缩，调整模型右侧的造型，如图3-13所示。

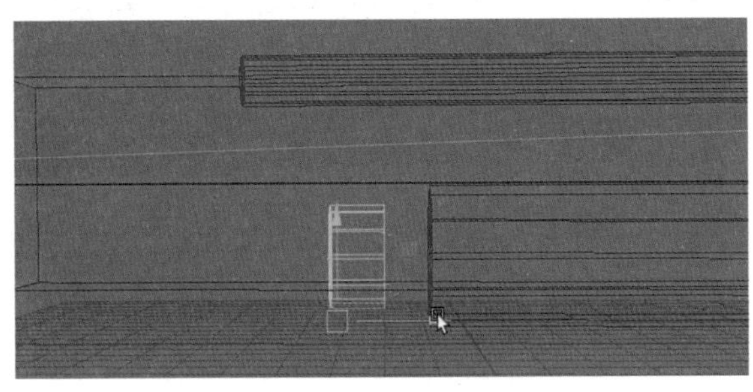

图 3-12　复制模型

图 3-13　调整模型的造型

11 按Shift键并右击鼠标，从弹出的快捷菜单中选择“插入循环边工具”命令，如图3-14所示，在模型右侧添加两条边，按R键，沿X轴向外收缩，调整两条边的间距。

12 选择两条循环边中间的一圈面，按Ctrl+E快捷键激活“挤出”命令，向外挤出，如图3-15所示。

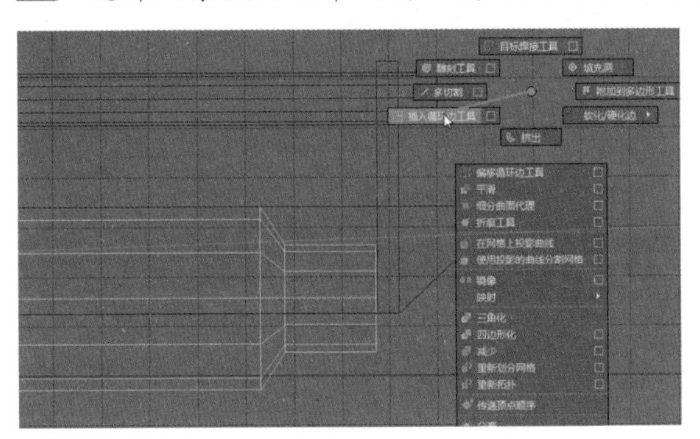

图 3-14　选择“插入循环边工具”命令

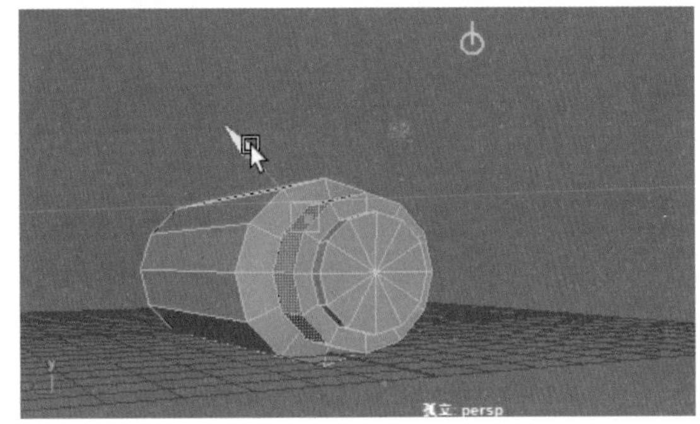

图 3-15　向外挤出

13 进入“边”模式，按Ctrl键并右击鼠标，从弹出的快捷菜单中选择“环形边工具”|“到环形边并分割”命令，如图3-16所示。

14 按Shift键并右击鼠标，从弹出的快捷菜单中选择“多切割”命令，按Ctrl键并单击鼠标切割模型，添加线段并调整模型的顶点，结果如图3-17所示。

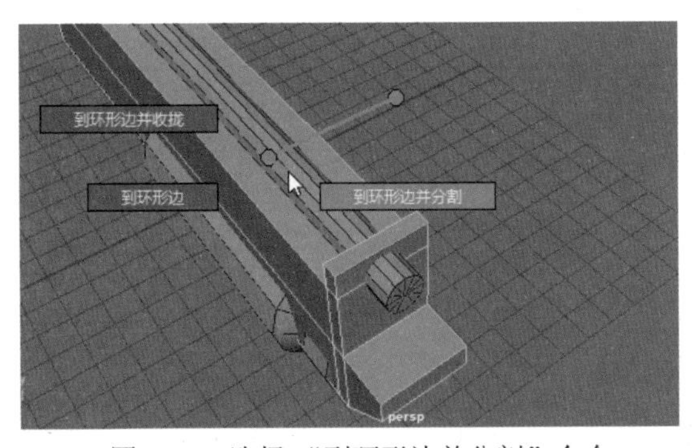

图 3-16　选择“到环形边并分割”命令

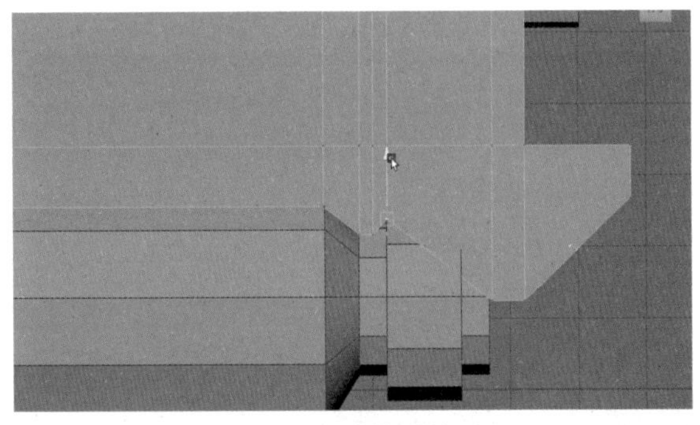

图 3-17　调整模型的顶点

15 调整复制出的第二个圆柱体模型的造型，框选如图3-18所示的面，按Shift键并右击鼠标，从弹出的快捷菜单中选择“提取面”命令，如图3-19所示。

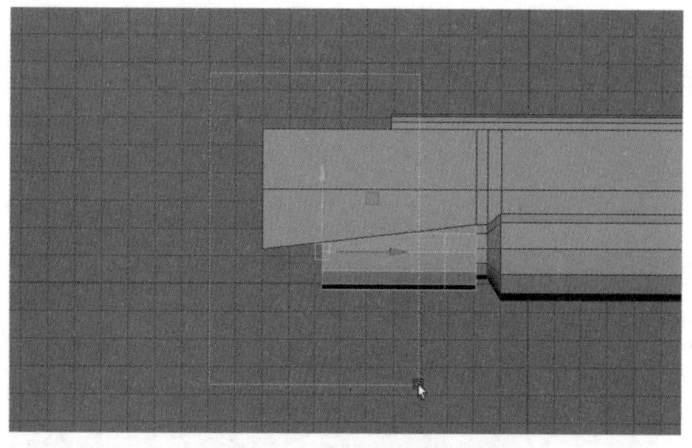

图 3-18　框选模型的面

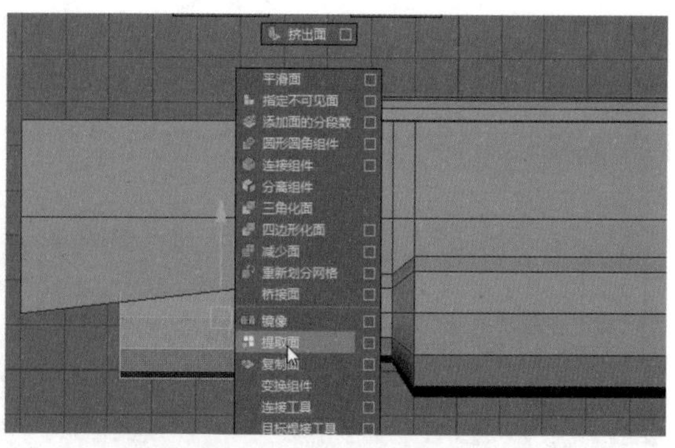

图 3-19　选择“提取面”命令

16 调整提取出的模型比例，并删除上半部分的面，然后选择如图 3-20 所示的模型。

17 选择左侧边缘的一圈边，按Ctrl+E快捷键激活“挤出”命令，向中心收缩，然后按Shift键并右击鼠标，从弹出的快捷菜单中选择“合并/收拢边”|“合并边到中心”命令，如图 3-21 所示。

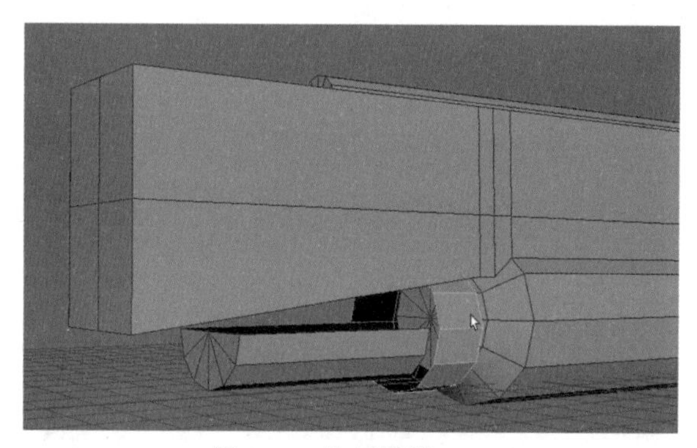

图 3-20　选择模型

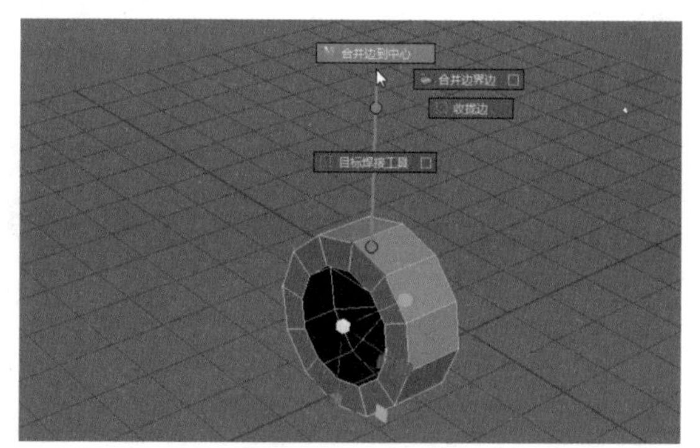

图 3-21　选择“合并边到中心”命令

18 右击并从弹出的快捷菜单中选择“对象模式”命令，在菜单栏中分别选择“修改”命令，从弹出的快捷菜单中依次选择“冻结变换”和“中心枢轴”命令，使坐标轴回到物体中心，如图 3-22 所示。

19 按D键进入自定义枢轴模式，然后按V键激活“捕捉到点”命令，更改模型坐标轴的位置，如图 3-23 所示，再按一次D键结束命令。

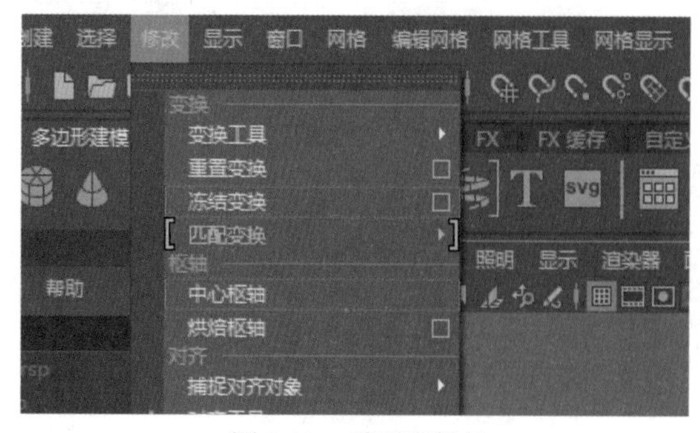

图 3-22　重置坐标轴

图 3-23　更改模型坐标轴的位置

20 按V键将模型捕捉到如图 3-24 所示的位置。

21 调整场景中模型的造型，如图3-25所示。

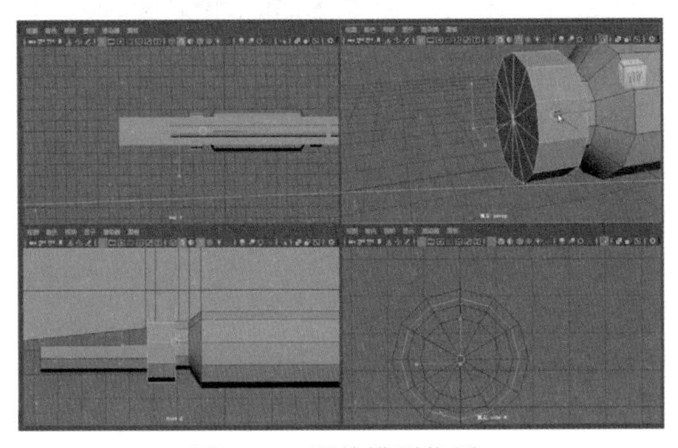

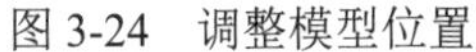

图3-24　调整模型位置

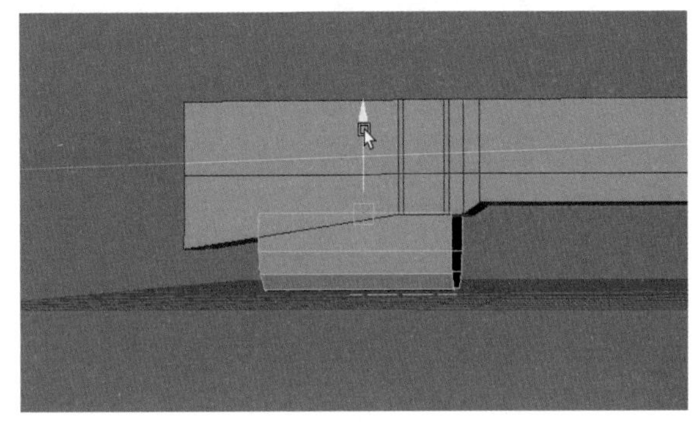

图3-25　调整模型的造型

22 按Shift键并右击鼠标，从弹出的快捷菜单中选择“多切割”命令，按Ctrl+Shift快捷键进行90度角切割模型，并删除多余的面，如图3-26所示。

23 删除多余的面，并调整模型的造型，结果如图3-27所示。

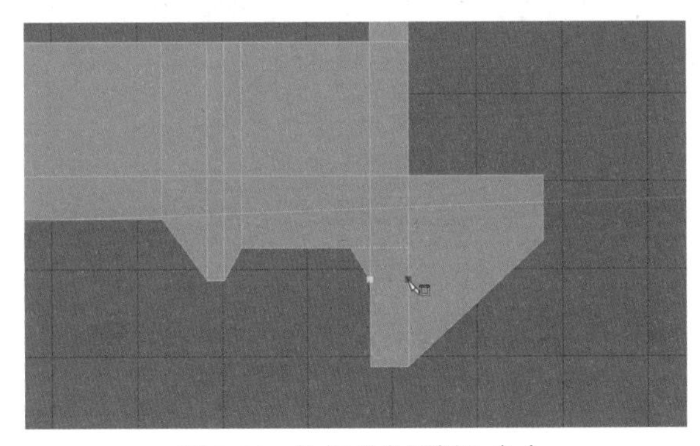

图3-26　执行“多切割”命令

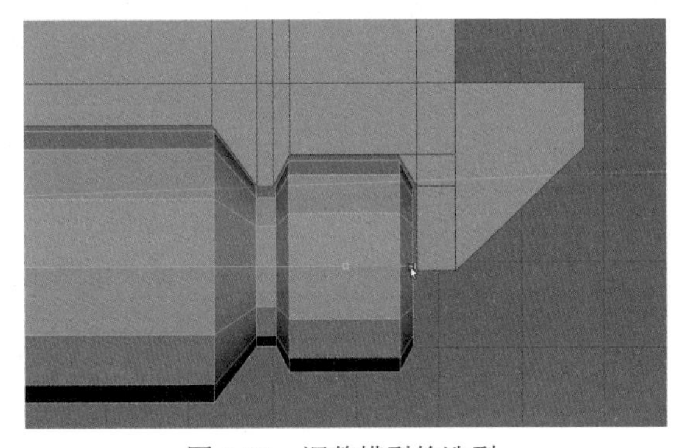

图3-27　调整模型的造型

24 选择如图3-28左图所示的面，按Ctrl+E快捷键激活“挤出”命令，向下挤出，调整模型的造型，按Shift键并右击鼠标，从弹出的快捷菜单中选择“多切割”命令，按Ctrl键，将光标放置在如图3-28右图所示的位置，单击鼠标切割模型。

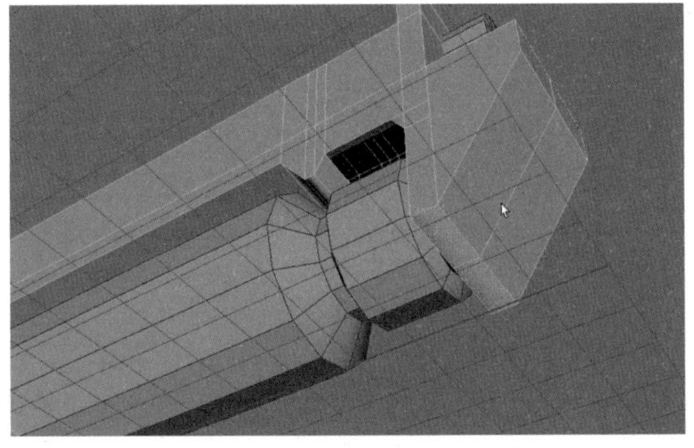

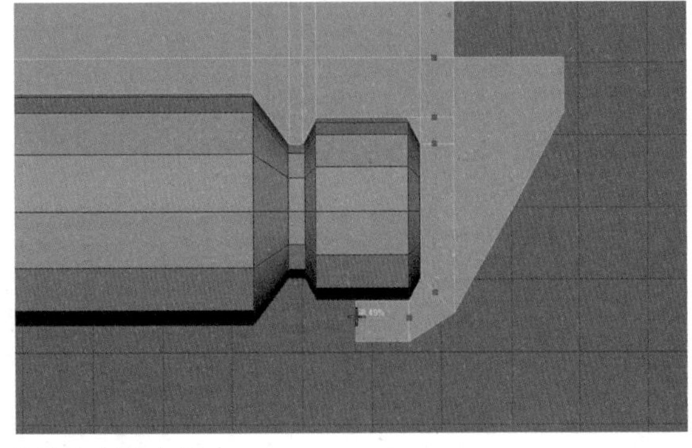

图3-28　调整模型的造型和布线

25 进入点模式，按Shift键并右击鼠标，从弹出的快捷菜单中选择“合并顶点”|“目标焊接工具”命令，如图3-29左图所示，选择顶点，进行焊接操作，结果如图3-29右图所示。

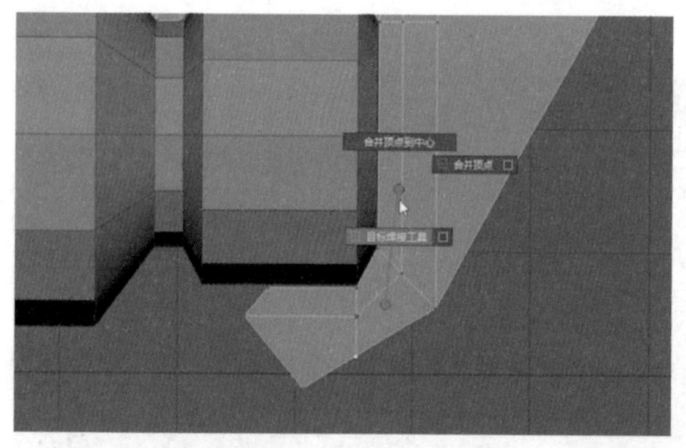

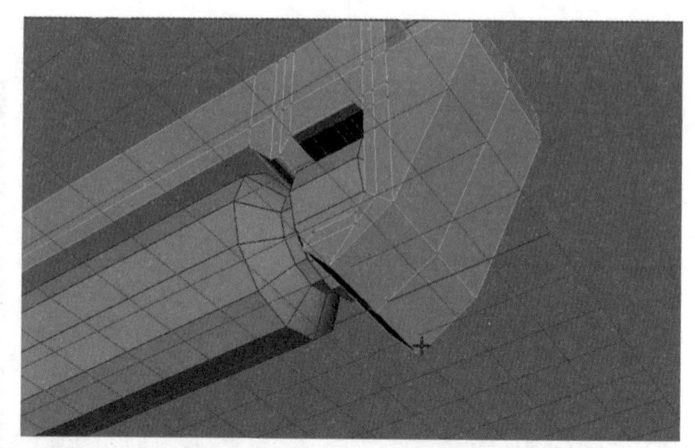

图 3-29　焊接顶点

26 选择顶点，进行焊接操作，结果如图3-30所示。

27 按照步骤25的方法，焊接其他顶点，并调整模型的造型，如图3-31所示。

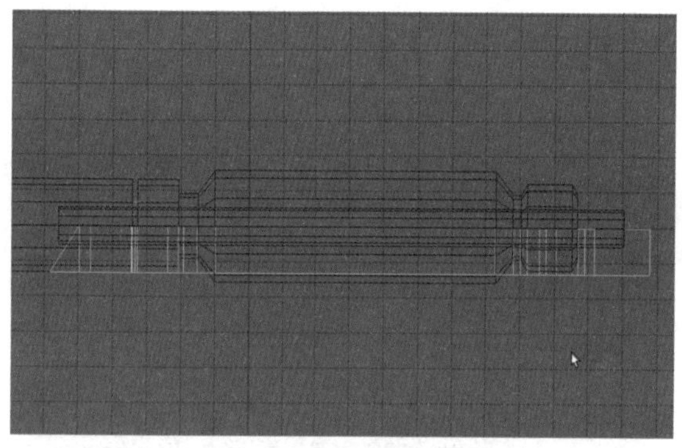

图 3-30　继续焊接顶点

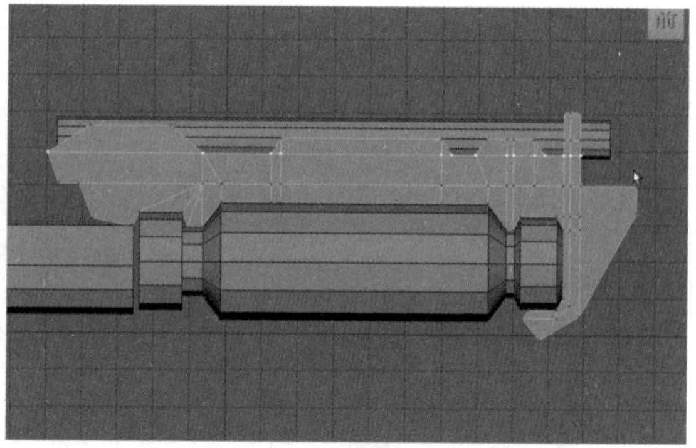

图 3-31　焊接顶点并调整模型的造型

28 选择模型，按Shift键并右击，从弹出的快捷菜单中选择“镜像”命令右侧的复选框，如图3-32所示。

29 打开“镜像选项”窗口，选择“Z”单选按钮，然后单击“应用”按钮，如图3-33所示。

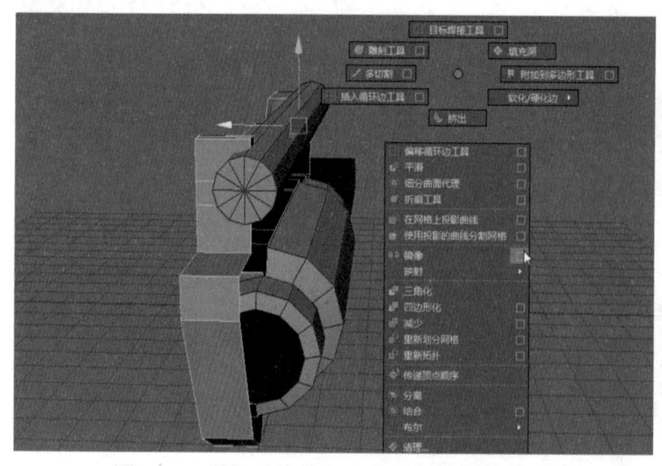

图 3-32　选择“镜像”命令右侧的复选框

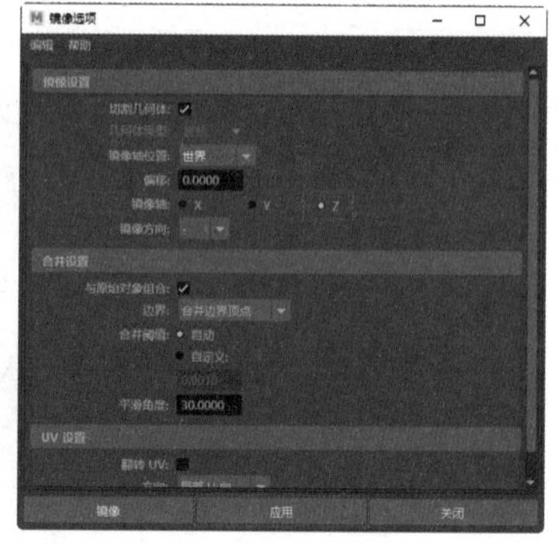

图 3-33　设置镜像参数

30 选择如图3-34左图所示的面，然后按Ctrl+E快捷键激活“挤出”命令，向右挤出，如图3-34右图所示。

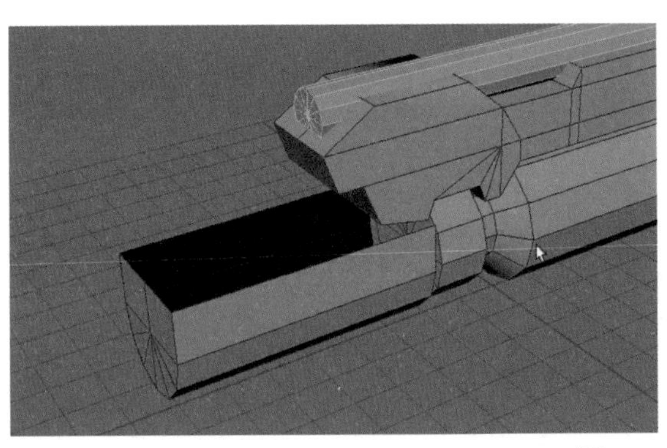
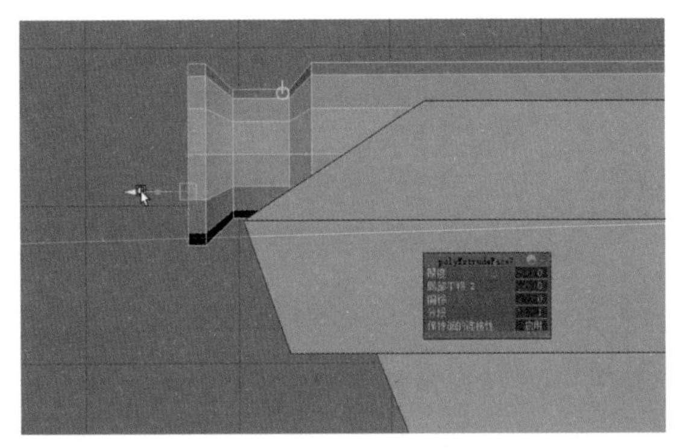

图 3-34　挤出面

31 选择如图 3-35 左图所示的面，然后按Ctrl+E快捷键激活“挤出”命令，向左挤出，按Shift键并右击鼠标，从弹出的快捷菜单中选择“多切割”命令，按Ctrl键，将光标放置在如图 3-35 右图所示的位置，单击鼠标切割模型。

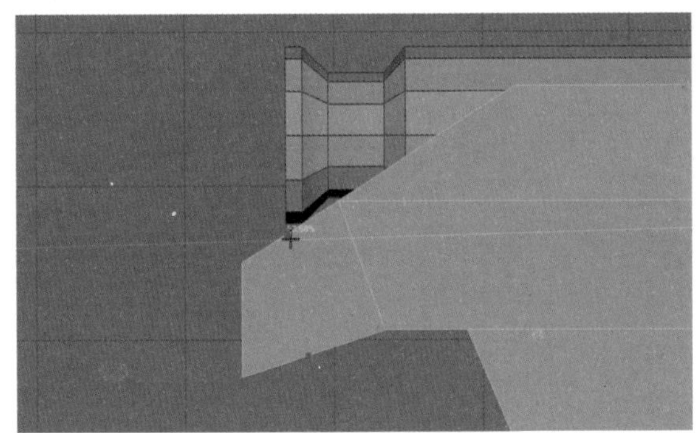

图 3-35　继续挤出面并调整模型的造型

32 选择面，按Shift键并右击鼠标，从弹出的快捷菜单中选择“复制面”命令，如图 3-36 左图所示，按照步骤 24 到步骤 25 的方法，制作出如图 3-36 右图所示的结构。

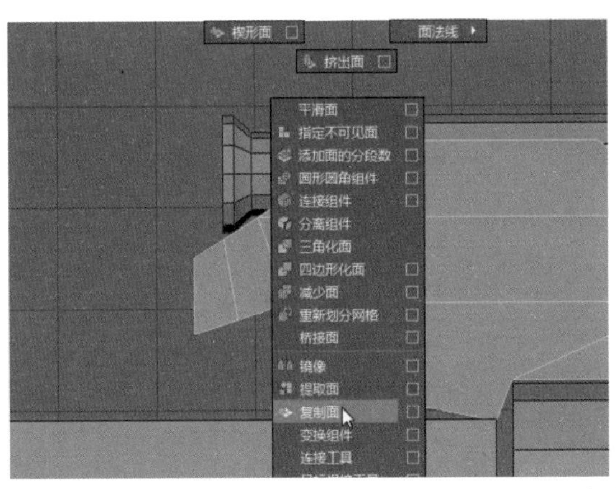

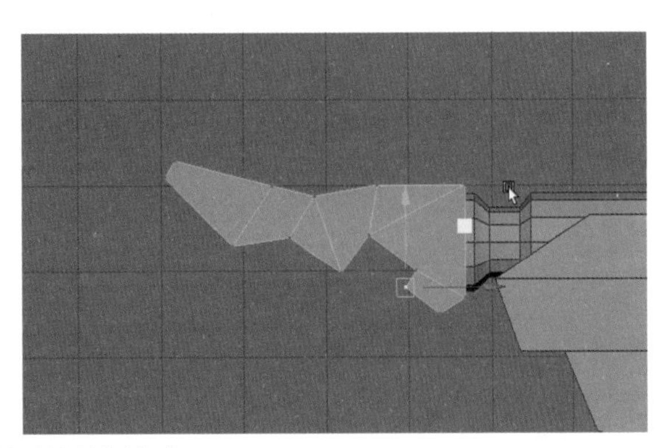

图 3-36　复制面并制作模型

33 按Shift键并右击鼠标，从弹出的快捷菜单中选择“多切割”命令，切割模型，然后按Shift键并右击鼠标，从弹出的快捷菜单中选择“合并顶点”|“目标焊接工具”命令，制作出如图 3-37 左图所示的结构。按照步骤 32 的方法，提取出面，制作出如图 3-37 右图所示的造型。

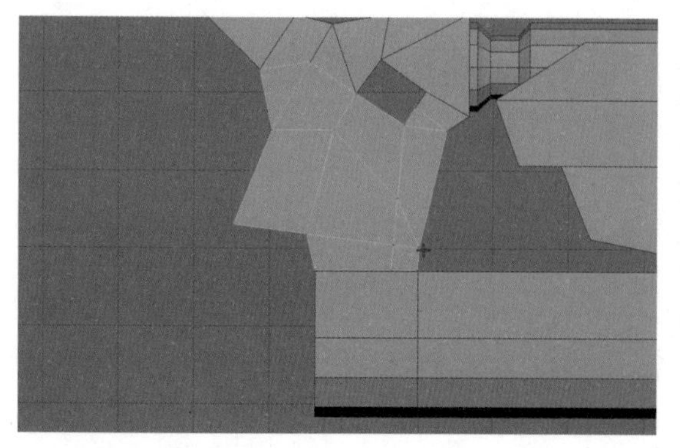
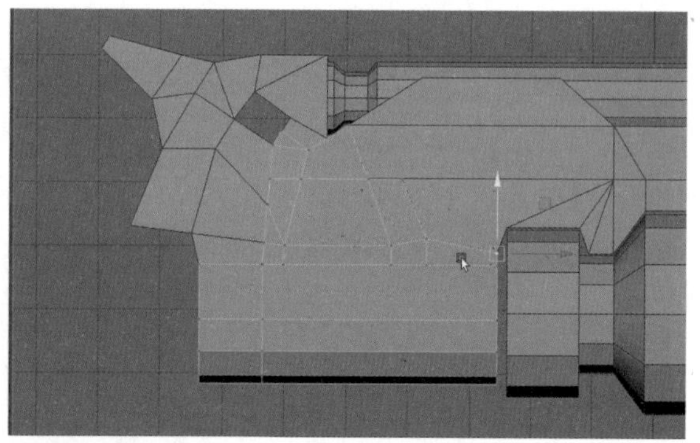

图 3-37　继续提取面并制作模型

34 框选面，按Shift键并右击鼠标，从弹出的快捷菜单中选择“提取面”命令，如图3-38所示。

35 选择上下两部分的模型，按Shift键并右击鼠标，从弹出的快捷菜单中选择“结合”命令，如图3-39所示，然后合并模型交界处的所有顶点。

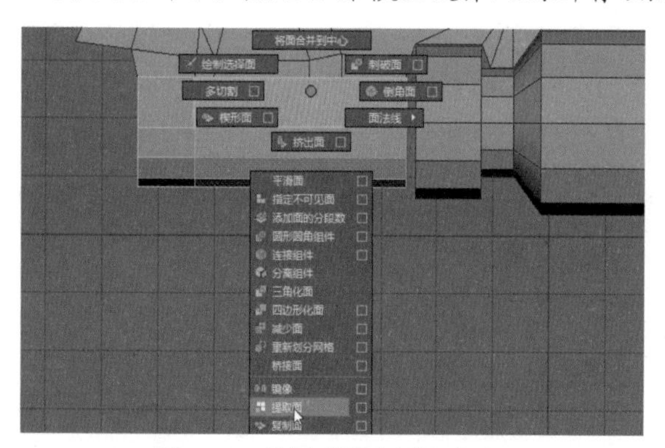

图 3-38　选择“提取面”命令

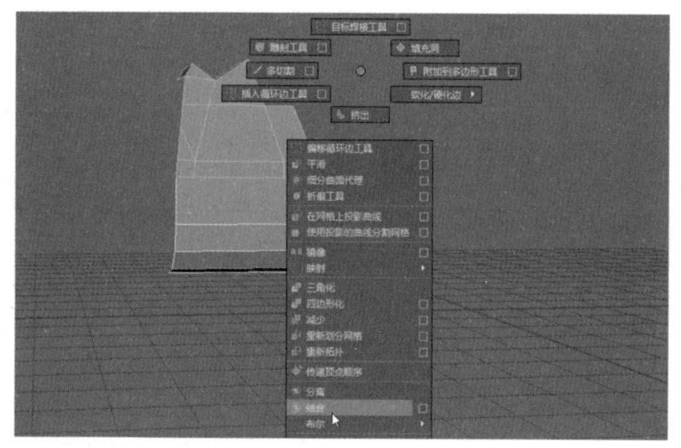

图 3-39　选择“结合”命令

36 调整模型的布线，如图3-40左图所示，然后选择边，按Ctrl+E快捷键激活“挤出”命令，调整模型的造型，如图3-40右图所示。

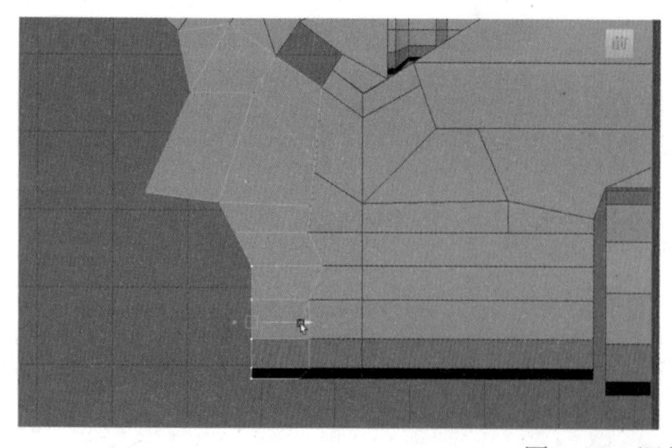
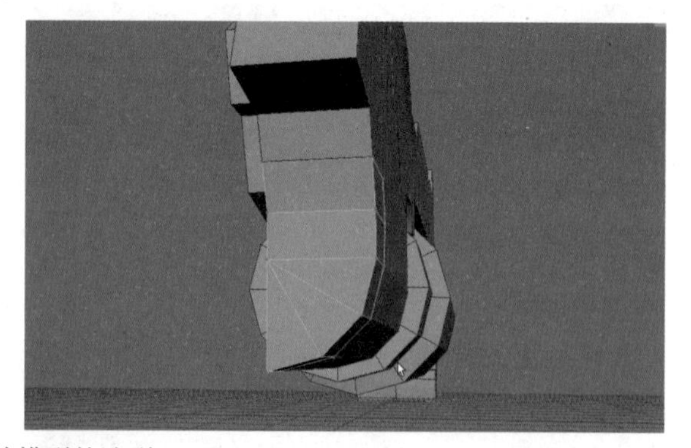

图 3-40　调整模型的造型

37 分别从如图3-41所示的两组模型中复制出两组面。

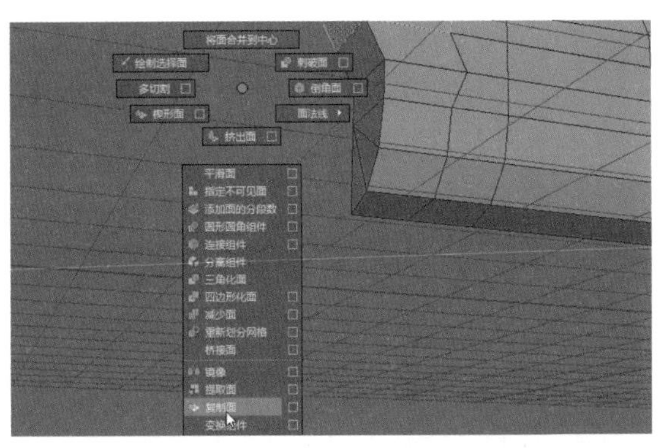

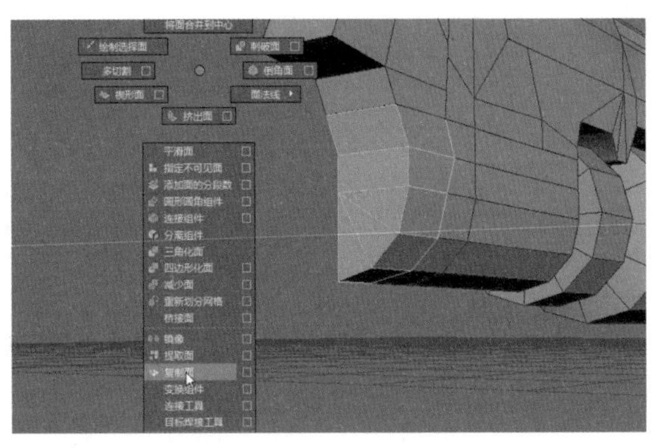

图 3-41　复制出两组面

38 选择提取出的面，按Shift键并右击鼠标，从弹出的快捷菜单中选择“结合”命令，框选交界处的顶点，按Shift键并右击鼠标，从弹出的快捷菜单中选择“合并顶点”|“合并顶点到中心”命令，然后选择结合的面，按Ctrl+E快捷键激活“挤出”命令，结果如图3-42所示。

39 选择面，按Ctrl+E快捷键激活“挤出”命令，向下挤出，并按R键激活“缩放工具”命令，沿Y轴向中心缩放，结果如图3-43所示。

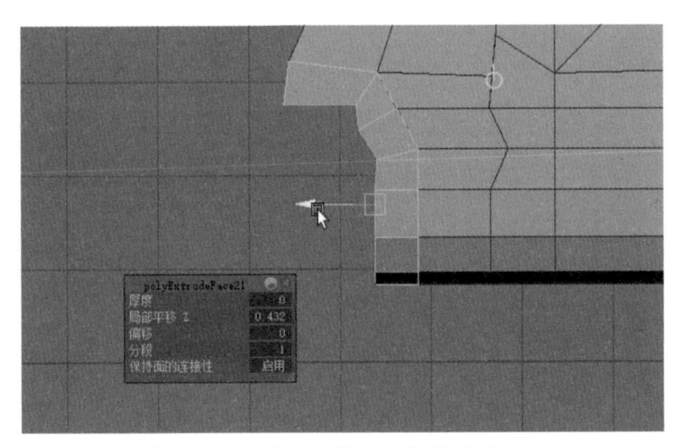

图 3-42　合并两组面并挤出面

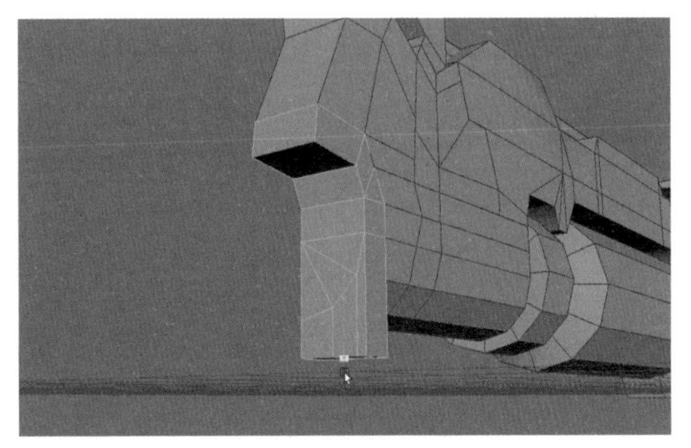

图 3-43　调整模型的造型

40 选择多余的边，按Shift键并右击鼠标，从弹出的快捷菜单中选择“删除边”命令，如图3-44所示。

41 按照步骤31的方法，调整模型，然后选择上下对应的面，按Shift键并右击鼠标，从弹出的快捷菜单中选择“桥接面”命令，如图3-45所示。

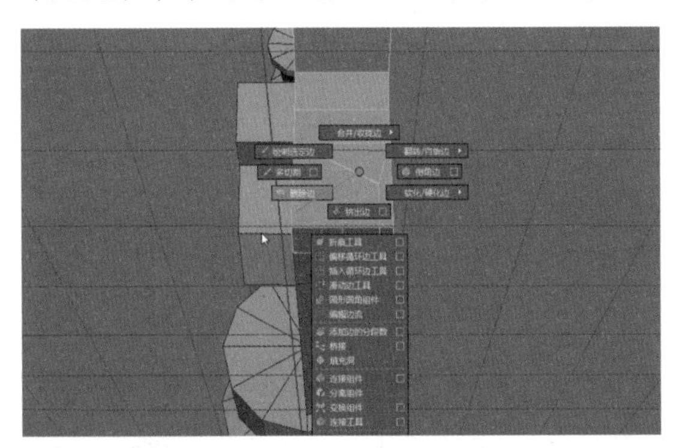

图 3-44　选择“删除边”命令

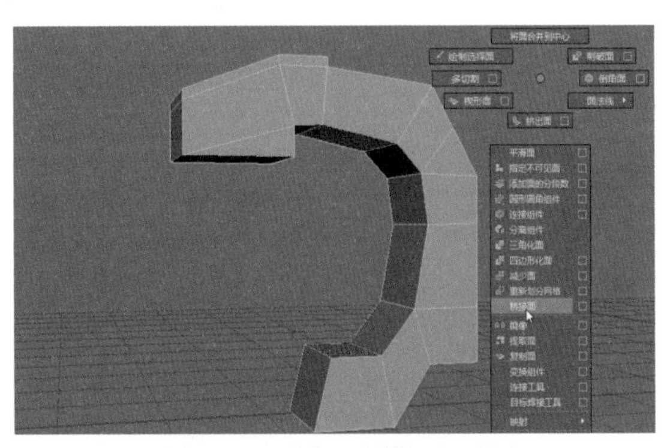

图 3-45　选择“桥接面”命令

42 删除模型内部多余的面，双击选择一圈边线，按Shift键并右击鼠标，从弹出的快捷菜单中选择“填充洞”命令，如图3-46所示。

43 按照步骤4的方法，制作出手柄模型的造型，结果如图3-47所示。

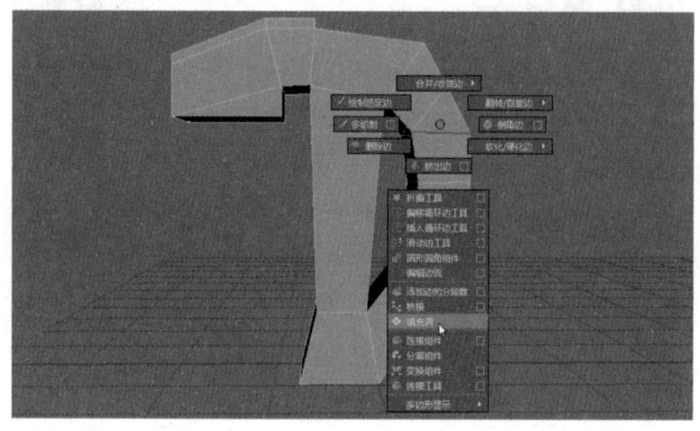

图3-46　选择“填充洞”命令

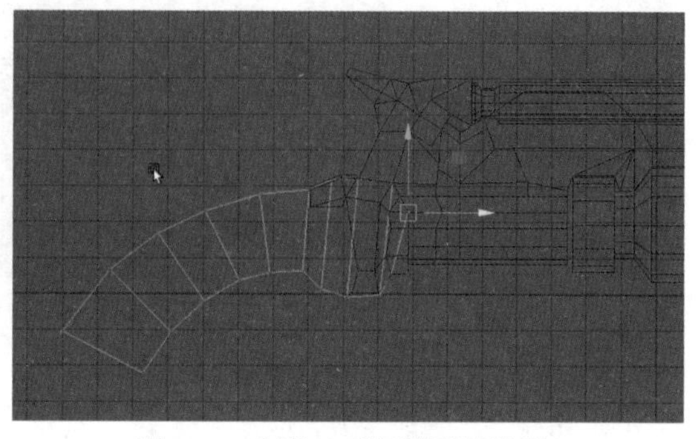

图3-47　制作出手柄模型的造型

44 按Shift键并右击鼠标，从弹出的快捷菜单中选择“多切割”命令，切割模型，并继续调整模型的造型，结果如图3-48所示。

45 按Shift键并右击鼠标，从弹出的快捷菜单中选择“圆柱体”命令，创建一个多边形圆柱体，删除上半部分的面，将其放置于如图3-49所示的位置。

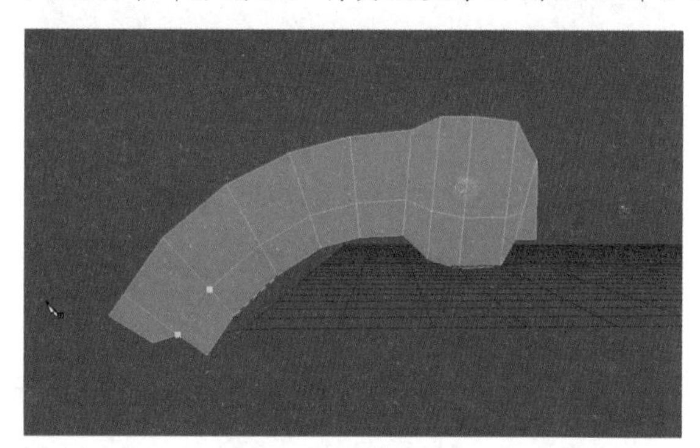

图3-48　切割模型

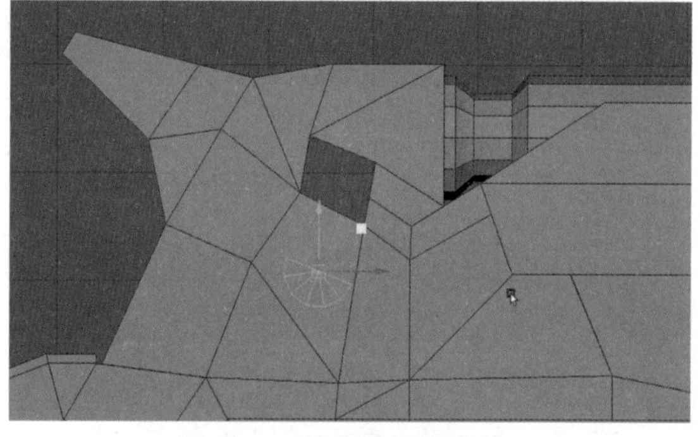

图3-49　调整圆柱体模型

46 选择边，按Ctrl+E快捷键激活“挤出”命令，向上挤出，并调整模型的布线，选择如图3-50所示的边，按Shift键并右击鼠标，从弹出的快捷菜单中选择“删除边”命令。

47 选择模型，按Ctrl+D快捷键复制出一个副本，并将其放置于如图3-51所示的位置。

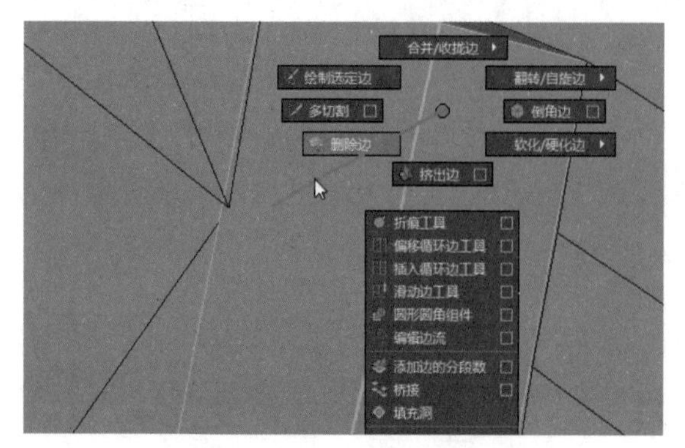

图3-50　选择“删除边”命令

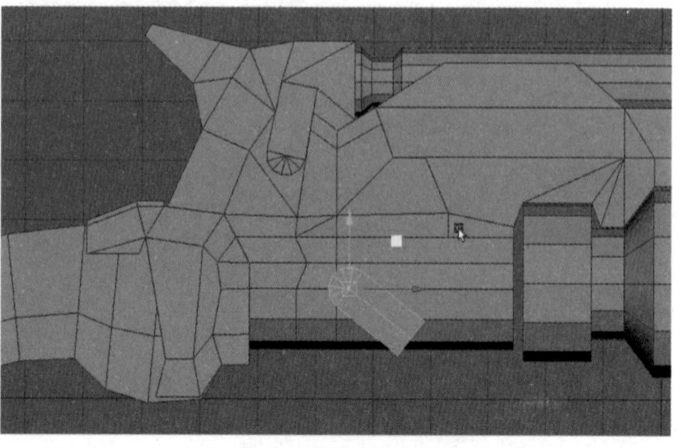

图3-51　复制模型

48 创建一个多边形圆柱体，删除其一侧的面，并将其放置于如图 3-52 所示的位置。

49 选择多边形圆柱体模型的边，按Ctrl+B快捷键激活“倒角”命令，然后按Ctrl+E快捷键激活“挤出”命令，向内挤出，在打开的面板中，设置“局部偏移Z”文本框中的数值为-0.0293，设置“偏移”文本框中的数值为 0.01，结果如图 3-53 所示。

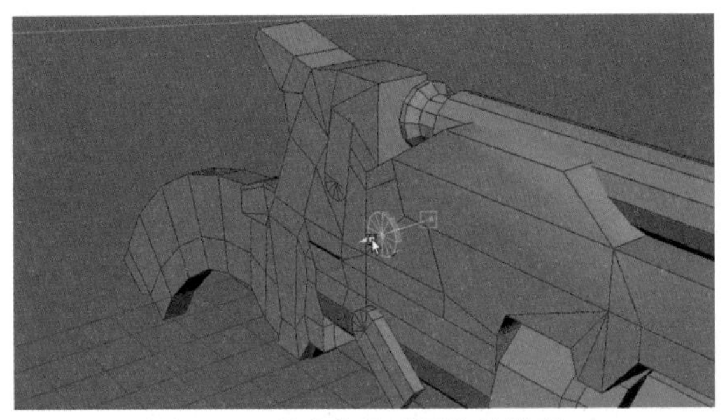
图 3-52　创建多边形圆柱体模型

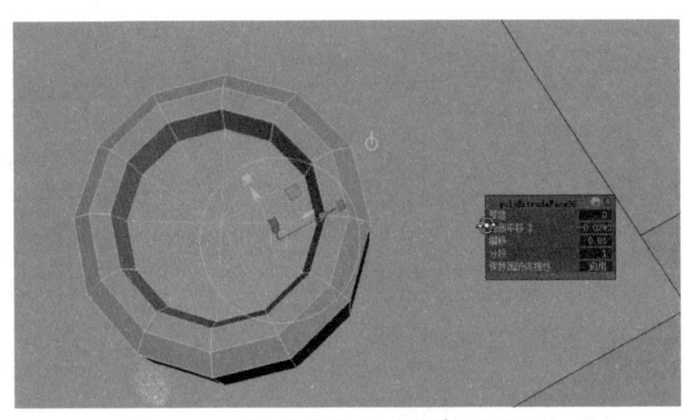
图 3-53　创建并编辑多边形圆柱体

50 按Shift键并右击鼠标，从弹出的快捷菜单中选择“多切割”命令，添加线段，选择底部的一个面，按Shift键并右击鼠标，从弹出的快捷菜单中选择“复制面”命令，选择复制出的面，按Ctrl+E快捷键激活“挤出”命令，制作出如图 3-54 所示的造型。

51 选择如图 3-53 所示的模型，按Ctrl+D键复制出一个模型副本，将副本模型放置于如图 3-55 所示的位置。

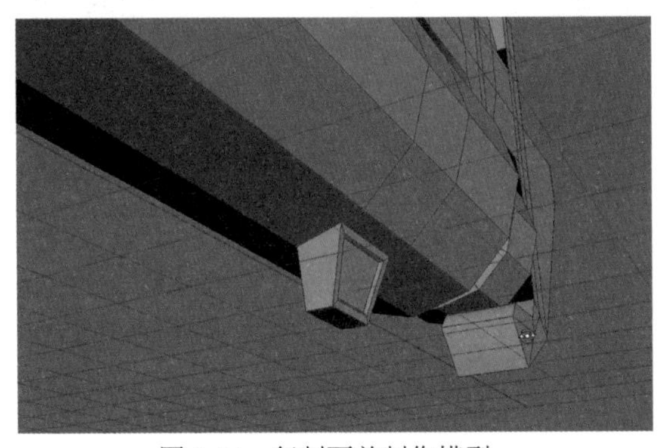
图 3-54　复制面并制作模型

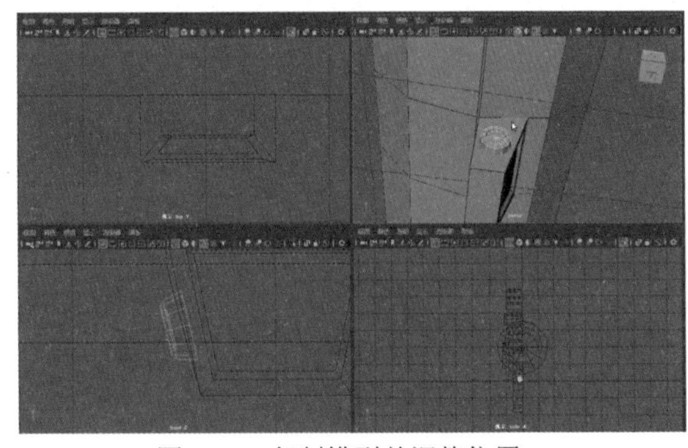
图 3-55　复制模型并调整位置

52 在“曲线/曲面”工具架中单击“EP 曲线”按钮，并在状态行中单击“捕捉到曲线”按钮，绘制出如图 3-56 所示的曲线。

53 按照上述步骤的方法，继续绘制出如图 3-57 所示的第二条曲线。

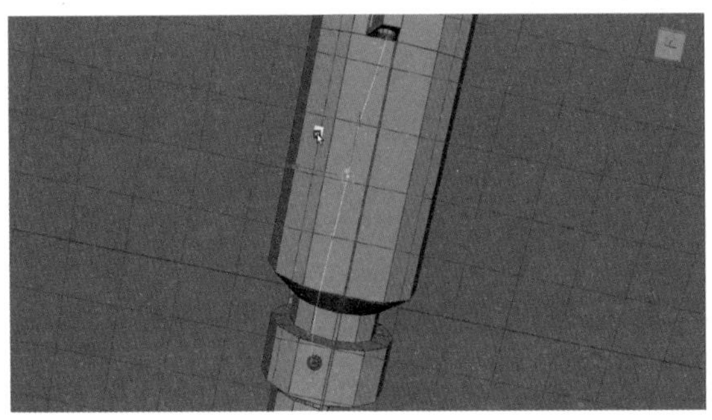
图 3-56　绘制曲线

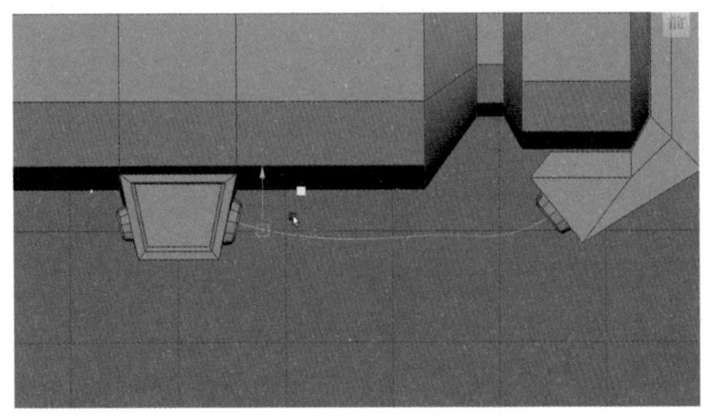
图 3-57　绘制第二条曲线

54 按Shift键并右击鼠标，从弹出的快捷菜单中选择“多切割”命令，添加线段，然后选择面，按Ctrl+E快捷键激活“挤出”命令，调整模型，结果如图3-58所示。

55 调整模型的布线，然后选择面，按Shift键并右击鼠标，从弹出的快捷菜单中选择“提取面”命令，如图3-59所示。

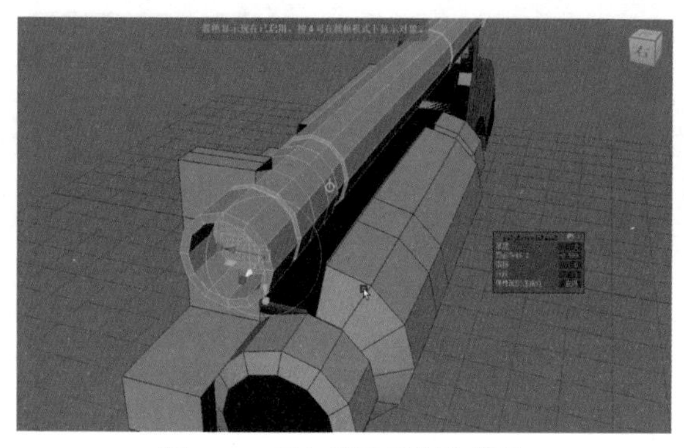

图3-58 添加线段并调整模型

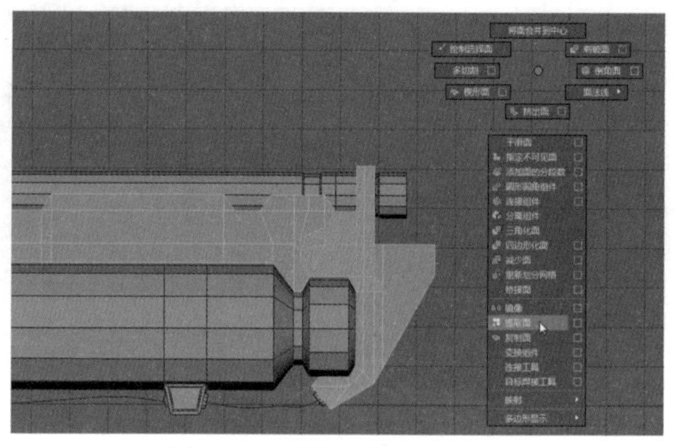

图3-59 选择“提取面”命令

56 继续修改模型的布线和造型，结果如图3-60所示。

57 选择如图3-61所示的面，按Shift键并右击鼠标，从弹出的快捷菜单中选择“提取面”命令。

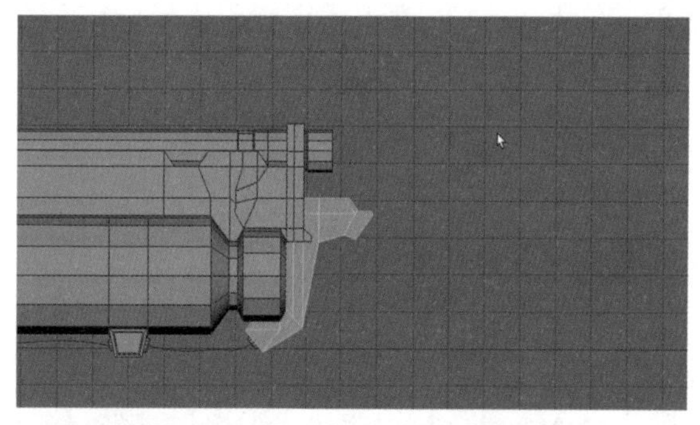

图3-60 修改模型的布线和造型

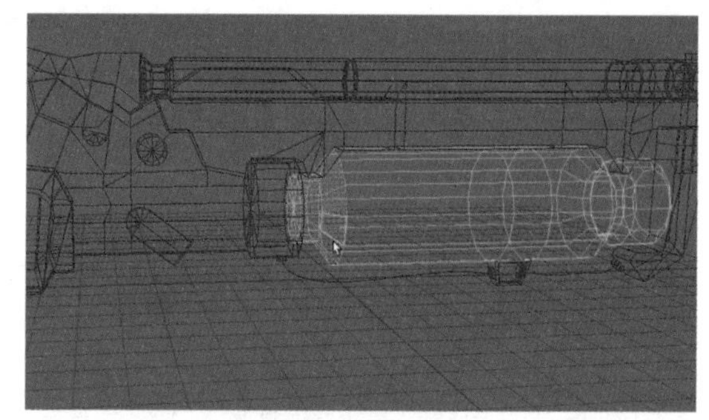

图3-61 提取面

58 双击选择提取出的面的一圈边缘线，按Ctrl+E快捷键激活“挤出”命令，然后按Shift键并右击鼠标，从弹出的快捷菜单中选择“合并顶点”|“合并边到中心”命令，如图3-62左图所示，填补模型的空洞，结果如图3-62右图所示。

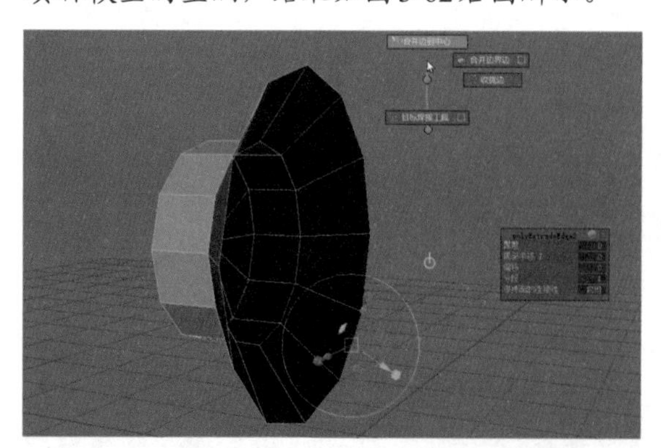

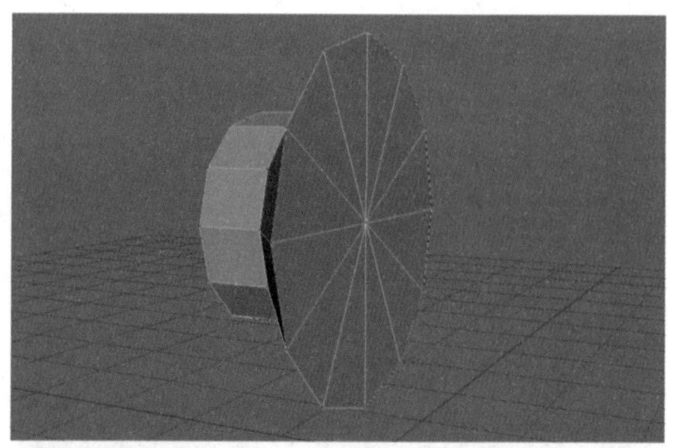

图3-62 填补模型的空洞

59 按照步骤58的方法，填补模型的空洞，结果如图3-63所示。

60 按照步骤57的方法，提取出如图3-64所示的面。

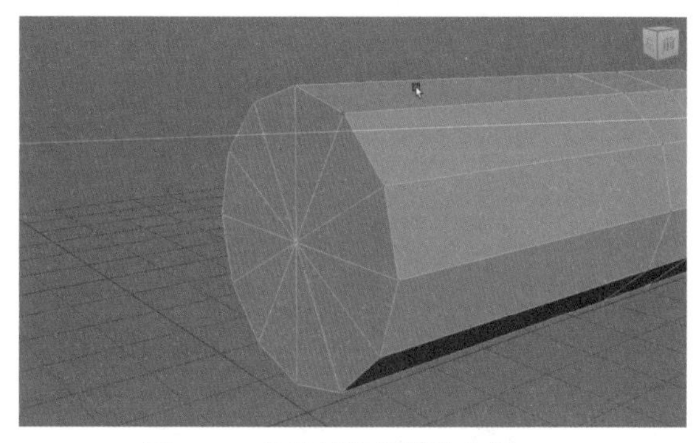

图 3-63　继续填补模型的空洞

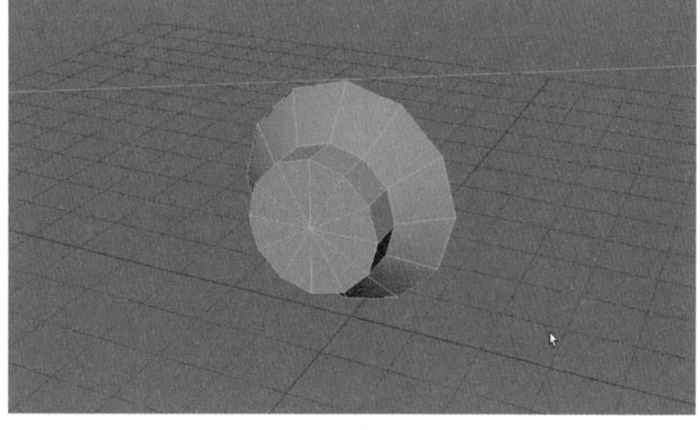

图 3-64　提取面

61 选择提取出的面的一圈边缘线，按Ctrl+E快捷键激活“挤出”命令，制作出厚度，并将其放置于如图3-65所示的位置。

62 选择面，按Shift键并右击鼠标，从弹出的快捷菜单中选择“提取面”命令，如图3-66所示。

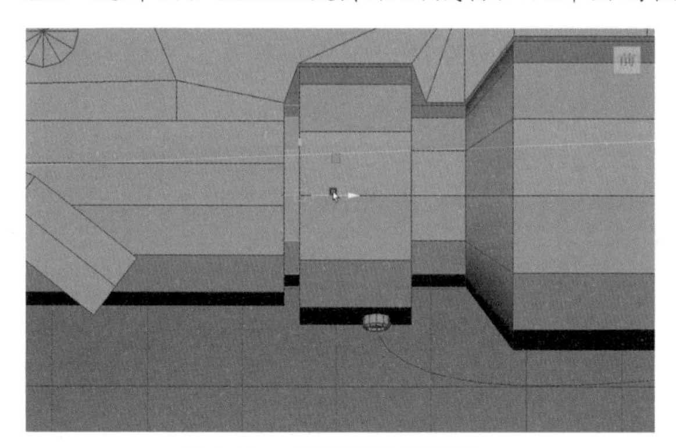

图 3-65　挤出模型的厚度

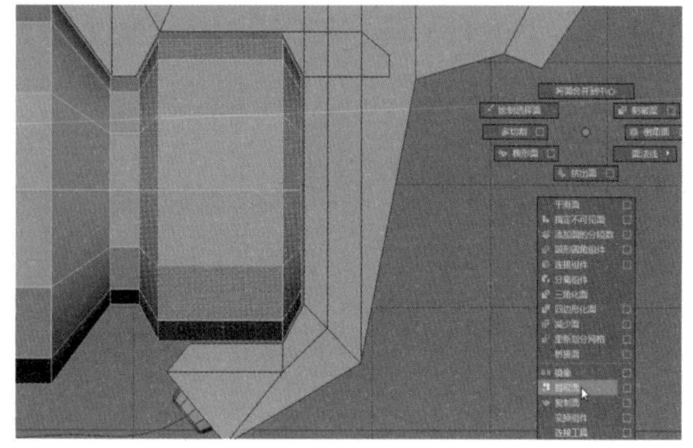

图 3-66　选择“提取面”命令

63 双击选择模型右侧的一圈边缘线，按Ctrl+E快捷键激活“挤出”命令，然后按Shift键并右击鼠标，从弹出的快捷菜单中选择“合并顶点”|“合并边到中心”命令，如图3-67左图所示，继续填补模型左侧的空洞，如图3-67右图所示。

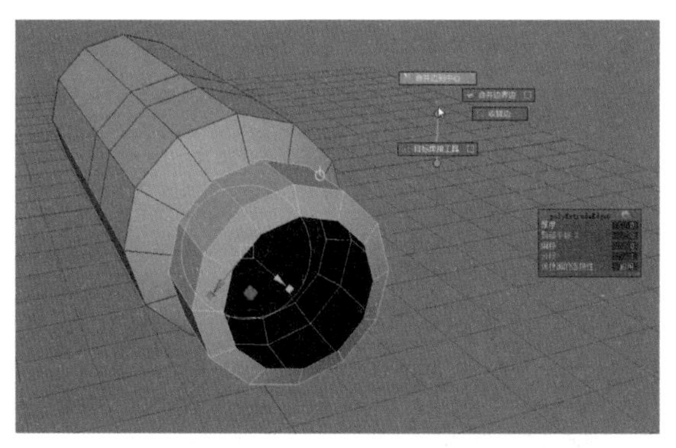

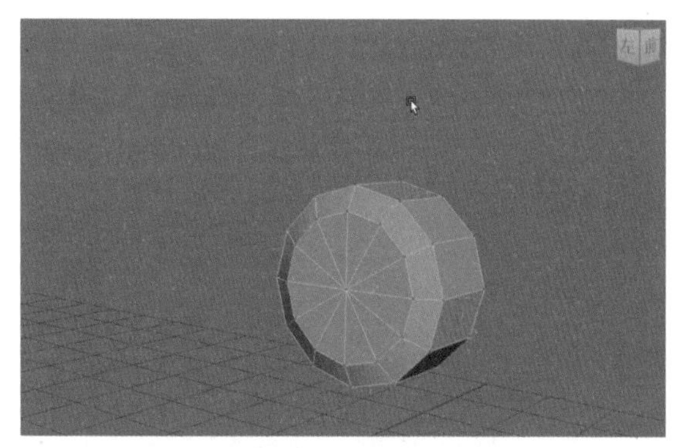

图 3-67　填补模型的空洞

64 按照步骤63的方法，填补其他模型部位的空洞，结果如图3-68所示。

65 创建一个多边形圆柱体模型，在“属性编辑器”面板中设置“轴向细分数”文本框的数值为12，先选择手柄模型，然后选择多边形圆柱体模型，按Shift键并右击，从弹出的快捷菜单中选择“布尔”|“差集”命令，如图3-69所示。

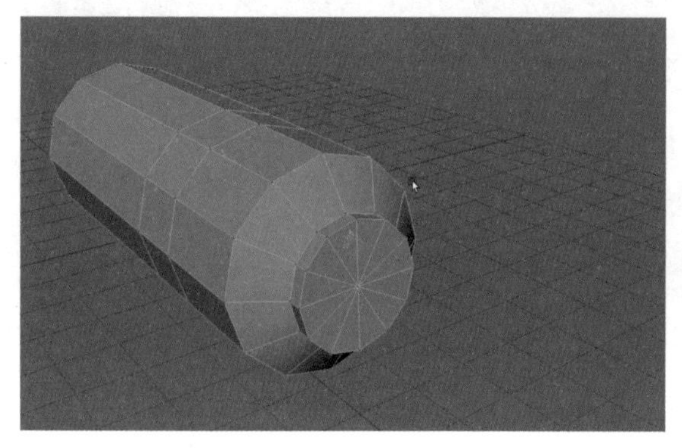

图 3-68　填补其他模型部位的空洞

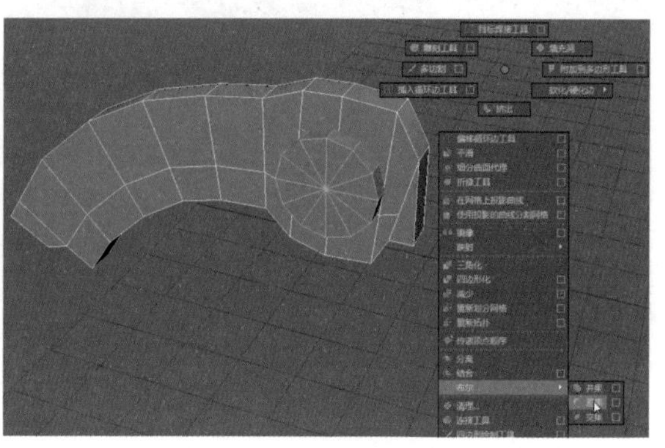

图 3-69　选择“差集”命令

66 修改模型的布线，然后选择面，按Shift键并右击鼠标，从弹出的快捷菜单中选择“复制面”命令，如图3-70所示。

67 选择复制出的面，按Ctrl+E快捷键激活“挤出”命令，向外挤出制作出厚度，并调整模型的造型和布线，如图3-71所示。

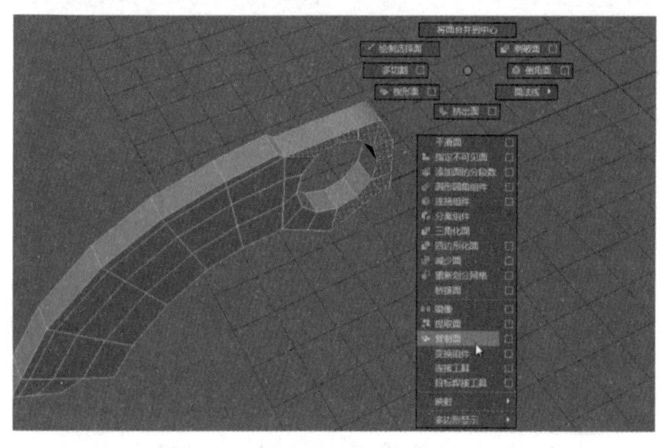

图 3-70　选择“复制面”命令

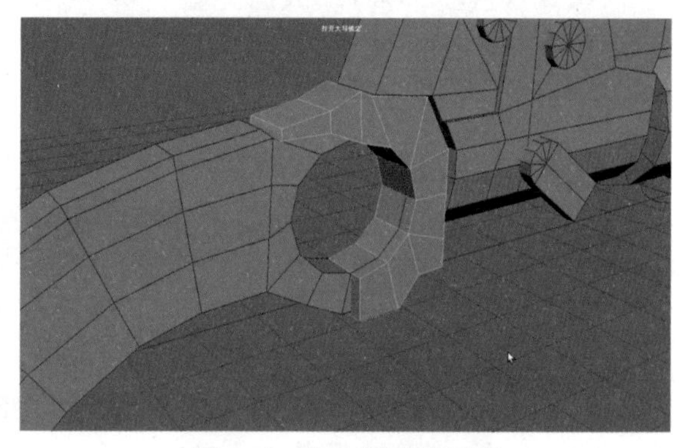

图 3-71　挤出模型的厚度

68 选择面，分别多次按Ctrl+E快捷键激活“挤出”命令，制作出如图3-72所示的结构。

69 选择面，按Shift键并右击鼠标，从弹出的快捷菜单中选择“复制面”命令，如图3-73所示。

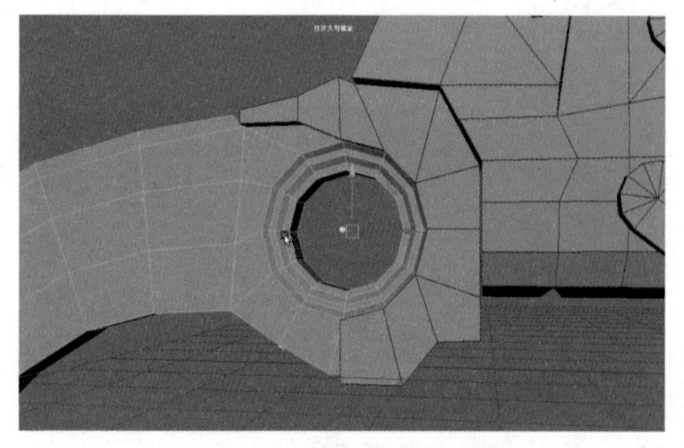

图 3-72　挤出模型的结构

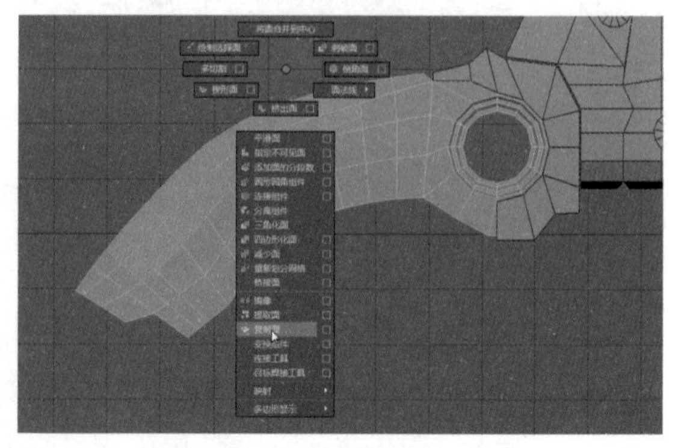

图 3-73　选择“复制面”命令

70 选择提取出的面，选择边，按Shift键并右击鼠标，从弹出的快捷菜单中选择“编辑边流”命令，如图3-74所示，使模型上边能够均匀分布。

71 调整模型的布线和造型，按Ctrl+E快捷键激活“挤出”命令，向外挤出制作出厚度，如图3-75所示。

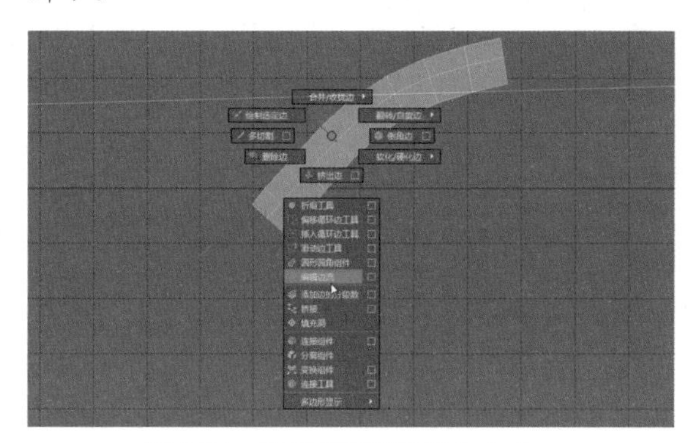
图 3-74　选择“编辑边流”命令

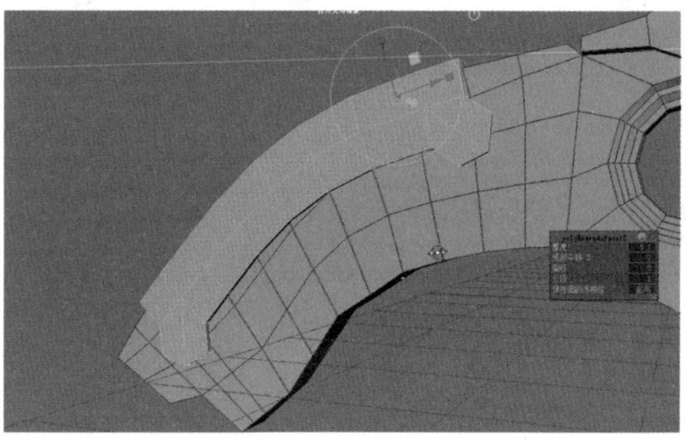
图 3-75　挤出厚度

72 选择半边的枪身模型，按Shift键并右击，从弹出的快捷菜单中选择“镜像”命令，再按Shift键并右击鼠标，从弹出的快捷菜单中选择“结合”命令，如图3-76所示，然后选择交界处的顶点，按Shift键并右击鼠标，从弹出的快捷菜单中选择“合并顶点”|“合并顶点”命令。

73 选择如图3-77所示的模型，按Ctrl+D键复制出两个副本模型。

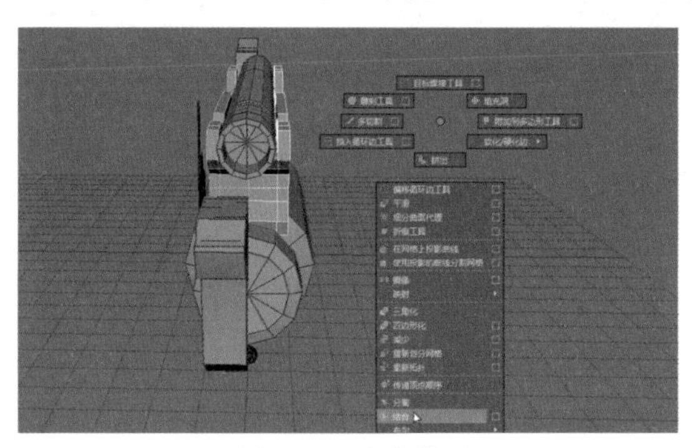
图 3-76　合并模型

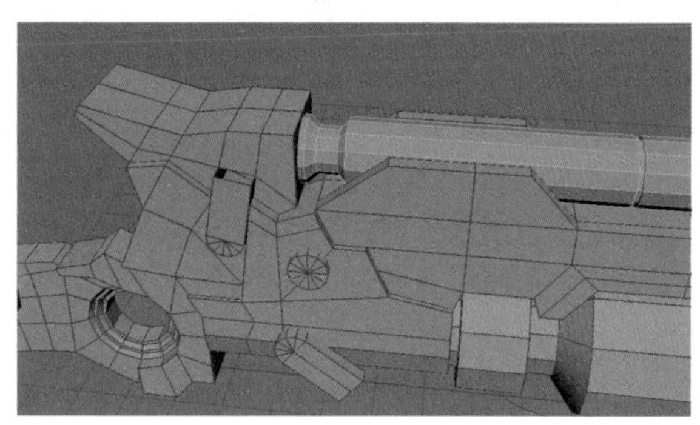
图 3-77　复制出两个副本模型

74 调整其中一个副本模型的造型，结果如图3-78所示。

75 按Shift键加选模型，然后按Shift键并右击，从弹出的快捷菜单中选择“布尔”|“差集”命令，如图3-79所示。

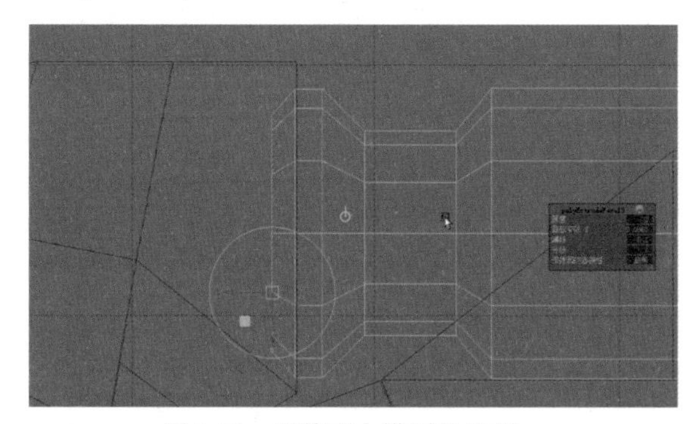
图 3-78　调整副本模型的造型

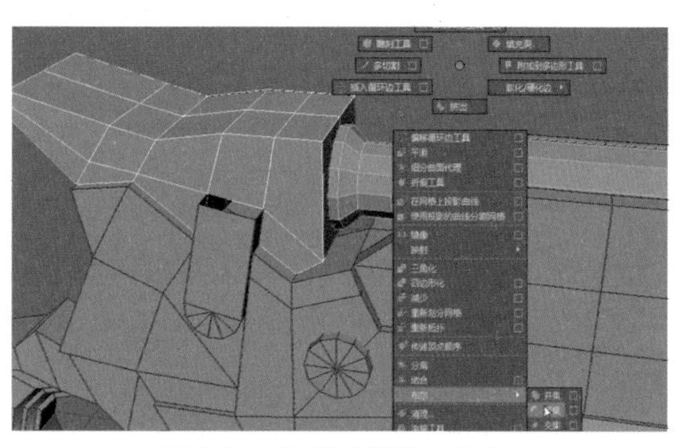
图 3-79　选择“差集”命令

76 设置完成后，结果如图3-80左图所示，调整模型的布线，结果如图3-80右图所示。

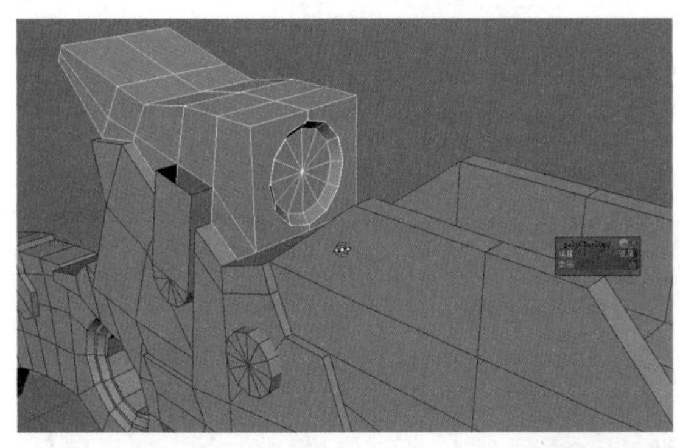
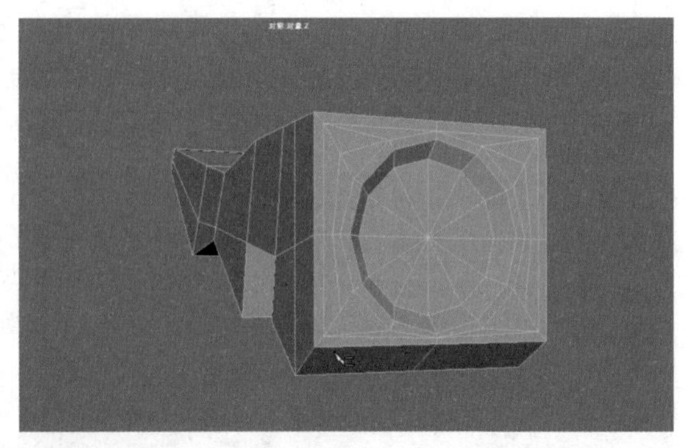

图3-80　调整模型的布线

77 按照步骤75到步骤76的方法，进行布尔运算，结果如图3-81所示。

78 按照步骤72的方法，制作出场景中其他模型的另一半，然后选择面，按Shift键并右击鼠标，从弹出的快捷菜单中选择“复制面”命令，如图3-82所示。

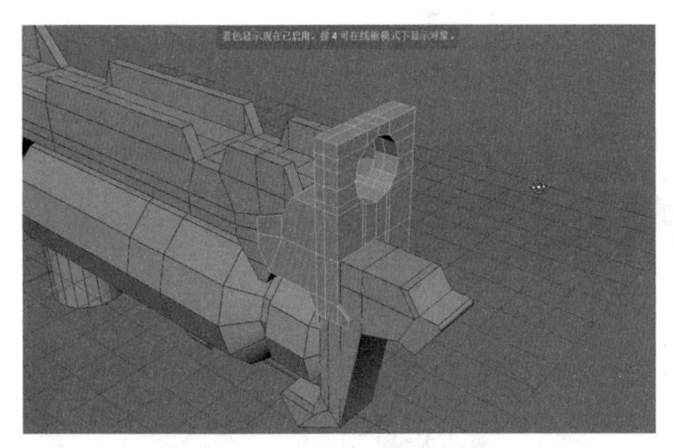

图3-81　继续进行布尔运算

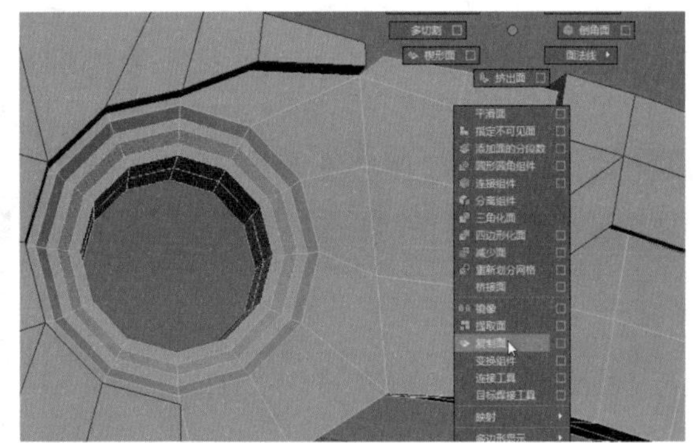

图3-82　选择“复制面”命令

79 分别选择提取出的模型两侧对应的边缘线，按Shift键并右击鼠标，从弹出的快捷菜单中选择“桥接面”命令，调整模型的结构，如图3-83左图所示，并桥接其他模型的边，结果如图3-83右图所示。

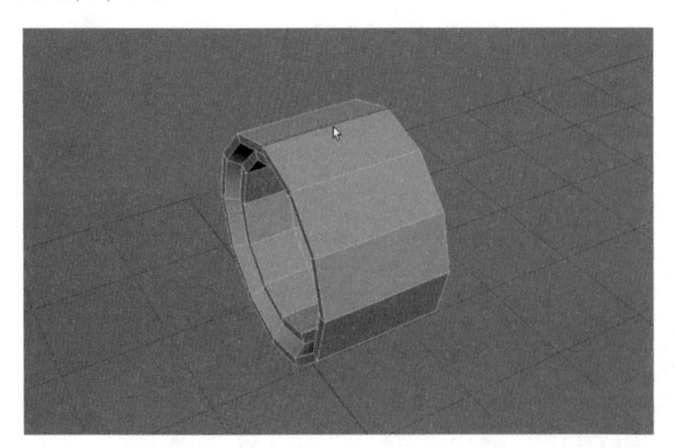
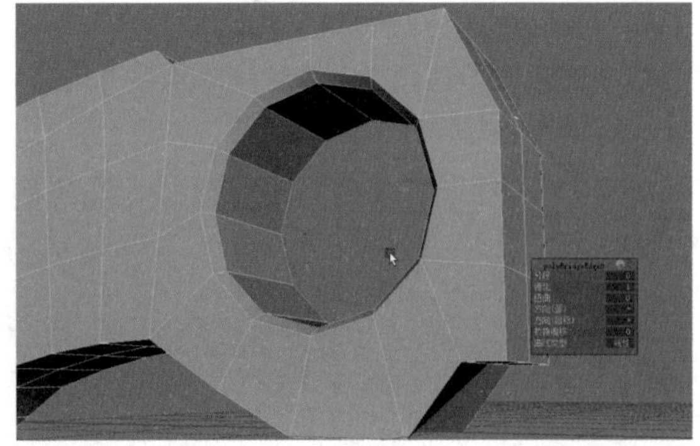

图3-83　调整模型的结构

80 选择如图3-84左图所示的面，按Delete键将其删除，分别多次按Ctrl+E快捷键激活“挤出”命令，向右挤出，制作出如图3-84右图所示的造型。

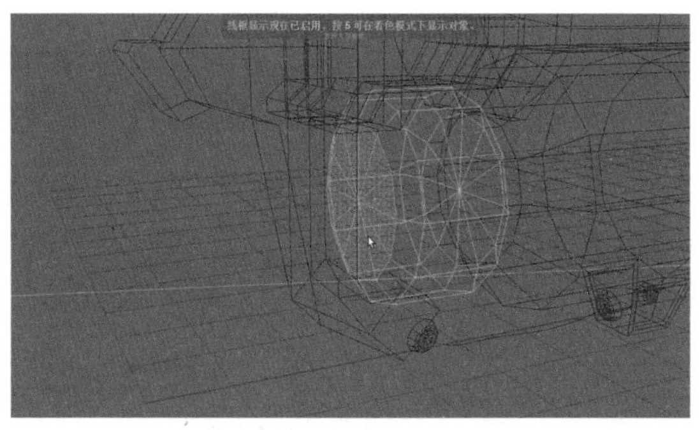

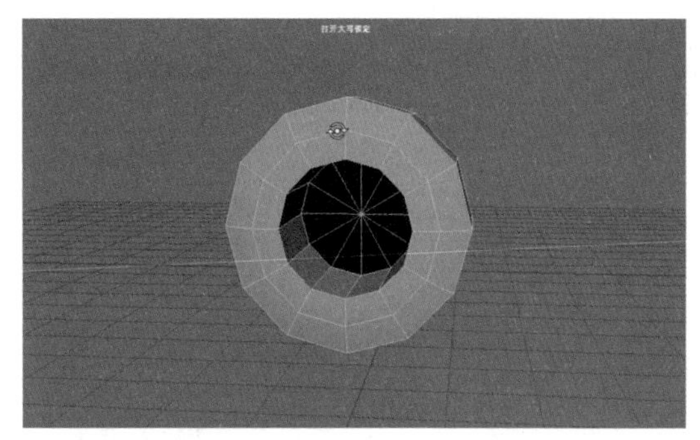

图 3-84　执行“挤出”命令调整模型的结构

81 调整模型的布线，然后选择如图3-85左图所示的边，按Ctrl+B快捷键激活“倒角”命令，在打开的面板中，设置“分数”文本框中的数值为0.9，选择如图3-85右图所示的面，按Delete键将其删除。

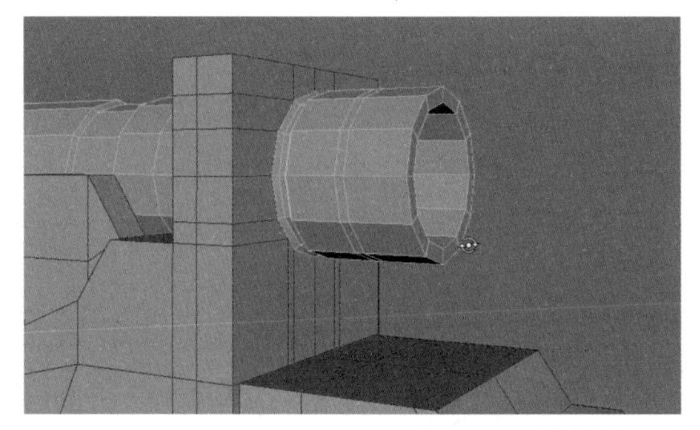

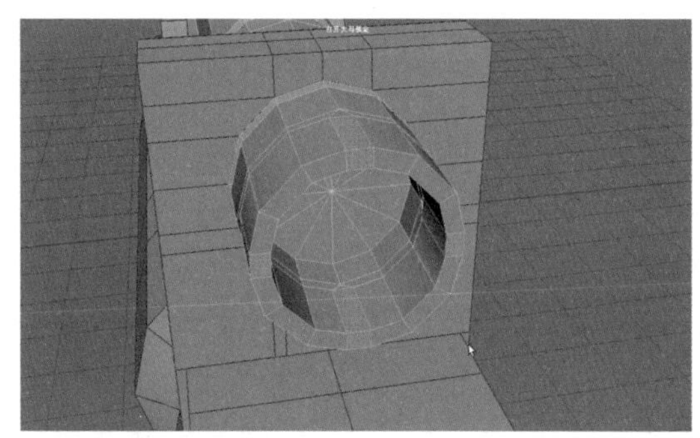

图 3-85　执行“倒角”命令调整模型的结构

82 选择边，按Shift键并右击鼠标，从弹出的快捷菜单中选择“桥接”命令，连接模型的面模型，结果如图3-86所示。

83 在场景中创建一个多边形立方体模型，并调整模型的布线，然后选择边，按Shift键并右击鼠标，从弹出的快捷菜单中选择“桥接”命令，连接模型的面模型，如图3-87所示。

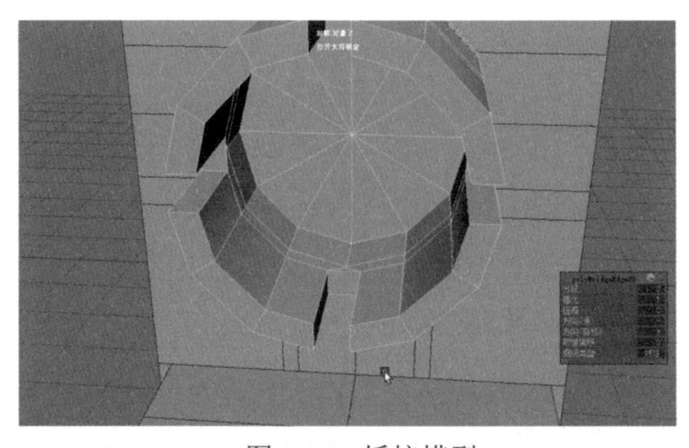

图 3-86　桥接模型

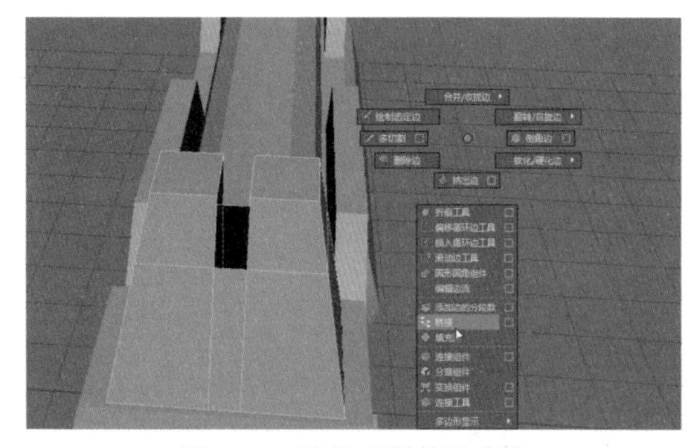

图 3-87　选择“桥接”命令

84 选择面，按Shift键并右击鼠标，从弹出的快捷菜单中选择“提取面”命令，如图3-88所示。

85 选择提取出的面，按V键激活“捕捉到顶点”命令，将其吸附至曲线的起始点，再按Shift键加选曲线，按Ctrl+E快捷键激活“挤出”命令，在打开的面板中，设置“分段”文本框中的数值为25，如图3-89所示。

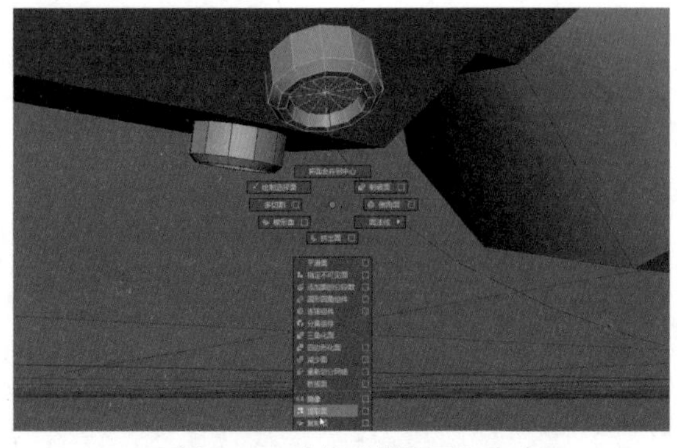

图 3-88　选择“提取面”命令

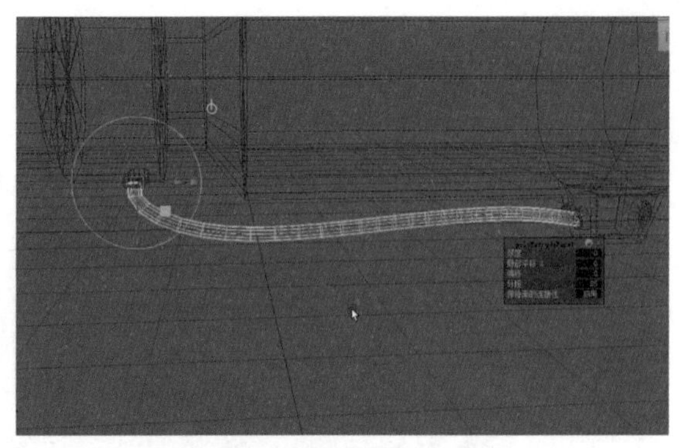

图 3-89　执行“挤出”命令

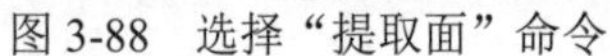

86 按照步骤84和85的方法，制作出第二个管子模型，结果如图3-90左图所示，然后选择第一个管子模型，按Shift键并右击，从弹出的快捷菜单中选择“镜像”命令，结果如图3-90右图所示。

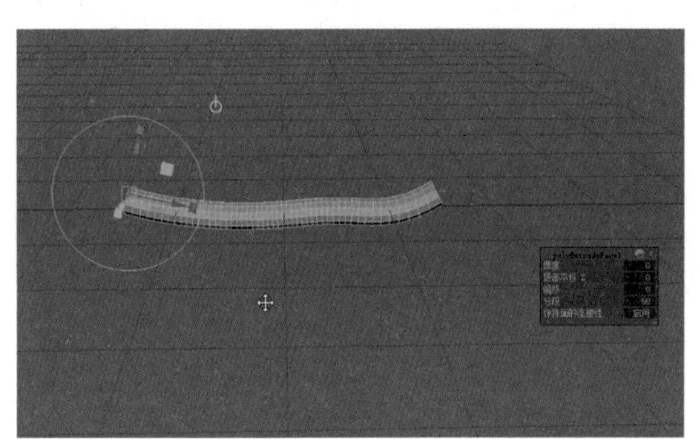

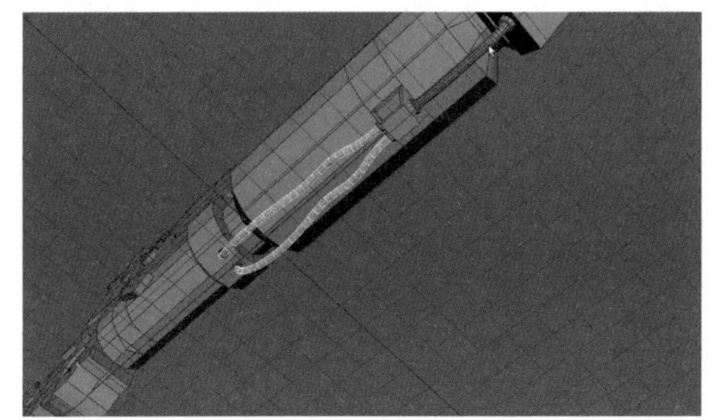

图 3-90　继续制作出其余的管子模型

3.4　制作硬表面高模

【例 3-3】 本实例将讲解如何制作硬表面高模。

01 选择如图3-91左图所示的边，按Ctrl+B快捷键激活“倒角”命令，在打开的面板中，设置“分数”文本框中的数值为0.15，如图3-91右图所示。

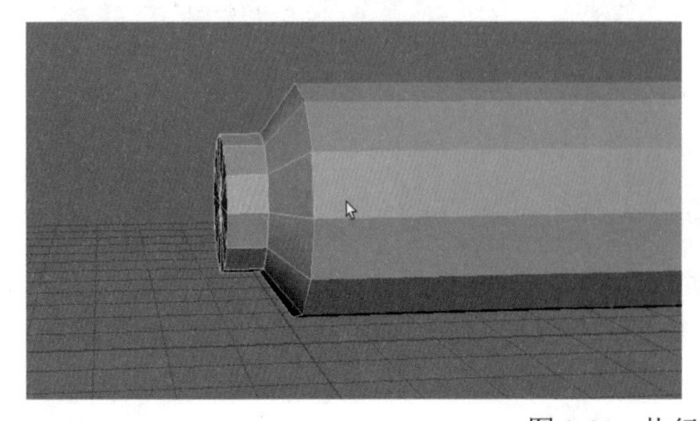

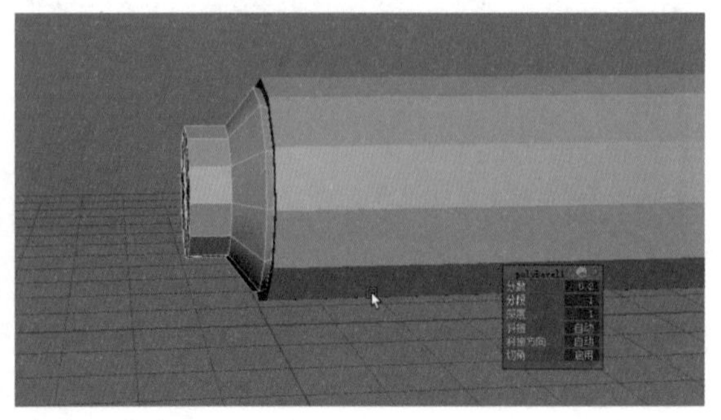

图 3-91　执行“倒角”命令

02 按照步骤1的方法，制作出其他模型的倒角结构，如图3-92所示。

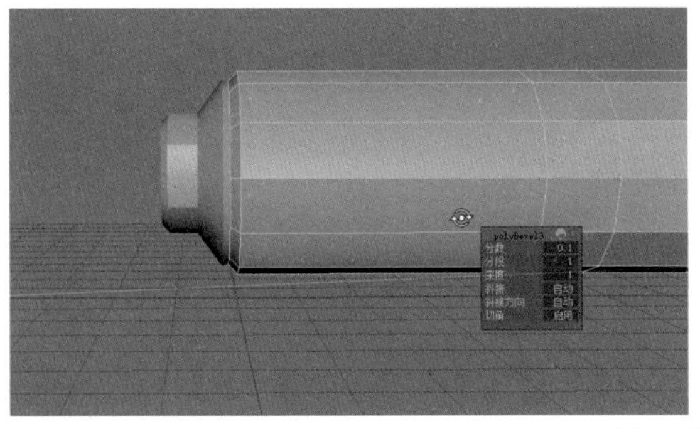
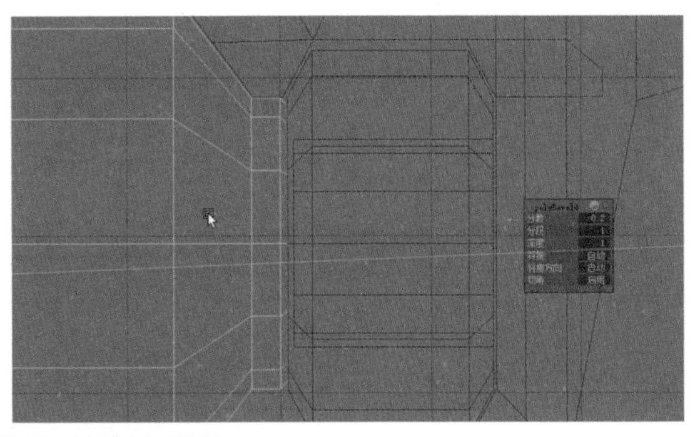

图 3-92　制作出其他模型的倒角结构

03 按Shift键并右击鼠标，从弹出的快捷菜单中选择“多切割”命令，按Ctrl键并单击鼠标，进行卡线操作，如图 3-93 左图所示，然后选择如图 3-93 右图所示的面。

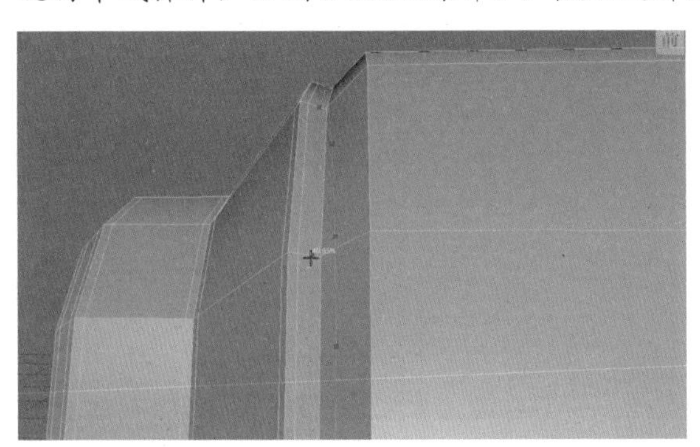
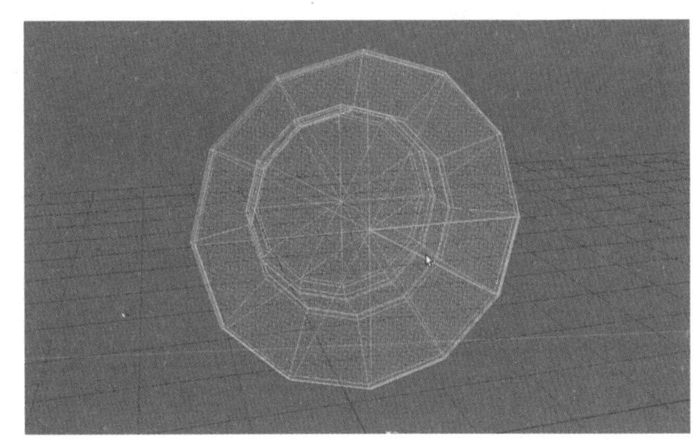

图 3-93　进行卡线操作并选择面

04 按Ctrl+E快捷键激活“挤出”命令，向内挤出，如图 3-94 所示。

05 选择如图 3-95 所示的模型。

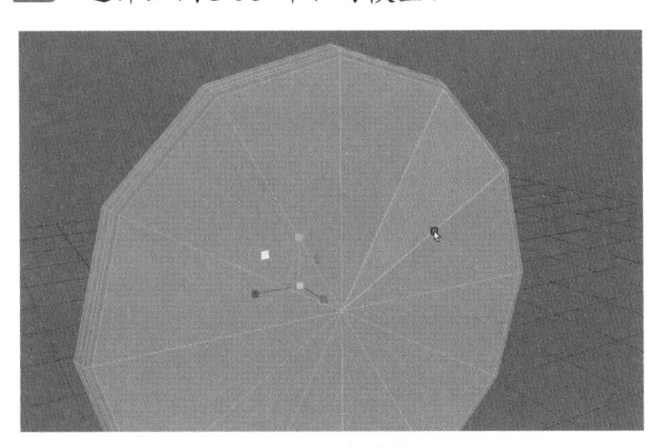

图 3-94　向内挤出

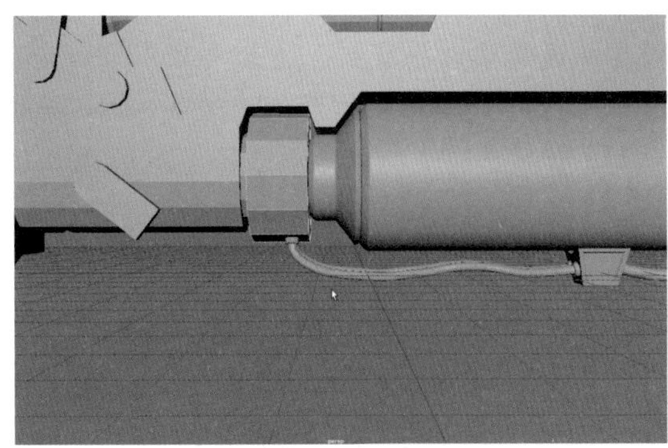

图 3-95　选择模型

06 按Shift键并右击鼠标，从弹出的快捷菜单中选择“圆柱体”命令，选择一条边，然后按Ctrl键并右击鼠标，从弹出的快捷菜单中选择“环形边工具”|“到环形边并分割”命令，添加线段并调整模型的造型，结果如图 3-96 所示。

07 选择所有添加的线段，按Ctrl+B快捷键激活“倒角”命令，在打开的面板中，设置“分数”文本框中的数值为0.5，删除模型两侧的面，然后按Shift键并右击鼠标，从弹出的快捷菜单中选择“多切割”命令，调整模型的布线，结果如图 3-97 所示。

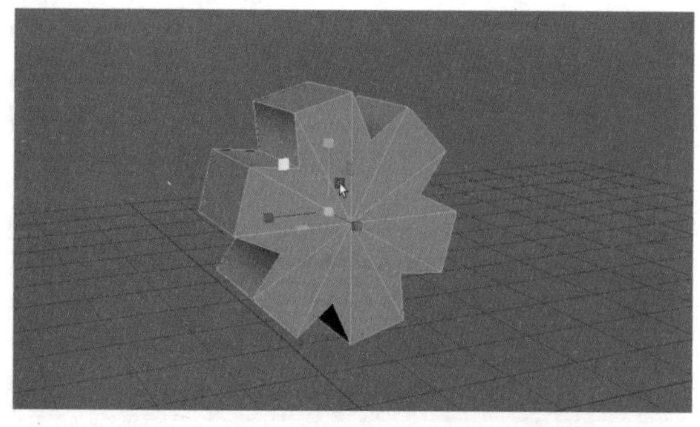

图 3-96　添加线段并调整模型的造型

图 3-97　调整模型的布线

08 选择如图3-98左图所示的面，按Ctrl+Shift+I快捷键进行反选，结果如图3-98右图所示，然后按Delete键将其删除。

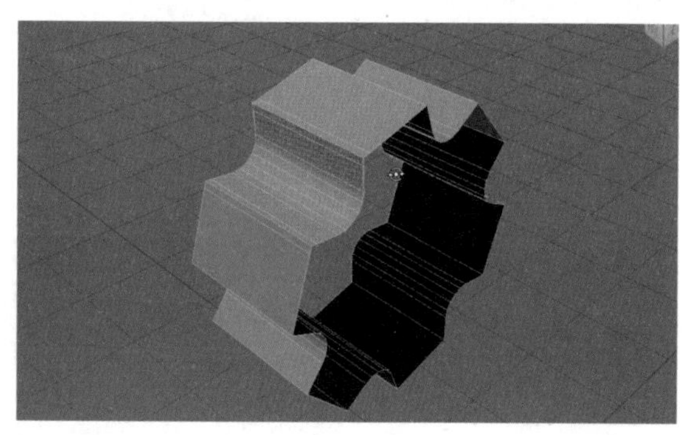

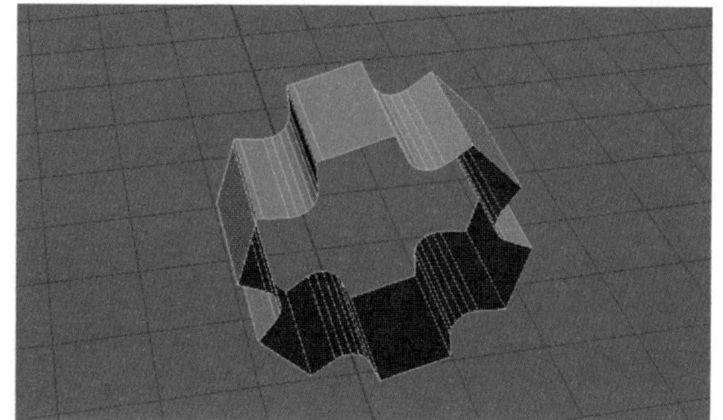

图 3-98　反选面

09 按Ctrl+D快捷键，复制出一个模型副本，选择副本模型，沿X轴旋转60度，然后分别按四次Shift+D快捷键激活“复制并转换”命令，结果如图3-99所示。选择所有模型，按Shift键并右击鼠标，从弹出的快捷菜单中选择“结合”命令，然后按Shift键并右击鼠标，从弹出的快捷菜单中选择“合并顶点”|“合并顶点”命令。

10 按Shift键加选左右两侧的边线，按Ctrl+E快捷键激活“挤出”命令，然后按Shift键并右击鼠标，从弹出的快捷菜单中选择“合并/收拢边”|“合并边到中心”命令，然后选择两侧的边线，按Ctrl+B快捷键激活“倒角”命令，在打开的面板中，设置“分数”文本框中的数值为1，如图3-100所示。

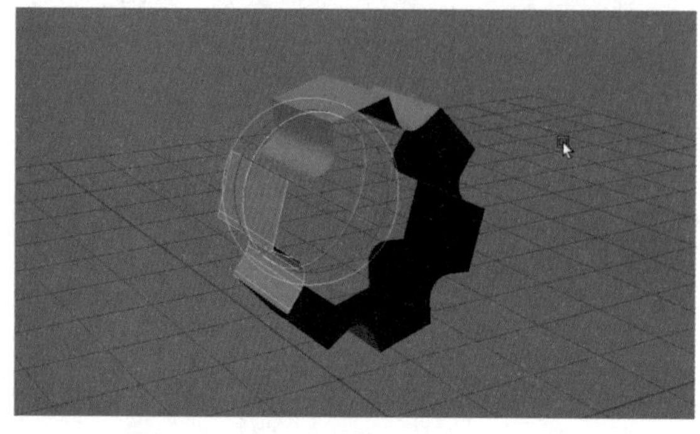

图 3-99　执行“复制并转换”命令

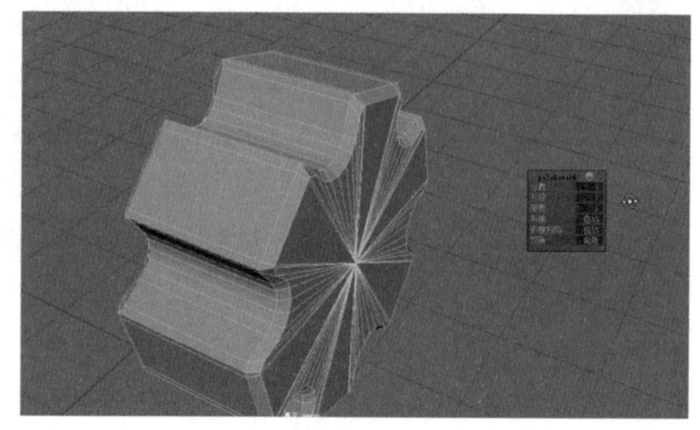

图 3-100　制作出倒角结构

11 继续为场景中的所有模型进行卡线操作，如图3-101所示。

12 在场景中创建一个多边形立方体模型，在“属性编辑器”面板中设置“宽度”文本框的数值为6，按Ctrl+D快捷键，复制出一个模型副本，然后选择需要进行布尔运算的模型，按Shift键并右击，从弹出的快捷菜单中选择“布尔”|“差集”命令，如图3-102所示。

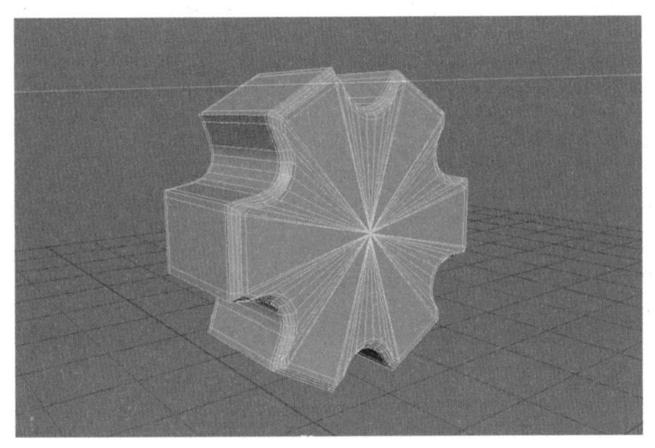

图3-101 进行卡线操作

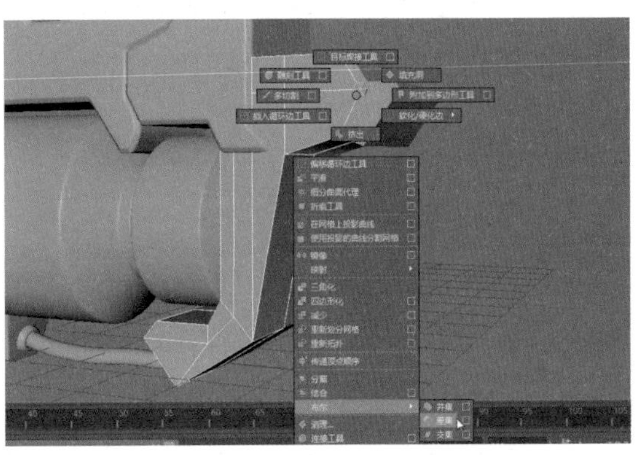

图3-102 选择“差集”命令

13 填补模型进行布尔操作后产生的空洞，如图3-103所示。

14 按照上述步骤的方法，为另一个模型进行布尔操作，并填补空洞，结果如图3-104所示。

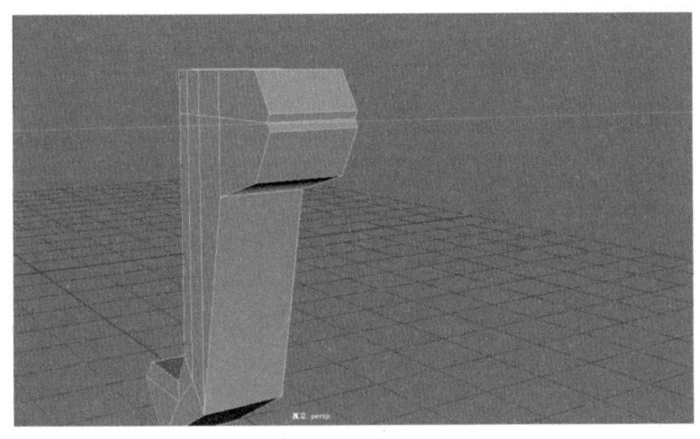

图3-103 填补空洞

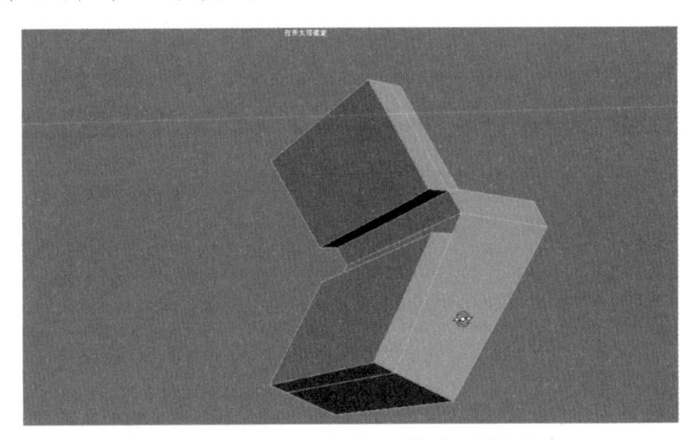

图3-104 进行布尔操作并填补空洞

15 按照上述步骤的方法，进行卡线操作以后可以按3键，进入平滑质量显示，结果如图3-105所示，检查模型的效果，检查模型是否有遗漏忘记卡线的地方。

16 选择场景中完成卡线操作的所有模型，按部Ctrl+G快捷键进行编组，将组名重命名为Mid，按Ctrl+D快捷键复制一个组，将复制的组名重命名为High，结果如图3-106所示。

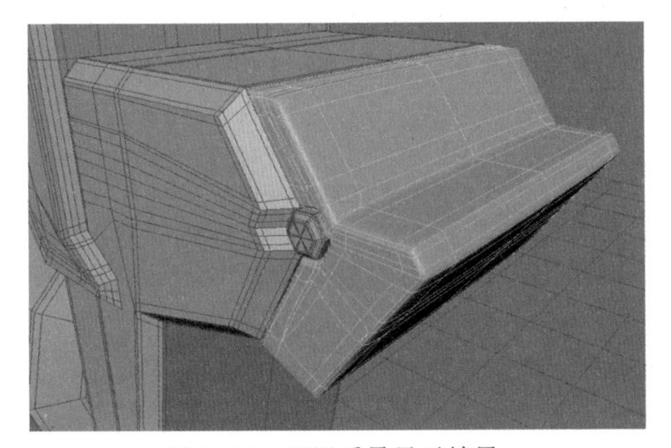

图3-105 平滑质量显示结果

图3-106 重命名组名

17 选择High组中的所有模型，按Shift键并右击鼠标，从弹出的快捷菜单中单击“平滑”命令，如图3-107左图所示，设置完成后，模型的显示结果如图3-107右图所示。

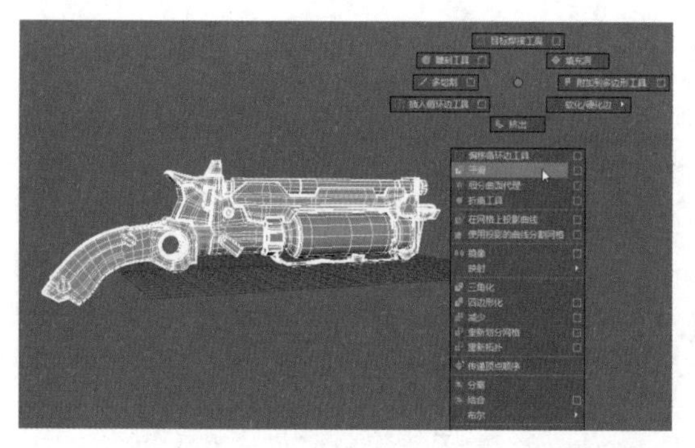
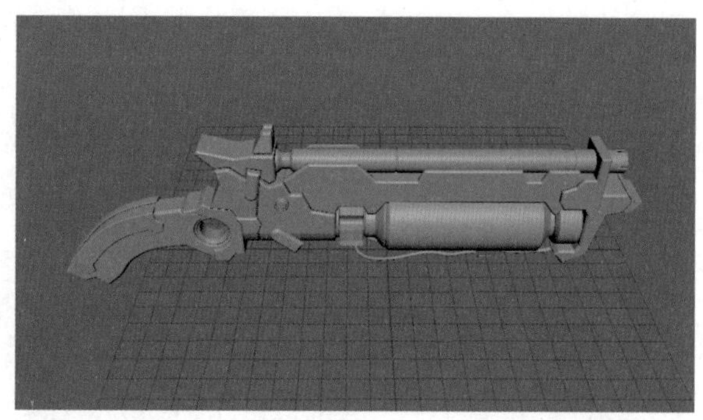

图 3-107　模型显示结果

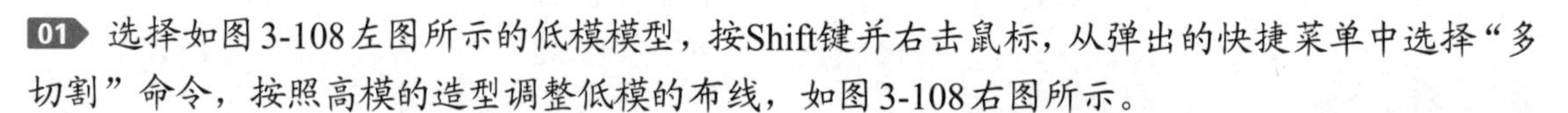

3.5　调整模型低模

【例 3-4】 本实例将讲解如何根据高模调整模型低模。视频

01 选择如图3-108左图所示的低模模型，按Shift键并右击鼠标，从弹出的快捷菜单中选择“多切割”命令，按照高模的造型调整低模的布线，如图3-108右图所示。

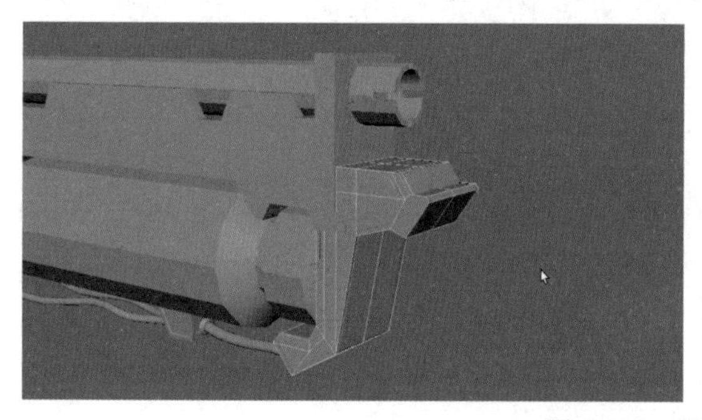
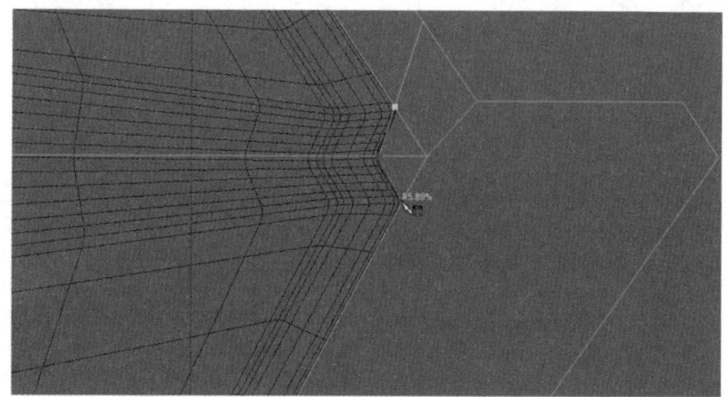

图 3-108　调整低模的布线

02 删除多余的面，如图3-109左图所示，然后选择如图3-109右图所示的边。

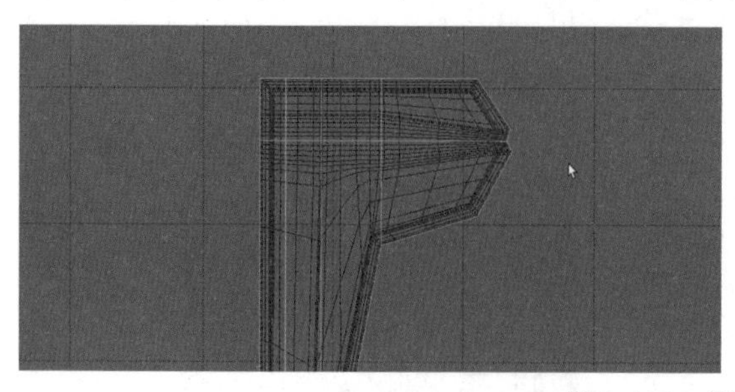
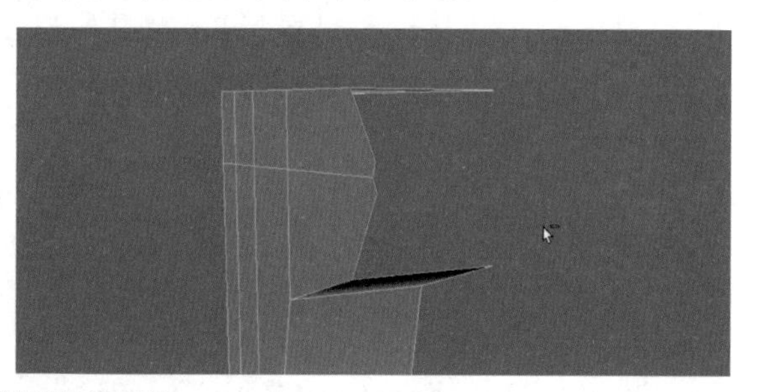

图 3-109　删除面并选择边

03 按Ctrl+E快捷键激活“挤出”命令，并按V键向后挤出，如图3-110左图所示，然后框选交界处的顶点，按Shift键并右击鼠标，从弹出的快捷菜单中选择“合并顶点”|“合并顶点”命令，调整模型的布线，减少模型面数，结果如图3-110右图所示。

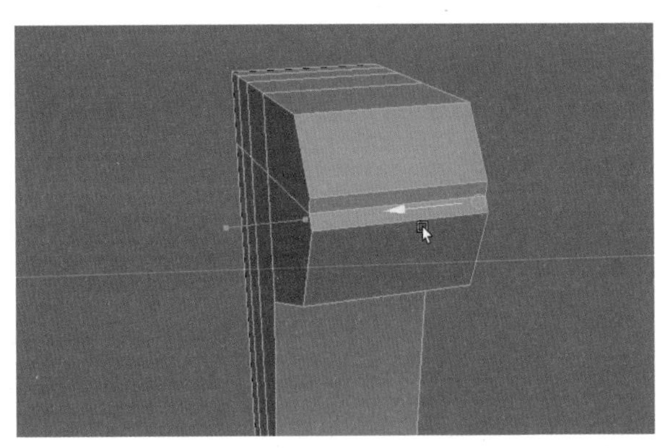
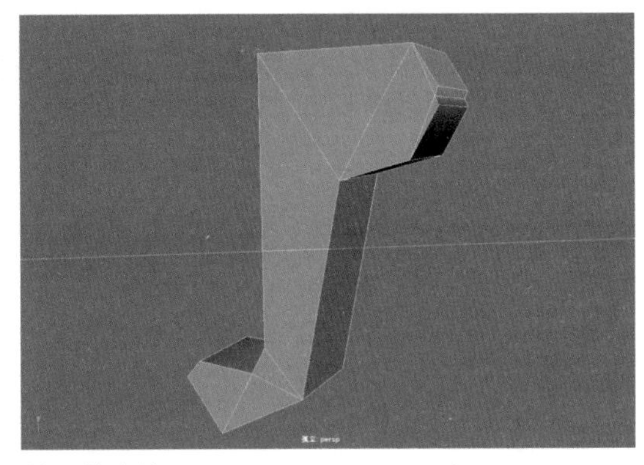

图 3-110　填补空洞并调整布线

04 选择模型，按Shift键并右击，从弹出的快捷菜单中选择“镜像”命令右侧的复选框，打开“镜像选项”窗口，选择“Z”单选按钮，然后单击“应用”按钮，结果如图3-111所示。

05 选择所有模型，按Shift键并右击鼠标，从弹出的快捷菜单中选择“结合”命令，然后按Shift键并右击鼠标，从弹出的快捷菜单中选择“合并顶点”|“合并顶点”命令，双击选择模型中间的边，按Shift键并右击鼠标，从弹出的快捷菜单中选择“删除边”命令，如图3-112所示。

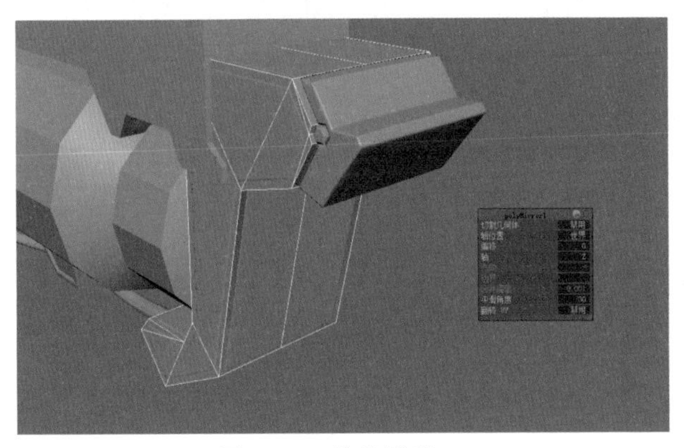

图 3-111　镜像模型

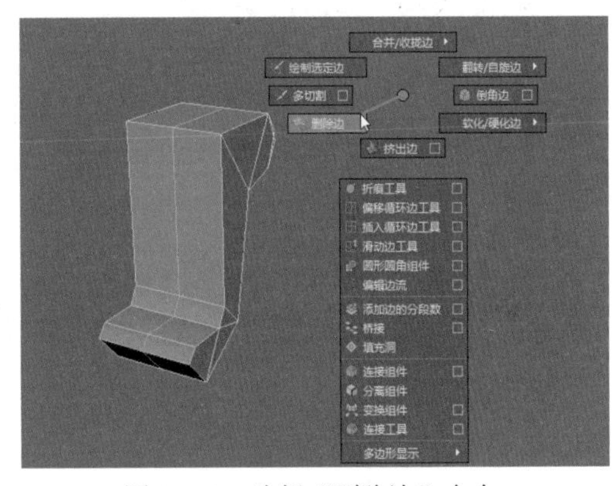

图 3-112　选择“删除边”命令

06 然后按照步骤1到步骤4的方法，调整其余的低模模型，并减少低模的面数，如图3-113所示。

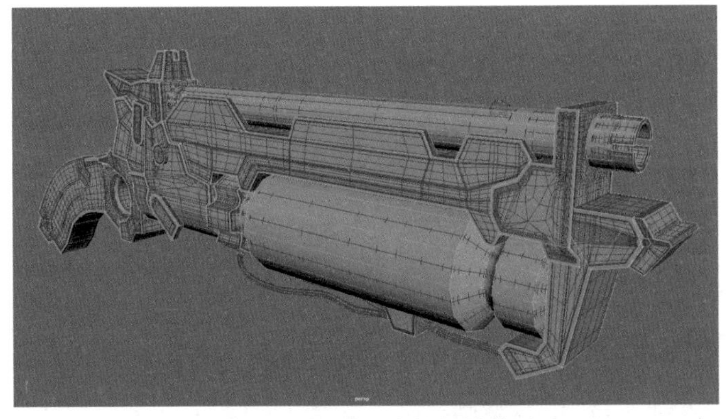

图 3-113　调整其余的低模模型

3.6 整理UV与贴图

【例3-5】 本实例将讲解如何整理UV与贴图。视频

01 选择场景中所有的低模，然后在菜单栏中选择"网格"|"清理"命令右侧的复选框，如图3-114所示。

02 打开"清理选项"窗口，在"清理效果"选项组中选中"选择匹配多边形"单选按钮，在"通过细分修正"选项组中分别选中"边数大于4的面""凹面"和"带洞面"复选框，在"清理效果"选项组中选中"零长度边"复选框，此时，"长度容差"文本框数值为默认数值，然后单击"应用"按钮，如图3-115所示，此功能可以帮助用户找到模型中难以发现的错误。

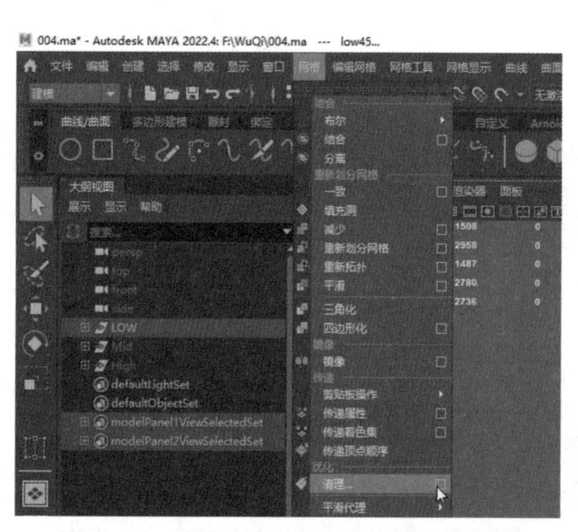

图3-114 选择"清理"命令右侧的复选框

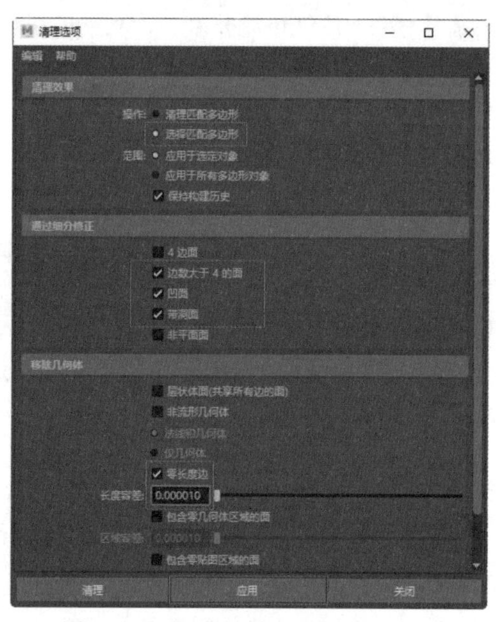

图3-115 设置"清理选项"窗口参数

03 选择场景中所有的低模，然后在菜单栏中选择"编辑"|"按类型删除"|"历史"命令，如图3-116左图所示，删除模型的历史，选择其中一个模型，如图3-116右图所示。

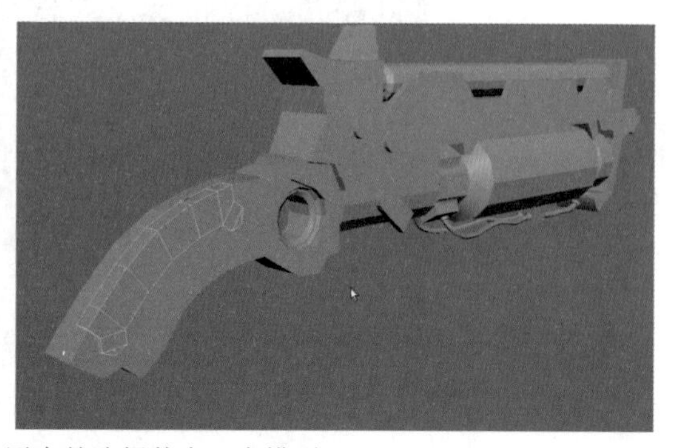

图3-116 删除模型的历史并选择其中一个模型

04 在菜单栏中选择“UV”|“UV编辑器”命令，如图3-117所示。

05 打开“UV编辑器”窗口，双击选择模型上的一圈边，在“UV编辑器”窗口中按Shift并右击，从弹出的快捷菜单中选择“剪切”命令，如图3-118所示。

图 3-117　选择“UV 编辑器”命令

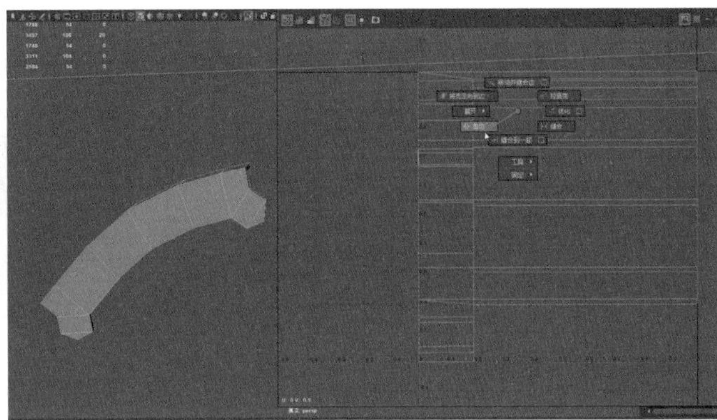

图 3-118　选择“剪切”命令

06 选择一个UV，按Shift并右击，从弹出的快捷菜单中选择“展开”|“展开”命令，如图3-119左图所示。展开后，UV的显示结果如图3-119右图所示。

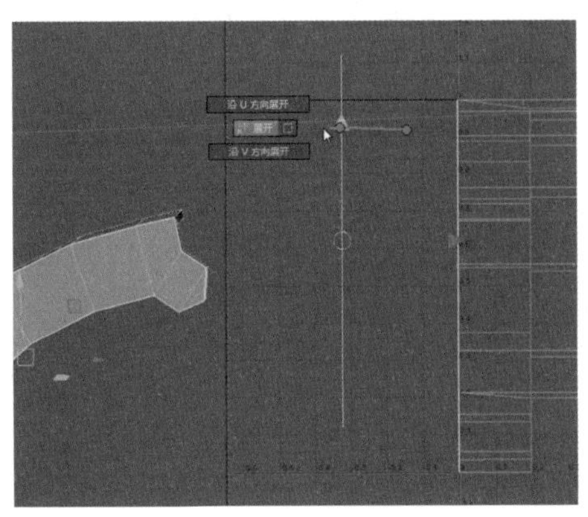

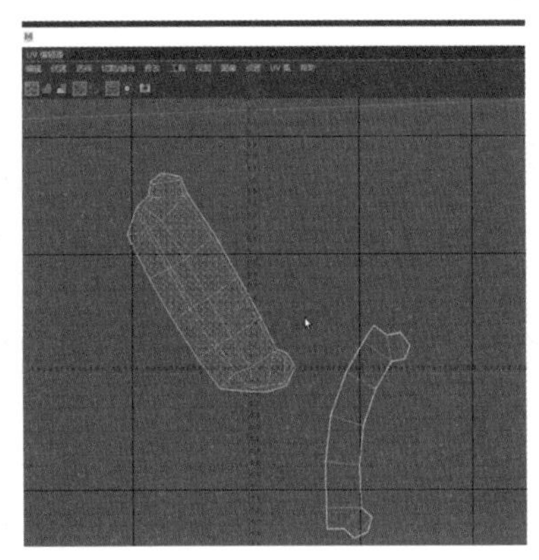

图 3-119　展开模型的 UV

07 按照上述步骤的方法，继续拆分UV，选择拆分后的所有UV，按Shift并右击，从弹出的快捷菜单中选择“排布”|“排布UV”命令，如图3-120所示。

08 将所有UV排布至第一象限，结果如图3-121所示。

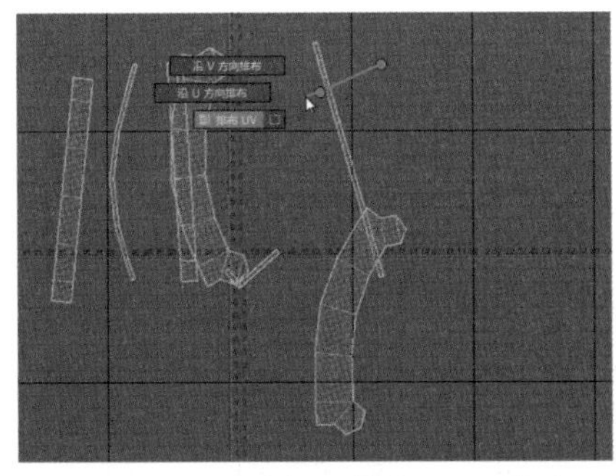

图 3-120　选择“排布 UV”命令

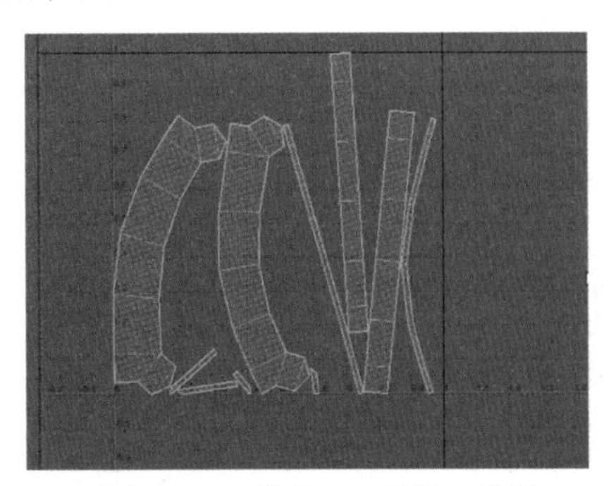

图 3-121　排布 UV 至第一象限

09 选择UV，按Shift并右击，从弹出的快捷菜单中选择“定向壳”命令，然后按Shift并右击，从弹出的快捷菜单中选择“旋转壳”|“顺时针旋转”命令，如图3-122所示。

10 按照上述步骤的方法，摆放其他的UV，然后按Shift并右击，从弹出的快捷菜单中选择“UV”命令，接着选择UV点，按Shift并右击，从弹出的快捷菜单中选择“对齐UV”|“最大V”命令，如图3-123所示。

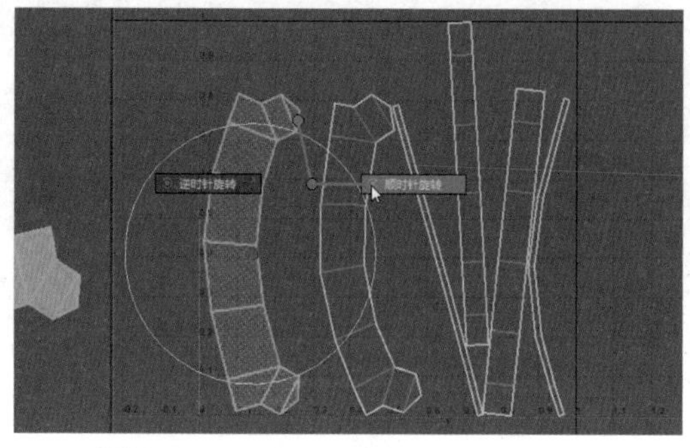

图3-122 选择“顺时针旋转”命令

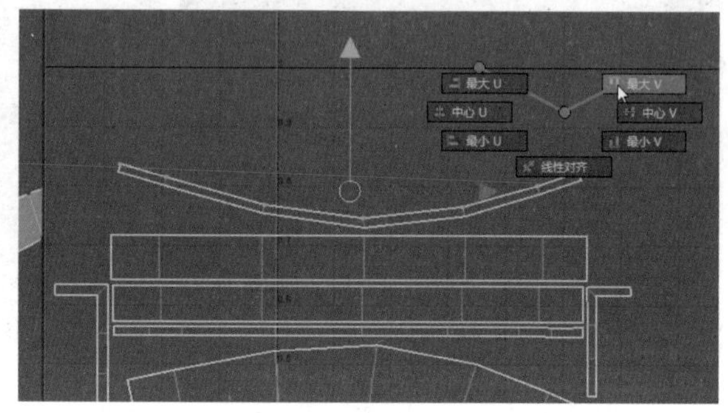

图3-123 选择“最大V”命令

11 按照步骤9的方法，调整其他的UV点，如图3-124所示。

12 选择UV点，按Shift并右击，从弹出的快捷菜单中选择“对齐UV”|“最大U”命令，如图3-125所示。

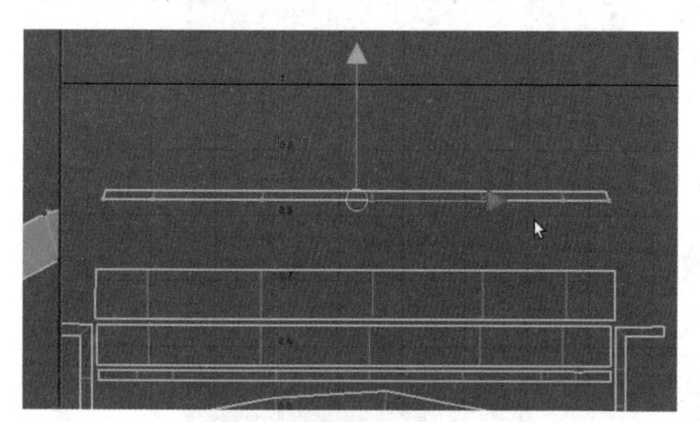
图3-124 调整其他的UV点

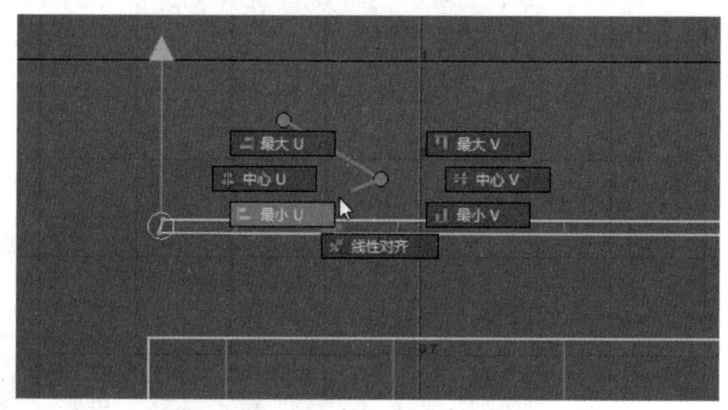

图3-125 选择“最大U”命令

13 按照上述步骤的方法，调整其他的UV点，结果如图3-126所示。

14 检查UV的朝向，确保UV的方向能够保持一致，然后在工具栏中单击“UV扭曲”按钮，检查UV是否存在拉伸或压缩，红色面指示拉伸，蓝色面指示压缩，而白色面指示最佳UV，结果如图3-127所示。

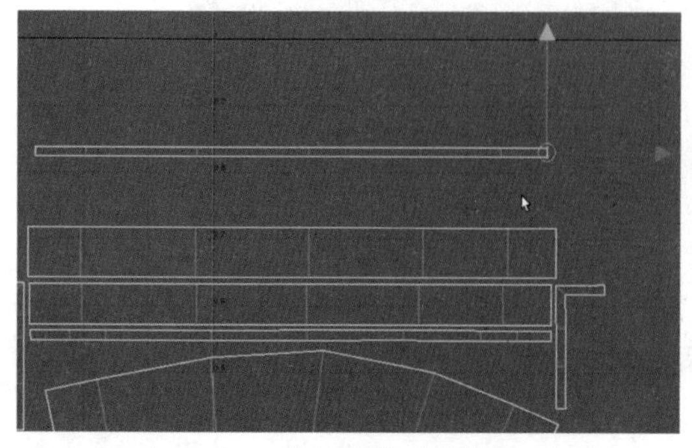
图3-126 继续调整其他的UV点

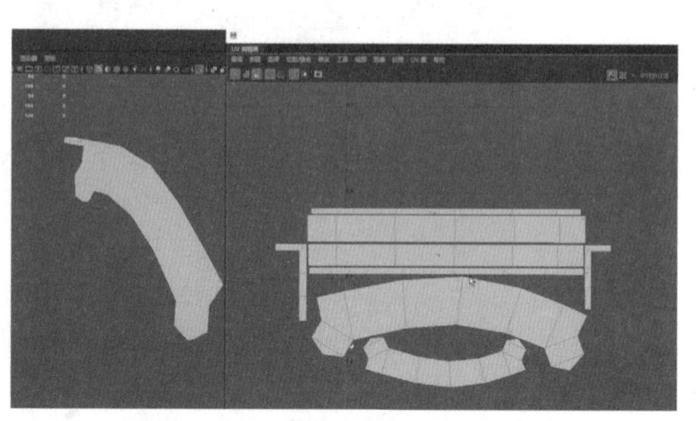
图3-127 单击“UV扭曲”按钮

15 在工具栏中单击“棋盘格贴图”按钮▩，检查UV是否存在拉伸，确保每块UV的棋盘格大小基本一致，结果如图3-128所示。

16 按照上述步骤的方法，拆分UV，为了充分利用纹理空间，尽量将UV摆满画面，减少空白区域，从状态栏中单击“着色”按钮▦，即可显示出重叠的UV，并将重复的UV移动至第二象限，结果如图3-129所示。

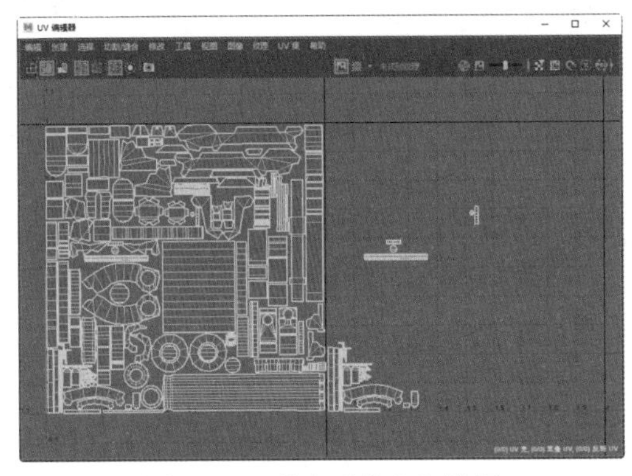

图3-128 单击“棋盘格贴图”按钮

图3-129 单击“着色”按钮

17 在“UV编辑器”窗口中框选所有的UV，然后在菜单栏中选择“图像”|“UV快照”命令，如图3-130所示。

18 打开“UV快照选项”窗口，单击“文件名”文本框右侧的浏览按钮，设置保存路径，单击“图像路径”下拉按钮，选择PNG选项，设置“大小X(像素)”和“大小V(像素)”文本框中的数值均为2048，设置“边颜色”为红色，然后单击“应用”按钮，如图3-131所示，导出贴图。

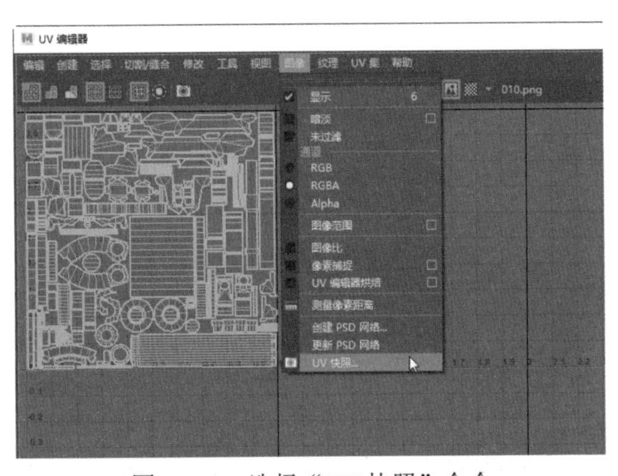

图3-130 选择“UV快照”命令

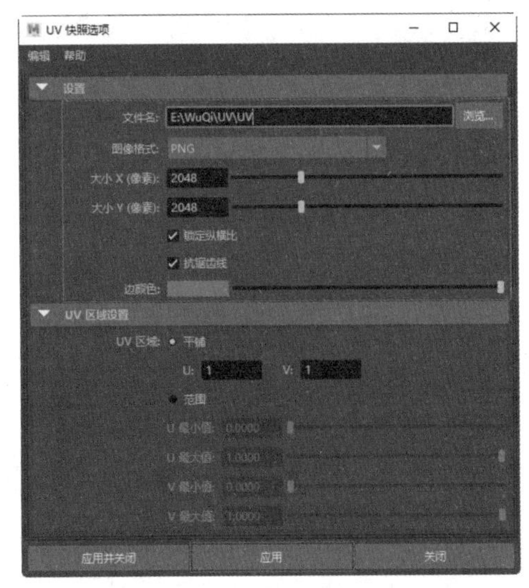

图3-131 设置“UV快照选项”窗口参数

19 选择每个模型的UV切割边，在场景中按Shift键并右击，从弹出的快捷菜单中选择“硬化/软化边”|“硬化边”命令，如图3-132所示。

20 分别选择场景中所有圆柱体的切割边，在场景中按Shift键并右击，从弹出的快捷菜单中选择“硬化/软化边”|“软化边”命令，如图3-133所示。

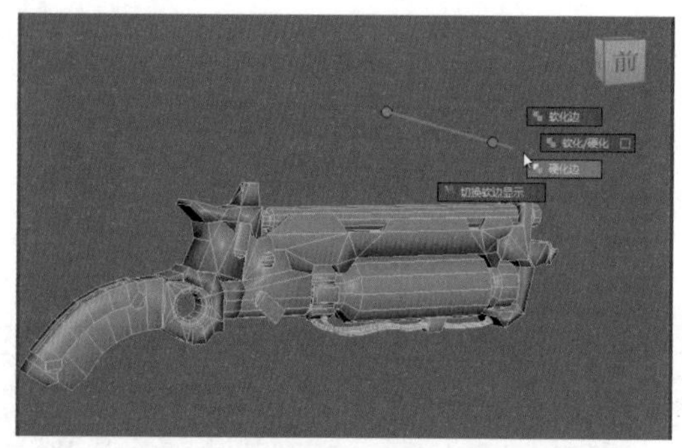
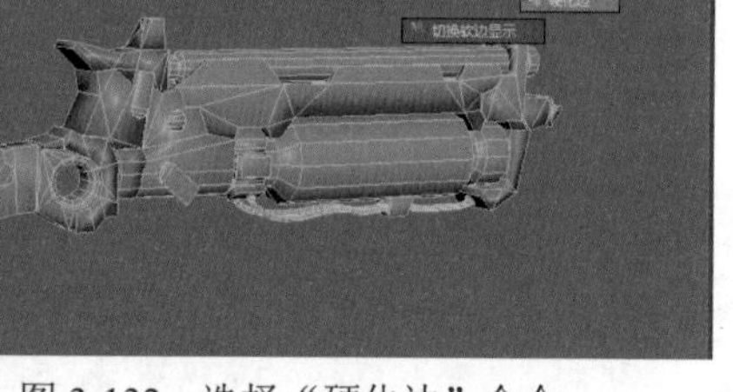

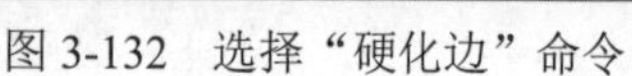
图 3-132　选择“硬化边”命令

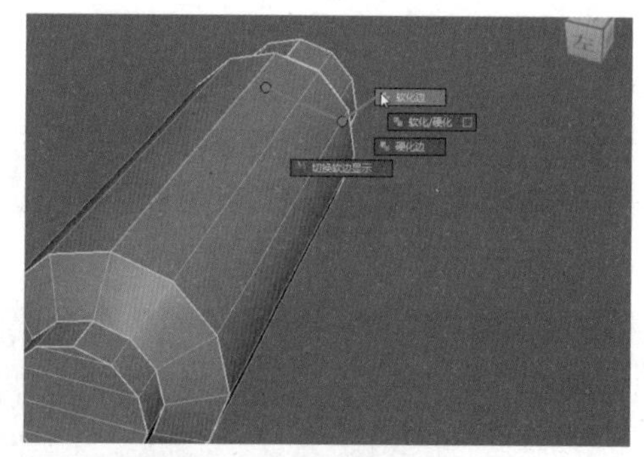
图 3-133　选择“软化边”命令

21 将菜单集切换至“渲染”模块，在菜单栏中选择“照明/着色”|“传递贴图”命令，如图 3-134 所示。

22 打开“传递贴图”窗口，展开“目标网格”卷展栏，选择一个低模模型，单击“添加选定对象”按钮，然后展开“源网格”卷展栏，选择与其相对应的高模模型，单击“添加选定对象”按钮，如图 3-135 所示。

图 3-134　选择“传递贴图”命令

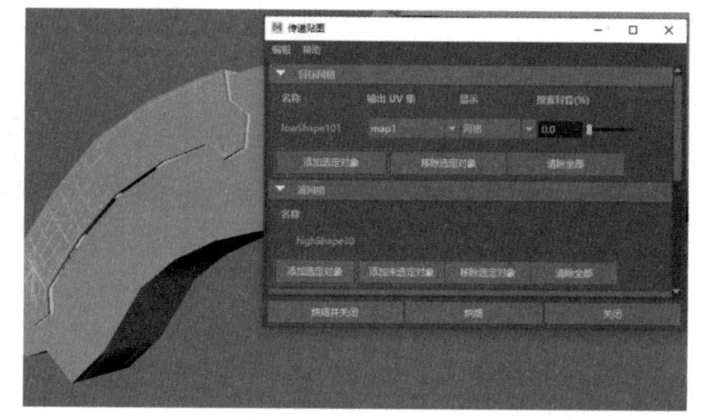
图 3-135　设置“传递贴图”窗口参数

23 展开“输出贴图”卷展栏，选择“法线”按钮，修改保存路径和文件格式，结果如图 3-136 所示。

24 展开“Maya 公用输出”卷展栏，在“贴图宽度”和“贴图高度”文本框中均输入4096，在“采样质量”下拉列表中选择“中(4×4)”选项，然后单击“烘焙”按钮，如图 3-137 所示。

图 3-136　设置“输出贴图”卷展栏参数

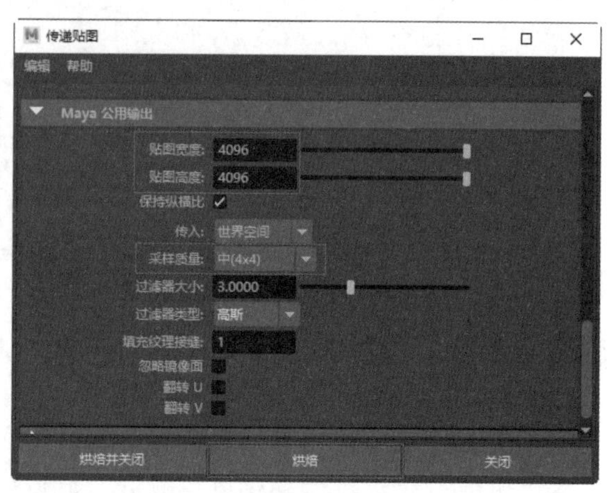

图 3-137　设置“Maya 公用输出”卷展栏

注意

通用尺寸为512、1024、2048、4096、8192，尺寸越大，烘焙的细节越多，烘焙用时越长，采样质量和填充过滤器选项按需填写，当工作界面右下方的读数为100%时，烘焙成功。

25 烘焙完成后，Maya会自动将贴图赋予到低模上，如果没有显示，用户可以按6键，显示贴图，在“属性编辑器”面板中选择lambert4选项卡，在“公用材质属性”卷展栏中单击“凹凸贴图”文本框右侧的“构建输出”按钮，如图3-138所示。

26 在file2选项卡中，展开“文件属性”卷展栏，单击“颜色空间”下拉按钮，从弹出的下拉列表中选择Utility|Raw选项，如图3-139所示。

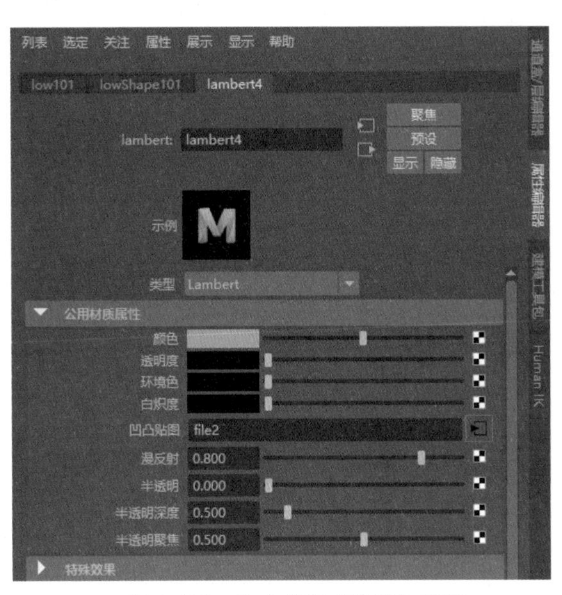

图3-138　单击“构建输出”按钮

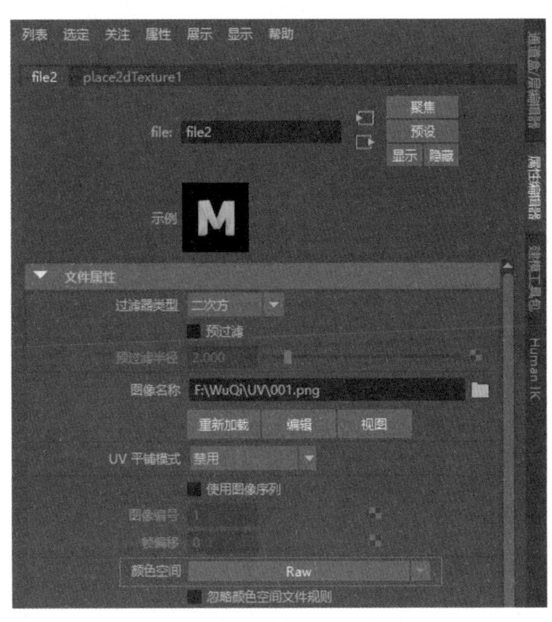

图3-139　选择Raw选项

27 烘焙完成后，Maya会自动将贴图赋予到低模上，结果如图3-140所示。

28 按照步骤26的方法烘焙出其他模型部位的法线贴图，用户可以看到有的模型部位在烘焙后出现了破损，如图3-141所示，这是由于低模的面数太少，不足以完全覆盖高模，因此会出现高模细节烘焙不上的情况。

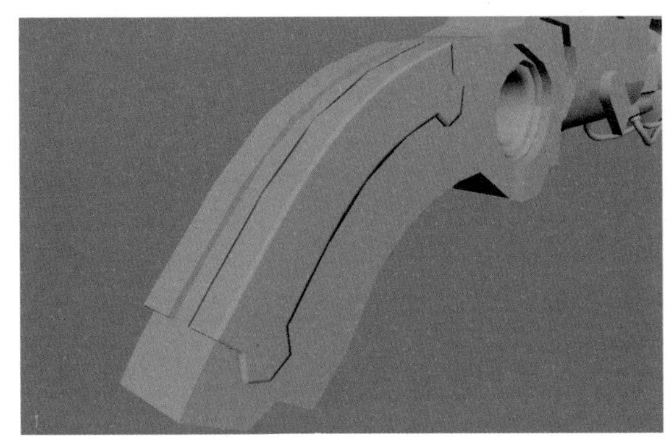

图3-140　烘焙结果

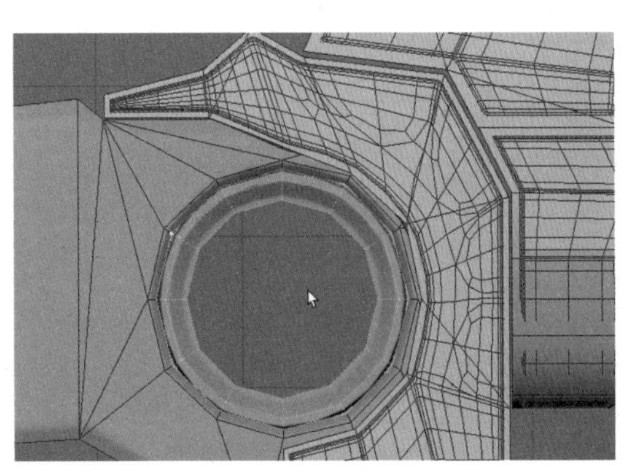

图3-141　破损部位

29 打开Photoshop，导入破损的法线贴图文件，根据复杂情况，可以重新调整低模或使用Photoshop对轻微破损进行修复，如图3-142所示，修复后保存文件。

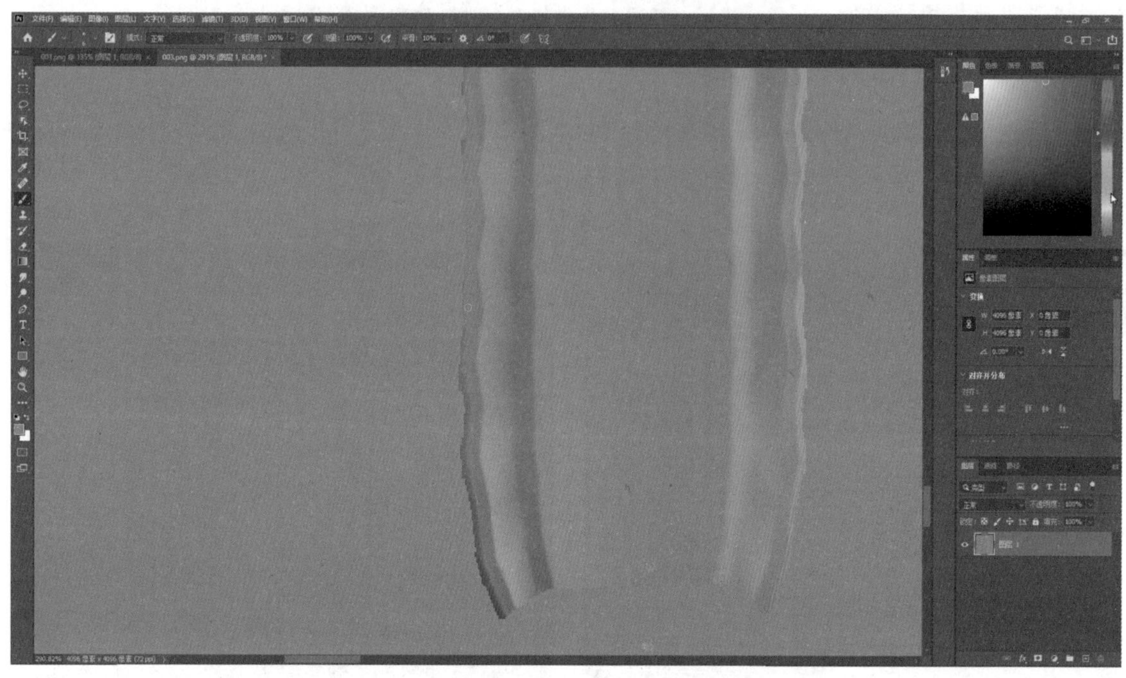

图 3-142　对法线破损的地方进行修复

30 回到Maya软件，在file2选项卡中，展开“文件属性”卷展栏，单击“重新加载”按钮，单击“颜色空间”下拉按钮，从弹出的下拉列表中选择Utility | Raw选项，如图3-143所示。

31 设置完成，模型显示结果如图3-144所示。

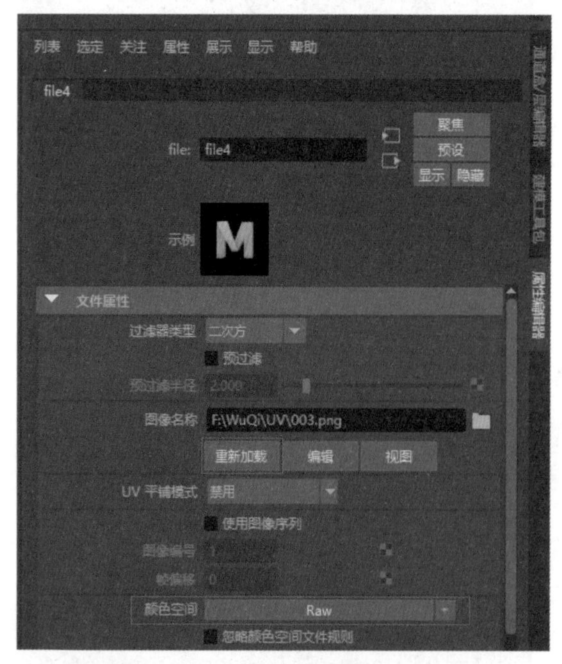

图 3-143　调整法线贴图格式

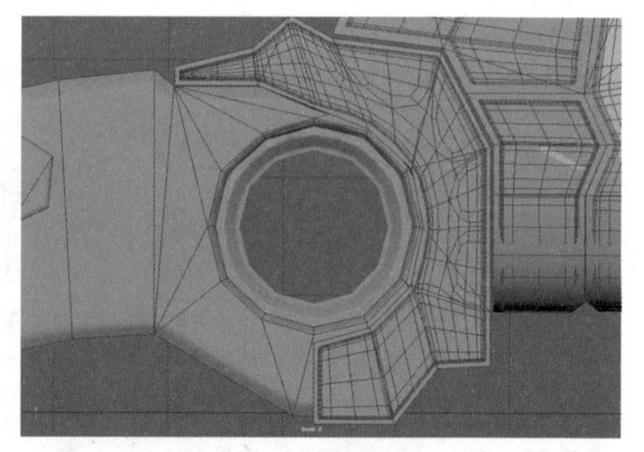

图 3-144　模型显示结果

32 按照步骤21到步骤29的方法，烘焙出模型其余部位的贴图，并修复法线破损处。然后在Photoshop中，选择其中一个法线图层，参考UV线，按M键框选多余的区域，如图3-145所示，然后按Delete将其删除，只保留下法线部分。

图 3-145　调整模型各个部位法线

33 按照步骤31的方法，依次删除每张法线图层中多余的区域，然后在菜单栏中选择“文件”|“另存为”命令，如图3-146所示，保存为PNG文件。

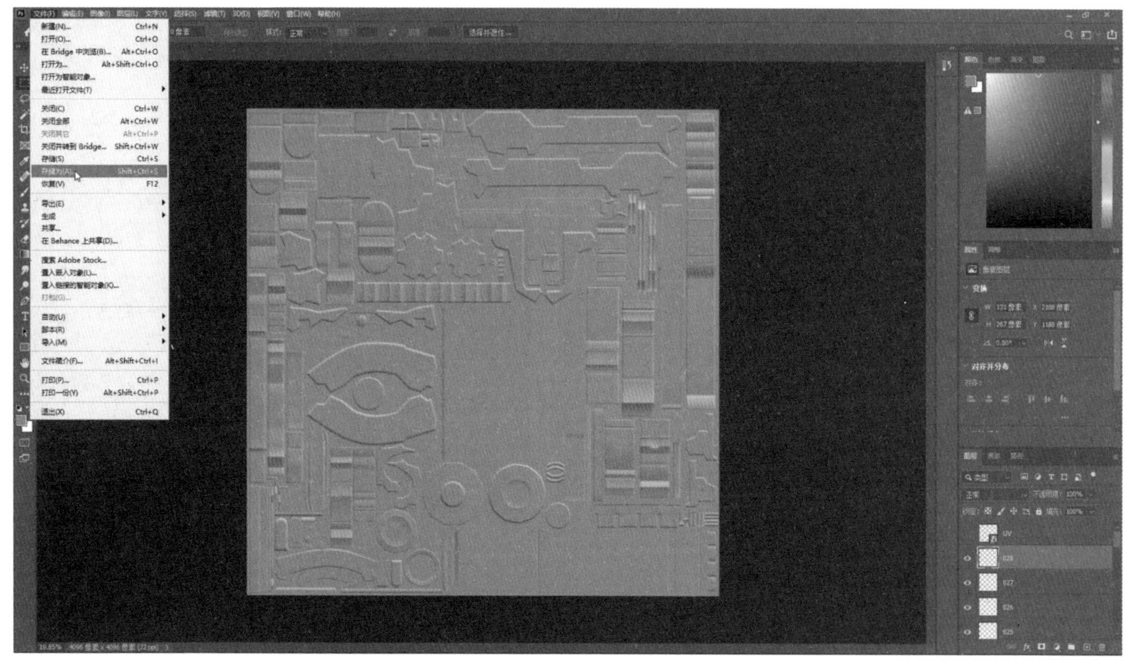

图 3-146　将模型各个部位的法线合并为一张图

34 回到Maya中，选择所有低模模型，右击鼠标，从弹出的快捷菜单中选择“指定收藏材质”|Lambert命令，如图3-147所示。

35 在“属性编辑器”面板中选择lambert36选项卡，在“公用材质属性”卷展栏中，单击“凹凸”选项右侧的按钮，如图3-148所示。

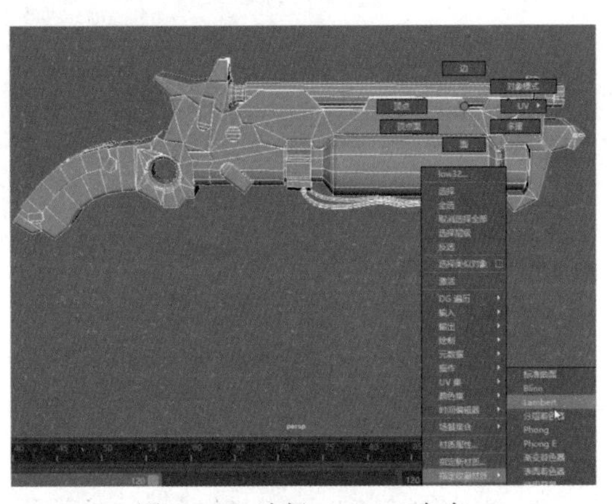

图 3-147　选择 Lambert 命令

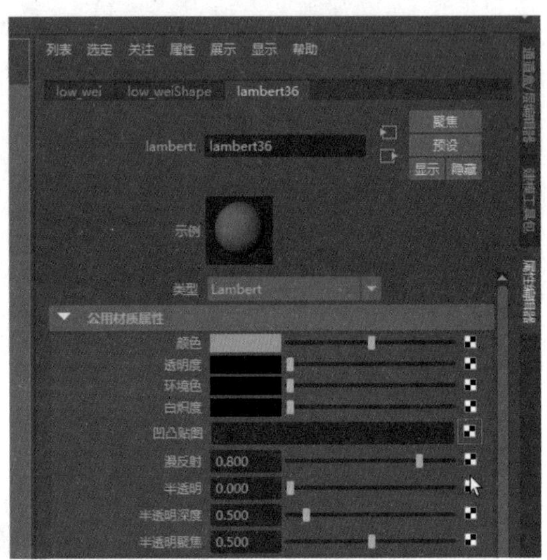

图 3-148　添加凹凸贴图

36 打开“创建渲染节点”窗口，选择“文件”选项，如图3-149所示。

37 在bump2d34选项卡中，展开“2D凹凸属性”卷展栏，单击“用作”下拉按钮，从弹出的下拉列表中选择“切线空间法线”选项，然后单击“凹凸值”文本框右侧的“构建输出”按钮，如图3-150所示。

图 3-149　选择“文件”选项

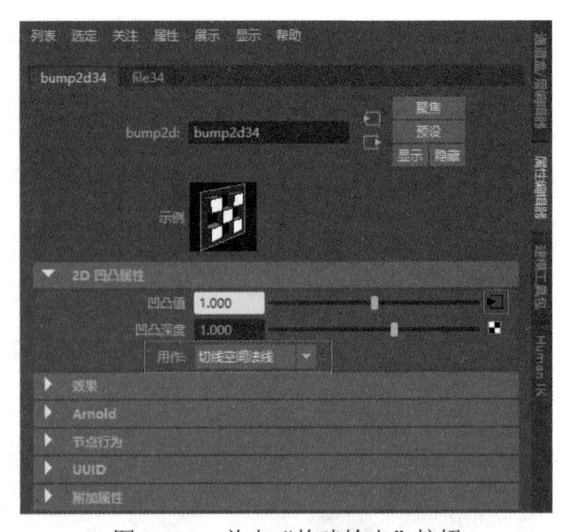

图 3-150　单击“构建输出”按钮

38 在“文件属性”卷展栏中，单击“图像名称”文本框右侧的按钮，在弹出的对话框中选择zong.png贴图文件，单击“颜色空间”下拉按钮，从弹出的下拉列表中选择Utility | Raw选项，如图3-151所示。

39 设置完成后，模型的法线显示效果如图3-152所示。

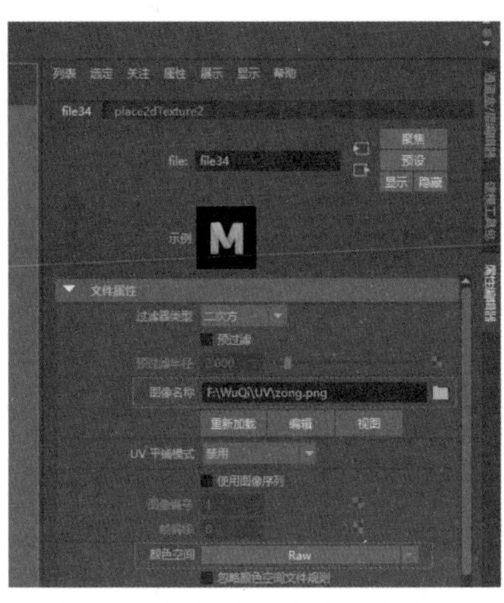

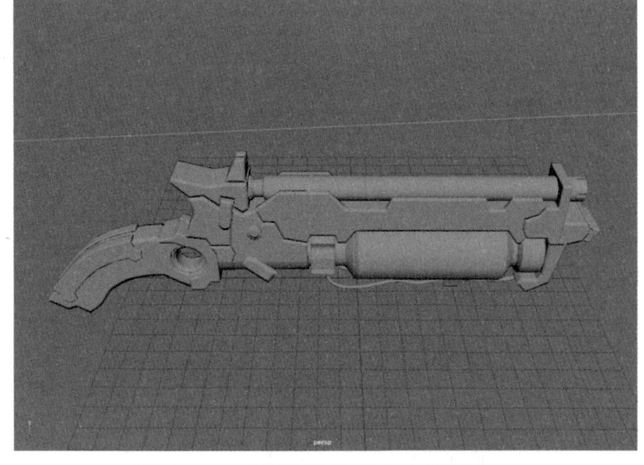

图 3-151　添加贴图文件和颜色空间　　　　图 3-152　模型的法线显示效果

40 选择如图3-153左图所示的材质相同的模型部件，按Ctrl+G快捷键进行编组，然后按Ctrl+D快捷键复制组，如图3-153右图所示，并重命名为First。

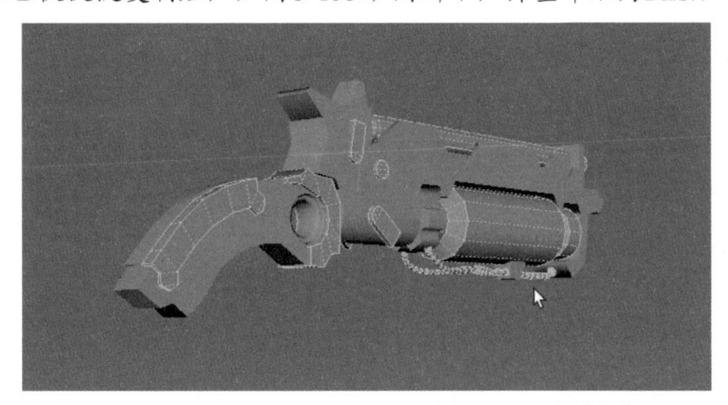

图 3-153　绘制曲线

41 选择相对应的高模模型，按照步骤40的方法，整合高模模型，然后右击鼠标，从弹出的快捷菜单中选择“指定收藏材质”|Lambert命令，在“属性编辑器”面板中选择lambert39选项卡，在“公用材质属性”卷展栏中设置“颜色”为红色，结果如图3-154所示，目的是方便后续区分不同材质的模型部位。

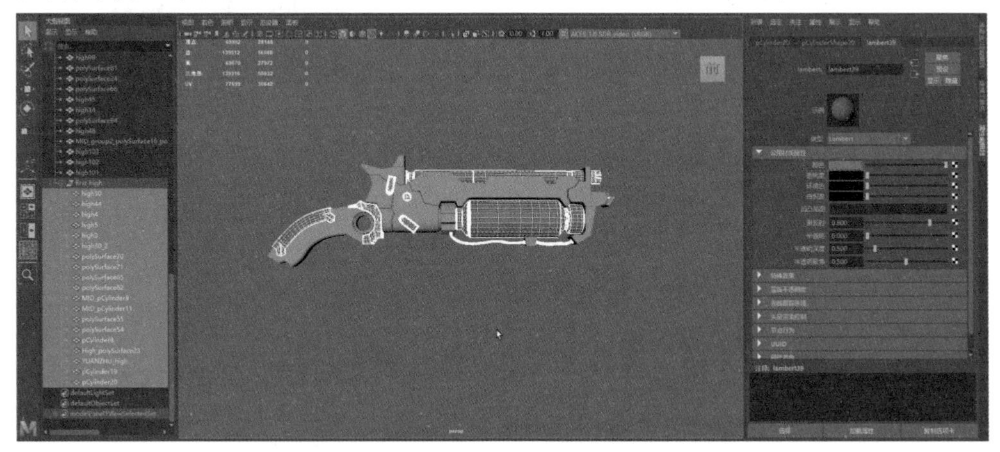

图 3-154　整合高模模型

42 分别选择First_high组，按Ctrl+D快捷键复制组，如图3-155所示。

43 按照步骤41的方法，复制First组，结果如图3-156所示。

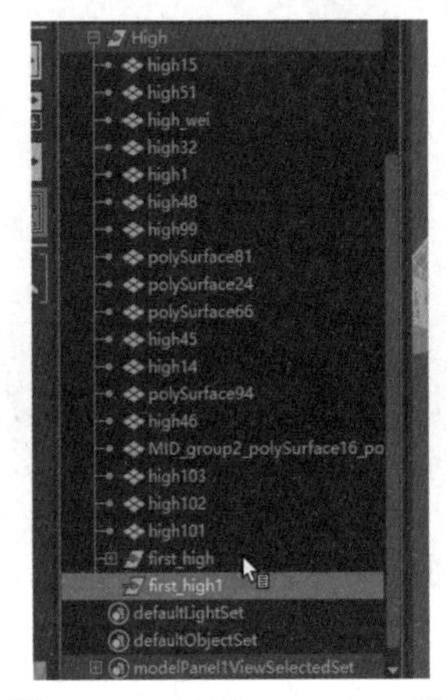

图3-155　复制First_high组

图3-156　复制First组

44 选择First1组中的所有模型，按Shift并右击，从弹出的快捷菜单中选择“结合”命令，然后选择结合后的模型，按Alt+Shift+D快捷键，删除结合后的模型历史，结果如图3-157所示。

45 按照步骤43的方法，结合first_high1组中的模型，并删除结合后的模型历史，结果如图3-158所示。

图3-157　删除结合后的模型历史

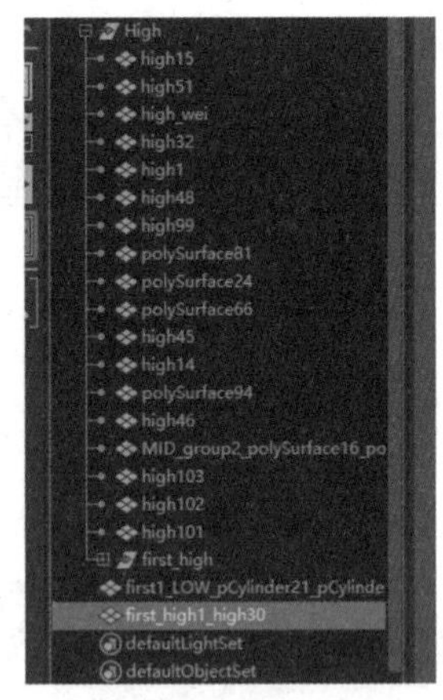

图3-158　继续结合模型并删除历史

46 将菜单集切换至“渲染”模块，在菜单栏中选择“照明/着色”|“传递贴图”命令，打开“传递贴图”窗口，展开“目标网格”卷展栏，选择一个低模模型，单击“添加选定对象”按钮，然后展开“源网格”卷展栏，选择与其相对应的高模模型，单击“添加选定对象”按钮，展开“输出贴图”卷展栏，选择“法线”按钮，修改保存路径和文件格式，结果如图3-159所示。

47 展开“Maya公用输出”卷展栏，在“贴图宽度”和“贴图高度”文本框中均输入4096，在“采样质量”下拉列表中选择“低(2×2)”选项，然后单击“烘焙”按钮，如图3-160所示。

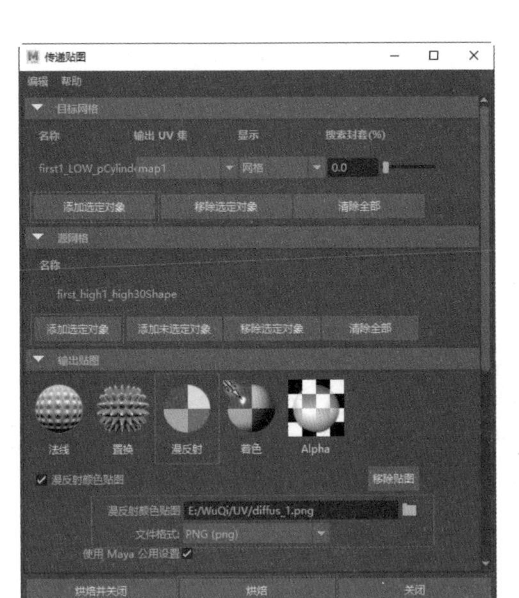

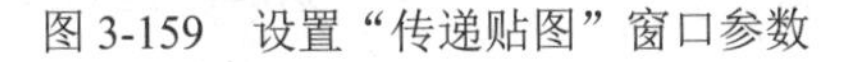

图 3-159 设置“传递贴图”窗口参数

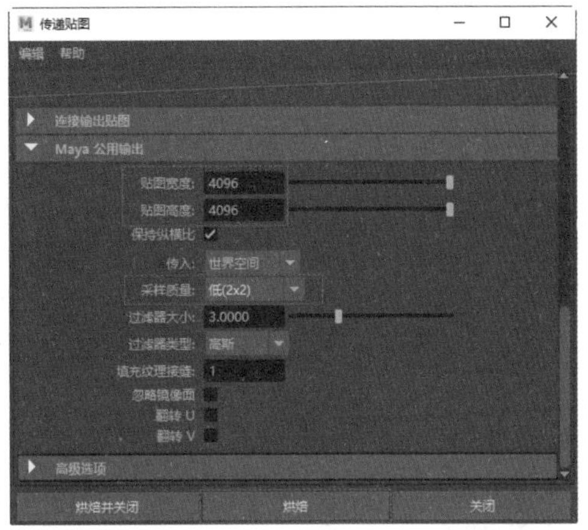

图 3-160 设置“Maya 公用输出”卷展栏参数

48 烘焙完成后，即可得到一张Diffuse图，结果如图 3-161 所示。

49 删除结合的两个模型，检查模型是否有遗漏的模型，如果有，选择该模型，如图 3-162 所示。

图 3-161 Diffuse 图显示结果

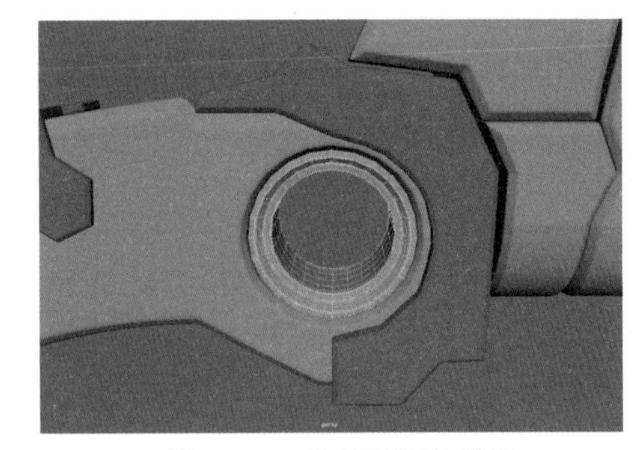

图 3-162 选择遗漏的模型

50 在状态行中单击“显示Hypershade窗口”按钮，打开Hypershade窗口，在“工作区”面板中，将鼠标移至“浏览器”面板中的lambert35材质球上，然后右击，从弹出的菜单中选择“将材质指定给视口选择”命令，选择如图 3-163 所示。

51 按照步骤 46 到步骤 47 的方法，渲染出遗漏模型部件的贴图，然后打开Photoshop软件将导入渲染好的贴图，将其整合为一张图，结果如图 3-164 所示，保存为PNG文件。

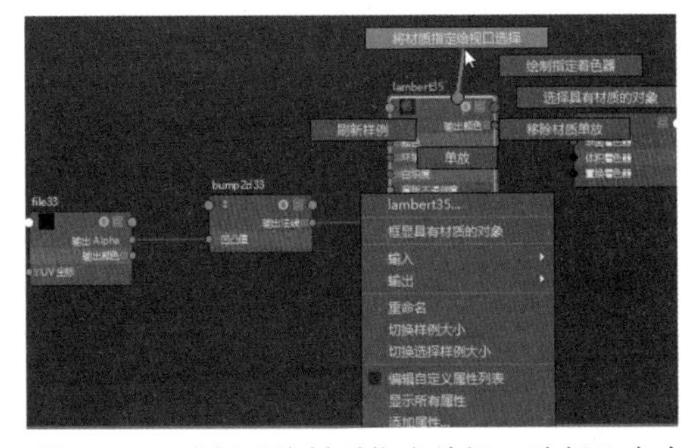

图 3-163 选择“将材质指定给视口选择”命令

图 3-164 整合贴图

52 选择High组中的高模模型，右击鼠标，从弹出的快捷菜单中选择“指定收藏材质”|Lambert命令，在“属性编辑器”面板中选择lambert39选项卡，在“公用材质属性”卷展栏中设置“颜色”为蓝色，结果如图3-165所示。

53 按照步骤46到步骤47的方法，烘焙出另一部分模型部位的Diffuse贴图，烘焙结束后删除合并的模型，并将所有Diffuse贴图导入Photoshop软件中，将其整合为一张图，如图3-166所示，保存为PNG文件。

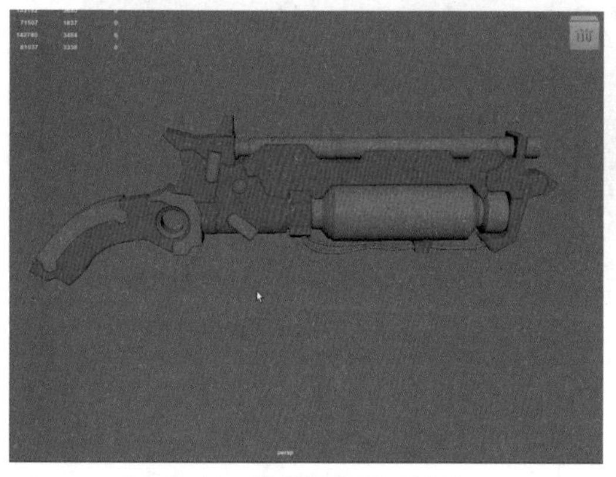

图 3-165　模型颜色显示结果

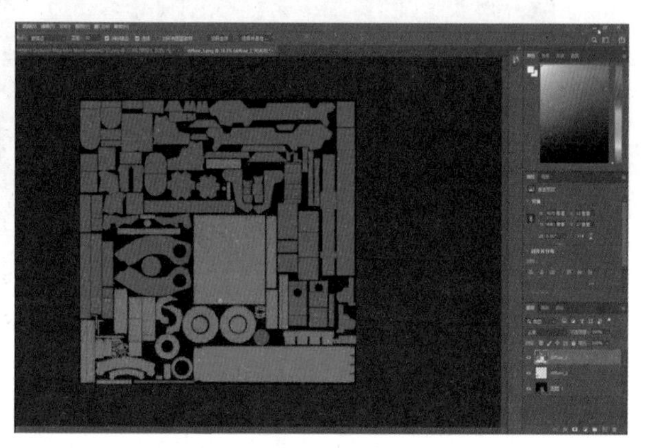

图 3-166　整合贴图

3.7　使用 Substance Painter 软件制作贴图

【例 3-6】 本实例将讲解如何制作模型贴图。视频

01 在大纲视图中分别选择LOW组和High组，按Ctrl+D快捷键复制组，结果如图3-167所示。

02 在大纲视图中选择LOW1组中first组中的模型，如图3-168所示，按Shift并右击，从弹出的快捷菜单中选择“结合”命令，然后选择结合后的模型，按Alt+Shift+D快捷键，删除结合后的模型历史。

图 3-167　复制 LOW 组和 High 组

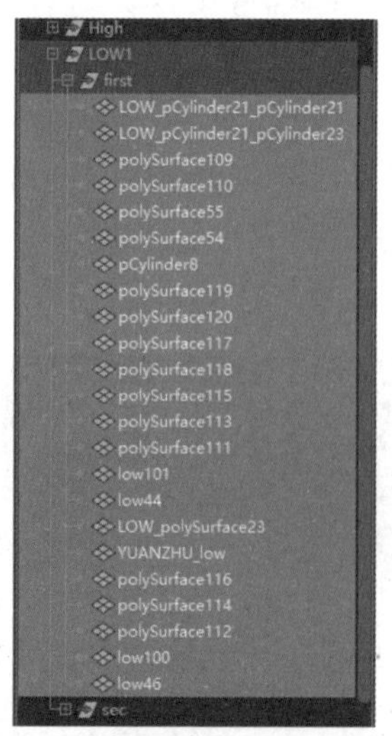

图 3-168　选择 first 组中的模型

03 在大纲视图中分别选择High1组中first_High组中的模型，如图3-169所示，按Shift并右击，从弹出的快捷菜单中选择“结合”命令，然后选择结合后的模型，按Alt+Shift+D快捷键，删除结合后的模型历史。

04 在大纲视图中选择结合后的低模模型，右击鼠标，从弹出的快捷菜单中选择“指定收藏材质”|Lambert命令，如图3-170所示，赋予其一个新材质。

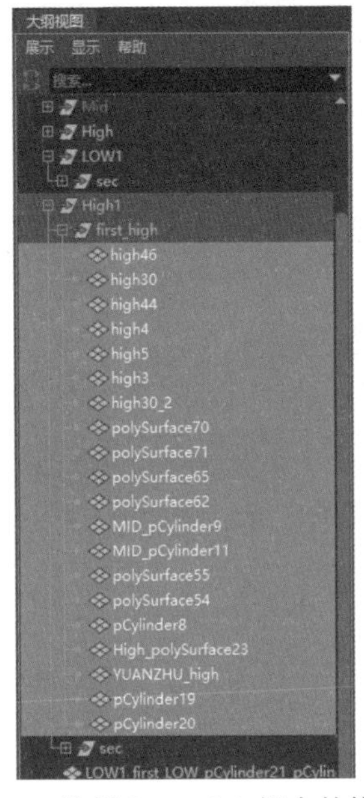

图3-169　选择first_High组中的模型

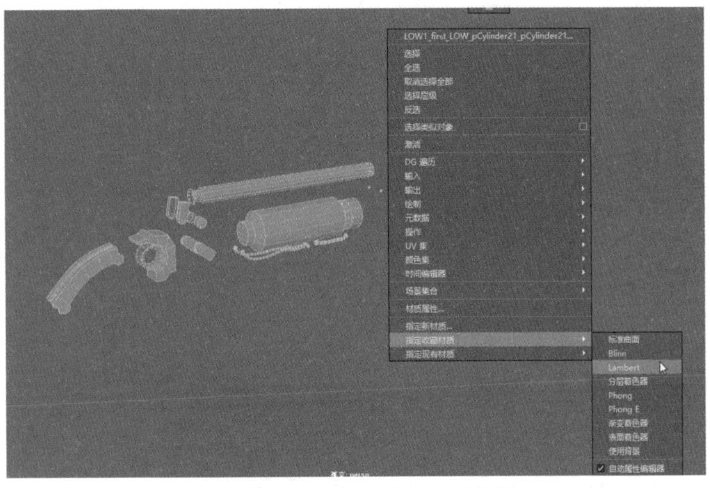

图3-170　赋予Lambert材质

05 按照步骤4的方法，赋予组合好的高模模型一个Lambert材质，然后在菜单栏中选择“文件”|“导出当前选项”命令，如图3-171所示。

06 打开“导出当前选择”对话框，在“查找范围”中输入保存路径，在“文件名”文本框中输入first_low，然后单击“文件类型”下拉按钮，从弹出的下拉列表中选择OBJexport，然后单击“导出当前选择”按钮，如图3-172所示。

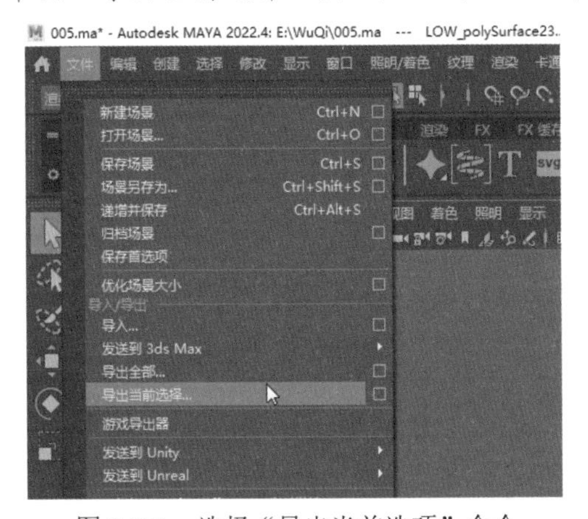

图3-171　选择“导出当前选项”命令

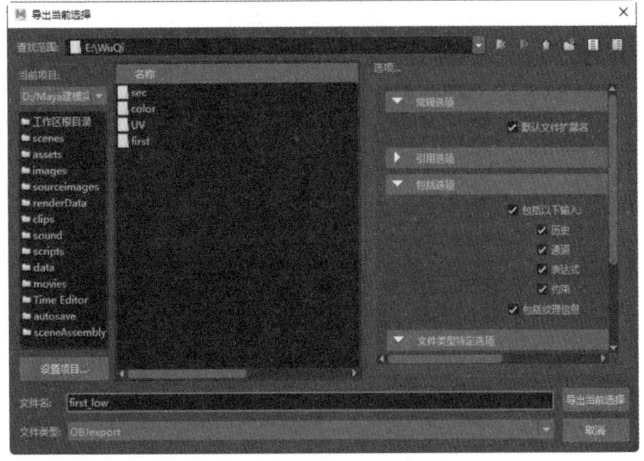

图3-172　导出OBJ格式

07 按照步骤5到步骤6的方法，导出合并后的高模模型，如图3-173所示。

08 打开Substance Painter软件，在菜单栏中选择“文件”|“新建”命令，如图3-174所示。

图 3-173　导出合并后的高模模型

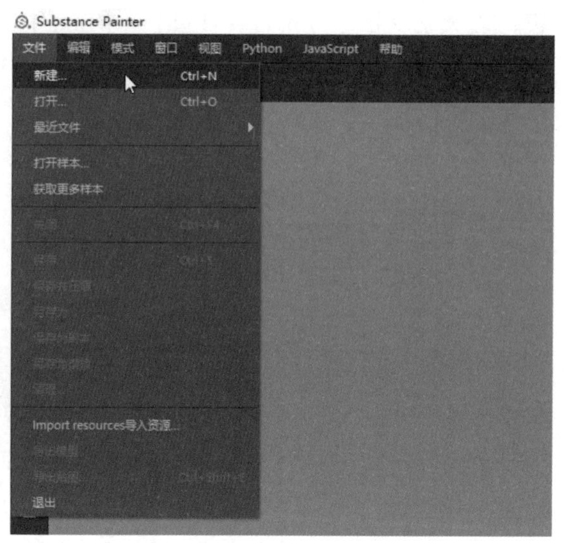

图 3-174　选择“新建”命令

09 打开“新项目”对话框，单击“选择”按钮，如图3-175左图所示，打开文档，选择first_low文件，如图3-175右图所示。

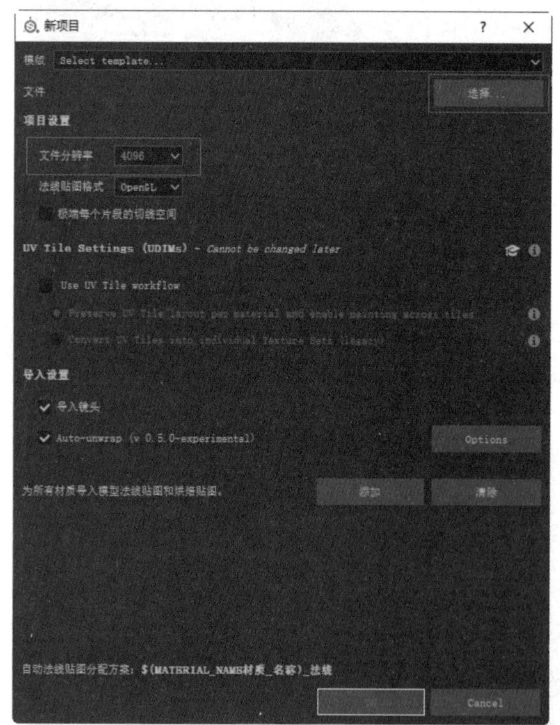

图 3-175　设置“新项目”对话框

10 单击“添加”按钮，打开文档，选择zong文件，然后单击“打开”按钮，如图3-176所示，回到“新项目”对话框，单击OK选项。

11 在“TEXTURE SET纹理集列表”面板的“图层”选项卡中，单击“烘焙模型贴图”按钮，如图3-177所示。

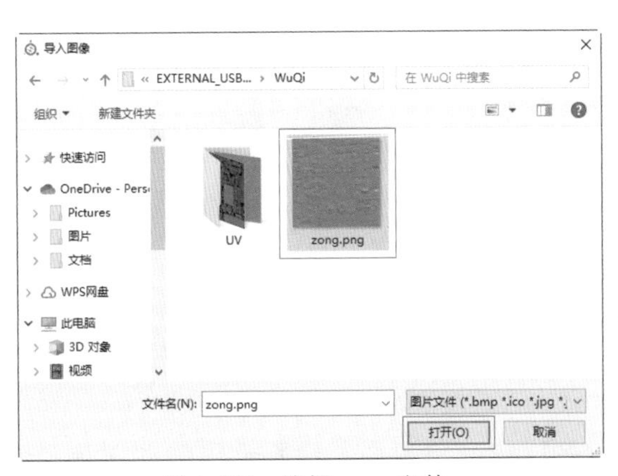

图 3-176　选择 zong 文件

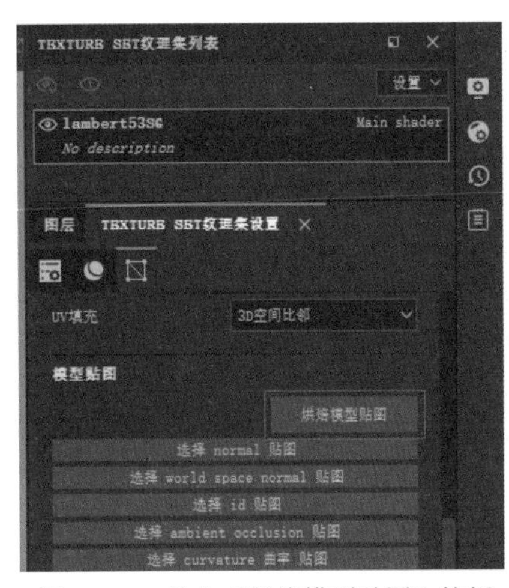

图 3-177　单击“烘焙模型贴图”按钮

12 在Shelf展架中选择“Project项目”选项，选择其中的zong法线贴图，将其拖曳至“TEXTURE SET纹理集设置”面板的“选择normal贴图”选项卡中，然后单击“烘焙模型贴图”按钮，如图3-178所示。

13 打开“烘焙”对话框，在“通用参数”卷展栏中单击Output Size下拉按钮，从弹出的下拉列表中选择4096选项，单击High Definition Meshes文本框右侧的“文件”按钮，从弹出的文件夹中选择first_high.obj文件，单击Antialiasing下拉按钮，从弹出的下拉列表中选择subsampling 4x4，然后单击Bake selected textures按钮，如图3-179所示。

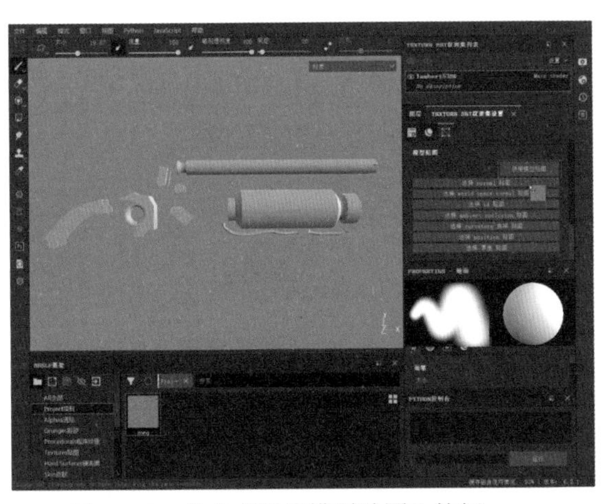

图 3-178　单击“烘焙模型贴图”按钮

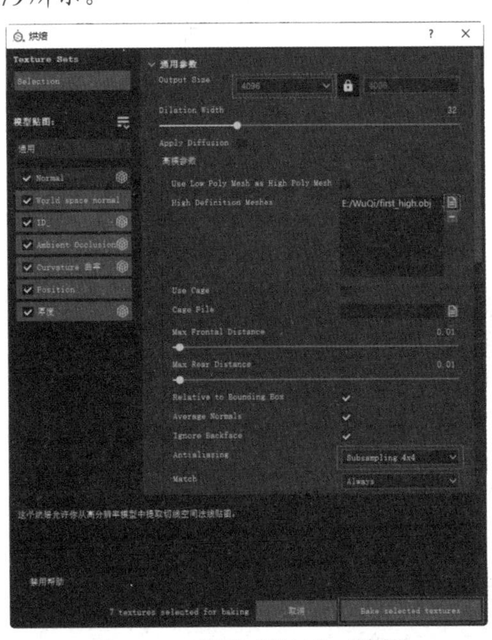

图 3-179　设置“烘焙”对话框

14 烘焙结束后，在“Project项目”选项中即可显示出所有烘焙的贴图，右击第一张Ambient Occlusion贴图，从弹出的快捷菜单中选择“导出资源”命令，如图3-180所示。

15 打开“选择导出目录”对话框，新建一个first文件夹，选择该文件夹，然后单击“选择文件夹”命令，如图3-181所示，即可将Ambient Occlusion贴图导出到该文件夹内。

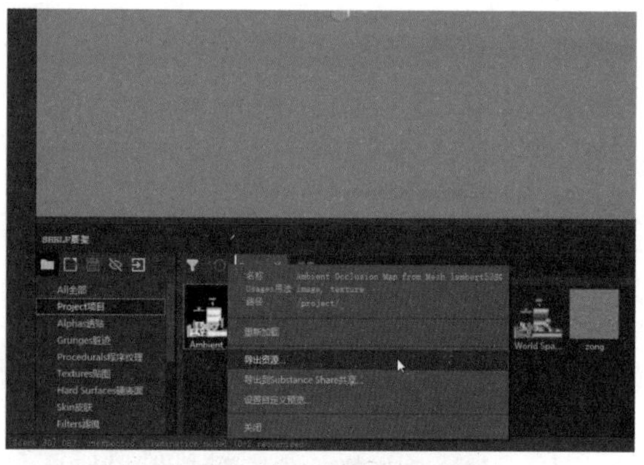

图 3-180　选择“导出资源”命令

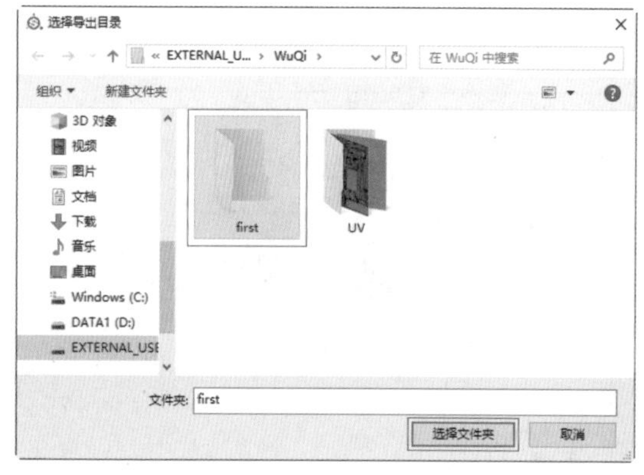

图 3-181　选择文件夹

16 按照步骤14到步骤15的方法，导出除zong贴图外的其余贴图，结果如图3-182所示。

17 回到Maya软件，在大纲视图中删除之前合并的模型，然后按照步骤2到步骤7的方法，分别结合并导出LOW1和High1组中sec组中的模型，结果如图3-183所示。

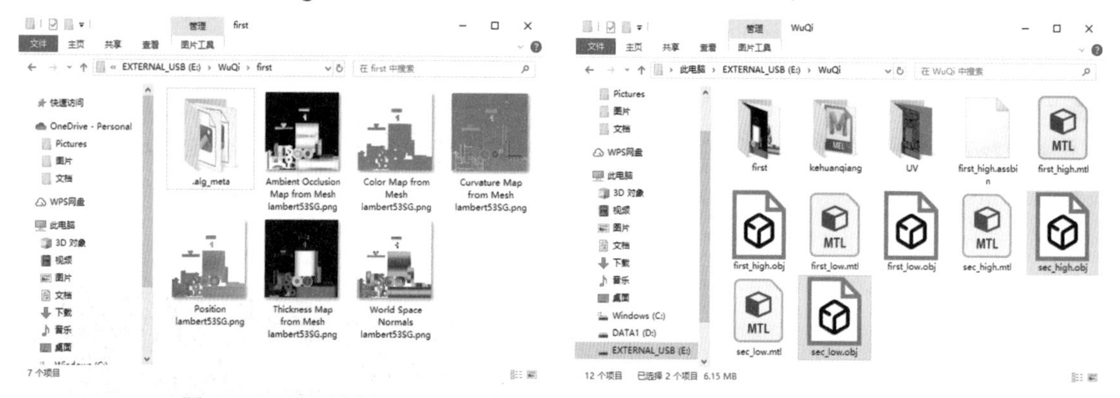

图 3-182　导出贴图　　　　图 3-183　合并并导出 sec 组中的模型

18 将模型导入Substance Painter软件，按照上述步骤的方法，烘焙贴图，如图3-184左图所示，并导出贴图，如图3-184右图所示。

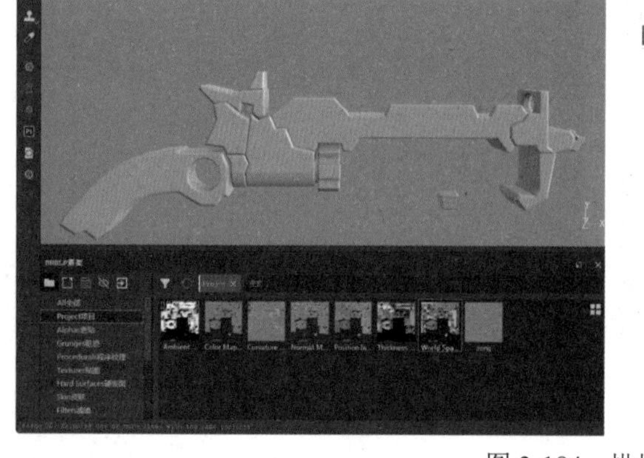

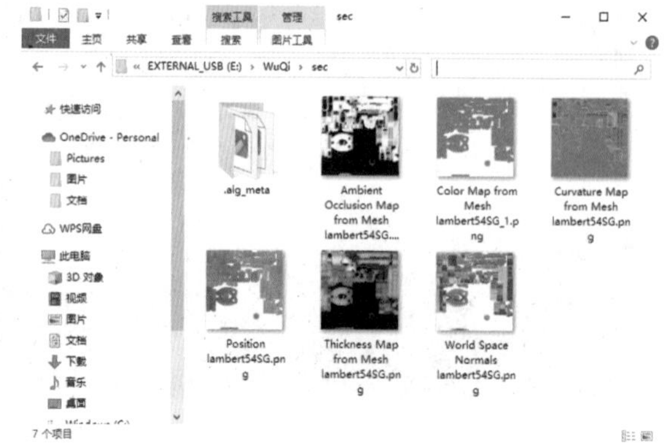

图 3-184　烘焙并导出贴图

19 打开Photoshop软件，分别导入first和sec文件夹中的Ambient Occlusion贴图，以及在Maya软件中烘焙的diffuse贴图，将first和sec文件夹中的Ambient Occlusion贴图整合为一张贴图，结果如图3-185所示，然后将其保存为PNG格式。

20 按照步骤19的方法整合其他的贴图，将其保存到first文件夹中，分别替换原有的文件，结果如图3-186所示。

21 回到Maya软件，在大纲视图中删除合并的模型，选择LOW组中的模型，赋予其一个Lambert材质，结果如图3-187所示，然后在菜单栏中选择“文件”|“导出当前选项”命令。

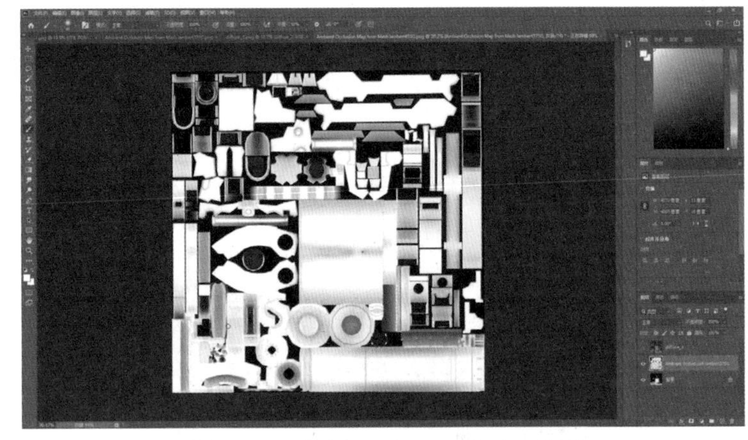

图 3-185　整合 Ambient Occlusion 贴图

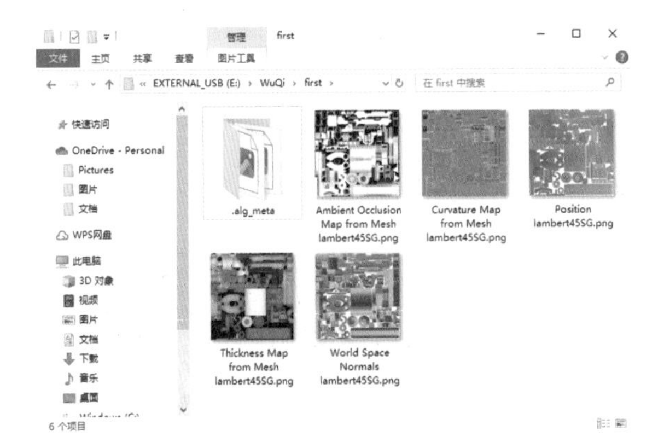

图 3-186　绳结的显示结果

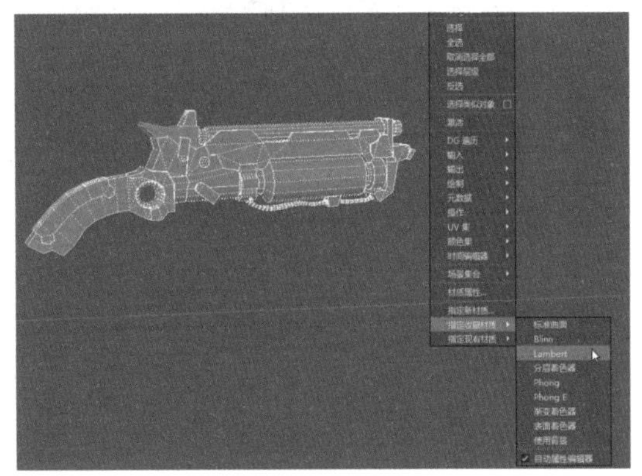

图 3-187　赋予 Lambert 材质

22 打开“导出当前选择”对话框，在“查找范围”中输入保存路径，在“文件名”文本框中输入LOW，然后单击“文件类型”下拉按钮，从弹出的下拉列表中选择OBJexport，再单击“导出当前选择”按钮，如图3-188所示。

23 按Ctrl+N快捷键，打开“新项目”对话框，单击“选择”按钮，打开文档，选择LOW.obj文件，然后单击“打开”按钮，如图3-189所示。

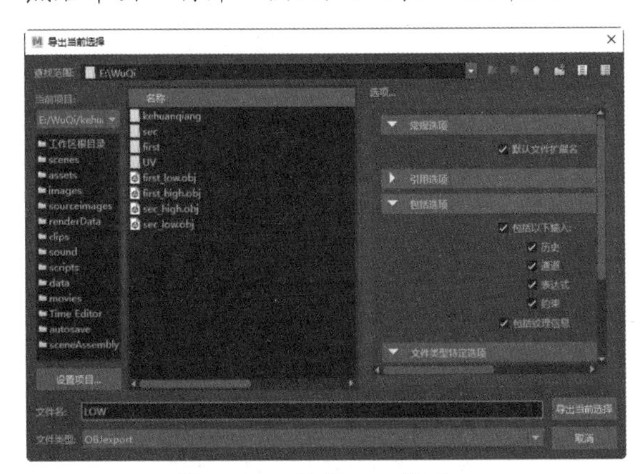

图 3-188　导出 OBJ 格式

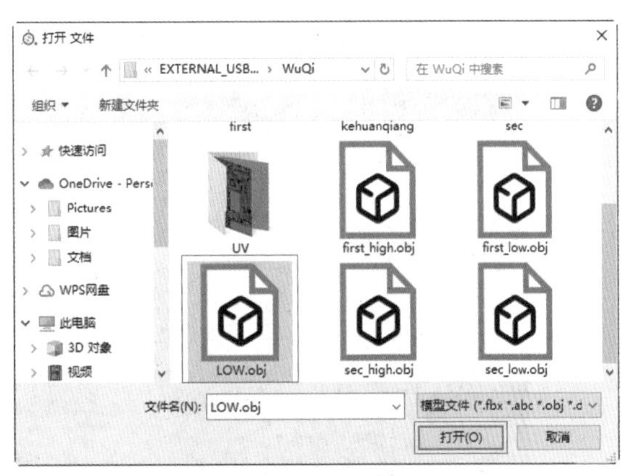

图 3-189　选择 LOW.obj 文件

24 回到Substance Painter软件，在菜单栏中选择“文件”|“新建”命令，打开“新项目”对话框，单击“选择”按钮，单击“添加”按钮，打开文档，选择first文件夹中所有的贴图，以及WuQi文件夹中的zong文件，然后单击“打开”按钮，如图3-190所示，回到“新项目”对话框，单击OK选项。

25 若用户需要额外导入其他的文件贴图，可以在文件夹中选择贴图文件，将其直接拖曳至“Project项目”中，如图3-191所示。

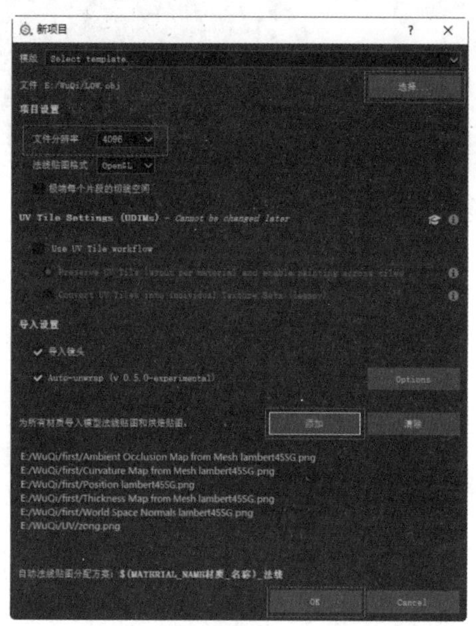

图3-190 设置“新项目”对话框参数

图3-191 将文件拖曳至Project项目”中

26 弹出“Import resourcrs导入资源”对话框，单击Undefined下拉按钮，从弹出的下拉列表中选择texture命令，然后单击“将你的资源导入到”下拉按钮，从弹出的下拉列表中选择项目文件“Untitled”命令，如图3-192所示，然后单击“导入”命令。

27 依次将“Project项目”选项中的贴图拖曳至“TEXTURE SET纹理集设置”面板的“模型贴图”选项卡中，结果如图3-193所示。

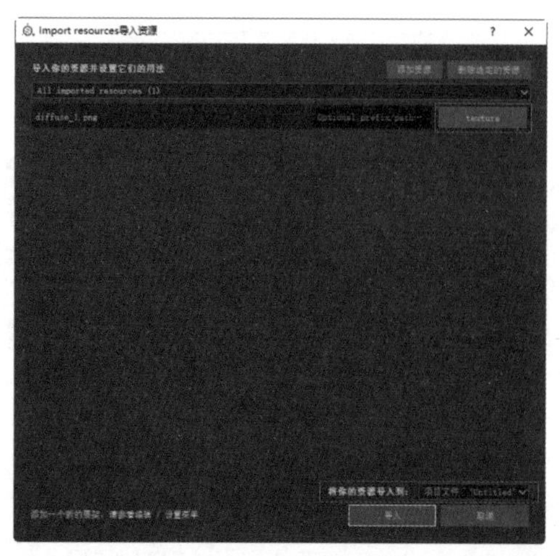

图3-192 设置“Import resourcrs导入资源”对话框参数

图3-193 将贴图拖曳至“模型贴图”选项卡

28 在“TEXTURE SET纹理集列表”面板的“图层”选项卡中，单击“添加文件夹”按钮■，如图 3-194 左图所示，然后右击“文件夹 1”图层，弹出的快捷菜单中选择“添加颜色选择遮罩”命令，如图 3-194 右图所示。

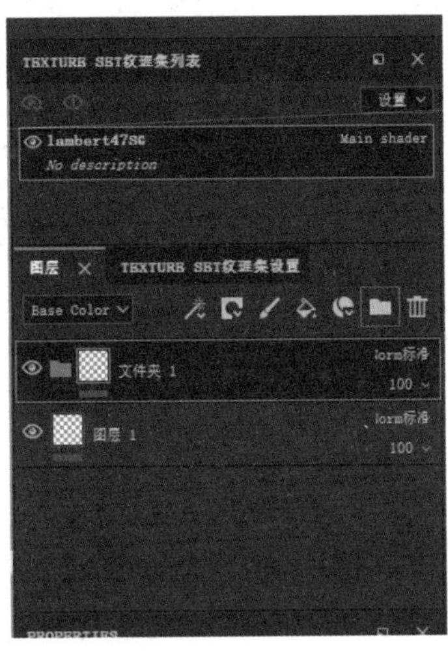

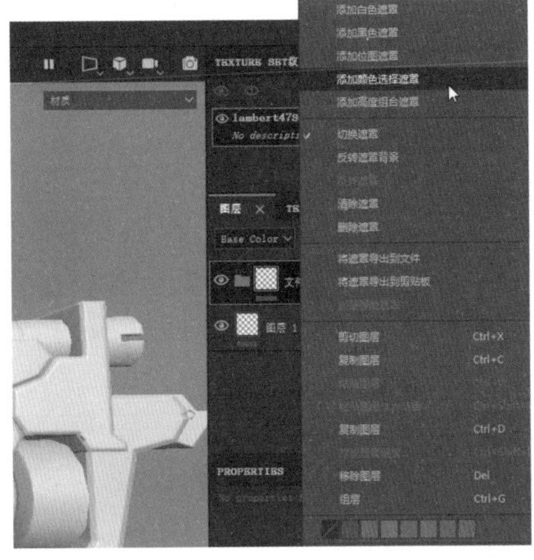

图 3-194　添加文件夹并选择“添加颜色选择遮罩”命令

29 在“TEXTURE SET纹理集列表”面板中单击“选取颜色”按钮，此时鼠标光标会变成吸管的样式，在视图中单击鼠标吸取红色部分，如图 3-195 所示。

30 在“图层”选项卡中，单击“添加填充图层”按钮■，并将其移动至“文件夹 1”图层下方，在“PROPERTIES-填充”面板的“材质”选项卡中，设置Base Color为灰色，设置Metallic文本框中的数值为 0.1673，设置Roughness文本框中的数值为 0.4630，如图 3-196 所示。

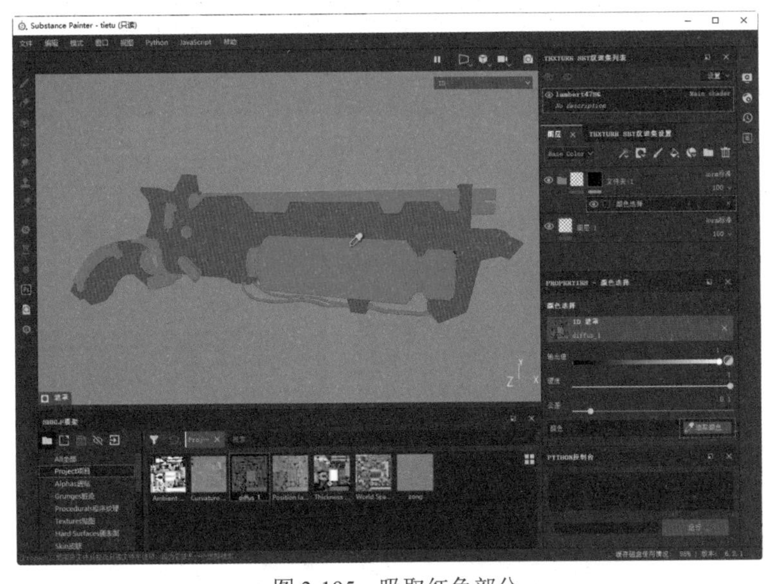

图 3-195　吸取红色部分　　　　图 3-196　设置填充图层参数

31 Base Color属性的具体参数如图 3-197 所示。

32 单击“添加填充图册”按钮■，添加图层，右击“填充图层 2”选项，从弹出的快捷菜单中选择“添加黑色遮罩”命令，如图 3-198 所示。

33 右击“填充图层2”选项，从弹出的快捷菜单中选择“添加填充”命令，如图3-199左图所示，然后在Shelf展架中选择“Project项目”选项，选择Ambient Occlusion贴图将其拖曳至“PROPERTIES-填充”面板中“灰度”选项卡的grayscale上，如图3-199右图所示。

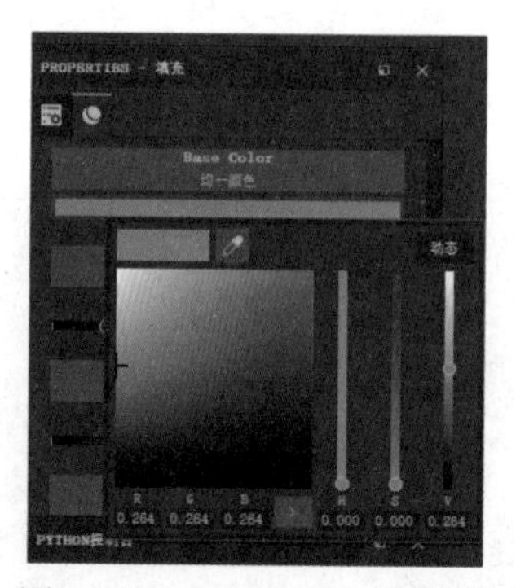

图 3-197 Base Color 属性的具体参数

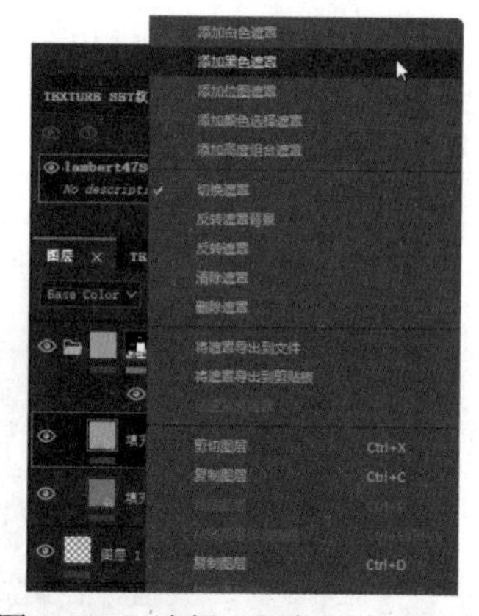

图 3-198 选择“添加黑色遮罩”命令

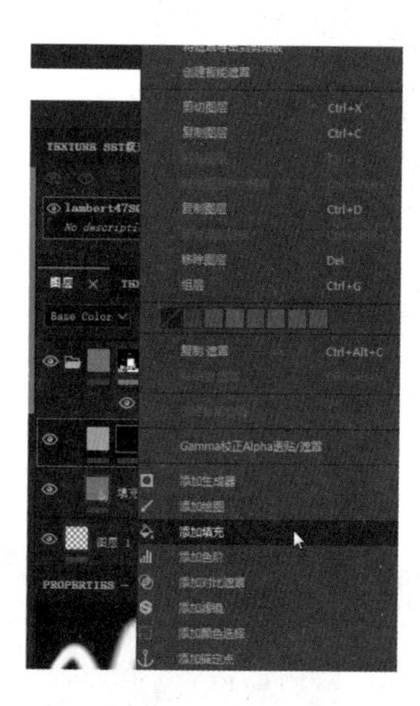

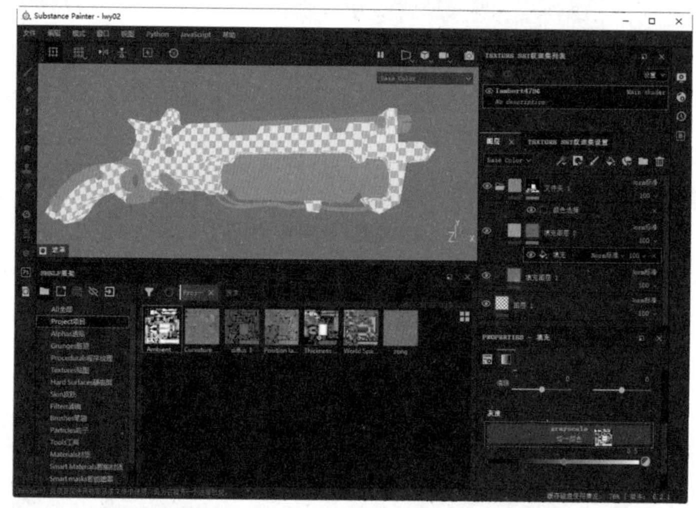

图 3-199 将贴图拖曳至 grayscale 上

34 右击遮罩图层下的“填充”图层，从弹出的快捷菜单中选择“添加色阶”命令，如图3-200左图所示，然后选择“填充图层2”的填充图层，在“PROPERTIES-填充”面板中设置Base Color为深灰色，设置Metallic文本框中的数值为0.1323，设置Roughness文本框中的数值为0.6381，如图3-200右图所示。

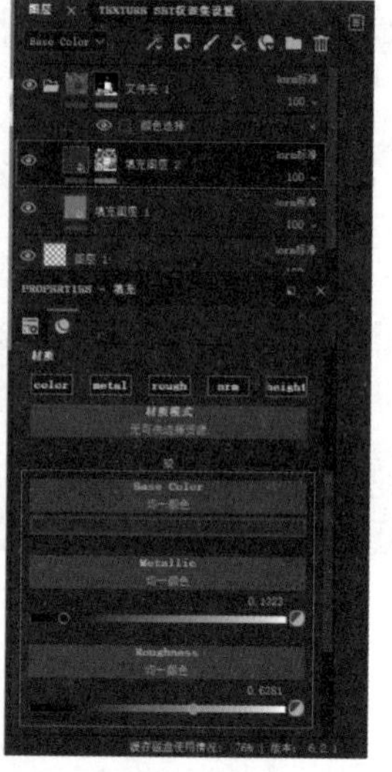

图 3-200 添加色阶并设置填充图层参数

35 Base Color属性的具体参数如图3-201所示。

36 选择遮罩图层下的Leves图层，在PROPERTIES-Levels面板中调整参数，结果如图3-202所示。

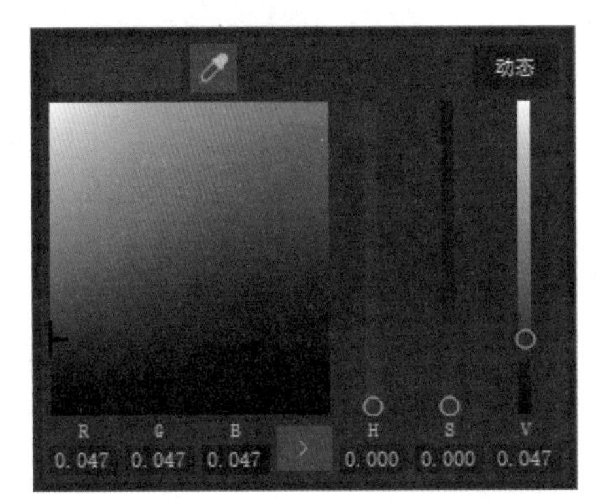

图3-201　Base Color属性的具体参数

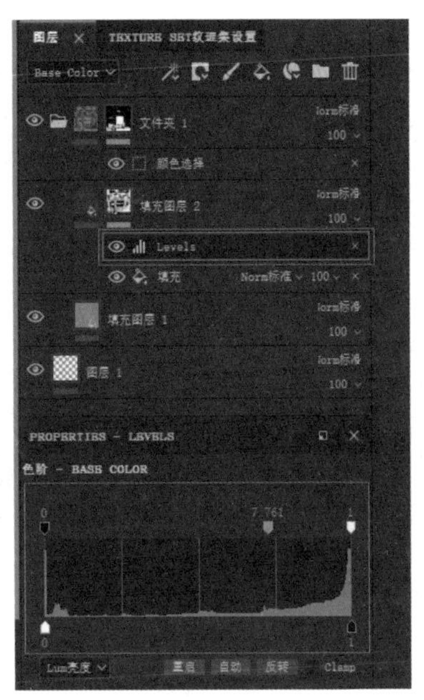

图3-202　调整Leves图层参数

37 按照上述步骤的方法新建一个填充图层3，Base Color的具体参数如图3-203所示。

38 右击填充图层3，从弹出的快捷菜单中选择“添加填充”命令，如图3-204所示。

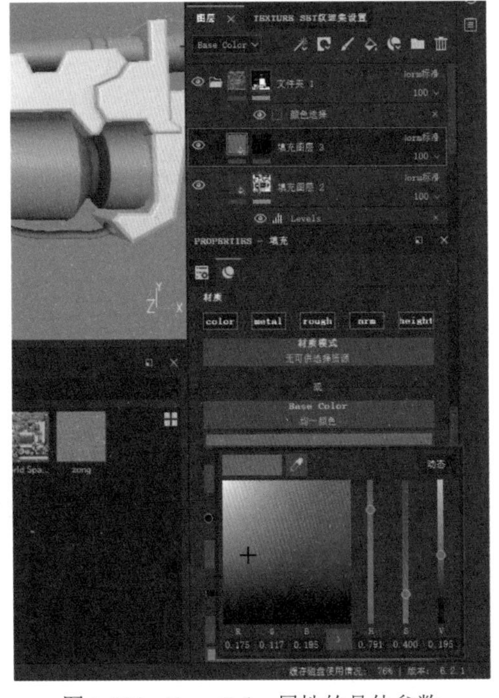

图3-203　Base Color属性的具体参数

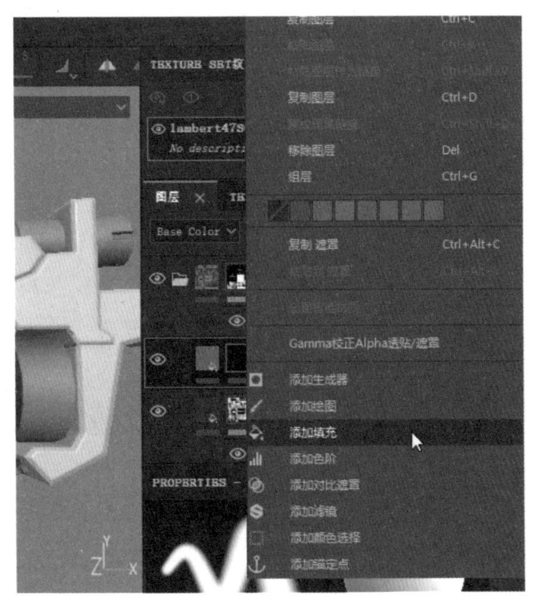

图3-204　选择“添加填充”命令

39 在Shelf展架中选择“Procedurals程序纹理”选项，选择Fractal Sum 2贴图并将其拖曳至“PROPERTIES-填充”面板中“灰度”选项卡的grayscale上，如图3-205所示。

40 在“PROPERTIES-填充”面板中设置“平衡”文本框中的数值为0.49，设置“对比度”文本框中的数值为0.52，如图3-206所示。

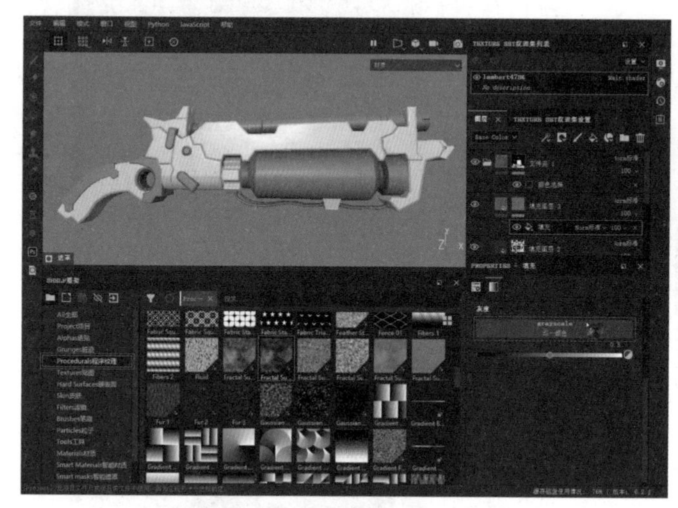

图 3-205 将贴图拖曳至 grayscale 上

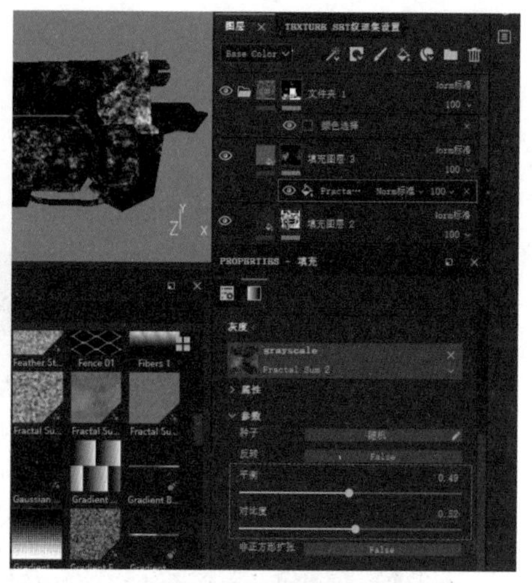

图 3-206 设置纹理参数

41 选择遮罩图层下Fractal Sum 2填充图层，右击并从弹出的快捷菜单中选择“添加滤镜”命令，如图3-207所示。

42 在“PROPERTIES-滤镜”面板中单击“滤镜”按钮，从弹出的面板中选择Blur命令，如图3-208所示。

图 3-207 选择“添加滤镜”命令

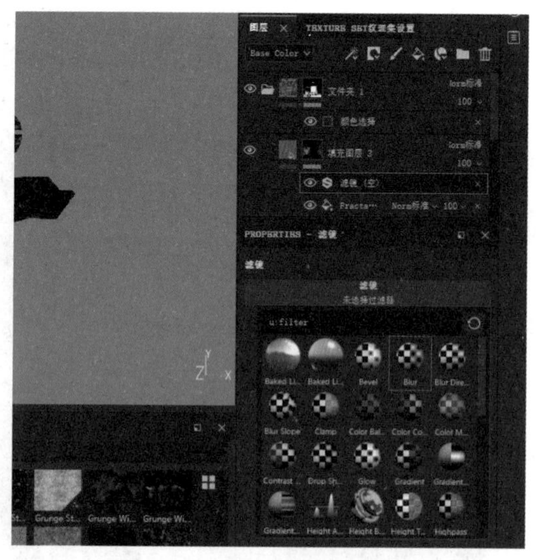

图 3-208 选择 Blur 命令

43 在“PROPERTIES-滤镜”面板中展开“参数”卷展栏，设置“模糊强度”文本框中的数值为0.2，如图3-209所示。

44 按照上述步骤的方法，制作出模型大致的材质和纹理，如图3-210所示。

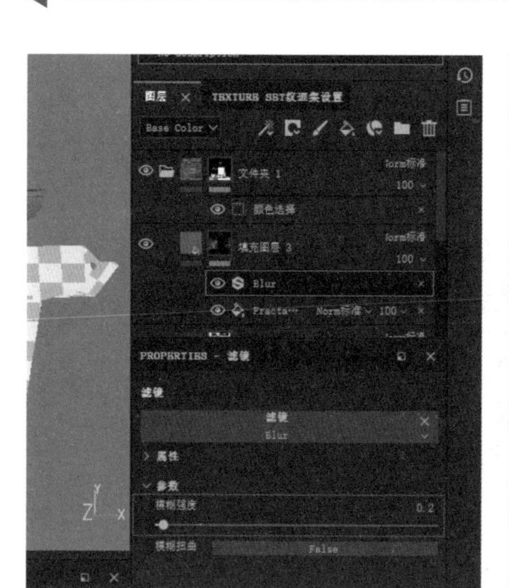

图 3-209　设置“模糊强度”数值

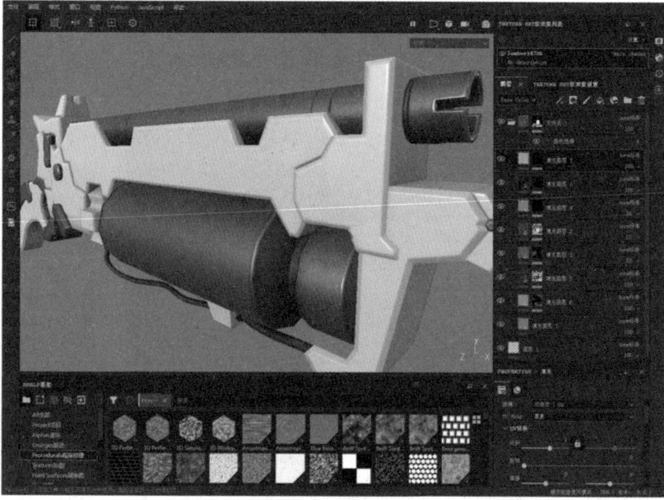

图 3-210　制作出模型大致的材质和纹理

45 单击“添加填充图册”按钮，添加图层，右击“填充图层2”选项，从弹出的快捷菜单中选择“添加黑色遮罩”命令，然后再次右击，从弹出的快捷菜单中选择“添加绘图”命令，如图3-211所示。

46 在Shelf展架中选择“Alpha透贴”选项，选择Circle Square Plain贴图，在模型上单击通过鼠标进行绘制，结果如图3-212所示。

图 3-211　选择“添加绘图”命令

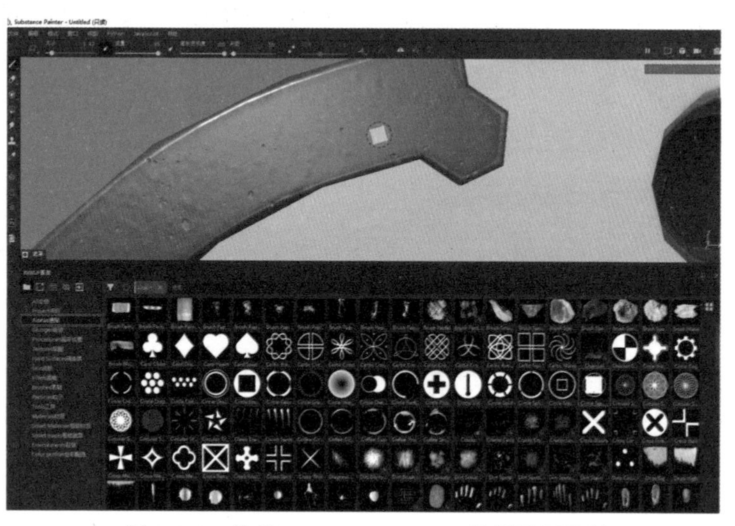

图 3-212　选择 Circle Square Plain 贴图进行绘制

47 选择“填充图层8”的填充图层，在“PROPERTIES-填充”面板中设置Base Color为橙色，设置Metallic文本框中的数值为0.6148，设置Roughness文本框中的数值为0.1245，设置Height文本框中的数值为-0.0350，如图3-213所示。

48 按照上述步骤的方法，在“Alpha透贴”选项中选择合适的贴图绘制模型，并继续进行细化，设置完成后，文件夹1中的贴图显示结果如图3-214所示。

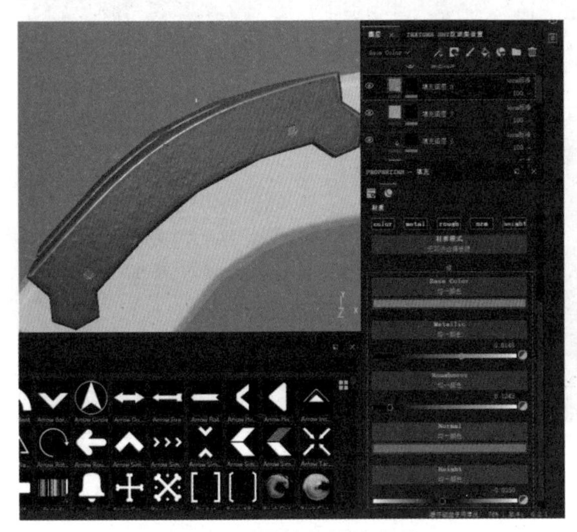

图 3-213　设置填充图层参数

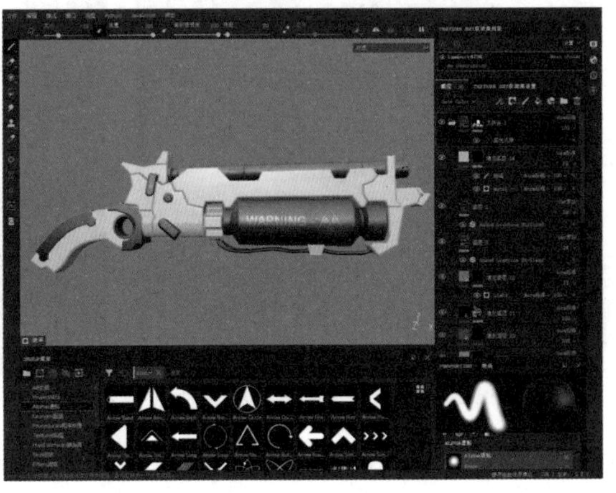

图 3-214　文件夹 1 中的贴图显示结果

49 在“TEXTURE SET纹理集列表”面板中的“图层”选项卡中，单击“添加文件夹”按钮■，创建一个文件夹2，按照上述步骤的方法，制作第二组模型的材质，模型材质最终显示结果如图3-215所示。

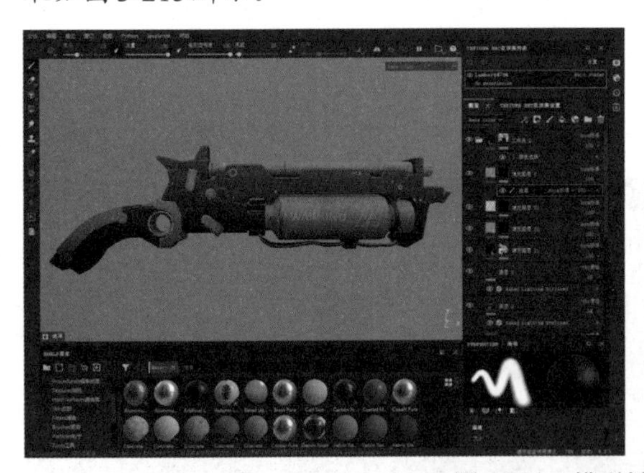

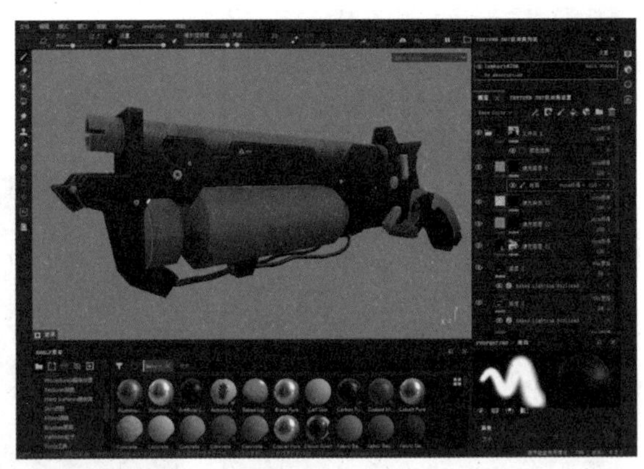

图 3-215　模型材质最终显示结果

3.8　贴图的输出与保存

【例 3-7】 本实例将讲解如何输出与保存贴图。视频

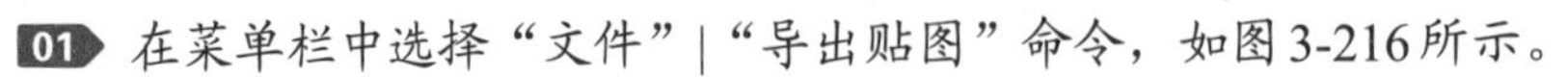

01 在菜单栏中选择“文件”|“导出贴图”命令，如图3-216所示。

02 打开“导出纹理”窗口，选择“输出模板”选项卡，在“预设”下拉框中选择Arnold(Aistandard)选项，在“输出贴图”面板中单击■按钮删除不需要的贴图，然后单击R+G+B按钮，添加RGB贴图，在“模型贴图”面板中选择Ambient Occlusion选项，将其拖曳至

"输出贴图"面板中RGB贴图的R通道上，然后从弹出的下拉列表中选择Gray Channel，如图3-217所示。

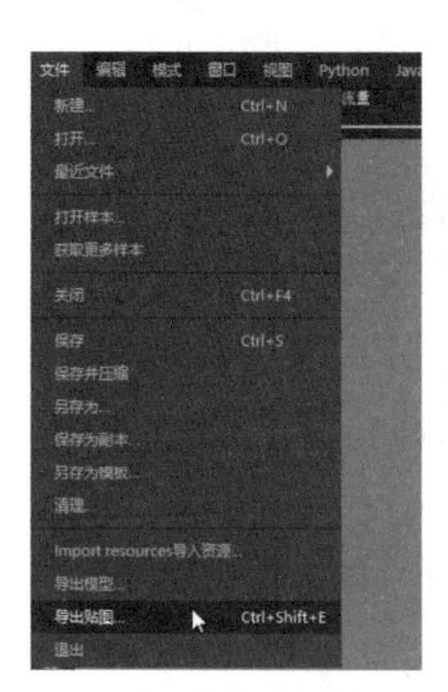

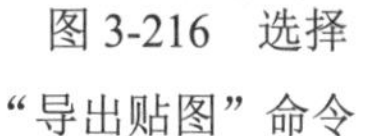

图 3-216　选择"导出贴图"命令

图 3-217　设置"输出模板"选项卡参数

03 按照步骤2的方法，分别将Metallic和Roughness拖曳至G和B，并设置为Gtay Channel，如图3-218所示，均匀分布曲线上的顶点。

图 3-218　绘制曲线

04 选择"设置"选项卡，单击"输出目录"按钮，选择贴图的保存路径，单击"输出模板"下拉按钮，选择Arnold(AiStandard)选项，单击"文件类型"下拉按钮，选择png选项和"16

bits”选项，单击“大小”下拉按钮，选择4096选项，然后单击“导出”按钮，如图3-219所示。

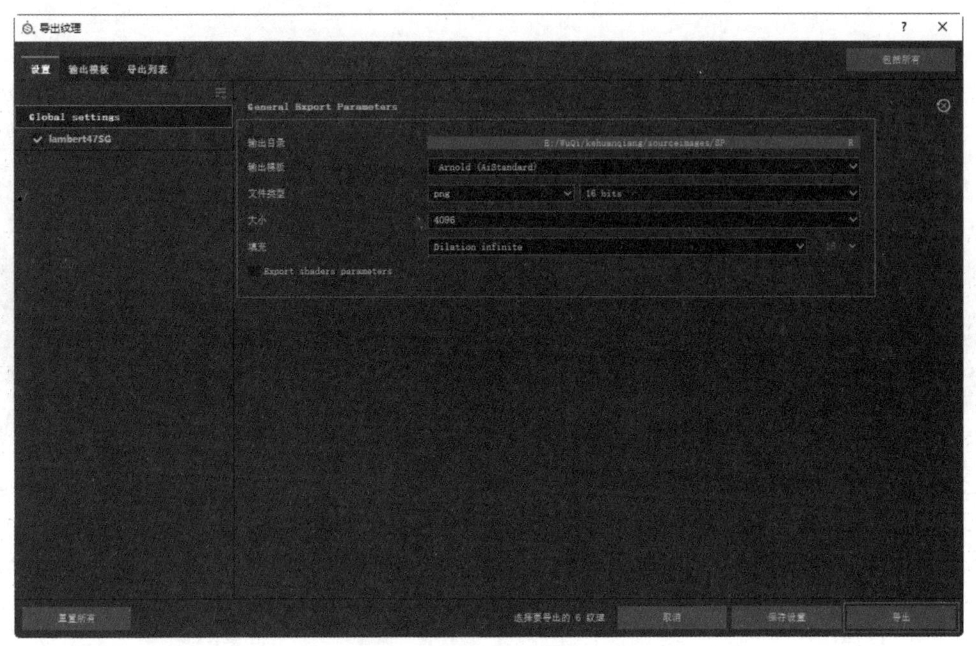

图 3-219　设置导出参数

05 回到Maya软件中选择所有低模模型，右击鼠标，从弹出的快捷菜单中选择“指定收藏材质”|Lambert命令，在“属性编辑器”面板中选择lambert52选项卡，在“公用材质属性”卷展栏中，单击“颜色”选项右侧的按钮，如图3-220所示。

06 打开“创建渲染节点”窗口，选择“文件”选项，在“文件属性”卷展栏中，单击“图像名称”文本框右侧的按钮，在弹出的对话框中选择LOW_lambert47SG_BaseColor.png贴图文件，如图3-221所示。

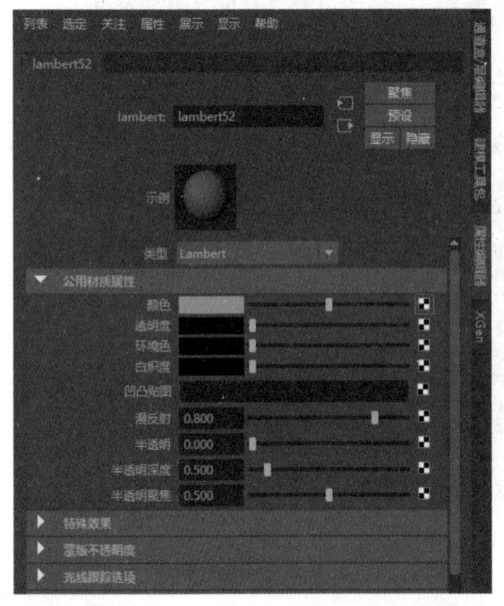

图 3-220　单击“颜色”选项右侧的按钮

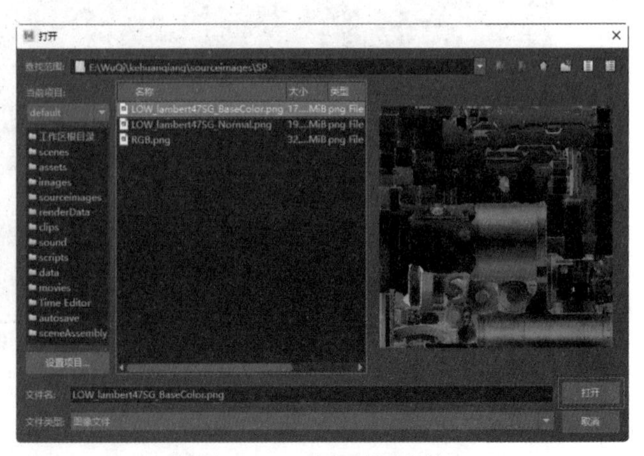

图 3-221　选择贴图文件

07 单击“转到输出链接”按钮，在“属性编辑器”面板中选择lambert4选项卡，在“公用材质属性”卷展栏中单击“凹凸贴图”文本框右侧的按钮，打开“创建渲染节点”窗口，选择“文件”选项，在bump2d37选项卡中，展开“2D凹凸属性”卷展栏，单击“用作”下拉按钮，从弹出的下拉列表中选择“切线空间法线”选项，然后单击“凹凸值”文本框右侧的“构建输出”按钮，如图3-222所示。

08 在“文件属性”卷展栏中，单击“图像名称”文本框右侧的按钮，在弹出的对话框中选择LOW_lambert47SG_Normal.png贴图文件，单击“颜色空间”下拉按钮，从弹出的下拉列表中选择Utility|Raw选项，如图3-223所示。

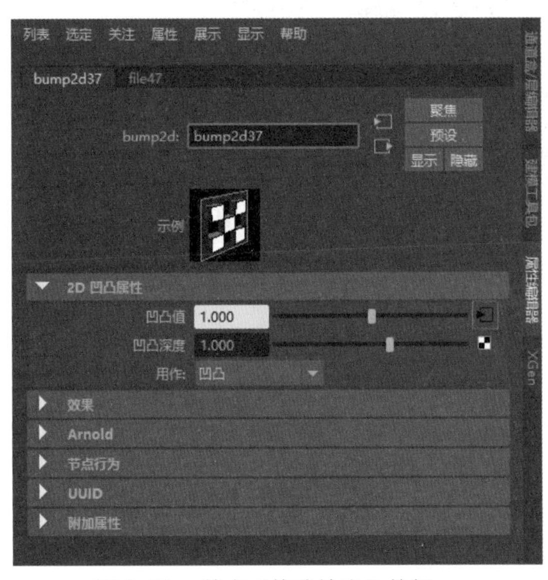

图3-222　单击“构建输出”按钮

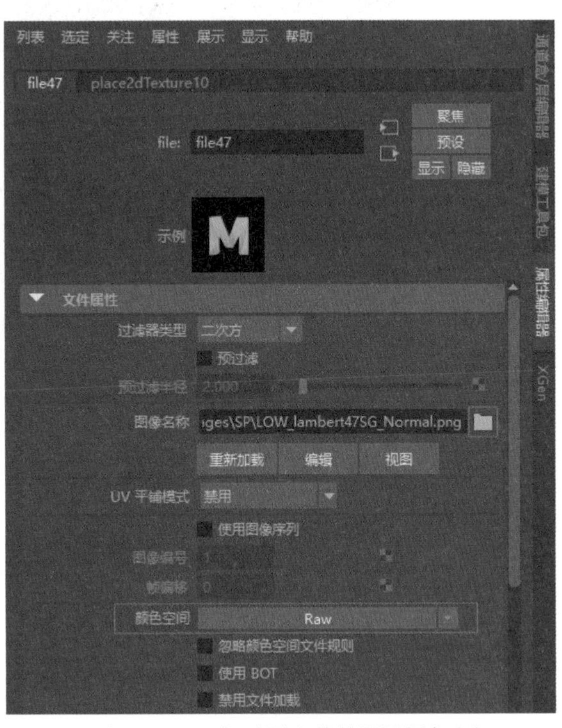

图3-223　添加贴图文件并设置颜色空间

09 设置完成后，模型在Maya中的显示结果如图3-224所示。

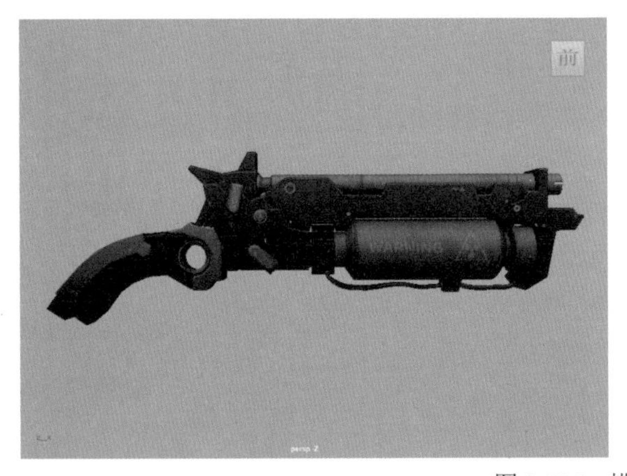

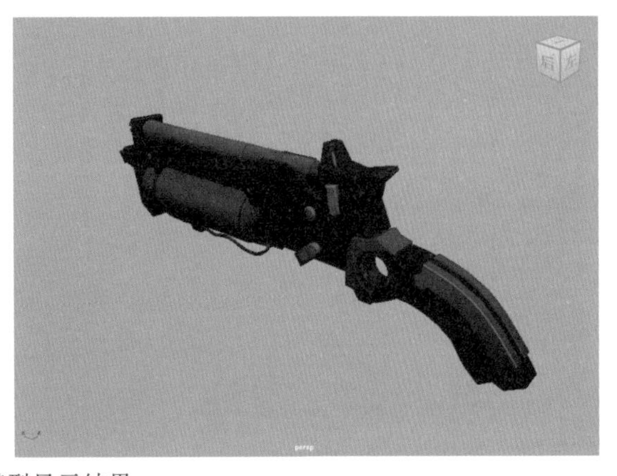

图3-224　模型显示结果

3.9 思考与练习

1. 收集相关硬表面道具模型的三维模型及参考图，并对其结构进行分析。
2. 创建如图3-225所示的枪模型，要求熟练掌握硬表面模型的制作规范和布线要求。

图 3-225　枪模型

第 4 章 古建筑场景建模

本章将通过为游戏场景设计建筑亭子模型实例，帮助读者进一步掌握 Maya 2022 的建模操作。在实例中，读者可以通过实际操作，了解游戏场景模型的搭建原则和制作方法，以及建筑结构中的穿插和转折关系。

4.1 房屋建筑概述

游戏场景是游戏中不可或缺的元素之一，游戏中的历史、文化、时代、地理等因素反映了游戏的世界观和背景，向玩家传达视觉信息，因此也是吸引玩家的重要因素之一。游戏中，场景通常为角色提供活动环境，它既反映游戏气氛和世界观，又可以比角色更好地表现时代背景，衬托角色。游戏场景是指游戏中除游戏角色外的一切物体，是围绕在角色周围与角色有关系的所有景物，即角色所处的生活场所、社会环境、自然环境及历史环境。通常建模时会根据游戏原画师设计的原画稿件设计出游戏中的道具、环境、建筑等，一个优秀的场景设计，能够第一时间烘托出游戏的氛围，决定着整个游戏的画面质量。

游戏场景的风格主要有写实风格、写意风格和卡通风格三大类，由游戏的设定来决定，如图4-1所示。写实风格以写实为基础，注重场景元素的质感表现；写意风格重在虚实，重在意境的表达；卡通风格造型圆滑可爱，颜色鲜艳亮丽，注重造型元素风格的把握与提炼。

图 4-1　游戏场景

亭是最能代表中国建筑特征的一种建筑样式，也是我国古典园林建筑中应用最广泛的一种建筑，如图4-2所示。

图 4-2　亭

亭最初是供人途中休息的地方，后来随着不断地发展、演变，其功能与造型逐渐丰富多彩起来，应用也更为广泛。汉代以前的亭，大多是驿亭、报警亭，亭的形体较为高大。魏晋以后，出现了供人游赏的小亭，亭不但成了赏景建筑，而且成为一种景点建筑。南朝时，园中建亭已极为普遍，亭的观赏性逐渐代替了它的实用功能。唐宋以后，亭的造型更为丰富多样，建筑更为精细考究，尤其是皇家宫苑中的亭，常用逞璃瓦覆顶，金碧辉煌。亭的最大特点就是体量小巧、样式丰富。

亭的顶式有庑殿顶、歇山顶、悬山顶、硬山顶、十字顶、卷棚顶、攒尖顶等，几乎包括了所有古建筑的屋顶样式，其中又以攒尖顶最为常见。攒尖式屋顶的特点是无正脊，数条垂脊交合于顶部，上覆宝顶，它有多种形式，如四角、六角、八角及圆顶等。故宫的中和殿、天坛的祈年殿等都属于攒尖式屋顶，如图4-3所示。

图 4-3　攒尖式屋顶

攒尖式屋顶多见于亭、阁，绝大部分亭是攒尖式屋顶。北京颐和园中的廓如亭是我国最大的攒尖式屋顶的亭子，如图4-4所示。

亭建筑的基本构造虽然比较复杂，但是网络游戏建筑模型不同于影视建筑模型，在模型制作时并不需要把所有的建筑构造都通过建模的方式建造出来。鉴于网络游戏的运行速度，通常网络游戏建模是尽量用最少的面把模型结构表现出来即可，把外观能看到的模型部分制作出来，而内部看不到的模型部分是不需要创建出来的。游戏建筑模型制作重点是概括出场景大致的形体结构和比例结构，掌握好建筑构造穿插关系和建筑结构转折关系，有些建筑构造需要用贴图的方式进行处理。例如，建筑屋顶中的瓦当和滴水、檐柱间的倒挂楣子、屋檐下的飞椽和椽子等都是创建面片即可，后期会通过绘制贴图来表现。本节将学习如何利用综合建模的方法制作游戏场景中的古建筑模型，如图4-5所示。

图 4-4　廓如亭

图 4-5　亭模型最终效果

4.2　制作台基和踏跺

【例 4-1】 本实例将讲解如何制作台基和踏跺。

01 单击工具架左下方的“工具架编辑器”按钮，从弹出的菜单中选择“新建工具架”命令，如图4-6左图所示，打开“创建新工具架的名称”对话框，在“输入新工具架的名称”文本框中输入jianmo，然后单击“确定”按钮，如图4-6右图所示。用户可以将建模时常用的工具放在新建的工具架中，方便用户后续能够快速使用常用命令。

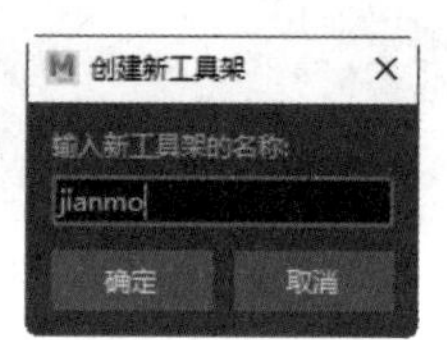

图 4-6　新建工具架

02 按Ctrl+Shift快捷键，然后单击工具架或菜单栏中的命令，即可将所需的命令添加至新建的工具架中，如图4-7所示。

图 4-7　添加工具

03 选择时间轴右下方的“动画首选项”按钮，打开“首选项”窗口，在“类别”下拉列框中选择“设置”休选项，在“工作单位”组中单击“线性”下拉按钮，从弹出的下拉列表中选择“米”选项，然后单击“保存”按钮，如图4-8所示。

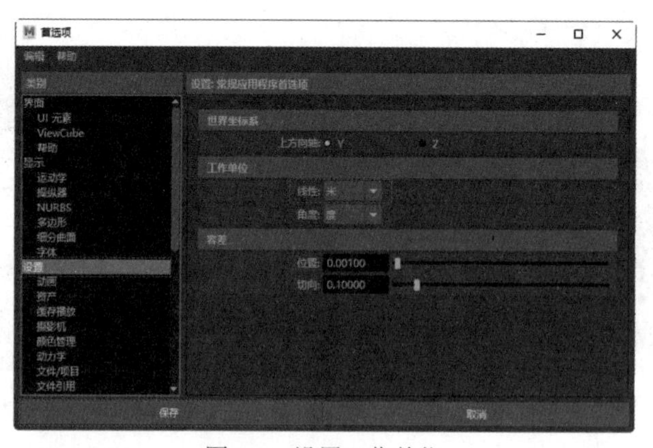

图 4-8　设置工作单位

04 在“多边形建模”工具架中单击“多边形圆柱体”按钮，然后在“通道盒/层编辑器”面板的“轴向细分数”文本框中输入6，并调整其比例，结果如图4-9所示。

05 选择台基侧面的一圈面，按Crl+E快捷键激活“挤出”命令，挤出台基的厚度，如图4-10所示。

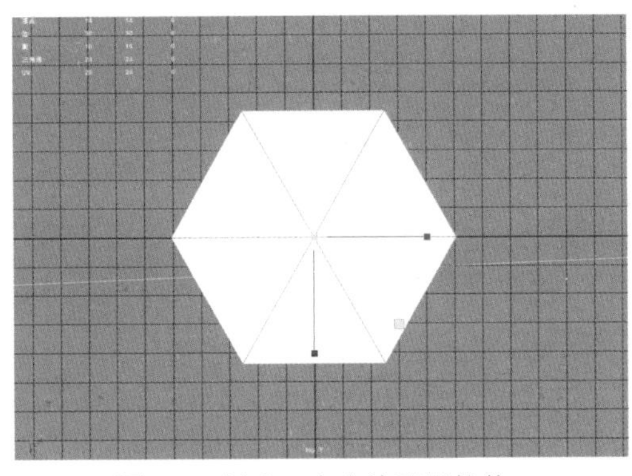
图 4-9　新建一个多边形圆柱体

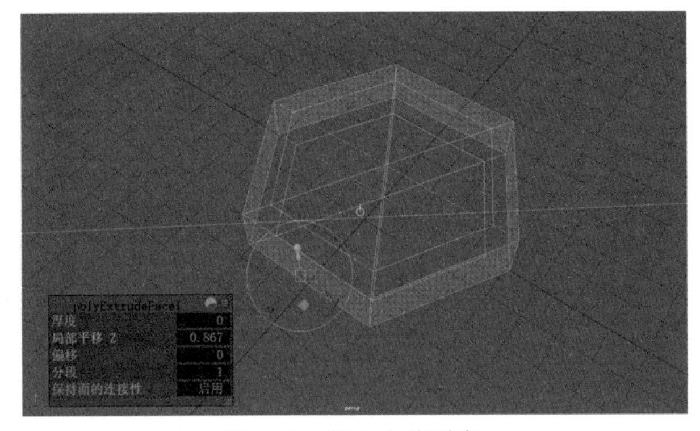

图 4-10　挤出台基厚度

06 按V键激活“捕捉到点”命令，并调整其位置和比例，如图 4-11 所示。

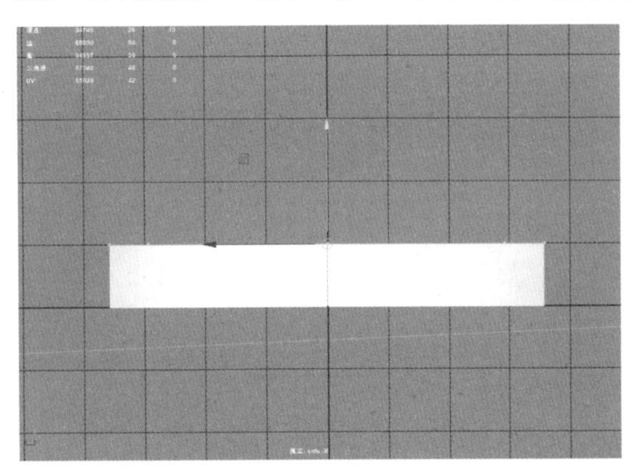

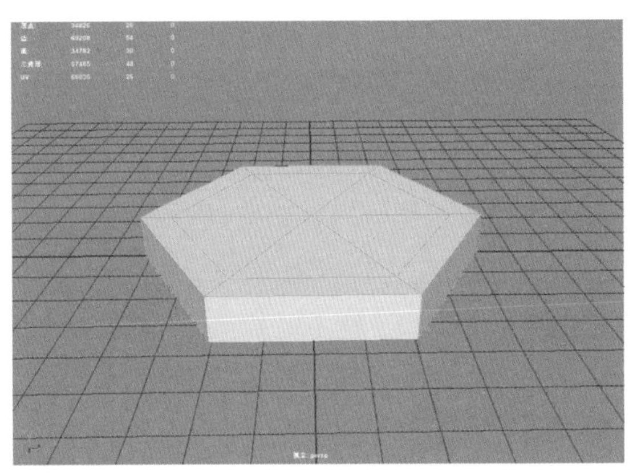

图 4-11　调整台基的位置和比例

07 选择左右两侧的面，如图 4-12 左图所示，按Ctl+E键激活“挤出”命令，在打开的面板中，在“保持面的连接性”中选择“禁用”，设置“偏移”数值为 43.8，如图 4-12 右图所示。

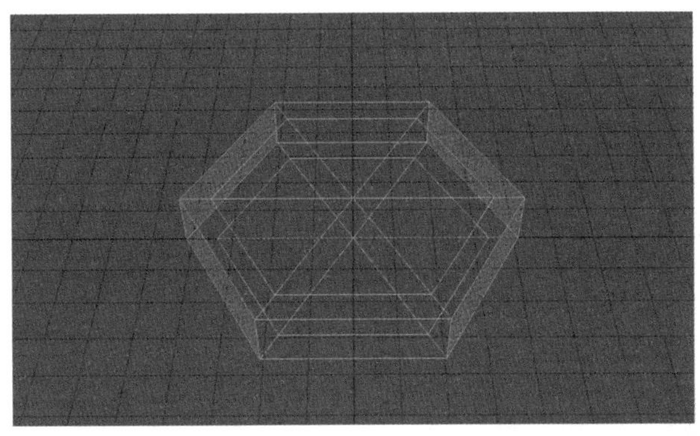

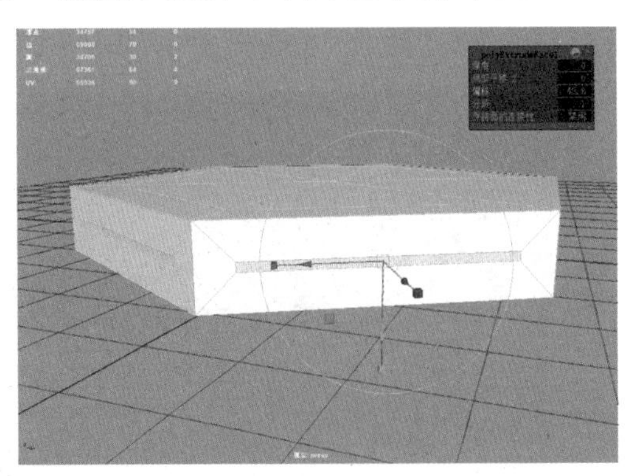

图 4-12　选择面并挤出

08 使用缩放工具沿着Y轴调整高度，如图 4-13 左图所示，按Ctrl+E快捷键激活“挤出”命令，设置“局部平移Z”为-0.05，在打开的面板中，设置“偏移”的文本框数值为 4.2，制作出凹槽的结构，结果如图 4-13 右图所示。

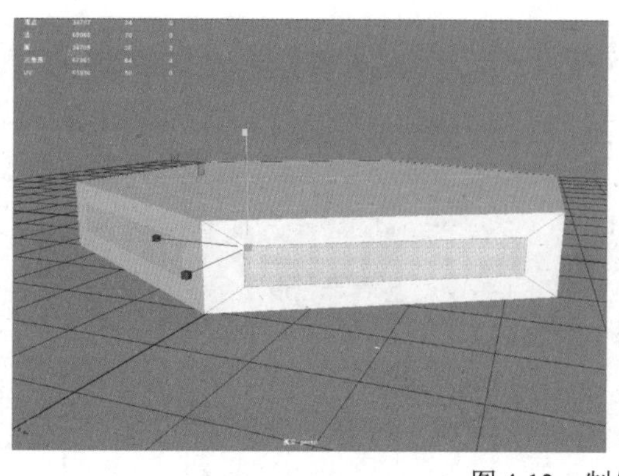

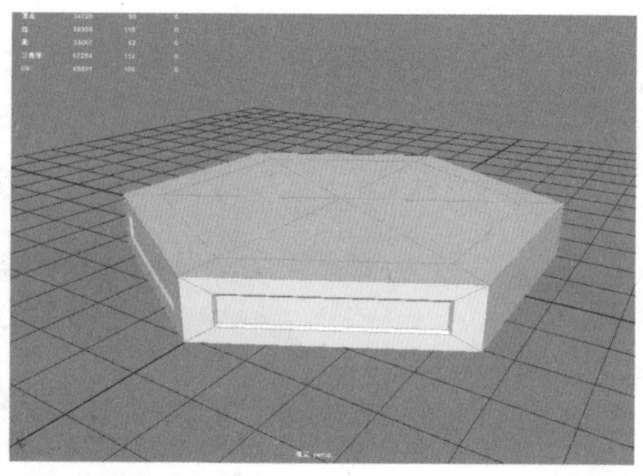

图 4-13　制作出凹槽结构

09 在“多边形建模”工具架中单击“多切割工具”按钮，为台基前后两端添加线段，按Ctrl+Shift快捷键进行垂直切割，继续向下连接到底部的顶点，如图 4-14 所示。

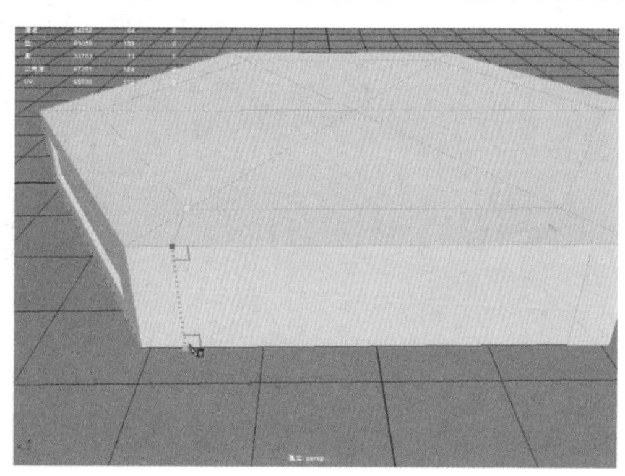

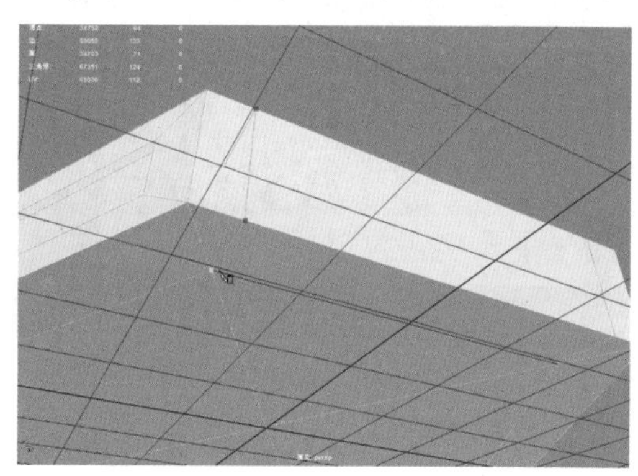

图 4-14　添加线段

10 选择前后两端的边，使用缩放工具沿X轴向中心拖曳，调整台基的布线，如图 4-15 所示。

11 选择台基顶部一侧的面，然后按Shift键并右击，从弹出的菜单中选择“提取面”命令，提取出所选择的面，结果如图 4-16 所示。

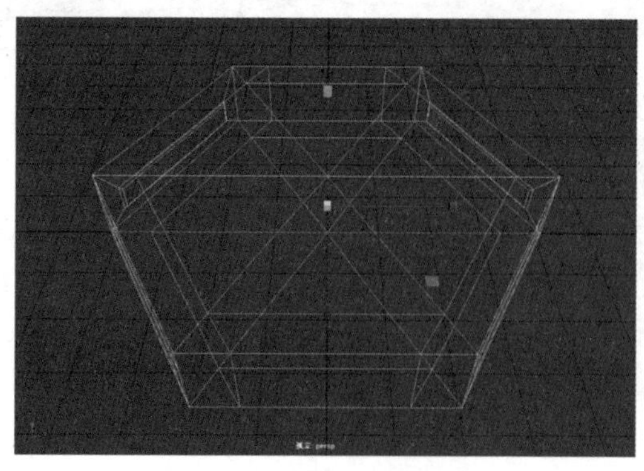

图 4-15　调整台基的布线

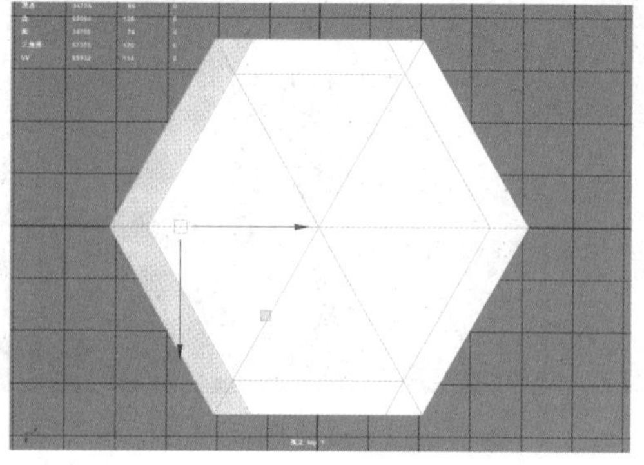

图 4-16　提取出所选择的面

12 在视图按钮中单击“隔离选项”命令，独显出复制的面，进入“点”模式，在“多边形建模”工具架中单击“目标焊接工具”按钮，调整上下两端的布线，如4-17 所示。

13 再次单击“隔离选项”命令，取消独显模式，选择模型四周的边，按Ctrl+E快捷键激活“挤出”命令，向外挤出，如图 4-18 所示。

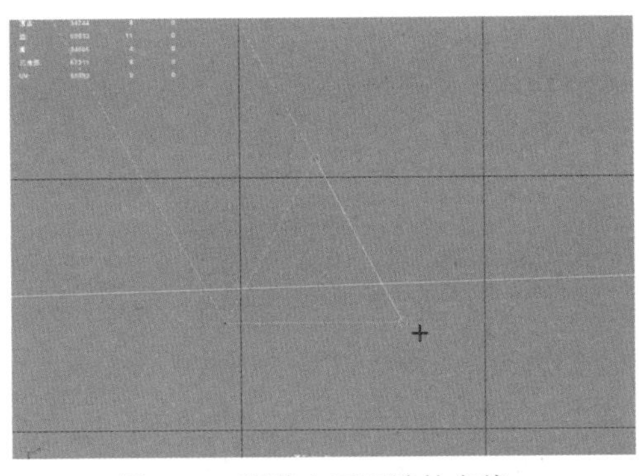

图 4-17　调整上下两端的布线

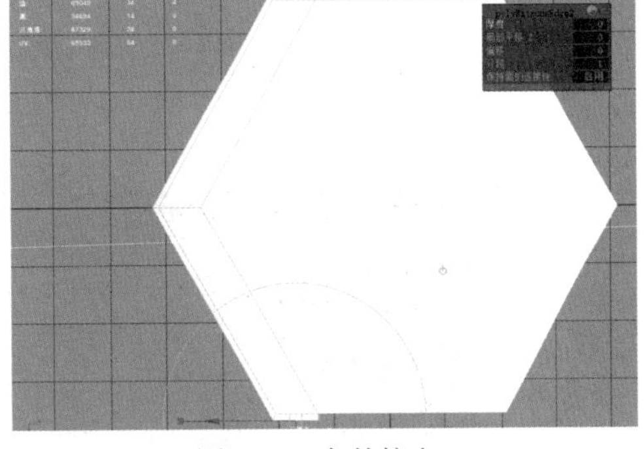

图 4-18　向外挤出

14 右击鼠标，从弹出的菜单中选择“对象模式”命令，按Ctrl+E快捷键激活“挤出”命令，挤出厚度，如图4-19所示。

15 按照步骤11到步骤14的方法，制作出三层阶梯式的结构，然后多次执行“挤出”命令，制作出三层阶梯式的结构，分别选择三层阶梯式模型一侧的面。按Ctl+B键激活“倒角”命令，过渡边缘，然后按Shift键并右击，从弹出的菜单中选择“结合”命令，使其结合为一个对象，结果如图4-20所示。

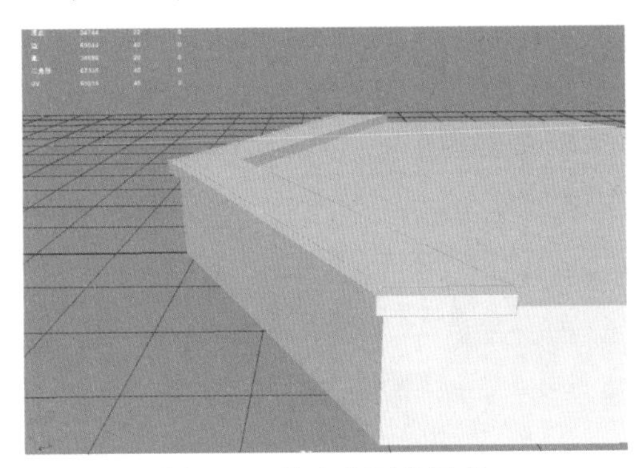

图 4-19　挤出台面的厚度

图 4-20　制作出三层阶梯式的结构

16 选择三层阶梯式模型，然后按Shift键并右击，从弹出的菜单中选择“结合”命令，使其结合为一个对象，结果如图4-21所示。

17 按W键显示枢轴，在菜单栏中选择“修改”菜单，在打开的菜单中依次选择“中心枢轴”“冻结变换”“重置变换”命令，如图4-22所示，重置枢轴，将枢轴重置到选定对象的中心位置。

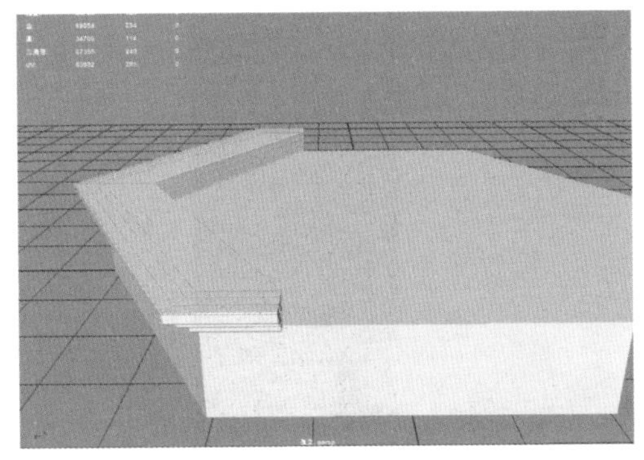

图 4-21　结合三层阶梯式结构模型

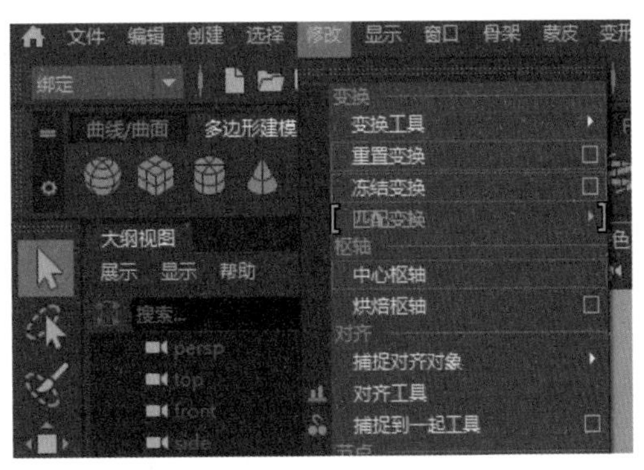

图 4-22　重置枢轴

18 在菜单栏中选中“网格”“镜像”命令右侧的复选框，打开“镜像选项”窗口，取消“切割几何体”复选框的选中状态，在“镜像轴”选项组中选中X单选按钮，单击“应用”按钮，如图4-23所示。

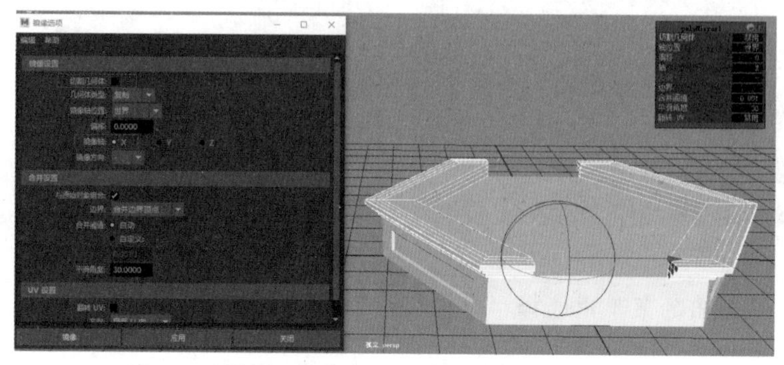

图4-23 设置“镜像复制”属性镜像复制出另一半

19 框选下方模型顶部的顶点，然后按V键向上吸附至最顶端，如图4-24所示。

20 选择如图4-25所示的面，然后按Shift键并右击，从弹出的菜单中选择“复制面”命令复制出台基正面的一处面。

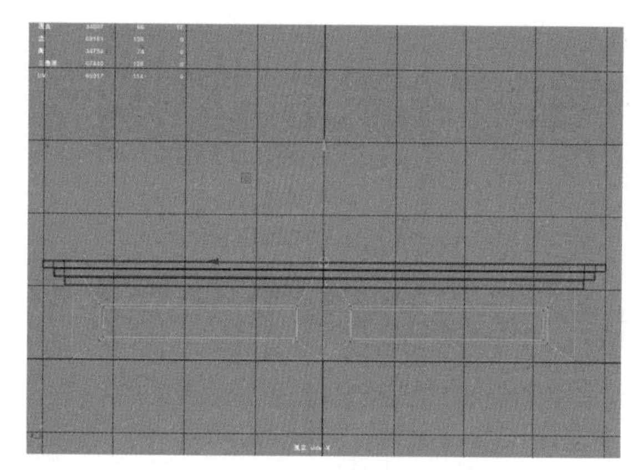

图4-24 将顶点向上吸附到最顶端

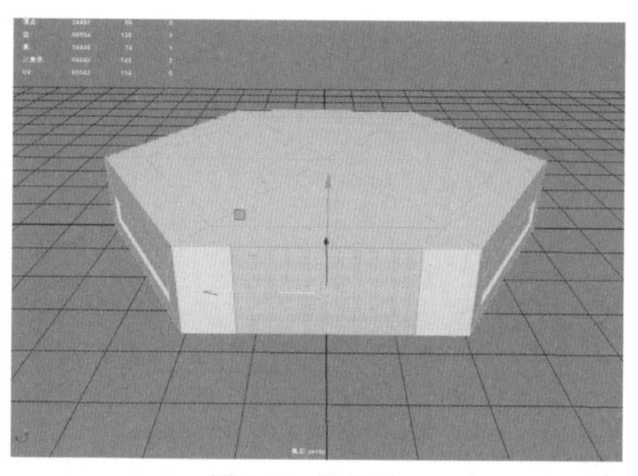

图4-25 选择面

21 选择复制出的面，然后选择侧面的一条边，在建模工具包的“工具”卷展栏中单击“连接”按钮，在弹出的“连接选项”卷展栏中，设置数值“分段”文本框中的数值为3，如图4-26所示，按Enter键确认。

图4-26 连接并设置分段

22 选择面，按Ctrl+E快捷键激活“挤出”命令，按V键并沿着Z轴向外拖动，如图4-27所示，

23 分别多次执行“挤出”操作制作出台阶，在打开的面板中，设置“局部平移Z”文本框中的数值为0.5，如图4-28所示。

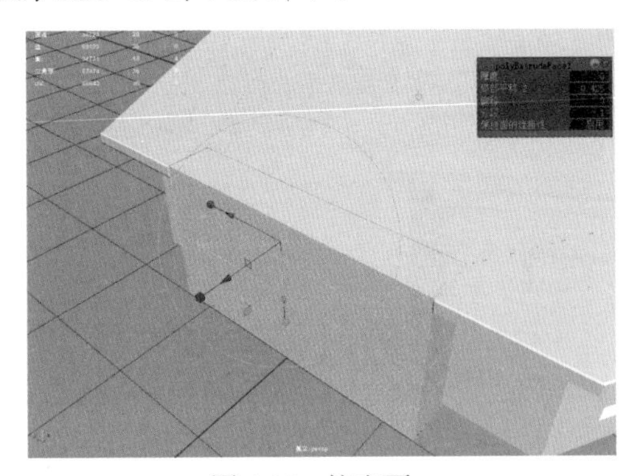
图 4-27　挤出面

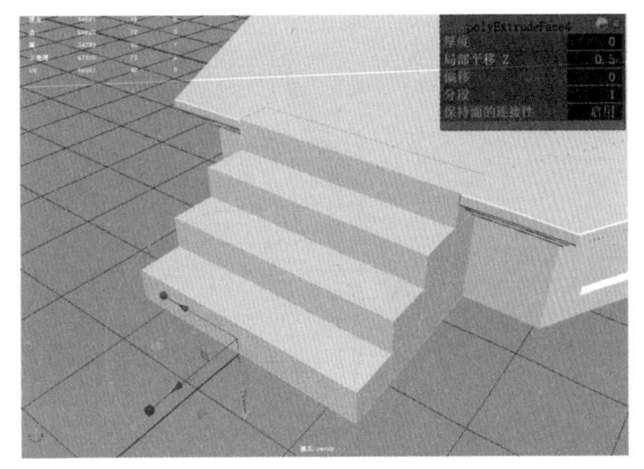
图 4-28　设置“局部平移 Z”参数

24 在菜单栏中选择“修改”|“中心枢轴”命令，并调整踏踩比例，如图4-29所示。

25 全选台阶的边，按D键，再按住Shift键并单击台阶的边，使中心枢轴的位置捕捉到台阶22的边上。若中心枢轴方向不正确，可以按Ctrl+Shift快捷键，从弹出的菜单中选择“世界”命令，如图4-30所示，按D键结束命令。

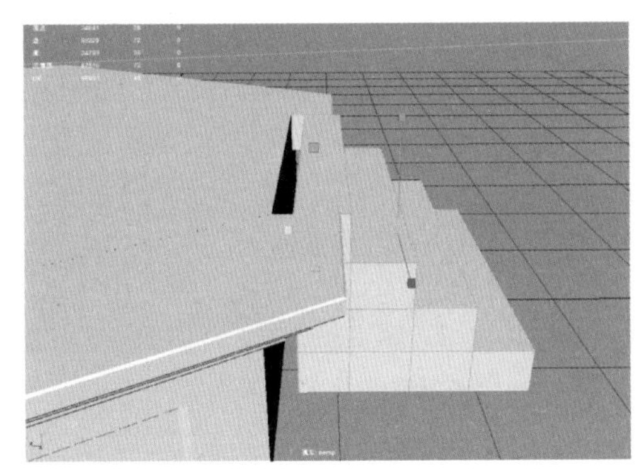
图 4-29　调整踏踩比例

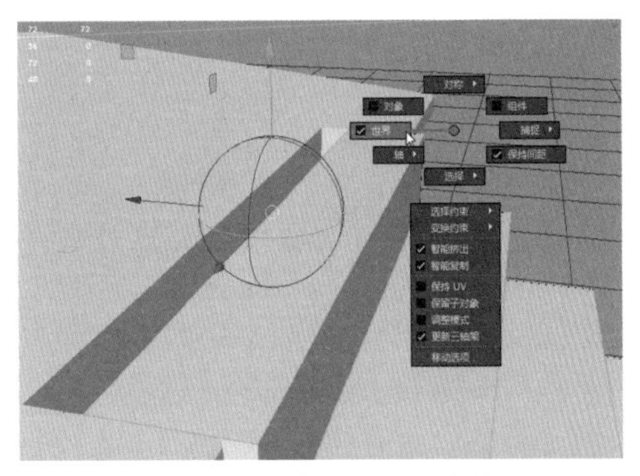
图 4-30　选择“世界”命令

26 按V键激活“捕捉到点”命令，将边吸附至台基处，如图4-31所示。

27 按Ctrl键减选线，如图4-32所示。

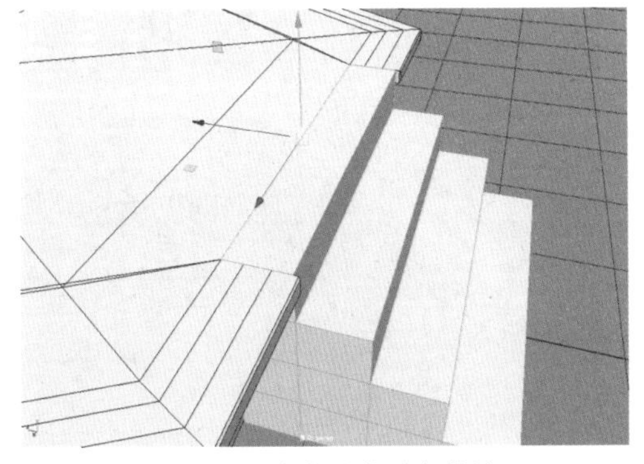
图 4-31　将边吸附到台基处

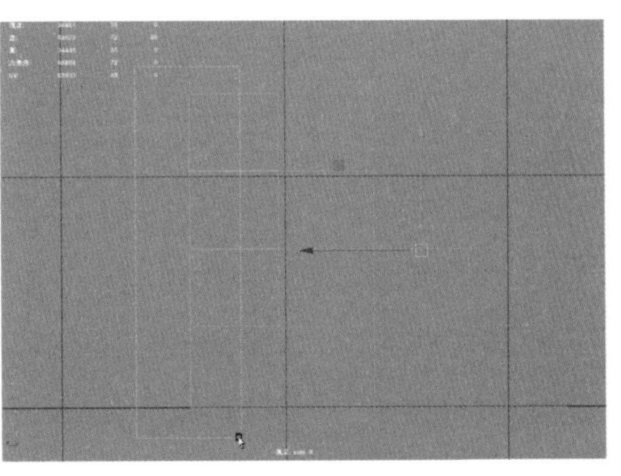
图 4-32　减选边线

28 按照步骤25到步骤26的方法，继续调整台基的造型，如图4-33所示。

29 创建一个多边形正方体，制作台阶两边的象眼模型，如图4-34所示。

图4-33 继续修改台基的造型

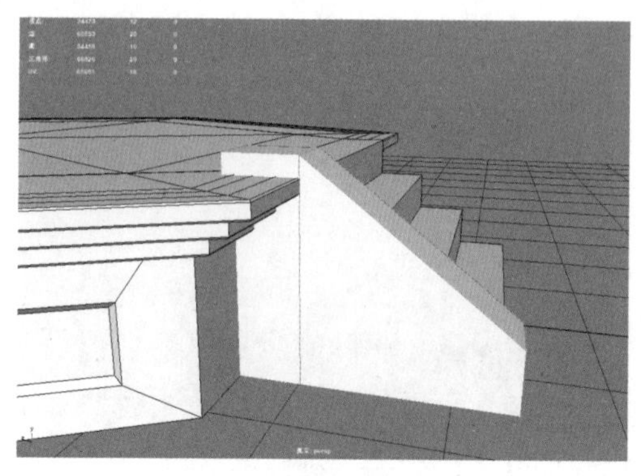

图4-34 制作象眼模型

30 选择象眼模型顶部的面，再按Shift键并右击，从弹出的菜单中选择"复制面"命令，如图4-35所示。

31 选择复制出的面，按Ctrl+R键激活"挤出"命令，挤出斜坡的厚度，结果如图4-36所示。

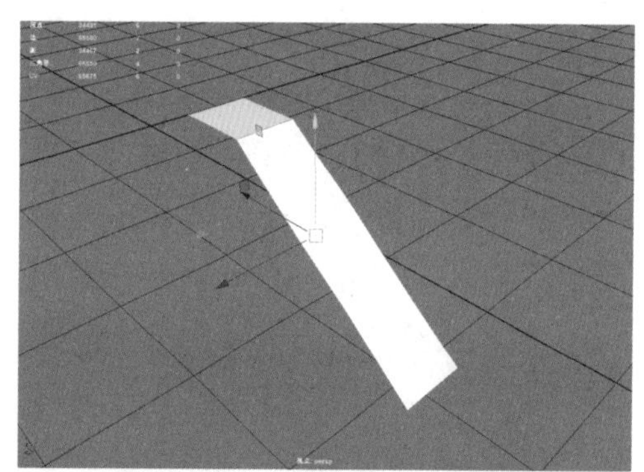

图4-35 从象眼模型顶部复制面

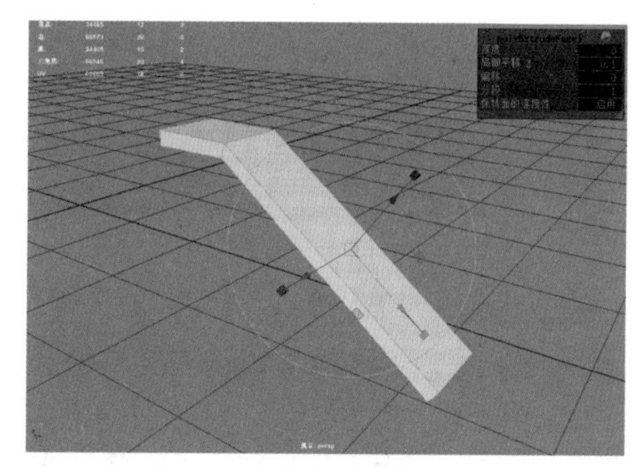

图4-36 挤出斜坡的厚度

32 选择外围的一圈面，执行"挤出"命令，在打开的面板中，设置"厚度"文本框中的数值为8，如图4-37所示。

33 选择外围的一圈面，按Ctrl+E快捷键激活"挤出"命令，向外挤出厚度，再按Ctrl+B快捷键激活"倒角"命令，过渡边缘，如图4-38所示。

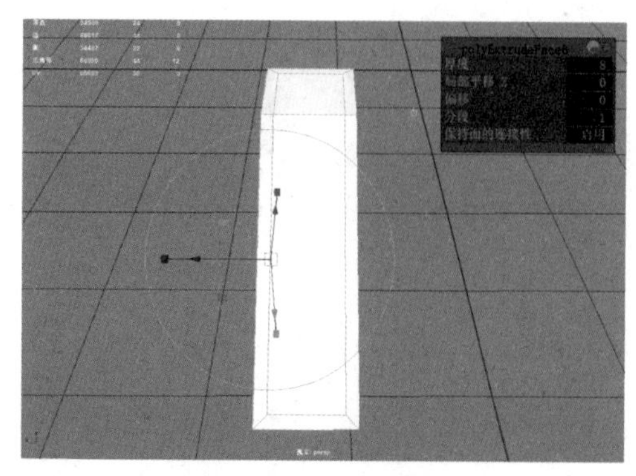

图4-37 向外挤出面

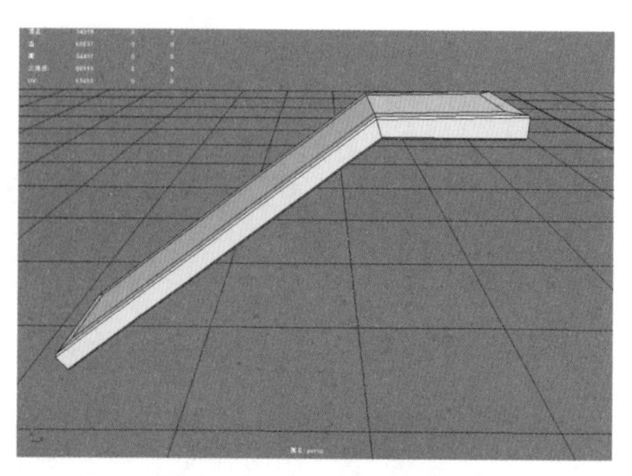

图4-38 过渡斜坡边缘

34 按Shift键并右击，从弹出的菜单中选择“结合”命令，然后选择“编辑”|“按类型删除全部”|“历史”命令，如图4-39所示。之后按Shift键并右击，从弹出的菜单中选择“镜像”命令，镜像出另一边的斜坡。

35 选择台阶转折处的边，按Crl+B快捷键激活“倒角”命令，在打开的面板中，设置“分数”文本框中的数值为0.1，如图4-40所示。

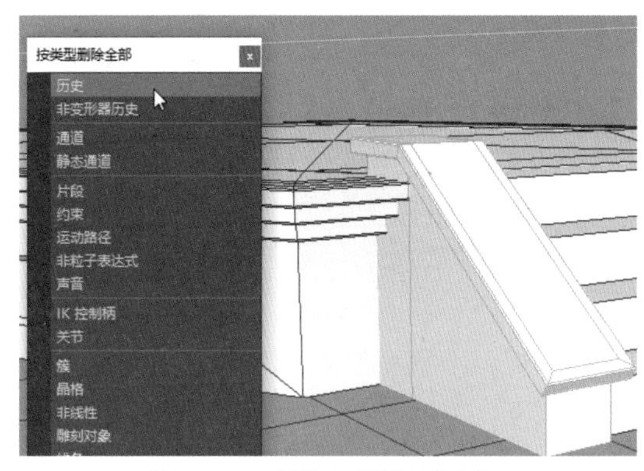

图 4-39　删除象眼模型历史

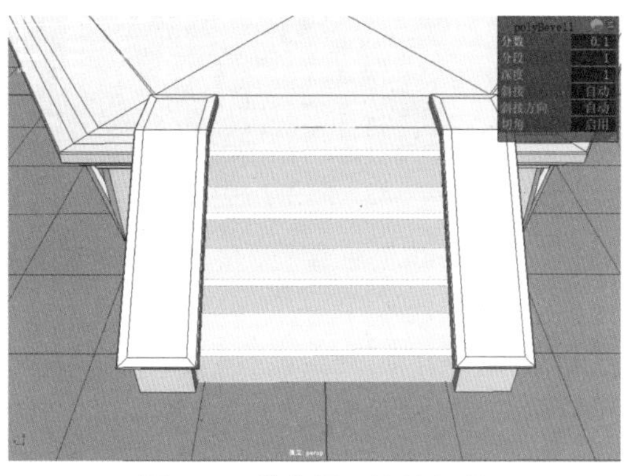

图 4-40　镜像另一边的象眼

36 选择台阶和斜坡两个模型，按Shift键并右击，从弹出的菜单中选择“结合”命令，结果如图4-41所示。

37 选择楼梯模型，按D键激活“自定义枢轴”命令，再按X键将枢轴捕捉至栅格中心位置。然后按Shift键并右击，从弹出的菜单中选择“镜像”命令沿Z轴进行镜像复制，结果如图4-42所示。

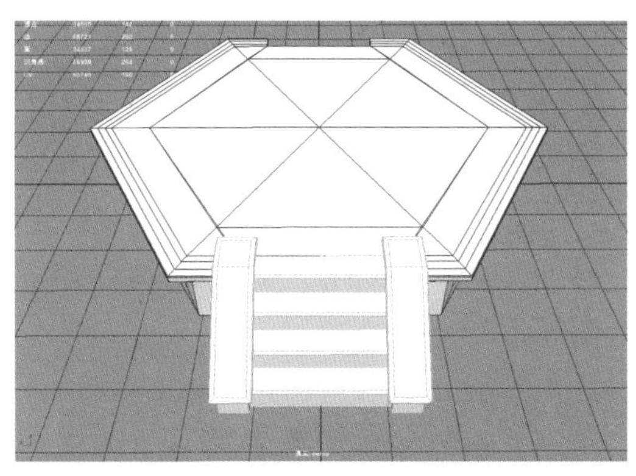

图 4-41　合并踏跺和象眼

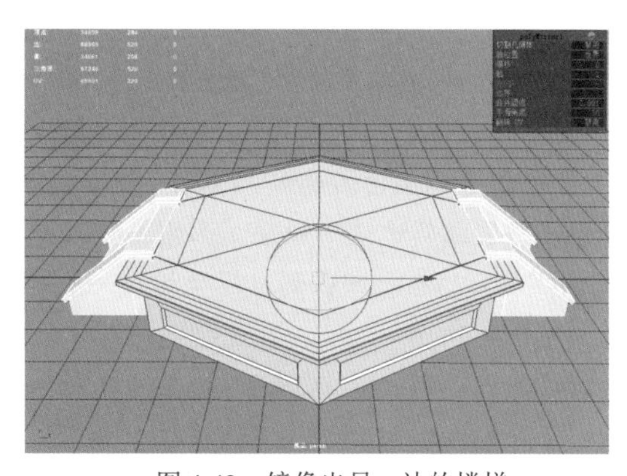

图 4-42　镜像出另一边的楼梯

4.3　制作檐柱和倒挂楣子

【例 4-2】　本实例将讲解如何制作檐柱和倒挂楣子。

01 在场景中创建一个多边形圆柱体，在“通道盒/层编辑器”面板的“轴向细分数”文本框中输入24，调整檐柱的高度，如图4-43所示。

02 使檐柱的枢轴回归到世界坐标系，在菜单栏中选择“编辑”“特殊复制”命令，依次复制出其余的檐柱，如图4-44所示。

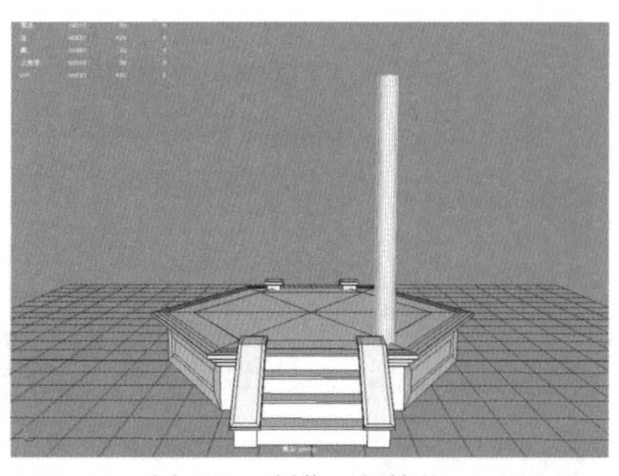

图 4-43　制作一根檐柱

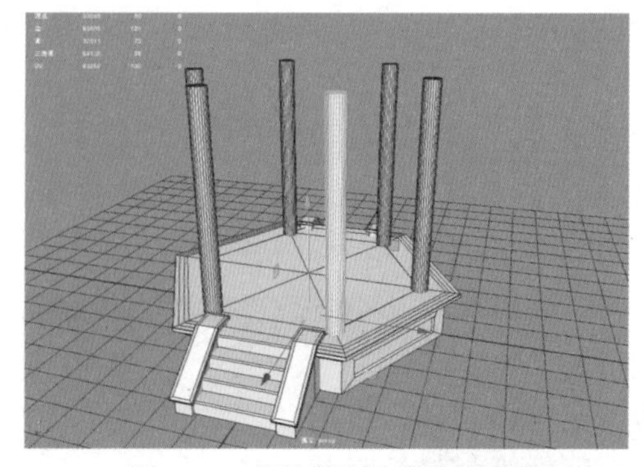

图 4-44　依次复制出其余的檐柱

03 选择其中一根檐柱模型，按Ctrl+D快捷键复制出一个檐柱的副本，调整副本比例，如图 4-45 所示，制作出柱顶石。

04 按Ctrl键并右击，从弹出的菜单中选择“环形边工具”|“到环形边并分割”命令，切割模型，并调整柱顶石的造型，结果如图 4-46 所示。

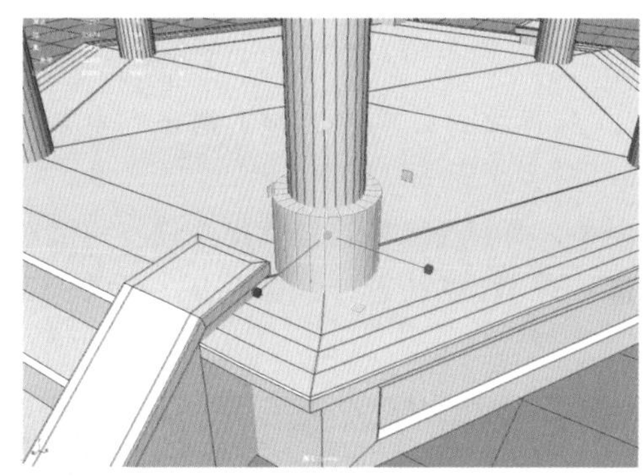

图 4-45　调整檐柱副本比例

图 4-46　调整柱顶石的造型

05 此时会发现柱顶石的外形不够平滑。选择中间的一条线段，按Shift键并右击，从弹出的菜单中选择“编辑边流”命令，如图 4-47 所示。

06 使柱顶石的枢轴回归到世界坐标系，选择“编辑”|“特殊复制”命令，复制出其余的柱顶石，结果如图 4-48 所示。

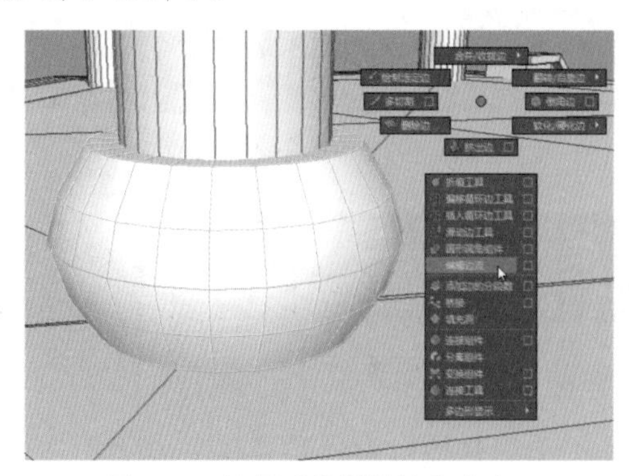

图 4-47　选择“编辑边流”命令

图 4-48　复制出其余的柱顶石

07 选择台基顶部的面，按Shift键并右击，从弹出的菜单中选择“复制面”命令，然后执行“挤出”操作制作出厚度，并删除上下两个面，结果如图 4-49 所示。

08 留下一个面，将多余的面删除，然后按Shift键并右击，从弹出的菜单中选择“连接工具”命令进行布线，结果如图4-50所示。

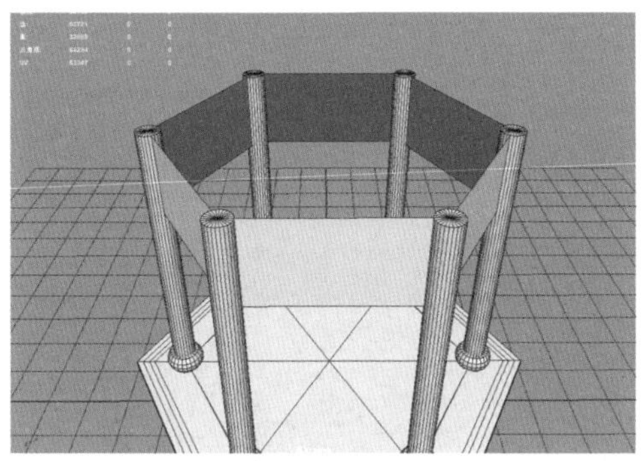

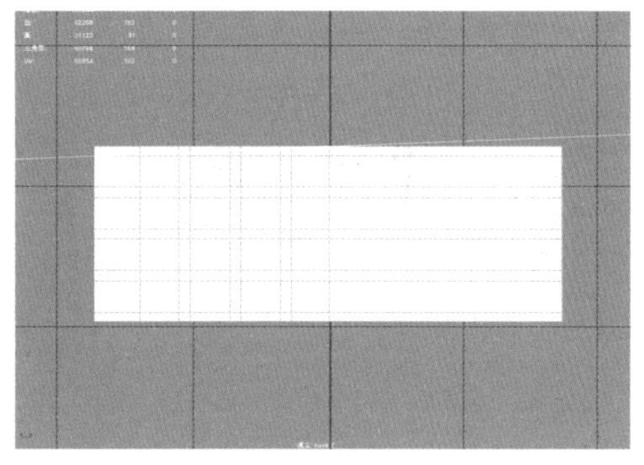

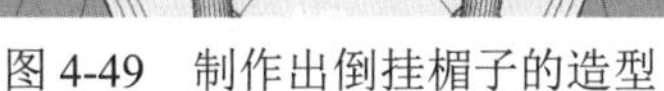

图 4-49　制作出倒挂楣子的造型　　图 4-50　使用“连接工具”命令进行布线

09 删除多余的面，制作出镂空效果，如图4-51左图所示，然后选择模型，按Shift键并右击，从弹出的菜单中选择“镜像”命令，结果如图4-51右图所示。

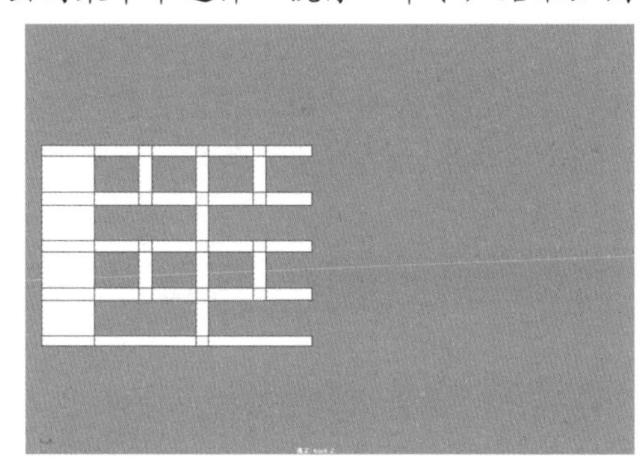

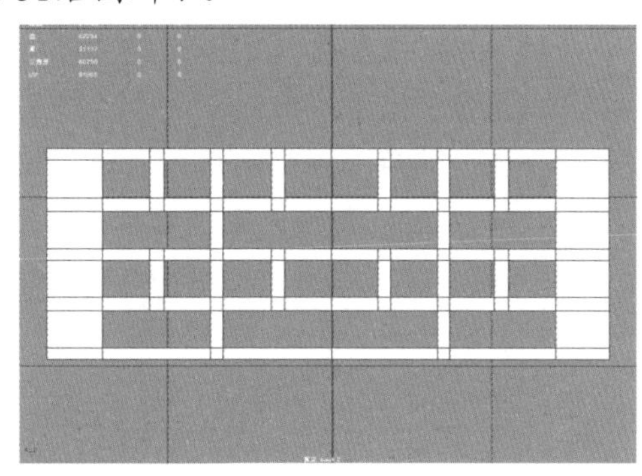

图 4-51　制作倒挂楣发镂空效果并镜像出另一半

10 选择左右两端的模型，按Shift键并右击，从弹出的菜单中选择“结合”命令。框选交界处的顶点，使用缩放工具沿X轴向中心拖曳，然后按Shift键并右击，从弹出的菜单中选择“合并顶点”|“合并顶点”命令，如图4-52所示。

11 在菜单栏中选择“编辑”|“特殊复制”命令后方的复选框，打开“特殊复制选项”面板，设置旋转Y轴为60，副本数为5，复制出其余的倒挂楣子，如图4-53所示。

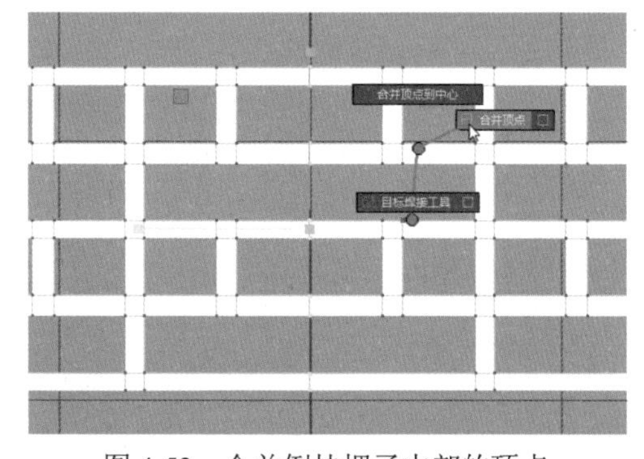

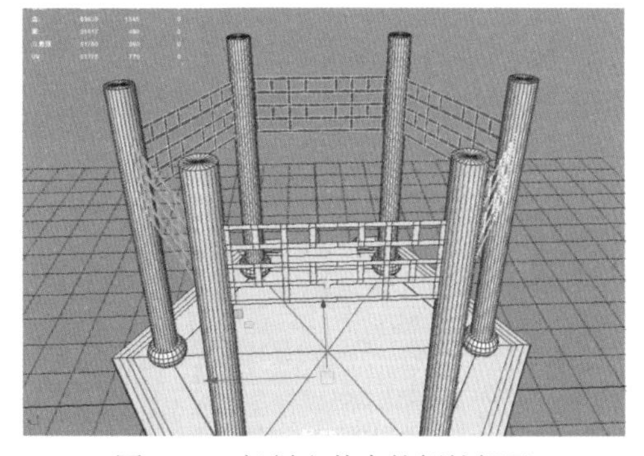

图 4-52　合并倒挂楣子中部的顶点　　图 4-53　复制出其余的倒挂楣子

12 选择复制出的模型，执行“结合”命令，并框选所有的顶点，选择“编辑网格”|“合并顶点”命令，结果如图4-54所示。

13 使倒挂楣子的枢轴捕捉至栅格中心位置，选择“编辑”|“特殊复制”命令，制作出其余的倒挂楣子模型。然后选择模型，按Ctrl+E快捷键激活“挤出”命令，制作出厚度，如图4-55所示，选择模型，在菜单栏中选择“网格显示”|“反向”命令。

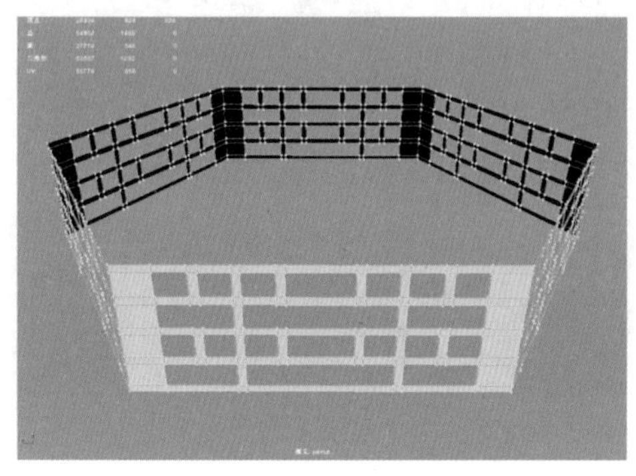

图4-54　合并顶点

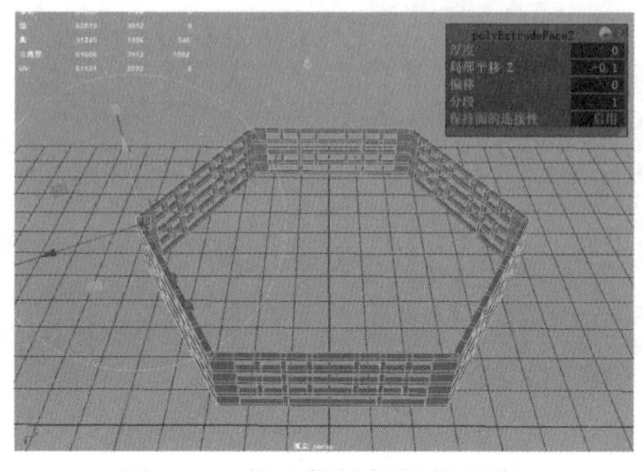

图4-55　挤出倒挂楣子的厚度

14 选择倒挂楣子顶部的一圈面，按Shift键并右击，从弹出的菜单中选择“复制面”命令，并删除多余的边，结果如图4-56所示。

15 按Ctrl+E快捷键激活“挤出”命令，挤出厚度，选择内外两侧一圈的面，再执行“挤出”命令，向外挤出，然后选择下端一圈的边，按Ctrl+B快捷键激活“倒角”命令，设置“分数”文本框中的数值为0.2，制作出倒角结构，如图4-57所示。

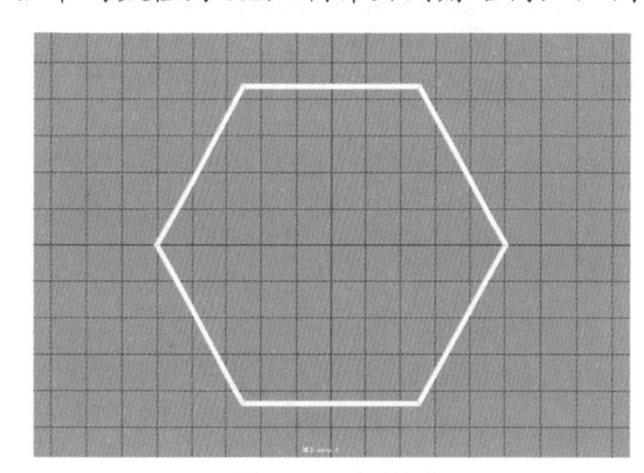

图4-56　复制面

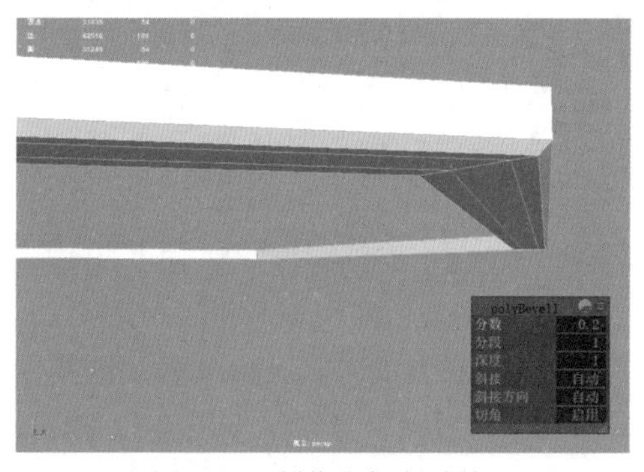

图4-57　制作出倒角结构

16 按照步骤14到步骤15的方法，制作倒挂子底部的模型，如图4-58左图所示，然后选择边线，执行“倒角”命令，分数为0.2，如图4-58右图所示。

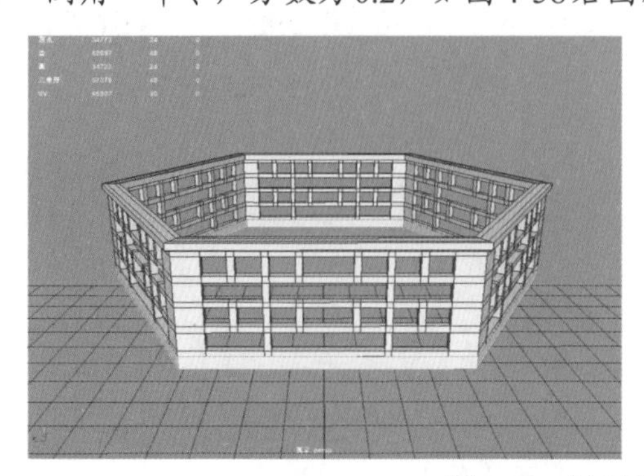

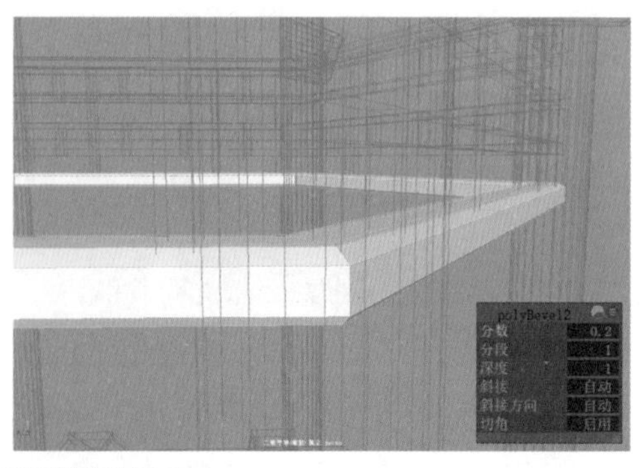

图4-58　过渡底部模型的边线

4.4　制作额枋和屋顶

【例 4-3】 本实例将讲解如何制作额枋和屋顶。视频

01 选择台基顶部的面，按Shift键并右击，从弹出的菜单中选择“复制面”命令，移动坐标轴将复制的面向上垂直移出来，然后选择复制出的面中间的顶点，将其沿着丫轴向上拖出来，如图 4-59 所示。

02 选择底部的边线，按Ctrl+E快捷键激活“挤出”命令，向下挤出，如图 4-60 所示。

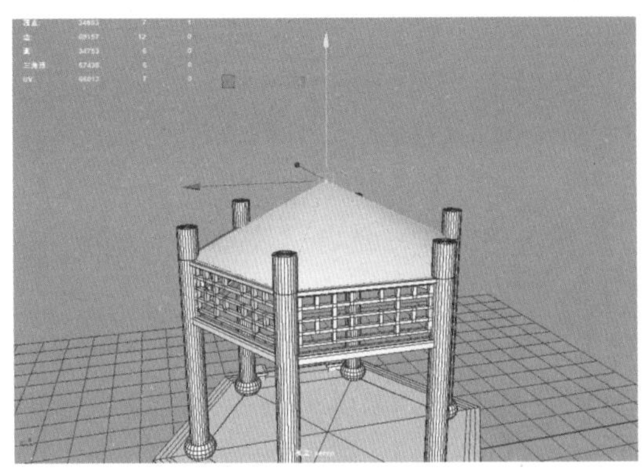

图 4-59　向上拖曳顶点

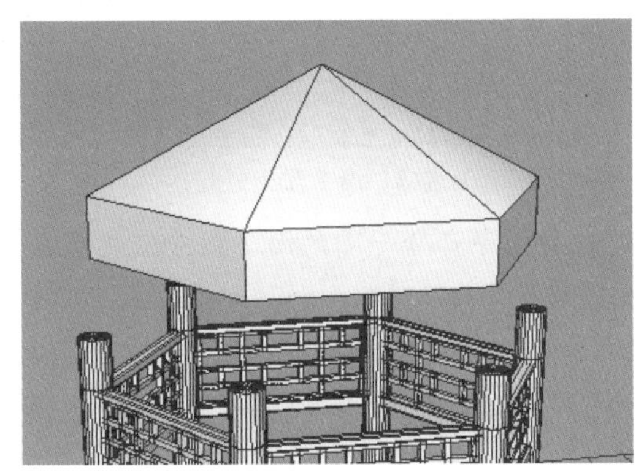

图 4-60　向下挤出

03 选择挤出的面，按Shift键并右击鼠标选择“提取面”命令，如图 4-61 所示，

04 在“多边形建模”工具架中单击“多切割工具”按钮，按Shit键插入一条循环边，如图 4-62 所示。

图 4-61　选择“提取面”命令

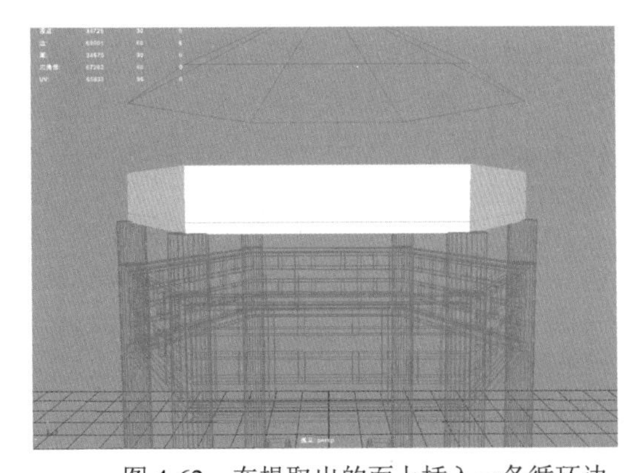

图 4-62　在提取出的面上插入一条循环边

05 选择底部的一圈面，多次按Ctrl+R快捷键执行“挤出”命令，沿Z轴向外挤出，如图 4-63 所示。

06 在挤出的面上，按照步骤4的方法再次插入一条循环边，按Ctrl+R快捷键执行“挤出”命令，向内挤出，选择底部的一圈面，按Delete键删除，如图4-64所示。

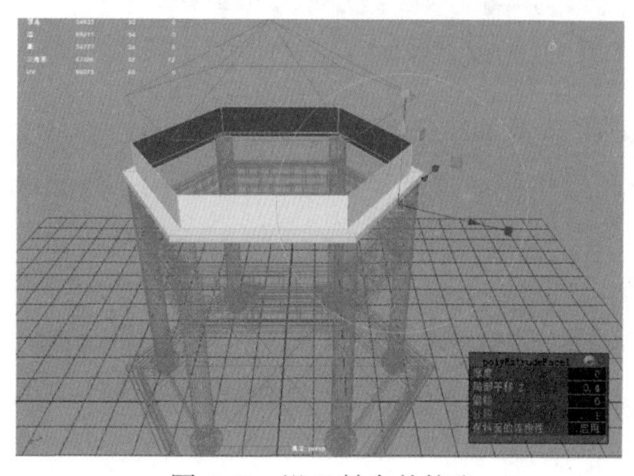

图4-63　沿Z轴向外挤出

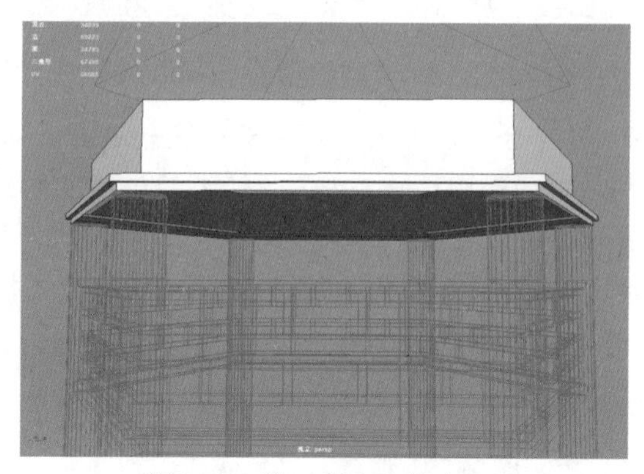

图4-64　沿Z轴向内挤出

07 选择上半部分一圈的面，按Shift键并右击，从弹出的菜单中选择“提取面”命令，分离出上下两个结构，如图4-65所示。

08 选择下方模型的底部边，按Ctrl+R键激活“挤出”命令，向内挤出，如图4-66所示。

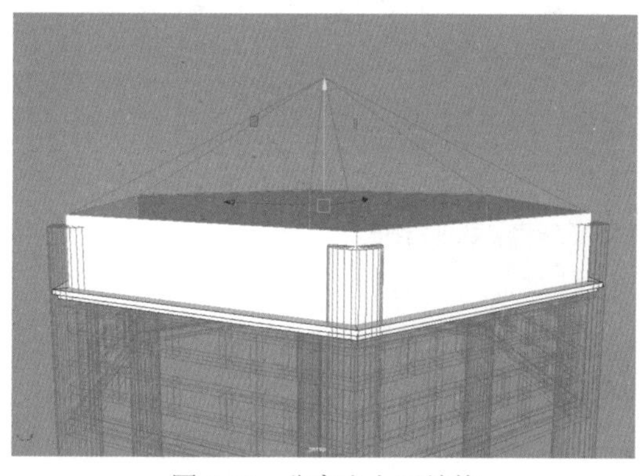

图4-65　分离出上下结构

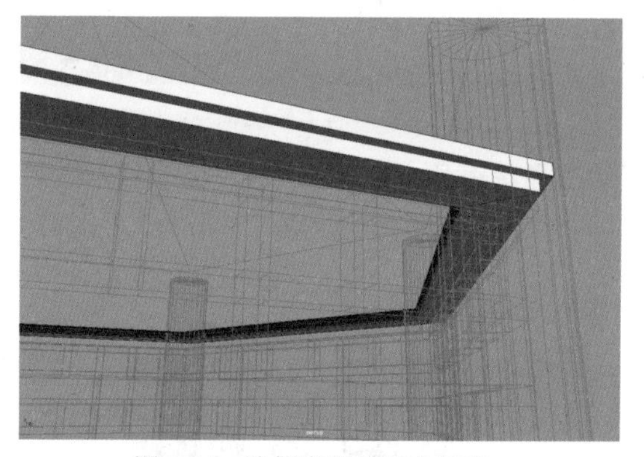

图4-66　选择底部边向内挤出

09 选择内侧的边，执行“挤出”命令，向下挤出，如图4-67所示。

10 按Ctl键并右击，选择“到顶点”|“到顶点”命令，在“多边形建模”工具架中单击“目标焊接工具”按钮，分别焊接顶点，如图4-68所示。

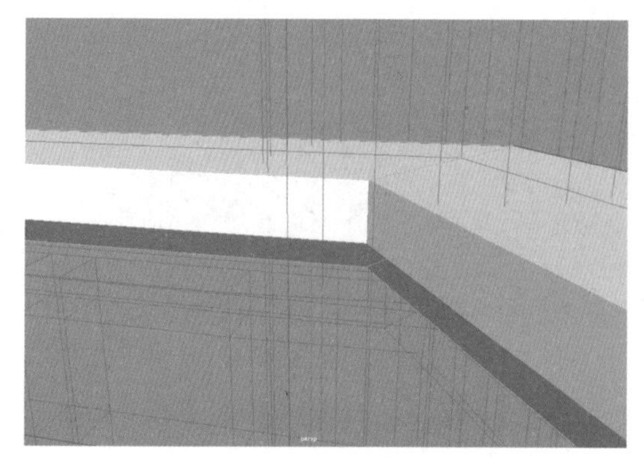

图4-67　向下挤出内侧边

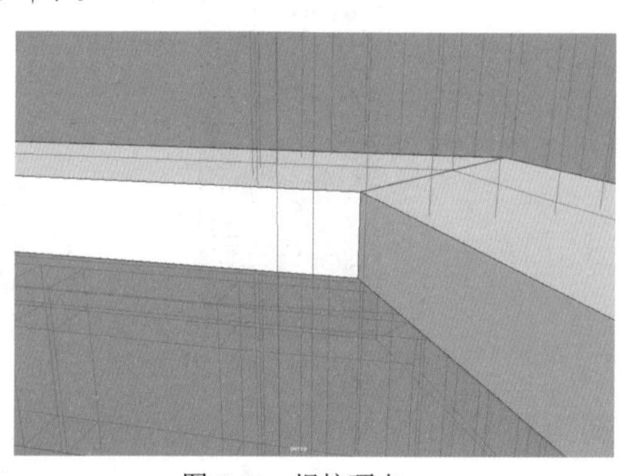

图4-68　焊接顶点

11 择下半部分结构的边，按Ctrl+E快捷键激活“挤出”命令，再按Ctrl+B快捷键激活“倒角”命令，制作出倒角结构，结果如图 4-69 所示。

12 选择上方的模型，按Ctrl+E快捷键激活“挤出”命令向内挤出，此时会发现出现了黑面。全选面，按Shift键并右击，从弹出的菜单中选择“面法线”|“反转法线”命令，结果如图 4-70 所示。

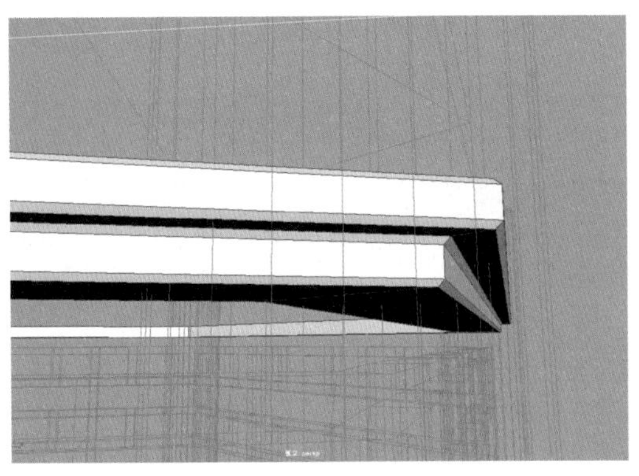

图 4-69　制作出倒角结构

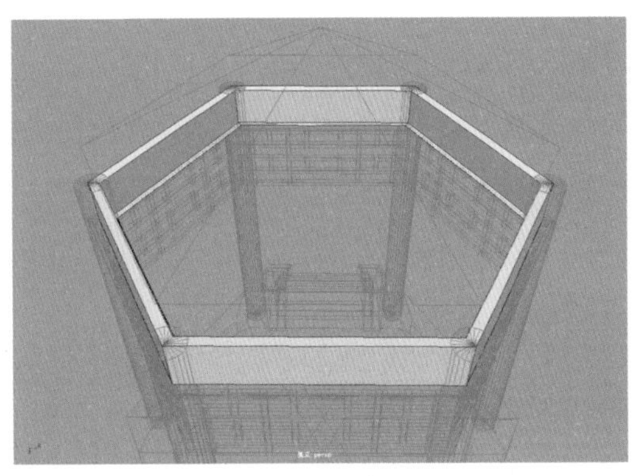

图 4-70　反转法线

13 按Shift键并右击，从弹出的菜单中选择“插入循环边工具”命令，插入一条循环边，然后调整循环边的位置，如图 4-71 所示。

14 选择面，按Ctrl+E快捷键激活“挤出”命令，向外挤出，结果如图 4-72 所示。

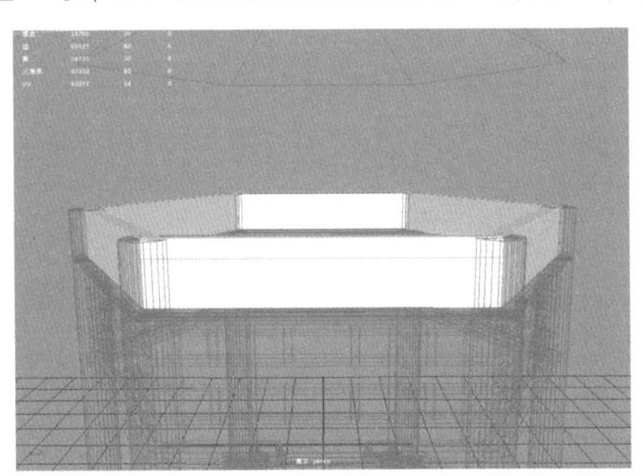

图 4-71　在模型上插入循环边

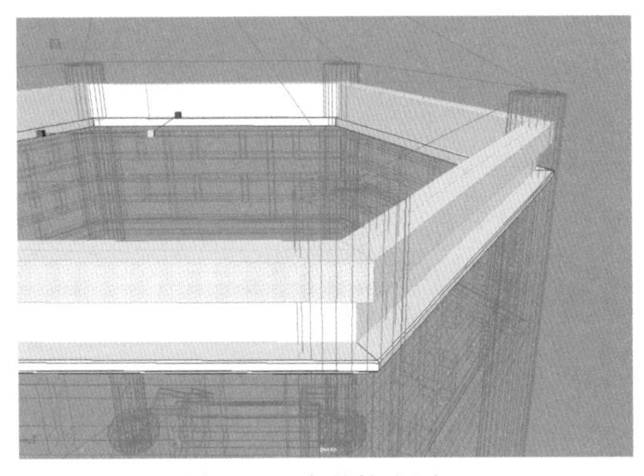

图 4-72　向外挤出面

15 按照步骤 11 的方法，过渡挤出部位的边，结果如图 4-73 所示。

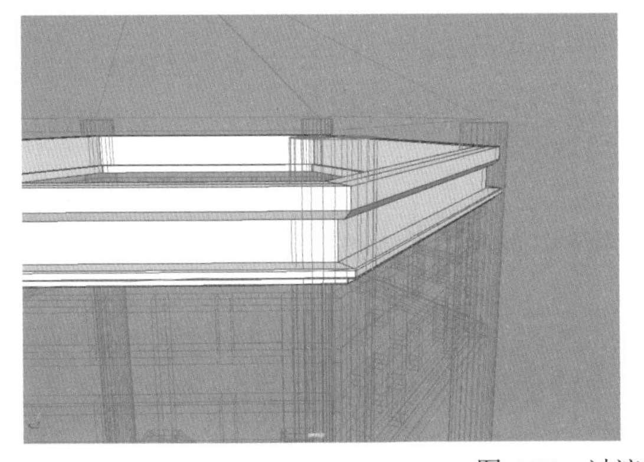

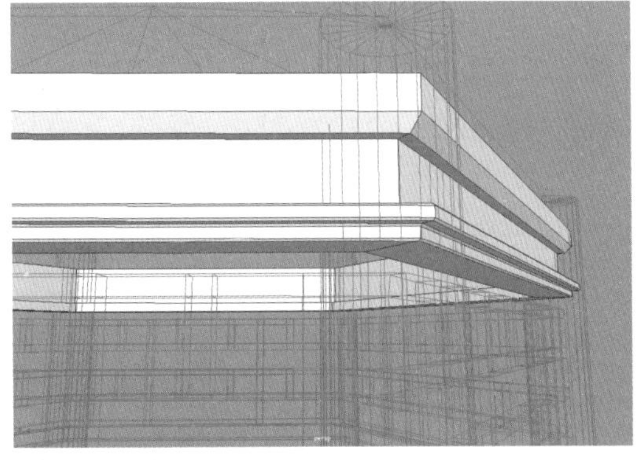

图 4-73　过渡挤出部位的边

4.5 制作角梁、垂脊和瓦

【例 4-4】 本实例将讲解如何制作角梁、垂脊和瓦。视频

01 切换到前视图，按Shift键并右击，从弹出的菜单中选择“创建多边形工具”命令，如图 4-74 所示。

02 通过单击的方式，绘制出角梁的形状，按Enter键确认，结果如图 4-75 所示。

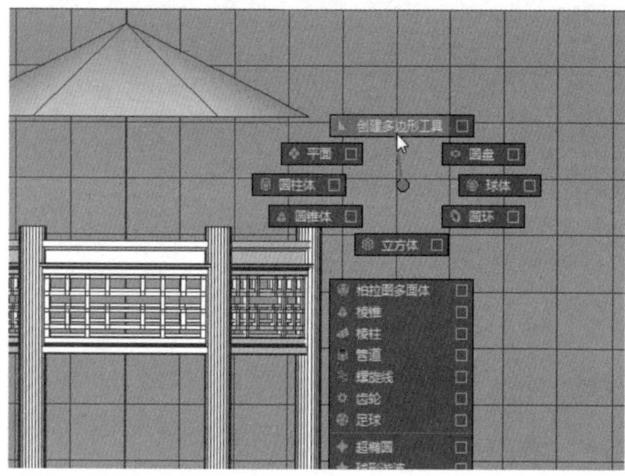

图 4-74 选择“创建多边形工具”命令

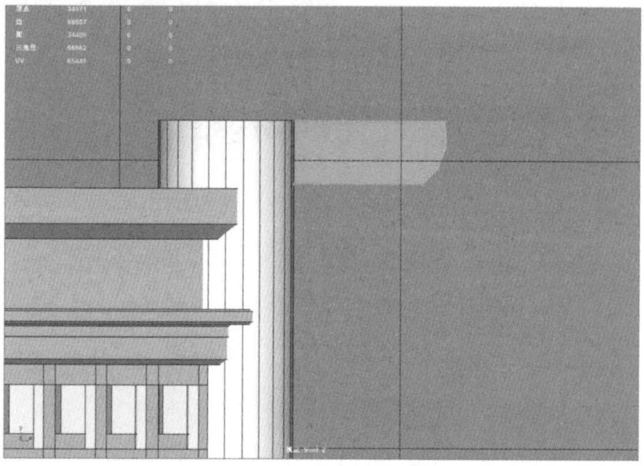

图 4-75 绘制出角梁的形状

03 在“多边形建模”工具架中单击“多切割工具”按钮，修改布线，并调整角梁的形状，结果如图 4-76 所示。

04 按Ctl+D快捷键向下复制出两个副本，调整其比例，框选衔接处的顶点，用缩放工具将顶点向中心处收缩，如图 4-77 所示。

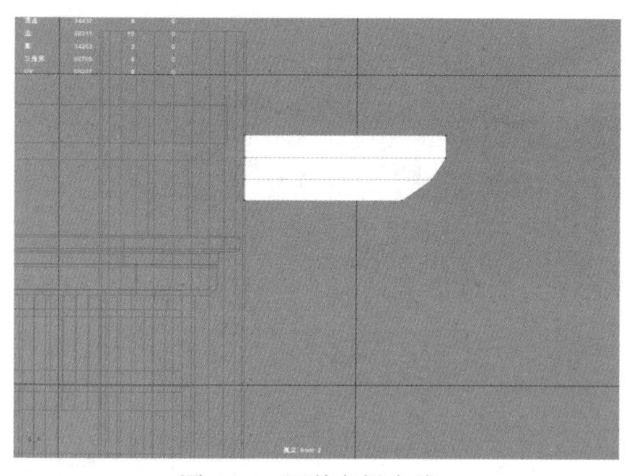

图 4-76 调整角梁布线

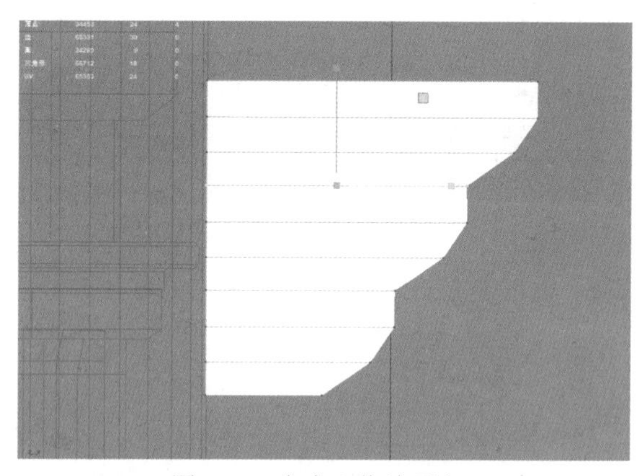

图 4-77 向中心收缩顶点

05 框选衔接处边界的顶点，按Shift键并右击，从弹出的菜单中选择“合并顶点”|“合并顶点”命令，结果如图 4-78 所示。

06 选择模型，按Ctrl+E快捷键激活“挤出”命令，然后选择边线，按Ctrl+B快捷键激活“倒角”命令，在打开的面板中，设置“分数”文本框中的数值为 0.5，如图 4-79 所示。

图 4-78　合并角梁之间交界处的点

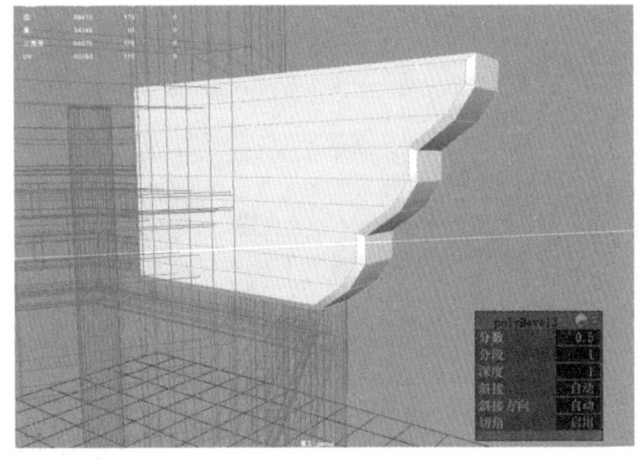

图 4-79　对角梁边线执行“倒角”操作

07 将角梁枢轴回归到世界坐标系，按Ctrl+D键复制出一个副本，然后在“通道盒/层编辑器”中，在“旋转”Y轴文本框中输入60。之后按Sift+D快捷键复制并转换4次，复制出一圈的角梁，如图 4-80 所示。

08 选择屋顶模型，在“多边形建模”工具架中单击“多切割工具”按钮，按住Shift键切割出 3 条平行的循环边，使用缩放工具对插入的边进行缩放。之后按Shift键并右击，从弹出的菜单中选择“编辑边流”命令，使线段变得流畅，结果如图 4-81 所示。

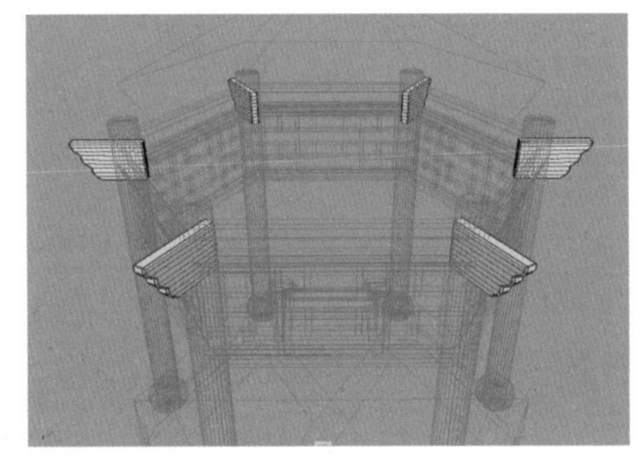

图 4-80　复制出其余的角梁

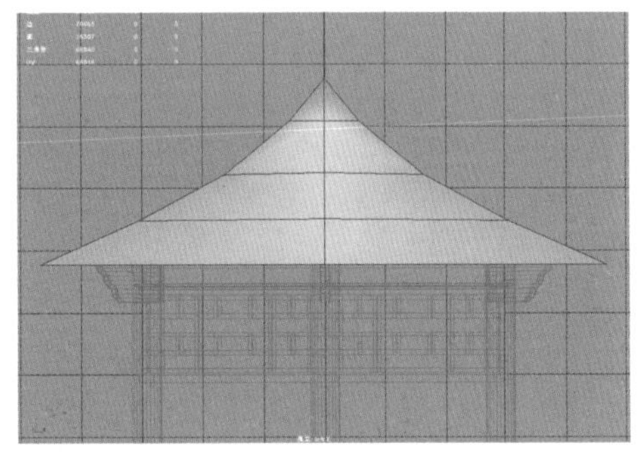

图 4-81　调整屋顶布线

09 按照步骤 8 的方法，在顶部添加边，删除顶端的面，然后双击选择底部的一圈边，按Ctrl+R快捷键激活“挤出”命令，向外挤出屋顶的边，如图 4-82 所示。

10 选择屋顶模型，按Ctrl+E快捷键激活“挤出”命令，向内挤出，制作出屋顶的厚度。之后选择屋顶模型的面，在菜单栏中选择“面法线”|“反转法线”命令，结果如图 4-83 所示。

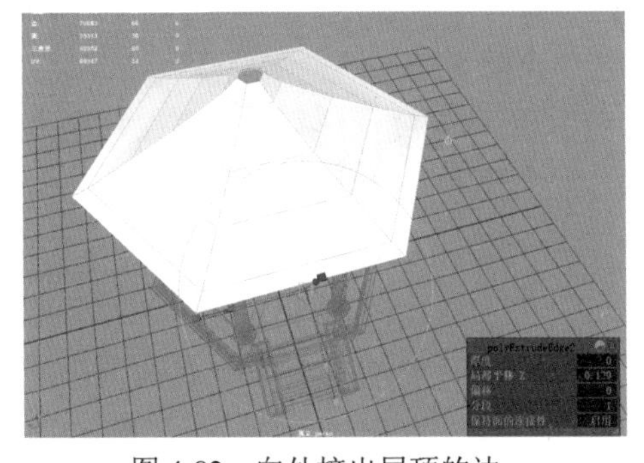

图 4-82　向外挤出屋顶的边

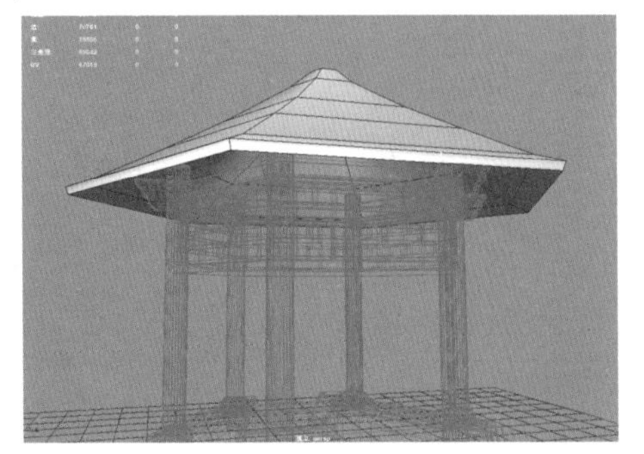

图 4-83　制作出屋顶的厚度

11 选择边界边，按Ctl+B快捷键激活“倒角”命令，在打开的面板中，设置“分数”文本框中的数值为 0.68，结果如图 4-84 所示。

12 选择倒角出的面，按Shift键并右击，从弹出的菜单中选择“复制面”命令，然后按Ctrl+E快捷键激活“挤出”命令，制作垂脊的造型，如图4-85所示。

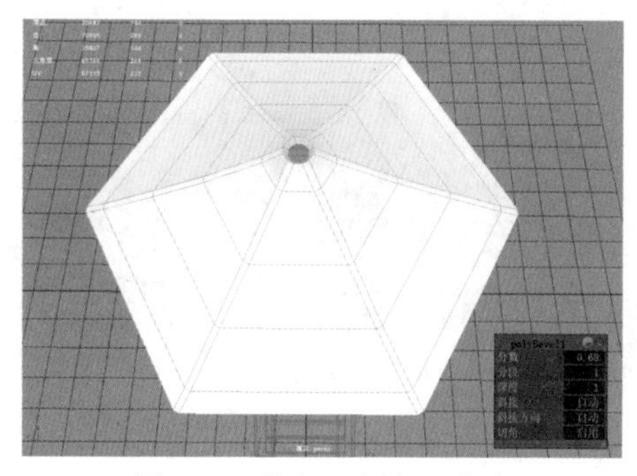

图 4-84　执行“倒角”命令

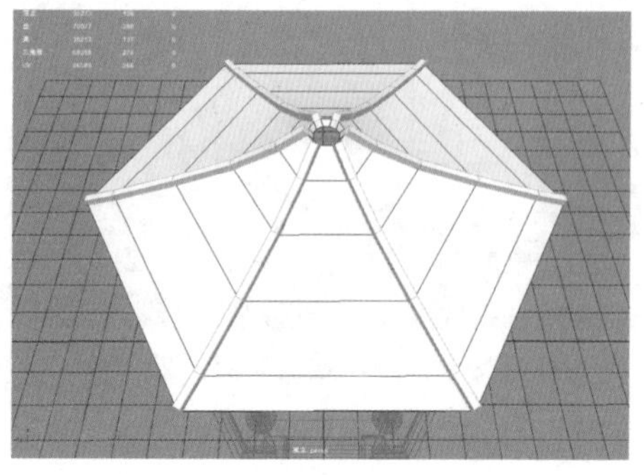

图 4-85　制作垂脊的造型

13 选择一条垂脊模型的边，按Ctrl键并右击，从弹出的菜单中选择“环形边工具”|“到环形边并分割”命令，然后选择循环边，按Ctrl+B快捷键激活“倒角”命令，在打开的面板中，设置“分数”文本框中的数值为0.45，如图4-86所示。

14 复制顶部倒角出来的面，然后按Ctrl+E快捷键激活“挤出”命令，向外挤出，制作出厚度，如图4-87所示。

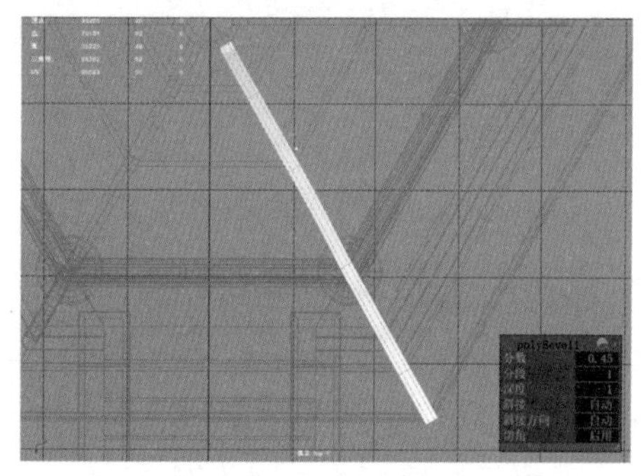

图 4-86　在垂脊模型上插入循环边并进行倒角

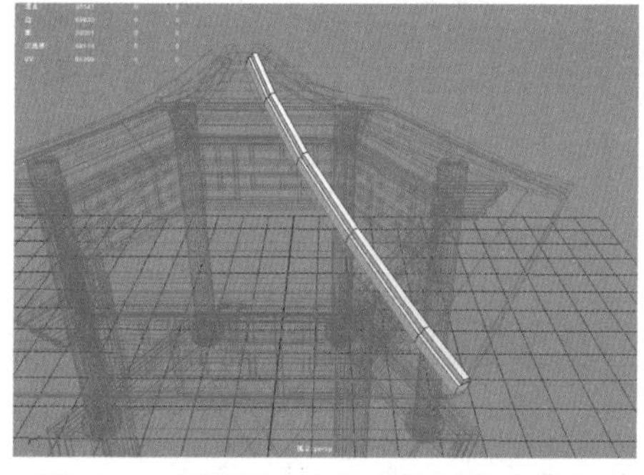

图 4-87　复制倒角出的面并制作出厚度

15 在菜单栏中选择“编辑”|“特殊复制”命令，设置旋转Y为60，副本数为5，复制出其余的垂脊，结果如图4-88所示。

16 选择一条垂脊的边，按Ctrl键并右击，从弹出的菜单中选择“环形边工具”|“到环形边并分割”命令，在中间位置插入一条循环边，结果如图4-89所示。

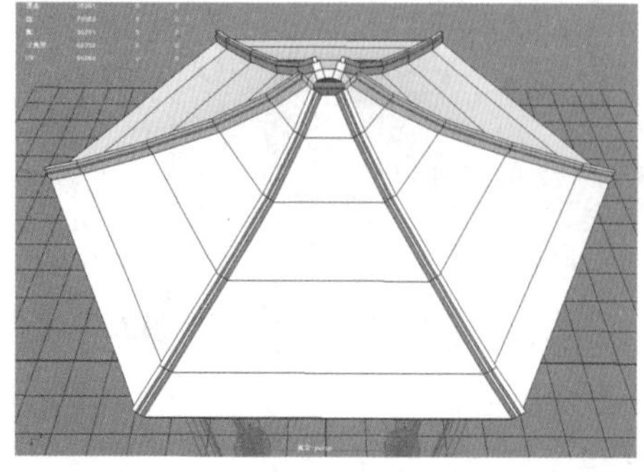

图 4-88　复制出其余的垂脊

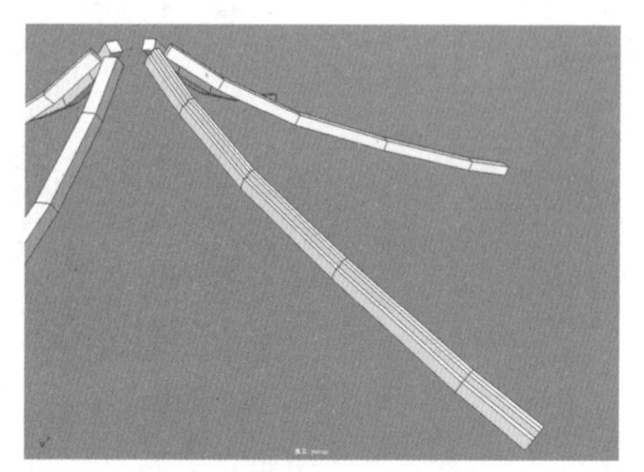

图 4-89　插入一条循环边

17 选择插入的循环边，在菜单栏中选择“修改”|“转化”|“多边形边到曲线”命令，如图4-90左图所示，从中提取出插入的一条循环边，结果如图4-90右图所示。

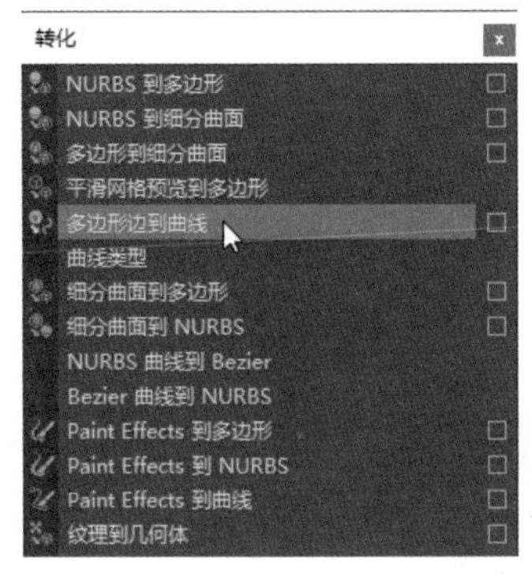

图 4-90　选择“多边形边到曲线”命令提取曲线

18 创建一个多边形圆柱体，在“通道盒/层编辑器”面板的“旋转X”文本框中输入90，在“半径”文本框中输入0.12，在“高度”文本框中输入8，在“轴向细分数”文本框中输入16，在“高度细分数”文本框中输入12，结果如图4-91所示。

19 每隔一条线段选择双击一条循环边，按Ctrl+B快捷键激活“倒角”命令，在打开的面板中，设置“分数”文本框中的数值为0.04，然后按Ctrl+E快捷键激活“挤出”命令，在打开的面板中，设置“局部平移Z”文本框中的数值为-0.023，制作凹槽结构，结果如图4-92所示。

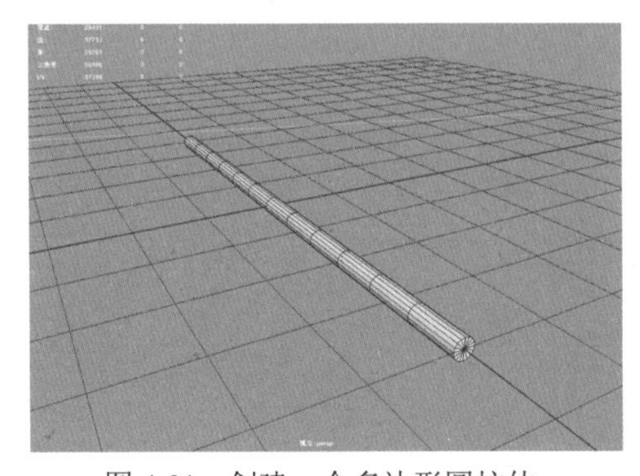

图 4-91　创建一个多边形圆柱体

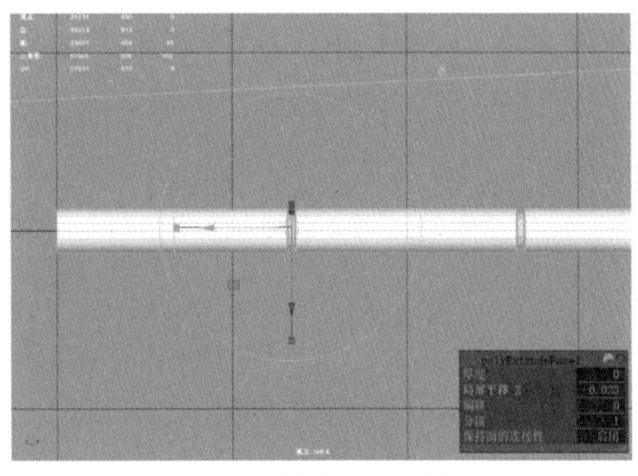

图 4-92　制作凹槽结构

20 调整提取出的曲线的长度，使尾端向外延伸。在菜单栏中选中“曲线”|“重建”命令右侧的复选框，打开“重建曲线选项”窗口，在“跨度数”文本框中输入10，然后单击“应用”按钮，如图4-93所示。

21 设置完成后，曲线的显示结果如图4-94所示。

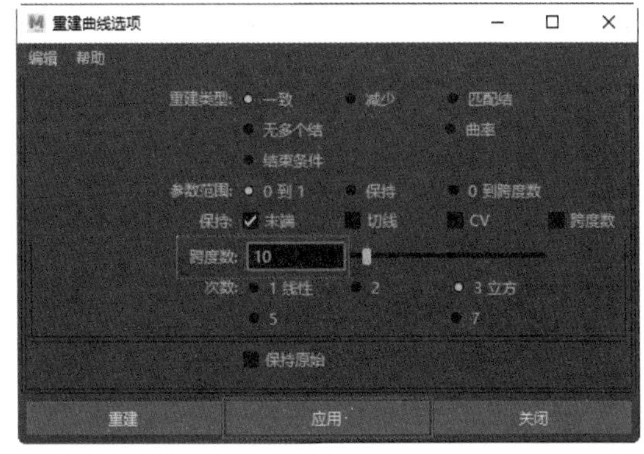

图 4-93　设置“重建曲线选项”窗口中的参数

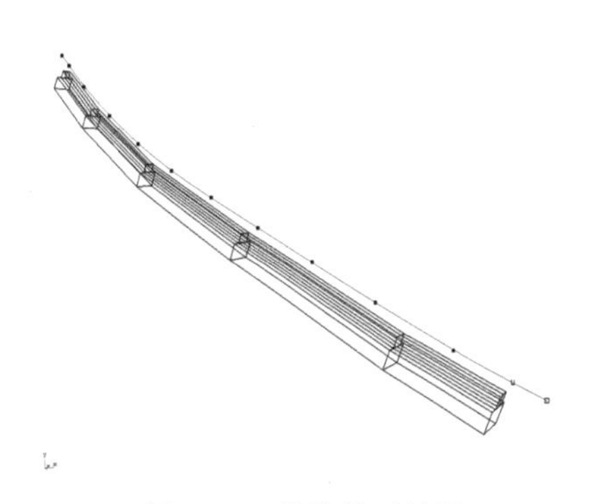

图 4-94　曲线显示结果

22 选择圆柱体和曲线，在“自定义”工具架中单击“冻结变换”按钮，然后先选择曲线，再选择多边形圆柱体，在菜单栏中选择“变形”|“曲线扭曲”命令，如图4-95所示，即可使多边形圆柱体移至曲线位置上并沿曲线方向进行拉伸。

23 选择多边形圆柱体，选择“编辑”|“特殊复制”命令复制出其余的模型。选择屋顶模型多次按Ctrl键并右击，从弹出的菜单中选择“环形边工具”|“到环形边并分割”命令，插入循环边，使用缩放工具对其进行缩放，调整屋顶造型，结果如图4-96所示。

图4-95　选择“曲线扭曲”命令

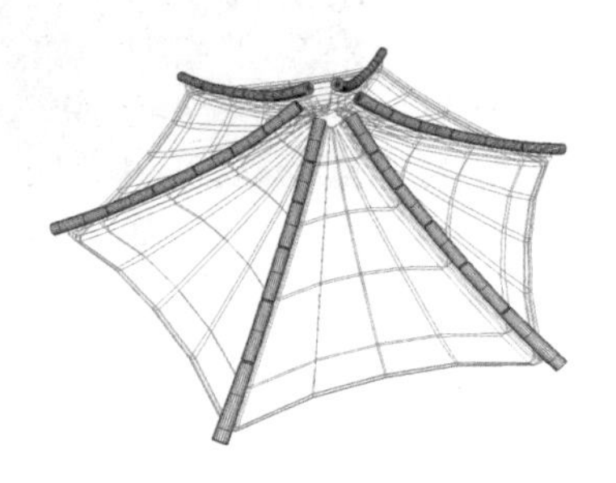

图4-96　复制出其余的多边形圆柱体

24 按Ctrl+D快捷键复制一个多边形圆柱体，并调整其比例，结果如图4-97所示。

25 依次复制其余4个沟头瓦，并删除穿插的部分，结果如图4-98所示。

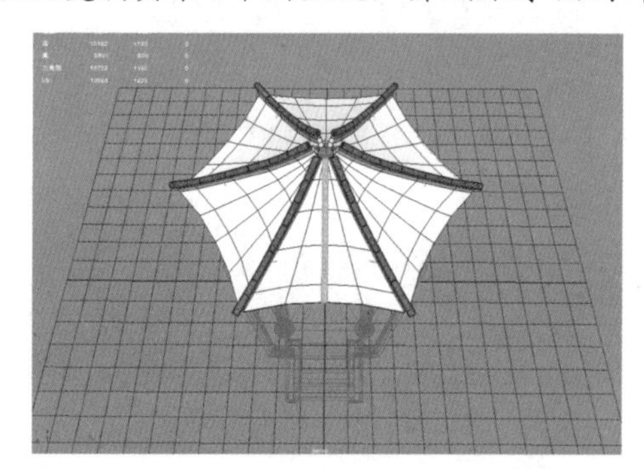

图4-97　复制一个多边形圆柱体并调整其大小

图4-98　复制其余沟头瓦

26 创建一个多边形立方体，并插入三条循环边，然后选择插入的循环边，按Shift键并右击，从弹出的菜单中选择“编辑边流”命令，然后调整瓦片模型的造型，结果如图4-99所示。

27 按Ctrl+D快捷键复制一个瓦片模型，调整好位置后按Shift+D快捷键复制并转换，先复制一列瓦片模型，如图4-100所示。

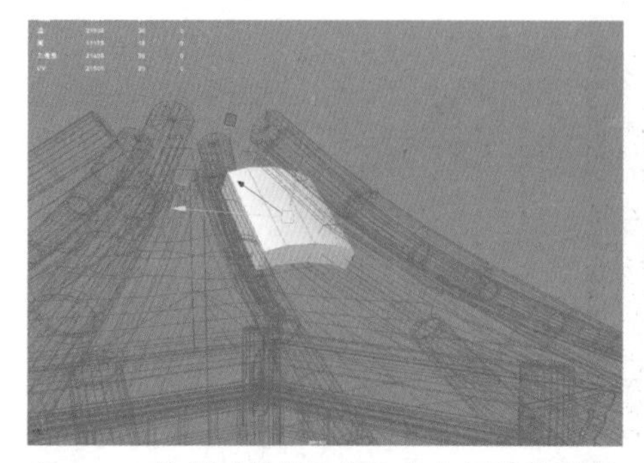

图4-99　选择“编辑边流”命令调整片造型

图4-100　复制出一列瓦片

28 选择所有瓦片，按Shift键并右击，从弹出的菜单中选择“结合”命令，并按Ctrl+D快捷键四次复制出四列瓦片，调整位置并删除穿插出来的面，然后选择四列瓦片，按Shift键并右击，从弹出的菜单中选择“结合”命令，结果如图 4-101 所示。

29 将坐标轴回归到世界坐标系，按Shift键并右击，从弹出的菜单中选择“镜像”命令沿X轴镜像复制，结果如图 4-102 所示。

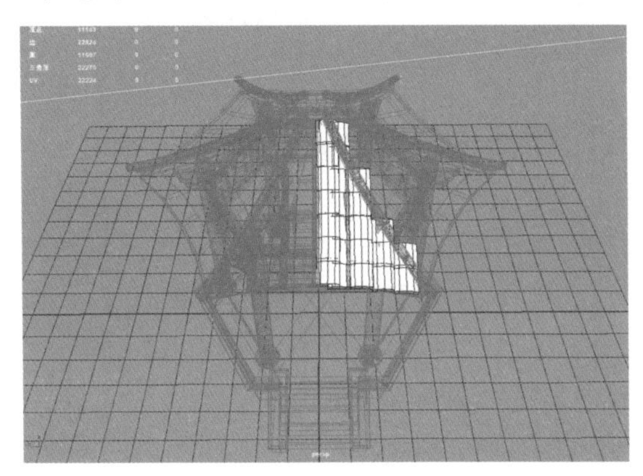

图 4-101　结合瓦片

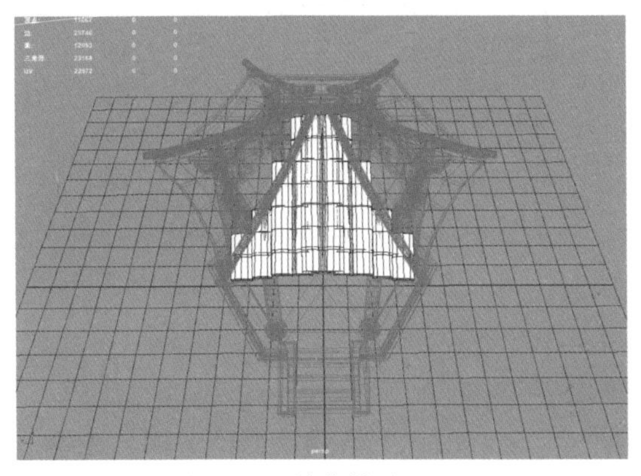

图 4-102　镜像模型

30 后顺着垂脊的方向，在“多边形建模”工具架中单击“多切割工具”按钮，使用套索工具快速选择穿插的部分，按Delete键将其删除，结果如图 4-103 所示。

31 选择沟头瓦和瓦片并在菜单栏中选择“网格”“结合”命令，使其枢轴回归到世界坐标系，然后按Ctrl+D快捷键复制一组副本。在“属性编辑器”面板的“旋转Y”文本框中输入60，然后按Shift+D快捷键复制并转换5次，结果如图 4-104 所示。

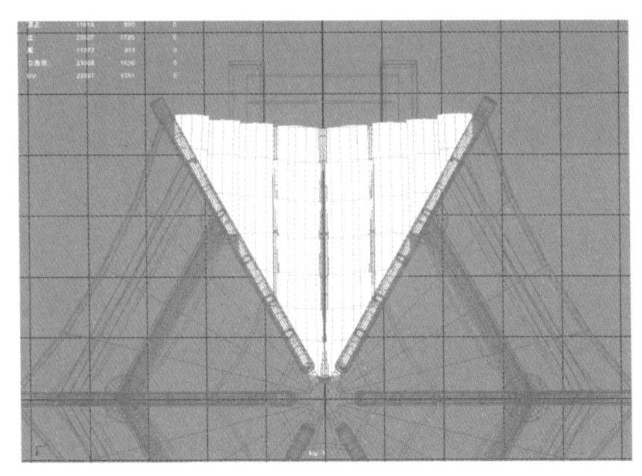

图 4-103　切割并删除穿插的部分

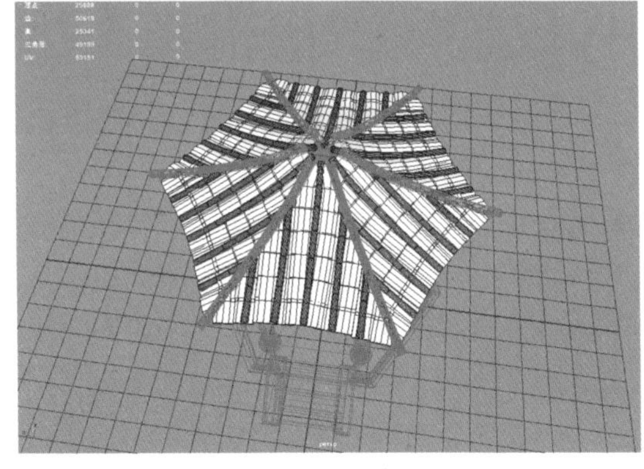

图 4-104　复制其余的瓦片

4.6　制作宝顶和鹅颈椅

【例 4-5】　本实例将讲解如何制作宝顶和鹅颈椅。

01 创建一个多边形圆柱体，轴向细分数为 6，如图 4-105 所示。

02 选择顶部的面，按Ctrl+E快捷键激活“挤出命令，向上挤出顶部的面，并调整多边形圆柱体的比例，如图 4-106 所示。

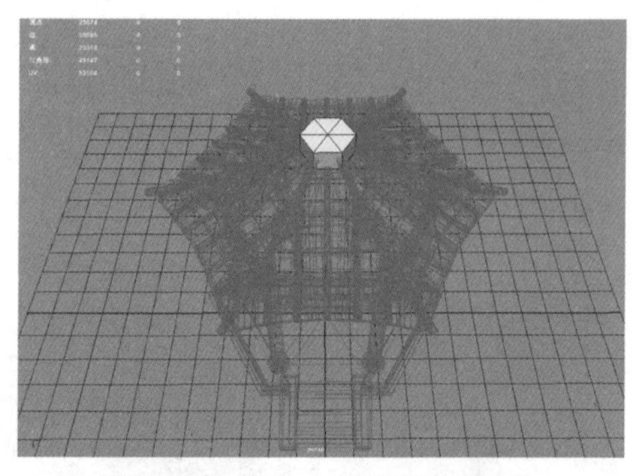

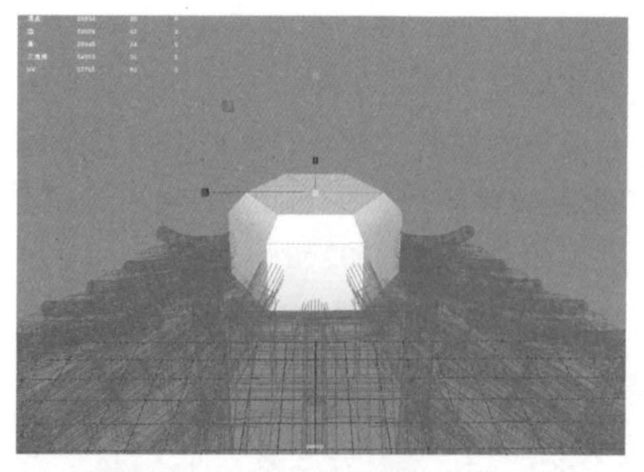

图 4-105　创建一个多边形圆柱体　　　　图 4-106　调整多边形圆柱体的比例

03 再次选择顶部的面，按Shift键并右击，从弹出的菜单中选择“复制面”命令，调整面的比例，然后按Ctrl+E快捷键激活“挤出”命令，将面向上挤出，继续复制顶部的面并挤出厚度，结果如图 4-107 所示。

04 继续复制顶部的面并挤出厚度在建模工具包的“工具”卷展栏中选择“连接”命令，在弹出的“连接选项”选项卡的“分段”文本框中输入2，插入两条循环边，使用缩放工具调整两条线段的距离，结果如图 4-108 所示。

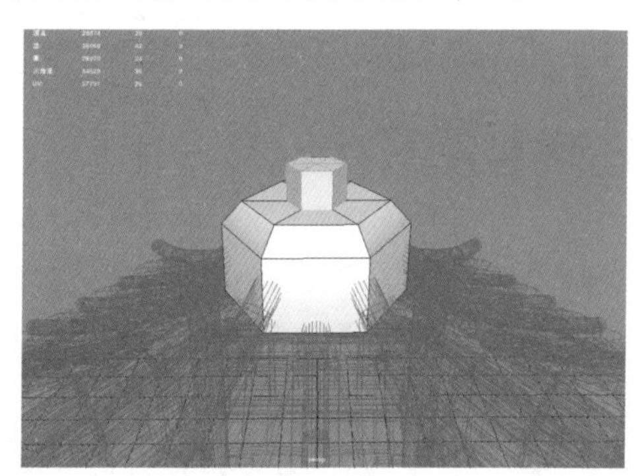

图 4-107　复制模型并挤出厚度　　　　图 4-108　继续复制顶部的面并调整造型

05 按照步骤3到步骤4的方法，制作宝顶造型，并按Ctrl+B快捷键激活“倒角”命令过渡边缘，结果如图 4-109 所示。

06 创建一个多边形立方体，按W键显示对象的枢轴，然后按Ctrl+Shift快捷键，从弹出的菜单中选择“组件”命令，如图 4-110 所示。

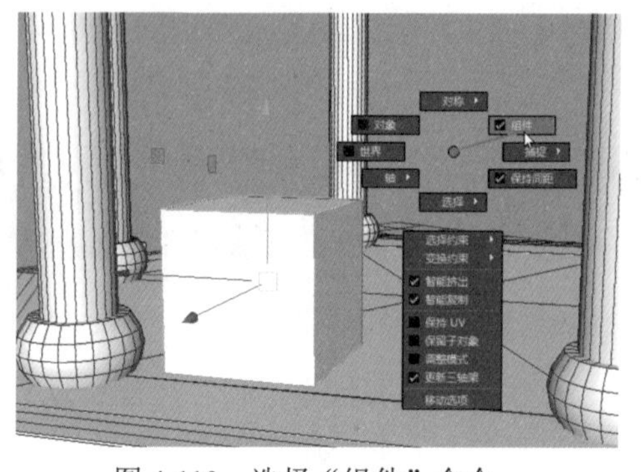

图 4-109　制作宝顶造型并进行卡线　　　　图 4-110　选择“组件”命令

07 调整多边形立方体的形状，按Shift键并右击，从弹出的菜单中选择“插入循环边工具”命令，插入两条循环边，并使用缩放工具调整两条线段的距离，然后选择左右两端的面，按Ctrl+E快捷键激活“挤出”命令，调整其造型，结果如图4-111所示。

08 在“多边形建模”工具架中单击“目标焊接工具”按钮，将倒角出的顶点焊接到边界上，如图4-112所示。

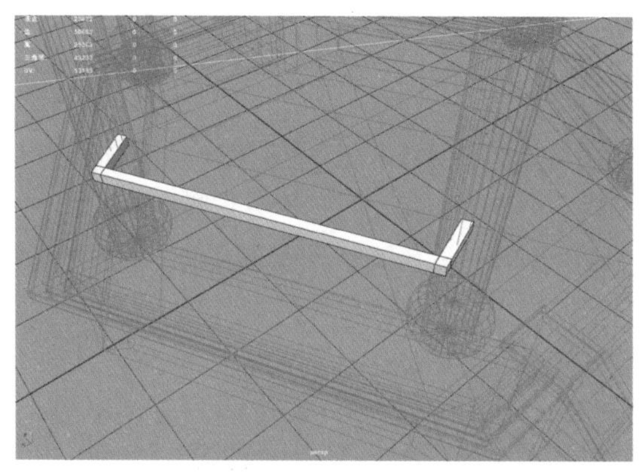

图4-111 调整多边形立方体造型

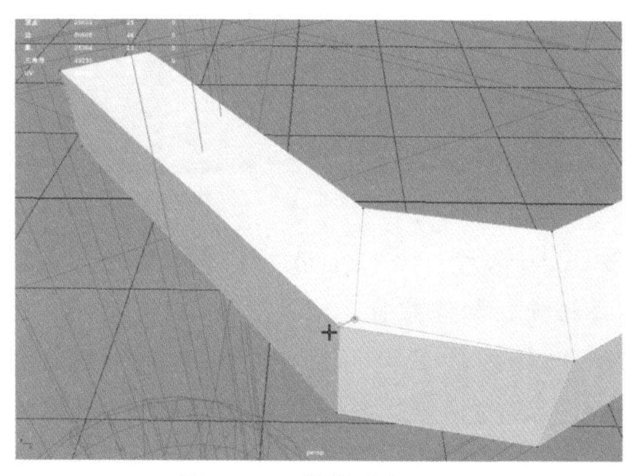

图4-112 焊接顶点

09 选择面，按Shift键并右击，从弹出的菜单中选择”复制面”命令，并调整复制的面的位置，如图4-113所示。

10 分别选择所复制的模型两端的边，使用缩放工具使两端分别处于同一水平面，再按Shift键并右击，从弹出的菜单中选择“填充洞”命令，如图4-114所示，填补模型左右两端的空洞。

图4-113 复制面并调整位置

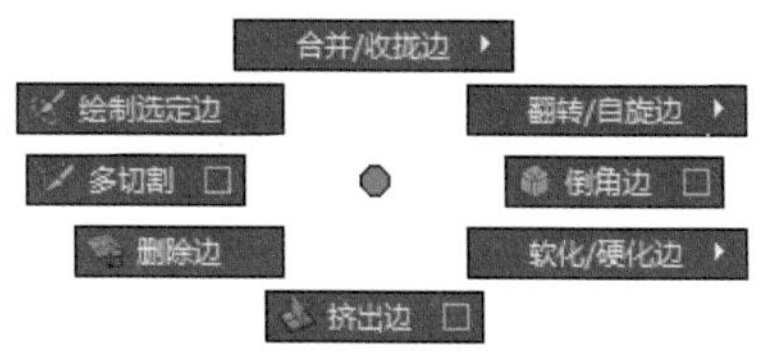

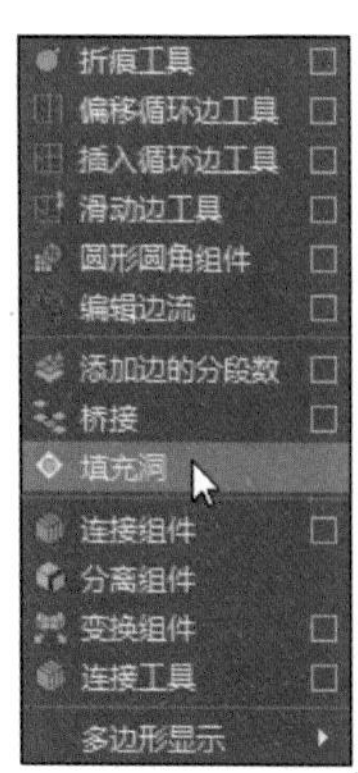

图4-114 选择“填充洞”命令

11 然后选择模型的一圈面，按Ctrl+B快捷键激活“倒角”命令，如图4-115所示。

12 创建一个多边形立方体，在“通道盒/层编辑器”面板的“旋转Y”文本框中输入30，然后按Shift键并右击，从弹出的菜单中选择“插入循环边工具”命令，并调整靠背的结构，如图4-116所示。

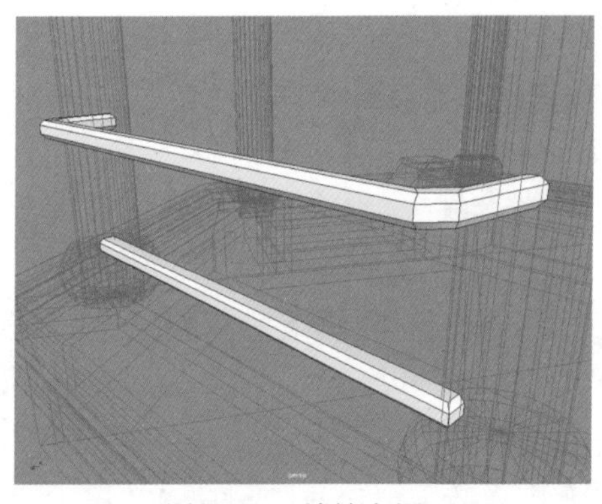

图 4-115　填补空洞

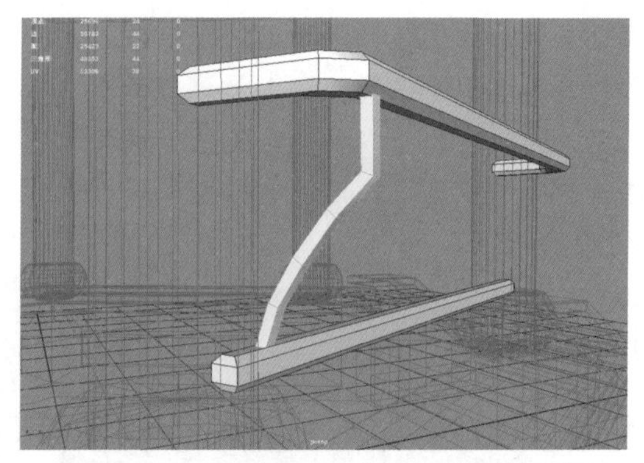

图 4-116　再创建一个立方体并调整结构

13 选择模型，按Ctrl+D快捷键复制一个副本，向右移动一段距离，然后按Shift+D快捷键复制并转换，制作靠背，结果如图 4-117 所示。

14 选择靠背下端的面，按Shift键并右击，从弹出的芙单中选择“复制面”命令，然后按Ctrl+E快捷键激活“挤出”命令，制作座凳的造型，结果如图 4-118 所示。

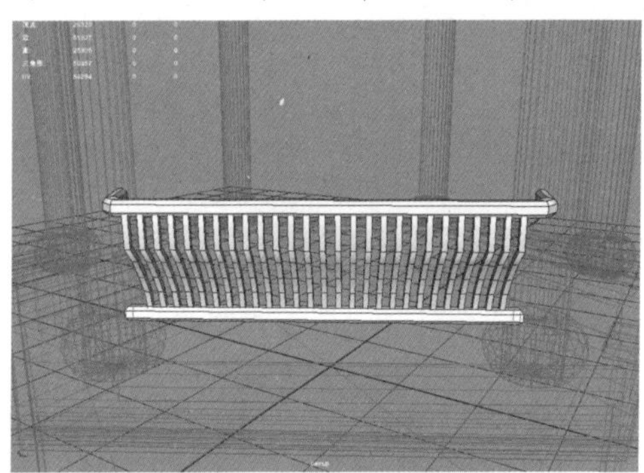

图 4-117　制作背

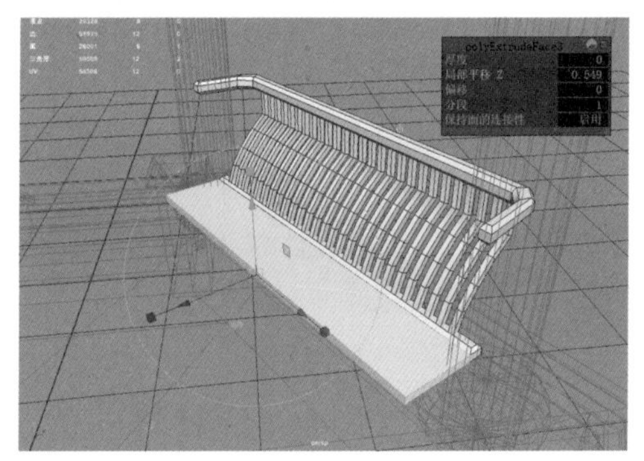

图 4-118　制作座凳

15 选择底面，按Shift键并右击，从弹出的芙单中选择“复制面”命令，然后按Ctrl+E快捷键激活“挤出”命令，制作出底座，结果如图 4-119 所示。

16 独显出底座模型，按Shift键并右击，从弹出的菜单中选择“插入循环边工具”命令，插入一条循环边，调整底座造型，结果如图 4-120 所示。

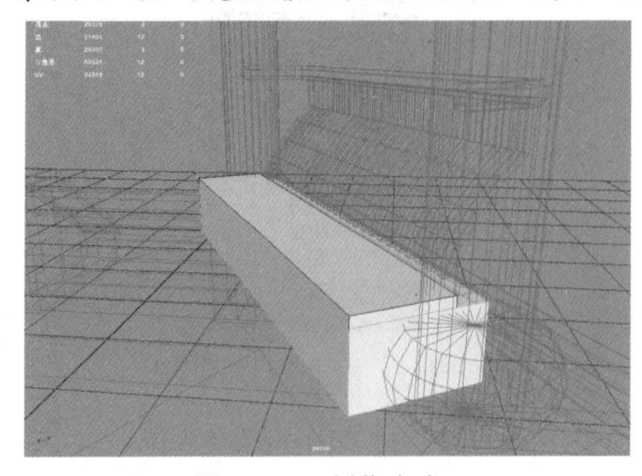

图 4-119　制作底座

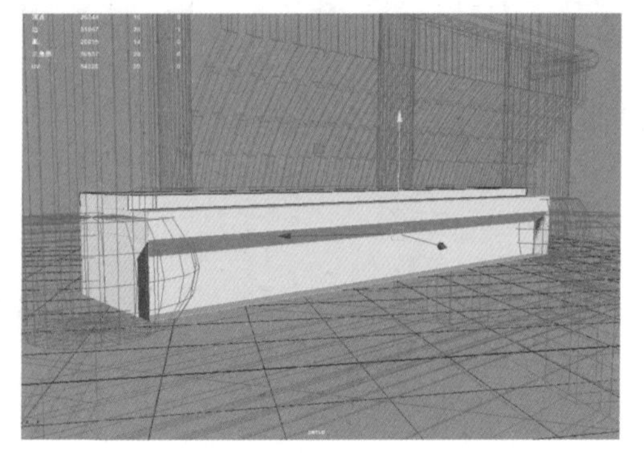

图 4-120　插入一条循环边

17 删除多余的面。然后在“多边形建模”工具架中单击“目标焊接工具”按钮，修改底座结构，结果如图 4-121 所示。

18 选择底座模型两侧相对应的边，按Shif键并右击，从弹出的菜单中选择“桥接”命令，然后双击选择三边形洞口的边，按Shift键并右击，从弹出的菜单中选择“填充洞”命令，填充底座空洞部分，结果如图 4-122 所示。

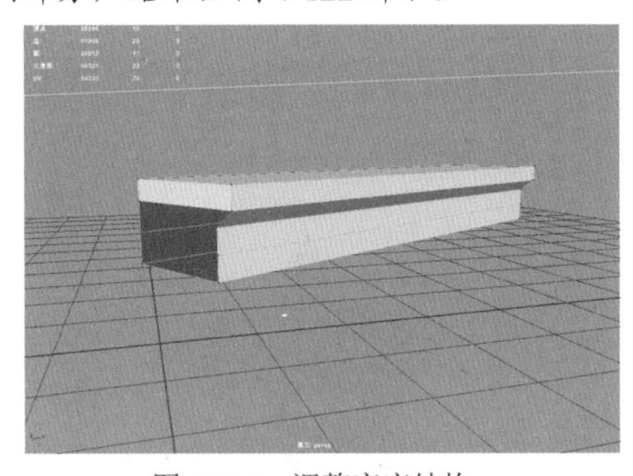

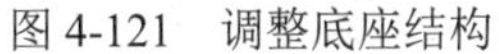
图 4-121　调整底座结构

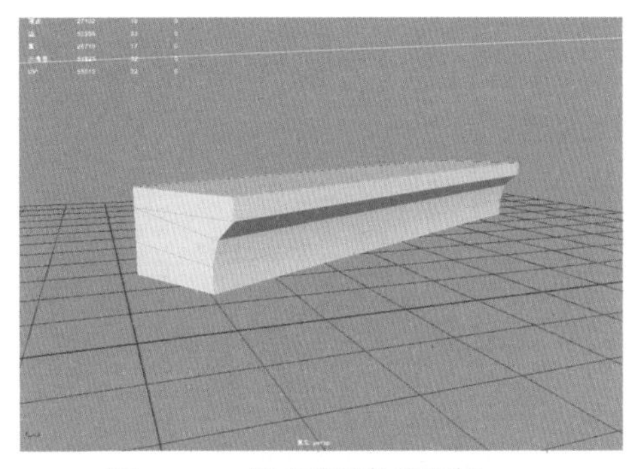
图 4-122　填充底座空洞部分

19 选择底座上的面，按Shift键并右击，从弹出的菜单中选择“复制面”命令，然后按Ctrl+E快捷键激活“挤出”命令，按Ctrl+B快捷键激活“倒角”命令，在打开的面板中，设置“分数”文本框中的数值为 0.4，制作底部凸出结构，如图 4-123 所示。

20 选择座凳的边，按Ctrl+B快捷键激活“倒角”命令，在打开的面板中，设置“分数”文本框中的数值为 0.5，结果如图 4-124 所示。

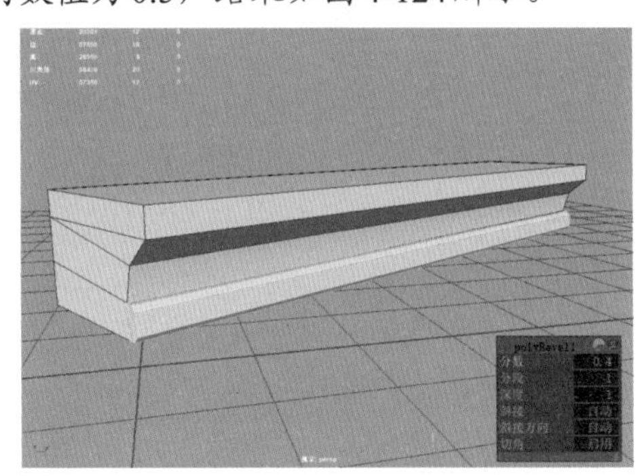
图 4-123　制作底部凸出结构

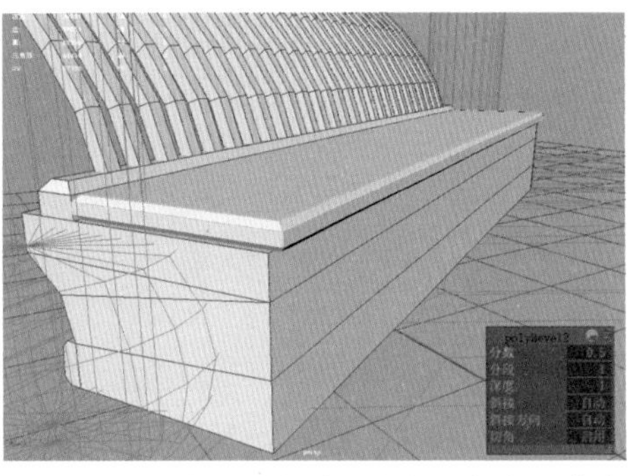
图 4-124　选择座凳的边并执行“倒角”命令

21 选择靠背、座凳、底座三个模型，单击“结合”按钮，在菜单栏中选择“编辑”|“特殊复制”命令，复制其余的鹅颈椅模型，如图 4-125 所示。

22 框选所有的模型，在菜单栏中选择“编辑”|“按类型删除”|“历史”命令，如图 4-126 所示。

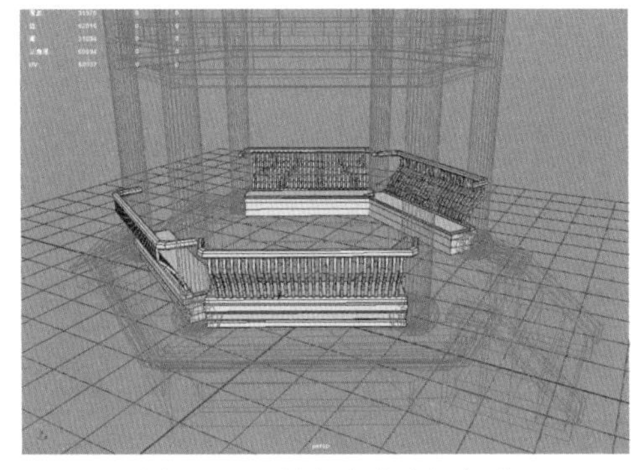
图 4-125　填充底座空洞部分

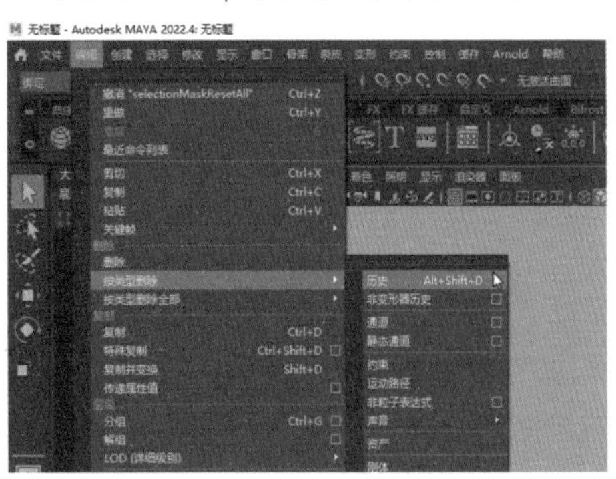

图 4-126　制作底部凸出结构

4.7 思考与练习

1. 收集相关游戏中带有亭子的场景并进行游戏建筑模型的分析。

2. 应用综合技术创建另外两个游戏场景模型，要求熟练掌握游戏场景古建筑模型的制作规范和布线规律，如图4-127所示。

图 4-127　习题练习

第 5 章 卡通怪兽建模

根据项目要求，高模在制作完成后，需要进行拓扑和烘焙操作。用户利用拓扑技术制作出与高模包裹度相匹配的低模后，再对其进行烘焙操作，使高模的细节信息通过贴图的方式传递给低模。本章将通过实例操作，帮助读者熟练掌握 Maya 软件中的拓扑与烘焙技术。

5.1 拓扑与烘焙概述

拓扑是三维建模师必须掌握的一门技术，旨在通过创建较少面数的低模来最大限度地保留高模的结构。高精度模型也就是高模，指的是次世代建模，次世代的模型细节丰富，结构复杂，点线面的数量庞大；低模则是面数较少的模型。影视模型为了追求逼真的效果，常使用预渲染，模型面数非常多。游戏模型使用的是实时渲染，如果计算机内存资源有限，就难以支持面数百万甚至上千万的模型，这样大量的点线面的高模便无法使用，所以需要简化模型的面数，以达到更好的优化效果。

建模师通常会通过Maya、ZBrush或Topogun等三维软件进行拓扑，如图5-1所示，他们需要确保拓扑出的低模能包裹住高模，这样在后续的烘焙中能使高模上的细节结构烘焙到低模上。但是高模很难在后续进行动画处理，所以需要限制模型的面数。将一个复杂的模型用规整和整洁的布线拓扑出基本的结构特征，不仅外观上看着清爽，还可以在很大程度上提升建模效率。

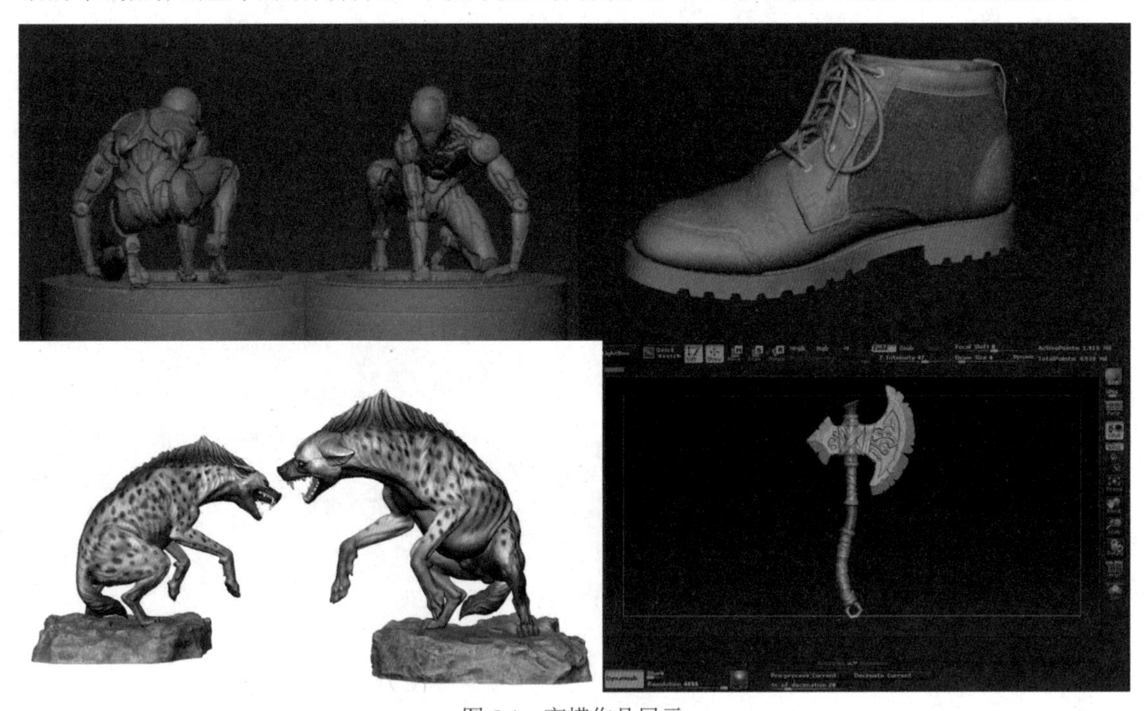

图 5-1　高模作品展示

在ZBrush软件中，可使用ZRemesher进行自动拓扑，如图5-2所示，但有时并不能达到用户需要的效果，还需要用户通过调节数值达到需要的效果。

利用Maya的绘制工具用户可快速地在高模对象的表面创建新模型。Maya软件的拓扑功能主要集中在界面右侧的建模工具包中，如图5-3所示，该建模工具包能为用户提供很大的帮助。

在拓扑过程中要尽量避免出现三边面，三边面在后续会影响模型细分、角色动画或打断插入循环边等，从而破坏了整体的拓扑结构。尤其是在制作角色动画时，在不合适的地方使用三边面会出现穿刺变形的情况。

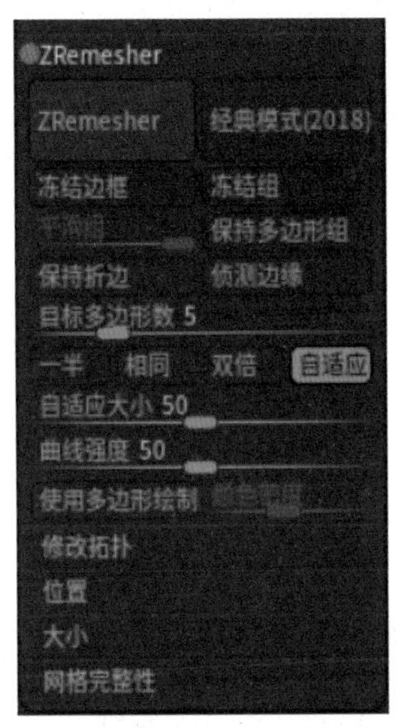

图 5-2　ZRemesher 进行自动拓扑

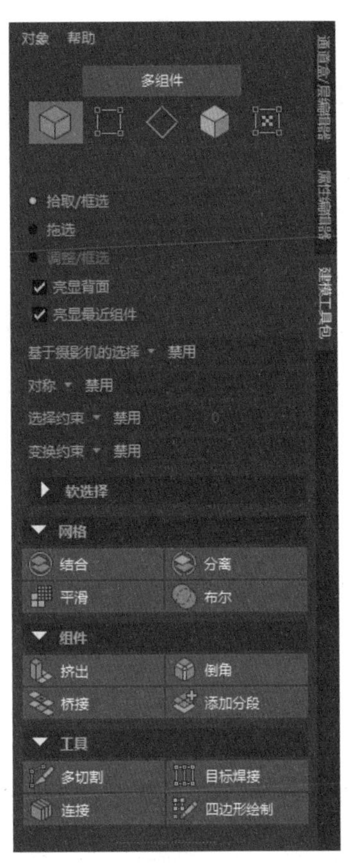

图 5-3　建模工具包

烘焙就是将高模上的细节用贴图渲染出来，贴到低模上，让低精度的模型看上去有高精度模型的细节。高精度模型一般用ZBrush制作，制作好后，进行模型的拓扑，拓扑的作用是保证高精度模型与低精度模型在形体上保持一致，形体保持一致的作用是保证烘焙时贴图不出错。

高精度模型具有低精度模型没有的纹理细节，在制作流程中需要进行烘焙作为中转过程，将高模上的点线面空间关系以图片的形式转换出来，称为贴图，并将贴图贴到低模上，使低模能呈现出高模的细节纹理效果。

烘焙的贴图种类比较多，三维建模师通常会使用Maya、3ds Max、八猴等软件来对模型进行烘焙。通过“传递贴图”窗口中对高模和低模进行烘焙，可以得到法线、颜色等贴图。如果是由多个子物体组合的模型，通常需要将它们按照结构拆分后再分别进行烘焙。有时会遇到一些结构复杂的模型，其中可能包含许多穿插的结构，穿插的模型部位会相互遮挡，从而导致烘焙出的贴图效果不理想。用户可以根据需要适当地将其进行拆分烘焙，从而能够更好地保留高模的细节，同时还能提高模型的渲染效率。一般来说，最后在Photoshop中将多个贴图进行整合，这样就可以高效地解决高模信息烘焙不完整的情况。

本章将以一个怪兽模型为例，如图5-4所示，主要讲解如何使用ZBrush导出高模，并利用Maya的建模工具对怪兽的高模进行拓扑，从而创建出一个低模。完成低模UV的拆分后，借助Maya的烘焙工具，烘焙出模型的法线贴图和颜色贴图。

图 5-4　怪兽模型

5.2　使用 ZBrush 导出高模

【例 5-1】 本实例将讲解如何在 Zbrush 软件中将高模进行减面以及展开 UV，并设置模型的导出格式。视频

01 在ZBrush软件中，打开怪兽高模文件，如图 5-5 所示，

图 5-5　打开怪兽高模文件

02 在“工具”面板中展开“子工具”卷展栏，在下拉框中选择第一个怪兽的身体模型图层，然后单击“创建副本”命令，如图 5-6 所示。

03 为选择的模型创建一个副本，副本结果如图 5-7 所示。

图 5-6　单击“创建副本”命令

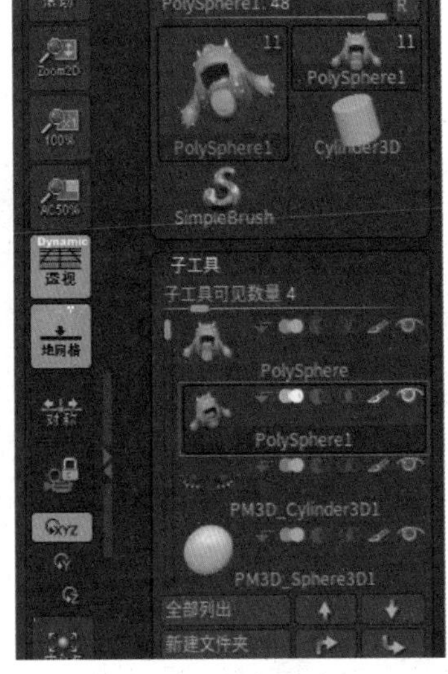

图 5-7　副本显示

04 为选择的模型创建副本，依次选择其余图层右侧的按钮，隐藏图层，如图 5-8 所示，使视图区中只显示创建的副本模型。

05 由于高模的面数较多，故需要对其进行减面操作，选择高模的身体副本图层，然后展开“几何体编辑”卷展栏，在“目标多边形数”微调框中输入 2，然后单击 Zremesher 按钮，如图 5-9 所示，进行拓扑重建。

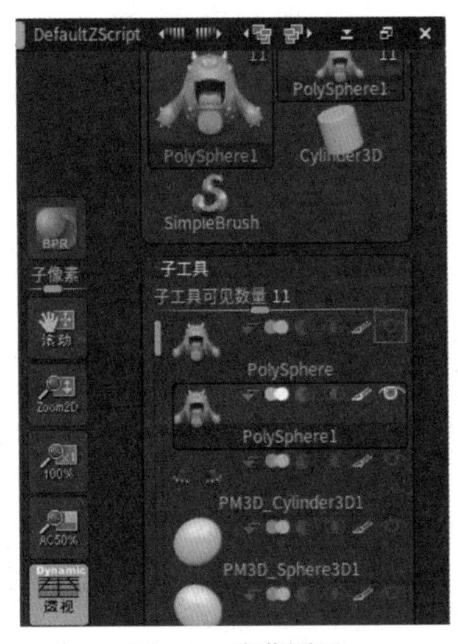

图 5-8　隐藏图层

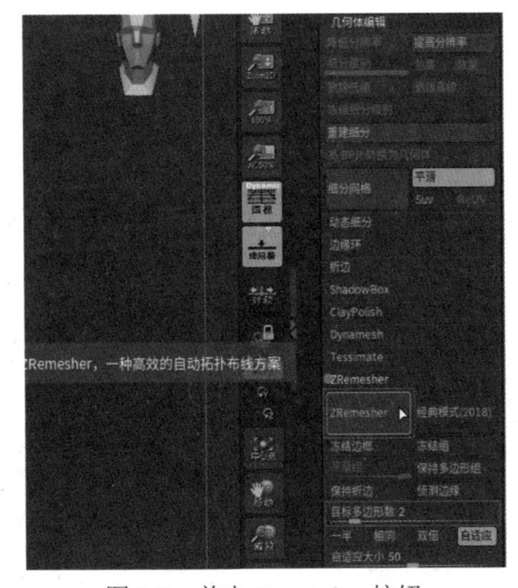

图 5-9　单击 Zremesher 按钮

注意

ZRemesher 会根据模型的结构自动进行重新拓扑，能够根据用户设置的参数自动调整模型的拓扑密度，减少了大量的手动拓扑时间。因此，如果模型结构不合理或存在问题，可能会导致生成的拓扑结果也不理想。ZRemesher 会尽量保留输入网格的细节，但在生成拓扑的过程中可能会有一定的细节丢失。如果需要保留模型的边缘特征，可以单击 ZRemesher 的“保持折边”按钮。

06 减面完成后，在视图区右侧的工具栏中单击“绘制多边形线框”按钮，如图5-10所示，或者按Shift+F快捷键，观察模型的布线情况。

07 减面后的模型布线显示结果如图5-11所示。

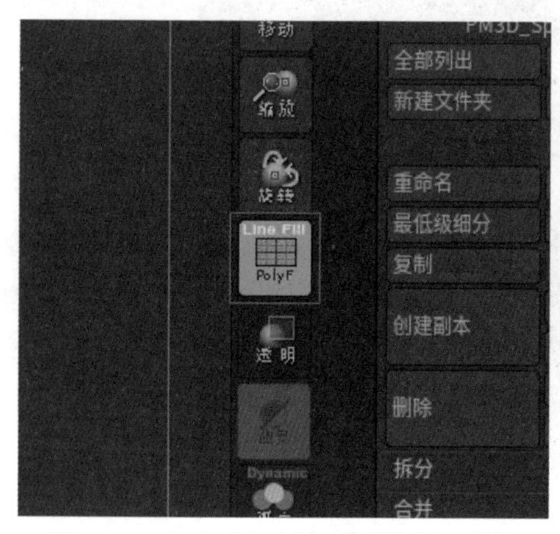

图5-10　单击“绘制多边形线框”按钮

图5-11　减面后的模型布线显示结果

08 选择第一个怪兽身体高模图层右侧的按钮，显示出该图层，结果如图5-12所示。

09 在视图区右侧的工具栏中单击“绘制多边形线框”按钮，取消该命令，然后在“子工具”卷展栏中展开“投射”卷展栏，在弹出的下拉菜单中单击“全部投射”按钮，如图5-13所示。

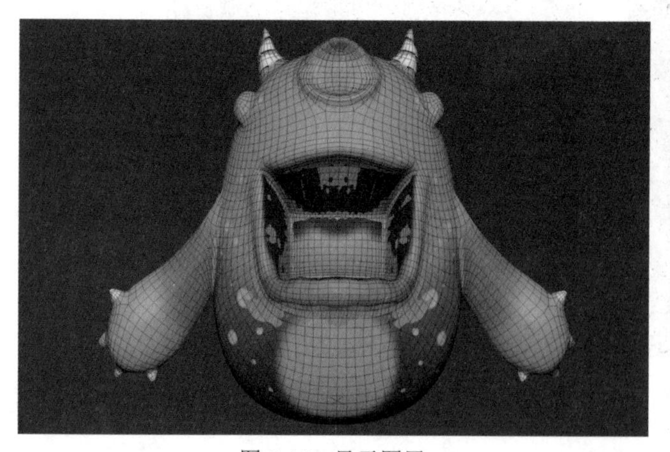

图5-12　显示图层

图5-13　单击“全部投射”按钮

10 从弹出的提示面板中，选择“始终是(下次重新启动前一直跳过此注释)”命令，如图5-14所示。

11 在视图区右侧的工具栏中单击“孤立”按钮，如图5-15所示，单独显示副本模型。

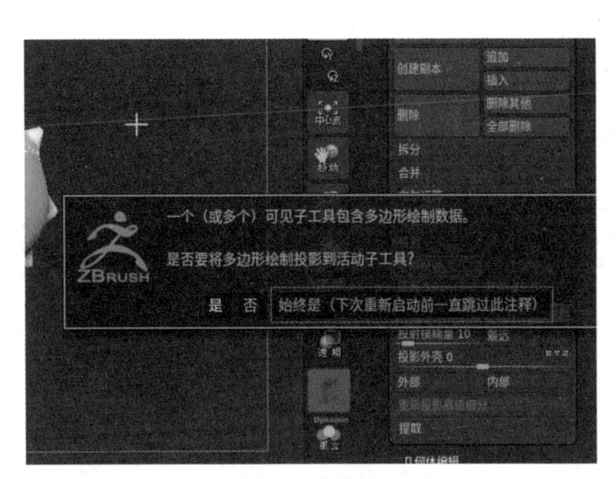

图5-14　选择“始终是”命令

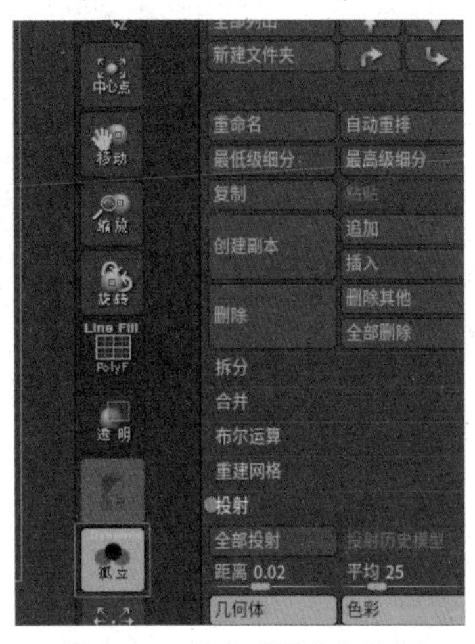

图5-15　单击“孤立”按钮

12 观察映射后的模型效果，结果如图5-16所示。

13 按Shift+F快捷键激活“绘制多边形线框”命令，观察投射后模型的布线情况，如图5-17所示。

图5-16　映射后的模型效果

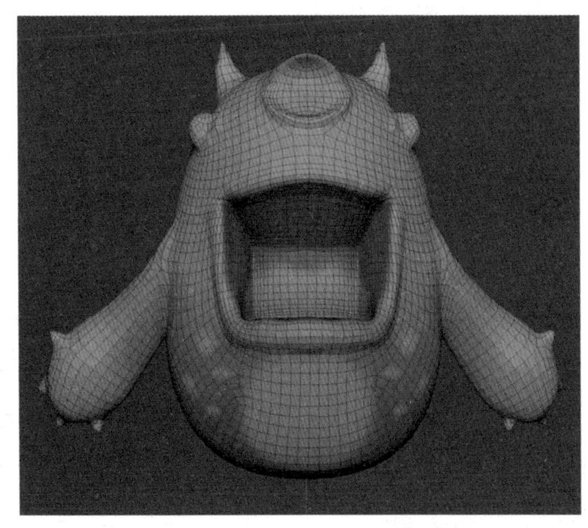

图5-17　观察模型的布线情况

14 在视图区右侧的工具栏中单击“孤立模式[快速单击文档]”按钮，取消该模式，然后在菜单栏中单击“Z插件”|“UV大师”卷展栏，从弹出的菜单栏中选择“展开”命令，如图5-18所示。

15 在“子工具”卷展栏中展开“UV贴图”卷展栏，设置“凹凸”数值为0，然后单击“变换UV”按钮，如图5-19所示。

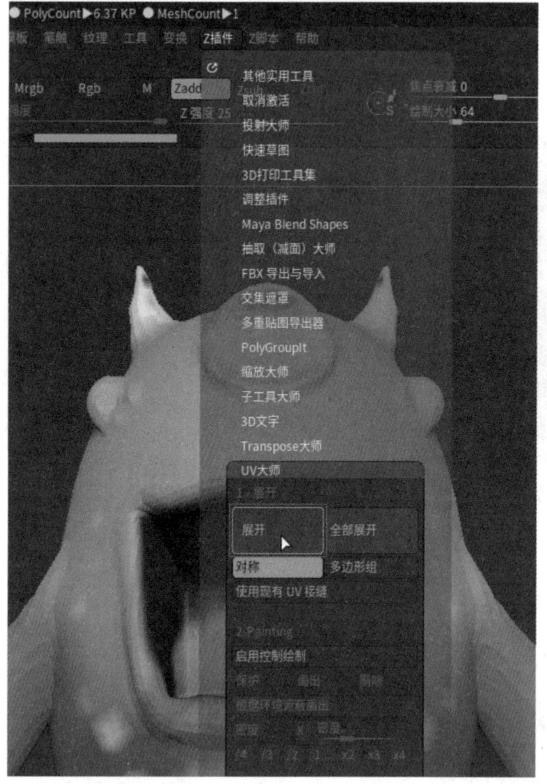

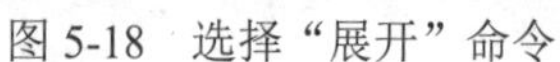
图 5-18 选择“展开”命令

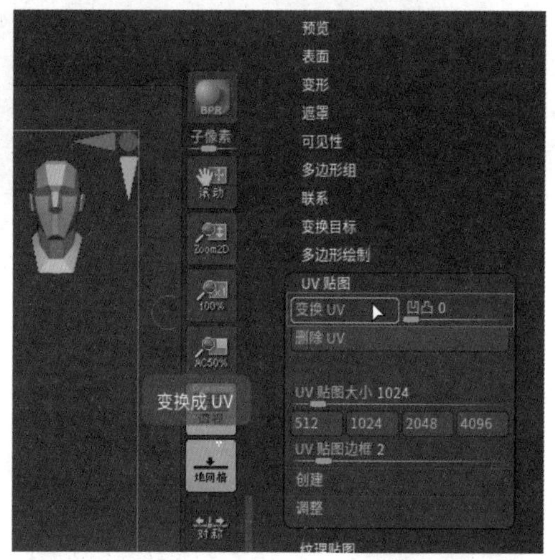

图 5-19 单击“变换 UV”按钮

16 用户可在视图区中观察到UV的展开效果，如图5-20所示，然后在“UV贴图”卷展栏中再次单击“变换UV”命令，关闭UV模式。

17 在“工具”面板中，展开“几何体编辑”卷展栏，单击“细分网格”按钮，如图5-21所示。

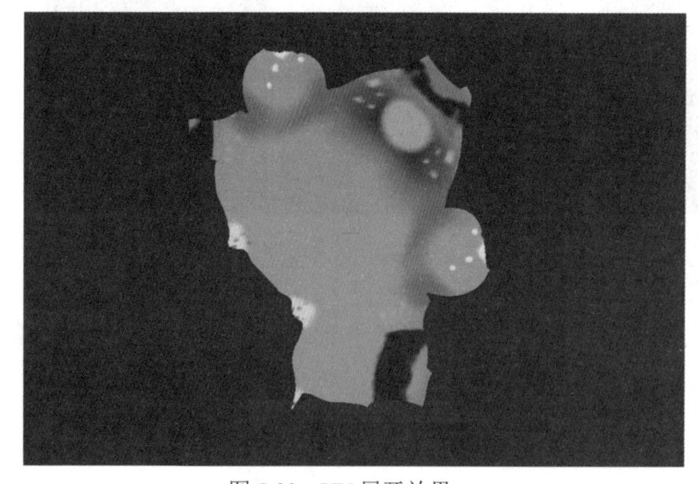
图 5-20 UV 展开效果

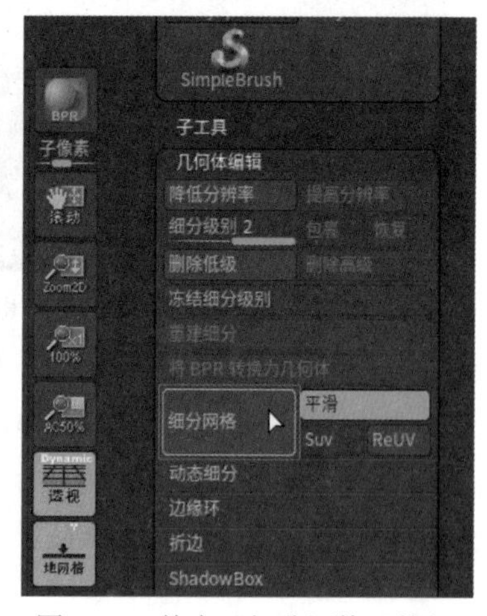

图 5-21 单击“细分网格”按钮

18 在“子工具”卷展栏中展开“投射”卷展栏，在弹出的下拉菜单中单击“全部投射”按钮，其他数值默认即可，如图5-22所示。

19 展开“几何体编辑”卷展栏，再次单击“细分网格”按钮，如图5-23所示。

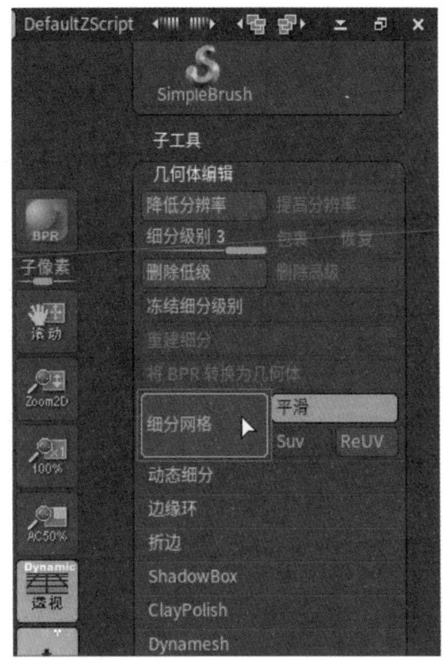

图5-22　单击“全部投射”按钮　　　　图5-23　单击“细分网格”按钮

20 细分结束后，在“子工具”卷展栏中展开“投射”卷展栏，在弹出的下拉菜单中再次单击“全部投射”按钮，如图5-24所示。

21 设置结束后，观察模型，可以发现投射的效果并不是很理想，如图5-25所示。

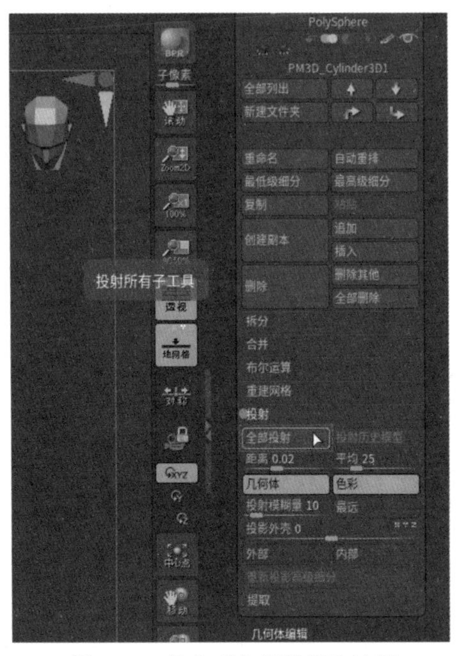

图5-24　单击“全部投射”按钮

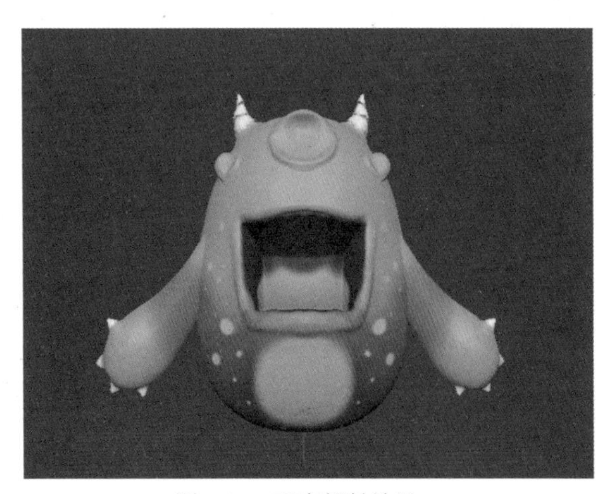

图5-25　观察投射效果

22 按照步骤16到步骤19的方法，分别进行4次细分网格和投射操作，模型显示结果如图5-26所示。

23 在下拉框中选择第一个怪兽的身体高模图层，然后单击“删除”命令，如图5-27所示。

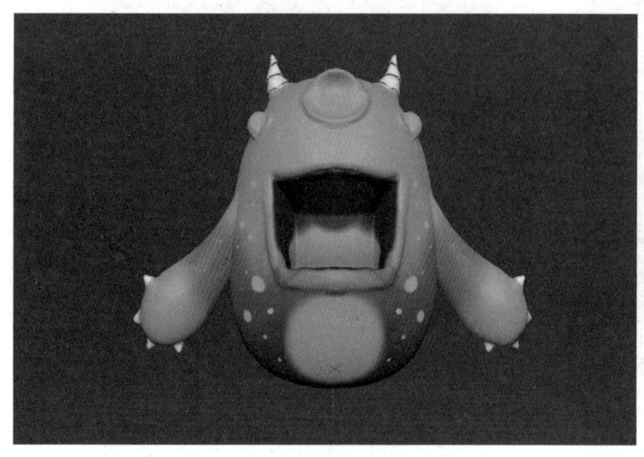

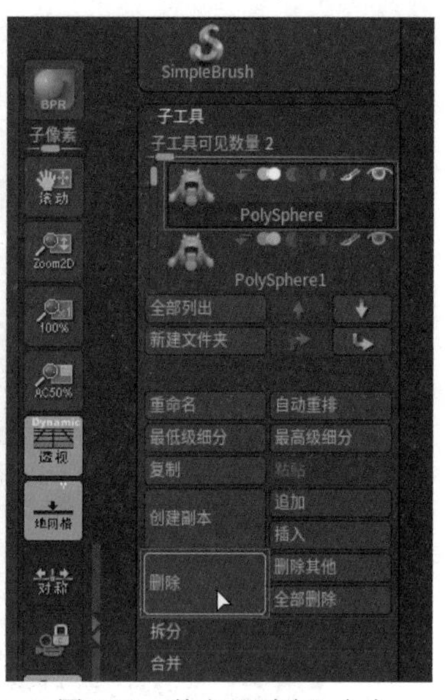

图 5-26　模型显示结果　　　　图 5-27　单击“删除”命令

注意

对模型进行细分时，会增加模型的面数，但同时会导致之前添加的细节和形状被模糊或丢失。单次投射可能无法完全将细分后的细节、结构或者颜色投影到细分后的模型上，用户可以再次进行投射操作。

24 从弹出的提示面板中选择“始终是(下次重新启动前一直跳过此注释)”命令，如图 5-28 所示。

25 删除原本怪兽的身体高模图层，结果如图 5-29 所示。

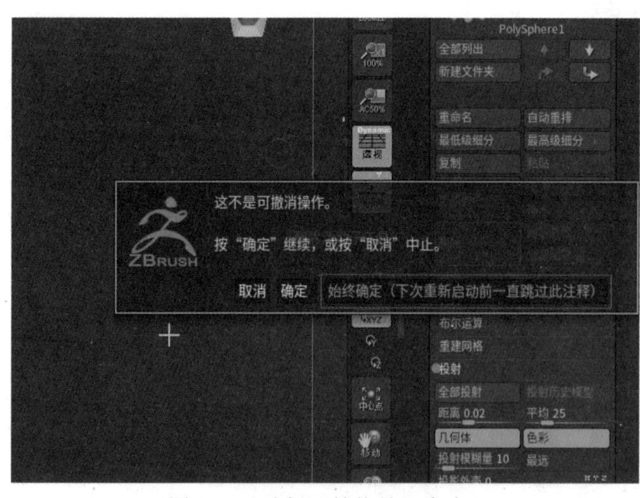

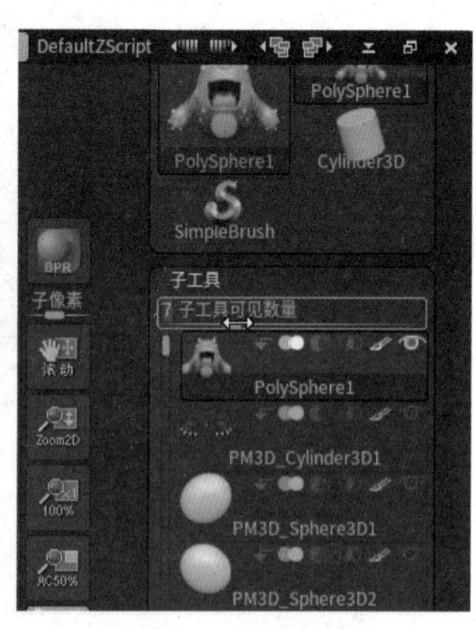

图 5-28　选择“始终是”命令　　　　图 5-29　删除图层

26 按照步骤 2 到步骤 8 的方法，对怪兽腿部和掌心的高模进行Zremesher操作，并进行多次投射操作，结果如图 5-30 所示。

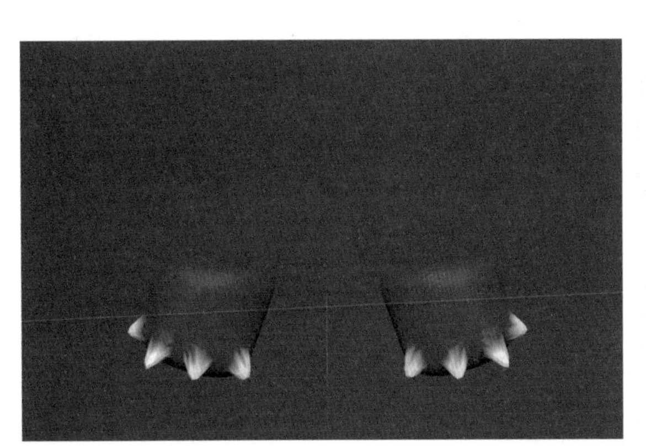

图 5-30　制作怪兽腿部和掌心的高模

27 按照步骤 2 到步骤 21 的方法，对怪兽眼睛和牙齿部位的高模进行Zremesher操作，并进行细分和投射，结果如图 5-31 所示。

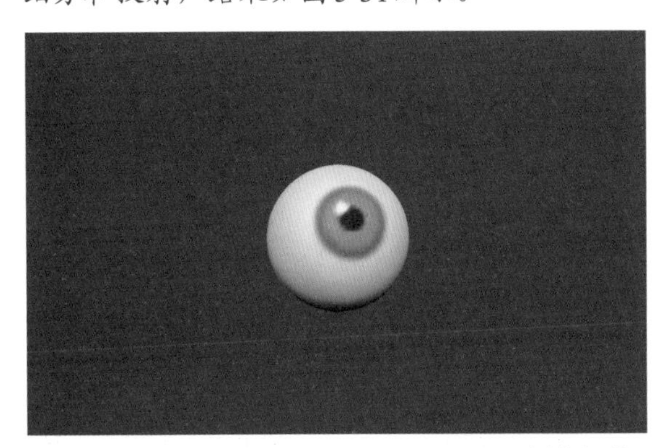
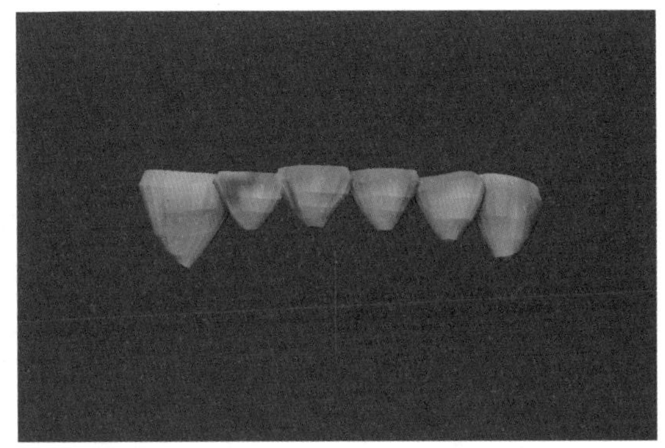

图 5-31　制作怪兽眼睛和牙齿部位的模型

28 按照步骤 22 到步骤 23 的方法，删除原本的所有高模，然后依次选择怪兽副本模型图层右侧的按钮，将其全部显示，结果如图 5-32 所示。

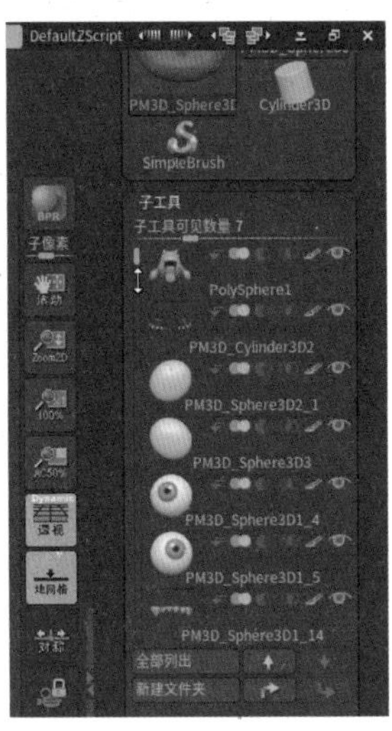

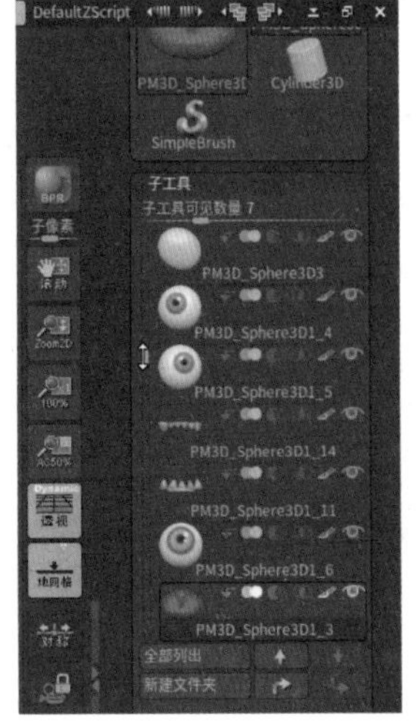

图 5-32　显示出所有图层

29 设置完成，模型的显示结果如图 5-33 所示。

图 5-33　模型的显示结果

30 打开ZBrush软件，在菜单栏中选择“Z插件”|“多重贴图导出器”命令，单击“导出选项”按钮，从弹出的下拉菜单中单击“文件名称”按钮，如图 5-34 所示。

31 在弹出的面板中，单击 8 bit format左侧的按钮，将其设置为.jpg，然后单击OK按钮，如图 5-35 所示，稍等片刻后，将自动生成jpg格式的贴图文件。

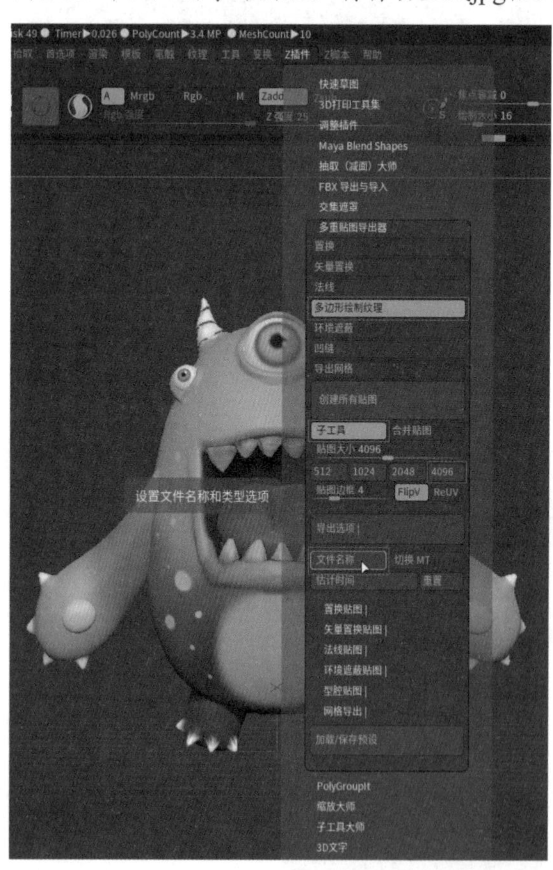

图 5-34　单击“文件名称”按钮

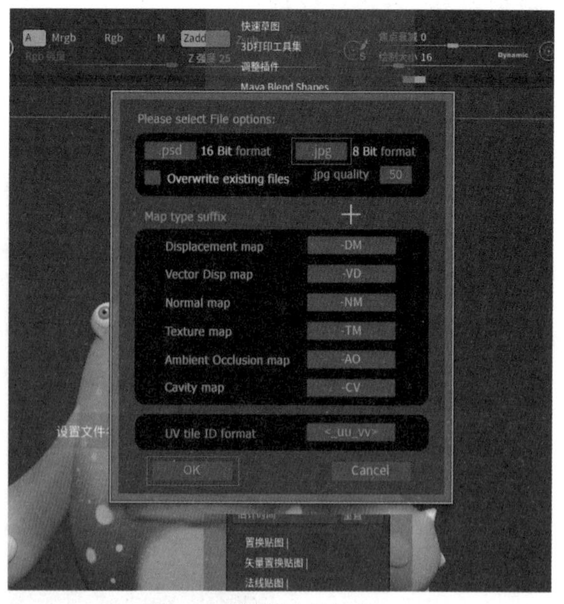

图 5-35　设置文件格式

32 在菜单栏中选择“Z插件”|“多重贴图导出器”命令，从弹出的下拉菜单中单击“创建所有贴图”按钮，如图 5-36 所示。

33 打开文件夹，设置贴图的保存路径，然后单击“保存”按钮，如图 5-37 所示。

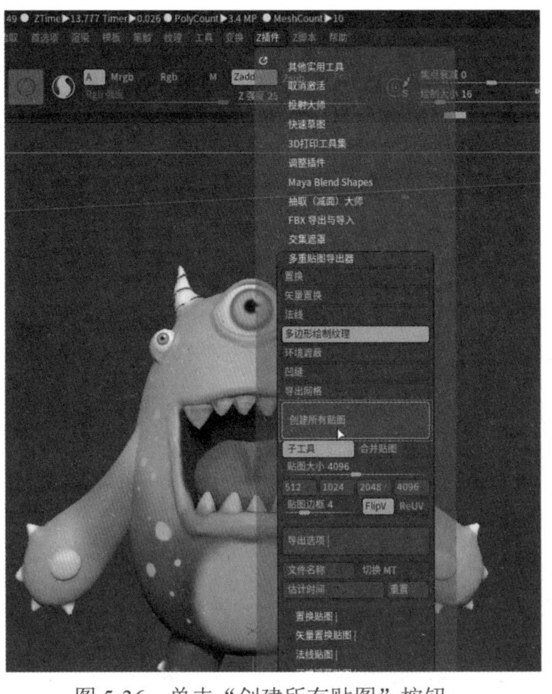

图 5-36　单击“创建所有贴图”按钮

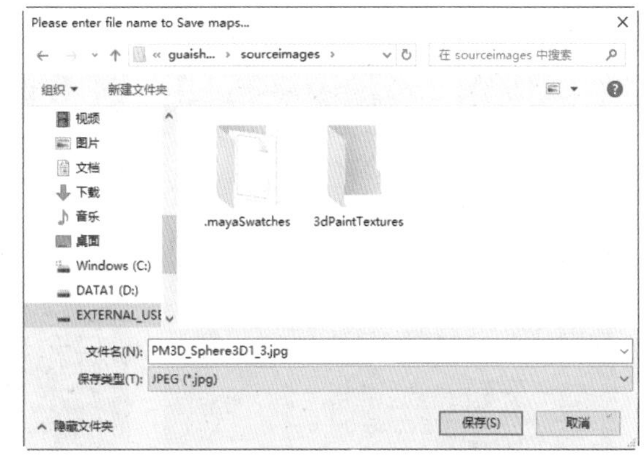

图 5-37　设置贴图的保存路径

34 打开ZBrush软件，在菜单栏中选择“Z插件”|“FBX导出与导入”命令，从弹出的下拉菜单中单击“全部”按钮，然后单击“导出”按钮，如图5-38所示。

35 打开Please Save File文件夹，设置文件的保存路径，并将其保存为FBX文件，然后单击“接受”按钮，如图5-39所示。

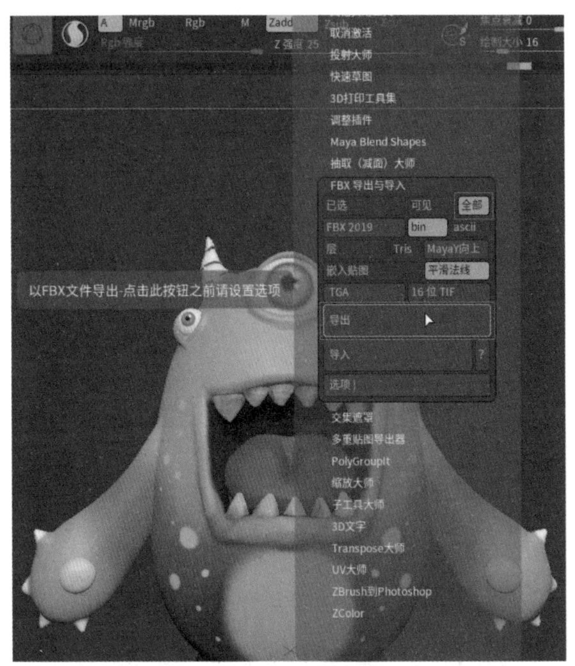

图 5-38　单击“导出”按钮

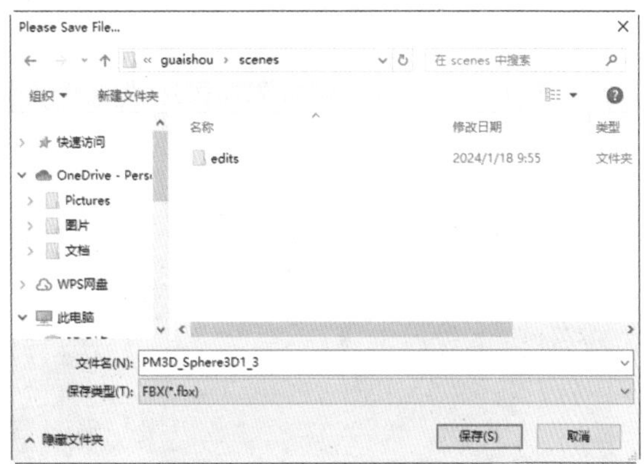

图 5-39　保存为 FBX 文件

5.3 拓扑怪兽模型低模

【例 5-2】 本实例将讲解如何根据怪兽高模拓扑出低模。视频

01 打开Maya 2022软件，在菜单栏中选择“文件”|“导入”命令，如图5-40所示。

02 打开“导入”文件夹，选择PM3D_Sphere3D1_3.fbx文件，然后单击“导入”按钮，如图5-41所示。

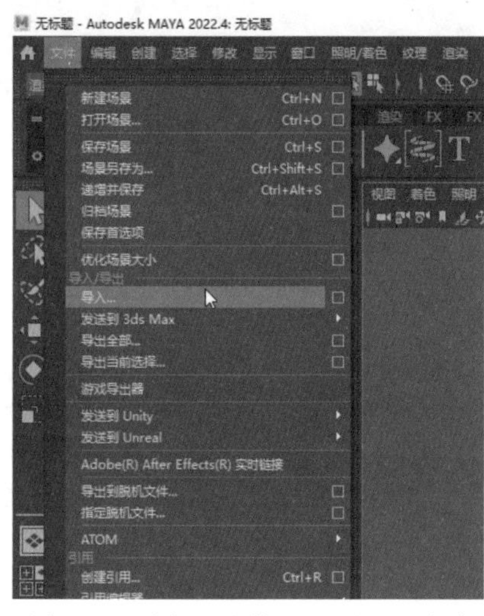

图 5-40 选择“文件”|“导入”命令

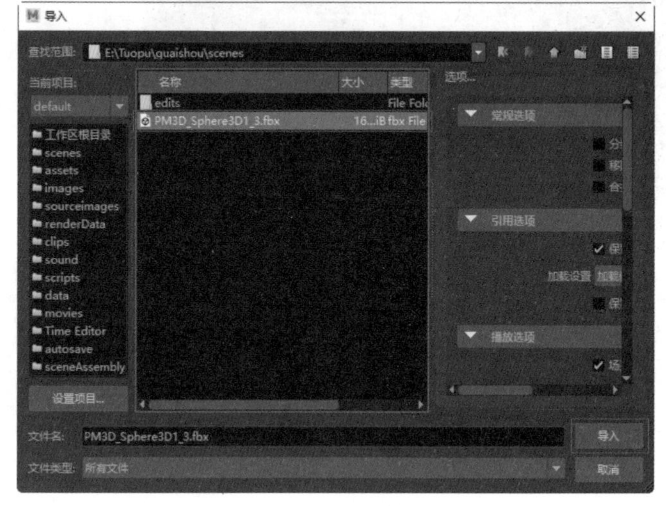

图 5-41 选择文件

03 将高模文件导入Maya场景中，然后右击鼠标，从弹出的快捷菜单中选择“指定收藏材质”|Lambert命令，结果如图5-42所示。

04 在“属性编辑器”面板中选择lambert4选项卡，在“公用材质属性”卷展栏中，单击“颜色”选项右侧的■按钮，如图5-43所示。

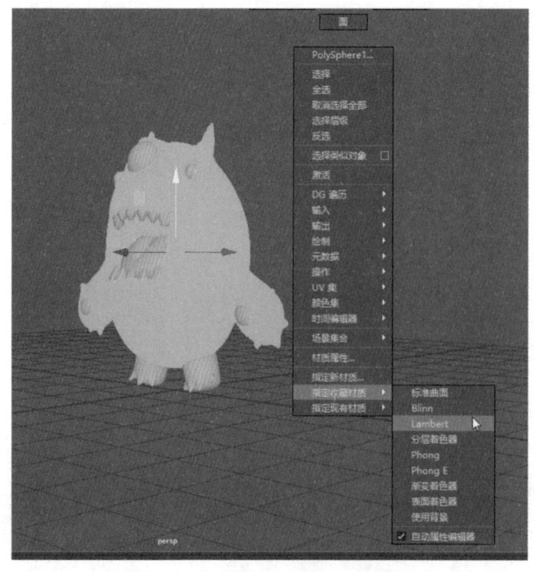

图 5-42 选择 Lambert 命令

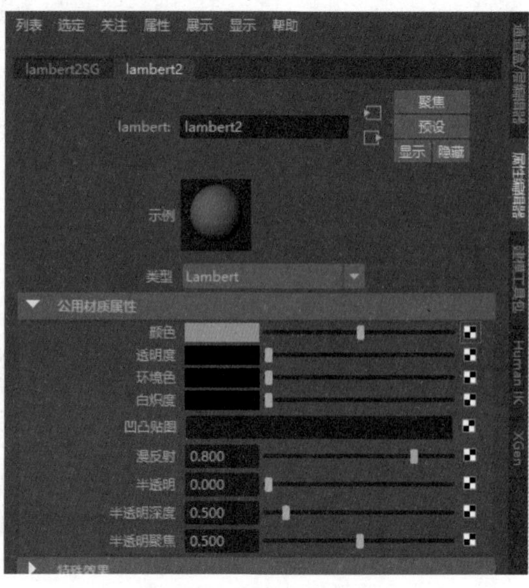

图 5-43 添加颜色贴图

05 打开“创建渲染节点”窗口，选择“文件”选项，在“文件属性”卷展栏中，单击“图像名称”文本框右侧的按钮，在弹出的对话框中选择PolySphere1-TM_u0_v0.jpg贴图文件，结果如图5-44所示。

06 按6键，贴图的显示结果如图5-45所示。

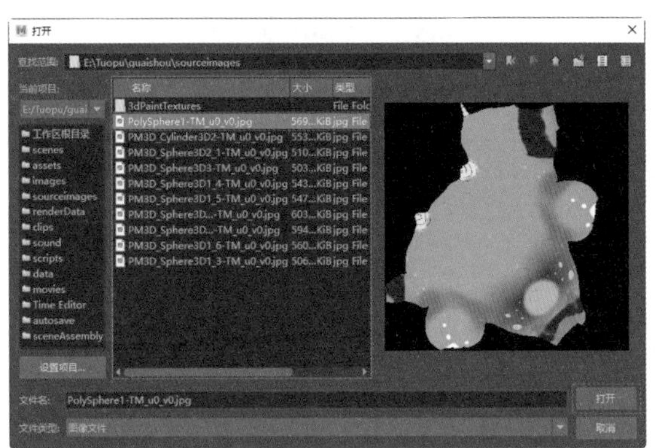

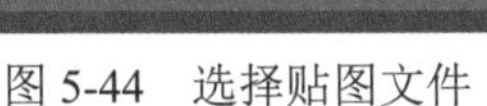
图 5-44　选择贴图文件

图 5-45　贴图显示结果

07 按照步骤3到步骤5的方法，分别为怪兽模型其他的部位创建新的Lambert材质并添加贴图文件，结果如图5-46所示。

08 在“大纲视图”面板中选择所有的对象，然后按Ctrl+G快捷键进行打组，并重命名为High，如图5-47所示。

图 5-46　添加贴图

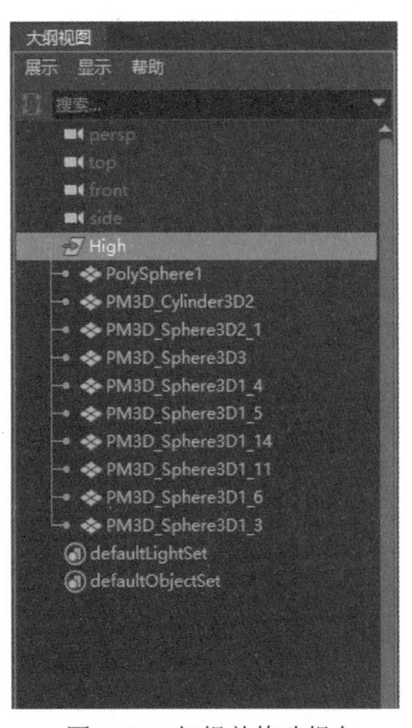

图 5-47　打组并修改组名

09 选择High组，然后按Ctrl+D快捷键复制组，并选择如图5-48所示的对象。

10 按H键将其隐藏，然后选择PolySphere1对象，结果如图5-49所示。

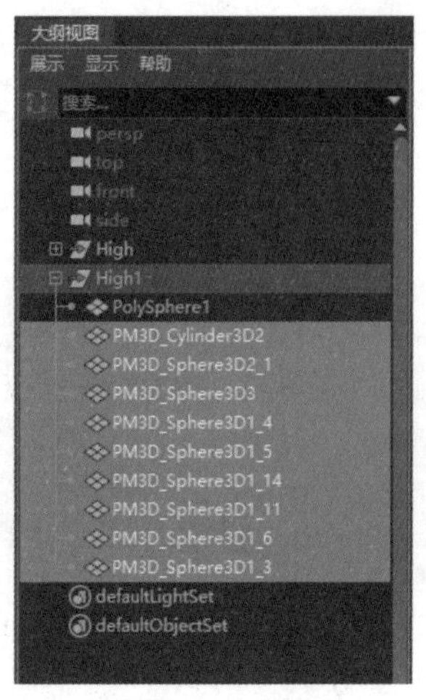

图 5-48　选择对象

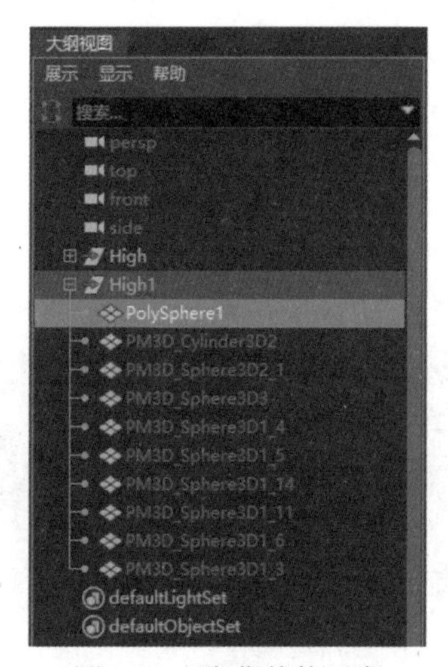

图 5-49　隐藏其他对象

11 在状态行中单击“激活选定对象”按钮，之后按钮会变蓝，且右侧方框内会出现所选中模型的名称High1 | PolySphere1，如图5-50所示。

12 若界面右侧没有显示“建模工具包”面板，用户可以在菜单栏中选择“网格工具” | “隐藏建模工具包”命令，如图5-51所示。

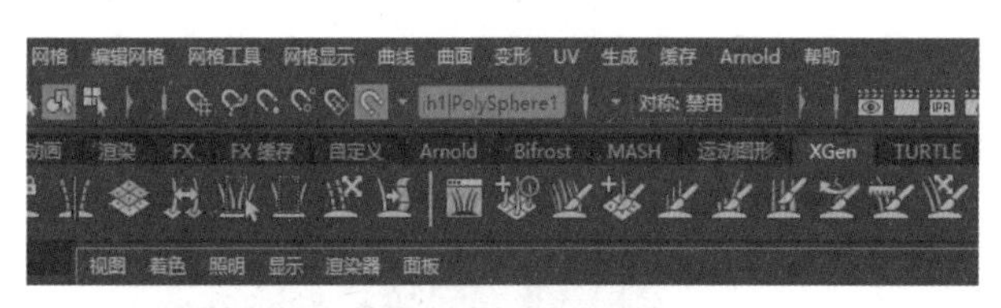

图 5-50　单击“激活选定对象”按钮

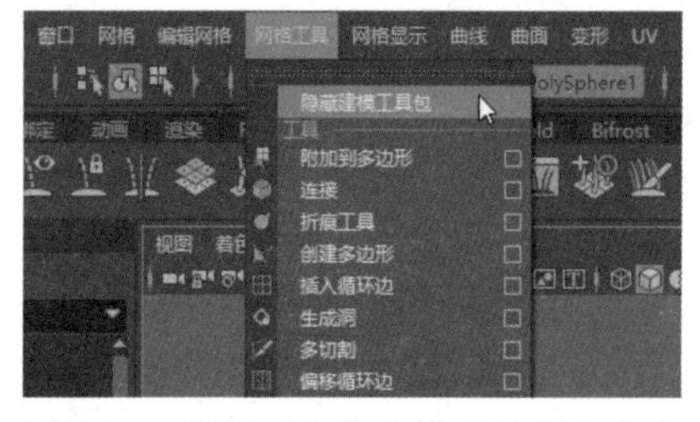

图 5-51　选择“隐藏建模工具包”命令

13 在“建模工具包”面板中展开“工具”卷展栏，单击“四边形绘制”按钮，如图5-52所示，该工具会自动捕捉到栅格。

14 在状态行中单击“对称”按钮下拉按钮，从弹出的下拉列表中选择“对象X”命令，如图5-53所示。

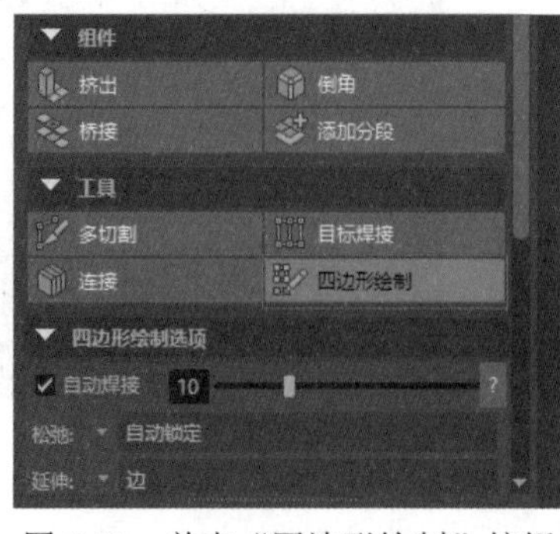

图 5-52　单击“四边形绘制”按钮

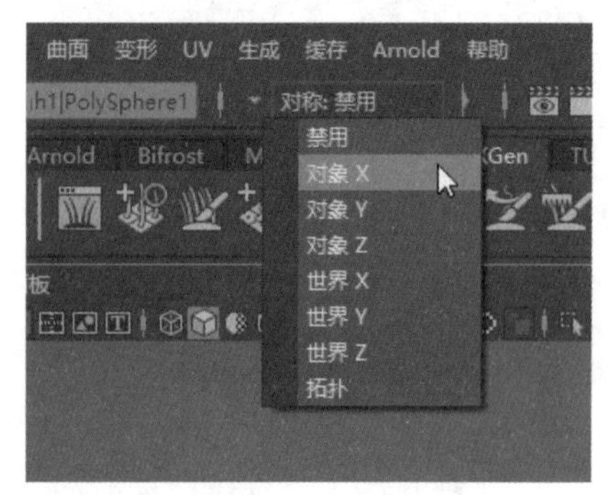

图 5-53　选择“对象 X”命令

15 此时，鼠标会变成十字形状，沿着锤子高模的形状，绘制出4个放置点，如图5-54左图所示，按Shift键并单击生成面，如图5-54右图所示。

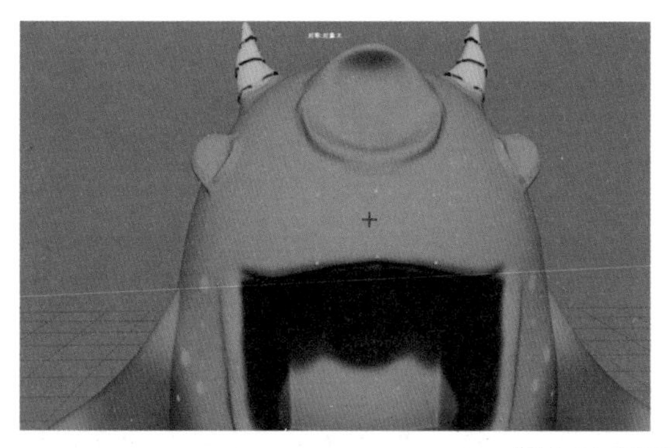

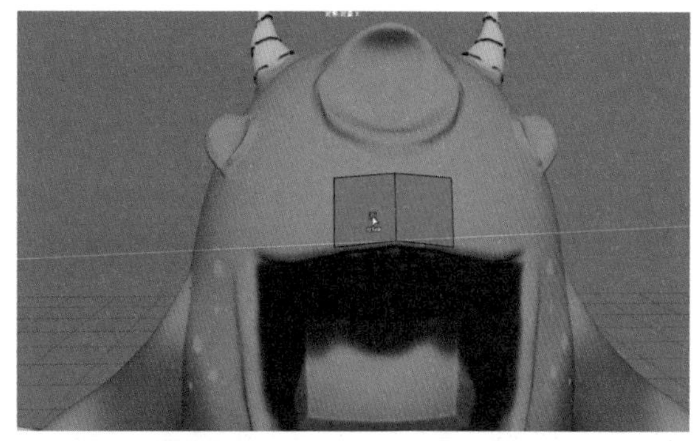

图 5-54　创建放置点生成面

16 选择一个放置点，通过拖曳放置点的位置，即可调整面的造型，如图 5-55 所示。

17 向右侧继续绘制放置点，用户若要删除放置点，则按Ctrl+Shift快捷键并单击顶点，此时图 5-56 所示的光标处会显示叉形状，即可将其删除。

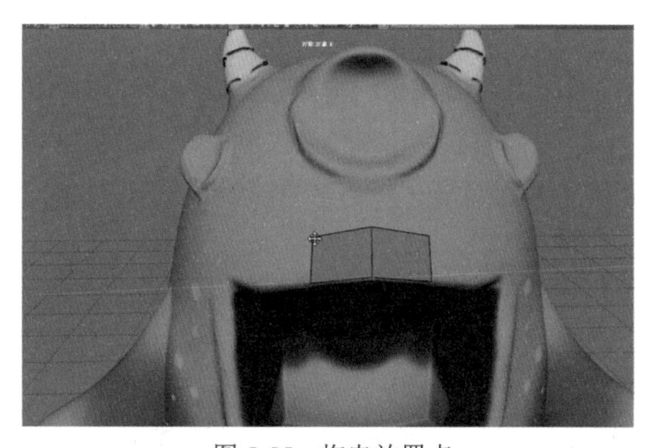

图 5-55　拖曳放置点

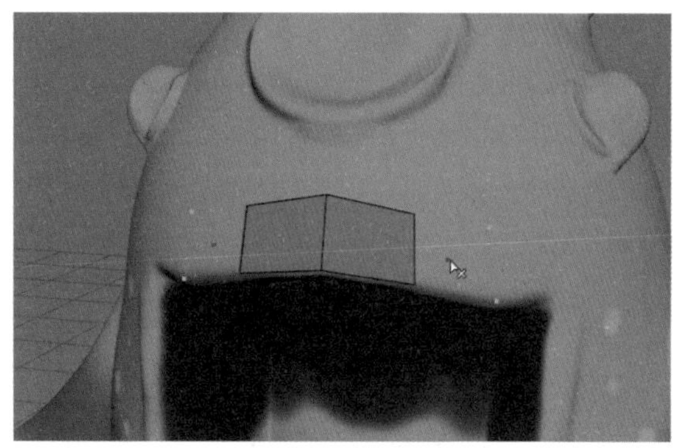

图 5-56　删除放置点

注意

在拓扑时用户可以在面板工具栏中单击“着色对象上的线框”按钮，即可在模型上显示出线框，帮助用户参考高模上的布线进行拓扑。

18 再次绘制放置点，并按Shift键并单击生成面，结果如图 5-57 所示。

19 按照步骤 14 到步骤 15 的方法，生成如图 5-58 所示的面。

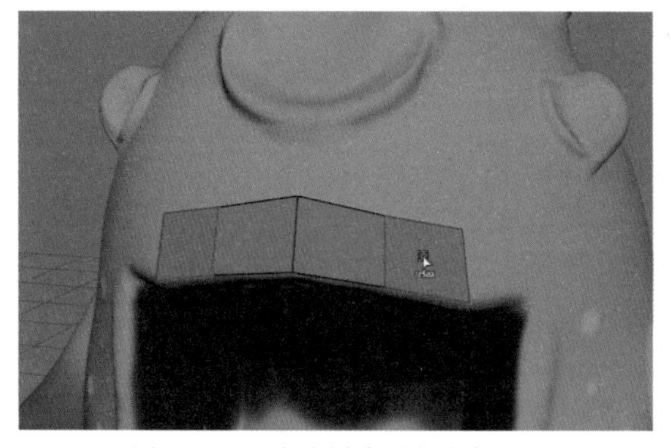

图 5-57　再次绘制放置点并生成面

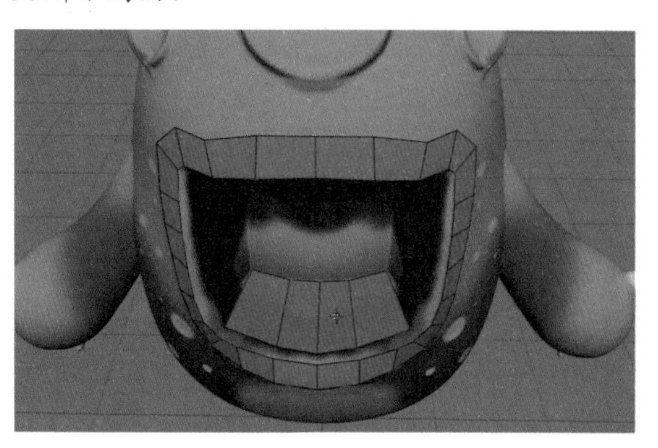

图 5-58　继续生成面

20 在一段连续规则的循环面中，按住Ctrl键并将鼠标移至高模上，将显示绿色虚线循环边预览线，指示将会在此处插入新循环边，结果如图 5-59 所示。

21 单击即可插入循环边，如图 5-60 所示，若按Ctrl加鼠标中键，即可在拓扑面的中心位置插入循环边。

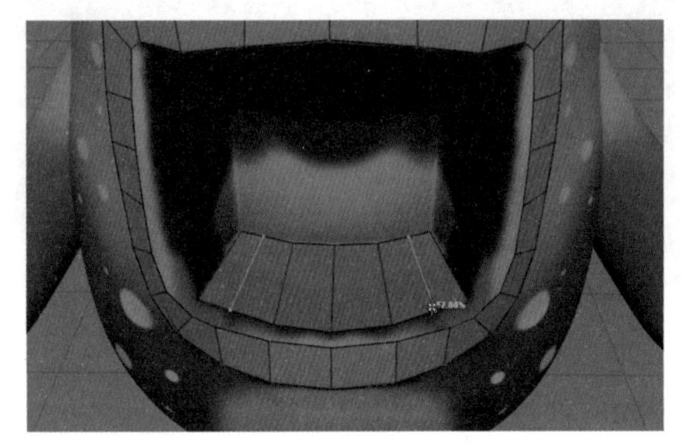

图 5-59　显示绿色虚线循环边预览线

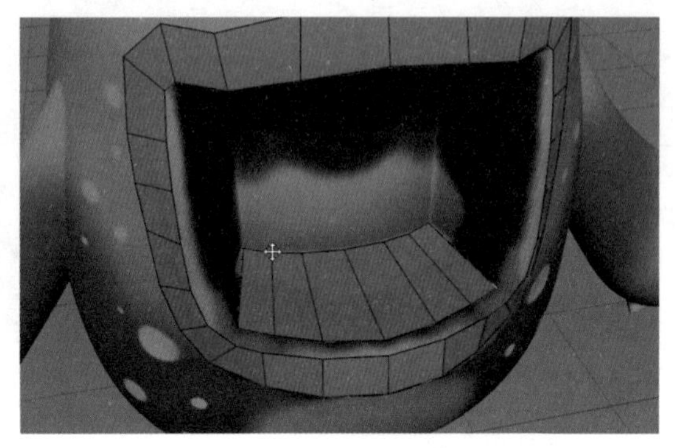

图 5-60　插入循环边

22 按Shift键并将光标放置在如图 5-61 左图所示的位置，单击并向右拖曳鼠标，即可连续创建面，结果如图 5-61 右图所示。

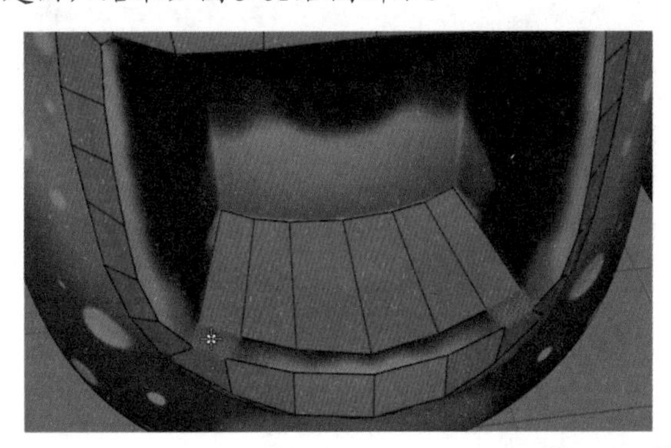

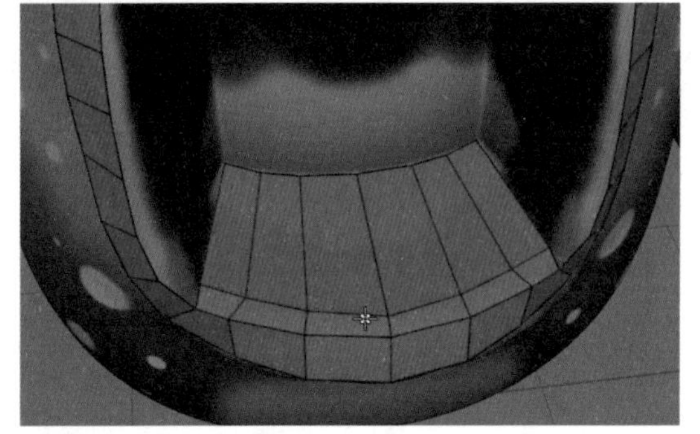

图 5-61　连续创建面

23 按住Ctrl键并将鼠标移至如图 5-62 所示的位置，单击插入循环边，拖曳放置点，调整造型。

24 按Shift键加左击不放，光标会出现relax图标，如图 5-63 所示，此时可使用松弛笔刷在拓扑出的曲面上进行滑动。

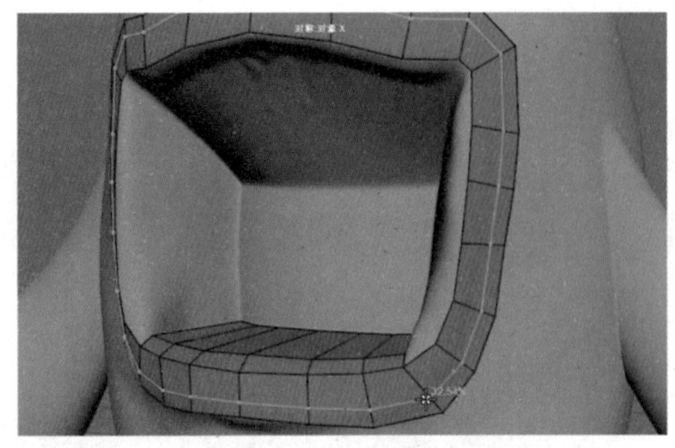

图 5-62　插入循环边

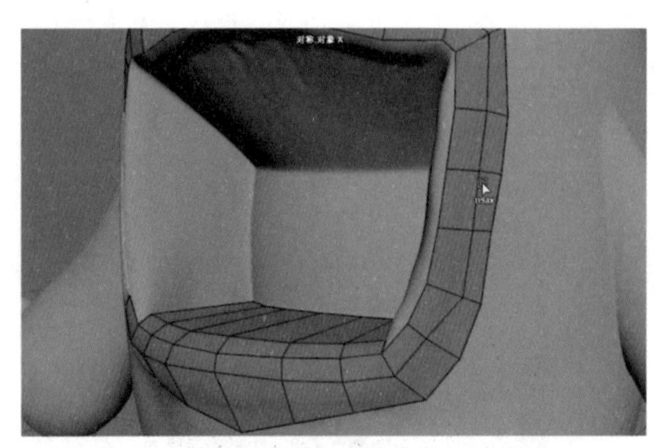

图 5-63　平滑曲面

25 按Ctrl+Shift快捷键，并单击滑动鼠标，光标会出现叉图标，如图5-64左图所示，可以快速删除连续的面，如图5-64右图所示。

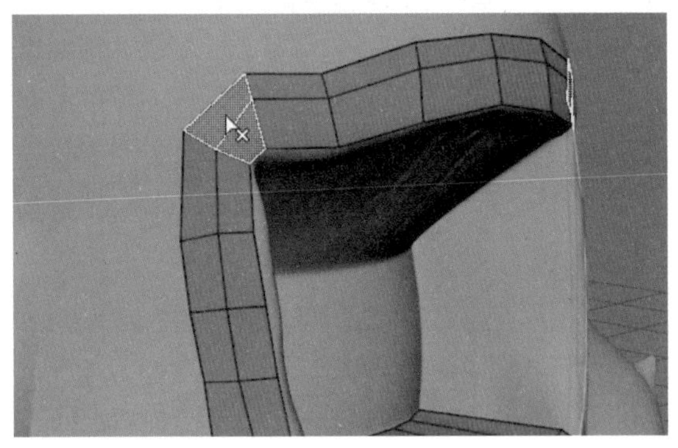

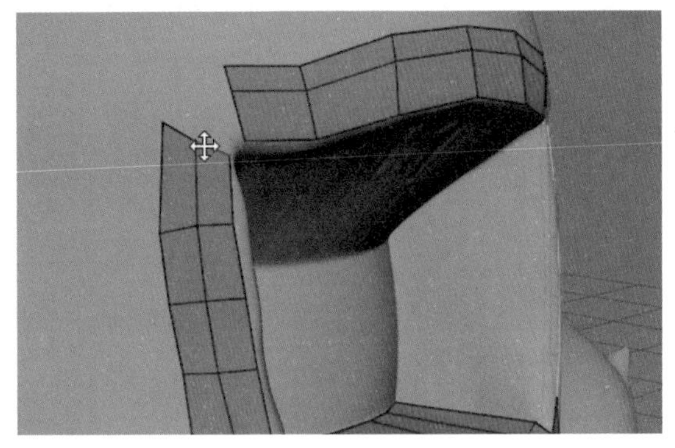

图 5-64　删除连续的面

26 单击顶点，将其向中心拖曳进行靠拢，两个点即可自动吸附在一起，如图5-65所示。

27 按照步骤25的方法，吸附其他的放置点，然后调整面的造型，结果如图5-66所示。

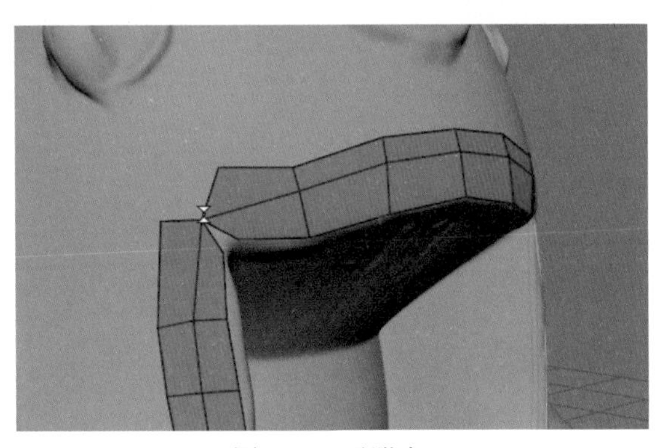

图 5-65　吸附点

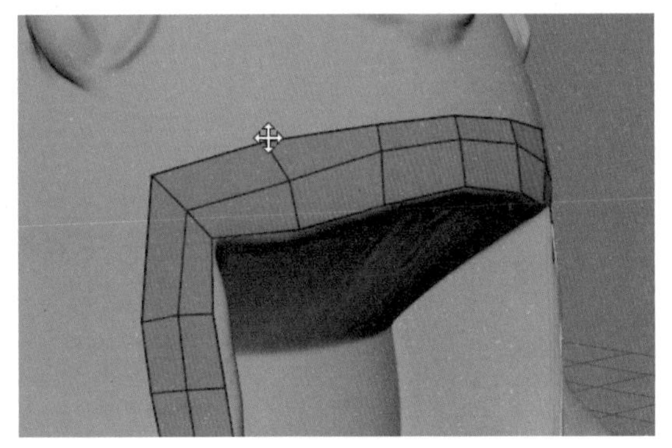

图 5-66　调整面的造型

28 按照步骤14到步骤25的方法，拓扑出怪兽身体部位的大致结构，结果如图5-67所示。

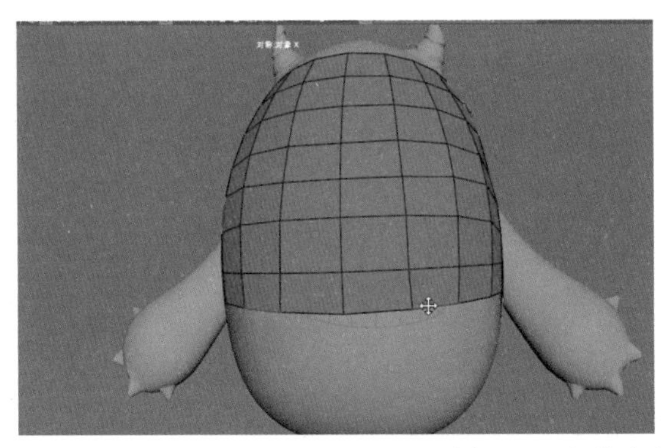

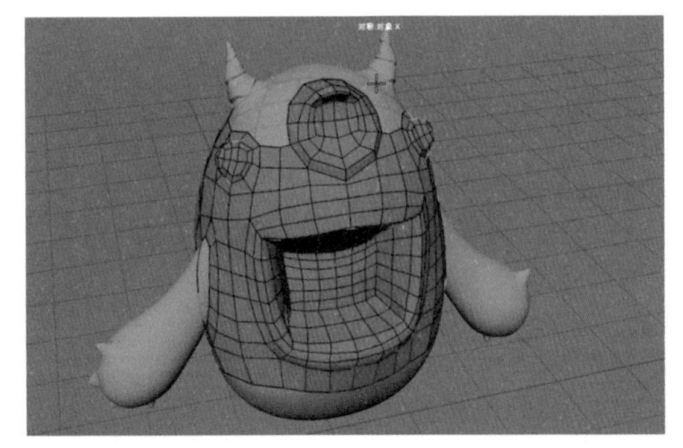

图 5-67　拓扑出身体部位的大致结构

29 按Ctrl+Shift+Q快捷键，退出四边形绘制模式，在状态行中单击“激活选定对象”按钮，退出拓扑模式，然后双击选择如图5-68所示的一圈线。

30 按Ctrl+E快捷键激活“挤出”命令，向外挤出，结果如图5-69所示。

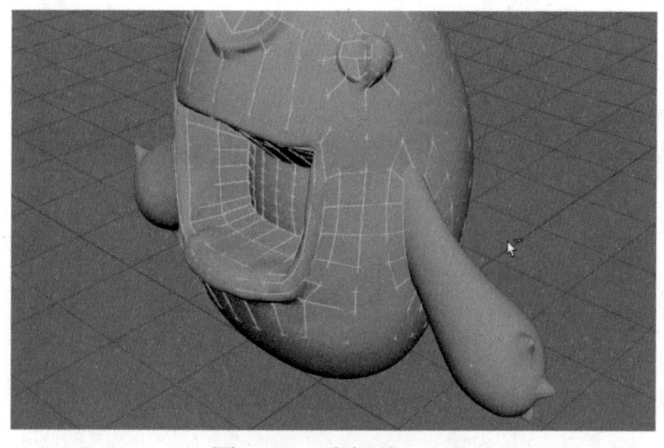

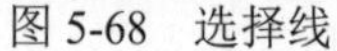

图 5-68　选择线

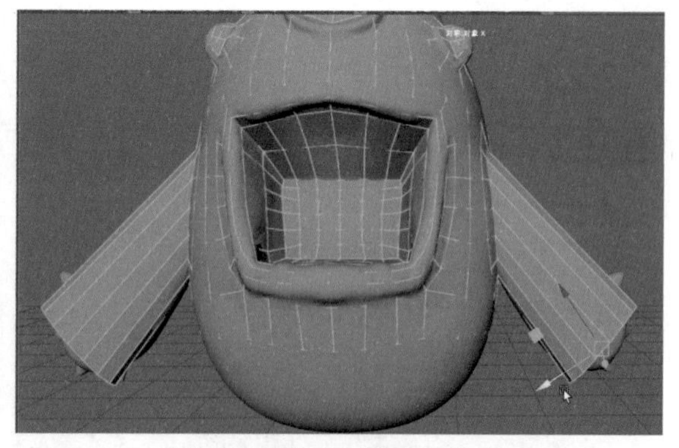

图 5-69　执行“挤出”命令

31 右击鼠标，从弹出的快捷菜单中选择“对象模式”命令，选择高模模型，在状态行中单击“激活选定对象”按钮，进入拓扑模式。然后选择拓扑的低模，在“建模工具包”面板中展开“工具”卷展栏，单击“四边形绘制”按钮，拓扑出怪兽高模手臂的大致结构，结果如图 5-70 所示。

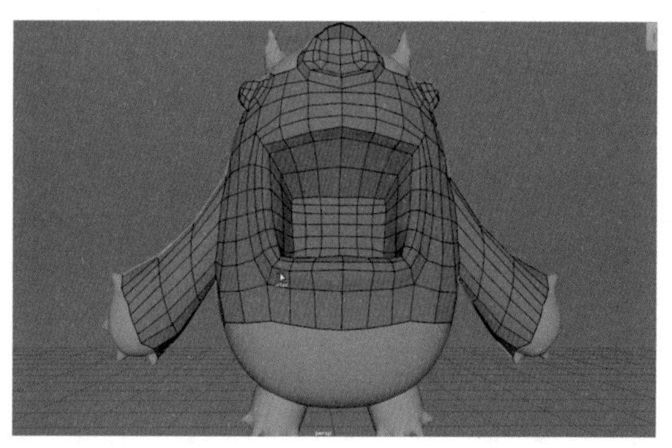

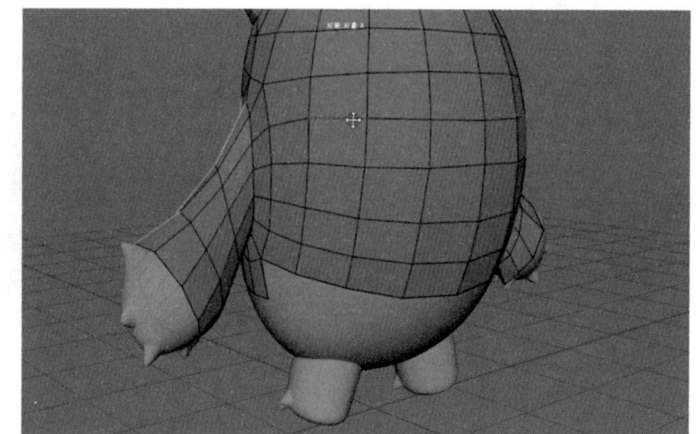

图 5-70　拓扑出手臂的大致结构

32 按照步骤 28 的方法，退出拓扑模式，选择如图 5-71 所示的一圈线。

33 按Ctrl+E快捷键激活“挤出”命令，向上挤出，并调整其位置和造型，如图 5-72 所示。

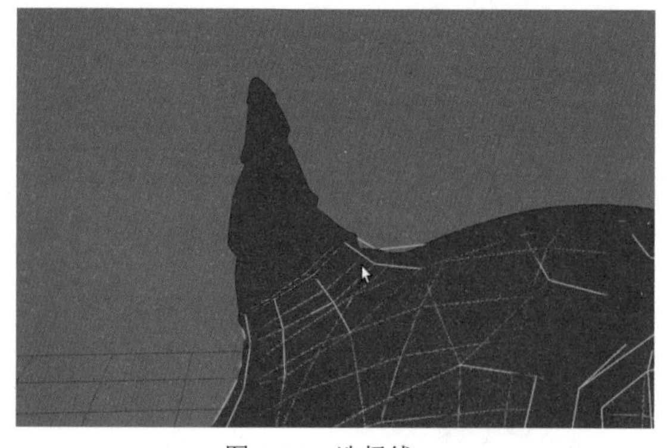

图 5-71　选择线

图 5-72　执行“挤出”命令

34 按照步骤 30 的方法，进入拓扑模式，按住Ctrl键并右击，添加循环边，并按Shift键加左击不放，使用松弛笔刷在怪兽的角上进行绘制，使面能够均匀分布，如图 5-73 所示。

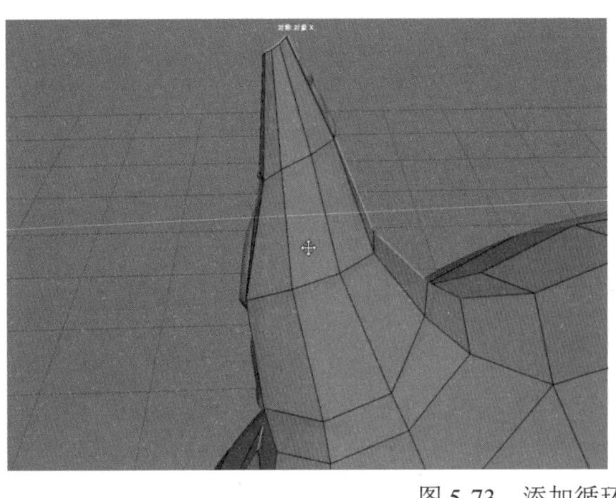

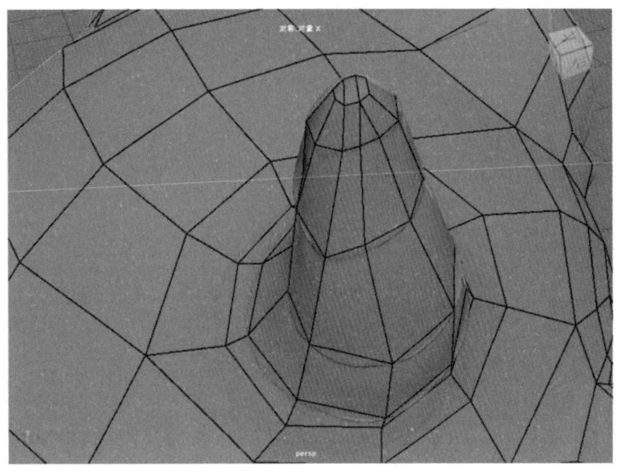

图 5-73　添加循环边并使用松弛笔刷

35 按照怪兽手掌的结构，拓扑出如图 5-74 所示的结构。

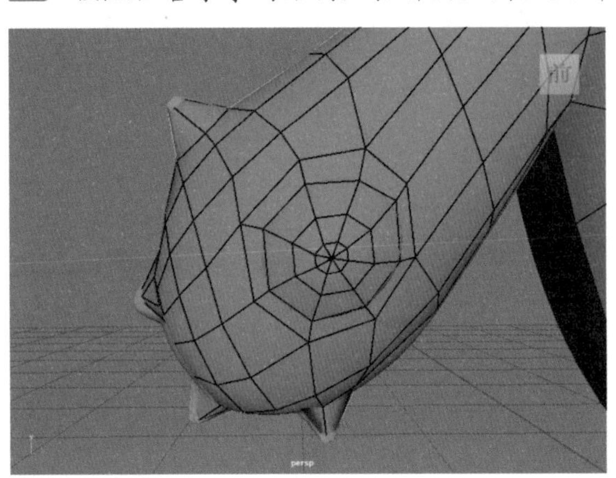

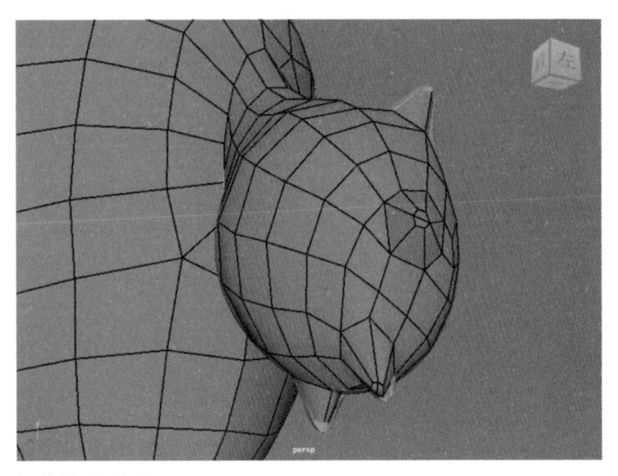

图 5-74　拓扑出手掌的结构

36 继续拓扑出怪兽腿部的结构，如图 5-75 所示。

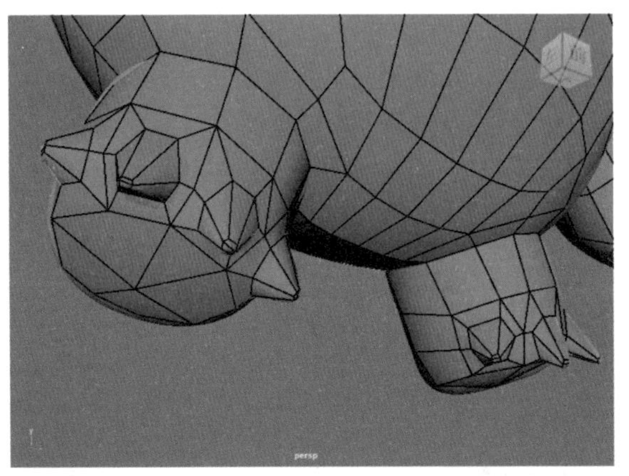

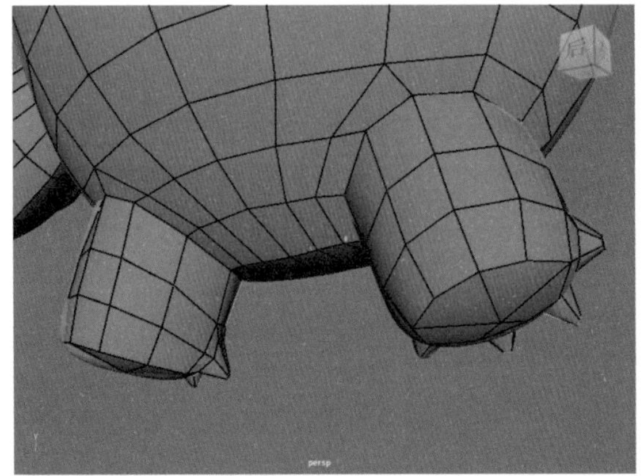

图 5-75　拓扑出腿部的结构

37 继续拓扑出怪兽眼睛的结构，如图 5-76 所示。

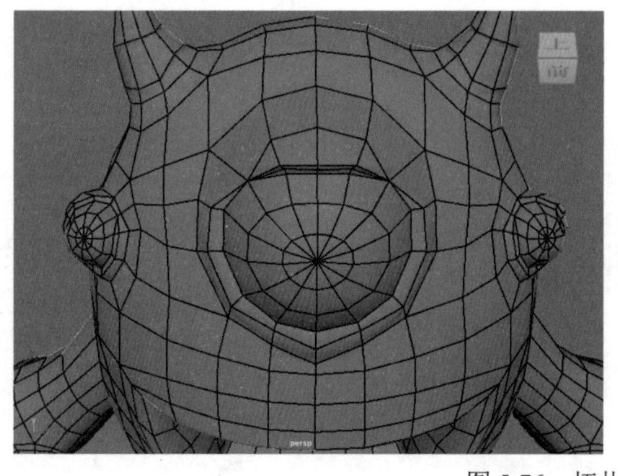

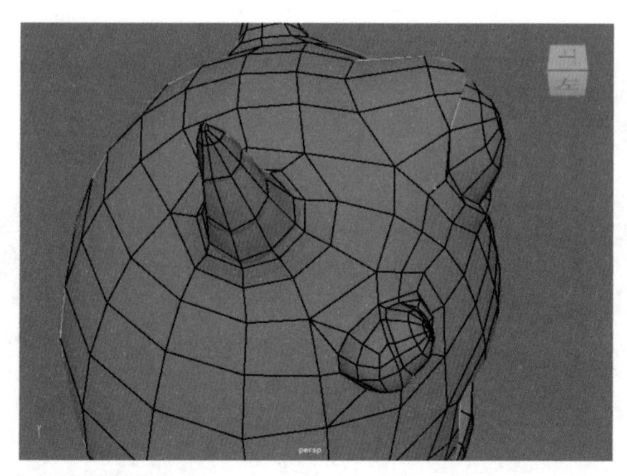

图 5-76　拓扑出眼睛的结构

38 怪兽高模身体的结构结果如图 5-77 所示。

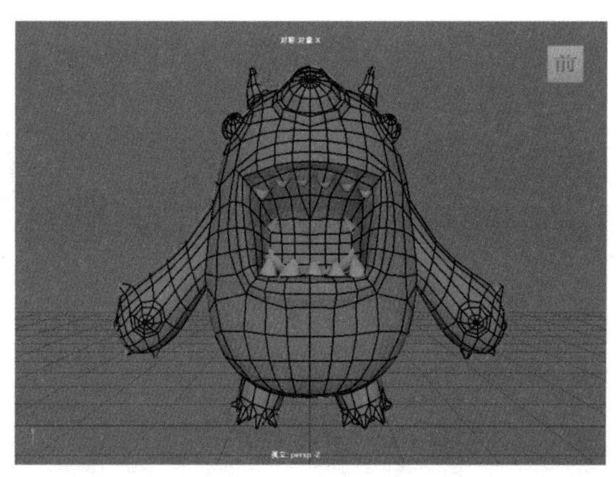

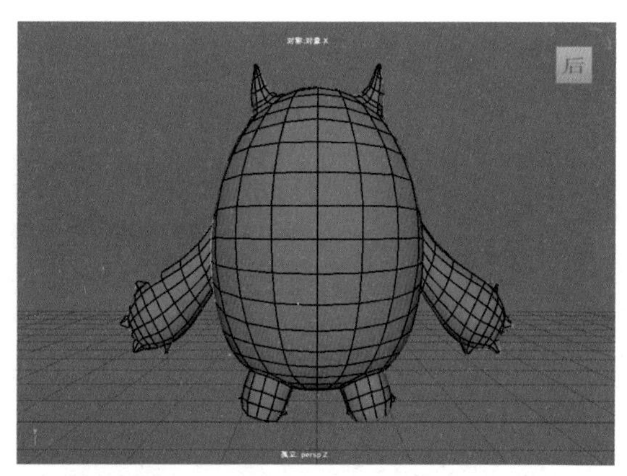

图 5-77　怪兽高模身体的结构

39 按Ctrl+Shift+Q快捷键，退出四边形绘制模式，在状态行中单击“激活选定对象”按钮，退出拓扑模式，然后右击并从弹出的快捷菜单中选择“对象模式”命令，结果如图 5-78 所示。

40 选择怪兽高模的舌头部位，在状态行中单击“激活选定对象”按钮，进入拓扑模式。然后选择拓扑的低模，在“建模工具包”面板中展开“工具”卷展栏，单击“四边形绘制”按钮，通过单击的方式生成面，结果如图 5-79 所示。

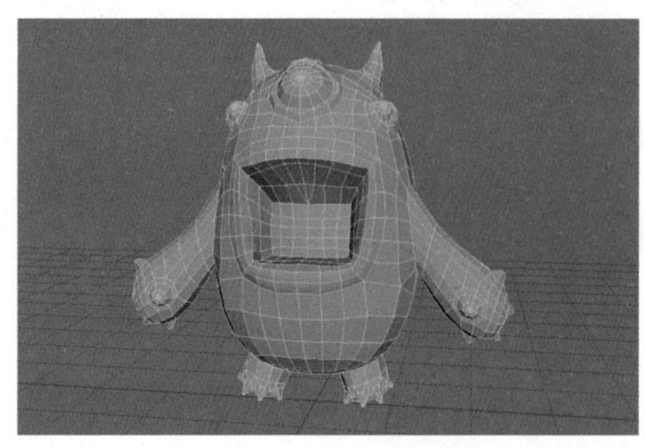

图 5-78　进入对象模式

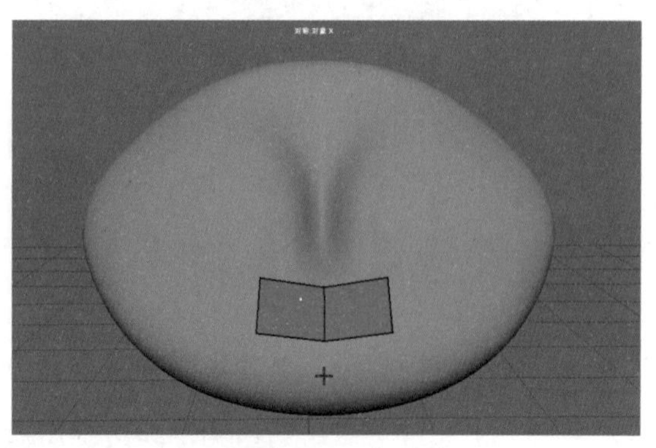

图 5-79　生成面

41 按照步骤 14 到步骤 25 的方法，继续拓扑出舌头的结构，如图 5-80 所示。

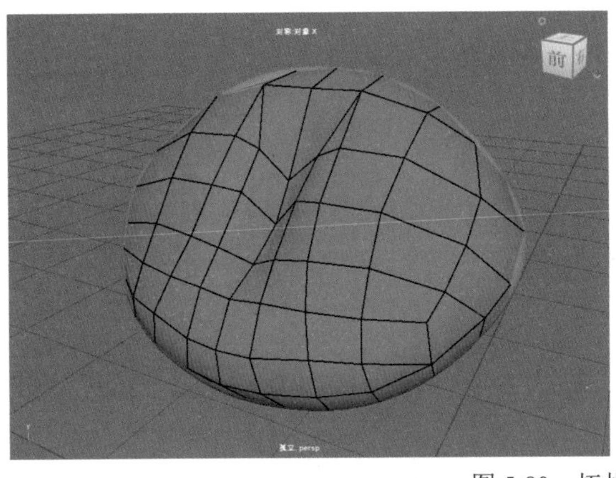

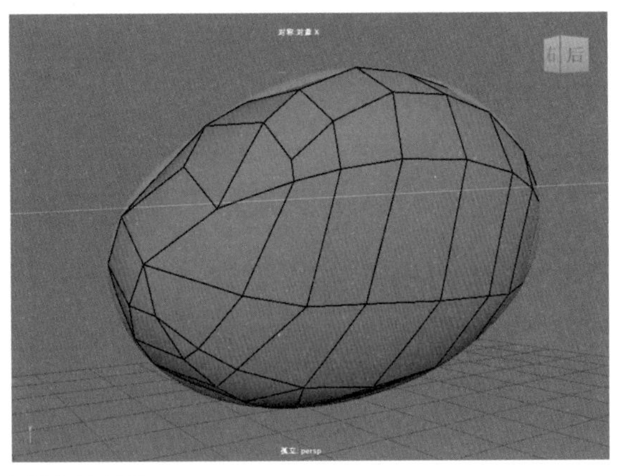

图 5-80　拓扑出舌头的结构

42 按照步骤 38 的方法，退出拓扑模式，舌头的拓扑结果如图 5-81 所示。

43 在状态行中单击“对称”按钮下拉按钮，从弹出的下拉列表中选择“禁用”命令，如图 5-82 所示。

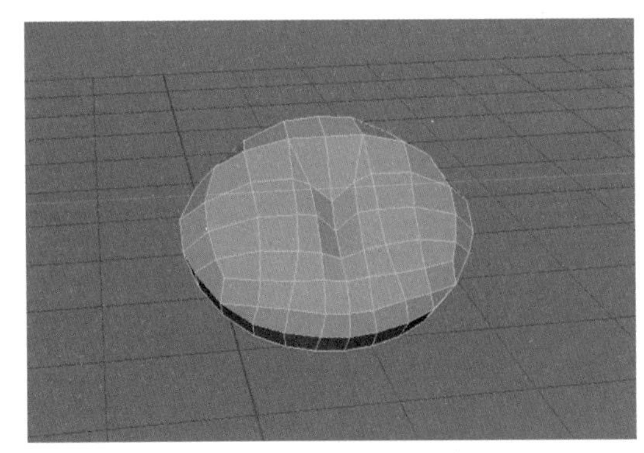

图 5-81　舌头的拓扑结果

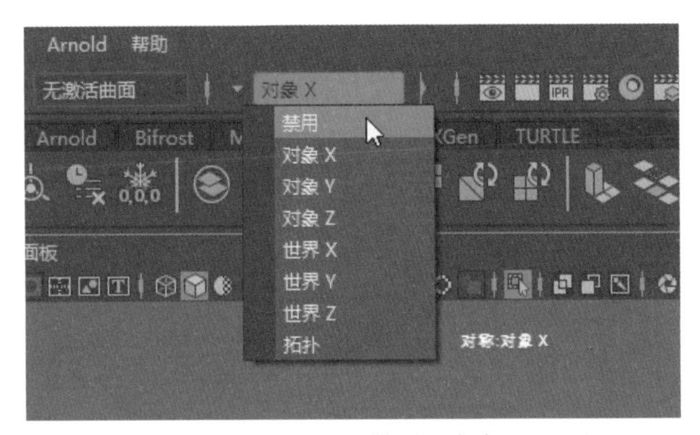

图 5-82　选择“禁用”命令

44 在“大纲视图”面板中，展开High1组，选择如图5-83左图所示的两个对象，然后按Ctrl+D快捷键进行复制，选择复制出的两个模型，按Shift键加鼠标中键将其移出High1组，如图5-83右图所示。

图 5-83　将选择的对象移出 High1 组

45 选择所有拓扑的四个低模对象，按Ctrl+G快捷键进行打组，然后双击组名，将其名称更改为Low，如图5-84所示。

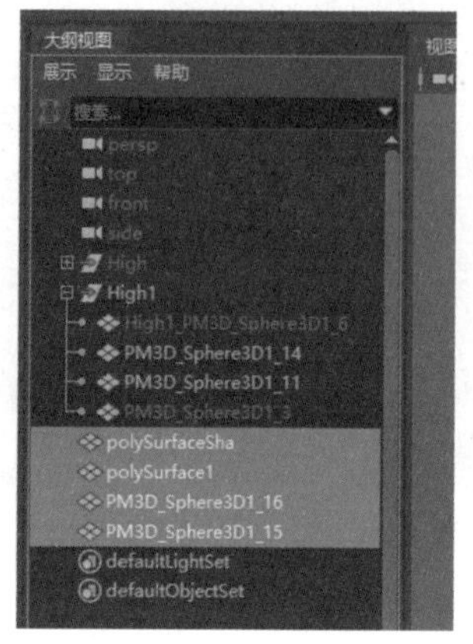

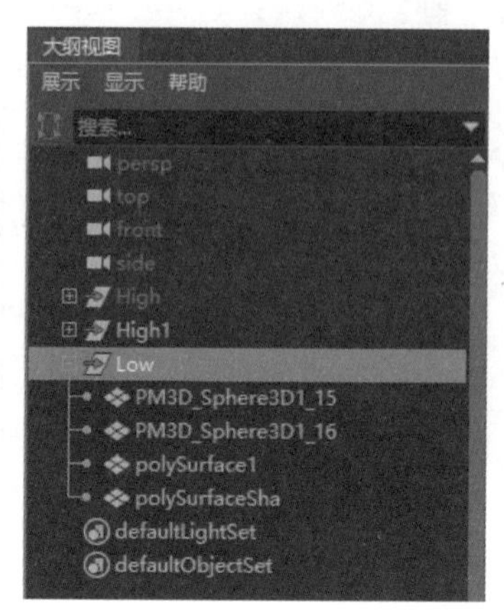

图 5-84　创建组并修改组名

46 选择怪兽低模的上排牙齿，双击选择不需要的边，按Shift键并右击鼠标，从弹出的快捷菜单中选择“删除边”命令，如图5-85所示。

47 依次删除上排牙齿模型中多余的边，结果如图5-86所示。

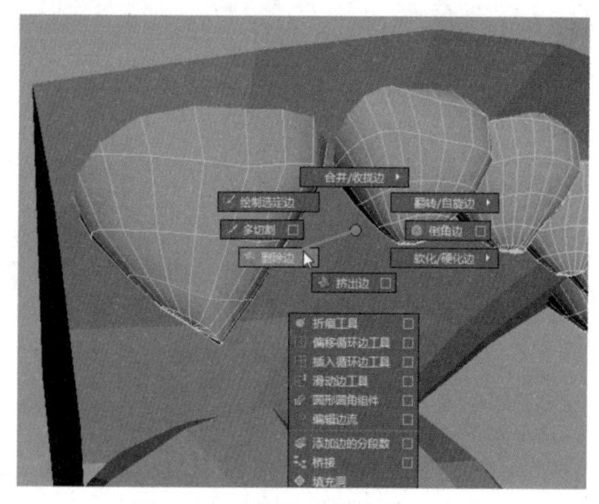

图 5-85　选择“删除边”命令

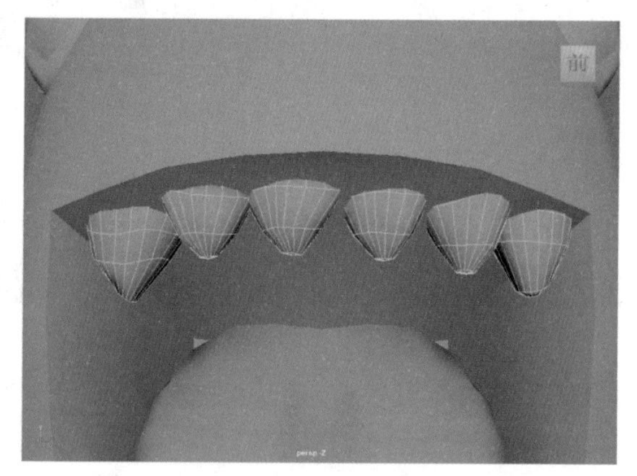

图 5-86　删除上排牙齿模型中多余的边

48 按照步骤45的方法，删除上排牙齿模型中多余的边，结果如图5-87所示。

49 选择牙齿模型，在面板工具栏中单击“隔离选择”按钮，然后选择如图5-88所示的面。

图 5-87　删除上排牙齿模型中多余的边

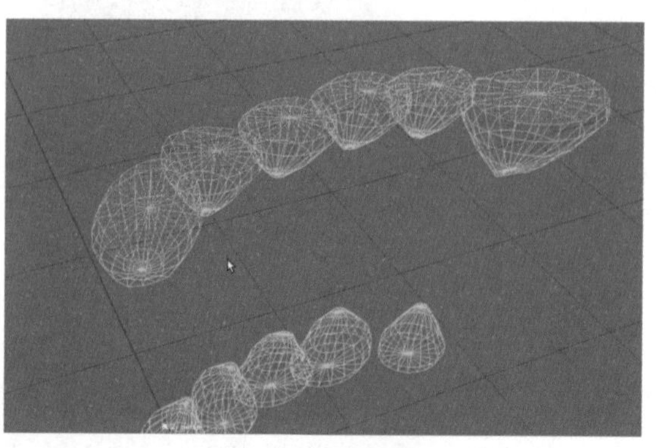

图 5-88　选择面

50 选择如图 5-88 所示的面，按Delete键将其删除，结果如图 5-89 所示。

51 按照步骤48的方法，删除下排牙齿模型的面，如图 5-90 所示，通过删除不必要的边和面，减少模型的面数。

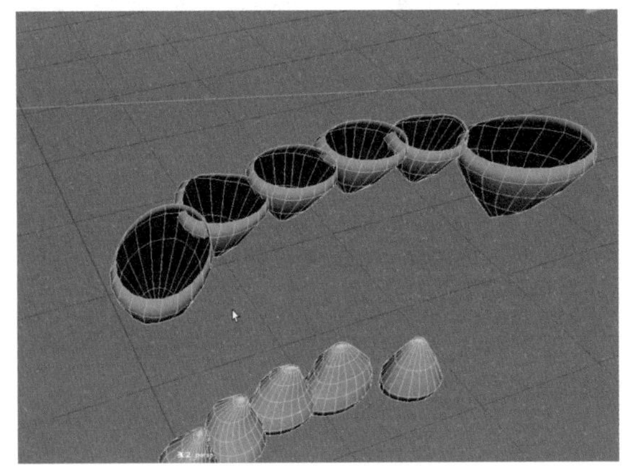

图 5-89　删除上排牙齿的面

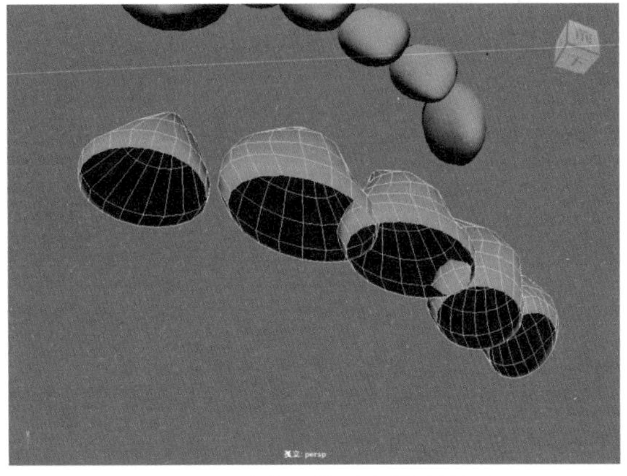

图 5-90　删除下排牙齿模型的面

52 选择高模模型，按Shift键并右击，从弹出的快捷菜单中选择“指定收藏材质”|Lambert命令，如图 5-91 所示。

53 在“属性编辑器”面板中选择lambert12选项卡，在“公用材质属性”卷展栏中设置“颜色”属性为黑色，设置“透明度”属性，如图 5-92 所示。

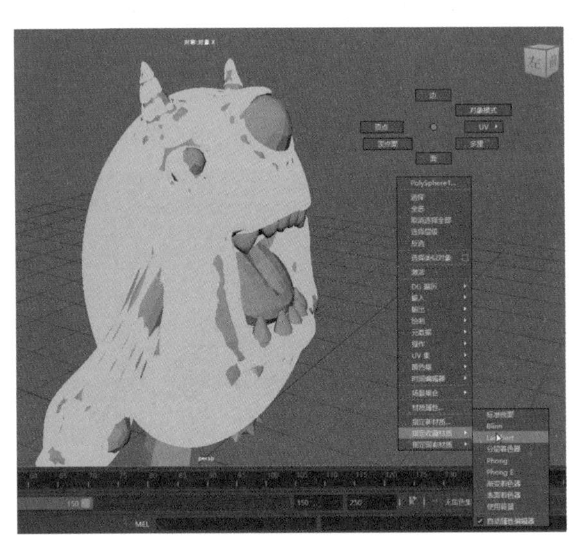

图 5-91　选择 Lambert 命令

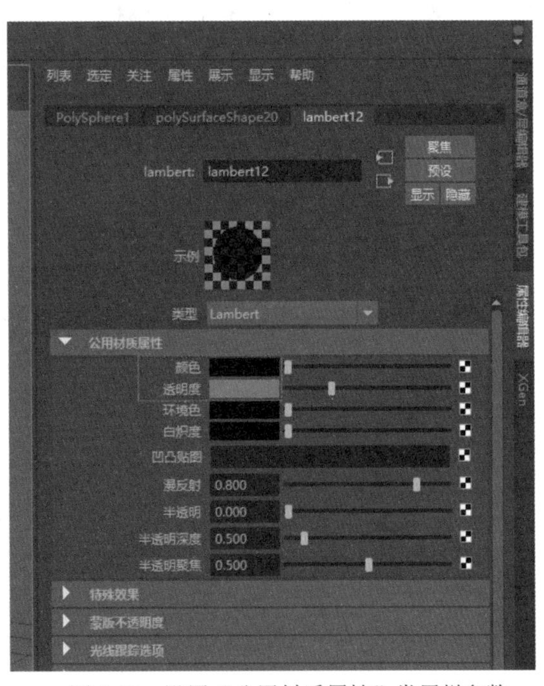

图 5-92　设置“公用材质属性”卷展栏参数

54 设置“颜色”属性和“透明度”属性具体参数，如图 5-93 所示，方便后续观察低模的造型。

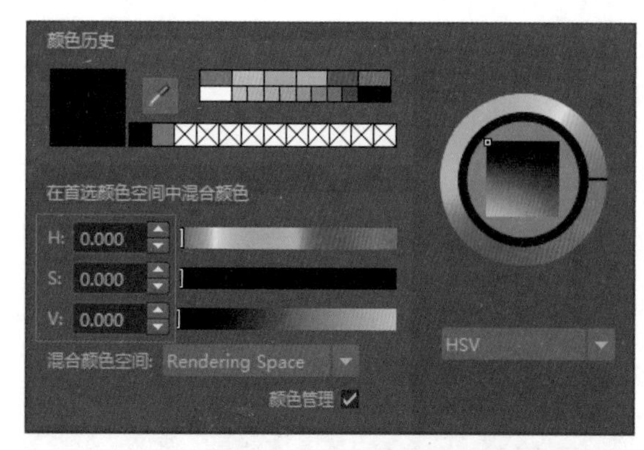

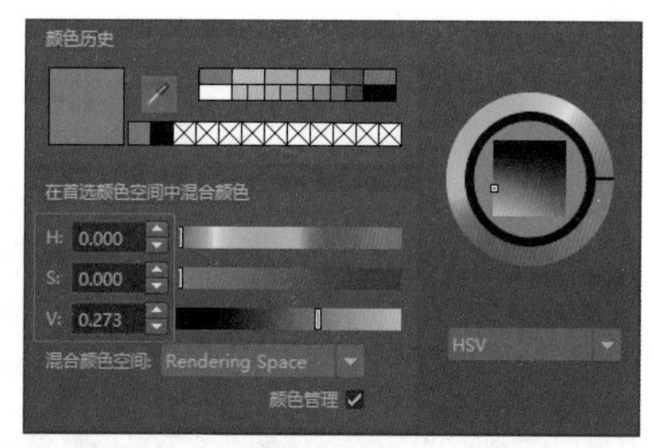

图 5-93　设置“颜色”属性和“透明度”属性参数

55 选择高模模型，在“属性编辑器”面板中单击“创建新层并指定选定对象”按钮，然后单击两次layer1的第三个框，使其显示为R，如图5-94所示。

56 根据高模的造型，调整低模，使其大致与高模相匹配，结果如图5-95所示。

图 5-94　创建层

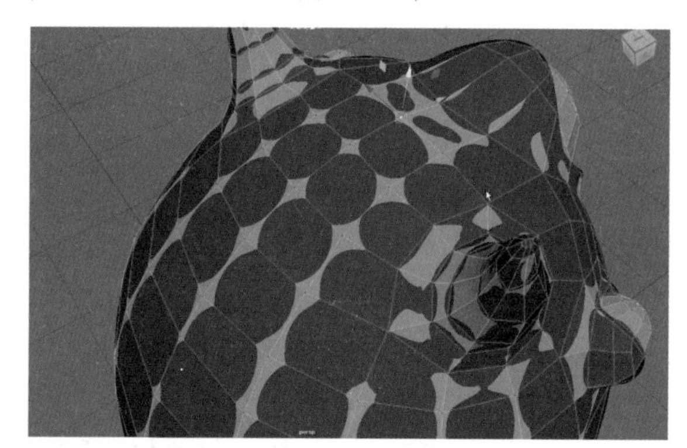

图 5-95　调整低模的造型

57 选择如图5-96所示的面，按Delete键将其删除。

58 按Shift键并右击鼠标，从弹出的快捷菜单中选择“多切割”命令，如图5-97所示。

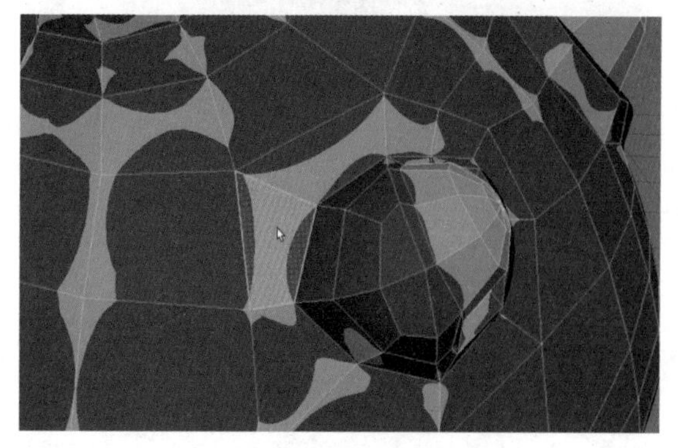

图 5-96　选择面并删除

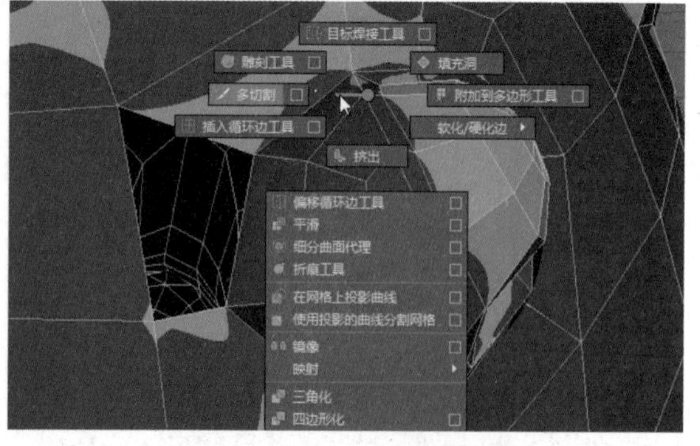

图 5-97　选择“多切割”命令

59 按Ctrl键，将光标放置在如图5-98所示的位置，然后单击鼠标。

60 分别选择空洞两侧对应的边，按Shift键并右击鼠标，从弹出的快捷菜单中选择“桥接”命令，如图 5-99 所示。

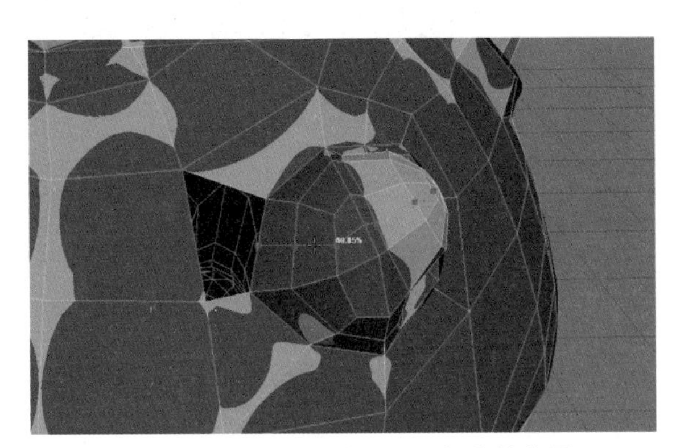

图 5-98　将光标放置在需要添加线的位置

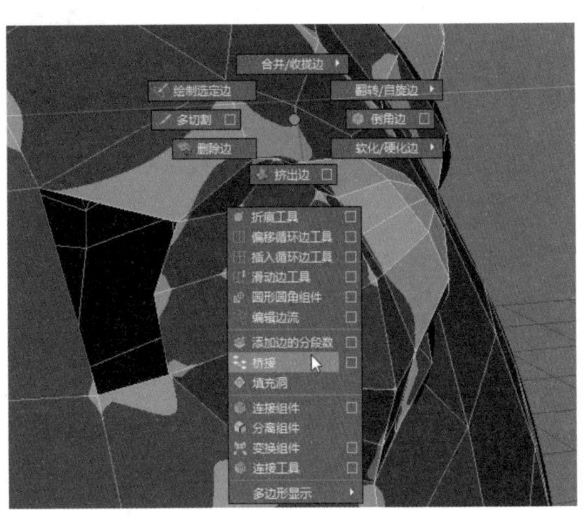

图 5-99　选择“桥接”命令

61 双击选择空洞的边，然后按Shift键并右击鼠标，从弹出的快捷菜单中选择“填充洞”命令，如图 5-100 所示。

62 设置完成后，生成的面的显示结果如图 5-101 所示。

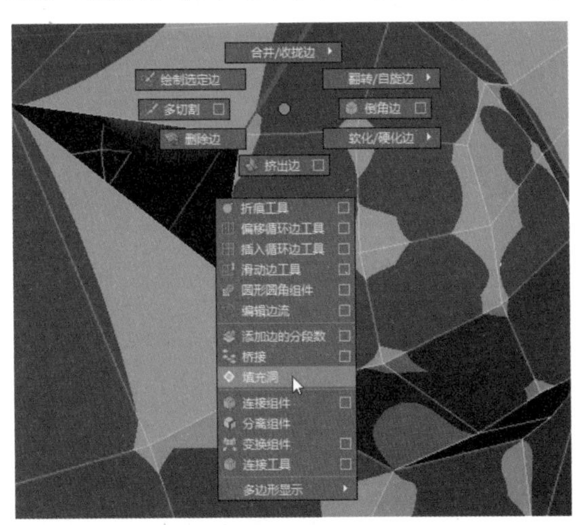

图 5-100　选择“填充洞”命令

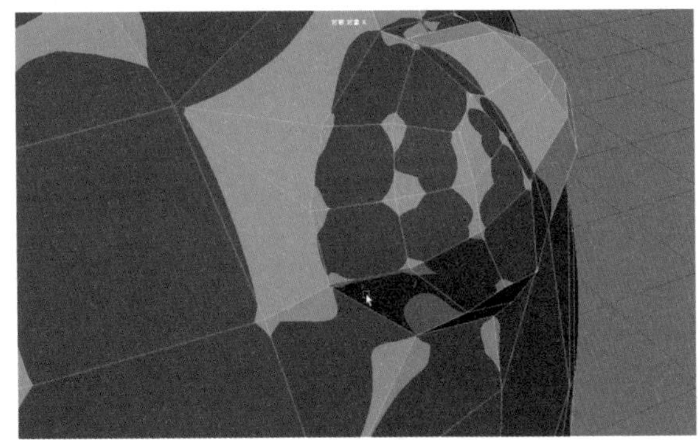

图 5-101　面的显示结果

5.4　拆分低模 UV

【例 5-3】 本实例将讲解如何拆分怪兽低模的 UV。 

01 在菜单栏中选择“UV”|“UV编辑器”命令，如图 5-102 所示。

02 打开“UV编辑器”窗口，在菜单栏中选择“创建”|“平面”命令，如图 5-103 所示。

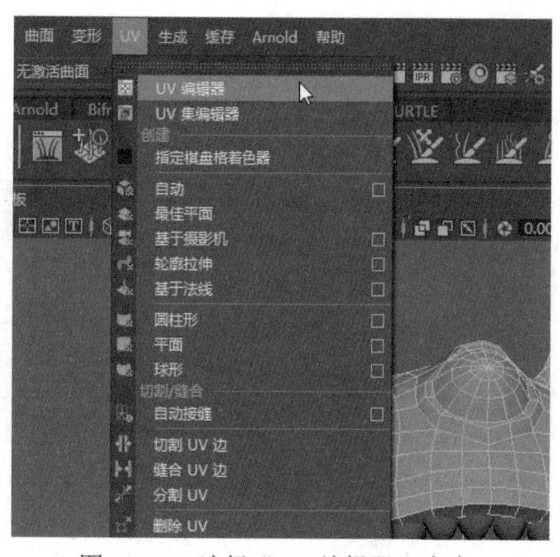

图 5-102　选择“UV 编辑器”命令

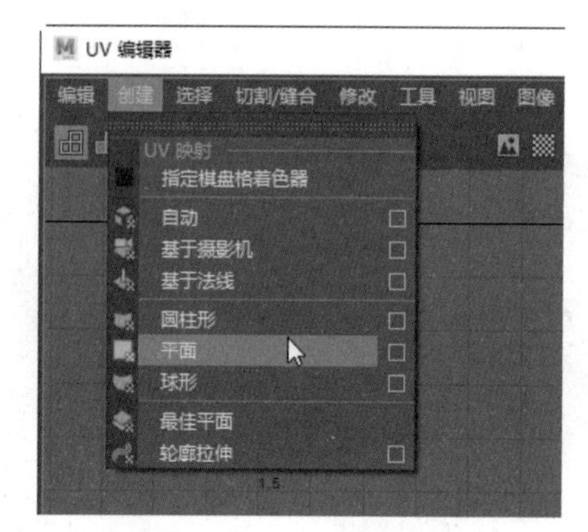

图 5-103　选择“平面”命令

03 从状态栏中单击“着色”按钮，即可显示出重叠的UV，然后双击需要进行切割的一圈边，在“UV编辑器”窗口中按Shift并右击，从弹出的快捷菜单中选择“剪切”命令，如图 5-104 所示。

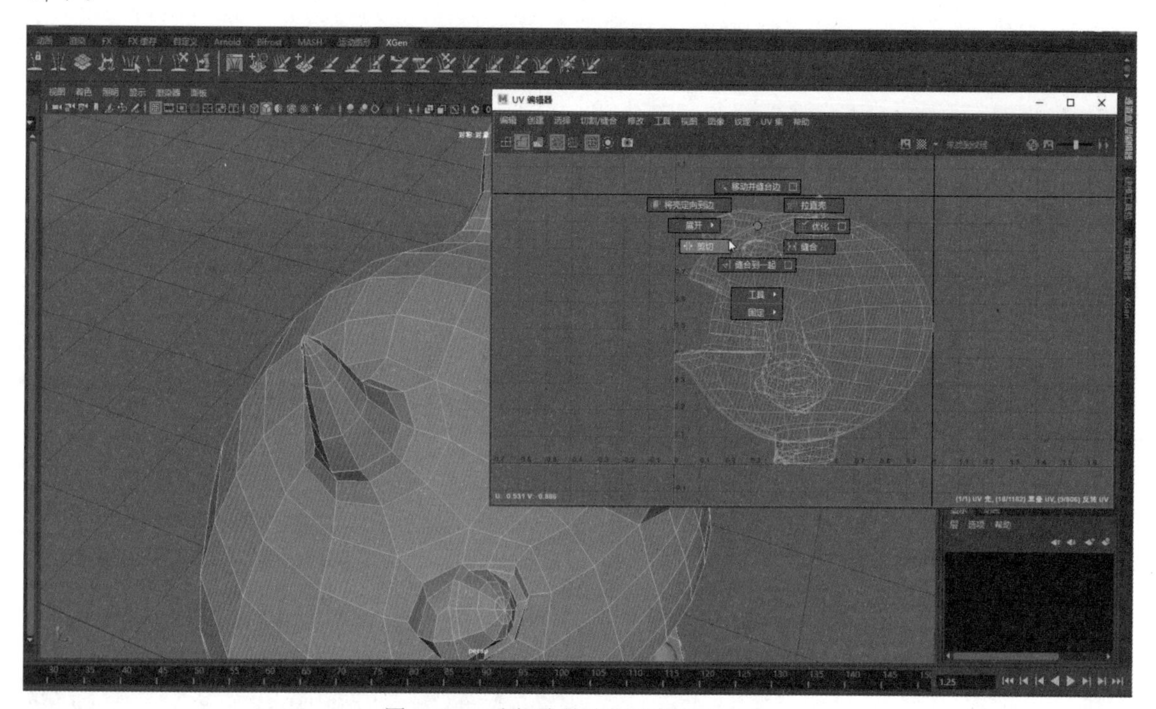

图 5-104　选择边并选择“剪切”命令

04 在“UV编辑器”窗口中按Shift并右击，从弹出的快捷菜单中选择“UV壳”命令，如图 5-105 所示。

05 选择角模型的UV壳，将其放置到如图 5-106 所示的位置。

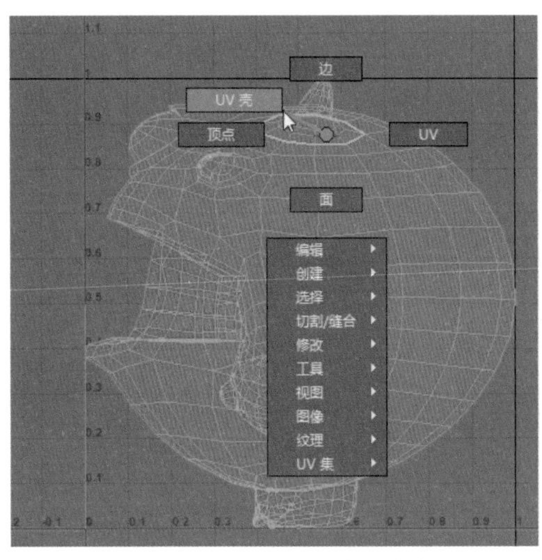

图 5-105　选择“UV 壳”命令

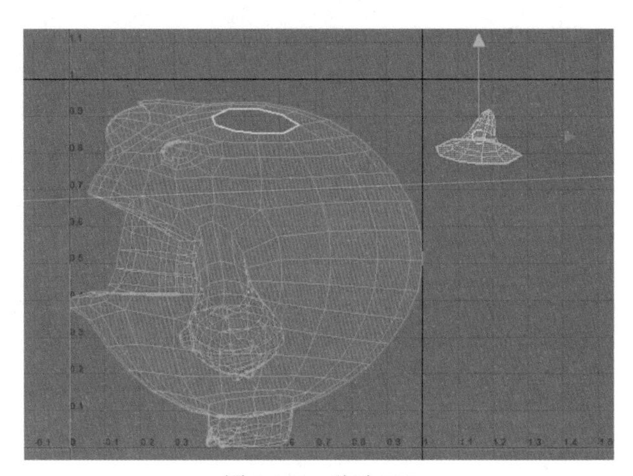

图 5-106　移动 UV

06 双击选择模型上的一圈边，在“UV编辑器”窗口中按Shift并右击，从弹出的快捷菜单中选择“剪切”命令，如图 5-107 所示。

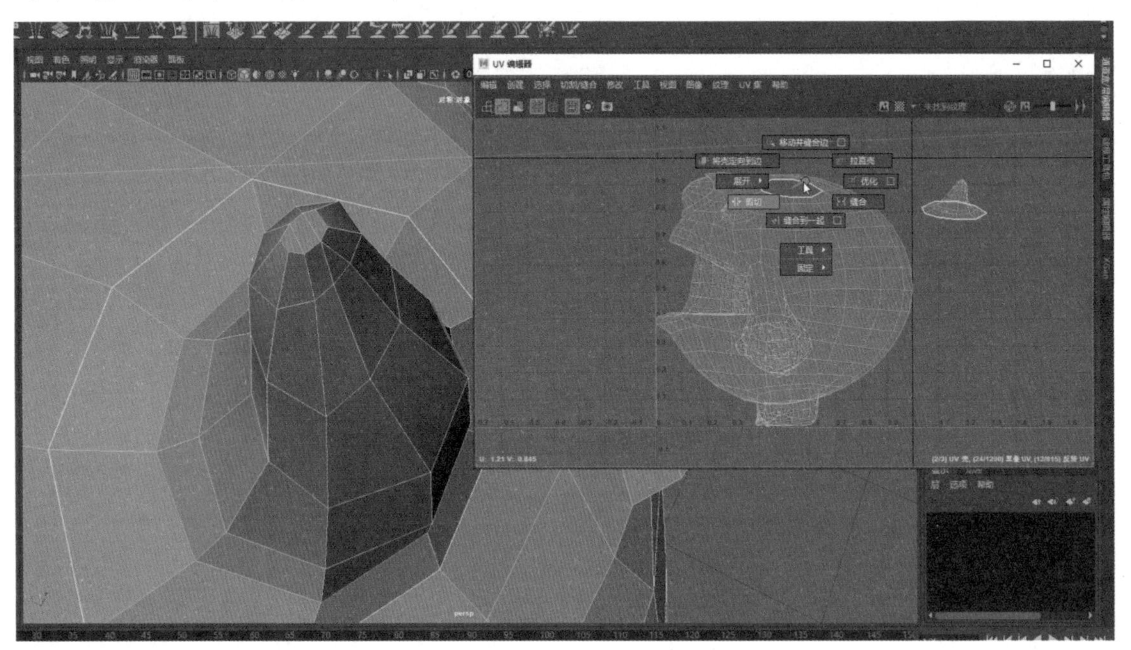

图 5-107　选择边并选择“剪切”命令

07 选择UV，按Shift键并右击，从弹出的快捷菜单中选择“展开”|“展开”命令，如图 5-108 所示。

08 展开后，UV的显示结果如图 5-109 所示。

09 按照步骤3到步骤8的方法，拆分其他部位的模型UV，如图 5-110 所示。

10 进入前视图，选择低模右半边的面，如图 5-111 所示。

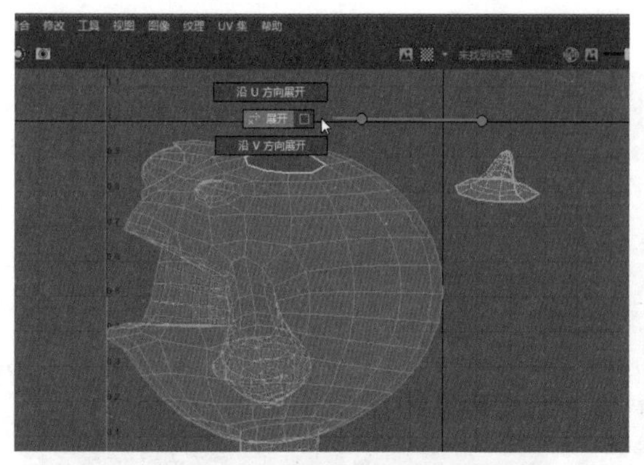

图 5-108　选择“展开”命令

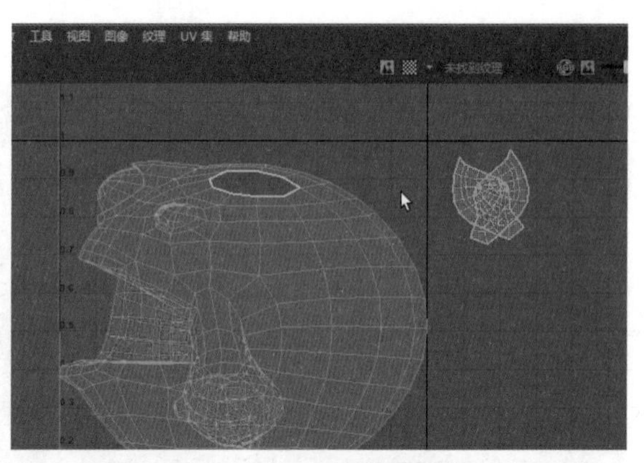
图 5-109　UV 的显示结果

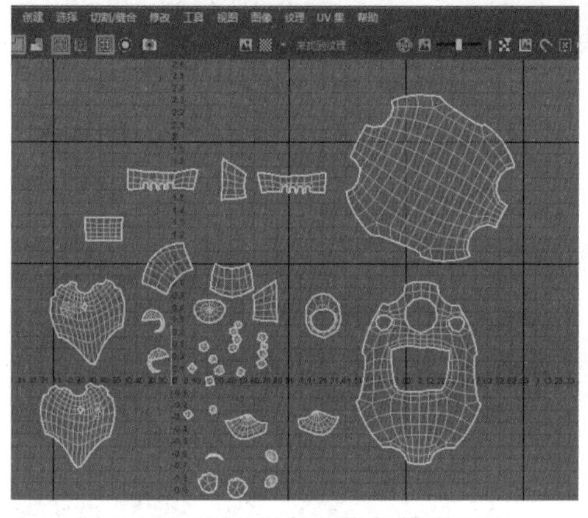
图 5-110　拆分其他部位的模型 UV

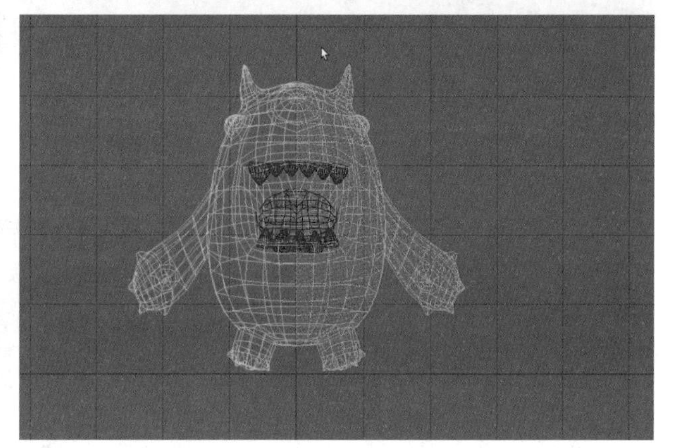
图 5-111　选择低模右半边的面

11 选择怪兽低模的身体模型，按Shift键并右击，从弹出的快捷菜单中选择“镜像”命令右侧的复选框，如图 5-112 所示。

12 打开“镜像选项”窗口，选择“X”单选按钮，然后单击“应用”按钮，如图 5-113 所示。

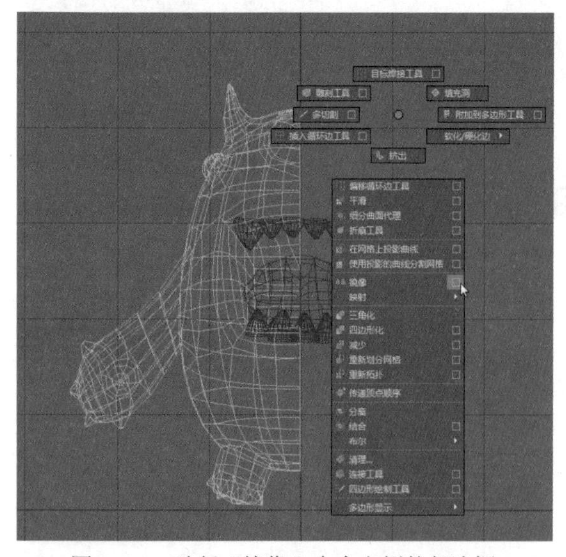
图 5-112　选择“镜像”命令右侧的复选框

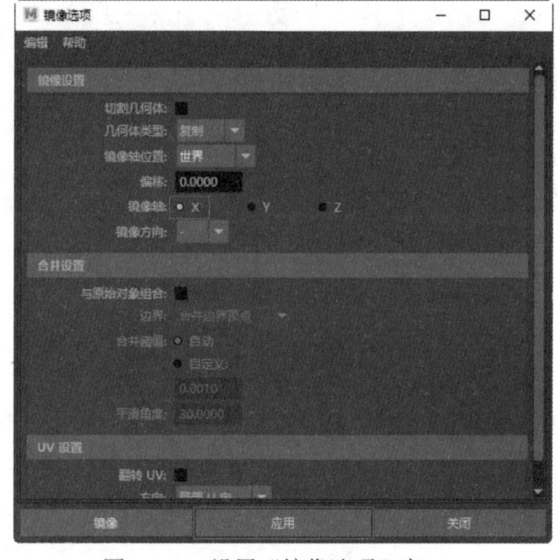

图 5-113　设置“镜像选项”窗口

13 按Shift键并右击鼠标，从弹出的快捷菜单中选择“结合”命令，如图 5-114 所示。

14 选择交界处的顶点，按R键，沿X轴向中心收缩，然后按Shift键并右击鼠标，从弹出的快捷菜单中选择“合并顶点”|“合并顶点”命令右侧的复选框，如图 5-115 所示。

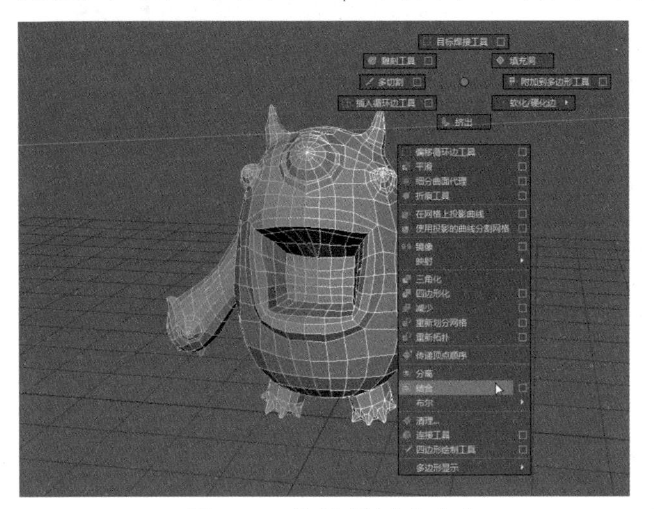

图 5-114　选择“结合”命令

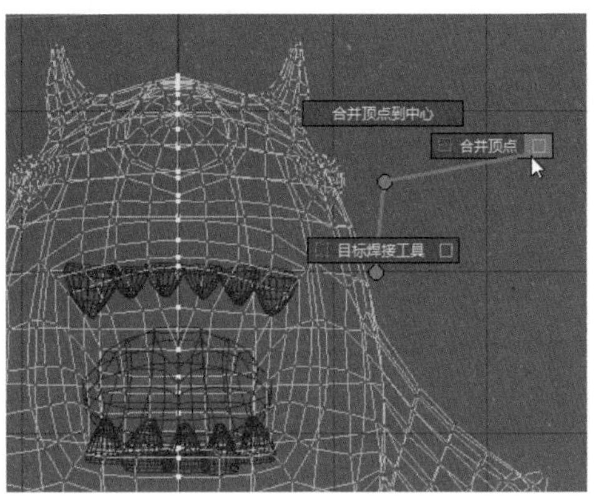

图 5-115　选择“合并顶点”命令右侧的复选框

15 打开“合并顶点选项”窗口，设置“阈值”文本框中的数值为 0.001，然后单击“合并”按钮，如图 5-116 所示。

16 在菜单栏中选择“UV”|“UV编辑器”命令，打开“UV编辑器”窗口，选择拆分后的所有UV，按Shift并右击，从弹出的快捷菜单中选择“排布”|“排布UV”命令，如图 5-117 所示。

图 5-116　设置“合并顶点选项”窗口

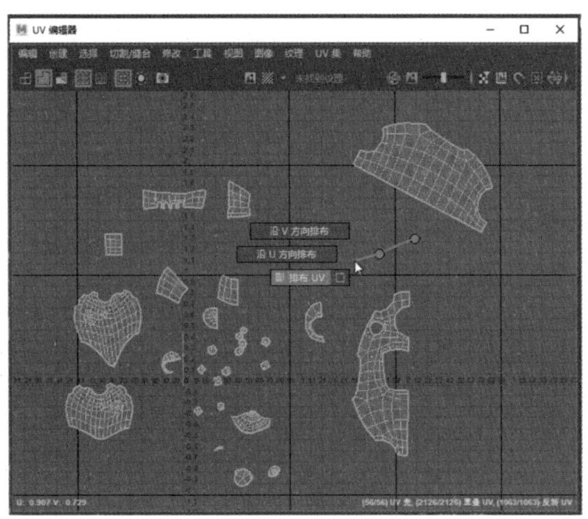

图 5-117　选择“排布 UV”命令

17 选择如图 5-118 左图所示两个相同的UV壳，按Shift并右击，从弹出的快捷菜单中选择“堆叠壳”命令，如图 5-118 右图所示。

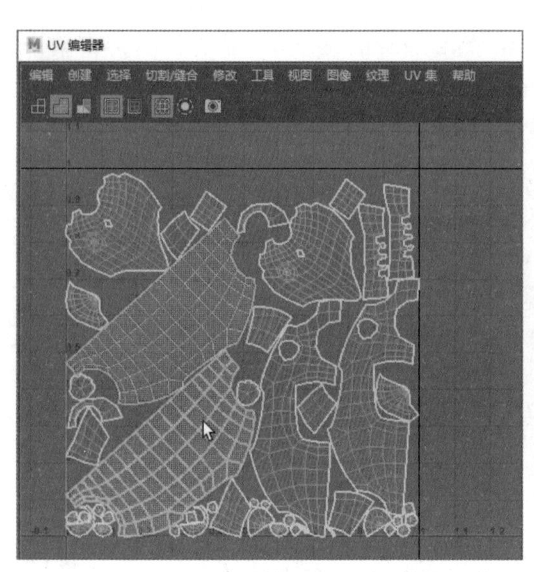

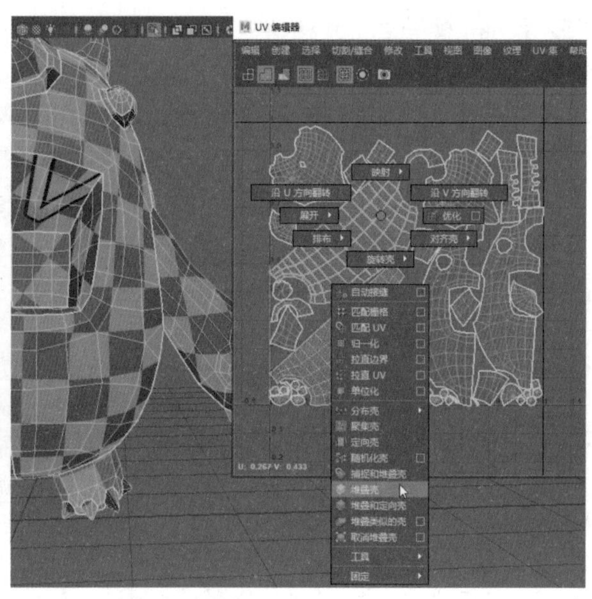

图 5-118　选择相同的 UV 壳然后选择“堆叠壳”命令

18 设置完成后，被选中的两个UV将会重叠，如图 5-119 所示。

19 在场景中选择如图 5-120 所示的边。

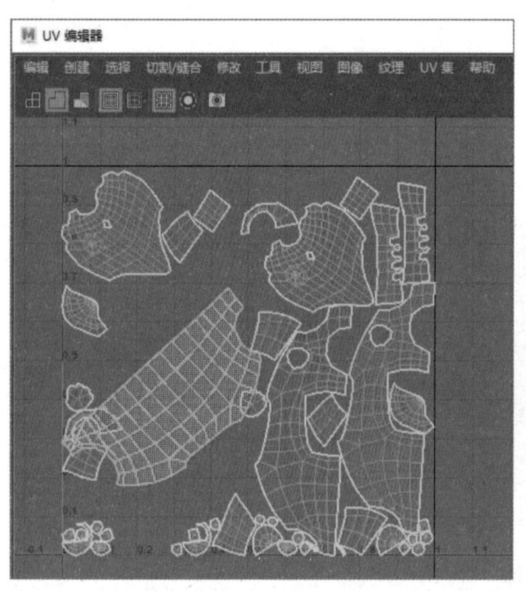

图 5-119　重叠 UV

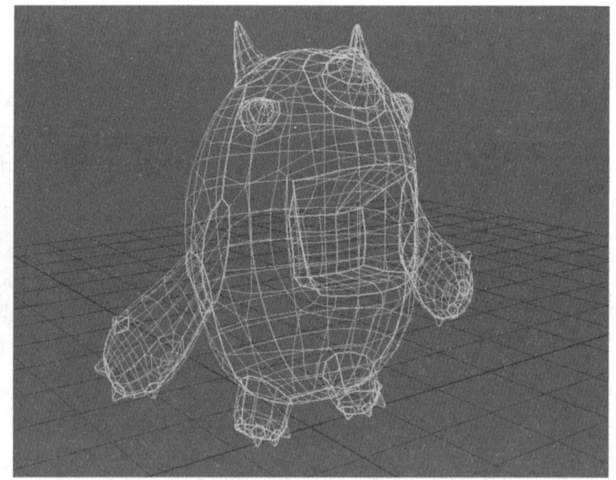

图 5-120　选择边

20 在“UV编辑器”面板中按Shift并右击，从弹出的快捷菜单中选择“移动并缝合边”命令，如图 5-121 所示。

21 选择所有的UV，然后按Shift并右击，从弹出的快捷菜单中选择“展开”|“展开”命令，如图 5-122 所示。

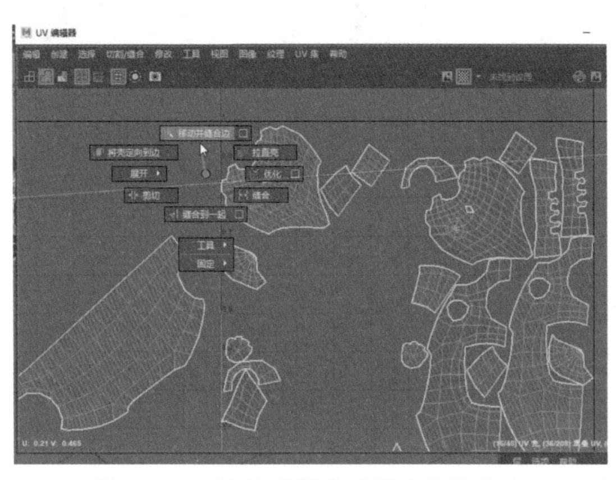

图 5-121　选择“移动并缝合边”命令

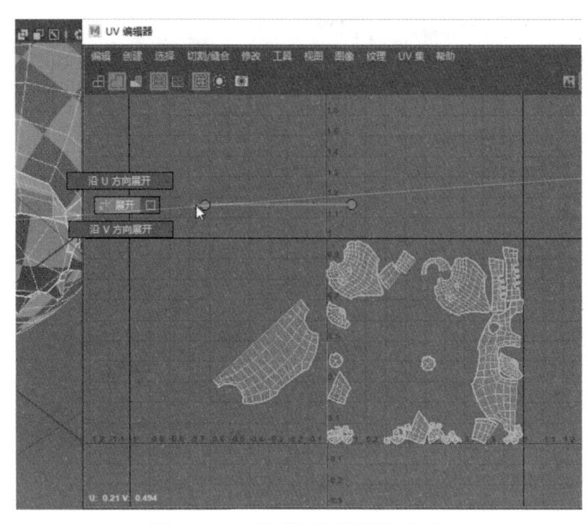

图 5-122　选择“展开”命令

22 选择所有的UV，按Shift并右击，从弹出的快捷菜单中选择“排布”|“排布UV”命令，如图 5-123 所示。

23 选择背部的UV，按Shift并右击，从弹出的快捷菜单中选择“定向壳”命令，如图 5-124 所示。

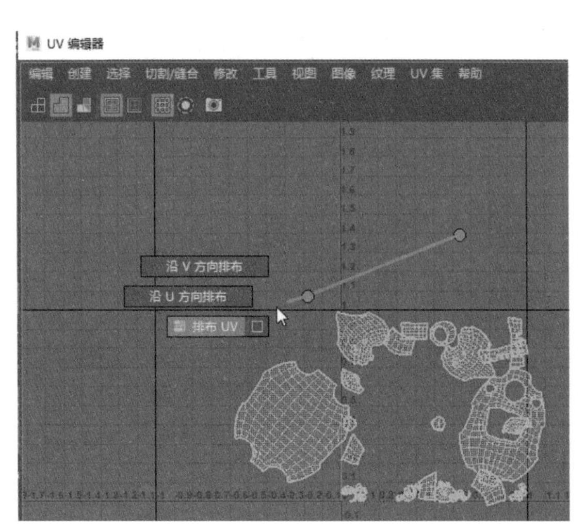

图 5-123　选择“排布 UV”命令

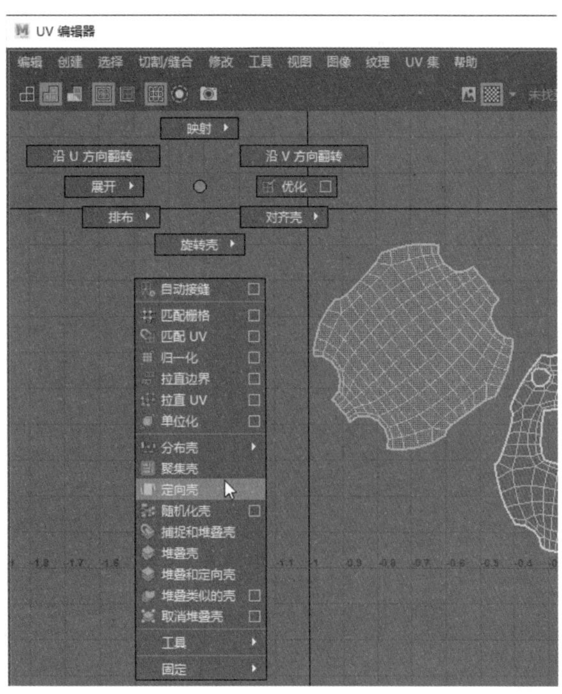

图 5-124　选择“定向壳”命令

24 按照步骤 21 的方法，调整身体部位其他UV的方向，结果如图 5-125 所示。

25 按照步骤 3 到步骤 21 的方法，拆分怪兽舌头和牙齿部位的UV，将所有UV排布至第一象限，结果如图 5-126 所示。

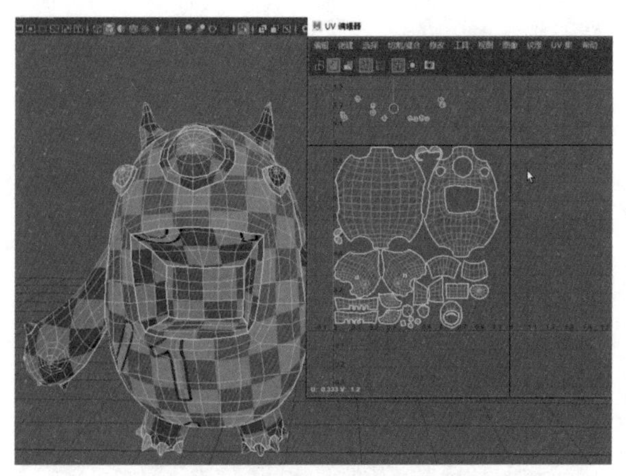

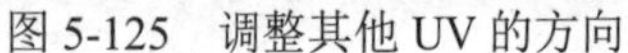

图 5-125　调整其他 UV 的方向

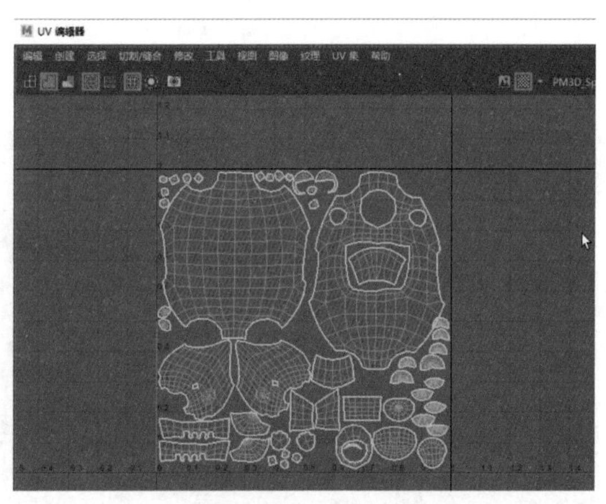

图 5-126　排布 UV

5.5　烘焙贴图

【例 5-4】　本实例将讲解如何烘焙法线贴图和颜色贴图。

01 按照5.3节中步骤3到步骤5的方法，重新为“大纲视图”面板中High1组中的高模添加贴图文件，然后选择如图5-127所示的对象。

02 在场景中，Shift键并右击鼠标，从弹出的快捷菜单中选择“结合”命令，如图5-128所示。

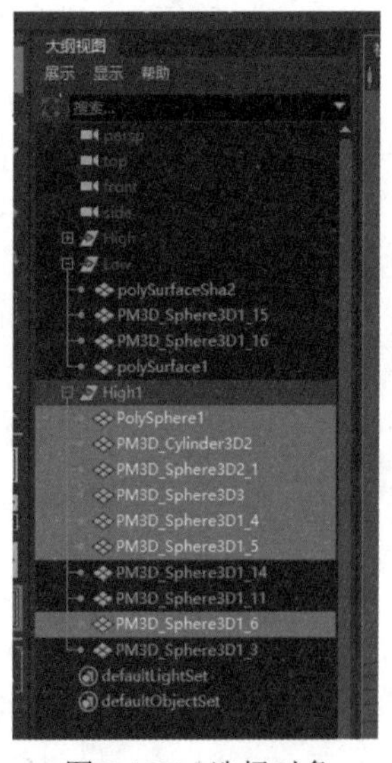

图 5-127　选择对象

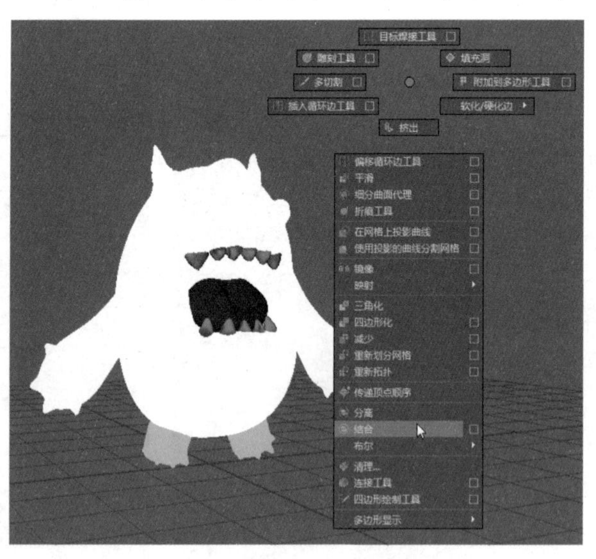

图 5-128　选择“结合”命令

03 结合后，按Alt+Shift+D快捷键，删除结合后的模型历史，然后选择结合的对象，按鼠标中键，将其拖曳至High1组中，结果如图5-129所示。

04 在菜单栏中选择“UV”|“UV编辑器”命令，打开“UV编辑器”窗口，选择每个模型的UV切割边，如图5-130所示。

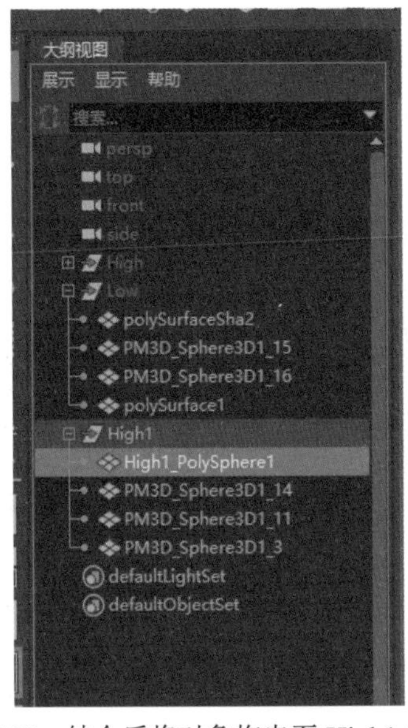

图 5-129 结合后将对象拖曳至 High1 组中

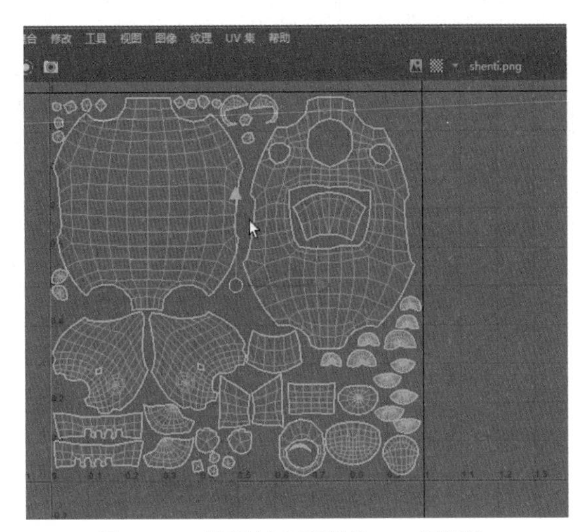

图 5-130 选择每个模型的 UV 切割边

05 在场景中按Shift键并右击，从弹出的快捷菜单中选择“硬化/软化边”|“硬化边”命令，如图 5-131 所示。

06 在“大纲视图”面板中分别选择LOW组和High1组中的上排牙齿，下排牙齿和舌头模型对象，按H键将其隐藏，结果如图 5-132 所示。

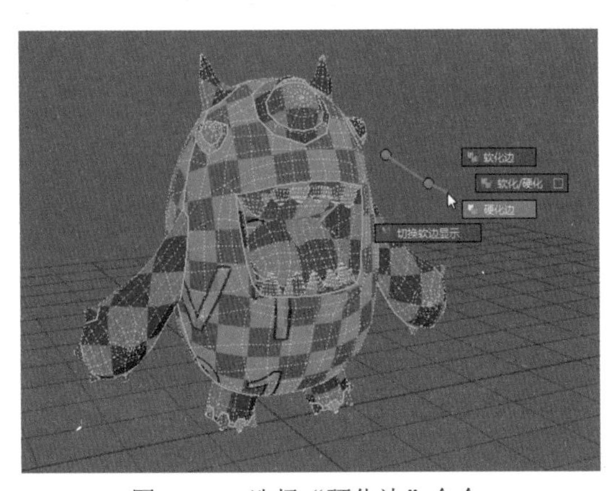

图 5-131 选择“硬化边”命令

图 5-132 隐藏对象

07 将菜单集切换至“渲染”模块，在菜单栏中选择“照明/着色”|“传递贴图”命令，如图 5-133 所示。

08 打开“传递贴图”窗口，展开“目标网格”卷展栏，选择低模的锤头模型，单击“添加选定对象”按钮，然后展开“源网格”卷展栏，选择高模，单击“添加选定对象”按钮，如图 5-134 所示。

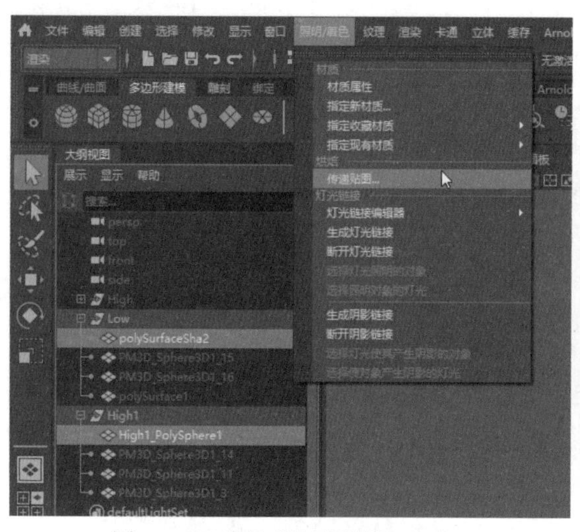

图 5-133　选择“传递贴图”命令

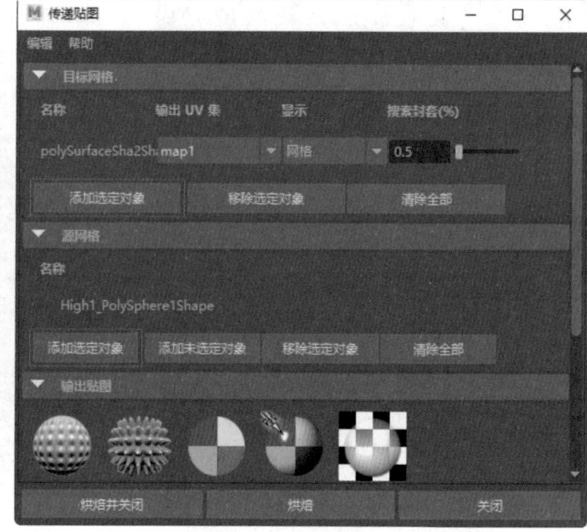

图 5-134　设置“传递贴图”窗口参数

09 展开“输出贴图”卷展栏，选择“法线”按钮，修改保存路径和文件格式，结果如图5-135所示。

10 展开“Maya 公用输出”卷展栏，在“贴图宽度”和“贴图高度”文本框中均输入4096，在“采样质量”下拉列表中选择“中(4×4)”选项，然后单击“烘焙”按钮，如图5-136所示。

图 5-135　设置“输出贴图”卷展栏参数

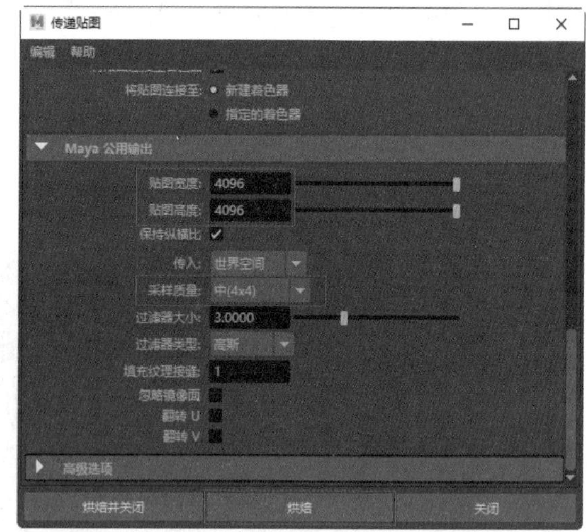

图 5-136　设置“Maya 公用输出”卷展栏参数

11 烘焙完成后，Maya会自动将贴图赋予到低模上，然后在“属性编辑器”面板中选择lambert4选项卡，在“公用材质属性”卷展栏中单击“凹凸贴图”文本框右侧的“构建输出”按钮■，如图5-137所示。

12 在“文件属性”卷展栏中，单击“图像名称”文本框右侧的■按钮，在弹出的对话框中选择“shenti.png”贴图文件，单击“颜色空间”下拉按钮，从弹出的下拉列表中选择Utility|Raw选项，结果如图5-138所示。

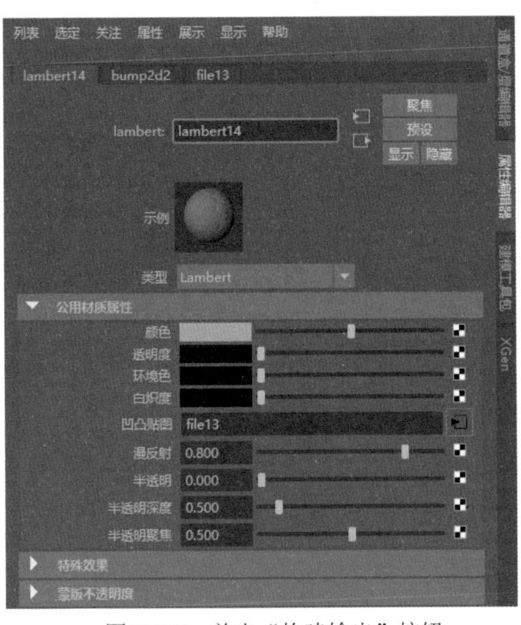

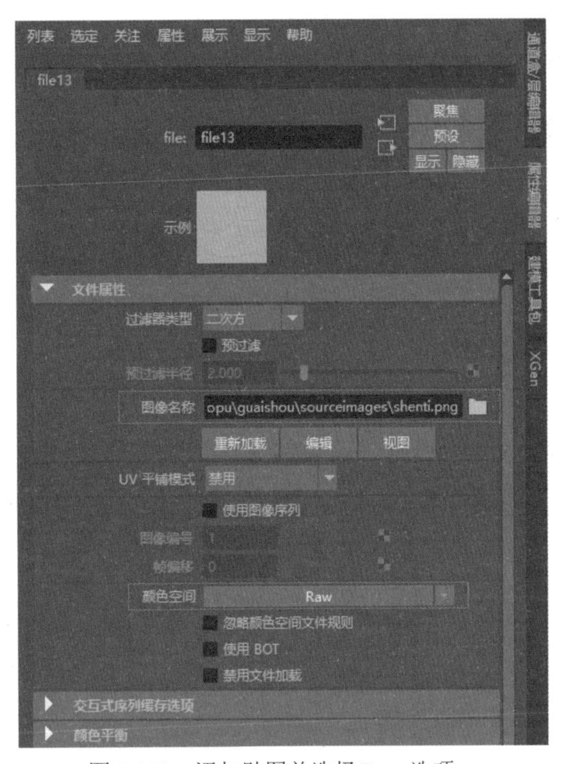

图 5-137 单击“构建输出”按钮

图 5-138 添加贴图并选择 Raw 选项

13 设置完成后，怪兽身体模型的法线显示结果如图 5-139 所示。

14 展开“输出贴图”卷展栏，单击“漫反射”按钮，修改保存路径和文件格式，结果如图 5-140 所示，然后单击“法线”按钮，取消该选项。

图 5-139 法线显示结果

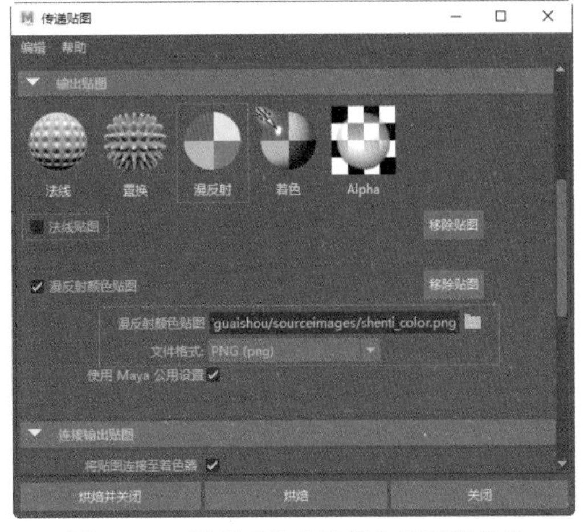

图 5-140 设置“输出贴图”卷展栏参数

15 展开“Maya 公用输出”卷展栏，在“贴图宽度”和“贴图高度”文本框中均输入4096，在“采样质量”下拉列表中选择“中(4×4)”选项，然后单击“烘焙”按钮，如图 5-141 所示。

16 烘焙结束后，怪兽身体部位的低模显示结果如图 5-142 所示。

17 按照步骤 8 到步骤 14 的方法，继续烘焙出怪兽舌头和牙齿的法线贴图和颜色贴图，低模的最终显示结果如图 5-4 所示。

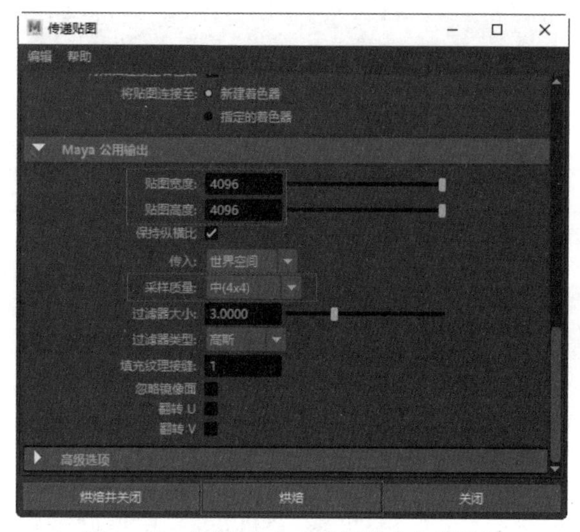

图 5-141　设置“Maya 公用输出”卷展栏

图 5-142　身体模型颜色显示结果

5.6　思考与练习

1. 简述在Maya中如何对低模进行烘焙。
2. 根据如图5-143所示的锤子高模，拓扑出低模，并对其进行烘焙。

图 5-143　锤子模型

第 6 章 动物毛发制作

　　无论是在电影、游戏还是虚拟现实的项目中，使用 XGen 制作动物毛发均可为角色增添更加真实的细节和质感。本章将通过使用 XGen 制作狗的毛发和睫毛，帮助读者了解如何制作动物身上的毛发及睫毛。

6.1 XGen 毛发基础概述

在Maya中使用XGen创建毛发是一种常见的技术，广泛应用于影视制作、游戏开发和虚拟现实等各个领域。XGen是Maya中一个强大的毛发和草地生成工具，它具有灵活的参数控制和丰富的功能，使得用户可以轻松地实现各种类型的毛发效果，包括动物的皮毛、羽毛、植被及自然环境，如图6-1所示。它可以帮助艺术家轻松地在三维场景中创建逼真的毛发效果，为角色和场景增添更多细节和纹理，提高视觉效果的逼真度。

XGen可以通过Maya场景中的曲面、多边形物体，或者在NURBS曲线上进行几何体分布，从而在指定区域生成毛发效果。除了基本的毛发形状和分布，XGen还提供了丰富的修饰功能，通过调整这些参数，可以达到不同种类的毛发效果，如短发、长发、卷发等。用户可以通过笔刷笔刷工具对毛发进行梳理、打蓬等操作，也可以使用编辑器来控制毛发的生长范围和形状，甚至可以仿真风力或重力等外部影响。

图 6-1　毛发和草坪效果

本章节将以制作狗的毛发和睫毛为例，如图6-2所示，深入探讨XGen毛发的制作方法，包括创建和编辑毛发发根、调整毛发的分布和密度、定义毛发的属性，如长度、颜色、卷曲等，以及控制毛发的渲染和着色效果。本章将帮助用户对XGen功能进行全面了解，使用户能够更加自如地利用这一工具制作出栩栩如生的毛发效果。

图 6-2　狗的毛发和睫毛效果

6.2　创建项目工程文件

【例 6-1】 本实例将讲解如何创建项目工程文件。 视频

01 打开Maya 2022软件，在菜单栏中选择“文件”|“项目窗口”命令，打开“项目窗口”窗口，单击“当前项目”文本框右侧的“新建”按钮，根据自己的情况设定文件保存路径，可以设置保存在计算机任意的磁盘空间中，如图6-3所示，然后单击“接受”按钮。

02 选择时间轴右下方的“动画首选项”按钮，打开“首选项”窗口，在“类别”下拉列框中选择“设置”休选项，在“工作单位”组中单击“线性”下拉按钮，从弹出的下拉列表中选择“米”选项，然后单击“保存”按钮，如图6-4所示。

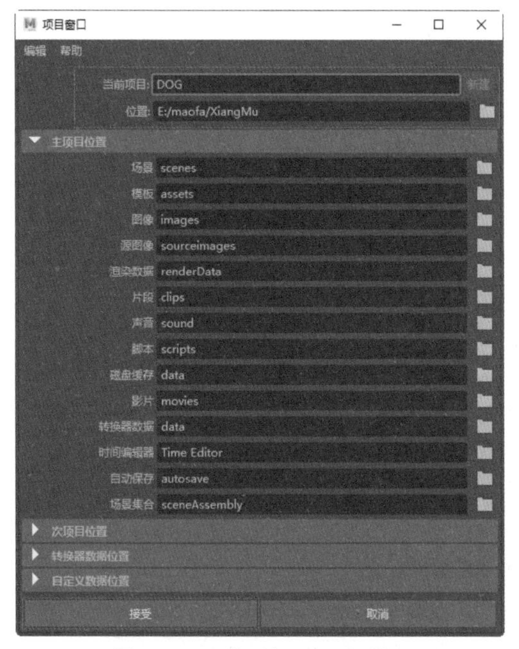

图 6-3　“项目窗口”对话框

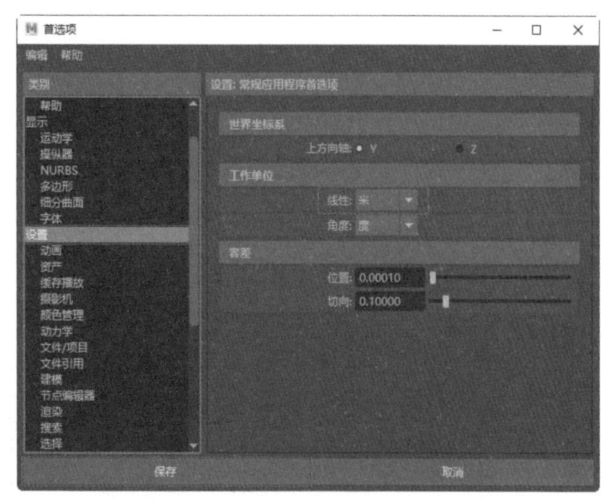

图 6-4　设置“首选项”窗口

6.3 制作狗的毛发

【例 6-2】 本实例将讲解如何制作狗的毛发。视频

01 打开Maya 2022软件，在菜单栏中选择“文件”|“导入”命令，如图6-5所示。

02 打开“导入”对话框，选择Dog.OBJ文件，然后单击“导入”按钮，如图6-6所示。

图 6-5 选择“导入”命令

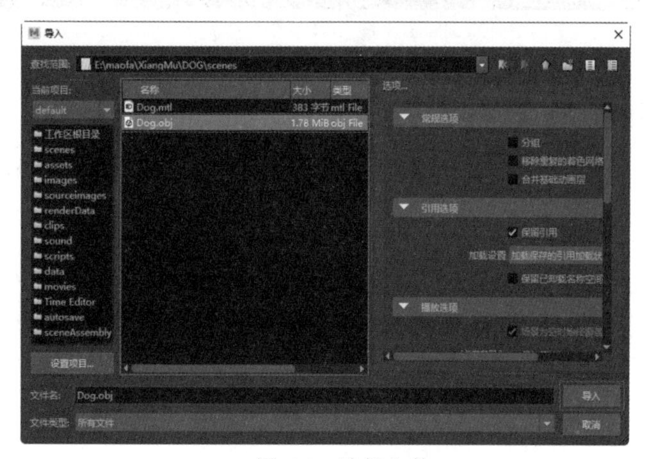

图 6-6 选择文件

03 导入文件后，场景中狗的模型显示结果如图6-7所示。

04 在“大纲视图”面板中可以发现导入的文件名称带有前缀，然后选择所有对象，如图6-8所示。

图 6-7 模型显示结果

图 6-8 选择所有对象

05 在菜单栏中，选择“窗口”|“常规编辑器”|“名称空间编辑器”命令，如图 6-9 所示。

06 打开“名称空间编辑器”窗口，在:(root)下拉列表中选择Dog选项，然后单击“删除”按钮，如图 6-10 所示，该名称空间中的所有节点将与根名称空间合并。

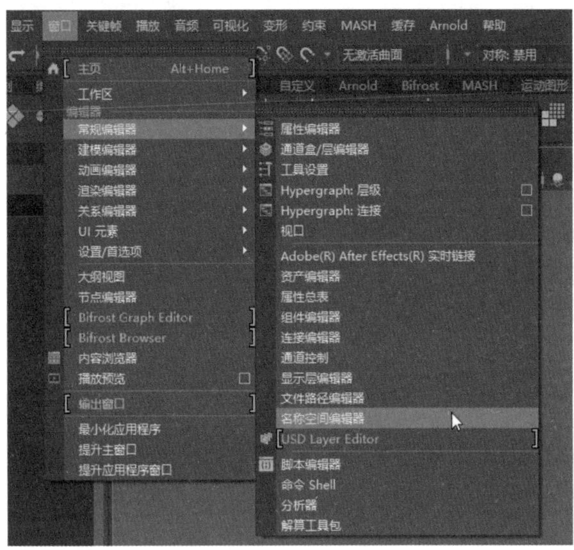

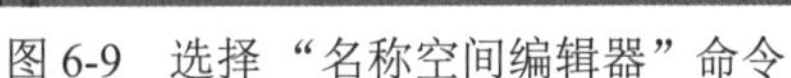
图 6-9 选择“名称空间编辑器”命令

图 6-10 单击“删除”按钮

07 在弹出的“删除:Dog”对话框中单击“与根合并”按钮，如图 6-11 所示，然后回到“名称空间编辑器”窗口，单击“关闭”按钮。

08 此时，“大纲视图”面板中的文件名称不再带有前缀，并依次双击对象，修改对象的名称，然后选择所有的对象，按Ctrl+G快捷键进行打组，再双击组名，将其名称更改为all，如图 6-12 所示。

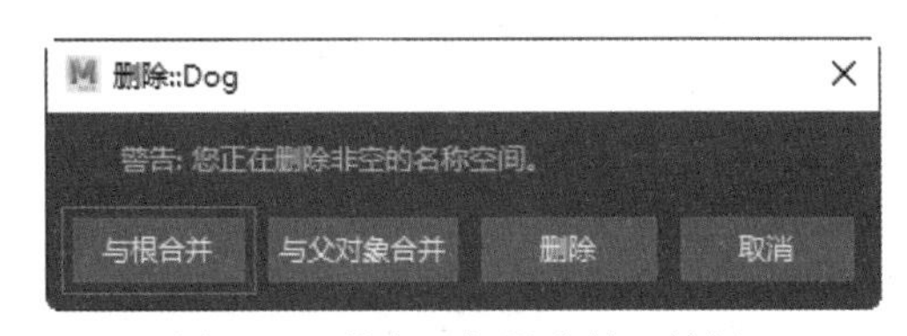

图 6-11 单击“与根合并”按钮

图 6-12 打组并修改组名

09 在菜单栏中选择UV|“UV编辑器”命令，如图 6-13 所示。

10 打开“UV编辑器”窗口，即可看到导入的模型文件已经完成UV的拆分与整合操作，结果如图 6-14 所示。

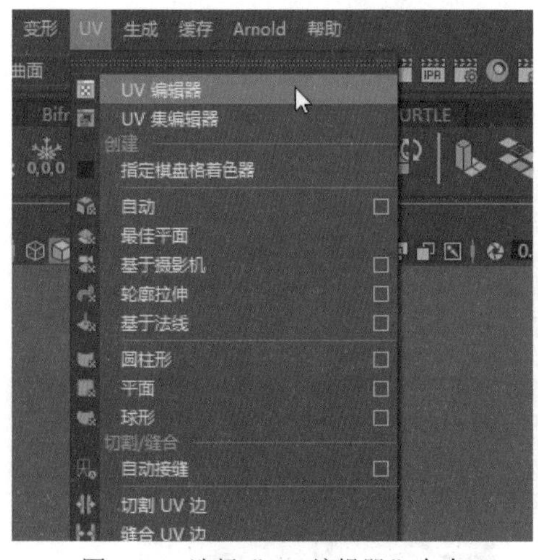

图 6-13　选择“UV 编辑器”命令

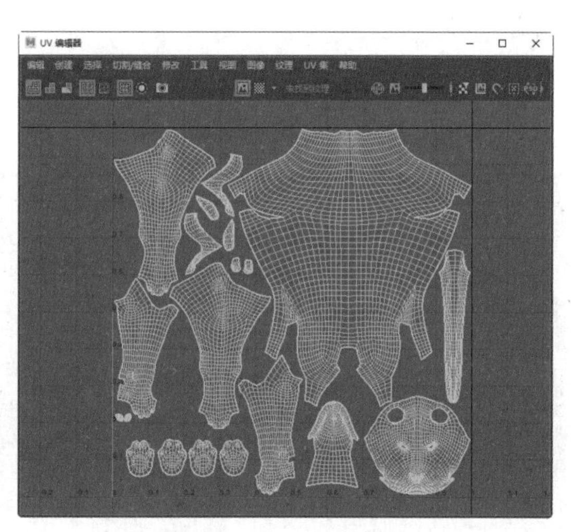

图 6-14　UV 显示结果

注意

在创建 XGen 毛发之前，用户需要正确地展开并摆放模型的 UV。XGen 通过 UV 来确定毛发的分布和方向，如果 UV 不正确，可能会导致毛发分布不均匀或者方向错误。确保 UV 没有重叠或交叉，重叠的 UV 会导致毛发分布不均匀。此外，毛发的长度和密度会受到 UV 比例的影响，因此，UV 的比例要与模型的比例相匹配。

11 在“大纲视图”面板中选择dog对象，然后在“属性编辑器”面板中选择_lambert2SG1选项卡，在“公用材质属性”卷展栏中，单击“颜色”选项右侧的▣按钮，如图 6-15 所示。

12 打开“创建渲染节点”窗口，选择“文件”选项，在“文件属性”卷展栏中，单击“图像名称”文本框右侧的▣按钮，如图 6-16 所示。

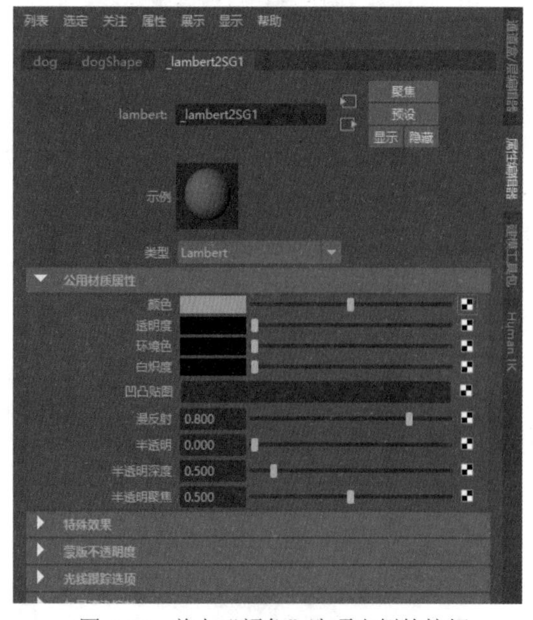

图 6-15　单击“颜色”选项右侧的按钮

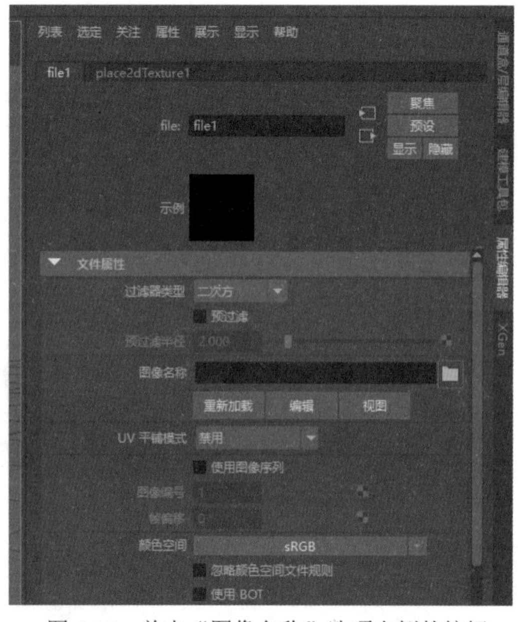

图 6-16　单击“图像名称”选项右侧的按钮

13 打开“打开”对话框，选择“RGB.png”贴图文件，然后单击“打开”按钮，如图 6-17 所示。

14 按 6 键，模型的贴图显示结果如图 6-18 所示，然后按 5 键切换到实体显示模式。

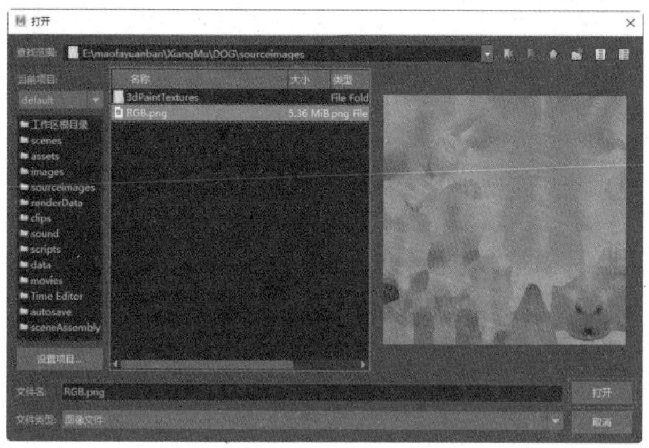

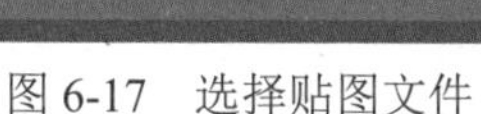
图 6-17　选择贴图文件

图 6-18　贴图显示结果

15 选择狗的身体模型，在菜单栏中选择“生成”|“XGen编辑器”命令，如图 6-19 所示。

16 在XGen面板中单击“创建新描述”按钮，如图 6-20 所示。

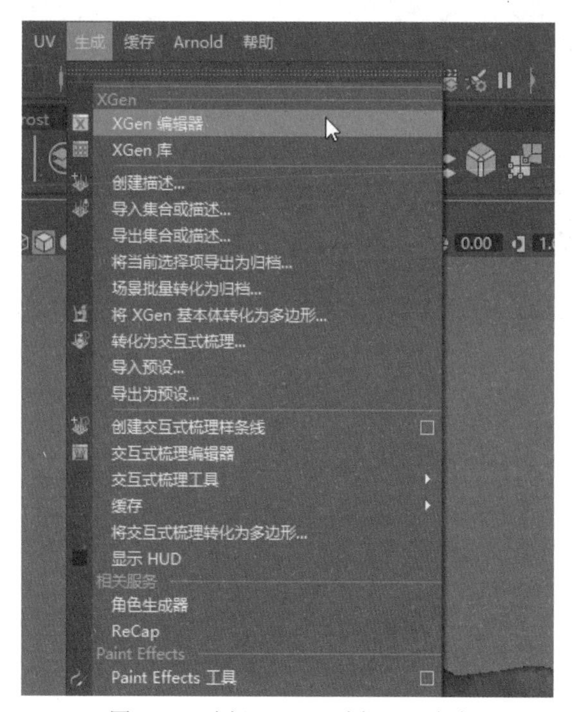

图 6-19　选择“XGen 编辑器”命令

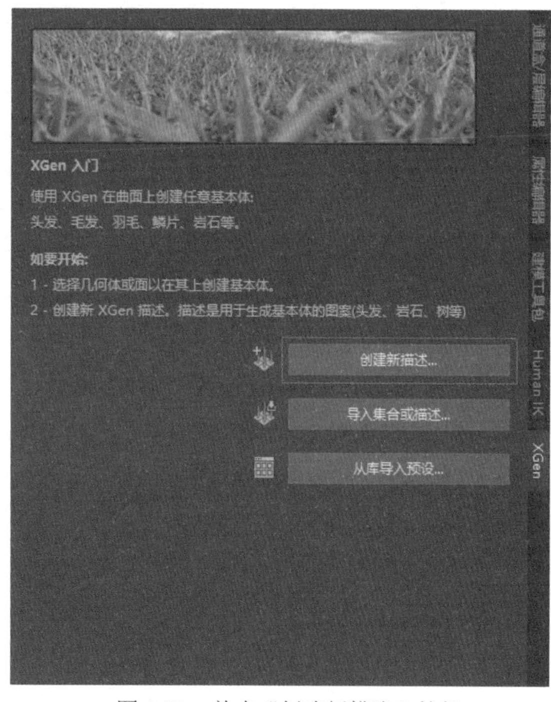

图 6-20　单击“创建新描述”按钮

17 打开“创建XGen描述”对话框，在“新的描述名称”文本框中输入Dog，在“创建新集合并命名为”文本框中输入maofa，单击“可梳理样条线(用于短头发、毛发、草等)”单选按钮，然后单击“创建”按钮，如图 6-21 所示。

18 在XGen面板中，展开“设置”卷展栏，设置“密度”文本框中的数值为3.5，然后单击“插值”单选按钮，设置“长度”文本框中的数值为8，然后展开“笔刷”卷展栏，单击“方向”按钮，如图 6-22 所示。

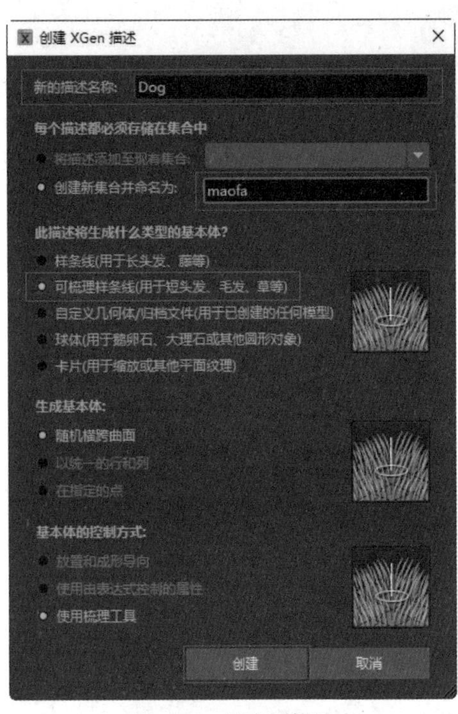

图 6-21　创建新描述

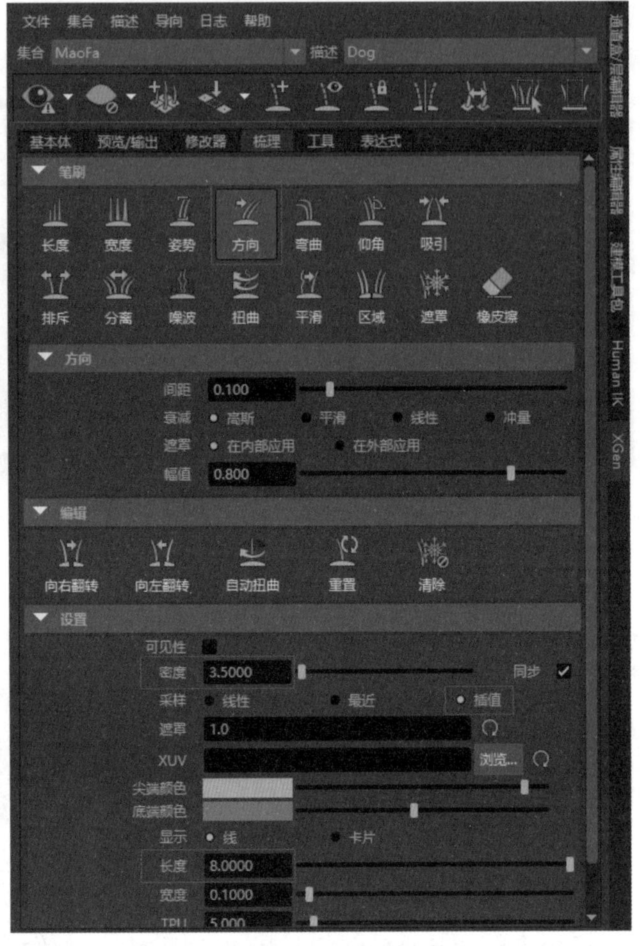

图 6-22　设置笔刷参数

19 此时鼠标光标变成笔刷的样式，在场景中拖曳鼠标，梳理狗的毛发的方向，结果如图 6-23 所示，按B键加左键，左右拖曳可以调整笔刷的大小。

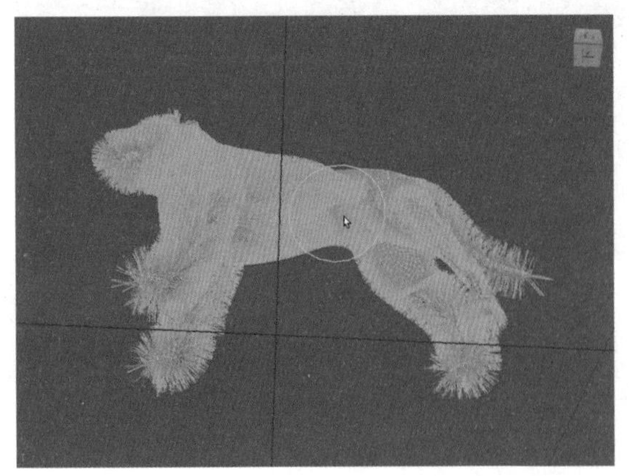

图 6-23　梳理狗的毛发的方向

20 展开“编辑”卷展栏，单击“向右翻转”按钮，如图 6-24 所示，即可将左侧梳理好的毛发走向镜像到右侧。

21 展开“笔刷”卷展栏，单击“仰角”按钮，展开“仰角”卷展栏，设置“度”文本框中的数值为 1，设置“目标角度”文本框中的数值为 30，如图 6-25 所示。

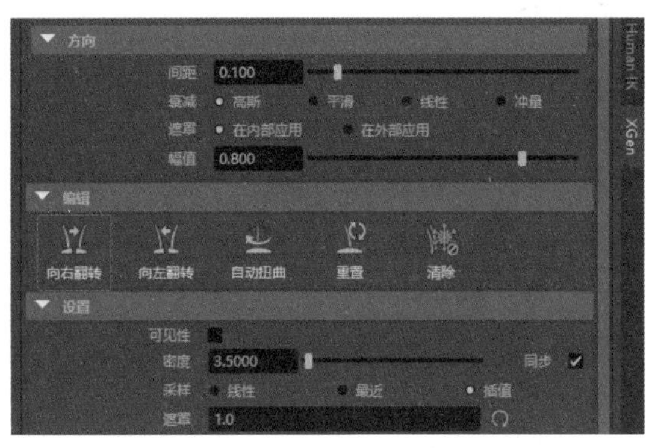

图 6-24　单击“向右翻转”按钮

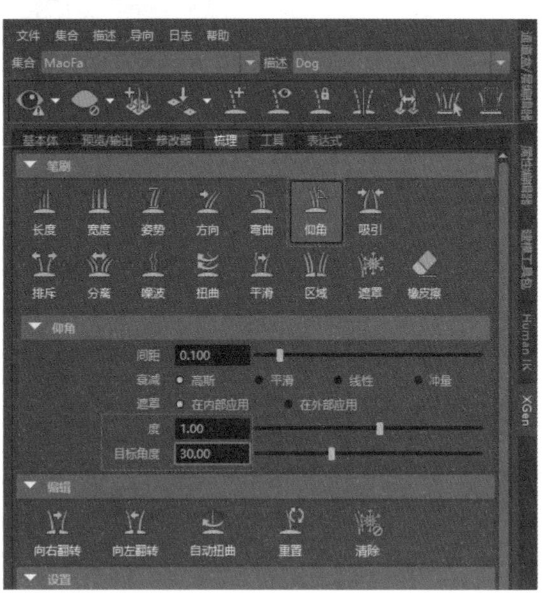

图 6-25　设置笔刷参数

注 意

用户在梳理毛发时需要注意模型的方向，确认毛发翻转的方向是否正确，并且在制作毛发时，尽量避免按 Ctrl+Z 快捷键进行退回上一步操作，否则 Maya 会存在崩溃的可能。

22 拖曳鼠标，梳理毛发的角度，如图 6-26 所示，然后展开“编辑”卷展栏，单击“向右翻转”按钮。

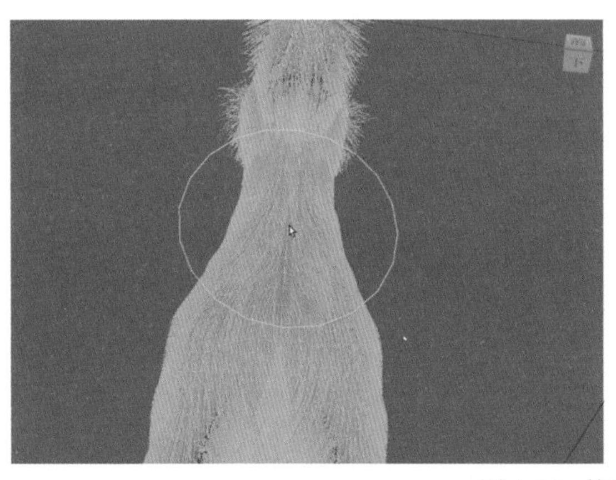

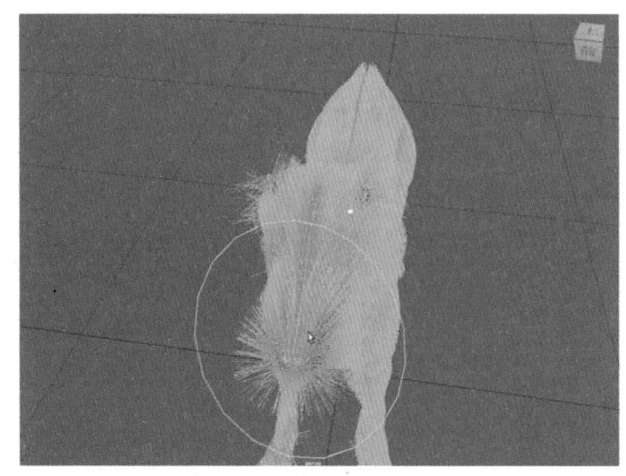

图 6-26　梳理毛发的角度

23 展开“笔刷”卷展栏，单击“长度”按钮，展开“长度”卷展栏，设置“增量”文本框中的数值为-0.1，设置“目标长度”文本框中的数值为 2，如图 6-27 所示。

24 在毛发过长的区域，拖曳鼠标调整毛发的长度，如图 6-28 所示，然后展开“编辑”卷展栏，单击“向右翻转”按钮。

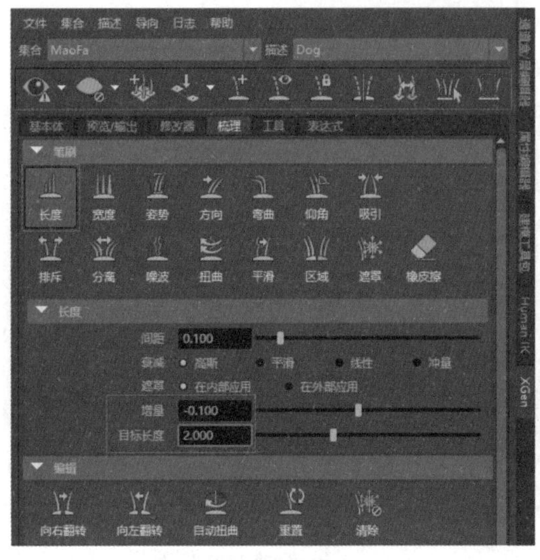

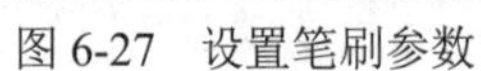

图 6-27 设置笔刷参数

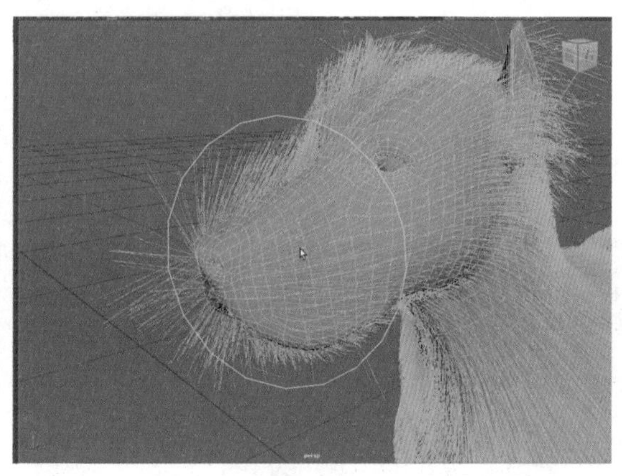

图 6-28 调整毛发的长度

25 在XGen编辑器工具栏中单击“更新XGen预览”按钮，如图 6-29 所示。

26 此时即可显示由当前属性设置所生成的毛发基本效果，如图 6-30 所示。

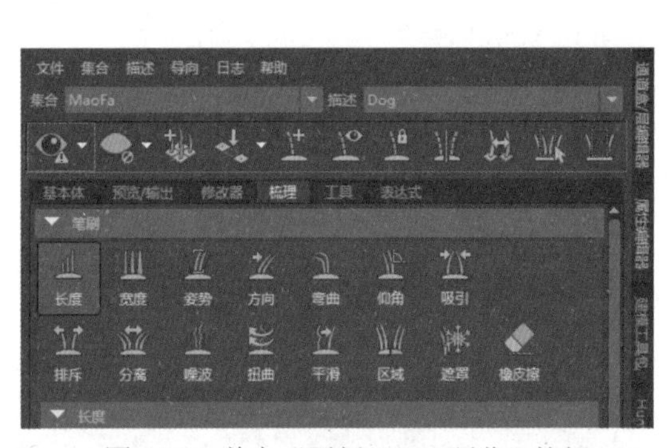

图 6-29 单击“更新 XGen 预览”按钮

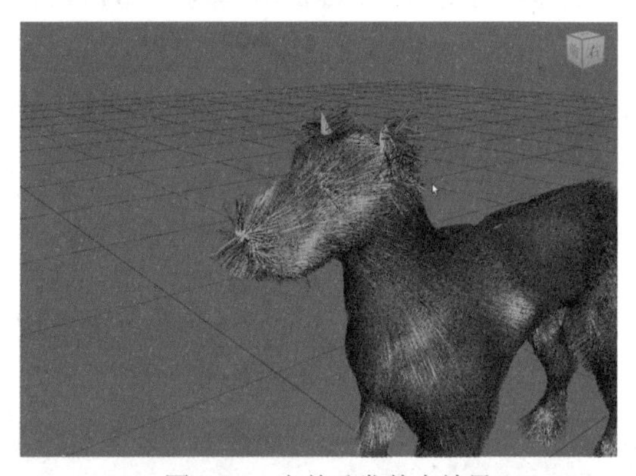

图 6-30 当前毛发基本效果

27 展开“设置”卷展栏，单击“可见性”复选框，如图 6-31 所示。

28 此时即可显示样条线，如图 6-32 所示。

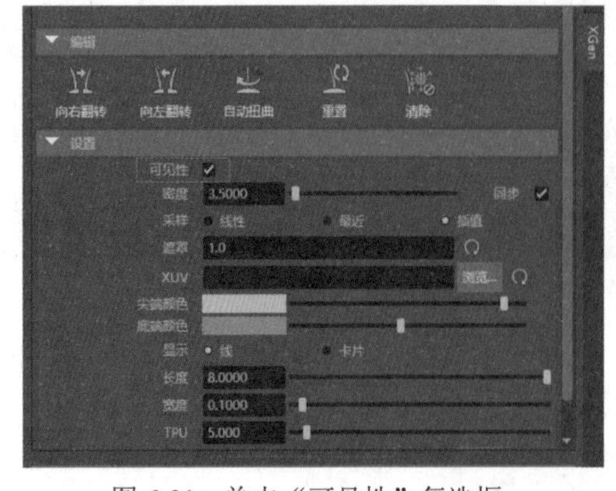

图 6-31 单击“可见性”复选框

图 6-32 显示样条线

29 展开“笔刷”卷展栏，单击“平滑”按钮，然后展开“平滑”卷展栏，设置“间距”文本框中的数值为0.1，设置“长度”“方向”和“弯曲”文本框中的数值均为0.2，如图6-33所示。

30 在需要平滑毛发的区域，拖曳鼠标梳理毛发，如图6-34所示。

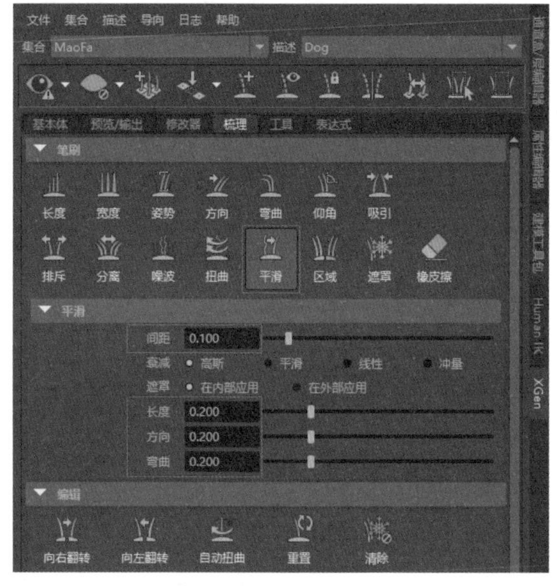

图6-33　设置笔刷参数

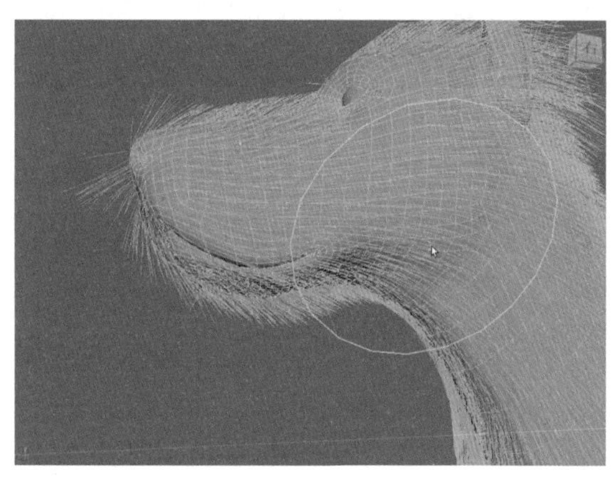

图6-34　梳理毛发

31 展开“设置”卷展栏，单击“可见性”复选框，取消使用该选项，然后在状态行中单击“对称”按钮的下拉按钮，从弹出的下拉列表中选择“对象X”命令，如图6-35左图所示，然后选择如图6-35右图所示的面。

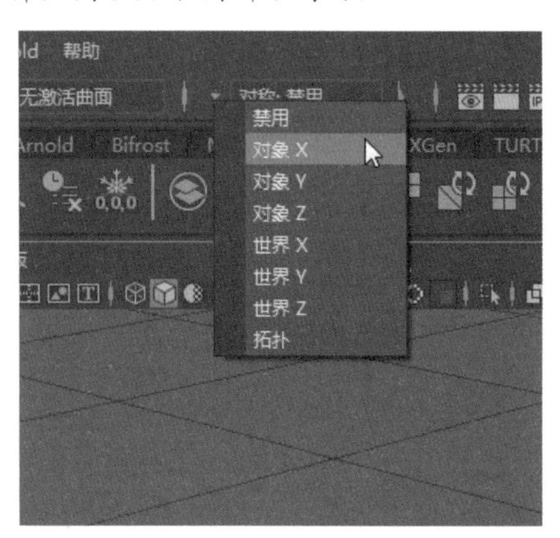

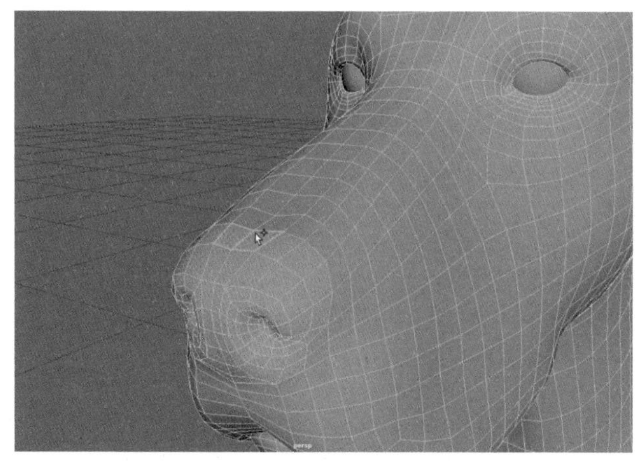

图6-35　使用对称并选择面

32 在XGen编辑器工具栏中单击“将选定面附加到当前的XGen描述绑定”的下拉按钮，从弹出的快捷菜单中选择“移除选定面”命令，如图6-36所示。

33 展开“设置”卷展栏，单击“可见性”复选框，显示出样条线，此时，用户可以看到模型上被选中的鼻子部位的面上将不产生毛发，如图6-37所示。

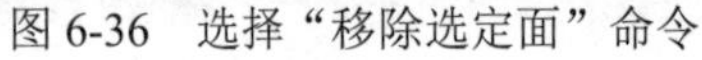
图 6-36　选择“移除选定面”命令

图 6-37　显示出样条线

34 按照步骤31的方法，选择耳朵和眼眶部位的面，如图6-38所示。

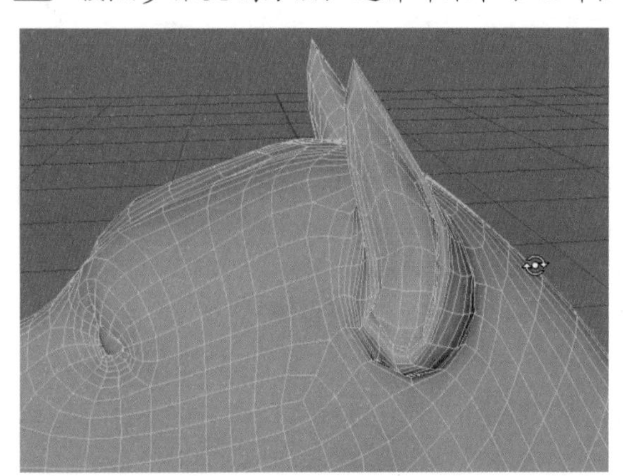

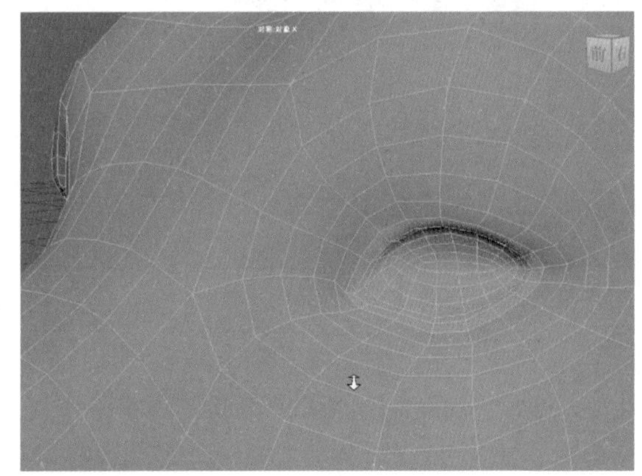

图 6-38　选择耳朵和眼眶部位的面

35 继续选择狗的嘴唇、前肢和后肢的足底部位的面，如图6-39所示。

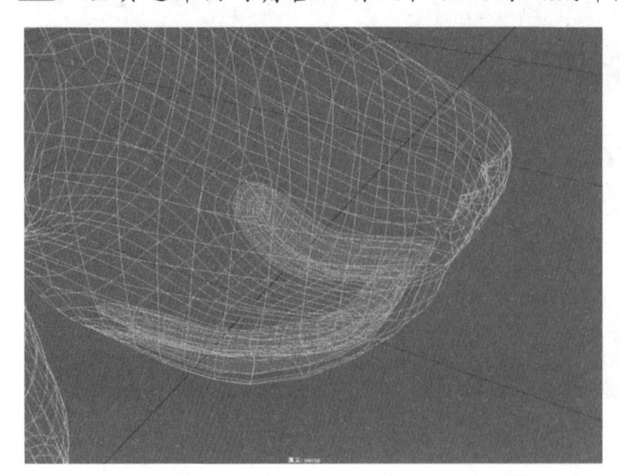

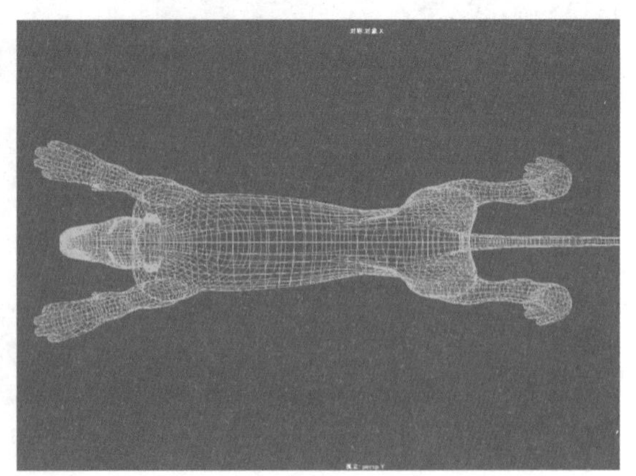

图 6-39　继续选择面

36 按照步骤32的方法，移除被选中的面上的毛发，结果如图6-40所示。

37 展开“笔刷”卷展栏，单击“弯曲”按钮，然后展开“弯曲”卷展栏，设置“间距”文本框中的数值为0.1，设置“幅值”文本框中的数值为0.8，结果如图6-41所示。

图 6-40　移除毛发

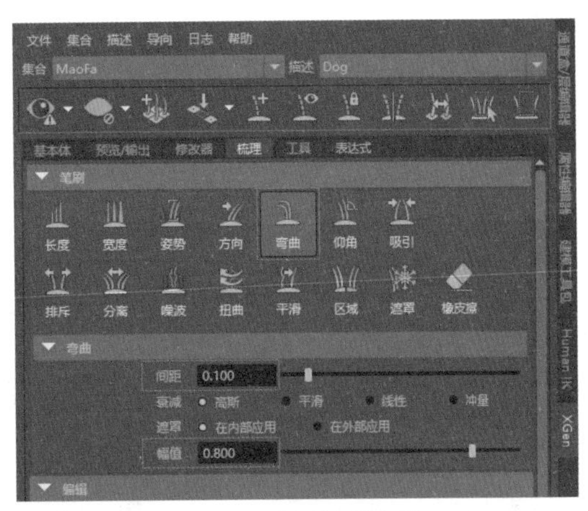

图 6-41　设置笔刷参数

38 单击并拖曳鼠标，梳理狗的毛发，结果如图 6-42 所示。

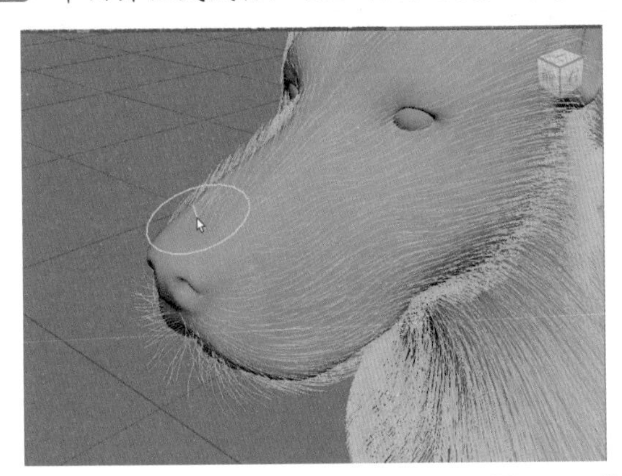

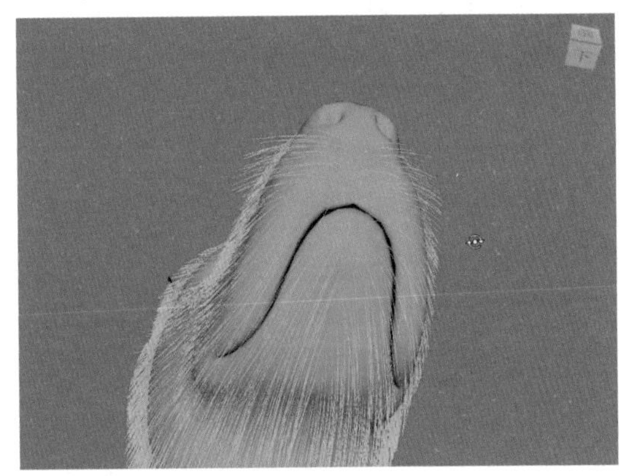

图 6-42　继续梳理毛发

39 展开“笔刷”卷展栏，单击“姿势”按钮，然后展开“姿势”卷展栏，设置“间距”文本框中的数值为 0.1，设置“方向”和“弯曲”文本框中的数值均为 0.5，结果如图 6-43 所示。

40 在需要平滑毛发的区域，拖曳鼠标梳理毛发，如图 6-44 所示。

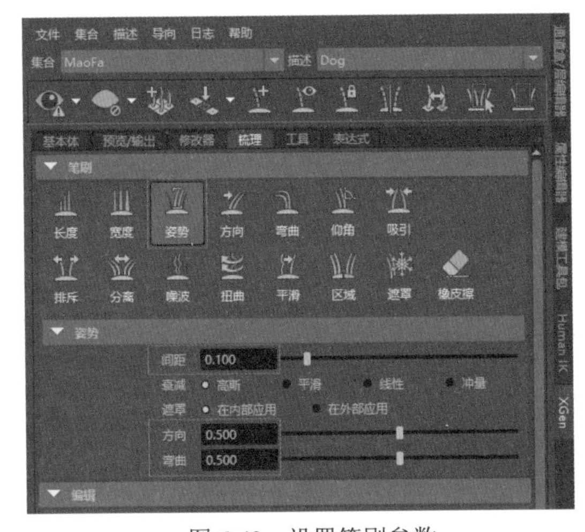

图 6-43　设置笔刷参数

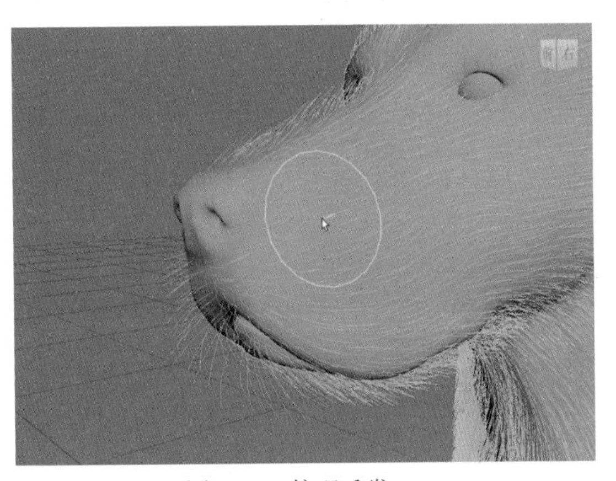

图 6-44　梳理毛发

41 在XGen编辑器工具栏中单击“更新XGen预览”按钮，观察毛发的效果，如图6-45所示。

42 确认毛发的大体走向后，单击“清除XGen预览”按钮，如图6-46所示，关闭预览效果。

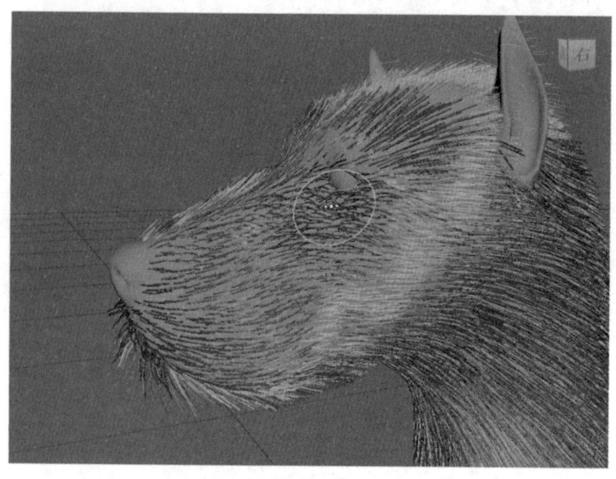

图6-45　观察毛发的效果

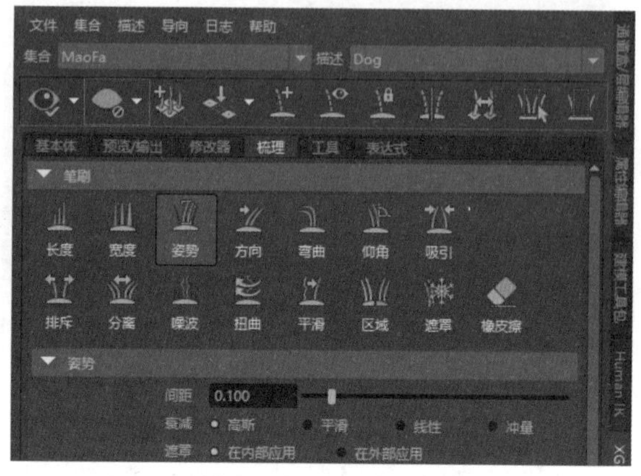

图6-46　关闭预览效果

43 展开“笔刷”卷展栏，单击“吸引”按钮，然后展开“吸引”卷展栏，设置“间距”文本框中的数值为0.1，设置“幅值”文本框中的数值为0.9，如图6-47所示。

44 在需要吸引毛发的区域，拖曳鼠标梳理毛发，如图6-48所示，被选中的毛发将呈现出向中心聚拢的效果。

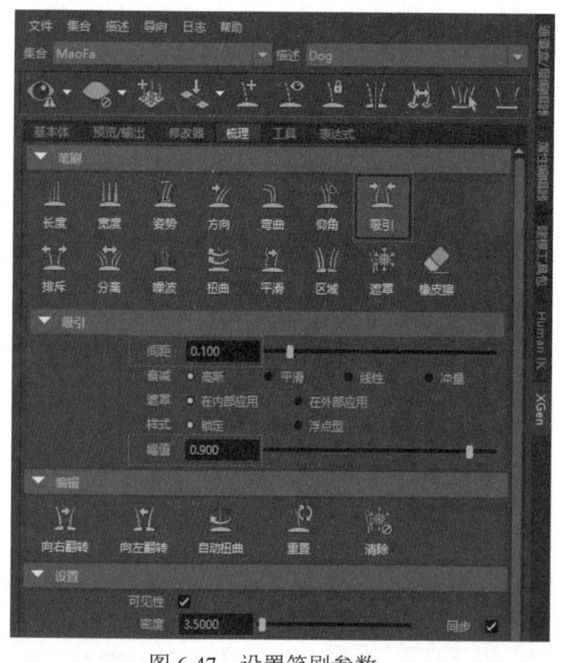

图6-47　设置笔刷参数

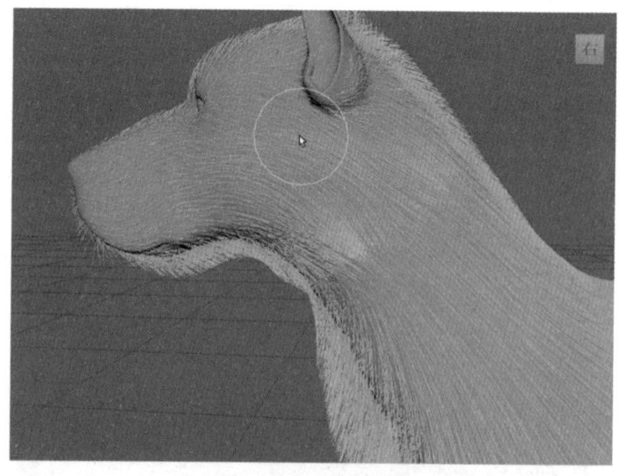

图6-48　梳理毛发

45 按照步骤37到步骤40的方法，继续单击并拖曳鼠标，梳理狗头部左侧的毛发，结果如图6-49所示。

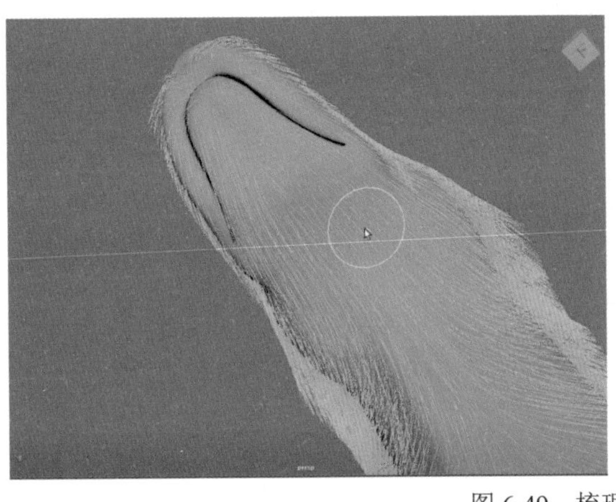
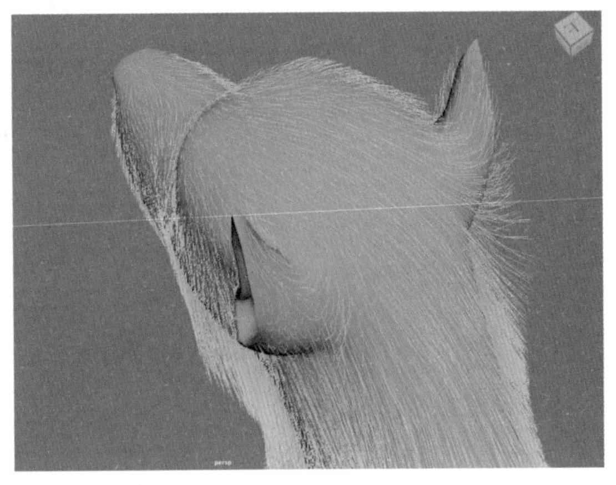

图 6-49　梳理狗头部的毛发

46 梳理狗左侧的颈部毛发，结果如图 6-50 所示。

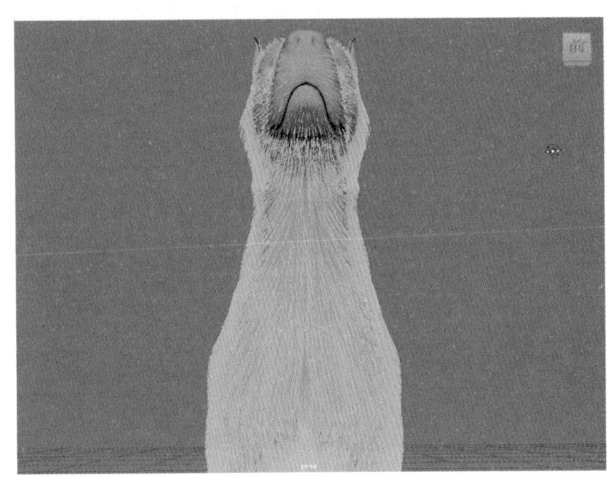

图 6-50　梳理狗左侧的颈部毛发

47 梳理狗左侧的躯干毛发，结果如图 6-51 所示。

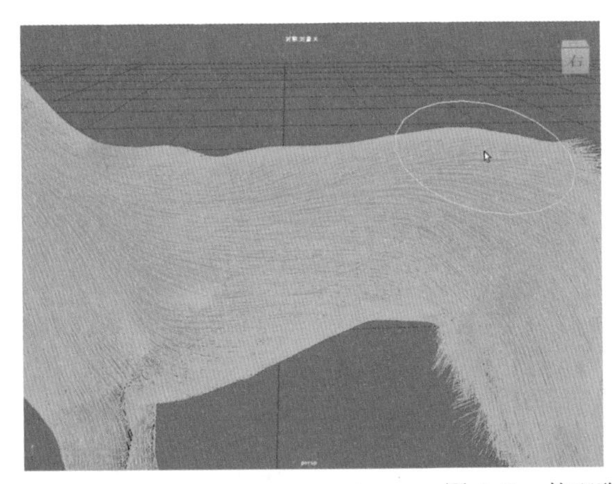
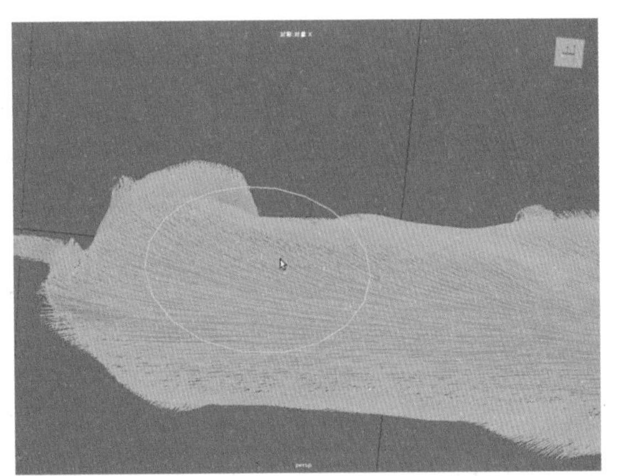

图 6-51　梳理狗左侧的躯干毛发

48 梳理狗左侧的腹部毛发，结果如图 6-52 所示。

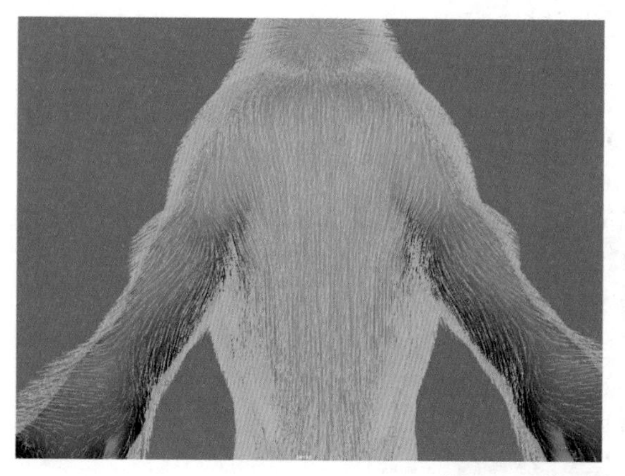
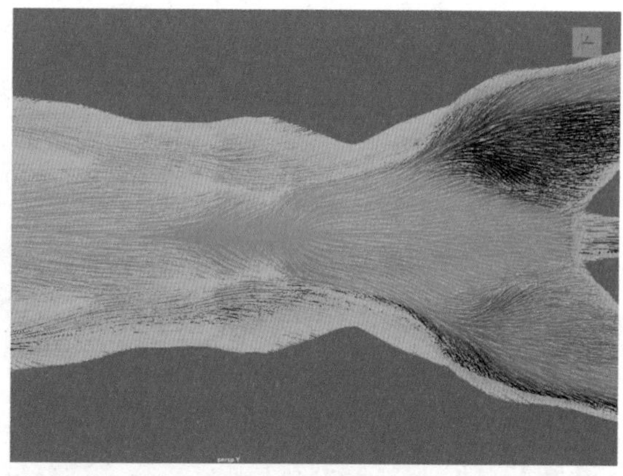

图 6-52　梳理狗左侧的腹部毛发

49 梳理狗左侧的腿部和尾巴毛发，结果如图 6-53 所示。

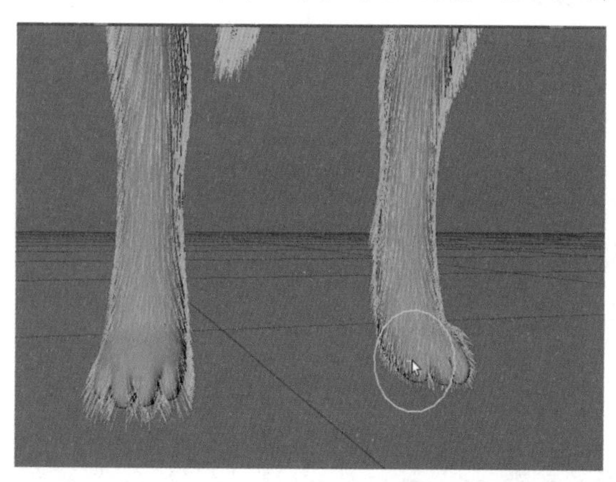
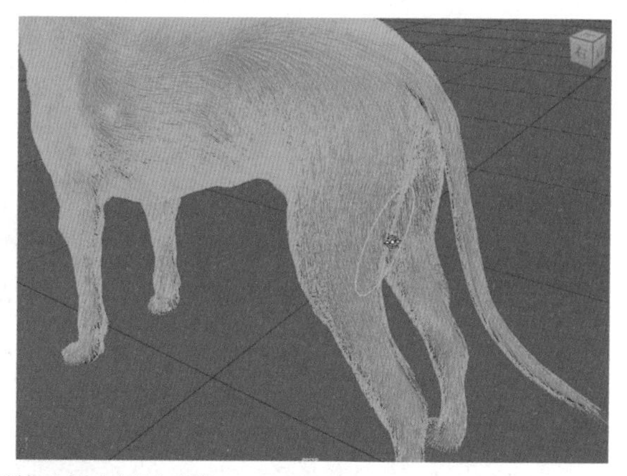

图 6-53　梳理狗左侧的腿部和尾巴毛发

50 完成梳理后，在“XGen编辑器”面板中选择“基本体”选项卡，展开“生成器属性”卷展栏，在“密度”文本框中输入数值 20，如图 6-54 所示。

51 在XGen编辑器工具栏中单击“更新XGen预览”按钮，狗的毛发显示结果如图 6-55 所示。

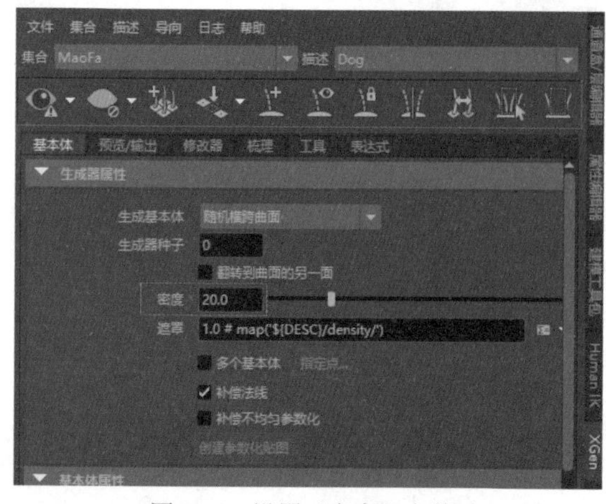

图 6-54　设置“密度”参数

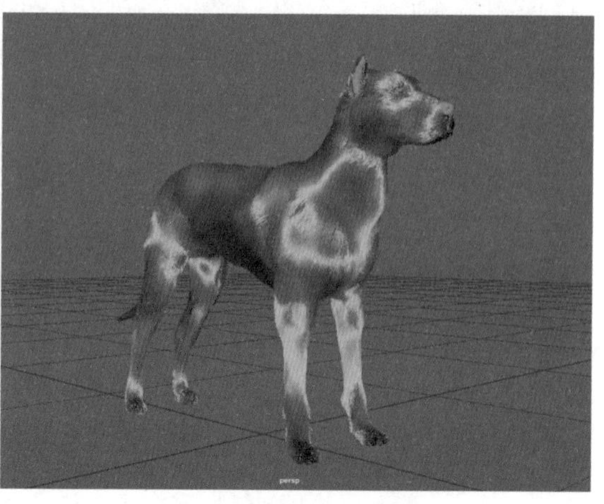

图 6-55　毛发显示结果

注意

密度数值会影响渲染时间，较高的密度值将增加对处理和渲染时间的需求。另外，密度数值还会对渲染质量产生影响。较高的密度值可以提供更多的细节和真实感，但过高的密度可能会导致渲染崩溃或出现其他渲染相关的问题。因此，用户需要评估场景的复杂性和计算能力，在保持模型毛发的视觉效果的同时，确保计算机系统能够处理所需的密度。

52 在XGen编辑器工具栏中单击“更新XGen预览”下拉按钮，从弹出的快捷菜单中选择“自动更新预览”命令，如图6-56所示，启用该功能，用户可以实时预览当前设置中所生成的基本体。

53 在“XGen编辑器”面板中选择“基本体”选项卡，展开“基本体属性”卷展栏，设置“宽度渐变”的曲线值，具体参数如图6-57所示。

图6-56 选择“自动更新预览”命令

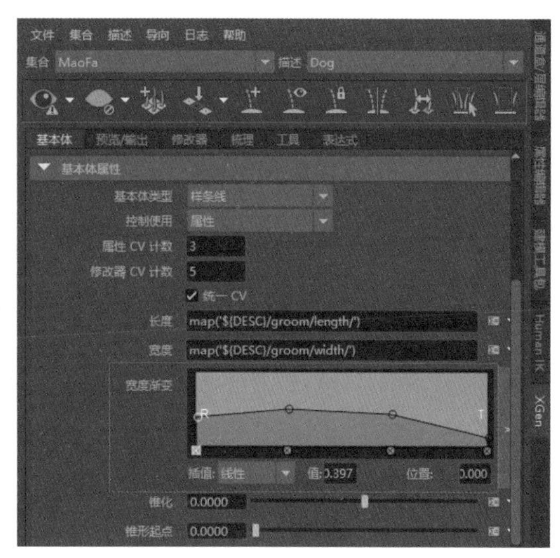

图6-57 设置“宽度渐变”的曲线值

54 此时即可制作出毛发宽度的渐变效果，如图6-58所示，然后展开“生成器属性”卷展栏，在“密度”文本框中输入30，继续增加毛发密度。

55 在“XGen编辑器”面板中选择“修改器”选项卡，展开“修改器”卷展栏，单击“添加新的修改器”按钮，如图6-59所示。

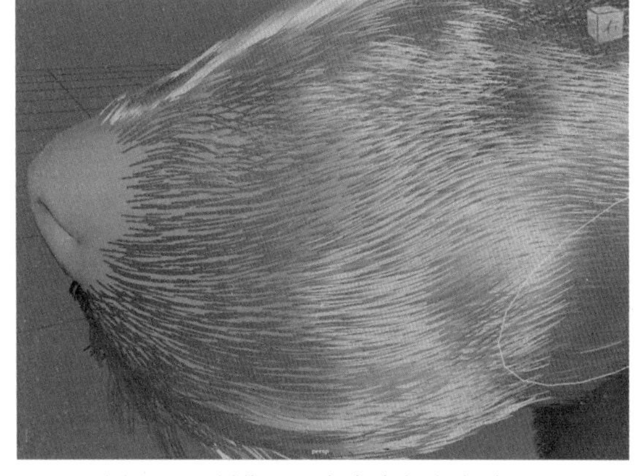

图6-58 制作出毛发宽度的渐变效果

图6-59 单击“添加新的修改器”按钮

56 打开“添加修改器窗口”对话框，单击“成束”按钮，然后单击“确定”按钮，如图6-60所示。

57 展开“成束修改器”卷展栏，单击“设置贴图”按钮，如图6-61所示。

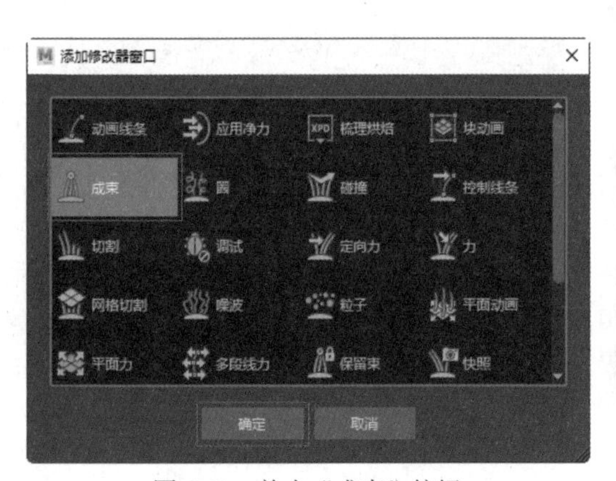

图6-60　单击“成束”按钮

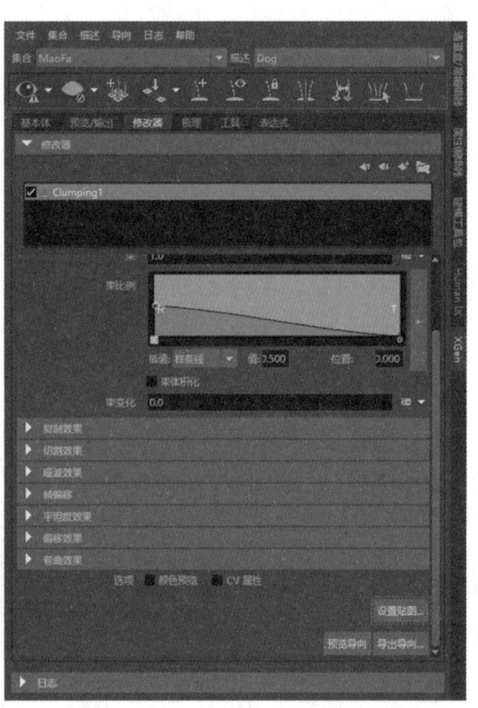

图6-61　单击“设置贴图”按钮

58 打开“生成成束贴图”对话框，设置“密度”文本框中的数值为0.5，单击“生成”按钮，然后单击“保存”按钮，如图6-62所示。

59 设置完成后，狗的毛发显示效果如图6-63所示。

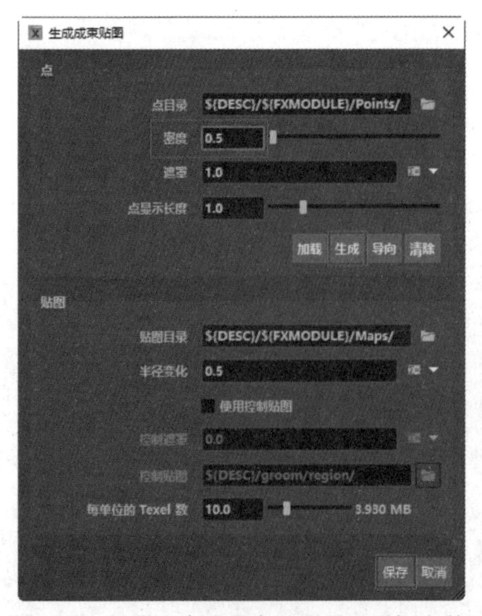

图6-62　设置“生成成束贴图”对话框参数

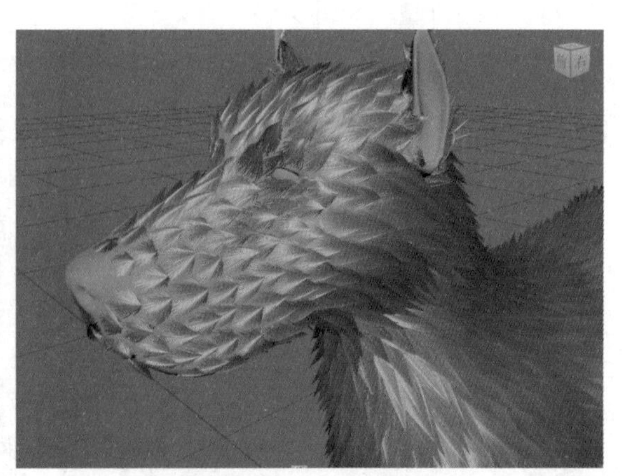

图6-63　毛发显示效果

60 展开“成束修改器”卷展栏，设置“遮罩”文本框中的数值为0.9，展开“束效果”卷展栏，设置“束”文本框中的数值为0.7，设置“束效果”的曲线值，具体参数如图6-64所示。

61 展开“复制效果”卷展栏，设置“复制”文本框中的数值为3，设置“束效果”的曲线值，然后展开“噪波效果”卷展栏，设置“噪波”文本框中的数值为2，设置“噪波比例”的曲线值，具体参数如图6-65所示。

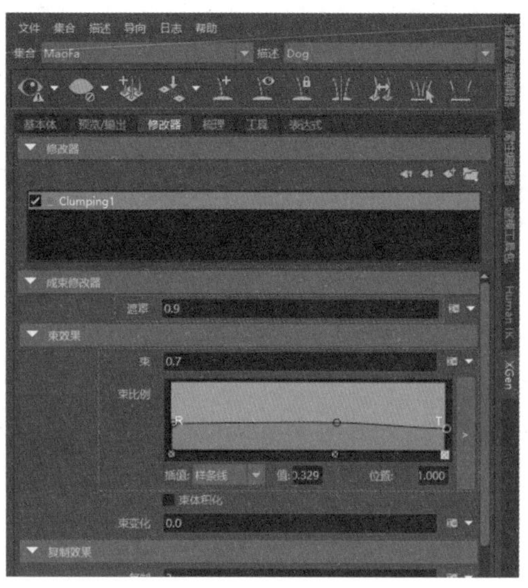

图 6-64　设置“成束修改器”卷展栏的参数

图 6-65　设置“束效果”和“噪波比例”的曲线值

62 按照步骤55到步骤56的方法，添加一个成束修改器，展开“成束修改器”卷展栏，单击“设置贴图”按钮，打开“生成成束贴图”对话框，设置“密度”文本框中的数值为0.2，单击“生成”按钮，然后单击“保存”按钮，如图6-66所示。

63 设置完成后，狗的毛发显示效果如图6-67所示。

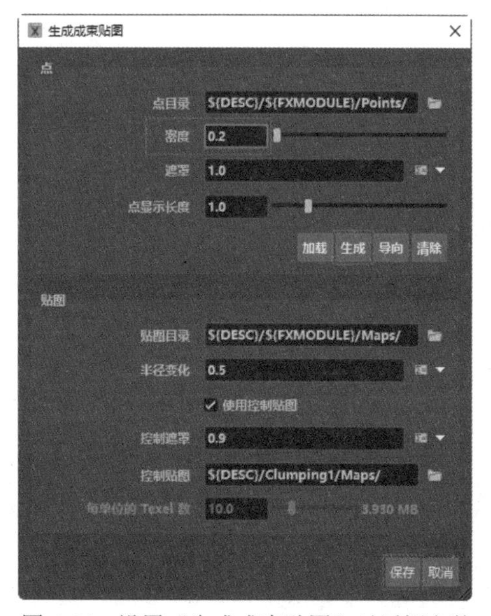

图 6-66　设置“生成成束贴图”对话框参数

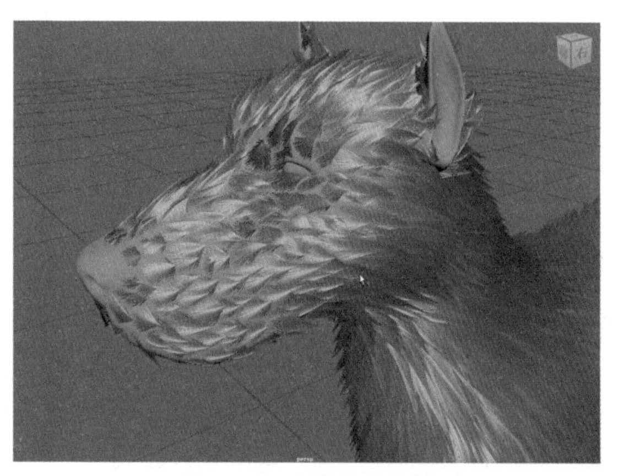

图 6-67　毛发显示效果

64 展开“束效果”卷展栏，设置“束效果”的曲线值，具体参数如图 6-68 所示。

65 展开“复制效果”卷展栏，设置“复制”文本框中的数值为 2，设置“复制比例”的曲线值，具体参数如图 6-69 所示。

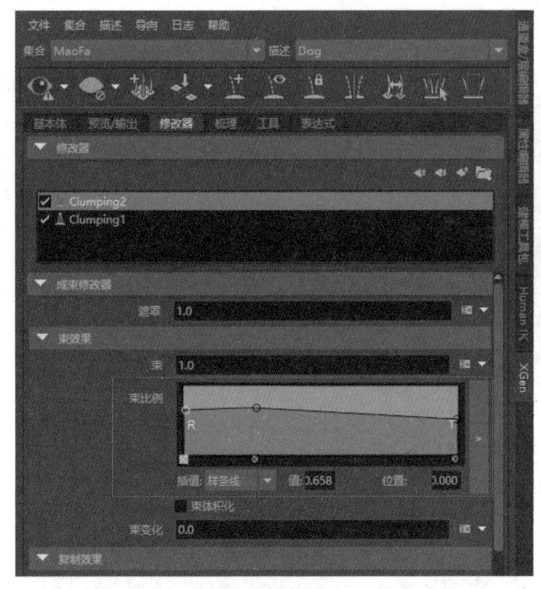

图 6-68　设置“束效果”的曲线值

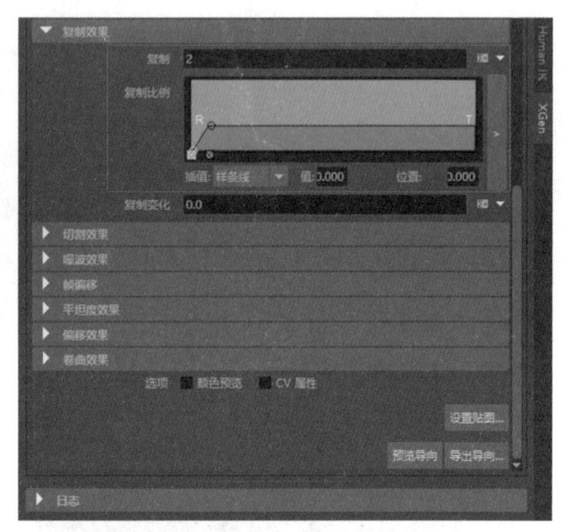

图 6-69　设置“复制比例”的曲线值

66 展开“修改器”卷展栏，单击“添加新的修改器”按钮，打开“添加修改器窗口”对话框，单击“圈”按钮，然后单击“确定”按钮，如图 6-70 所示。

67 展开“卷修改器”卷展栏，分别设置“计数比例”和“半径比例”的曲线值，具体参数如图 6-71 所示。

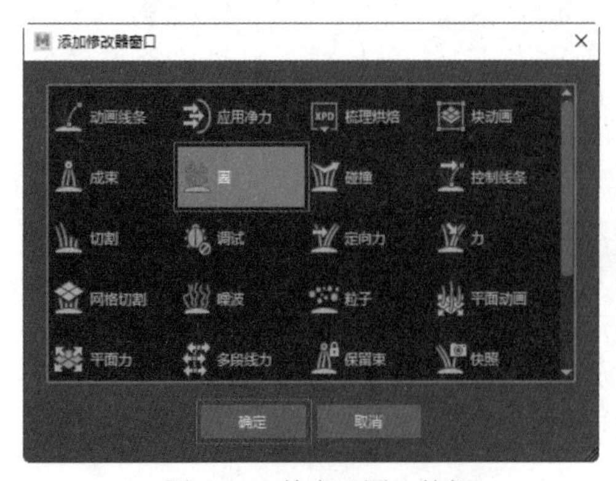

图 6-70　单击“圈”按钮

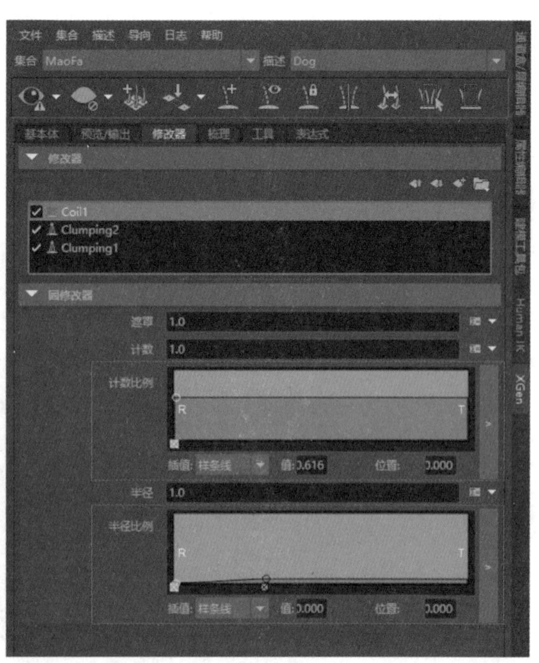

图 6-71　设置“计数比例”和“半径比例”的曲线值

68 在“修改器”卷展栏中，单击“添加新的修改器”按钮，打开“添加修改器窗口”对话框，单击“切割”按钮，然后单击“确定”按钮，如图 6-72 所示。

69 展开“切面修改器”卷展栏，在“数量”文本框中输入rand(0.0,1.8)，如图 6-73 所示。

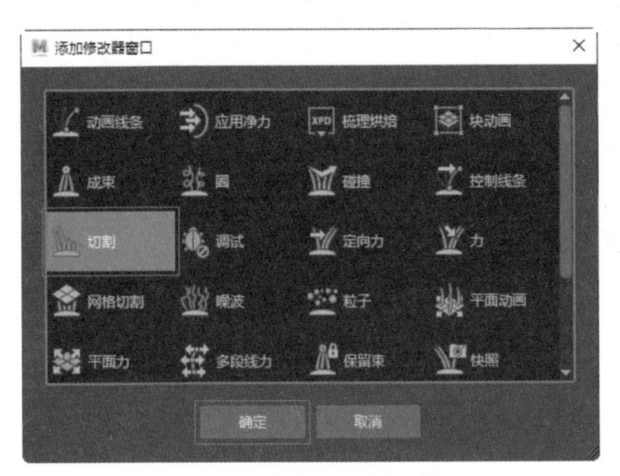

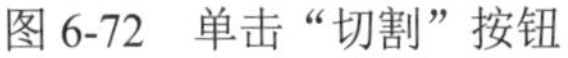
图 6-72　单击“切割”按钮

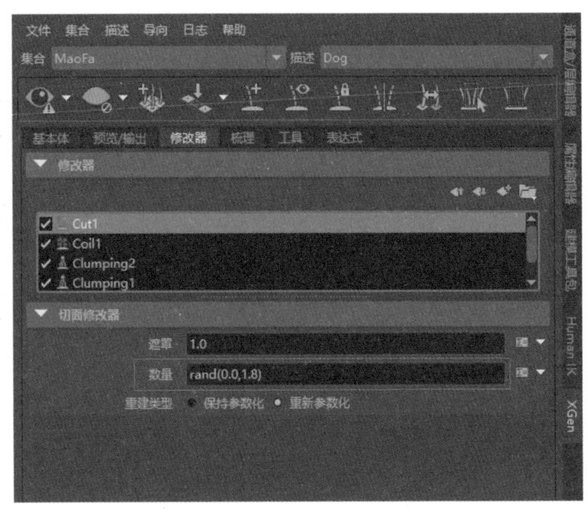

图 6-73　设置“数量”文本框参数

70 在“XGen编辑器”面板中选择“基本体”选项卡，展开“生成器属性”卷展栏，在“密度”文本框中输入50，如图 6-74 所示。

71 在XGen编辑器工具栏中单击“更新XGen预览”按钮，狗的毛发显示结果如图 6-75 所示。

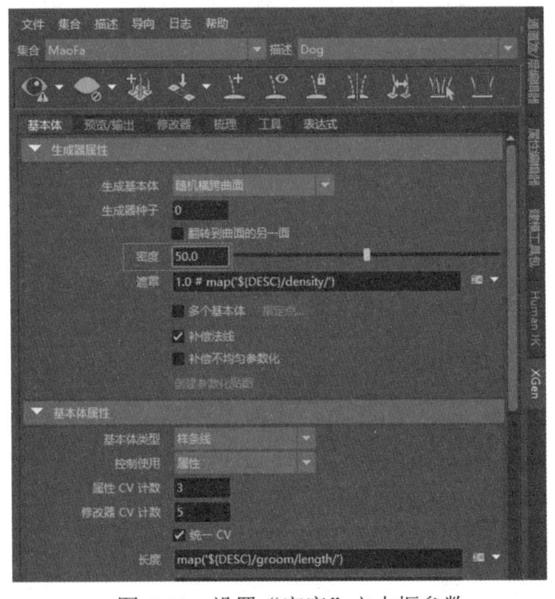

图 6-74　设置“密度”文本框参数

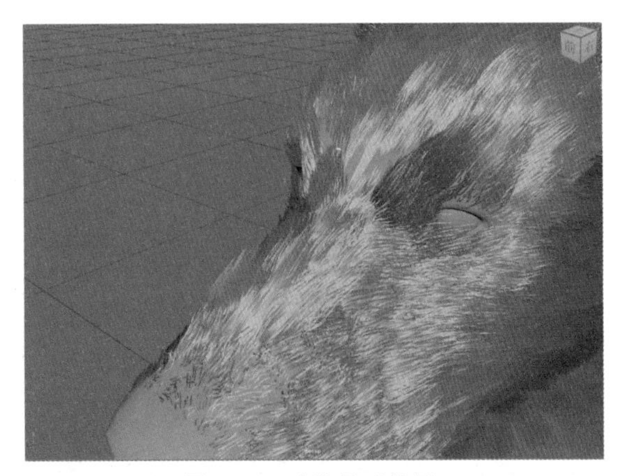

图 6-75　毛发显示结果

72 在“修改器”卷展栏中，单击“添加新的修改器”按钮，打开“添加修改器窗口”对话框，单击“噪波”按钮，然后单击“确定”按钮，如图 6-76 所示。

73 展开“噪波修改器”卷展栏，设置“幅值比例”的曲线值，具体参数如图 6-77 所示。

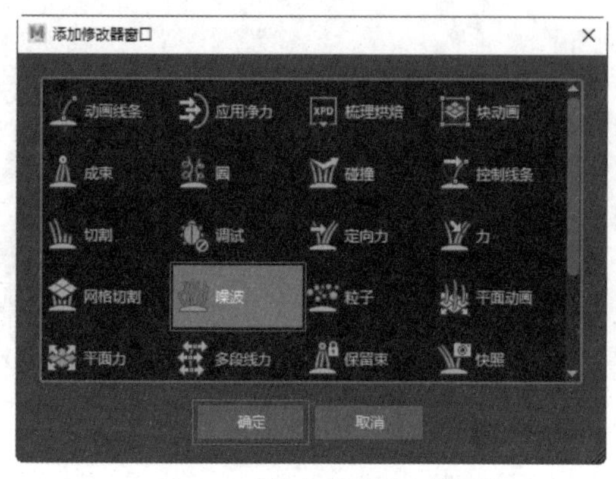

图 6-76　单击“噪波”按钮

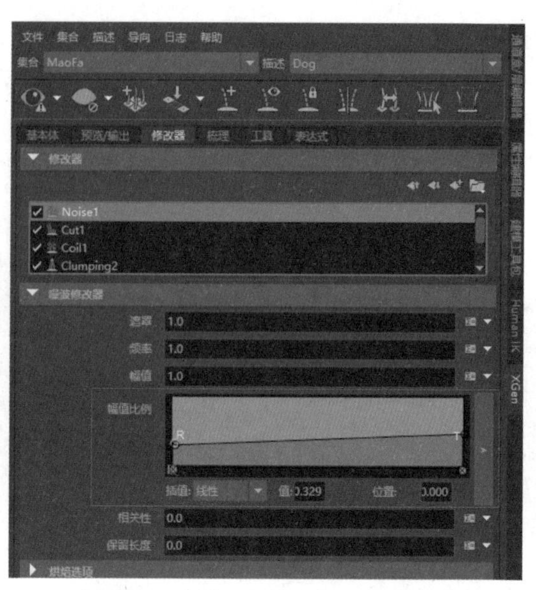

图 6-77　设置“幅值比例”的曲线值

74 在XGen编辑器工具栏中单击“更新XGen预览”按钮，狗的毛发显示结果如图 6-78 所示。

75 按照步骤 72 的方法，添加一个“成束”修改器，展开“修改器”卷展栏，单击“设置贴图”按钮，如图 6-79 所示。

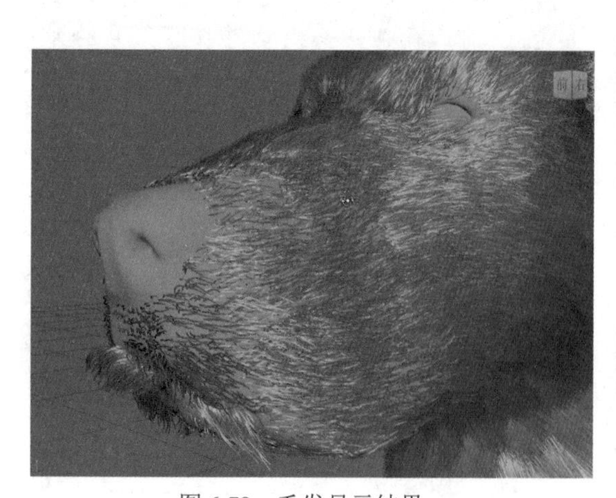

图 6-78　毛发显示结果

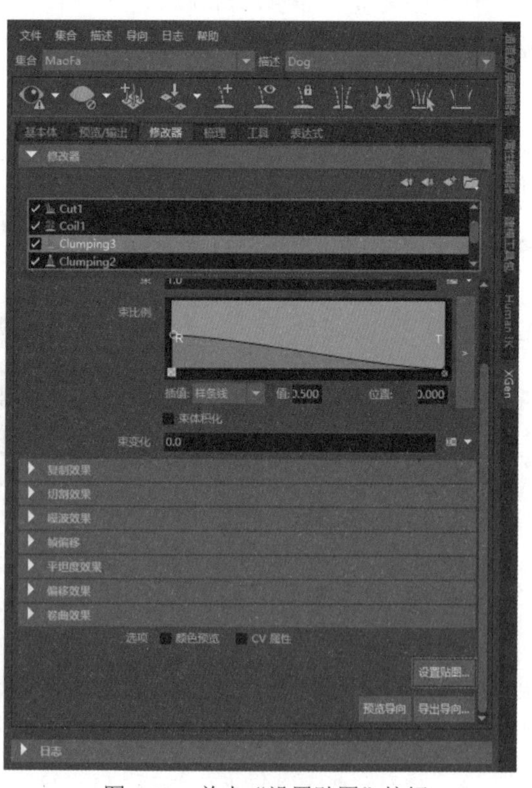

图 6-79　单击“设置贴图”按钮

76 打开“生成成束贴图”对话框，设置“密度”文本框中的数值为5.0，单击“生成”按钮，然后单击“保存”按钮，如图 6-80 所示。

77 在XGen编辑器工具栏中单击“更新XGen预览”按钮，狗的毛发显示结果如图 6-81 所示。

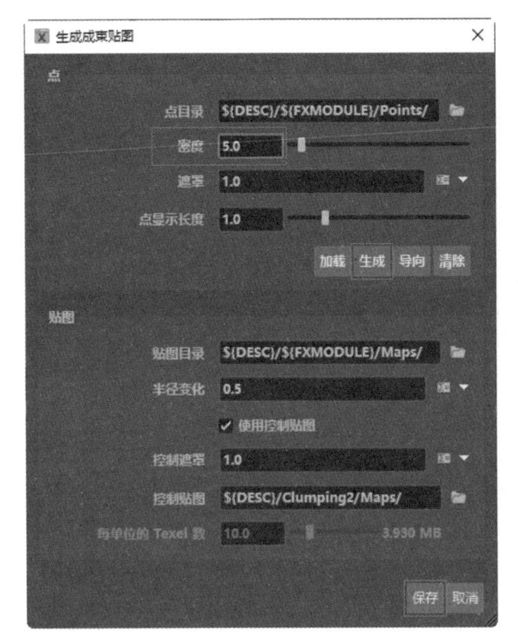

图 6-80　设置“生成成束贴图”对话框参数

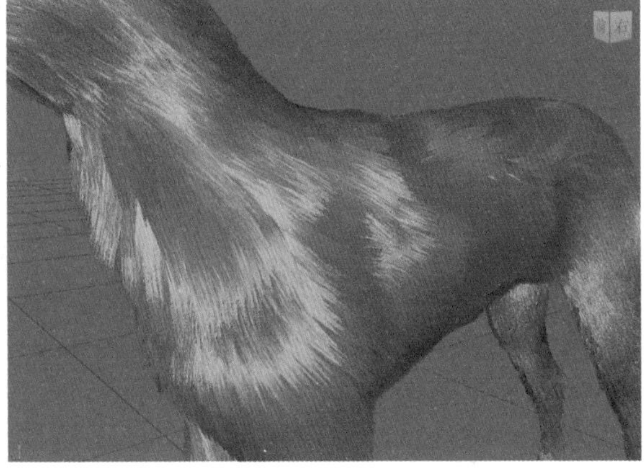

图 6-81　毛发显示结果

78 按照步骤 68 的方法，添加一个“切割”修改器，然后展开“切面修改器”卷展栏，在“数量”文本框中输入rand(0.0,0.5)，如图 6-82 所示。

79 按照步骤 72 的方法，添加一个“噪波”修改器，然后展开“噪波修改器”卷展栏，在“噪值”文本框中输入 1，设置“噪波比例”的曲线值，具体参数如图 6-83 所示。

图 6-82　设置“数量”文本框参数

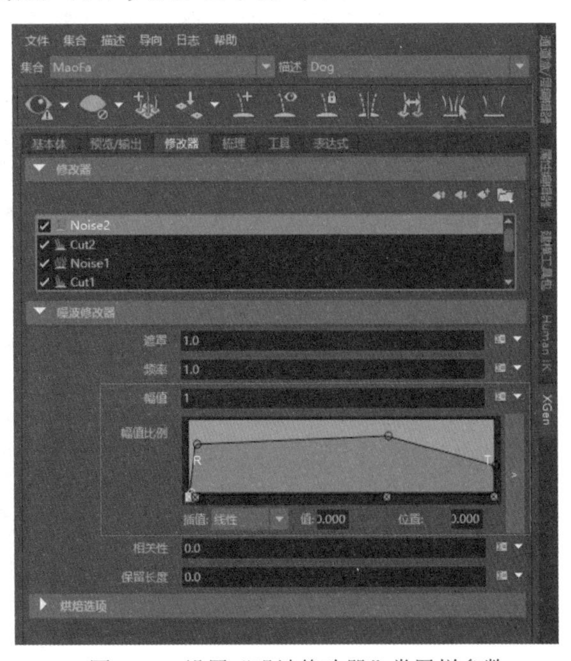

图 6-83　设置“噪波修改器”卷展栏参数

80 在“大纲视图”面板中展开MaoFa组，选择Dog对象，如图6-84所示。

81 在状态行中单击“显示Hypershade窗口”按钮，打开Hypershade窗口，在菜单栏中选择“编辑”|“从对象选择材质”命令，如图6-85所示。

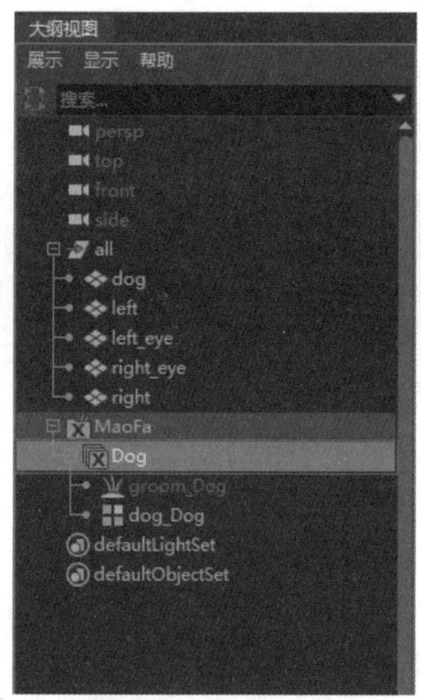

图 6-84　选择 Dog 对象

图 6-85　选择“从对象选择材质”命令

82 在“工作区”面板的工具栏中单击“输入和输出连接”按钮，即可显示出名为hairPhysicalShader1的材质节点。在“特性编辑器”面板中，展开“漫反射”卷展栏，设置“根颜色”为深灰色，设置“尖端颜色”为卡其色，如图6-86所示。

图 6-86　设置“根颜色”和“尖端颜色”属性

83 “根颜色”属性的具体参数如图6-87所示。

84 “尖端颜色”属性的具体参数如图 6-88 所示。

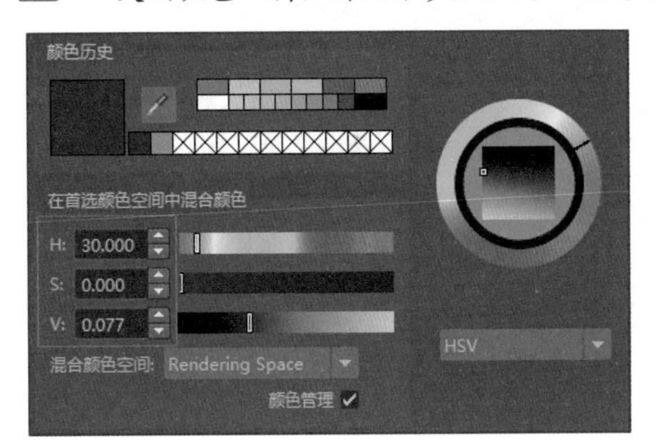

图 6-87　“根颜色”属性的具体参数

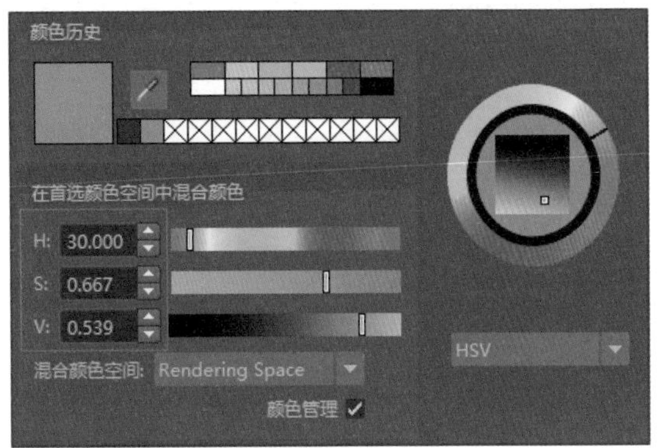

图 6-88　“尖端颜色”属性的具体参数

85 展开“主亮显”卷展栏，设置“主亮显颜色”属性为米色，如图 6-89 所示。

86 “主亮显颜色”属性的具体参数如图 6-90 所示。

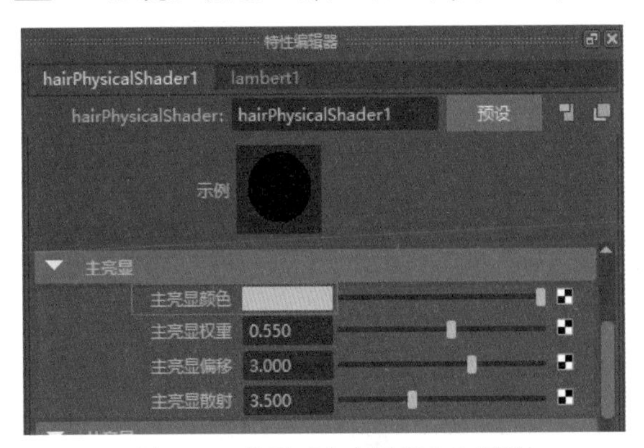

图 6-89　设置“主亮显颜色”属性

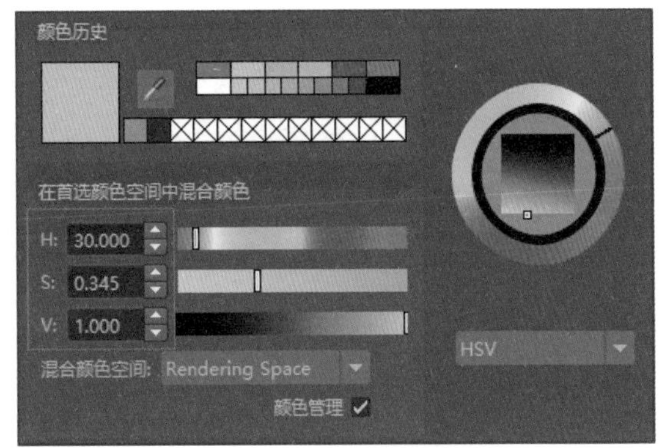

图 6-90　“主亮显颜色”属性的具体参数

87 展开“从亮显”卷展栏，设置“从亮显颜色”属性为橙色，如图 6-91 所示。

88 “从亮显颜色”属性的具体参数如图 6-92 所示。

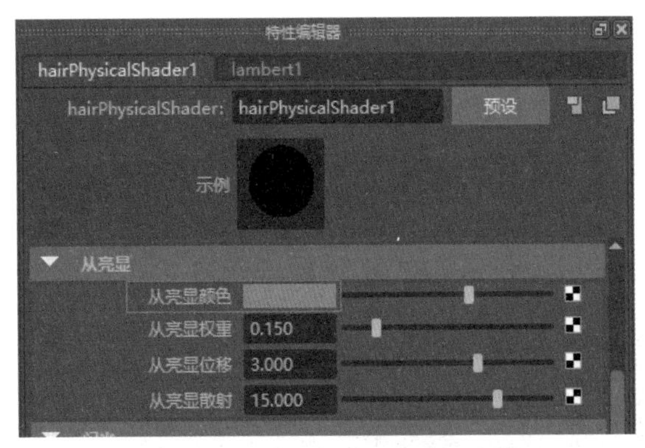

图 6-91　设置“从亮显颜色”属性

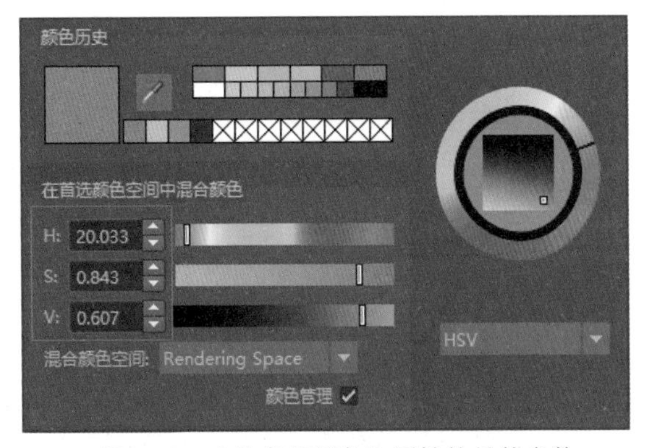

图 6-92　“从亮显颜色”属性的具体参数

89 设置完成后，狗的毛发颜色显示结果如图 6-93 所示。

90 在菜单栏中选择Arnold | Lights | Area Light命令，如图 6-94 所示。

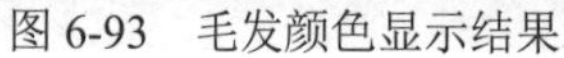

图 6-93　毛发颜色显示结果

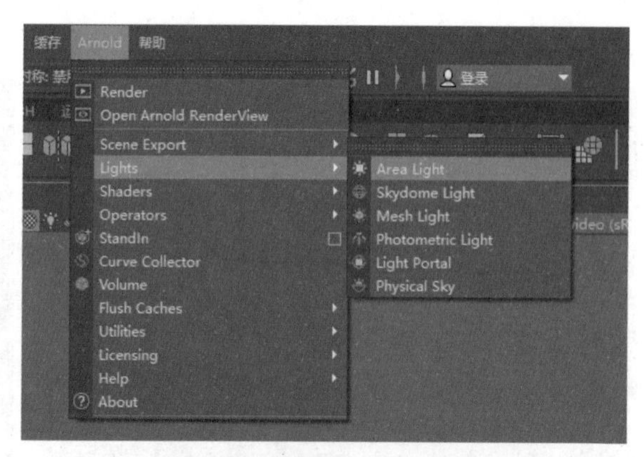

图 6-94　选择 Area Light 命令

91 调整阿诺德灯光的大小和方向，并将其移动至如图 6-95 所示的位置。

92 在“属性编辑器”面板中，选择aiAreaLightShape1选项卡，展开Arnold Area Light Attributes卷展栏，在Exposure文本框中输入10，如图 6-96 所示。

图 6-95　调整灯光位置

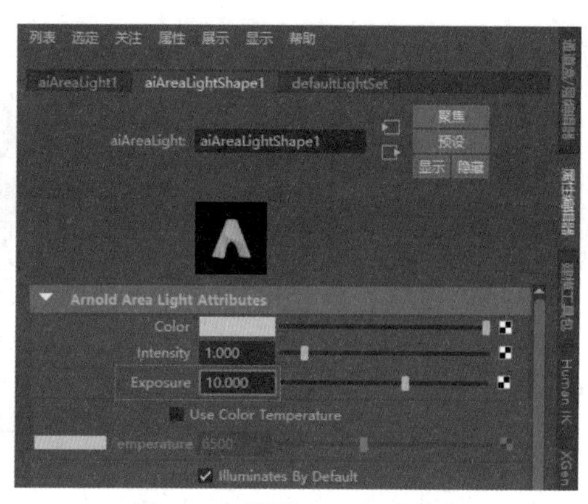

图 6-96　设置 Exposure 参数

93 在状态行中单击“打开渲染视图”按钮，如图 6-97 所示。

94 打开“渲染视图”窗口，在工具栏中单击“重做上一次渲染”按钮，渲染当前效果，结果如图 6-98 所示。

图 6-97　单击“打开渲染视图”按钮

图 6-98　渲染当前效果

95 按照步骤90到步骤92的方法，在场景中继续创建3个阿诺德灯光，如图6-99所示，并调整灯光的参数。

96 在菜单栏中选择“创建”|“摄影机”|“摄影机”命令，如图6-100所示，在场景中创建一架摄影机。

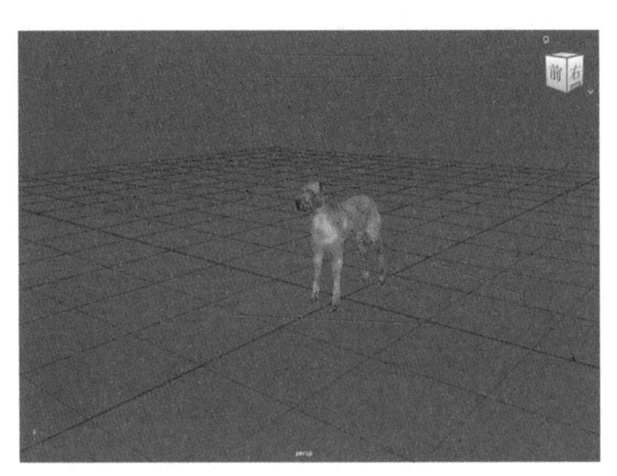

图 6-99　创建 3 个阿诺德灯光

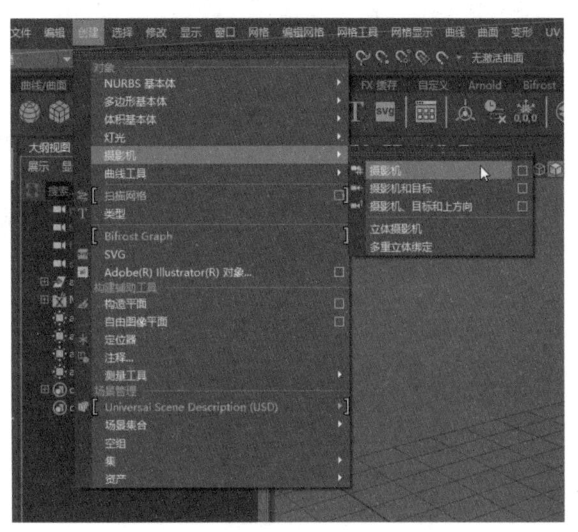

图 6-100　选择“摄影机”命令

97 在“视图”面板的面板菜单中选择“面板”|“透视”|camera1命令，如图6-101所示，切换到新建的摄影机视角中。

98 调整camera1视角，然后在面板工具栏中单击“分辨率门”按钮，即可显示出安全框，并确保模型在安全框之内，如图6-102所示。

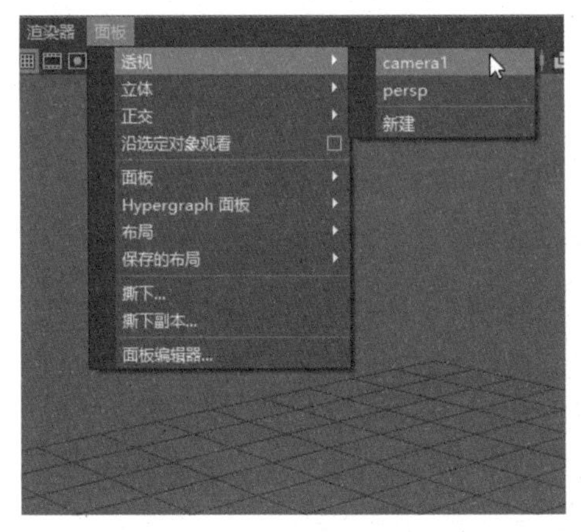

图 6-101　选择 camera1 命令

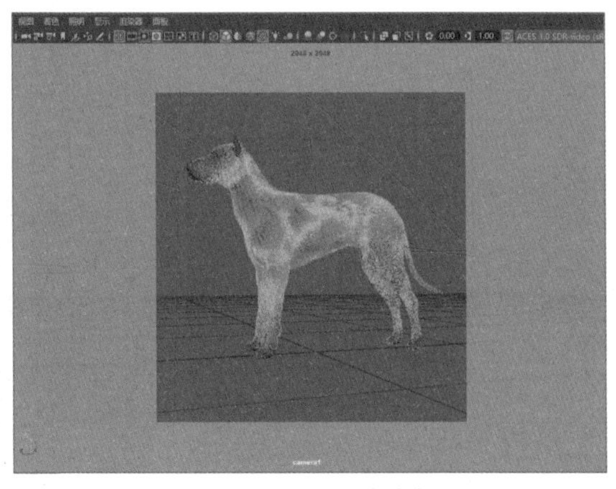

图 6-102　显示安全框

99 在状态行中单击“渲染设置”按钮，打开“渲染设置”窗口，选择“公用”选项卡，在“使用以下渲染器渲染”下拉列表中选择Arnold Renderer命令，如图6-103所示。

100 选择Arnold Renderer选项卡，展开Sampling卷展栏，在Camera(AA)文本框中输入4，在Diffuse文本框中输入3，在Specular文本框中输入3，在Transmission文本框中输入3，在Volume Indirect文本框中输入3，如图6-104所示，提高渲染图像的计算采样精度。

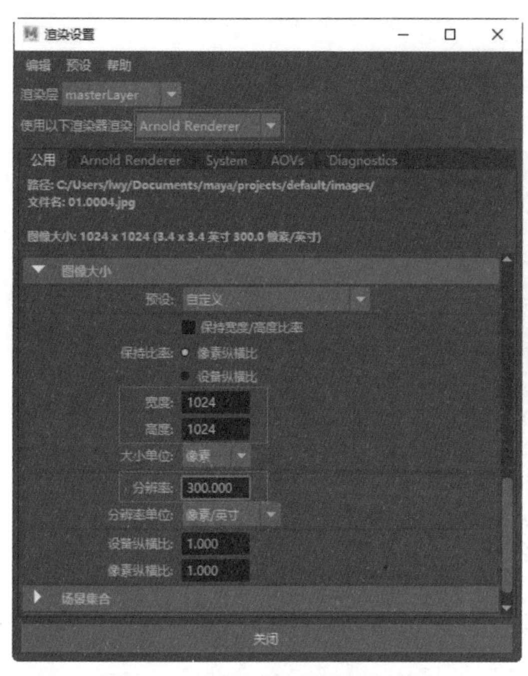

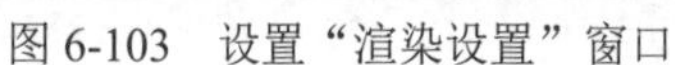

图 6-103 设置“渲染设置”窗口

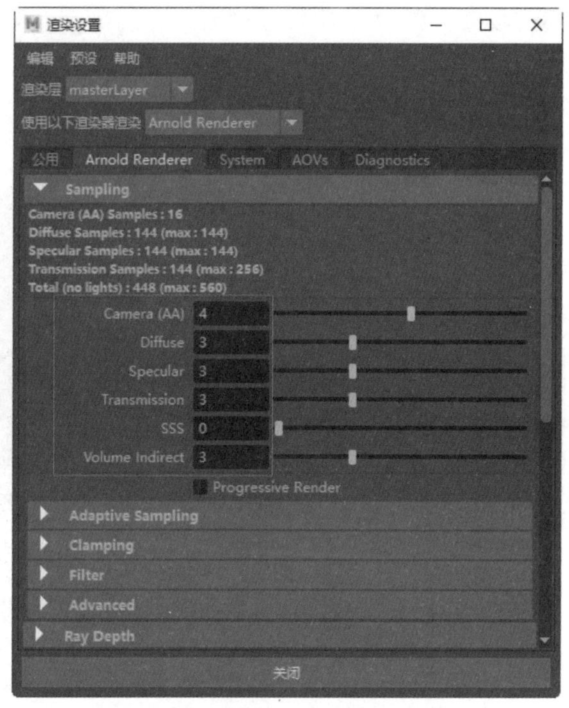

图 6-104 设置 Sampling 卷展栏参数

101 在菜单栏中选择Arnold | Open Arnold RenderView命令，如图 6-105 所示。

102 狗的毛发渲染结果如图 6-106 所示。

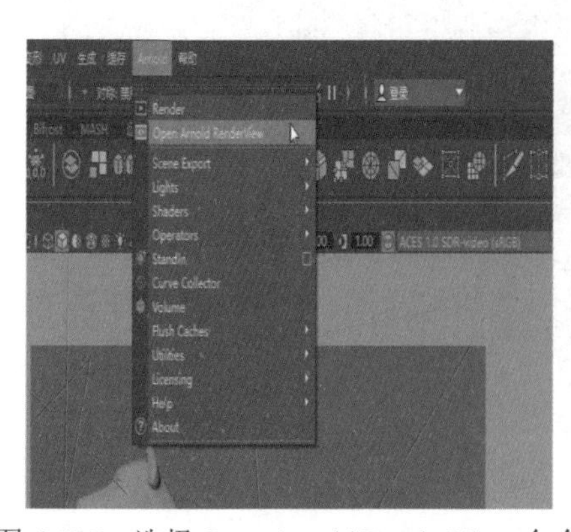

图 6-105 选择 Open Arnold RenderView 命令

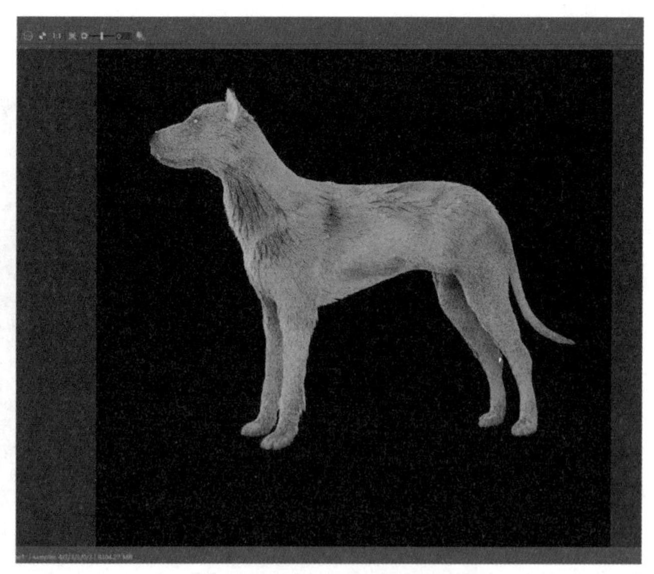

图 6-106 毛发渲染结果

103 在菜单栏中选择File | Save Image命令，如图 6-107 所示。

104 打开Save Image As对话框，在“文件名”文本框中输入01，然后单击“保存”按钮，如图 6-108 所示，保存渲染出的狗的身体毛发图像。

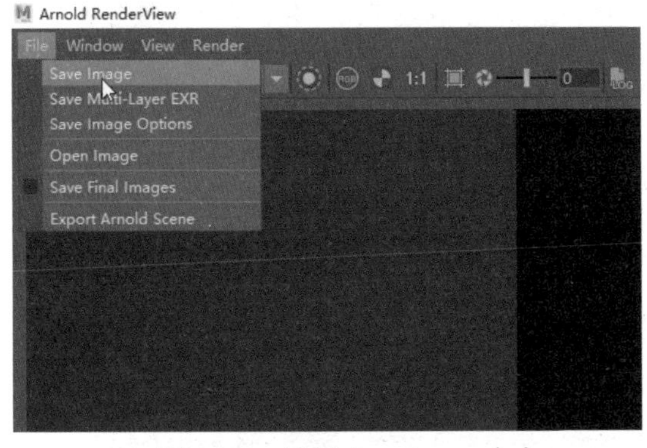

图 6-107　选择 Save Image 命令

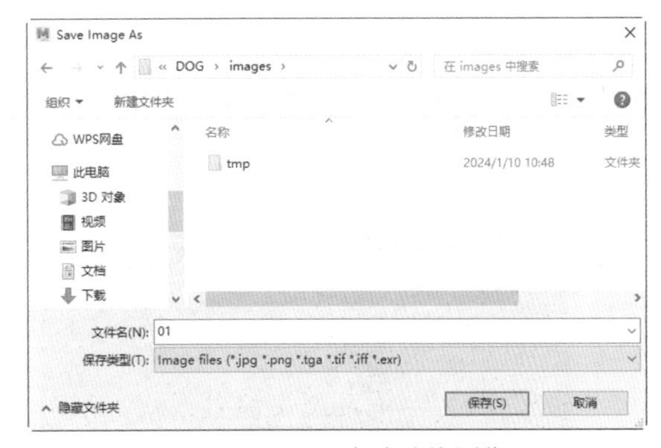

图 6-108　保存渲染图像

105 用户还可以使用Arnold材质制作毛发外观效果，在“大纲视图”面板中选择dog对象，在状态行中单击“显示Hypershade窗口”按钮，打开Hypershade窗口，在“创建”面板中选择Arnold | aiStandardHair命令，创建一个Anorld材质。然后在“工作区”面板中，将鼠标移至aiStandardHair1材质球上，再右击鼠标，从弹出的菜单中选择“将材质指定给视口选择”命令，如图 6-109 所示。

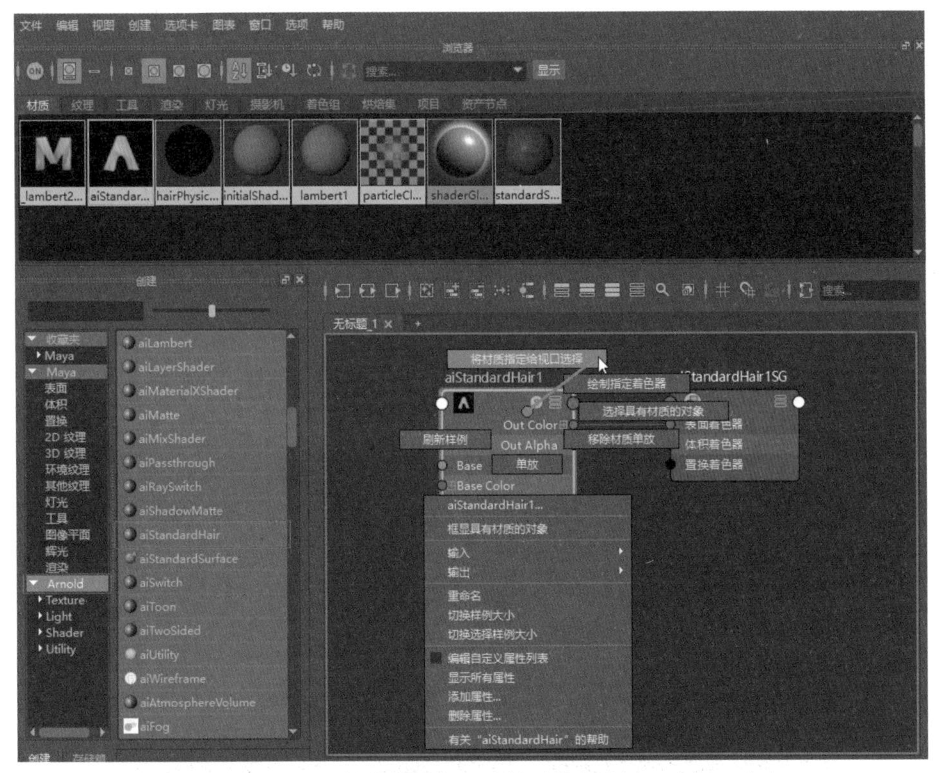

图 6-109　创建新材质并选择“将材质指定给视口选择”命令

106 在“特性编辑器”面板中，选择“预设”| Blonde |“替换”命令，如图 6-110 所示，即可快速替换。

107 用户可以在“特性编辑器”面板中看到该预设的详细信息，如图 6-111 所示，无须对其中的参数进行编辑。

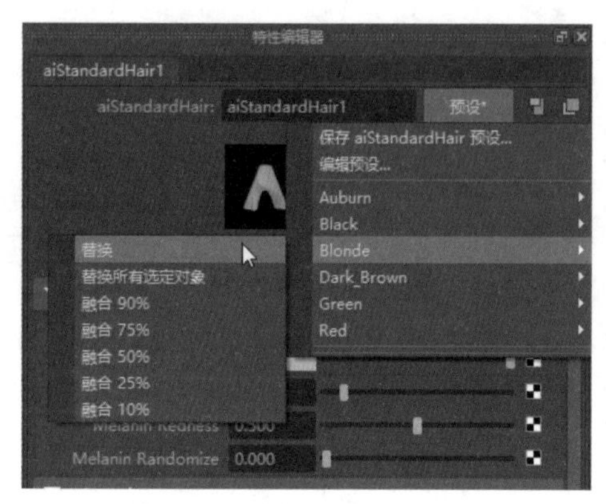

图 6-110　选择“替换”命令

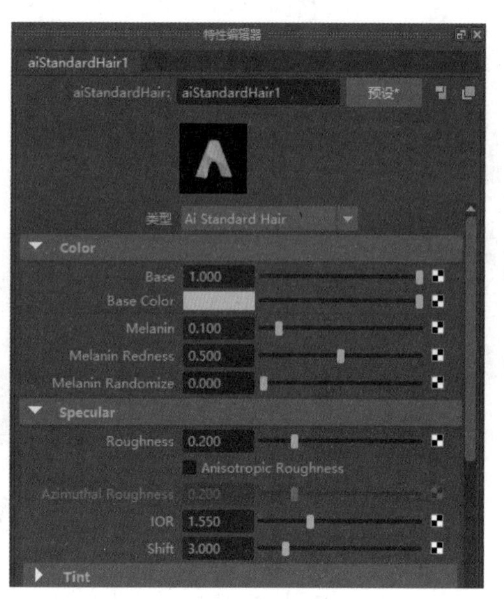

图 6-111　预设材质参数

注 意

HairPhysicalshader 是 XGen 自带的用于创建毛发效果的材质，它提供了多种参数和控制选项，使得用户能够准确地控制颜色、反射、折射、散射和高光等属性，以达到逼真的毛发效果，该材质还能模拟毛发内部的多次散射、透明度和光照传递等效果。而 aiStandardHair 则是 Arnold 渲染器的标准材质之一，该材质也提供了类似的参数和控制选项，但与 HairPhysicalshader 材质相比，aiStandardHair 材质提供了一些预设的参数和快速调整选项，使得用户能够更轻松地创建和调整毛发材质。

108 在菜单栏中选择Arnold | Open Arnold RenderView命令，狗的毛发渲染结果如图 6-112 所示，在菜单栏中选择File | Save Image命令，打开Save Image As对话框，保存渲染出的狗的身体毛发图像。

图 6-112　狗的毛发渲染结果

6.4　制作狗的睫毛

【例 6-3】 本实例将讲解如何制作狗的睫毛。

01 在“大纲视图”面板中展开all组，选择其中的dog对象，按Ctrl+D快捷键复制出一个副本，如图 6-113 左图所示，然后在面板工具栏中单击“隔离选择”按钮，在场景中仅显示出副本模型，如图 6-113 右图所示。

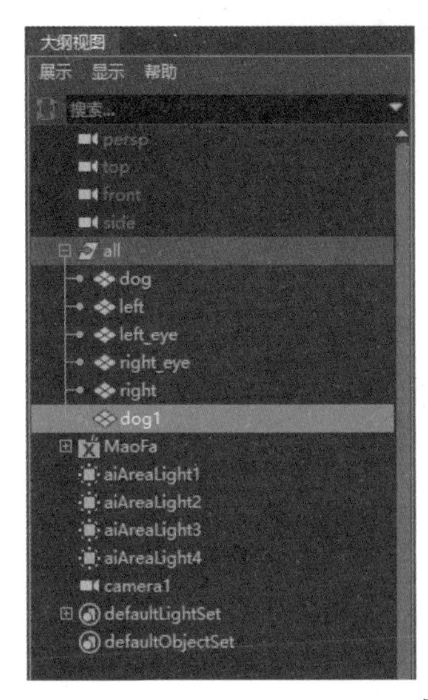

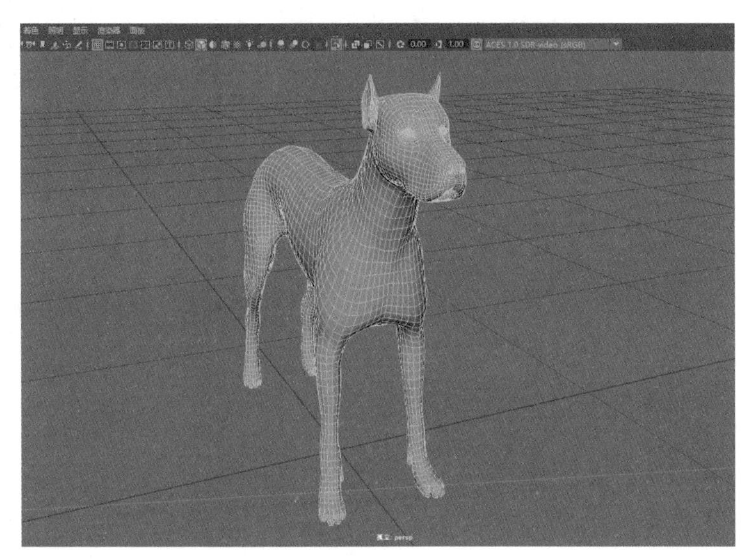

图 6-113　选择 dog 对象并独显出副本模型

02 在状态行中单击“对称”下拉按钮，从弹出的下拉列表中选择“对象X”命令，然后选择如图 6-114 所示的面。

03 按Ctrl+Shift+I快捷键进行反选，然后按Delete键删除其余的面，结果如图 6-115 所示。

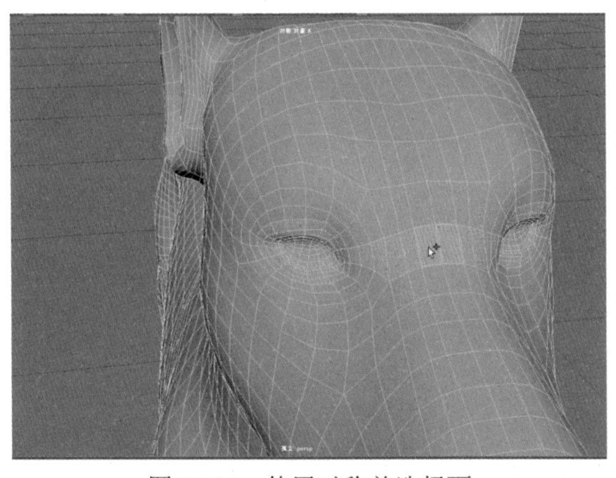

图 6-114　使用对称并选择面

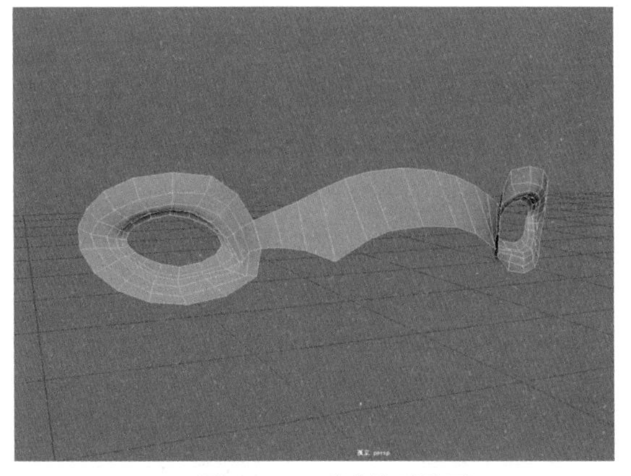

图 6-115　反选并删除面

04 在“大纲视图”面板中双击选择dog1 对象，修改其名称为jiemao，如图 6-116 所示。

05 在菜单栏中选择“UV”|“UV编辑器”命令，打开“UV编辑器”窗口，在菜单栏中选择“创建”|“平面”命令，如图 6-117 所示。

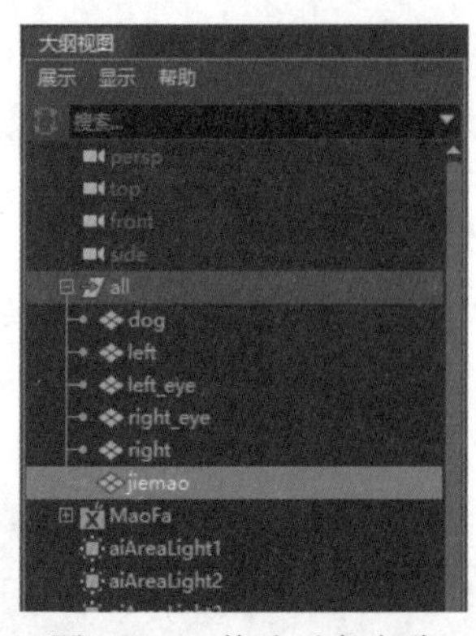

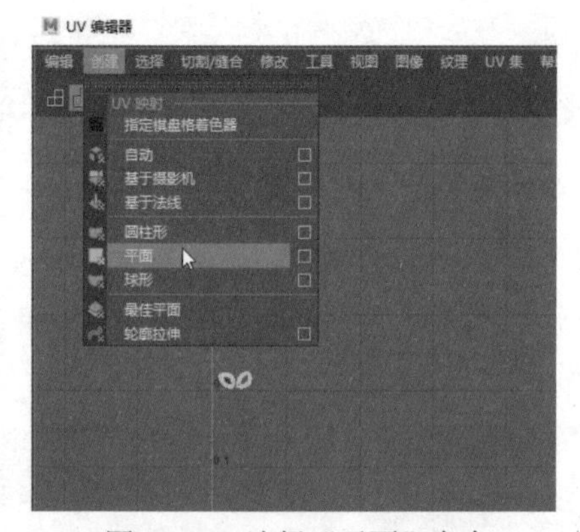

图 6-116　修改对象名称　　　图 6-117　选择“平面”命令

06 选择UV，按Shift并右击，从弹出的快捷菜单中选择“展开”|“展开”命令，如图6-118所示。

07 选择UV，按Shift并右击，从弹出的快捷菜单中选择“定向壳”命令，如图6-119所示。

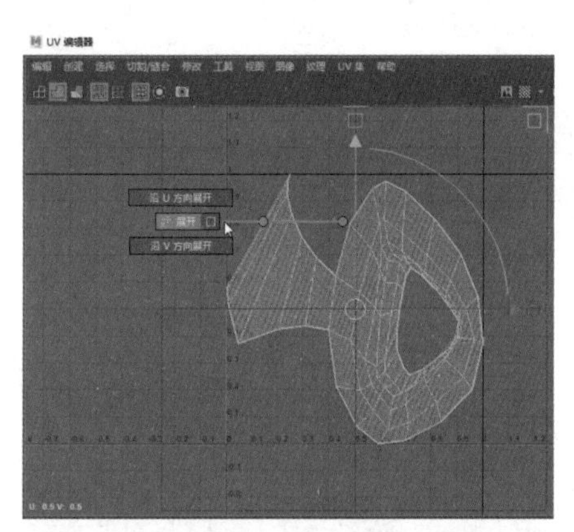

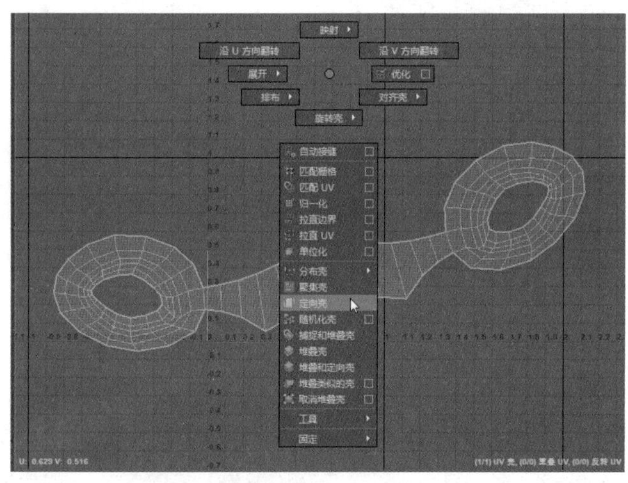

图 6-118　选择“展开”命令　　　图 6-119　选择“定向壳”命令

08 按Shift并右击，从弹出的快捷菜单中选择“旋转壳”|“顺时针旋转”命令，如图6-120所示。

09 设置完成，UV的显示结果如图6-121所示。

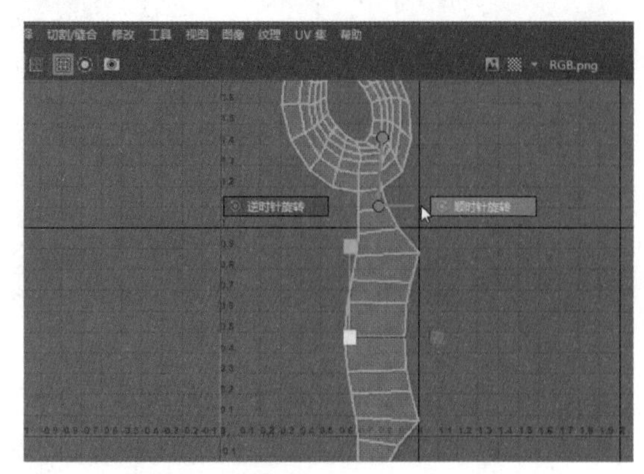

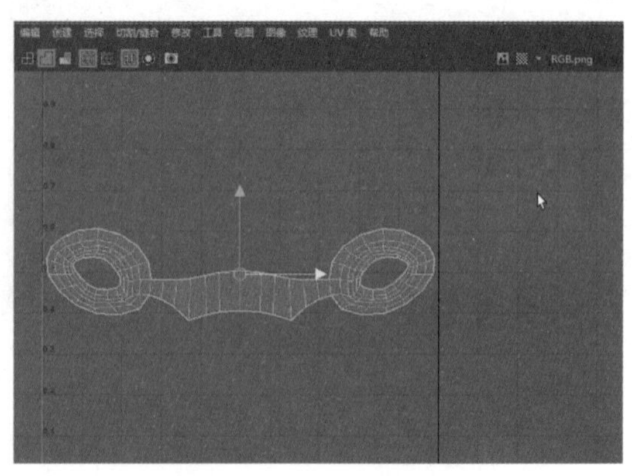

图 6-120　选择“顺时针旋转”命令　　　图 6-121　UV 的显示结果

10 在面板工具栏中再次单击"隔离选择"按钮，取消该命令，然后在"大纲视图"面板中选择dog对象，按H键将其隐藏，如图 6-122 所示。

11 选择jiemao对象，然后在XGen面板的菜单栏中选择"描述"|"创建描述"命令，如图 6-123 所示。

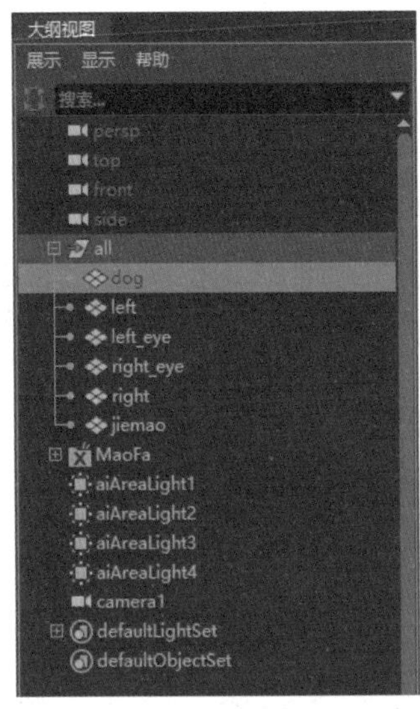

图 6-122　隐藏对象

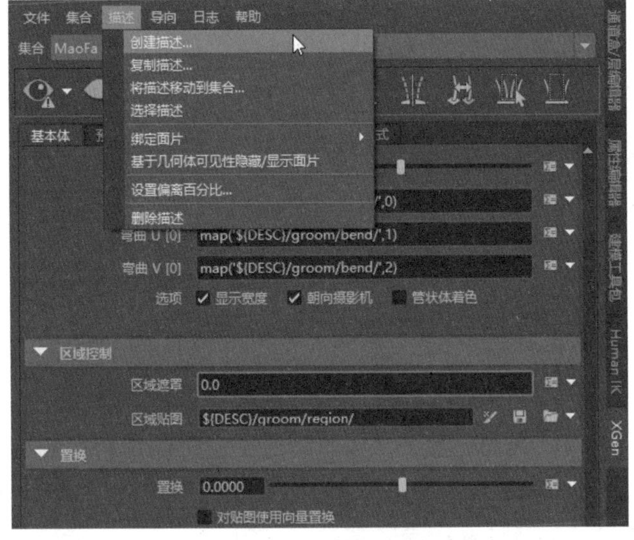

图 6-123　选择"创建描述"命令

12 打开"创建XGen描述"对话框，在"新的描述名称"文本框中输入jiemao，在"基本体的控制方式"组中单击"放置和成形导向"单选按钮，然后单击"创建"按钮，如图 6-124 所示。

13 在XGen编辑器工具栏中单击"添加和移动导向"按钮，如图 6-125 所示。

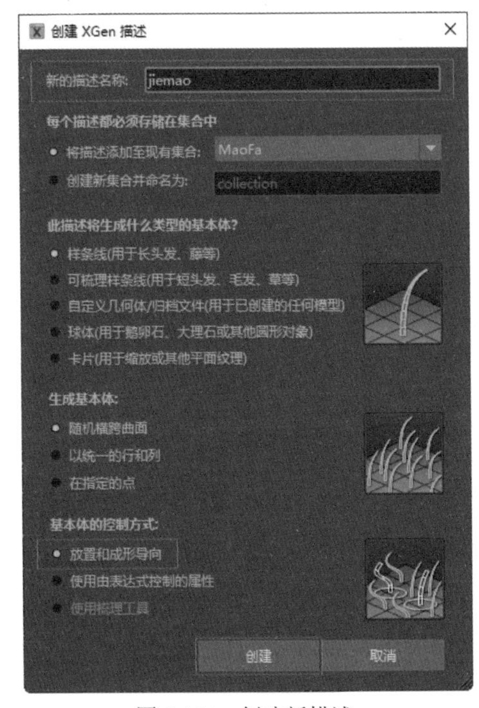

图 6-124　创建新描述

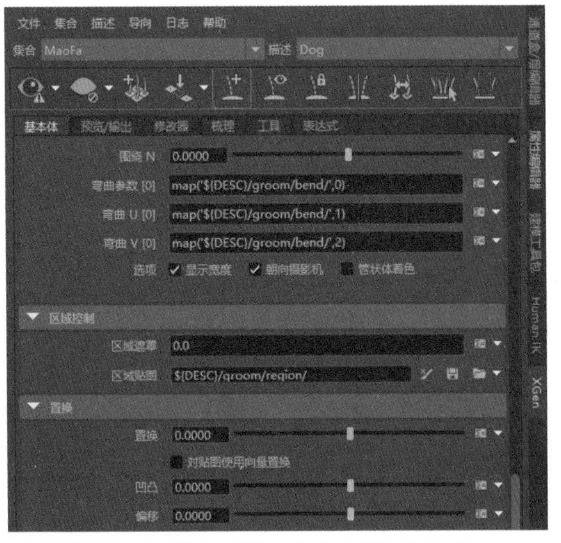

图 6-125　单击"添加和移动导向"按钮

14 通过单击鼠标的方式，在模型上添加导向，结果如图6-126所示。

15 在XGen工具架中单击“雕刻导向”按钮，如图6-127所示。

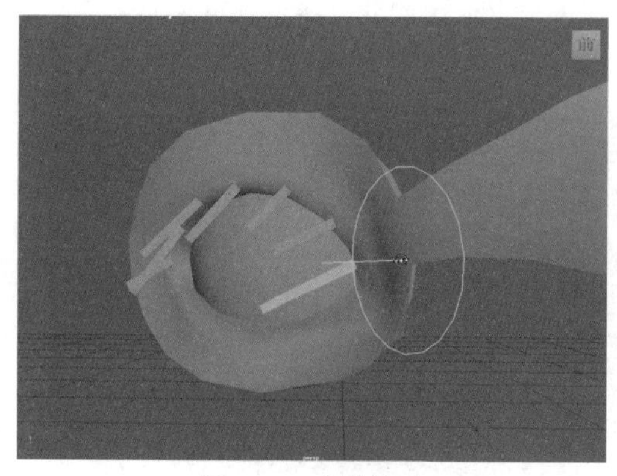

图6-126　添加导向

图6-127　单击“雕刻导向”按钮

16 此时，鼠标光标变成笔刷的样式，在场景中拖曳鼠标，逐个调整睫毛的方向，如图6-128所示。

17 选择一个导向，右击并从弹出的快捷菜单中选择“导向控制点”命令，如图6-129所示。

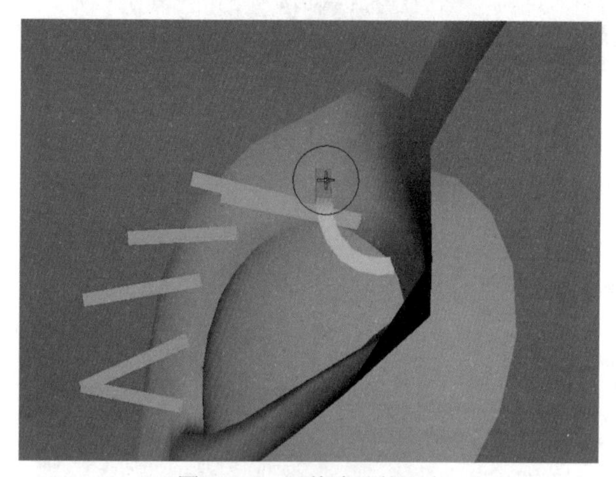

图6-128　调整睫毛的方向

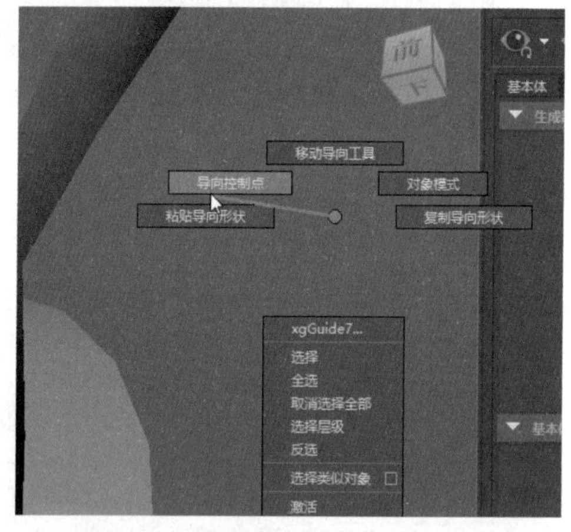

图6-129　选择“导向控制点”命令

18 选择如图6-130左图所示的顶点，按Delete键删除，结果如图6-130右图所示。

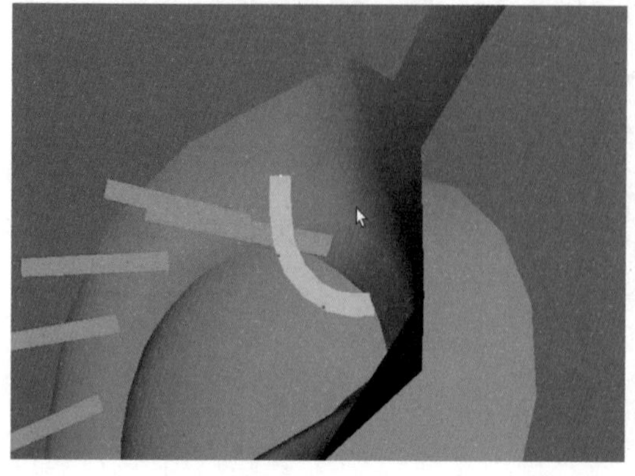

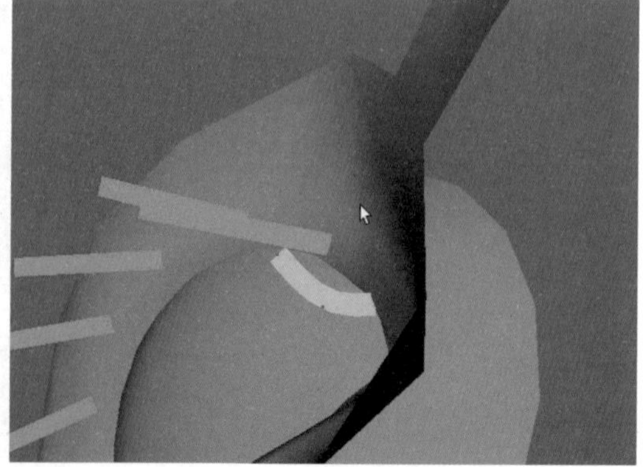

图6-130　删除顶点

19 在“XGen编辑器”面板中选择“基本体”选项卡，展开“基本体属性”卷展栏，单击“重建”按钮，如图 6-131 所示。

20 打开“重建导向”对话框，设置“CV计数：为选定的导向输入新值”文本框中的数值为 3，然后单击OK按钮，如图 6-132 所示。

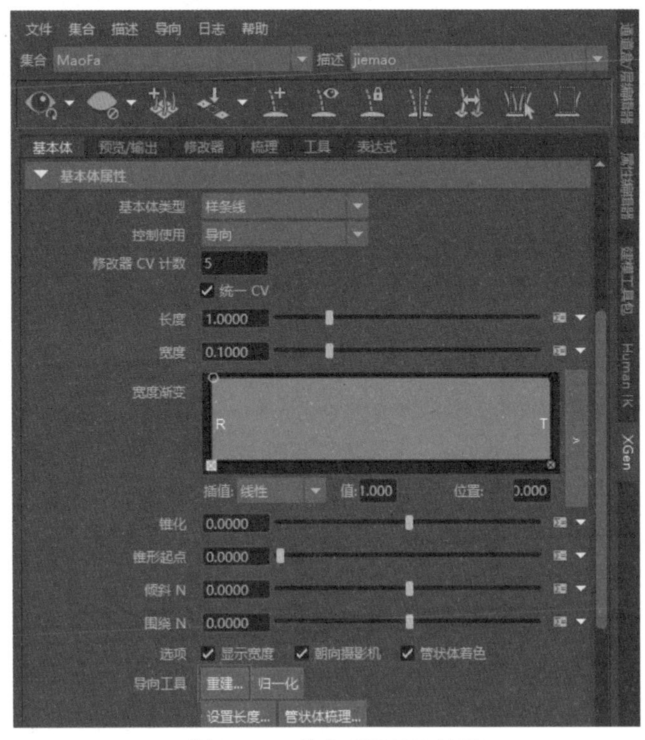

图 6-131　单击“重建”按钮

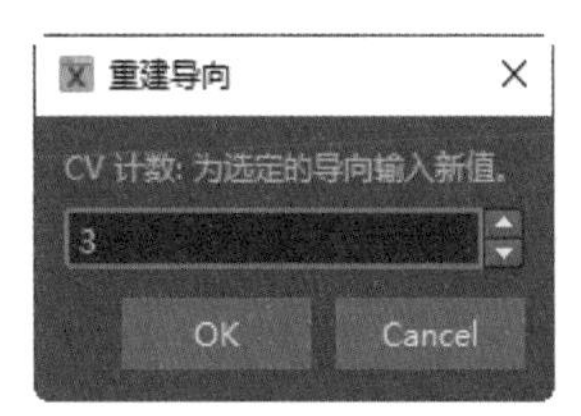

图 6-132　设置“CV 计数”参数

21 右击并从弹出的快捷菜单中选择“导向控制点”命令，选择顶点，调整导向的造型，结果如图 6-133 所示。

22 按照步骤 15 到步骤 21 的方法，逐个调整其余的导向，结果如图 6-134 所示。

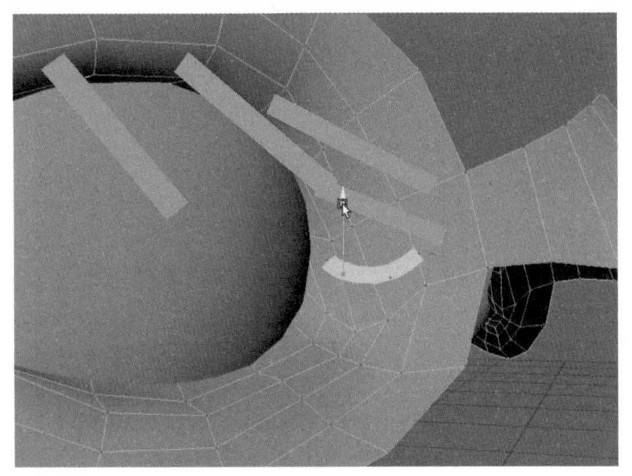

图 6-133　调整导向的造型

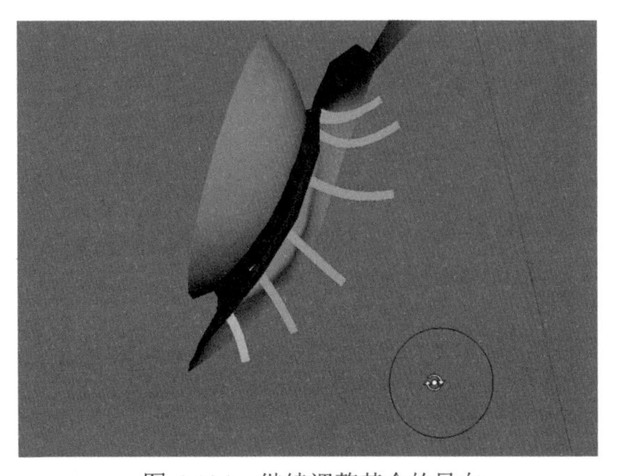

图 6-134　继续调整其余的导向

23 在XGen编辑器工具栏中单击“更新XGen预览”按钮，即可显示当前睫毛的基本效果，如图 6-135 所示，然后单击“清除XGen预览”按钮，关闭预览效果。

24 在“XGen编辑器”面板中选择“基本体”选项卡，展开“生成器属性”卷展栏，单击“遮罩”文本框右侧的“为此属性打开表达式编辑器”下拉按钮，从弹出的菜单中选择“创建贴图”命令，如图6-136所示。

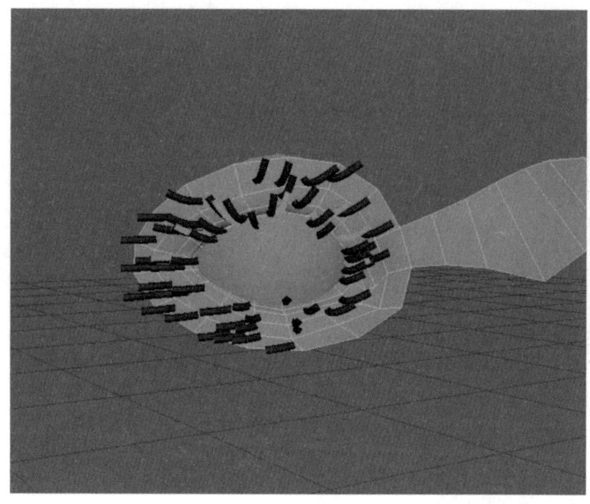
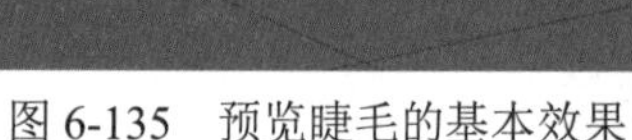

图6-135 预览睫毛的基本效果

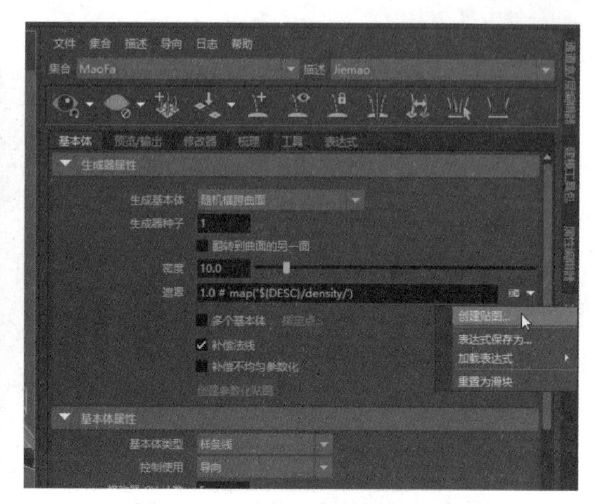

图6-136 选择“创建贴图”命令

25 打开“创建贴图”对话框，在“贴图名称”文本框中输入jiemao_top_mask，在“贴图分辨率”文本框中输入50，单击“起始颜色”的下拉按钮，从弹出的下拉列表中选择“黑色”命令，如图6-137所示，然后单击“创建”按钮。

26 此时，鼠标光标将变为画笔形状，在“工具箱”面板中双击“3D绘制工具”按钮，如图6-138所示。

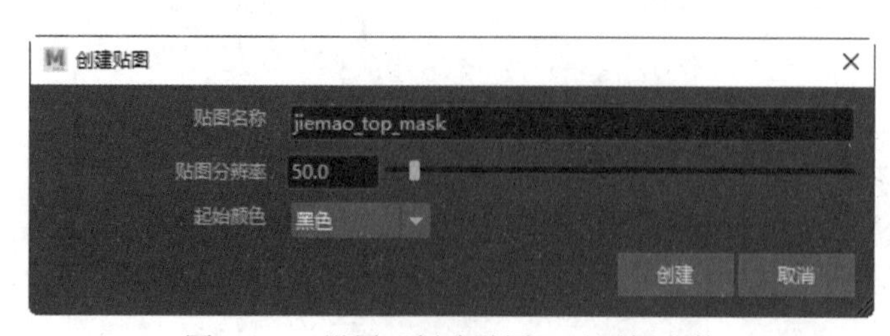

图6-137 设置“创建贴图”对话框参数

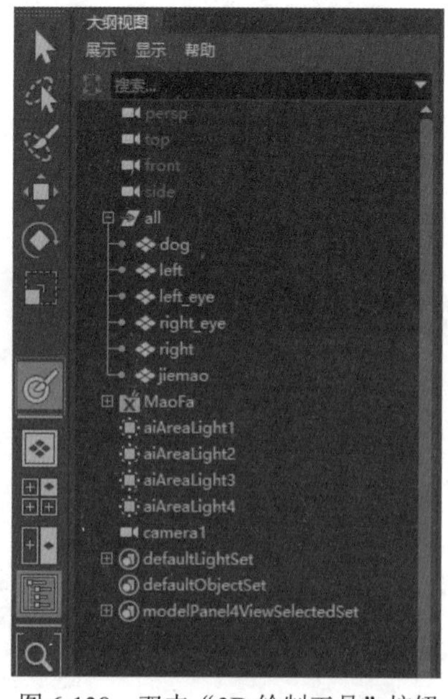

图6-138 双击“3D绘制工具”按钮

27 打开“工具设置”对话框，展开“颜色”卷展栏，设置“颜色”属性为白色，如图6-139所示。

28 展开“笔画”卷展栏，选择“反射”复选框，然后在“反射轴”组中单击“X”单选按钮，如图6-140所示，即可进行对称绘制。

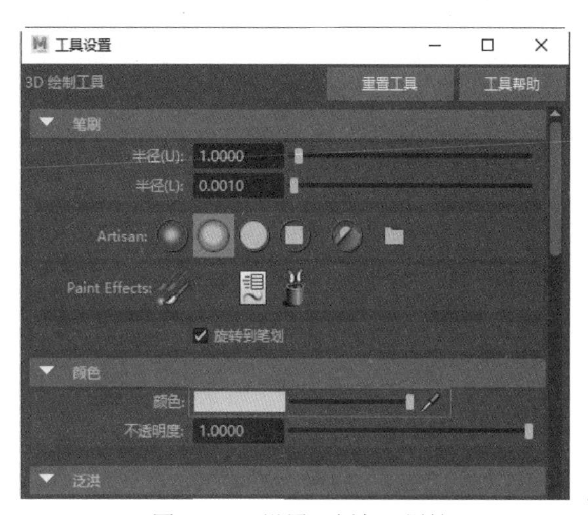

图6-139　设置“颜色”属性

图6-140　设置“笔画”卷展栏参数

29 绘制遮罩区域，结果如图6-141所示。

30 在“XGen编辑器”面板中选择“基本体”选项卡，展开“生成器属性”卷展栏，单击“遮罩”文本框右侧的“将ptex贴图烘焙到圆盘”按钮，如图6-142所示。

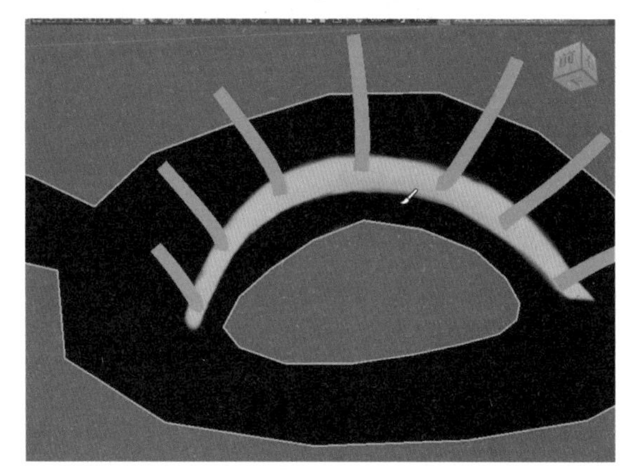

图6-141　绘制遮罩区域

图6-142　单击“将ptex贴图烘焙到圆盘”按钮

注 意

在使用Maya的XGen功能绘制毛发时，单击“Ptex贴图烘焙到圆盘”按钮可以将绘制的毛发的纹理信息保存为PTex贴图，并将其保存到硬盘上的文件中，在后续的渲染过程中，渲染器即可直接读取Ptex贴图，并根据其中的信息来渲染模型上的毛发，而不需要再重新计算以及绘制。若用户没有进行保存，当再次打开Maya文件时，毛发纹理信息可能会发生丢失或者变形，这可能导致在后续的渲染和其他操作中无法正确地显示出毛发信息。

31 此时，睫毛的显示结果如图6-143所示。

32 在XGen编辑器工具栏中单击“添加或移动导向”按钮，添加两个导向，结果如图6-144所示。

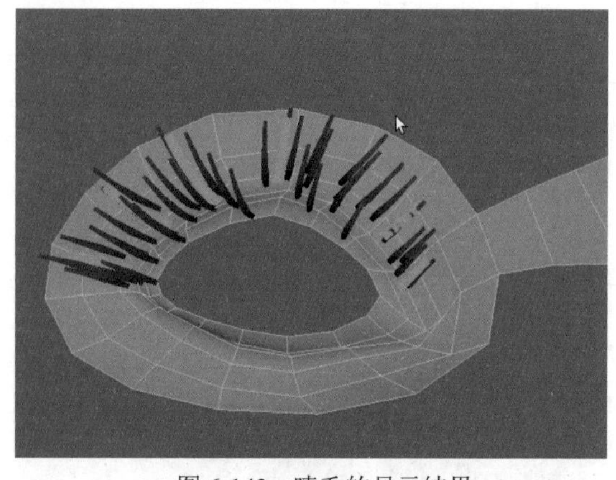

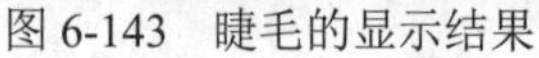

图 6-143　睫毛的显示结果

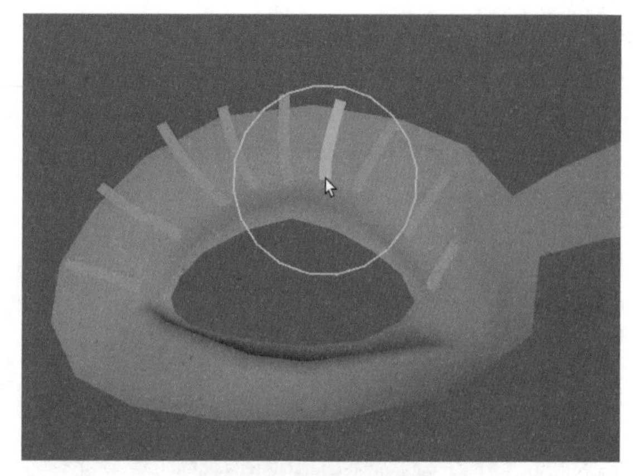

图 6-144　添加导向

33 在“XGen编辑器”面板中选择“基本体”选项卡，展开“生成器属性”卷展栏，在“密度”文本框中输入50，如图6-145所示。

34 在XGen编辑器工具栏中单击“更新XGen预览”按钮，预览后会发现部分多余的基本体，用户可以选择该基本体，如图6-146所示。

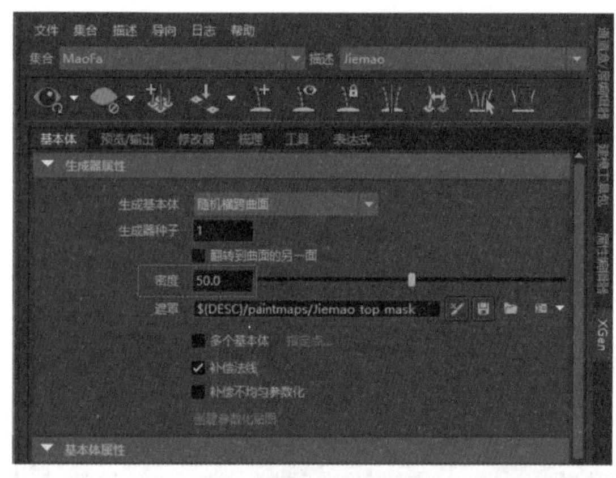

图 6-145　设置“密度”文本框数值

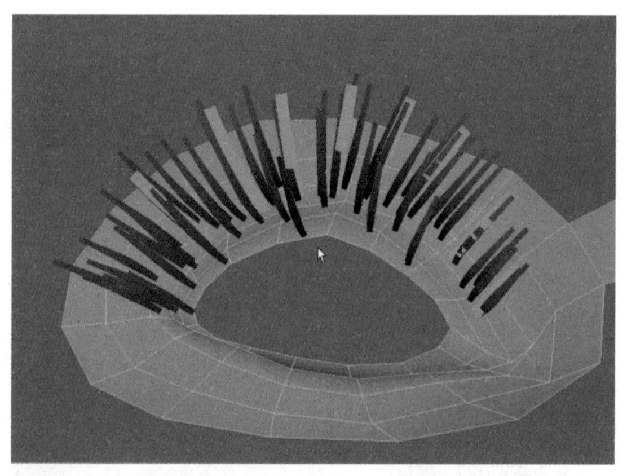

图 6-146　选择多余的基本体

35 在XGen工具架中单击“消隐选定基本体”按钮，如图6-147所示，即可将其隐藏。

36 按照步骤34到步骤35的方法，隐藏其他多余的基本体，结果如图6-148所示。

图 6-147　单击“消隐选定基本体”按钮

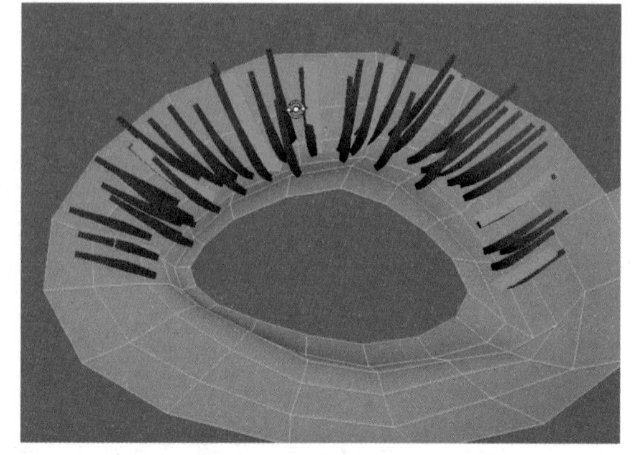

图 6-148　隐藏其他多余的基本体

37 在XGen编辑器工具栏中单击“隐藏/显示当前XGen描述的导向”按钮，如图 6-149 所示，即可将导向隐藏。

38 展开“生成器属性”卷展栏，在“生成器种子”文本框中输入30，选择“翻转到曲面的另一面”复选框，在“密度”文本框中输入100，如图 6-150 所示。

图 6-149　单击“隐藏 / 显示当前 XGen 描述的导向”按钮

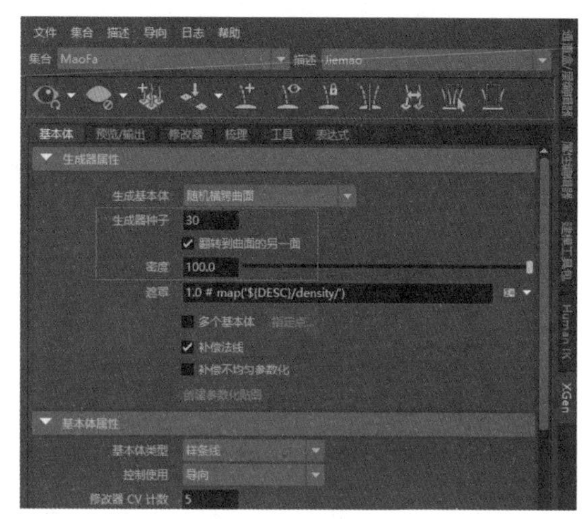

图 6-150　设置“生成器属性”卷展栏参数

39 展开“基本体属性”卷展栏，在“长度”文本框中输入1.0，然后单击“导向工具”组中的“设置长度”按钮，如图 6-151 所示。

40 打开“设置导向长度”对话框，在“长度：为选定的导向输入新值”文本框中输入0.02，然后单击OK按钮，如图 6-152 所示。

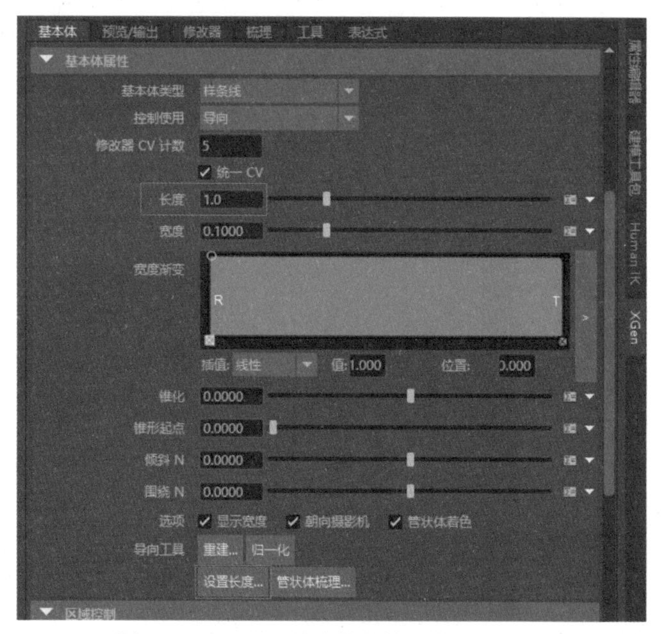

图 6-151　设置“基本体属性”卷展栏参数

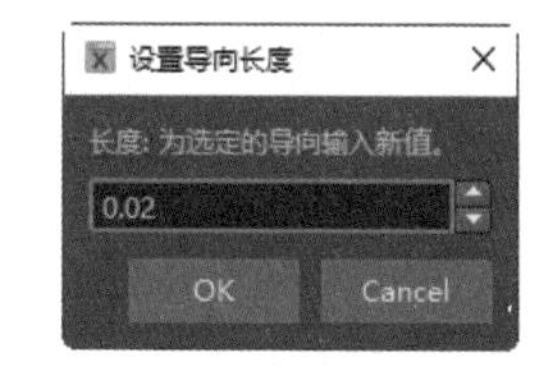

图 6-152　设置“长度”文本框参数

41 按照步骤15到步骤21的方法，调整导向的造型，然后选择所有导向，结果如图 6-153 所示。

42 在XGen编辑器工具栏中单击“绕X轴镜像选定导向”按钮，如图 6-154 所示。

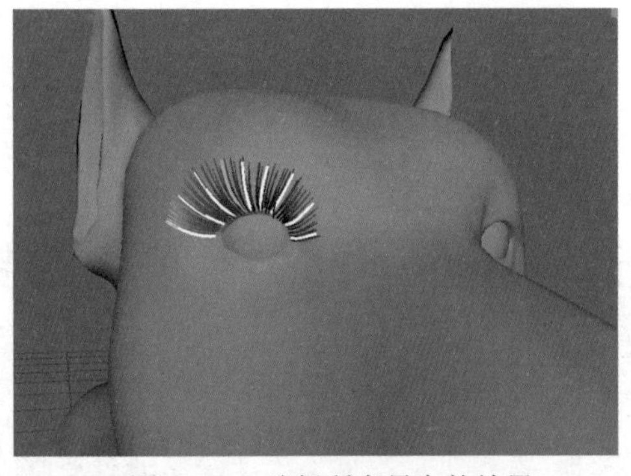

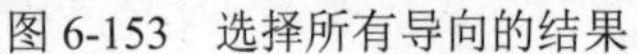

图 6-153　选择所有导向的结果

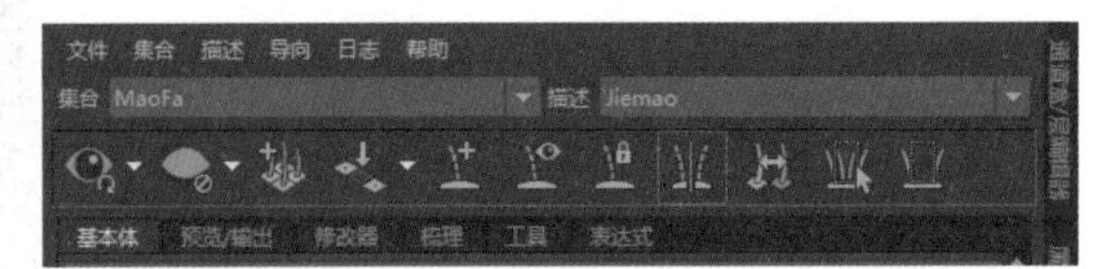

图 6-154　单击“绕 X 轴镜像选定导向”按钮

43 镜像结束后，导向的显示结果如图 6-155 所示。

44 按照步骤 34 到步骤 35 的方式，隐藏多余的基本体，然后选择“修改器”选项卡，展开“修改器”卷展栏，单击“添加新的修改器”按钮，打开“添加修改器窗口”对话框，单击“噪波”按钮，然后单击“确定”按钮，如图 6-156 所示。

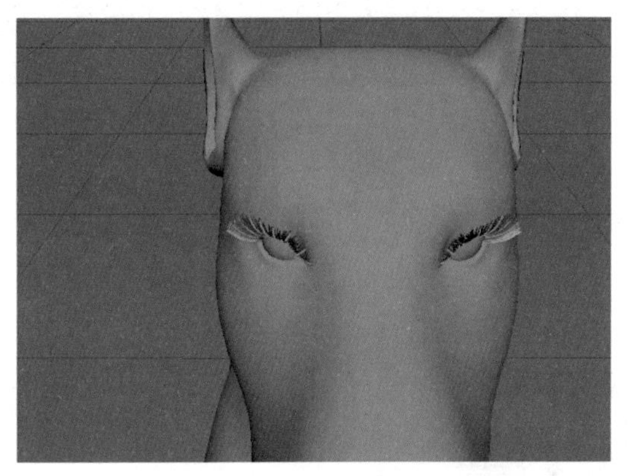

图 6-155　导向的显示结果

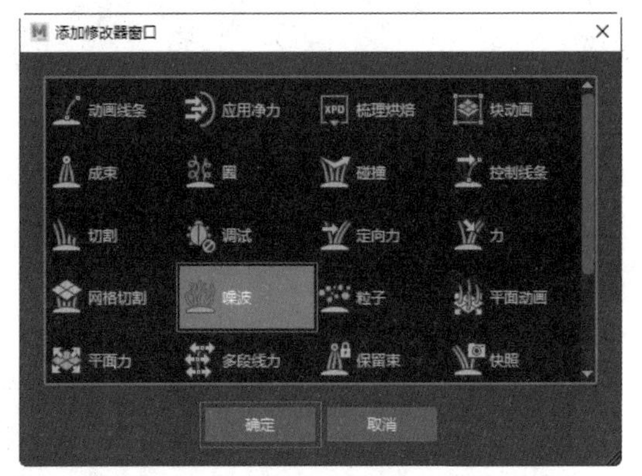

图 6-156　单击“噪波”按钮

45 展开“噪波修改器”卷展栏，设置“幅值比例”的曲线值，具体参数如图 6-157 所示。

46 此时，上睫毛的显示结果如图 6-158 所示。

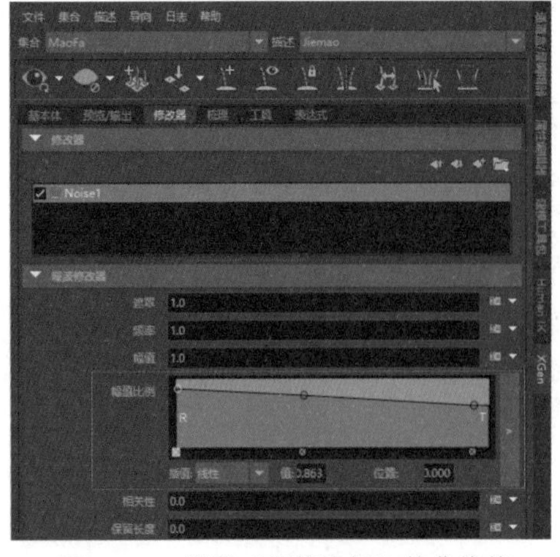

图 6-157　设置“幅值比例”的曲线值

图 6-158　上睫毛的显示结果

47 单击“添加新的修改器”按钮，打开“添加修改器窗口”对话框，单击“成束”按钮，然后单击“确定”按钮，如图 6-159 所示。

48 添加一个成束修改器，展开“修改器”卷展栏，单击“设置贴图”按钮，如图 6-160 所示。

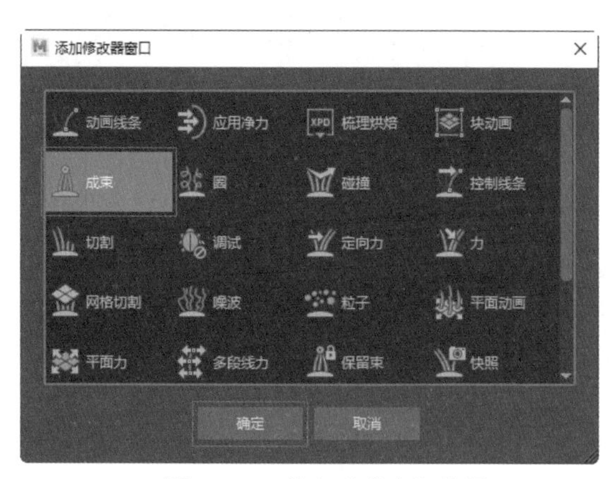

图 6-159 单击“成束”按钮

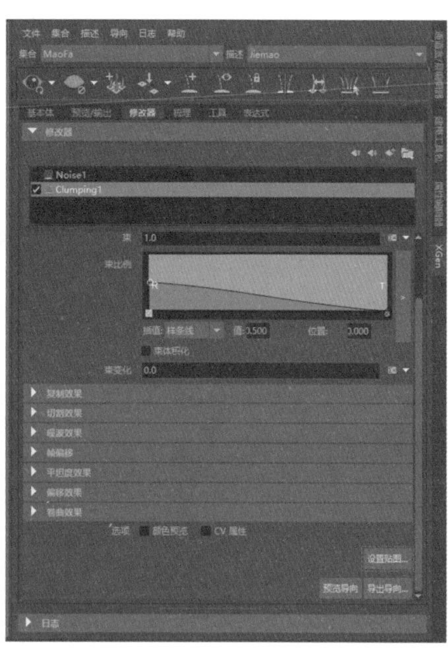

图 6-160 单击“设置贴图”按钮

49 打开“生成成束贴图”对话框，设置“密度”文本框中的数值为 1.0，单击“导向”按钮，然后单击“保存”按钮，如图 6-161 所示。

50 展开“束效果”卷展栏，设置“束比例”的曲线值，然后展开“复制效果”卷展栏，设置“复制比例”的曲线值，具体参数如图 6-162 所示。

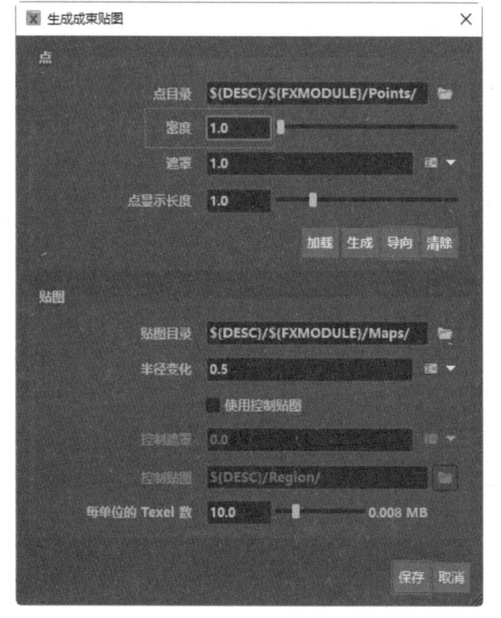

图 6-161 设置“生成成束贴图”对话框

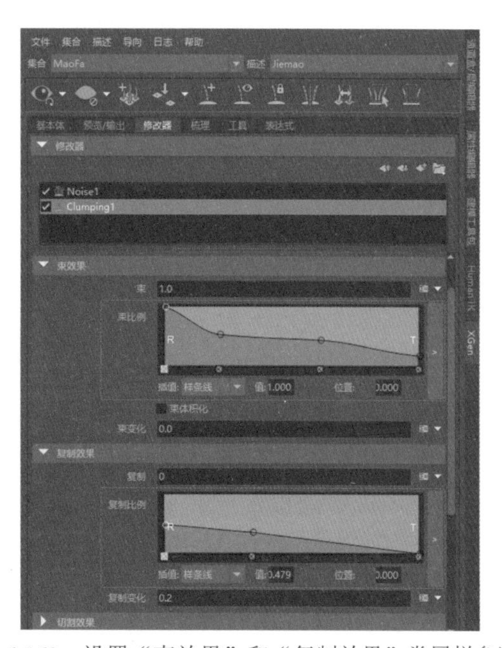

图 6-162 设置“束效果”和“复制效果”卷展栏参数

51 设置完成，上睫毛的显示结果如图 6-163 所示。

52 按照步骤 47 的方法，添加一个成束修改器，展开“修改器”卷展栏，单击“设置贴图”按钮，如图 6-164 所示。

图 6-163　上睫毛的显示结果

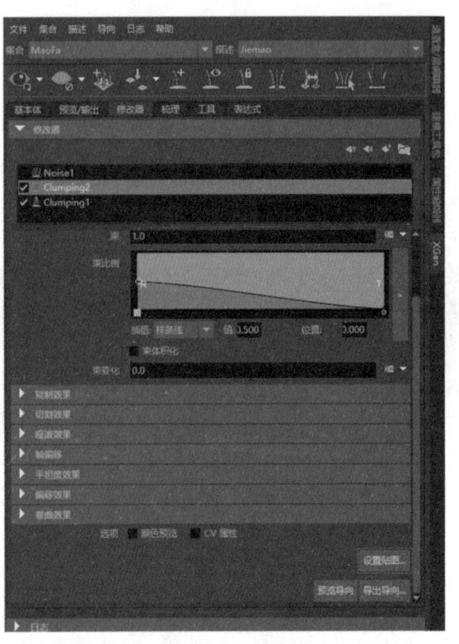

图 6-164　单击“设置贴图”按钮

53 打开“生成成束贴图”对话框，设置“密度”文本框中的数值为 2.0，单击“生成”按钮，然后单击“保存”按钮，如图 6-165 所示。

54 展开“束效果”卷展栏，设置“束比例”的曲线值，具体参数如图 6-166 所示。

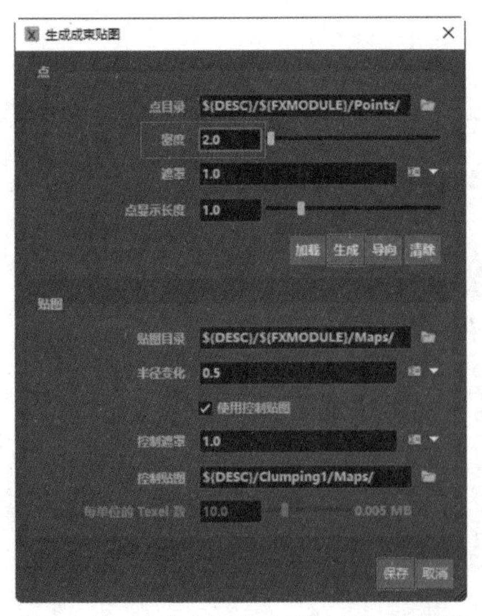

图 6-165　设置“生成成束贴图”对话框

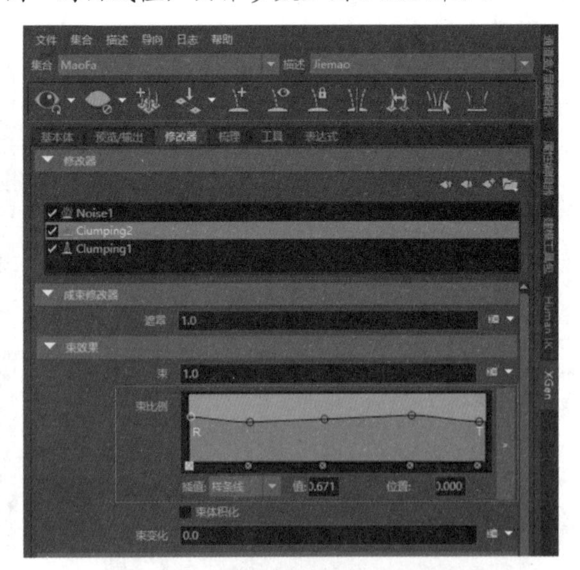

图 6-166　设置“束比例”的曲线值

55 单击“添加新的修改器”按钮，打开“添加修改器窗口”对话框，单击“切割”按钮，然后单击“确定”按钮，如图 6-167 所示。

56 添加一个切割修改器，展开“切面修改器”卷展栏，在“数量”文本框中输入rand(0.0,0.3)，然后在修改器中选择Cut1，单击“向下移动修改器”按钮，如图6-168所示。

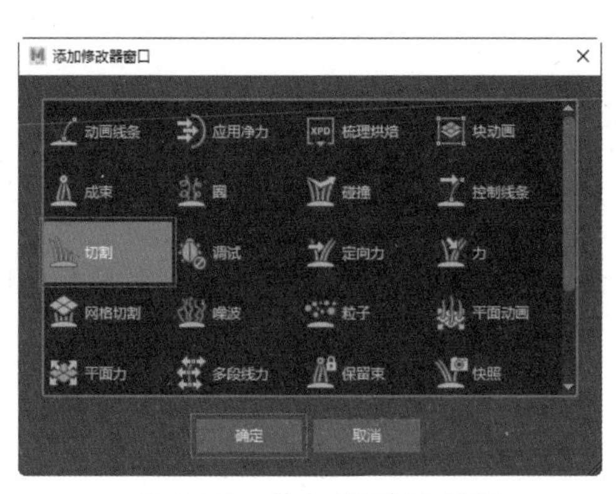

图 6-167　单击“切割”按钮

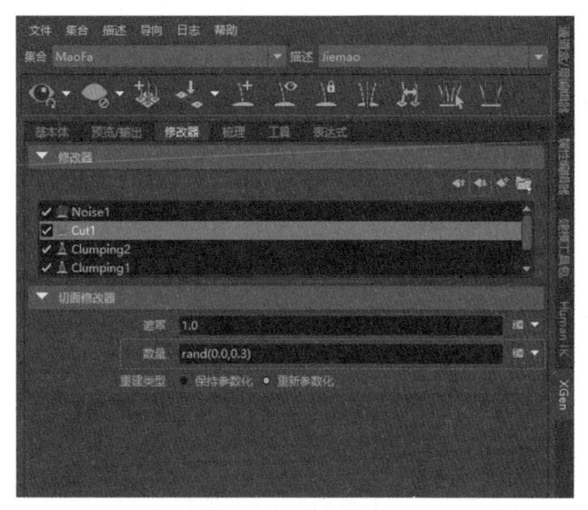

图 6-168　设置“切面修改器”卷展栏参数

57 设置完成后，上睫毛的显示结果如图6-169所示。

58 在XGen面板中，在菜单栏中选择“描述”|“创建描述”命令，打开“创建XGen描述”对话框，在“新的描述名称”文本框中输入jiemao_down，在“基本体的控制方式”组中单击“放置和成形导向”单选按钮，然后单击“创建”按钮，如图6-170所示。

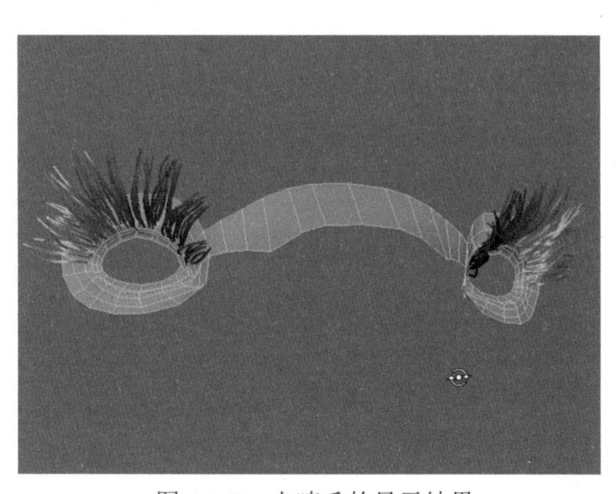
图 6-169　上睫毛的显示结果

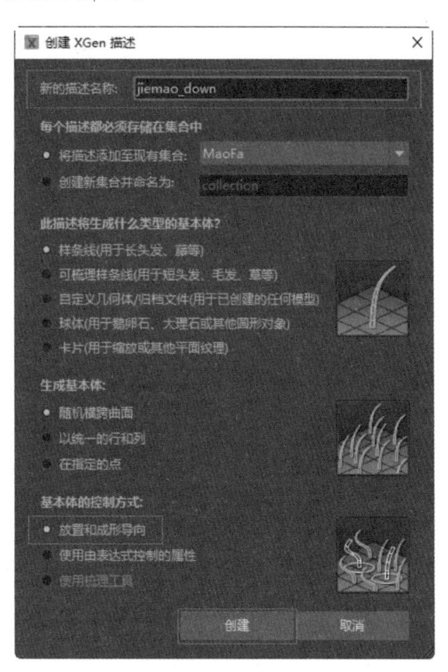

图 6-170　创建新描述

59 在XGen编辑器工具栏中单击“添加或移动导向”按钮，添加导向，然后选择所有的下睫毛导向，结果如图6-171所示。

60 展开“基本体属性”卷展栏，单击“导向工具”组中的“重建”按钮，如图6-172所示。

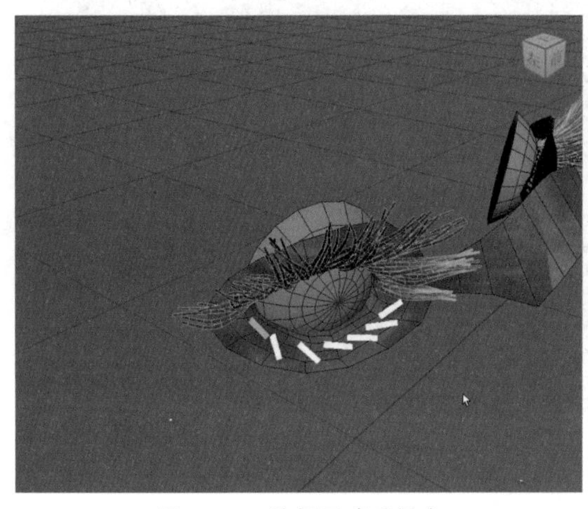

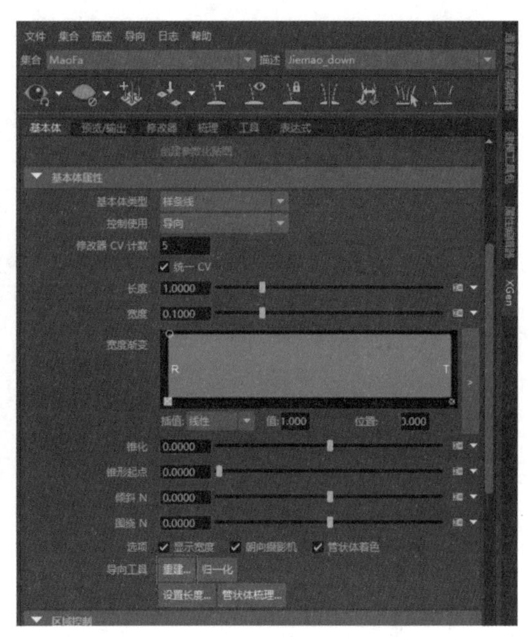

图 6-171　选择下睫毛导向　　　　图 6-172　单击“重建”按钮

61 打开“重建导向”对话框，设置“CV计数：为选定的导向输入新值”文本框中的数值为 6，然后单击OK按钮，如图 6-173 所示。

62 展开“基本体属性”卷展栏，单击“导向工具”组中的“设置长度”按钮，如图 6-174 所示。

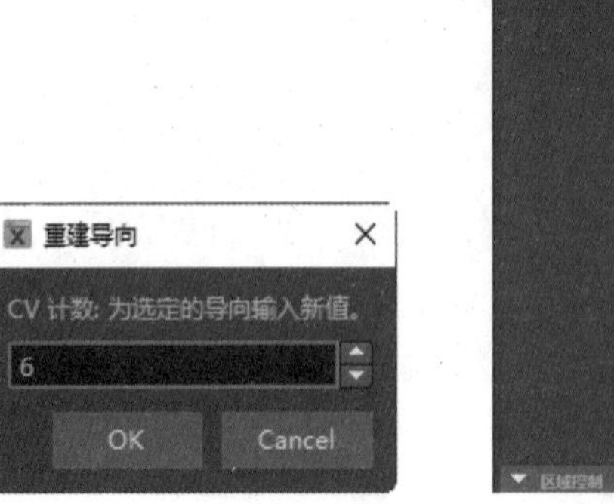

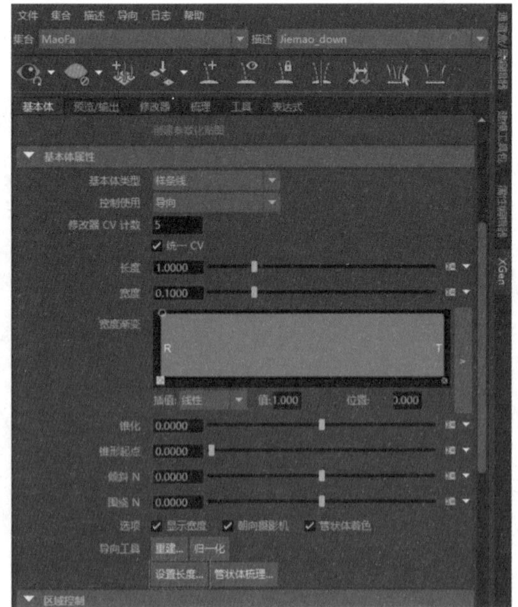

图 6-173　设置“CV 计数”参数　　　　图 6-174　单击“设置长度”按钮

63 打开“设置导向长度”对话框，在“长度：为选定的导向输入新值”文本框中输入0.01，然后单击OK按钮，如图 6-175 所示。

64 设置完成后，下睫毛的导向显示结果如图 6-176 所示。

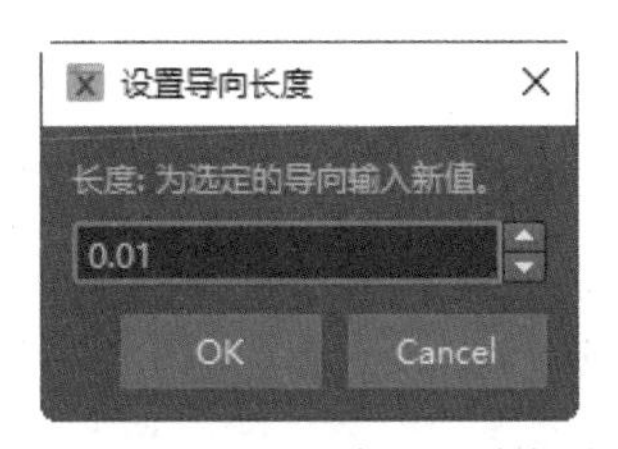

图 6-175　设置“长度”文本框参数

图 6-176　下睫毛的导向显示结果

65 在XGen工具架中单击“雕刻导向”按钮，调整下睫毛的导向造型，结果如图6-177所示。

66 框选所有的下睫毛导向，在XGen工具架中单击“更新XGen预览”按钮，下睫毛的预览结果如图6-178所示。

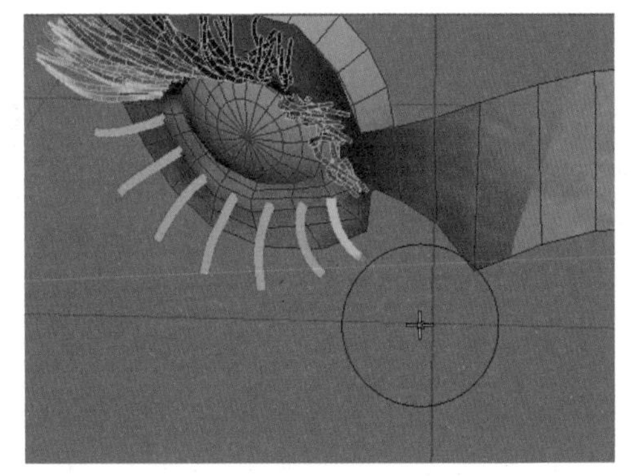

图 6-177　调整下睫毛的导向造型

图 6-178　下睫毛的预览结果

67 在“XGen编辑器”面板中选择“基本体”选项卡，展开“生成器属性”卷展栏，单击“遮罩”文本框右侧的“为此属性打开表达式编辑器”下拉按钮，从弹出的菜单中选择“创建贴图”命令。打开“创建贴图”对话框，在“贴图名称”文本框中输入jiemao_down_mask，在“贴图分辨率”文本框中输入50，单击“起始颜色”的下拉按钮，从弹出的下拉列表中选择“白色”命令，然后单击“创建”按钮，如图6-179所示。

68 在下睫毛的位置绘制遮罩区域，如图6-180所示。

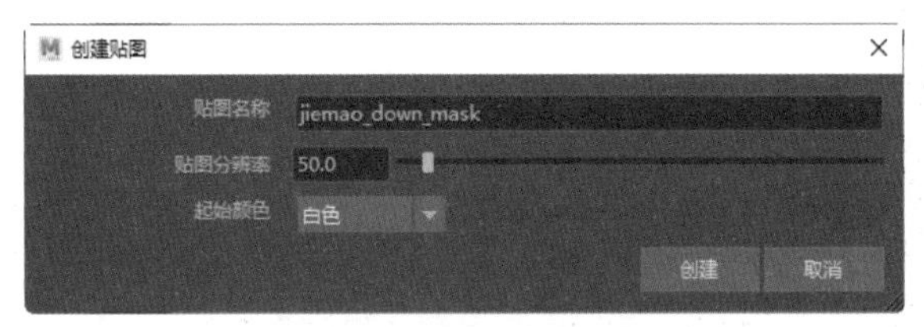

图 6-179　设置“创建贴图”对话框参数

图 6-180　绘制遮罩区域

69 在“XGen编辑器”面板中选择“基本体”选项卡，展开“生成器属性”卷展栏，单击“遮罩”文本框右侧的“可绘制纹理贴图”按钮，在“生成器种子”文本框中输入30，在“密度”文本框中输入130，如图6-181所示。

70 在“XGen编辑器”面板中选择“基本体”选项卡，展开“基本体属性”卷展栏，设置“宽度渐变”的曲线值，具体参数如图6-182所示。

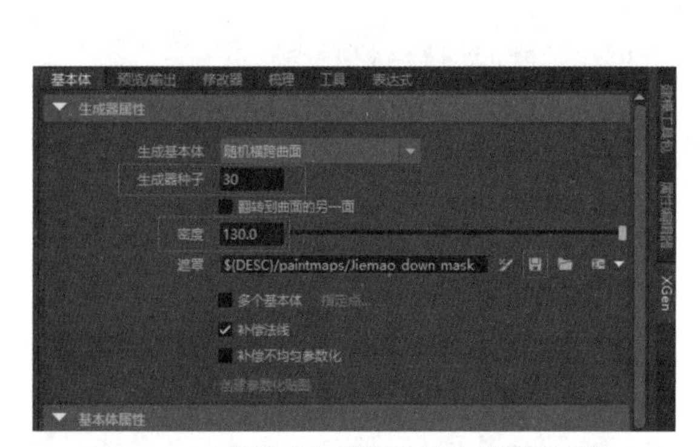

图6-181 设置“生成器属性”卷展栏参数

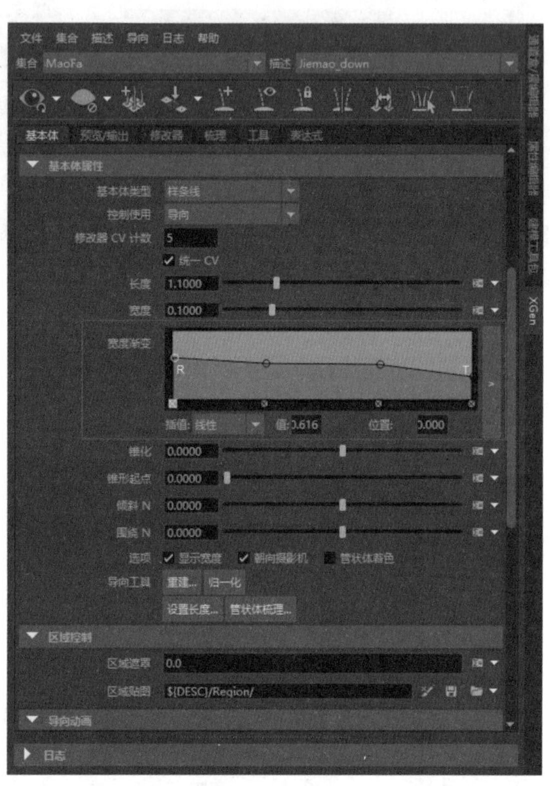

图6-182 设置“宽度渐变”的曲线值

71 观察下睫毛显示结果，并选择所有的下睫毛导向，如图6-183所示。

72 在“生成器属性”卷展栏中单击“绕X轴镜像选定导向”按钮，然后单击“隐藏/显示当前XGen描述的导向”按钮，如图6-184所示。

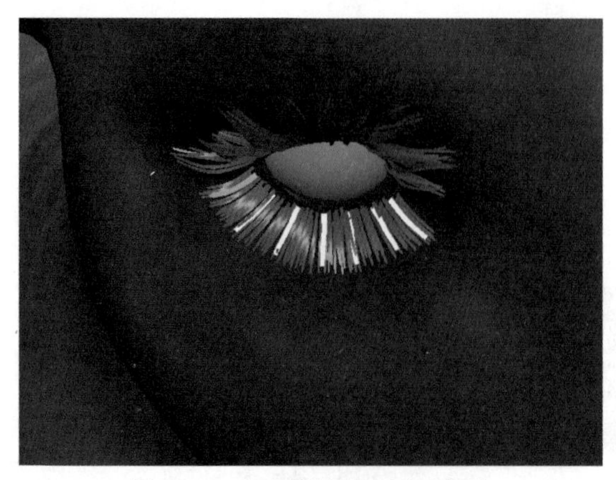

图6-183 选择所有的下睫毛导向

图6-184 镜像并隐藏导向

73 镜像出另一边的下睫毛，下睫毛的显示结果如图 6-185 所示。

74 在“XGen编辑器”面板中选择“修改器”选项卡，展开“修改器”卷展栏，单击“添加新的修改器”按钮，如图 6-186 所示。

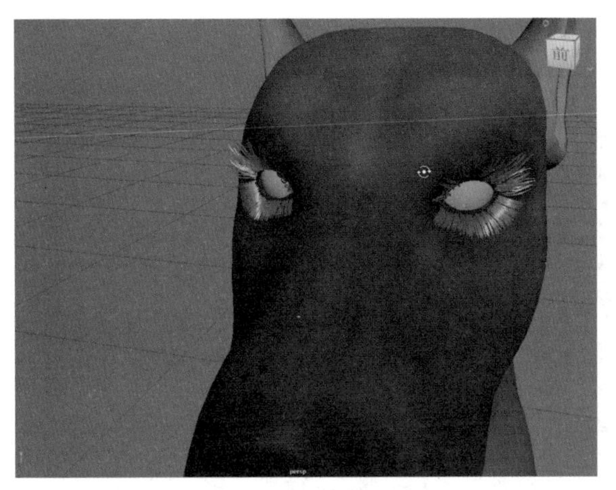

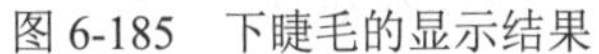

图 6-185 下睫毛的显示结果

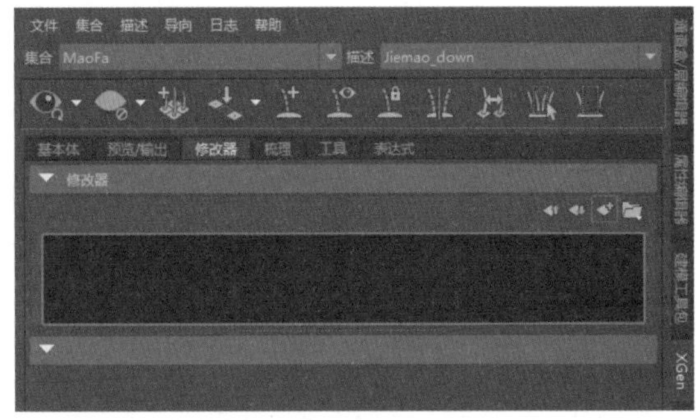

图 6-186 单击“添加新的修改器”按钮

75 打开“添加修改器窗口”对话框，单击“成束”按钮，然后单击“确定”按钮，如图 6-187 所示。

76 展开“修改器”卷展栏，单击“设置贴图”按钮，如图 6-188 所示。

图 6-187 单击“成束”按钮

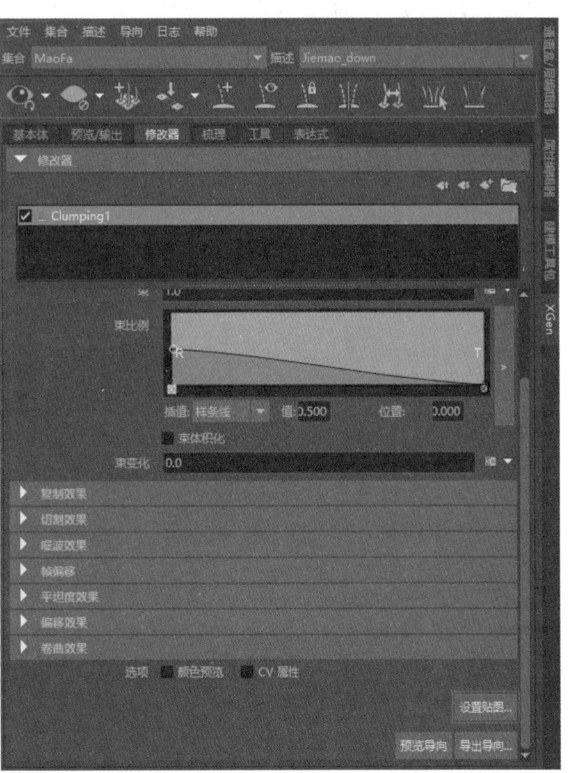

图 6-188 单击“设置贴图”按钮

77 打开“生成成束贴图”对话框，数值默认即可，然后单击“导向”按钮，再单击“保存”按钮，如图 6-189 所示。

78 展开“束效果”卷展栏，设置“束比例”的曲线值，具体参数如图 6-190 所示。

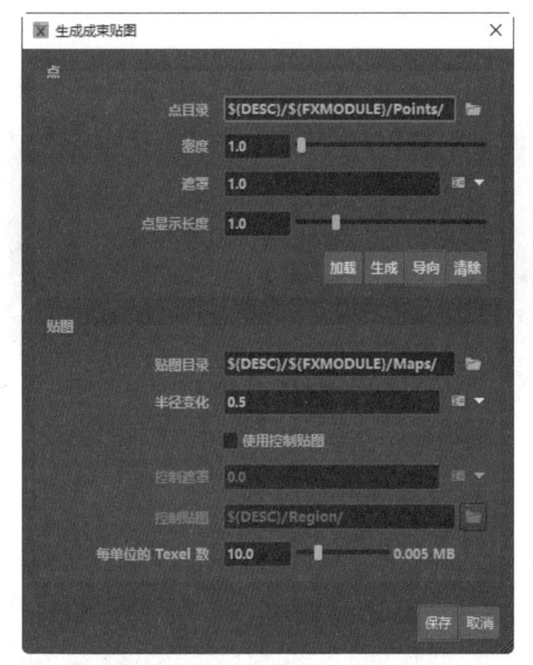

图 6-189　设置“生成成束贴图”对话框

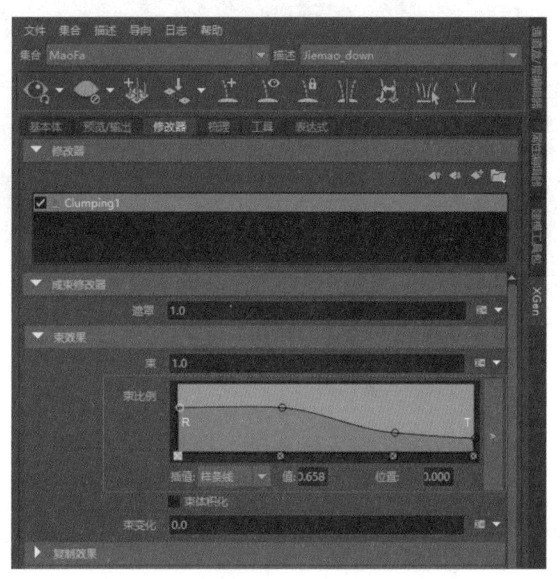

图 6-190　设置“束比例”的曲线值

79 此时，下睫毛的显示结果如图 6-191 所示。

80 展开“修改器”卷展栏，单击“添加新的修改器”按钮，打开“添加修改器窗口”对话框，单击“切割”按钮，然后单击“确定”按钮，如图 6-192 所示。

图 6-191　下睫毛的显示结果

图 6-192　单击“切割”按钮

81 展开“切面修改器”卷展栏，在“数量”文本框中输入rand(0.0,0.8)，如图 6-193 所示。

82 在XGen编辑器工具栏中单击“更新XGen预览”按钮，隐藏多余的基本体，然后选择“修改器”选项卡，展开“修改器”卷展栏，单击“添加新的修改器”按钮。打开“添加修改器窗口”对话框，单击“噪波”按钮，然后单击“确定”按钮，如图 6-194 所示。

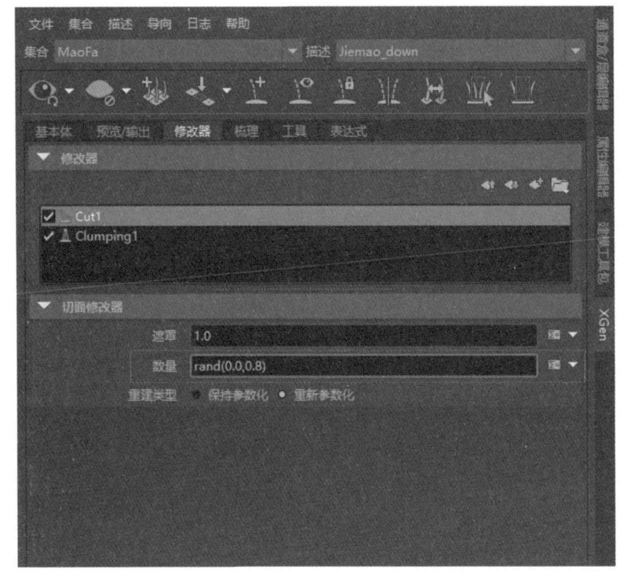

图 6-193　设置“数量”文本框参数

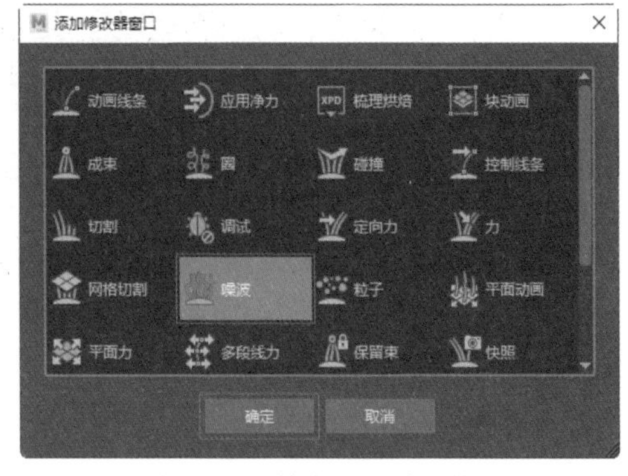

图 6-194　单击“噪波”按钮

83 展开“噪波修改器”卷展栏，设置“幅值比例”的曲线值，具体参数如图 6-195 所示。

84 按照步骤 80 的方法，再次添加一个“切割”修改器，展开“修改器”卷展栏，单击“添加新的修改器”按钮，打开“添加修改器窗口”对话框，单击“切割”按钮，然后单击“确定”按钮，展开“切面修改器”卷展栏，在“数量”文本框中输入rand(0.0,0.1)，如图 6-196 所示。

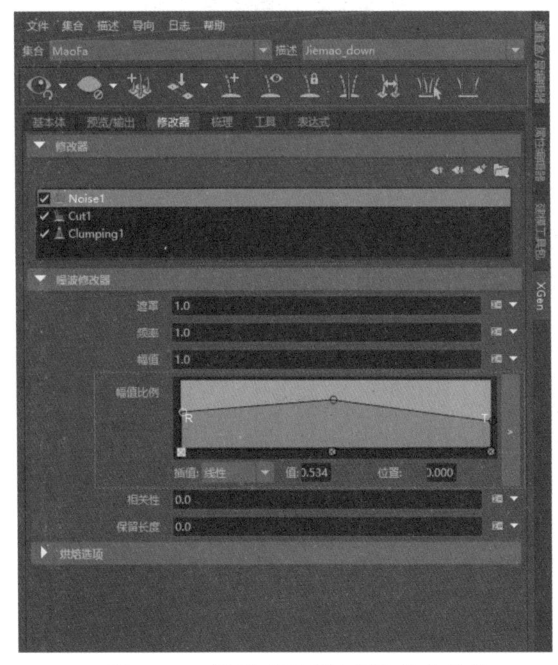

图 6-195　设置“幅值比例”的曲线值

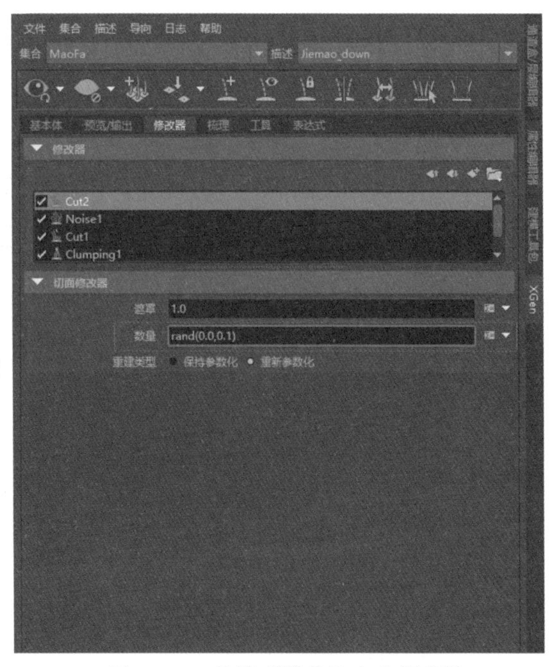

图 6-196　设置“数量”文本框参数

85 修改器设置完成后，下睫毛的显示结果如图 6-197 所示。

86 在XGen编辑器菜单栏中单击“描述”下拉按钮，从弹出的快捷菜单中选择Dog选项，如图 6-198 所示。

图 6-197　下睫毛的显示结果

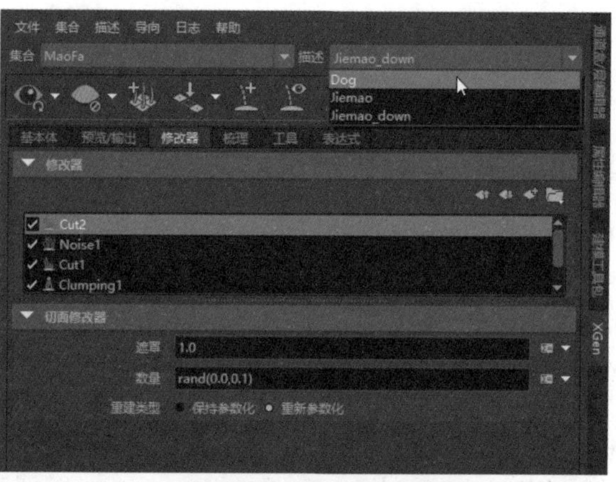

图 6-198　选择 Dog 选项

87 在XGen编辑器工具栏中单击“更新XGen预览”按钮，预览狗的身体毛发效果，结果如图 6-199 所示。

88 在“大纲视图”面板中分别选择Jiemao和Jiemao_down对象，如图 6-200 所示。

图 6-199　预览狗的身体毛发效果

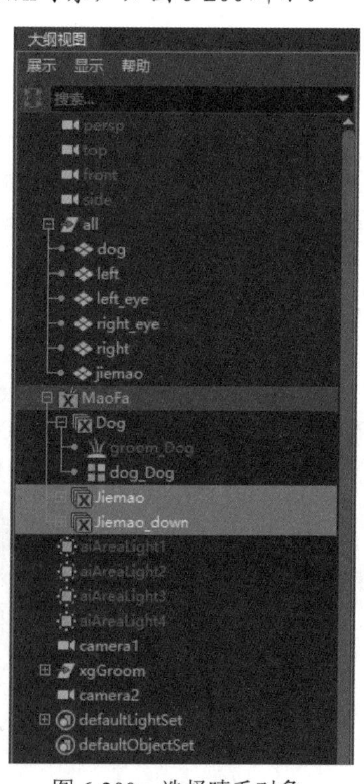

图 6-200　选择睫毛对象

89 在状态行中单击“显示Hypershade窗口”按钮，打开Hypershade窗口，在菜单栏中选择“编辑”|“从对象选择材质”命令，如图 6-201 所示。

90 在“工作区”面板的工具栏中单击“输入和输出连接”按钮，选择hairPhysicalShader2节点，展开“漫反射”卷展栏，设置“根颜色”和“尖端颜色”的颜色均为深棕色，如图 6-202 所示。

图 6-201　选择“从对象选择材质”命令

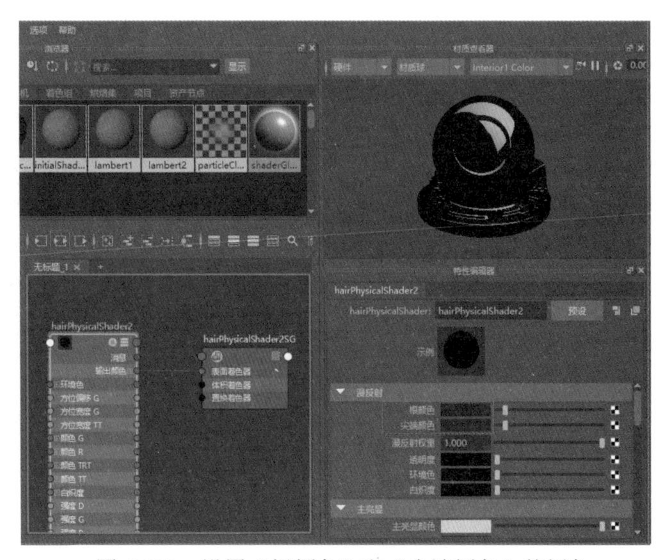

图 6-202　设置“根颜色”和“尖端颜色”的颜色

91 “根颜色”属性的具体参数如图 6-203 左图所示，“尖端颜色”属性的具体参数如图 6-203 右图所示。

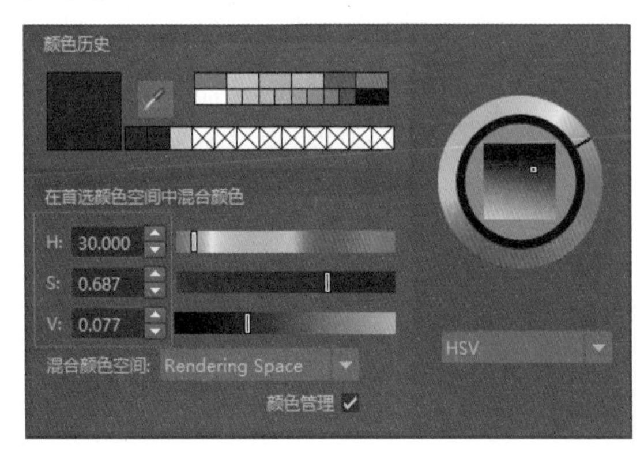

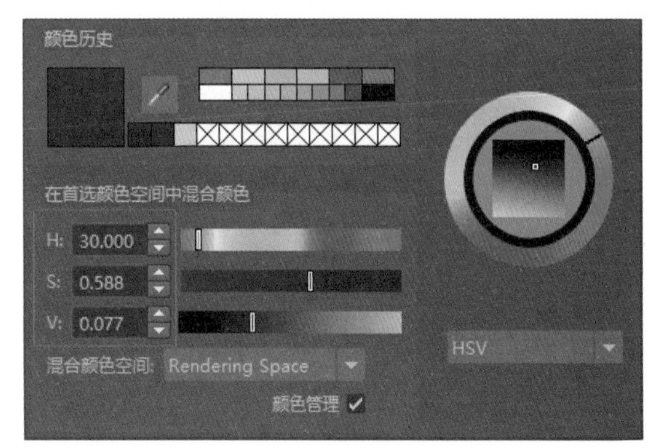

图 6-203　“根颜色”属性和“尖端颜色”属性的具体参数

92 展开“主亮显”卷展栏，设置“主亮显颜色”的颜色为灰褐色，如图 6-204 所示。

93 “主亮显颜色”属性的具体参数如图 6-205 所示。

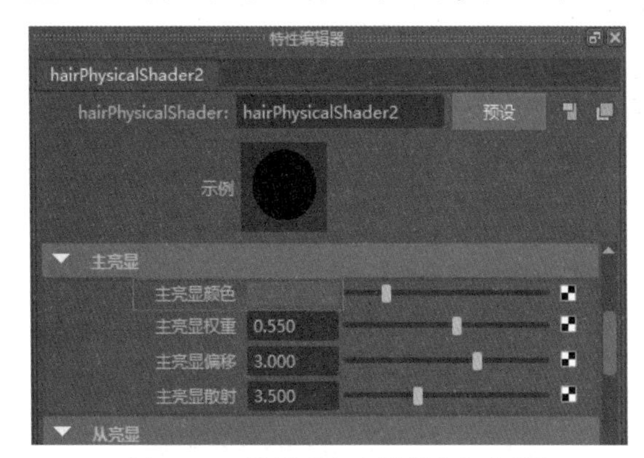

图 6-204　设置“主亮显颜色”的颜色

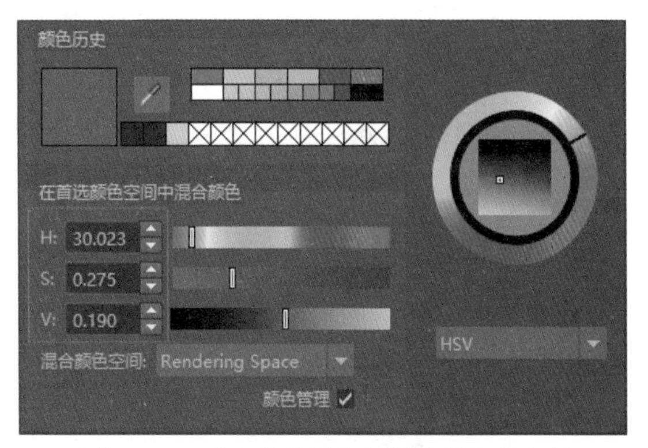

图 6-205　“主亮显颜色”属性的具体参数

94 展开“从亮显”卷展栏，设置“从亮显颜色”的颜色为深褐色，如图 6-206 所示。

95 “从亮显颜色”属性的具体参数如图 6-207 所示。

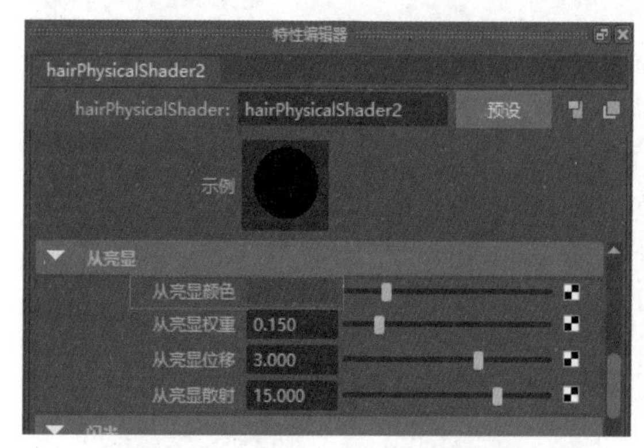

图 6-206　设置“从亮显颜色”的颜色

图 6-207　“从亮显颜色”属性的具体参数

96 展开“闪光”卷展栏，设置“闪光颜色”的颜色暗橙色，如图 6-208 所示。

97 “闪光颜色”属性的具体参数如图 6-209 所示。

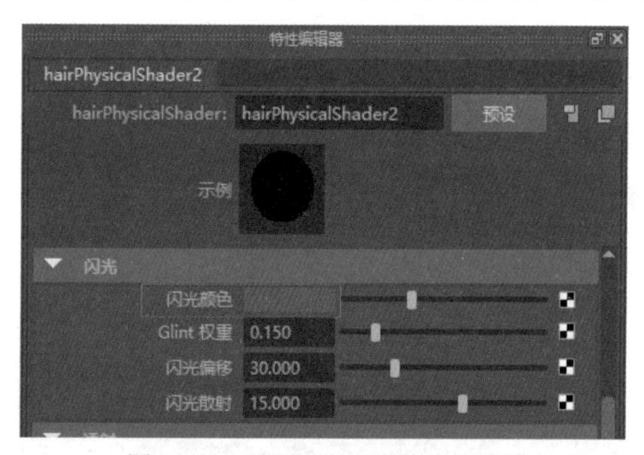

图 6-208　设置“闪光颜色”的颜色

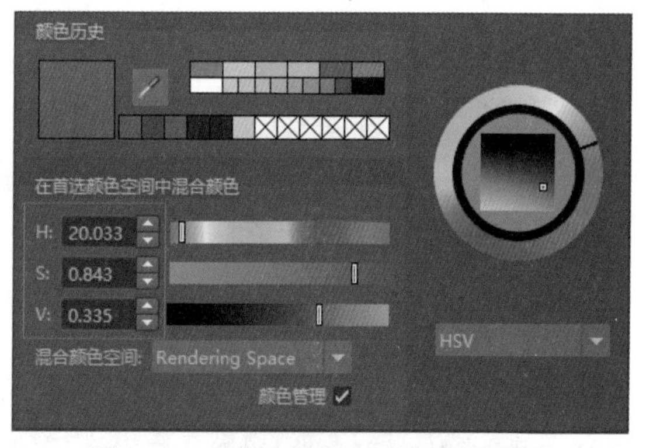

图 6-209　“闪光颜色”属性的具体参数

98 设置完成后，上睫毛的颜色显示结果如图 6-210 所示。

99 在大纲视图面板中选择Jiemao_down对象，如图 6-211 所示。

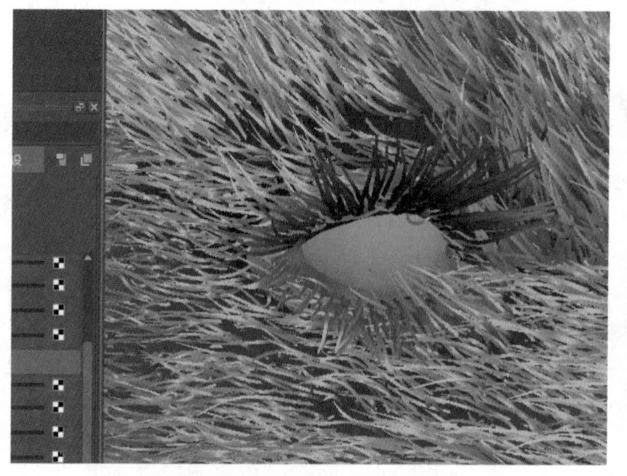

图 6-210 上睫毛的颜色显示结果

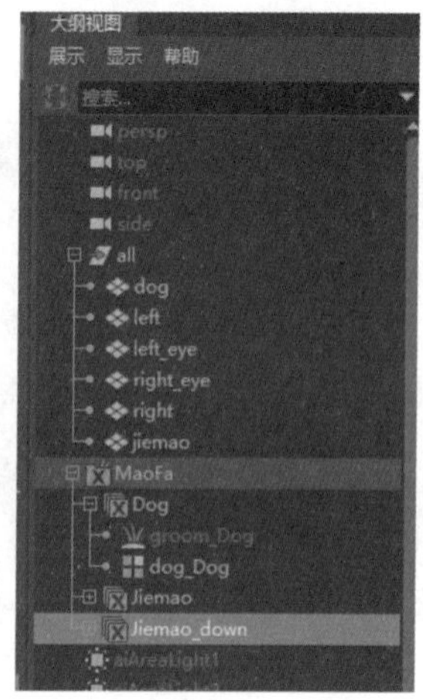

图 6-211　选择 Jiemao_down 对象

100 在“工作区”面板中，将鼠标移至hairPhysicalShader2材质球上，然后右击鼠标，从弹出的菜单中选择“将材质指定给视口选择”命令，如图6-212所示，为下睫毛赋予hairPhysicalShader2材质。

101 此时，下睫毛的颜色显示结果如图6-213所示。

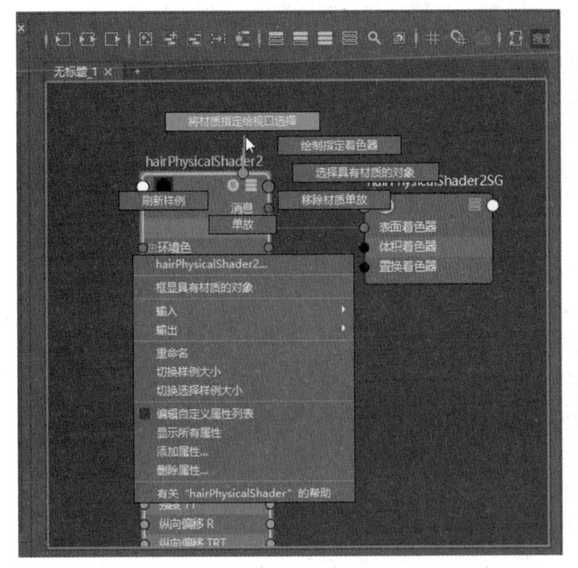

图 6-212　选择“将材质指定给视口选择”命令

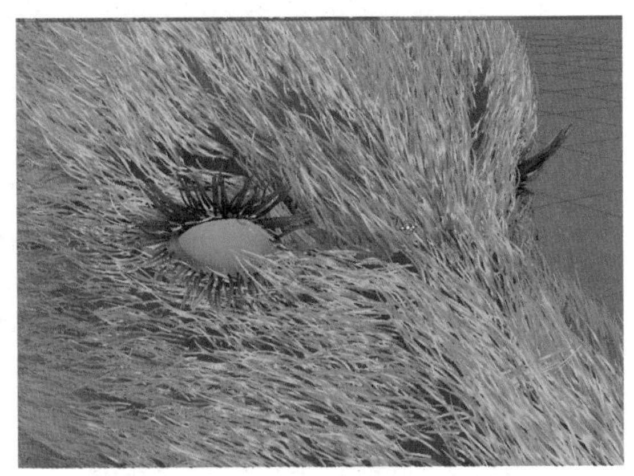

图 6-213　下睫毛的颜色显示结果

102 在“大纲视图”面板中的all组中按Shift键加选dog、left、left_eye、right_eye和right对象，按H键将其隐藏，然后选择jiemao对象，如图6-214所示。

103 在菜单栏中选择Arnold | Open Arnold RenderView命令，如图6-215所示。

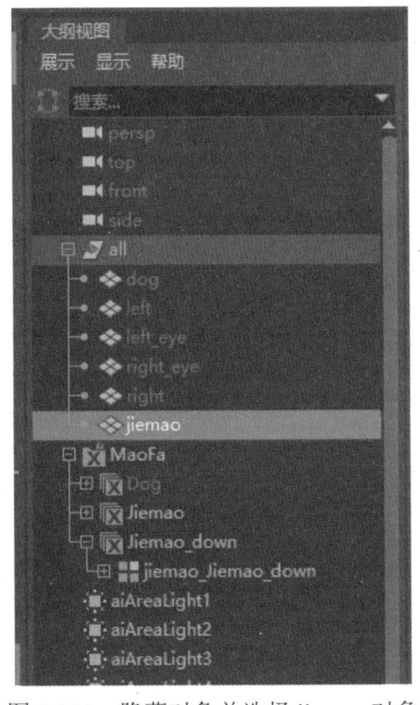

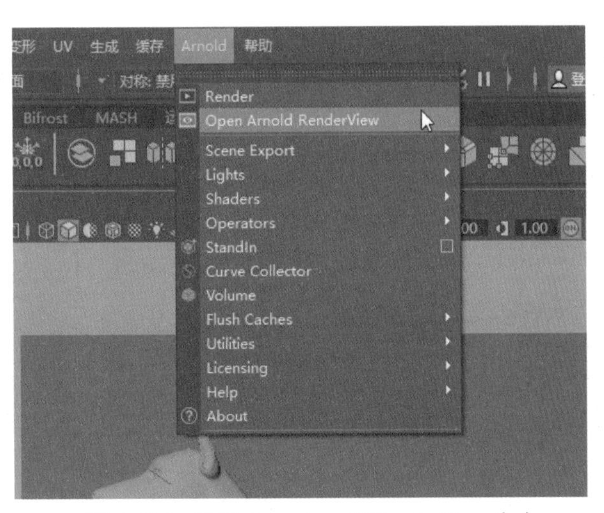

图 6-214　隐藏对象并选择 jiemao 对象　　图 6-215　选择 Open Arnold RenderView 命令

104 狗的睫毛渲染结果如图6-216所示。

105 在菜单栏中选择Arnold | Open Arnold RenderView命令，狗的毛发最终渲染结果如图6-2所示。

图6-216　睫毛渲染效果

6.5　思考与练习

1. 简述Maya中的XGen功能。
2. 制作如图6-217所示的兔子毛发效果，要求熟练掌握毛发的制作方法。

图6-217　兔子毛发

第 7 章
角色制作

在 Maya 软件中，三维艺术家会通过各种建模技术来塑造角色的形象。本章将带领读者深入了解 Maya 中角色建模的各个环节，从创建基本的几何体开始，逐步制作出角色的基础模型、服饰、发型与配饰，以及制作 UV 拆分和贴图，帮助读者掌握角色模型的制作流程，提高建模的技术水平。

7.1 角色建模概述

随着技术的不断进步及人们对视觉效果的不断追求，在游戏、电影、动画片或者虚拟现实的领域中，需要根据项目要求制作出逼真、具有较强表现力的角色。在游戏中，精心设计的角色模型可以赋予游戏角色独特的外观和个性，增强玩家的沉浸感和情感联系。在电影和动画领域，角色建模是创造视觉效果和故事情节的基础。角色建模能够为用户创造逼真的虚拟世界，使其能够身临其境地体验虚拟环境。

根据不同风格(写实、卡通等)建模角色的确存在一些区别和需要注意的细节和技巧。写实风格的角色模型着重于模型的细节和真实感，需要考虑肌肉、骨骼等结构，注重塑造角色的细节，通过精细的纹理和材质来增加写实感，如皮肤质感、衣服纹理和毛发等。卡通风格的角色模型注重简化和夸张，突出角色的特征和表情，通常会使用简洁的线条来表现角色，以突出其卡通风格的特点，并且更注重角色的整体形状和线条的流畅，使用明亮丰富的色彩，增加卡通角色的可爱和生动感，如图7-1所示。

角色建模不仅仅是简单地塑造一个静态的角色外表，在进行角色建模时，用户通常需要参考人体解剖学知识，利用三维建模软件中的工具和技术，精确地创造出人物的外貌、肌肉结构、面部特征等细节。角色建模的过程包括建立基本的几何体、逐步雕刻细节、润饰模型曲面，同时还涉及对纹理、材质和动画骨骼的设定等方面。

图 7-1　卡通角色模型

本章节以人物角色作为案例，如图7-2所示，从角色的基础模型开始，如头部(面部和头发)、上半身(手臂与手掌)、下半身(裤子与靴子)几部分分别进行制作，然后制作出角色的服饰和发型，并对模型进行UV拆分，最后绘制贴图。

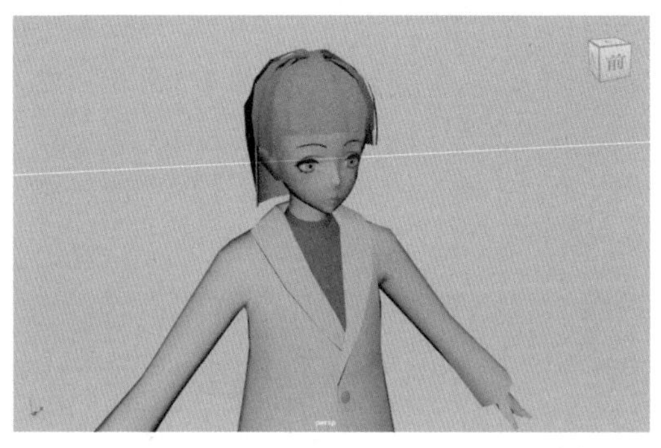

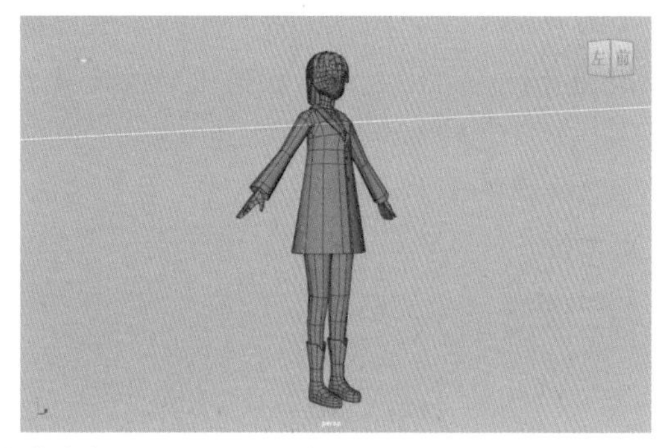

图 7-2　人物角色

7.2　创建项目工程文件

【例 7-1】 本实例将讲解如何创建项目工程文件。 视频

01 打开Maya 2022软件，在菜单栏中选择“文件”|“项目窗口”命令，打开“项目窗口”窗口，单击“当前项目”文本框右侧的“新建”按钮，设置“当前项目”为Juese，然后根据自己的情况设定文件保存路径，如图7-3所示，然后单击“接受”按钮。

02 选择时间轴右下方的“动画首选项”按钮，打开“首选项”窗口，在“类别”下拉列框中选择“设置”休选项，在“工作单位”组中单击“线性”下拉按钮，从弹出的下拉列表中选择“米”选项，然后单击“保存”按钮，如图7-4所示。

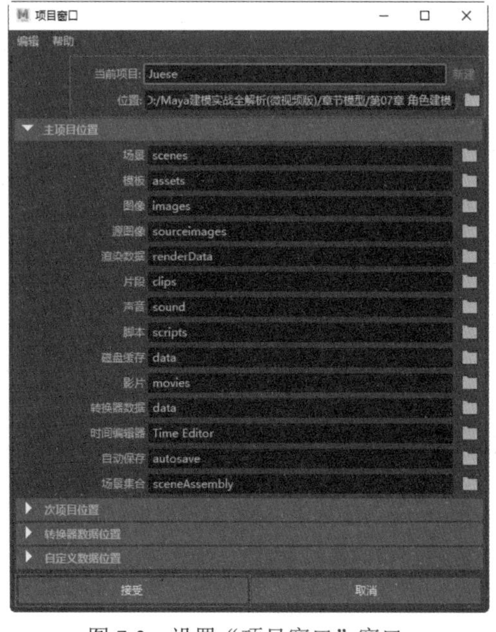

图 7-3　设置“项目窗口”窗口

图 7-4　设置“首选项”窗口

7.3 制作角色基础模型

【例 7-2】 本实例将讲解如何制作角色基础模型。视频

01 按Shift键并右击鼠标，从弹出的快捷菜单中选择“立方体”命令，如图7-5所示，在场景中创建一个多边形立方体模型。

02 按R键调整立方体模型的造型，然后右击鼠标选择“平滑”命令，将立方体平滑一级，删除掉立方体半边的面，如图7-6所示。

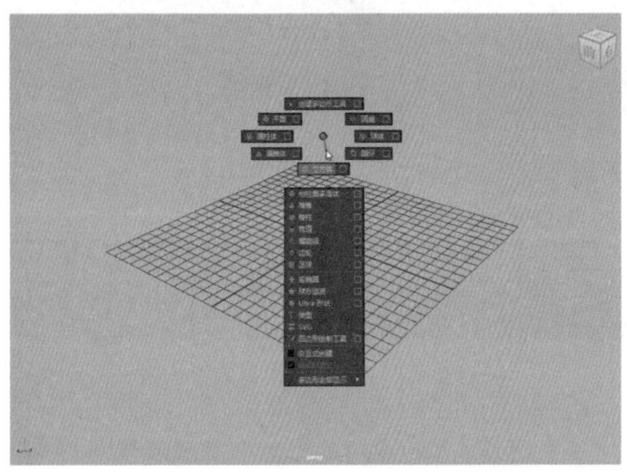

图 7-5 选择“立方体”命令

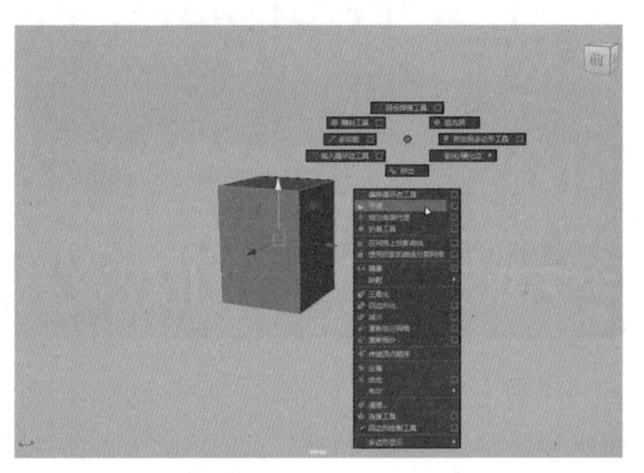

图 7-6 选择“平滑”命令

03 删除掉立方体左半边的面，如图7-7所示。

04 选择模型，在菜单栏中选择“编辑”|“特殊复制”命令，在“特殊复制选项”对话框中设置“几何体类型”为“实例”，“缩放”第一个文本框内的数值改为-1，然后单击“特殊复制”按钮，如图7-8所示。

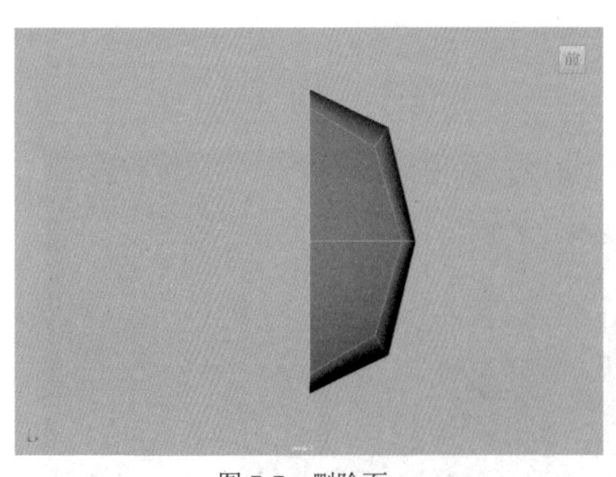

图 7-7 删除面

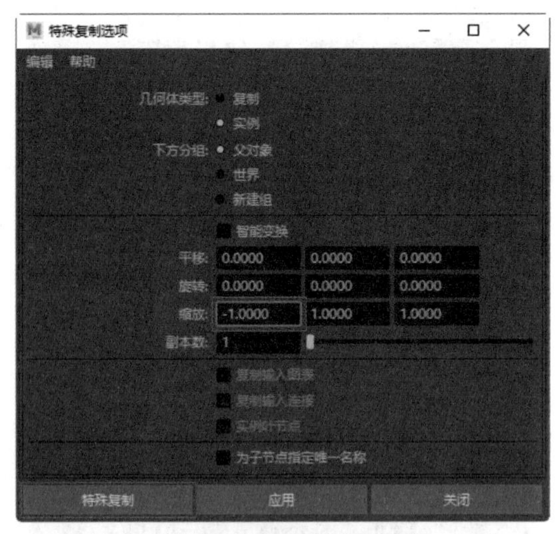

图 7-8 设置“特殊复制选项”窗口参数

05 实例复制出左半头部的模型，结果如图7-9所示。

06 进入右视图，然后进入点模式，调整出头部大致的造型，如图7-10所示。

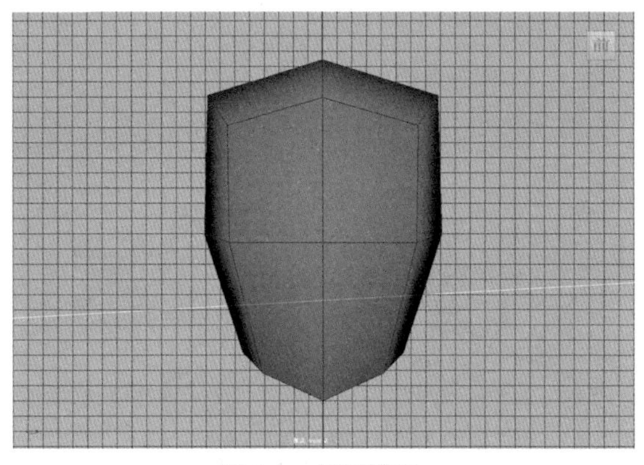

图 7-9 复制模型

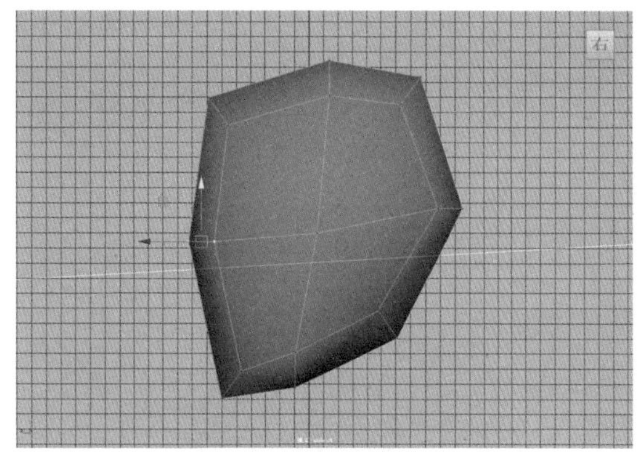

图 7-10 调整头部大致造型

07 选择头部下方的面，按Ctrl+E快捷键激活“挤出”命令，向下挤出脖子模型，如图7-11所示。

08 选择脖子下方的面，多次按Ctrl+E快捷键激活“挤出”命令，然后向下拖曳，结果如图7-12所示。

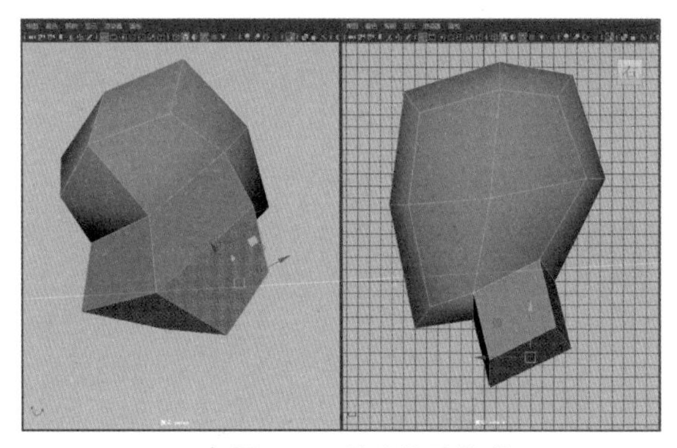

图 7-11 挤出脖子模型

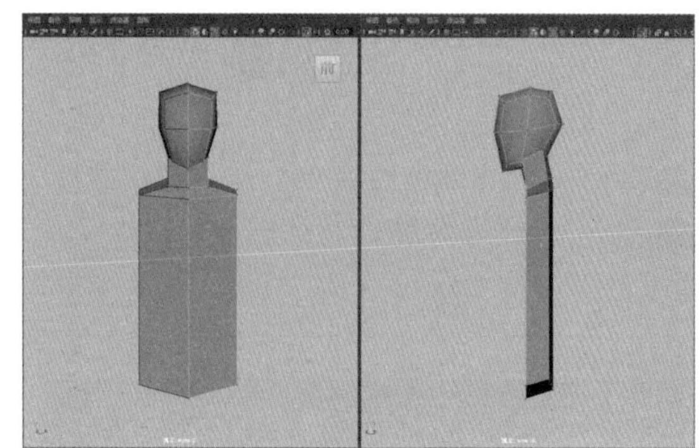

图 7-12 挤出模型

09 选择右半边的身体模型，然后在面板工具栏中单击“隔离选择”按钮，选择如图7-13左图所示的面，按Delete键删除模型内部看不见的面，结果如图7-13右图所示，再单击“隔离选择”按钮，取消【隔离选择】复选框的选中状态。

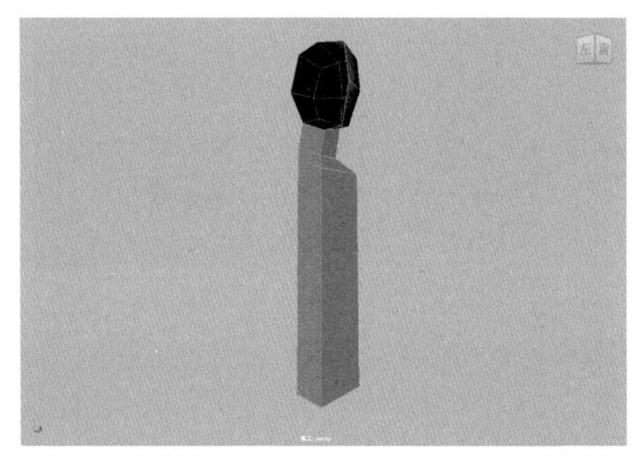

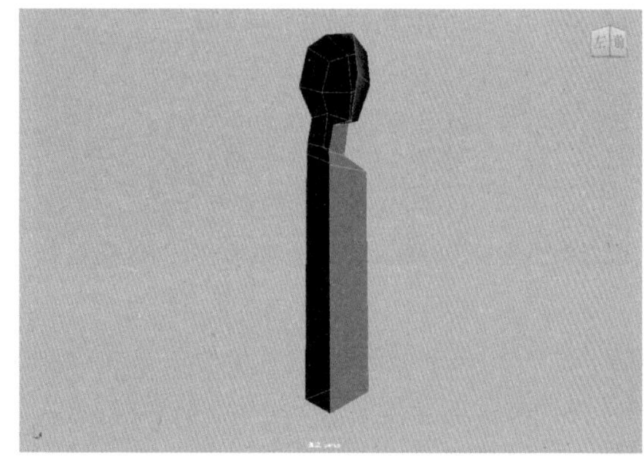

图 7-13 删除模型内部的面

10 按Shift键并右击鼠标，从弹出的快捷菜单中选择“多切割”命令，按Ctrl键，将光标放置在如图7-14所示的位置，通过单击鼠标添加线。

11 选择身体部位上的一条边，然后按Shift键并右击鼠标，从弹出的快捷菜单中选择“插入循环边工具”命令右侧的复选框，如图7-15所示。

图7-14　添加线

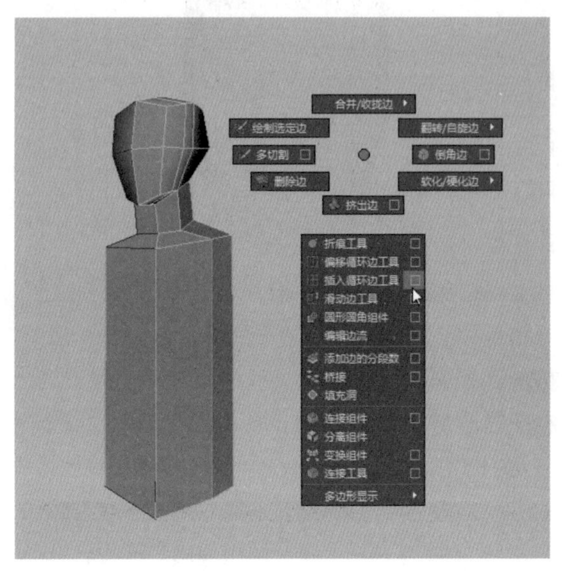

图7-15　选择“插入循环边工具”命令右侧的复选框

12 打开“工具设置”窗口，在“循环边数”文本框中输入2，如图7-16所示。

13 通过在上半身的部位单击鼠标，即可插入两条循环边，然后调整上半身的造型，结果如图7-17所示。

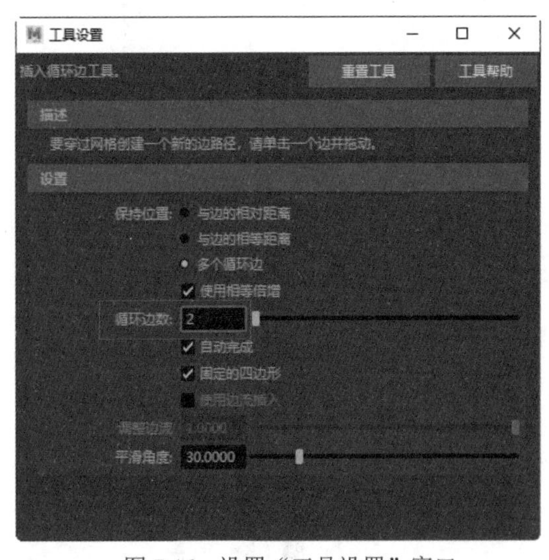

图7-16　设置“工具设置”窗口

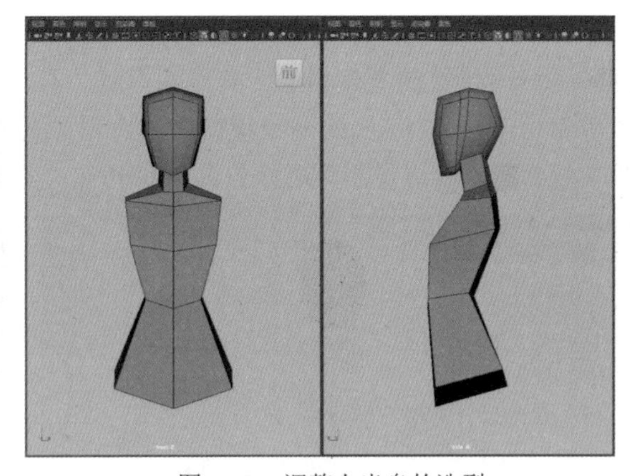

图7-17　调整上半身的造型

14 选中上半身侧面上半部分的面，按Ctrl+E快捷键激活“挤出”命令，制作出下半身，如图7-18所示。

15 选择腿部的一条边，按Ctrl键并右击鼠标，从弹出的快捷菜单中选择“环形边工具”|“到环形边并切割”命令，添加一条环形边，并按R键对其进行缩放，作为膝盖的大致位置，结果如图7-19所示。

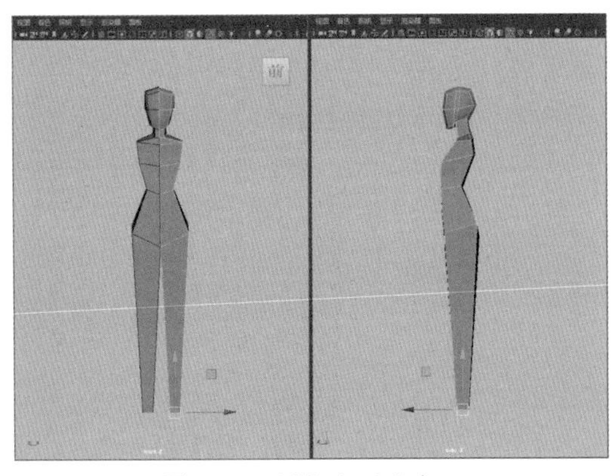

图 7-18 制作出下半身

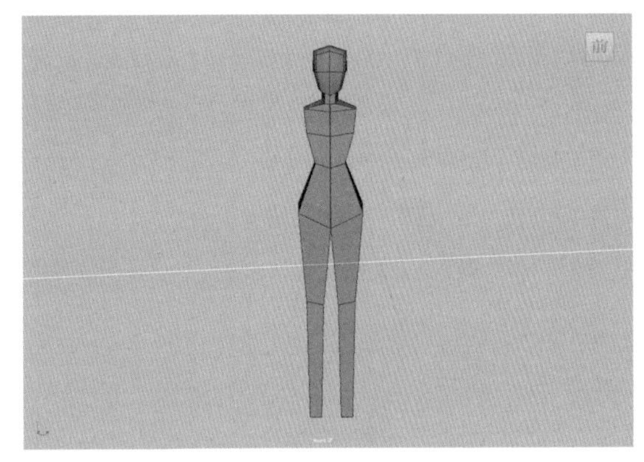

图 7-19 在膝盖处添加一条环形边

16 选择新添加的环形边，按Ctrl+B快捷键激活“倒角”命令，结果如图 7-20 所示。

17 按照步骤 15 的方法切割模型，然后选择面，按Ctrl+E快捷键激活“挤出”命令，制作出脚的大致造型，如图 7-21 所示。

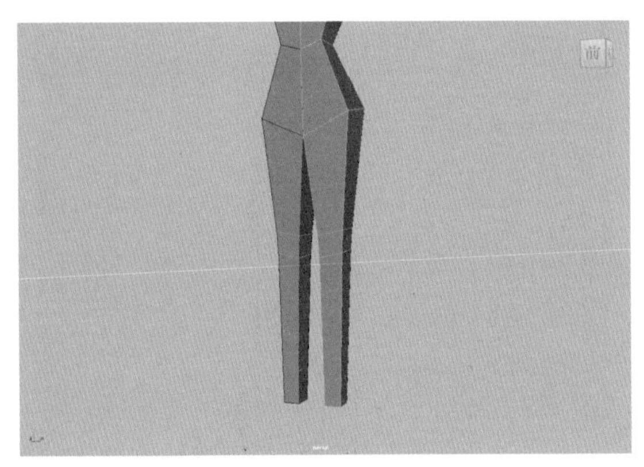

图 7-20 调整腿部的布线

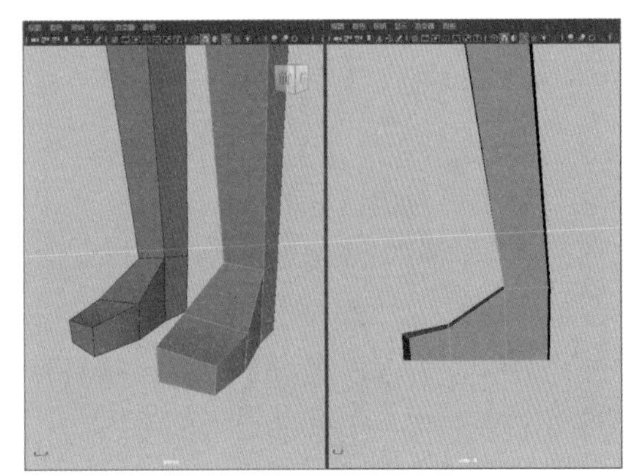

图 7-21 制作出脚的大致造型

18 按照步骤 15 的方法继续切割模型，然后调整大腿和小腿的大致造型，结果如图 7-22 所示。

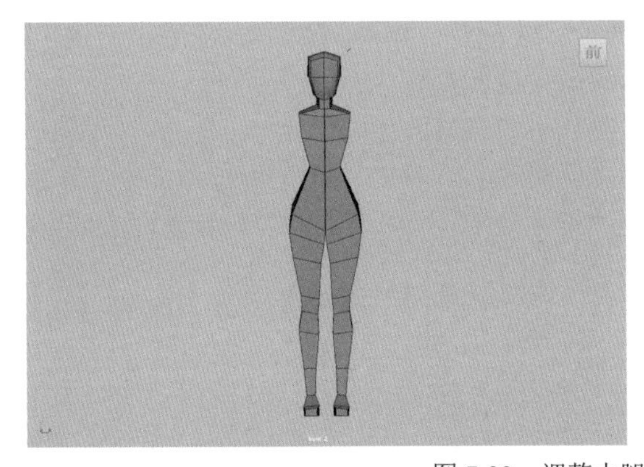

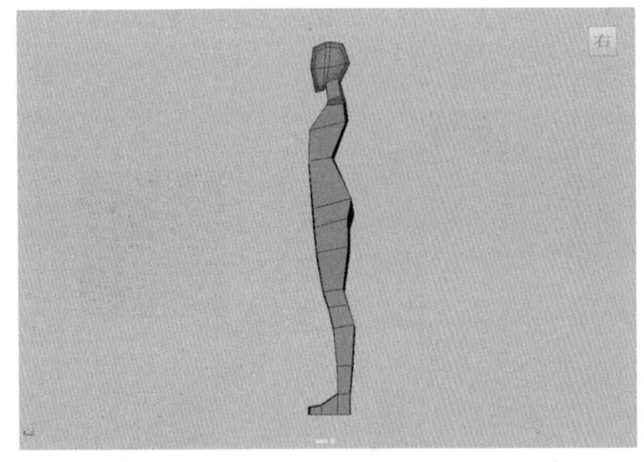

图 7-22 调整大腿和小腿的大致造型

19 选择肩膀处的面，按Ctrl+E快捷键激活“挤出”命令，制作出手臂，然后按Ctrl键并右击鼠标，从弹出的快捷菜单中选择“环形边工具”|“到环形边并切割”命令，制作出手肘的部位，如图 7-23 所示，肘部大致平行于腰部。

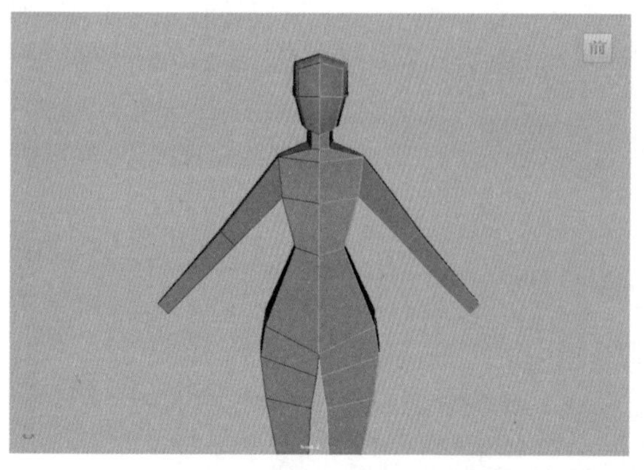

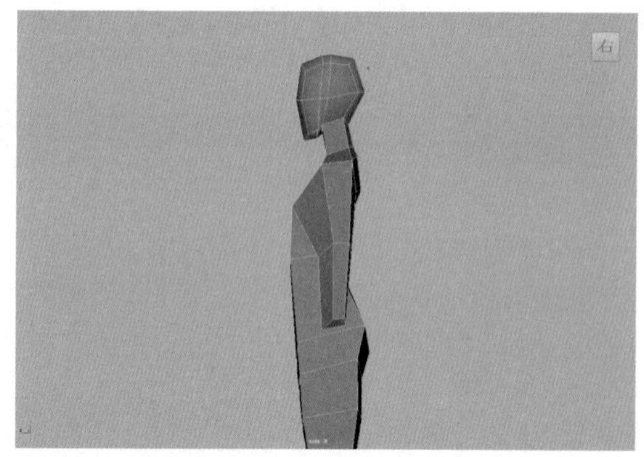

图 7-23　制作出手臂的大致造型

20 双击选择手肘的边，按Ctrl+B快捷键激活“倒角”命令，然后按Shift键并右击鼠标，从弹出的快捷菜单中选择“多切割”命令，按Ctrl键并单击鼠标，分别在大臂和小臂的位置添加线段，并调整出手臂的大致造型，如图 7-24 所示。

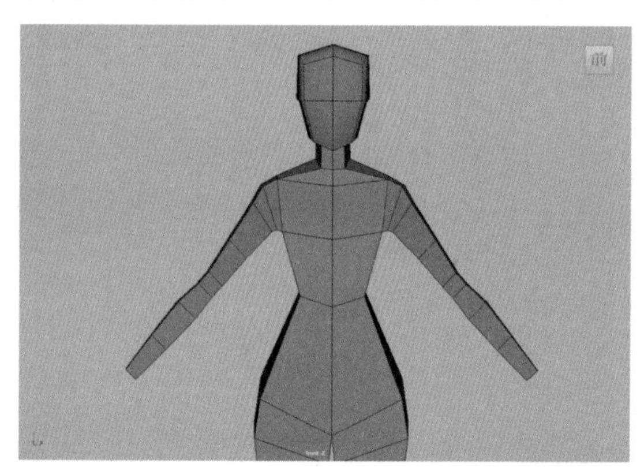

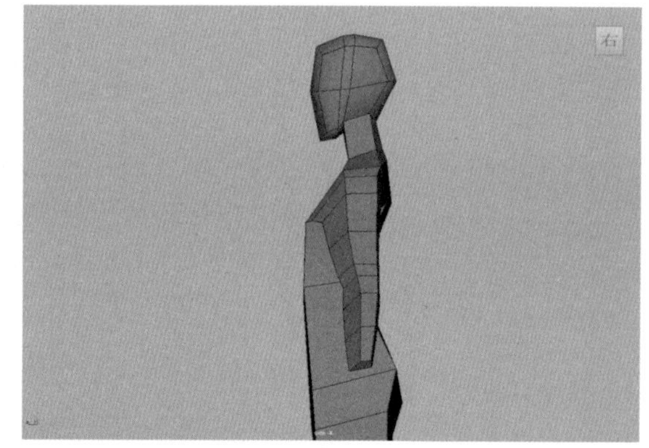

图 7-24　调整手臂造型

21 选择腰部的边，按Ctrl+B快捷键激活“倒角”命令，结果如图 7-25 所示。

22 选择身体上的边，执行“环形边工具”|“到环形边并切割”命令，为身体添加线，如图 7-26 所示。

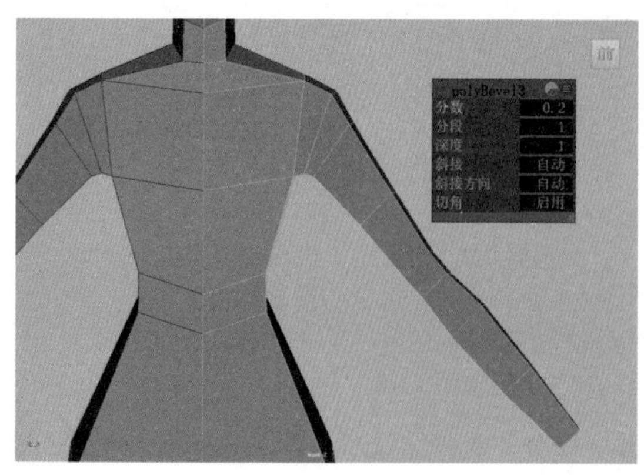

图 7-25　调整腰部的布线

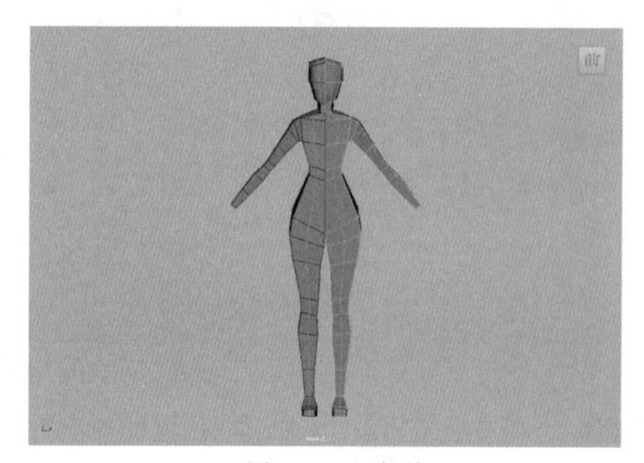

图 7-26　添加线

23 选择头部中间的边，按Ctrl+B快捷键激活“倒角”命令，调整头部布线使其过渡更加圆滑，如图7-27所示。

24 调整脸部的布线，并选择如图7-28所示面。

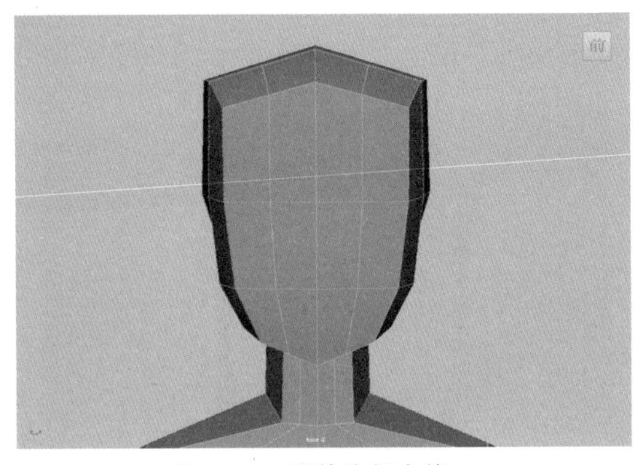

图7-27　调整头部布线

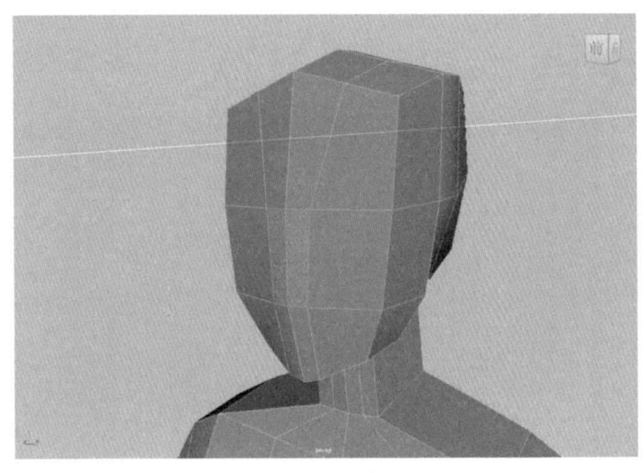

图7-28　选择面

25 按Ctrl+E快捷键激活“挤出”命令，向外挤出，然后选择右半边的身体模型，在面板工具栏中单击“隔离选择”按钮，然后选择如图7-29左图所示的面，按Delete键删除模型内部看不见的面，如图7-29右图所示，然后单击“隔离选择”按钮，取消【隔离选择】复选框的选中状态。

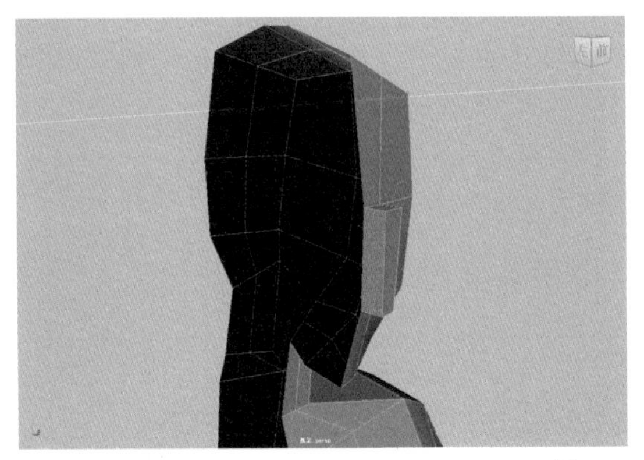

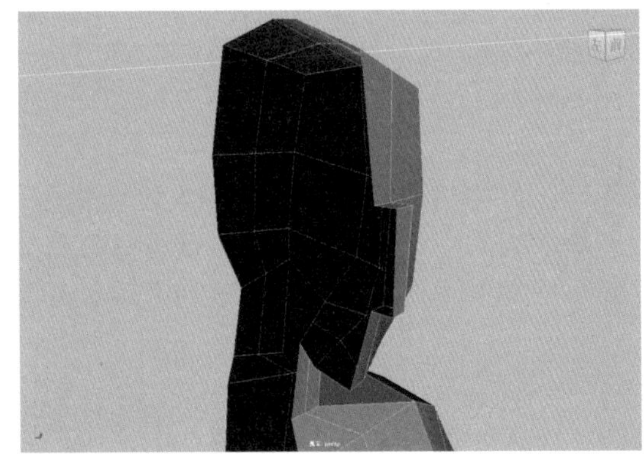

图7-29　删除面

26 按Shift键并右击鼠标，从弹出的快捷菜单中选择“多切割”命令，添加线，并制作出鼻子的大致造型，如图7-30左图所示，然后选择如图7-30右图所示的面。

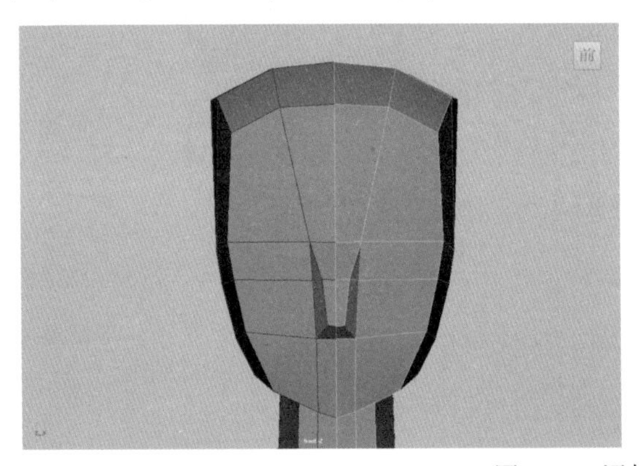

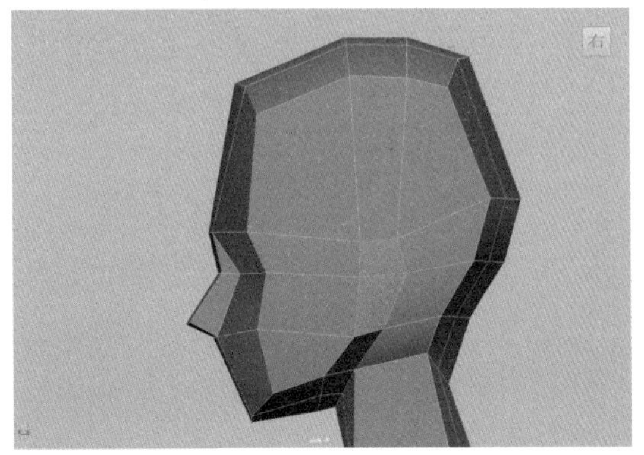

图7-30　添加线并选择面

27 择头部侧边的面，按Ctrl+E快捷键激活“挤出”命令，挤出耳朵的造型，并调整耳朵的朝向，选择耳朵上的边，按快捷键Shift键加鼠标右键，选择“删除边”命令，如图7-31所示，将多余的边删除。

28 调整耳朵的造型，结果如图7-32所示。

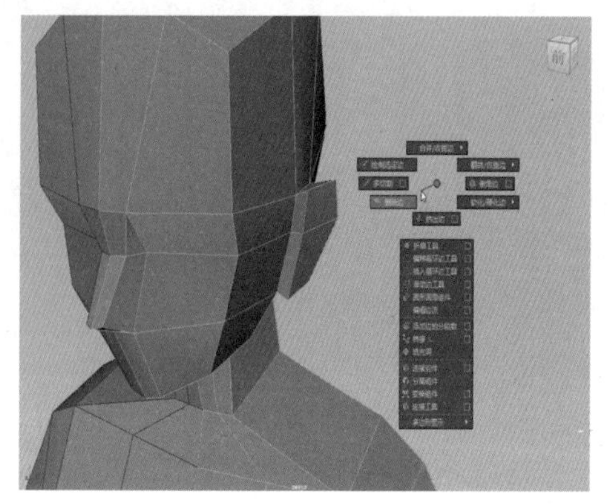

图7-31　选择“删除边”命令

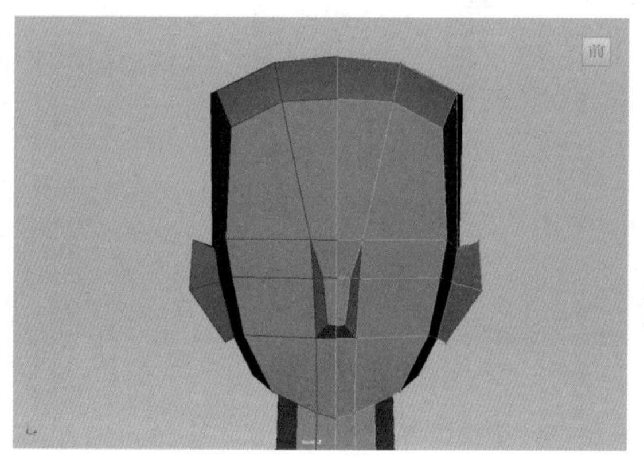

图7-32　调整耳朵的造型

注意

在建模前期无须对模型进行细致调整，只需确保在建模初期能够快速地构建出整体结构和基本形状。在建模的早期阶段，主要集中在确定模型的整体比例、基本形状和布局，重点是捕捉模型的大致外观和结构，而不必追求细节。过于细致精确的调整和雕刻，将会消耗大量时间和精力，降低制作效率。

29 按Shift键并右击鼠标，从弹出的快捷菜单中选择“多切割”命令，按Ctrl键切割模型，为头部添加线段，并调整出如图7-33所示的造型。

30 按步骤的方法，切割出嘴巴的大致位置，如图7-34所示。

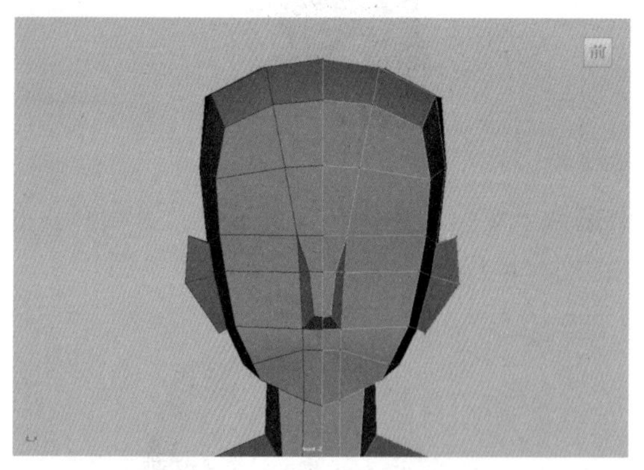

图7-33　添加线段并调整头部造型

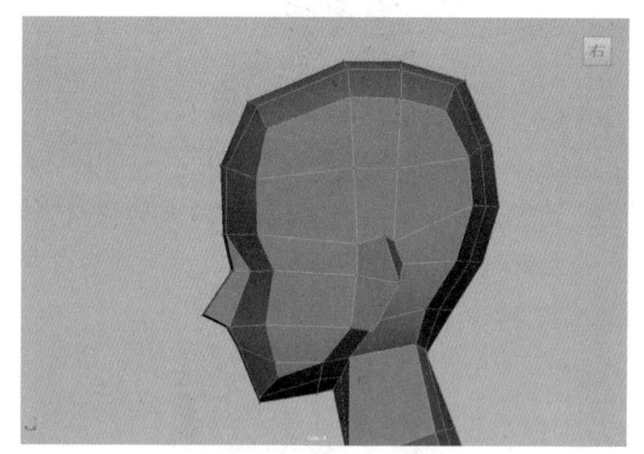

图7-34　切割出嘴巴的位置

注意

嘴部是脸部最活跃的区域，环状的口轮匝肌和放射状的提肌可以丰富后期的表情动画，因此嘴部周围的布线相对密集。

31 按照步骤29的方法，继续切割出嘴部的造型，如图7-35所示。

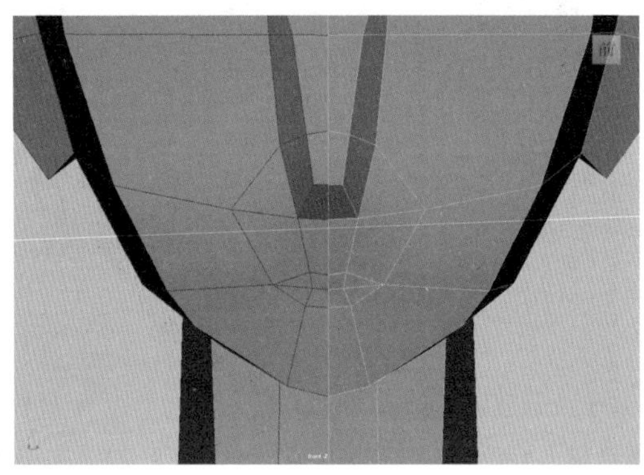

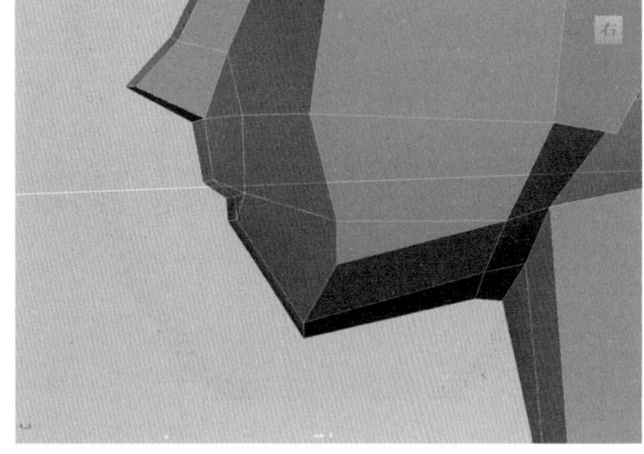

图7-35 切割出嘴部的造型

32 选择如图7-36左图所示的边，按Ctrl+B快捷键激活“倒角”命令，调整造型，如图7-36右图所示。

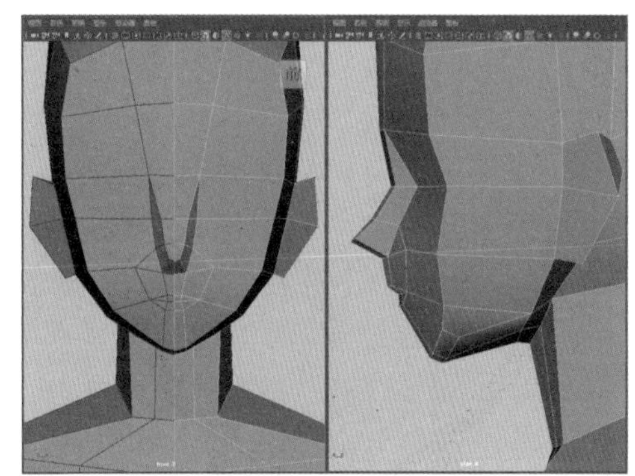

图7-36 调整下巴的造型

33 按Shift键并右击鼠标，从弹出的快捷菜单中选择“多切割”命令，添加线，然后选择如图7-37所的顶点。

34 按Ctrl+B快捷键激活“倒角”命令，并调整顶点的位置，确定内眼角和外眼角的位置，如图7-38所示。

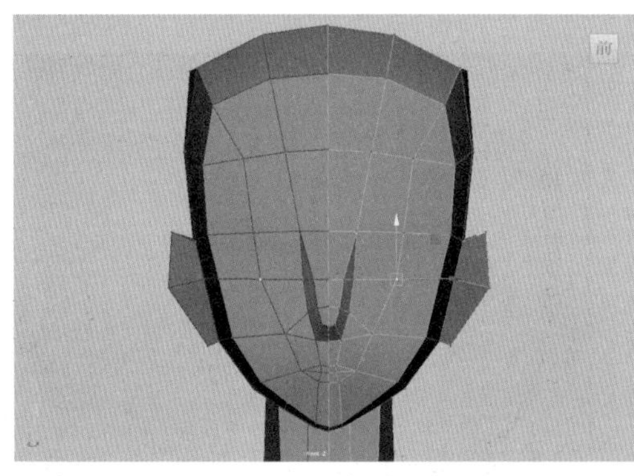

图7-37 选择顶点

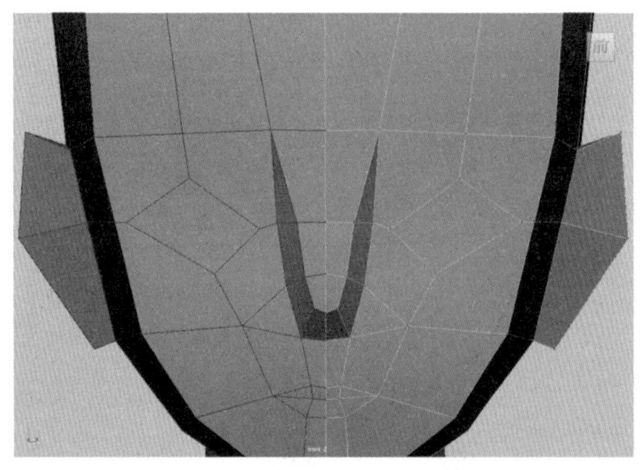

图7-38 确定内眼角和外眼角的位置

35 选择如图7-39左图所示的边。按Ctrl+B快捷键激活“倒角”命令，然后按Shift键并右击鼠标，从弹出的快捷菜单中选择“多切割”命令，添加并调整脸上的布线，结果如图7-39右图所示。

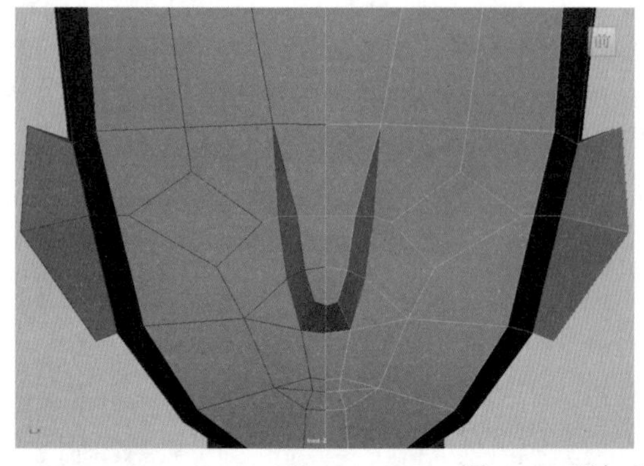
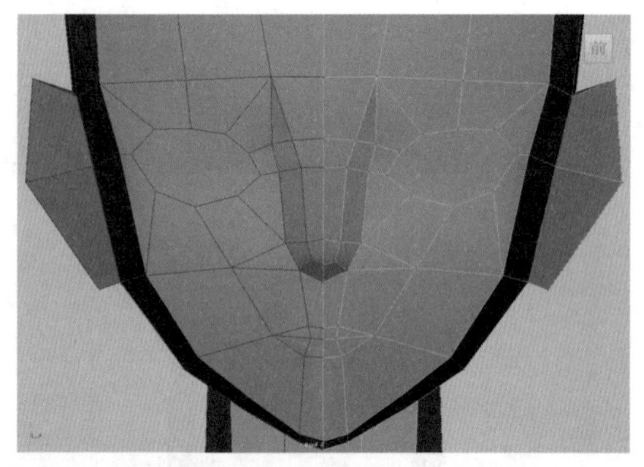

图 7-39　添加并调整脸上的布线

36 按Shift键并右击鼠标，从弹出的快捷菜单中选择“多切割”命令，按Ctrl键，通过单击鼠标添加线段，如图7-40所示，按照眼轮匝肌的结构进行布线。

37 选择边，然后按Shift加鼠标右键，选择“删除边”命令，如图7-41所示，将多余的边删除。

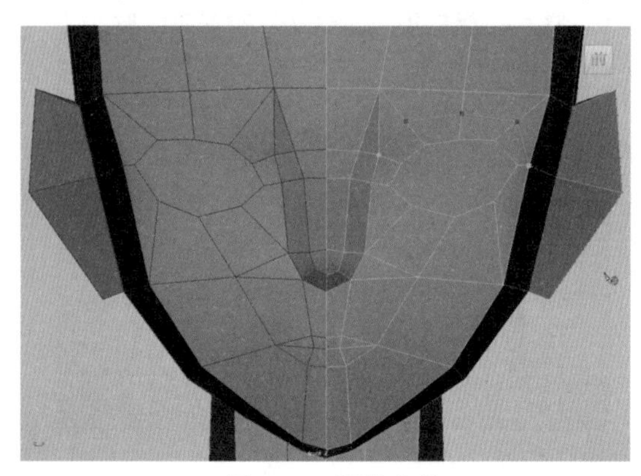

图 7-40　调整布线

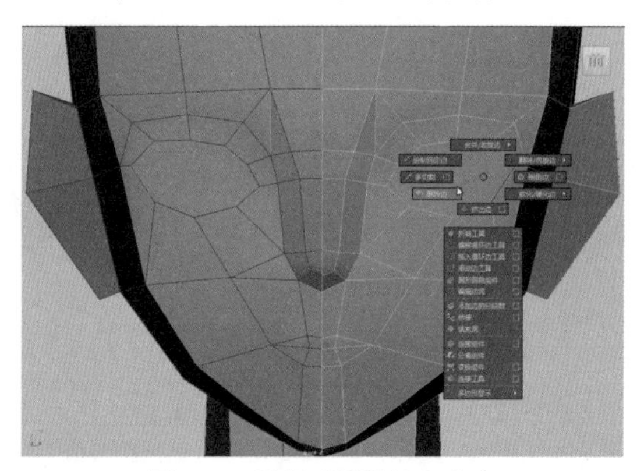

图 7-41　选择“删除边”命令

38 按Shift键并右击鼠标，从弹出的快捷菜单中选择“多切割”命令，在嘴部进行加线，然后选择边，按Shift键并右击鼠标，从弹出的快捷菜单中选择“合并收拢边”|“合并边到中心”命令，如图7-42所示。

39 按照步骤39的方法继续为模型加线，并调整头部的造型，如图7-43所示。

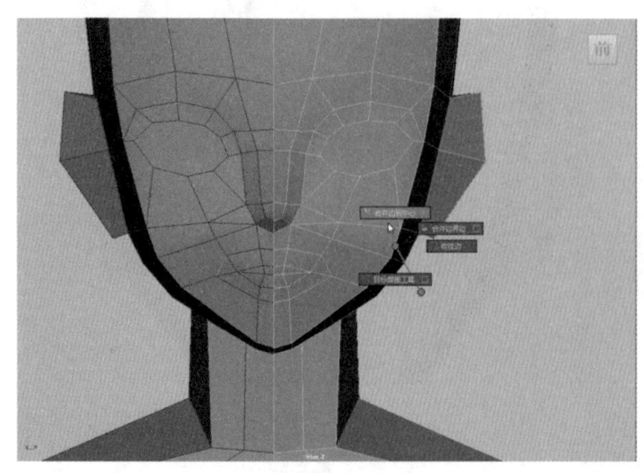

图 7-42　选择“合并边到中心”命令

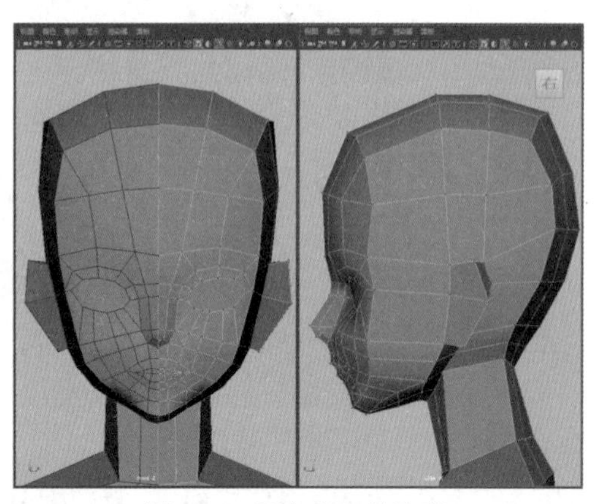

图 7-43　调整头部的造型

40 按Shift键并右击鼠标，从弹出的快捷菜单中选择“多切割”命令，为头部模型加线，并调整头部的造型，如图 7-44 所示。

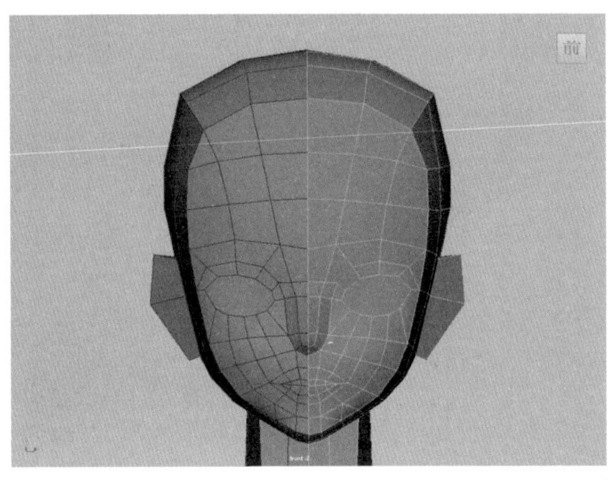

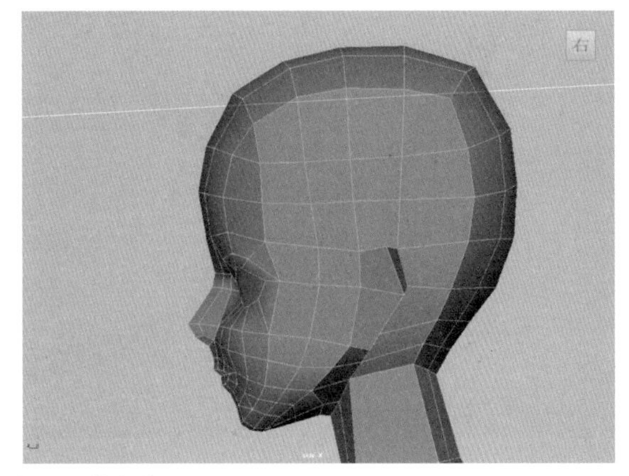

图 7-44　添加线并调整布线

41 选择边，按Shift键并右击鼠标，从弹出的快捷菜单中选择“合并收拢边”|“合并边到中心”命令，如图 7-45 左图所示，然后调整眼眶的布线，如图 7-45 右图所示。

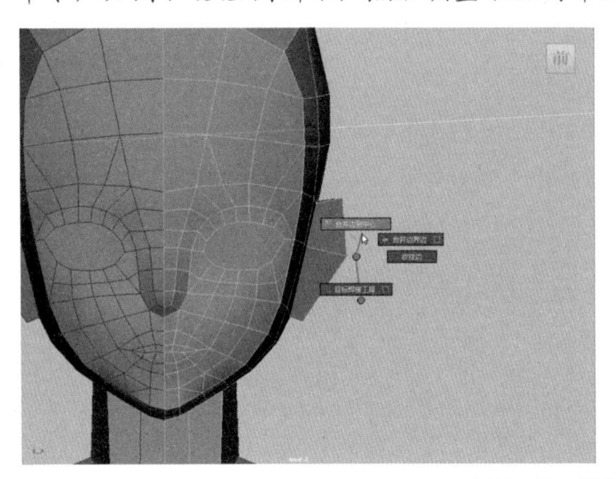

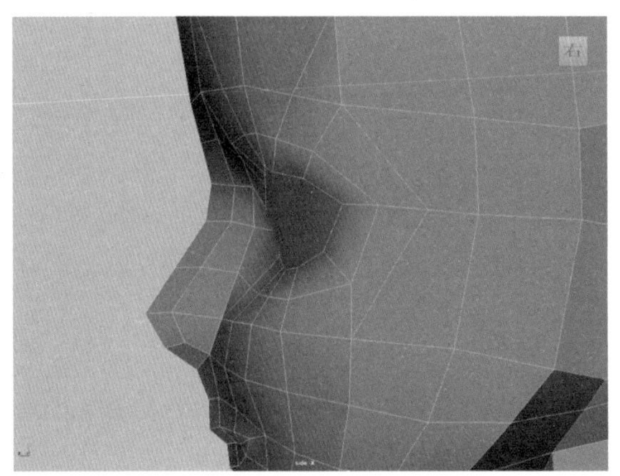

图 7-45　调整眼眶的布线

42 按照步骤 41 的方法继续为模型调整布线，如图 7-46 所示。

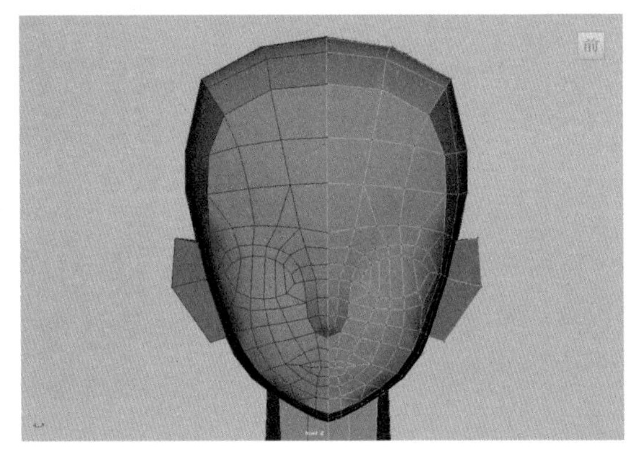

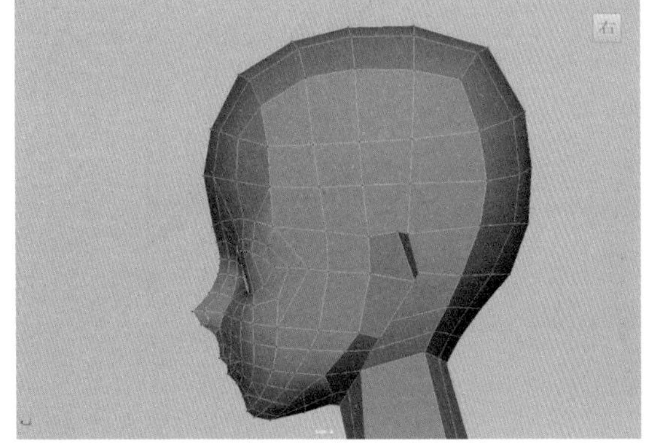

图 7-46　调整布线

43 选择脖子的边，按Ctrl键并右击鼠标，从弹出的快捷菜单中选择“环形边工具”|“到环形边并切割”命令，调整脖子的布线，如图7-47所示。

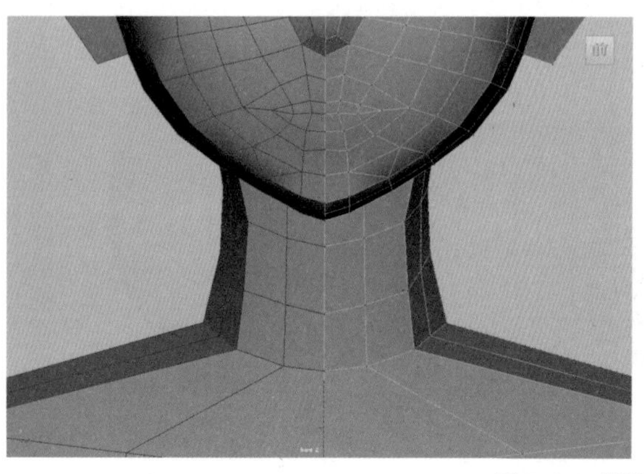
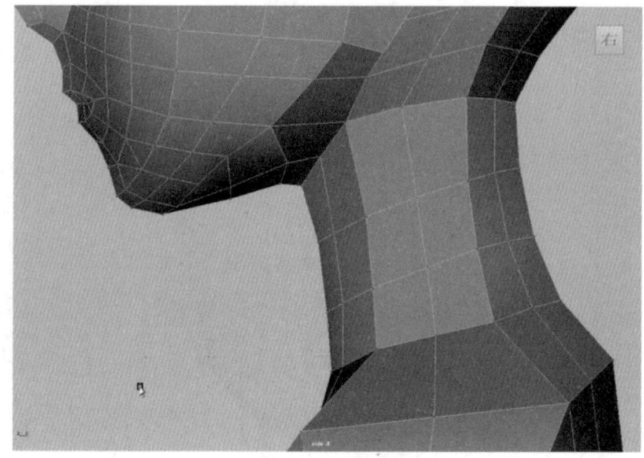

图7-47　调整脖子的布线

44 选择脖子的边，按Ctrl键并右击鼠标，从弹出的快捷菜单中选择“环形边工具”|“到环形边并切割”命令，调整身体的布线，如图7-48所示。

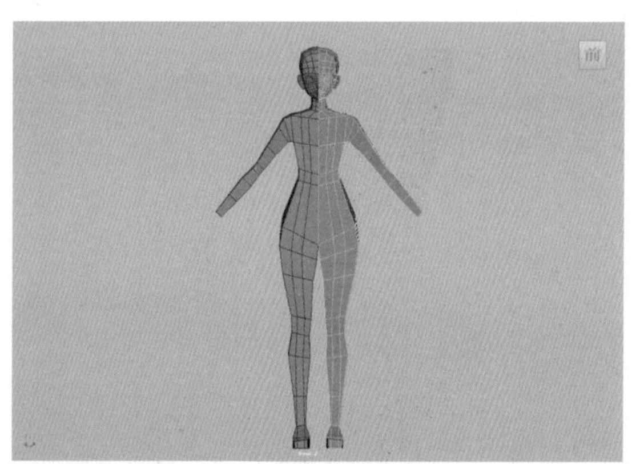
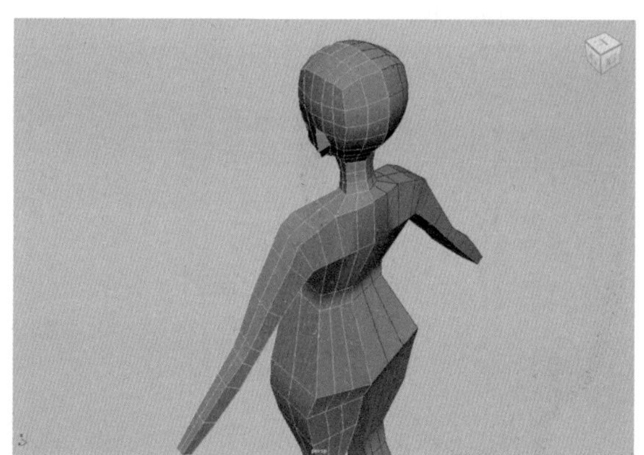

图7-48　调整身体的布线

45 选择手腕处的面，按Ctrl+E快捷键激活“挤出”命令，挤出手的造型，如图7-49所示。

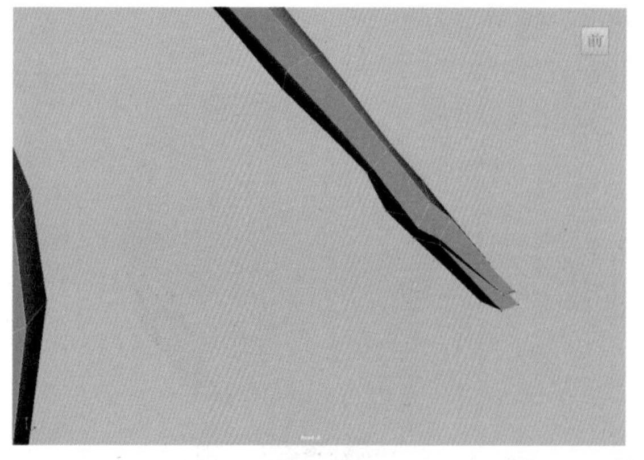
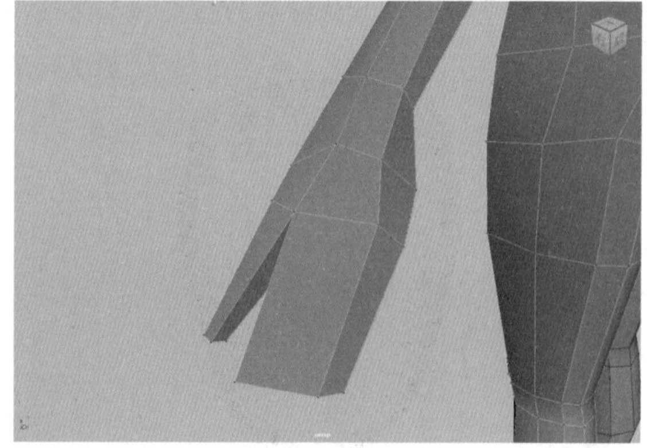

图7-49　挤出手的造型

46 按Shift键并右击鼠标，从弹出的快捷菜单中选择“多切割”命令，调整手部的布线，如图 7-50 所示。

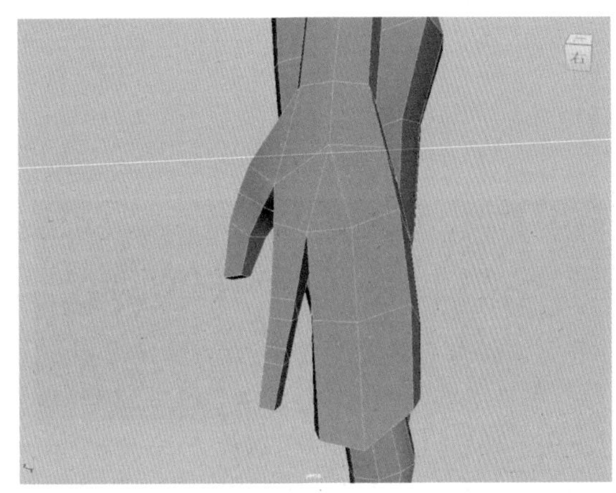

图 7-50　调整手部的布线

7.4　制作角色服饰

【例 7-3】 本实例将讲解如何制作角色服饰。

01 选择如图 7-51 左图所示的一圈边，按Shift键并右击鼠标，从弹出的快捷菜单中选择“复制面”命令，如图 7-51 右图所示。

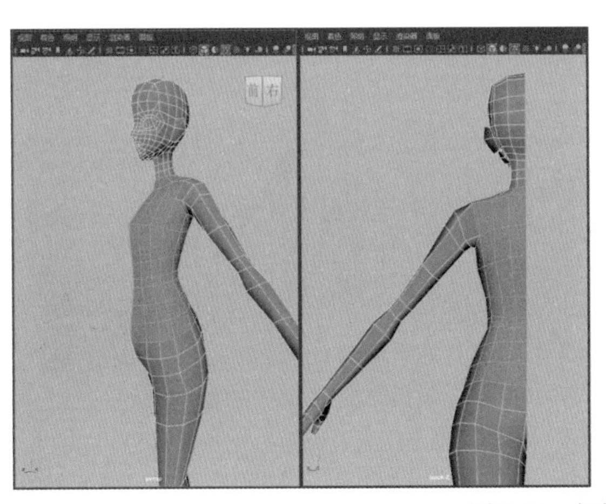
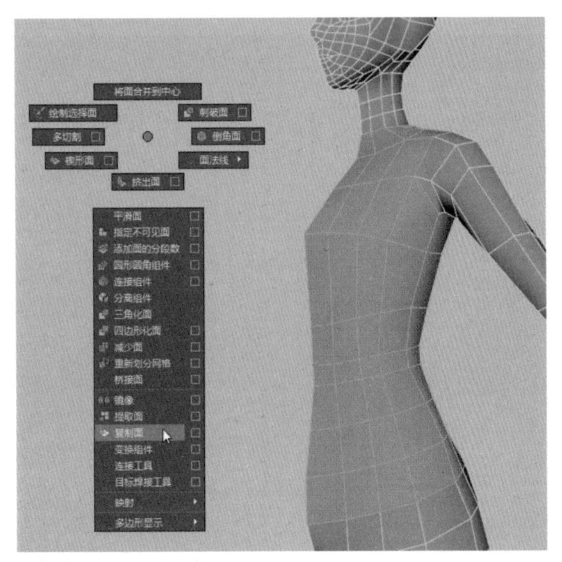

图 7-51　复制出选择的面

02 在菜单栏中分别选择“修改”命令，从弹出的快捷菜单中依次选择“重置变换”和“冻结变换”命令，如图 7-52 所示。

03 调整复制出的面的造型，按Shift键并右击，从弹出的快捷菜单中选择“镜像”命令右侧的复选框，如图 7-53 所示。

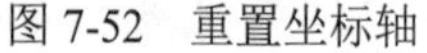

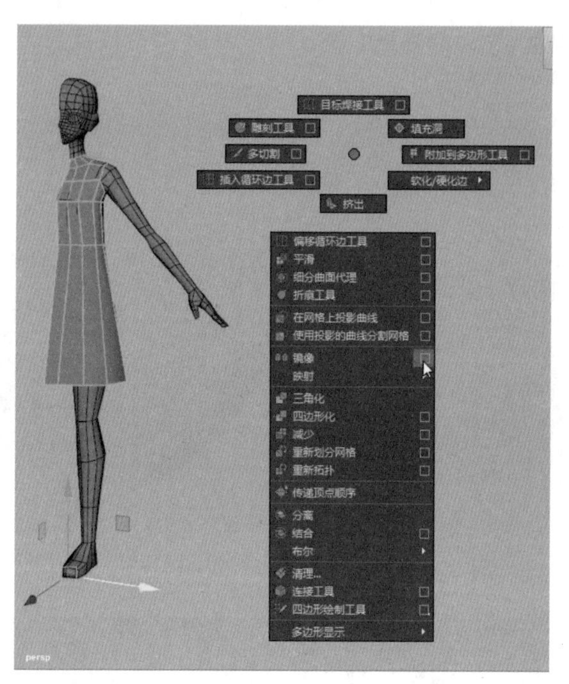

图 7-52　重置坐标轴　　　　图 7-53　选择“镜像”命令右侧的复选框

04 打开“镜像选项”窗口，单击“几何体类型”下拉按钮，从弹出的下拉列表中选择“复制”命令，在“镜像轴”组中选择“X”单选按钮，然后单击“应用”按钮，如图7-54所示。

05 设置完成后，镜像的显示结果如图7-55所示。

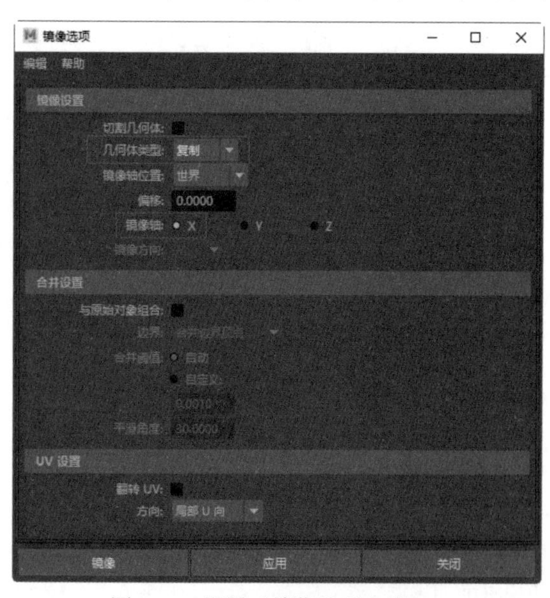

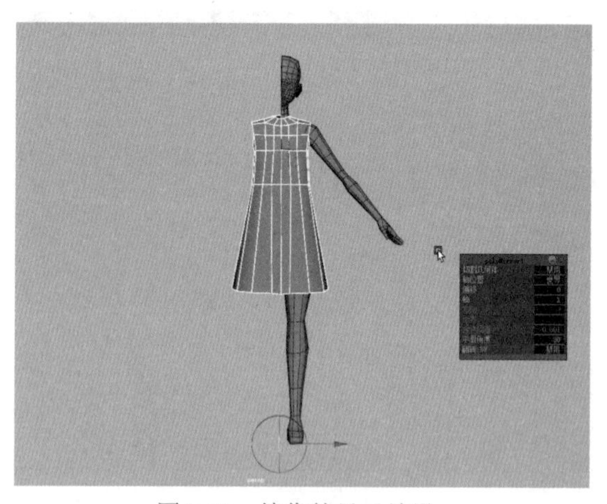

图 7-54　设置“镜像选项”窗口　　　　图 7-55　镜像的显示结果

06 双击选择大衣模型衣摆的一圈边，按Shift键并右击，从弹出的快捷菜单中选择“圆形圆角组件”命令，如图7-56所示。

07 选择顶点，调整大衣的造型，如图7-57所示。

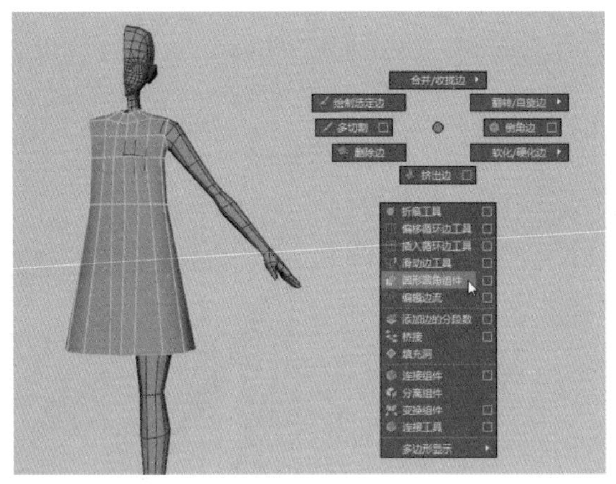

图7-56　选择“圆形圆角组件”命令

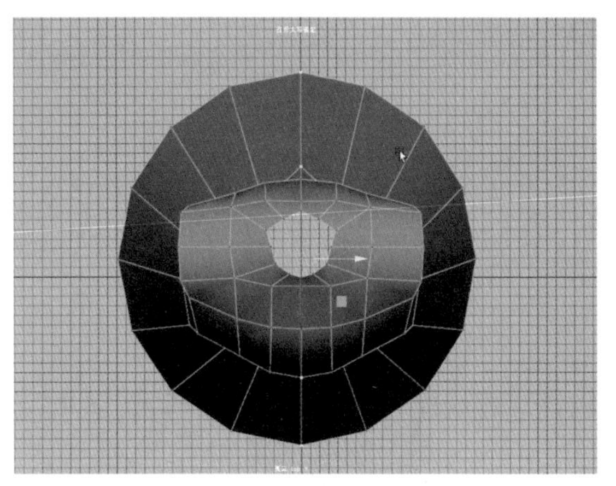

图7-57　调整大衣的造型

08 按Ctrl+E快捷键激活“挤出”命令，挤出大衣的袖子造型，如图7-58所示。

09 选择袖子上的一条边，然后按Ctrl键并右击鼠标，从弹出的快捷菜单中选择“环形边工具”|“到环形边并切割”命令，如图7-59所示。

图7-58　挤出大衣的袖子造型

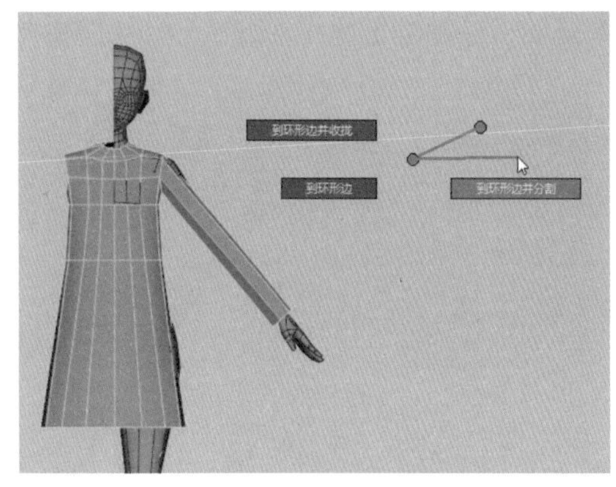

图7-59　选择“到环形边并切割”命令

10 按照步骤6的方法，添加一条环形边，如图7-60所示。

11 删除大衣左半边模型的面，调整大衣背部的顶点位置，如图7-61所示。

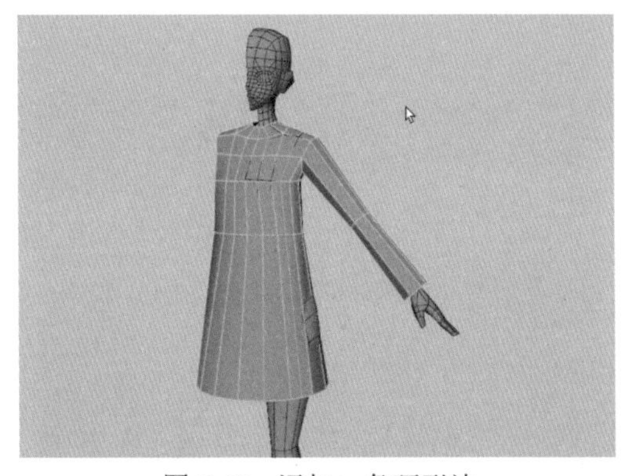

图7-60　添加一条环形边

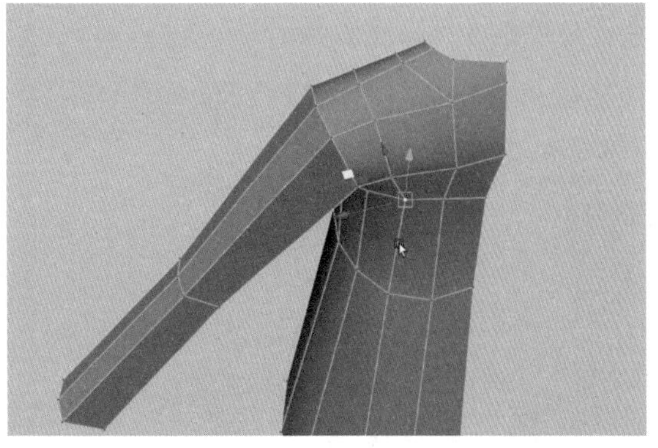

图7-61　调整顶点

12 调整大衣的造型，如图7-62所示。

13 按Shift键并右击鼠标，从弹出的快捷菜单中选择“多切割”命令，调整大衣的布线，如图 7-63 所示。

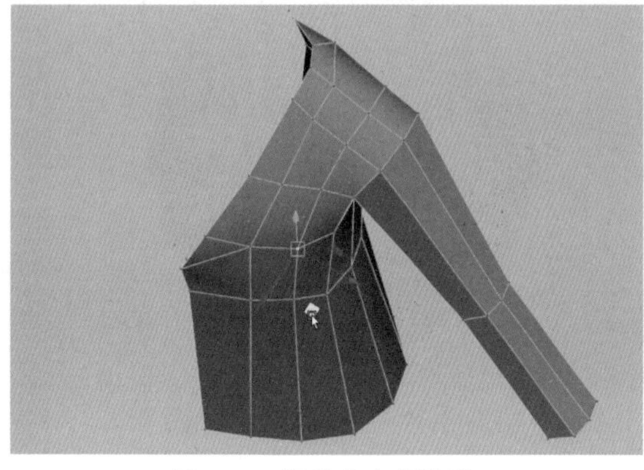

图 7-62　调整大衣的造型

图 7-63　调整大衣的布线

14 选择多余的边，按Shift键并右击鼠标，从弹出的快捷菜单中选择“删除边”命令，结果如图 7-64 所示。

15 选择边，按Shift键并右击鼠标，从弹出的快捷菜单中选择“删除边”命令，如图 7-65 所示。

图 7-64　删除边

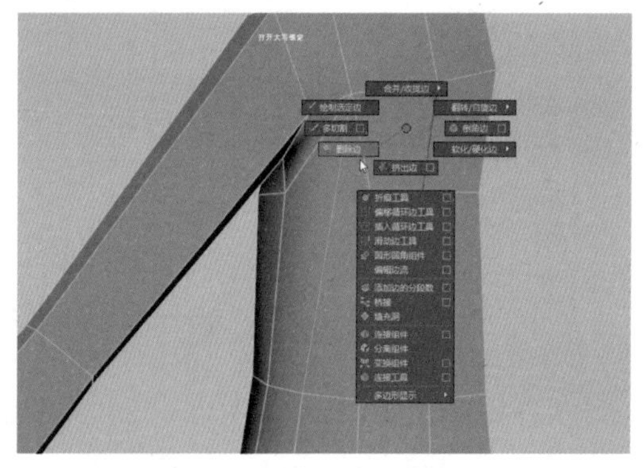

图 7-65　选择“删除边”命令

16 按照步骤 15 的方法，删除背部多余的边，如图 7-66 所示。

17 选择两个顶点，按Shift键并右击鼠标，从弹出的快捷菜单中选择“合并顶点”|“合并顶点到中心”命令，如图 7-67 所示。

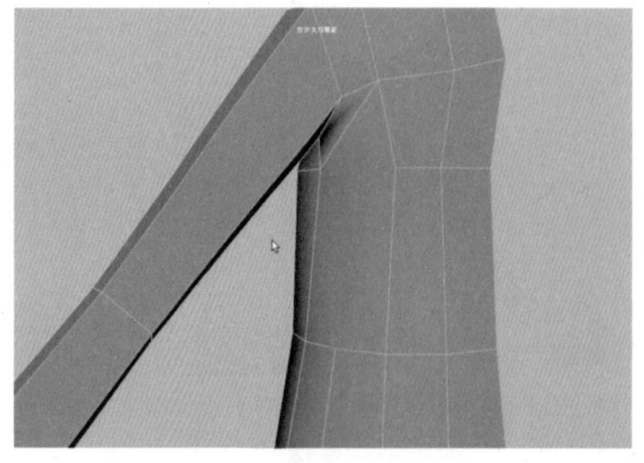

图 7-66　删除背部多余的边

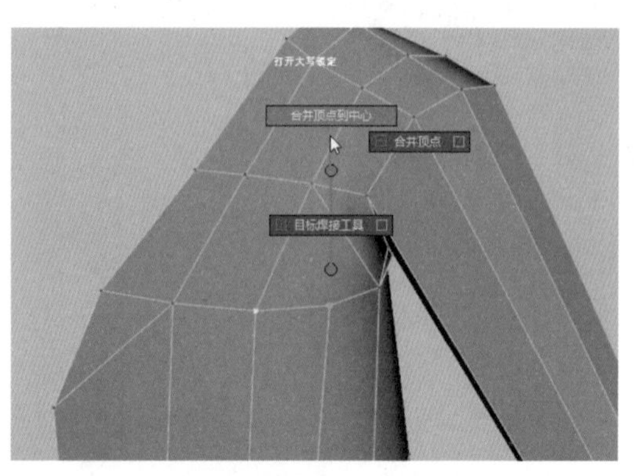

图 7-67　选择“合并顶点到中心”命令

18 按照步骤17的方法，继续合并其他的顶点，结果如图7-68所示。

19 按Shift键并右击鼠标，从弹出的快捷菜单中选择“多切割”命令，切割模型，结果如右图7-69所示。

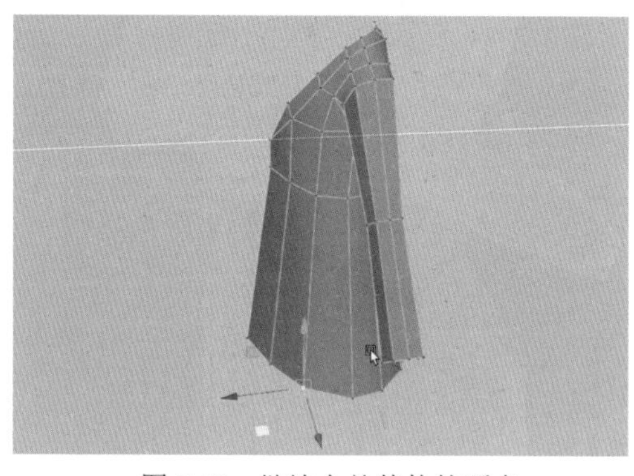

图7-68 继续合并其他的顶点

图7-69 继续合并其他的顶点

20 按照步骤17的方法，合并大衣背部的顶点，调整布线，如图7-70所示。

21 按Shift键并右击鼠标，从弹出的快捷菜单中选择“多切割”命令，按Ctrl键并单击鼠标，如图7-71所示，添加线段。

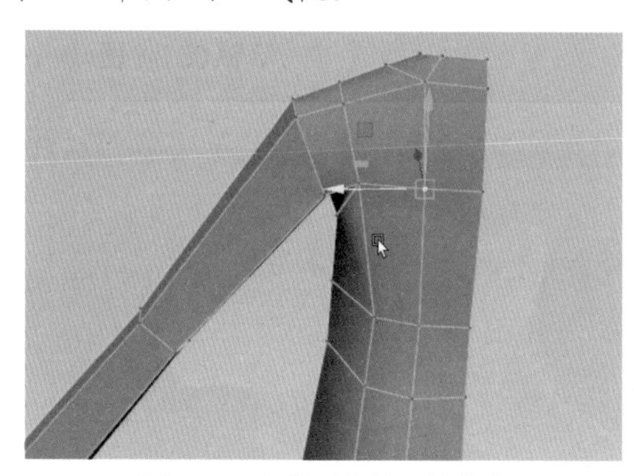

图7-70 合并顶点并调整布线

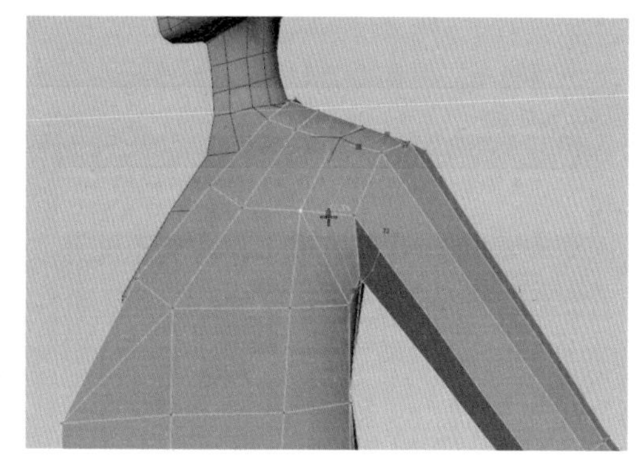

图7-71 添加线段

22 按Ctrl键并右击鼠标，从弹出的快捷菜单中选择“环形边工具”|“到环形边并切割”命令，添加线段，如图7-72所示。

23 调整大衣的造型，如图7-73所示。

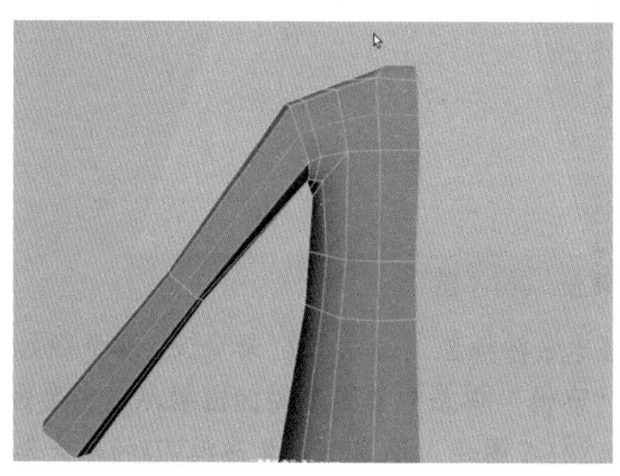

图7-72 添加线段

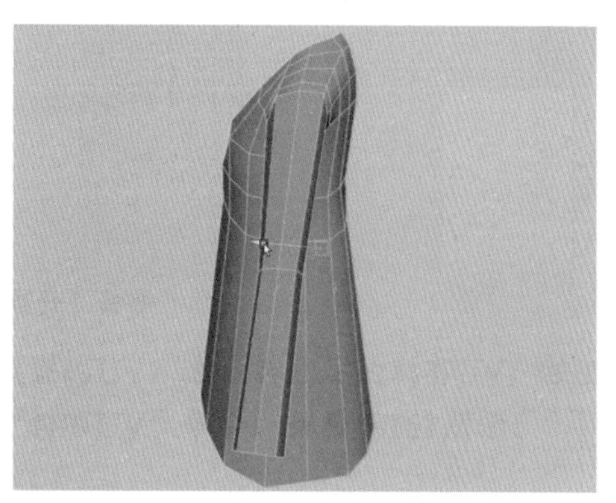

图7-73 调整大衣的造型

24 按照步骤22的方法继续在袖口处添加线段，如图7-74所示。

25 选择大衣模型，按Shift键并右击，从弹出的快捷菜单中选择“镜像”命令，如图7-75所示。

图 7-74　在袖口处添加线段

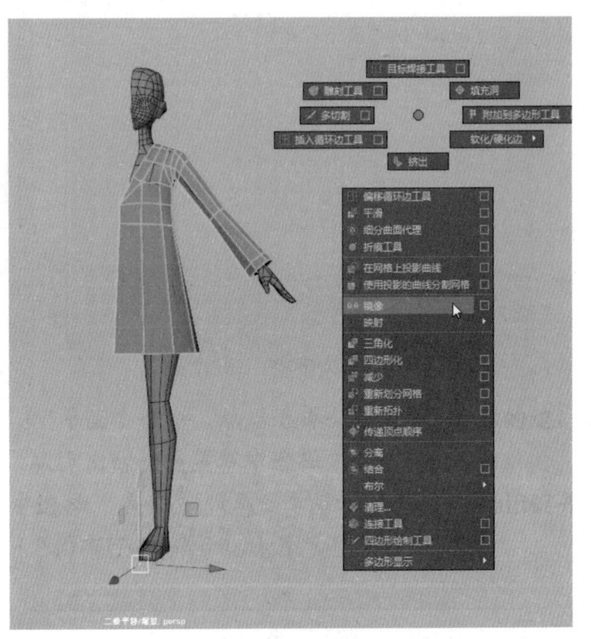

图 7-75　选择“镜像”命令

26 选择大衣模型，按Shift键并右击鼠标，从弹出的快捷菜单中选择“结合”命令，如图7-76所示。

27 选择大衣模型所有的顶点，按Shift键并右击鼠标，从弹出的快捷菜单中选择“合并顶点”|“合并顶点”命令，如图7-77所示。

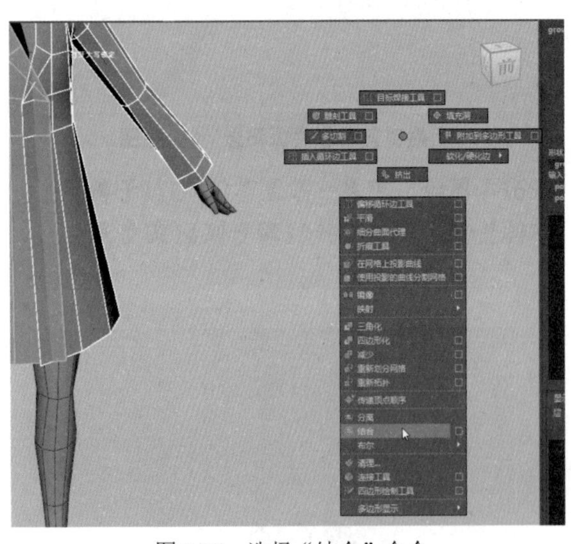

图 7-76　选择“结合”命令

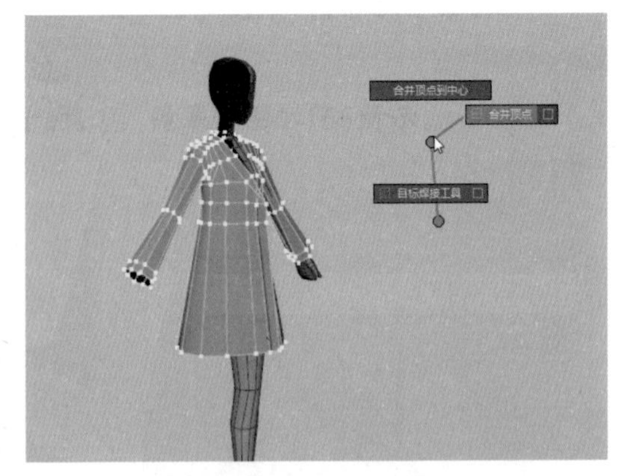

图 7-77　选择“合并顶点”命令

28 选择如图7-78左图所示的顶点，然后按V键激活“捕捉到点”命令，将其捕捉到如图7-78右图所示的位置。

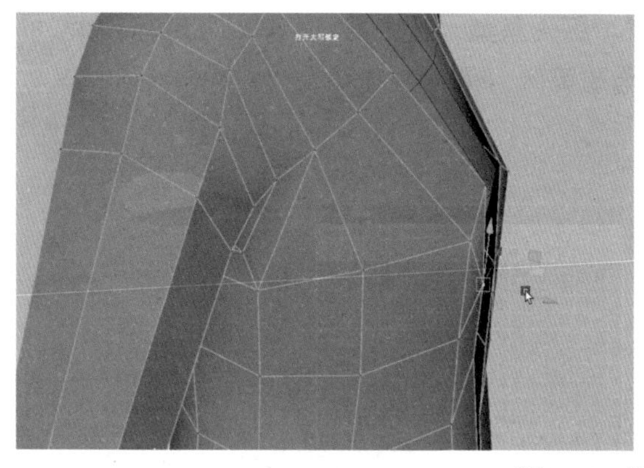

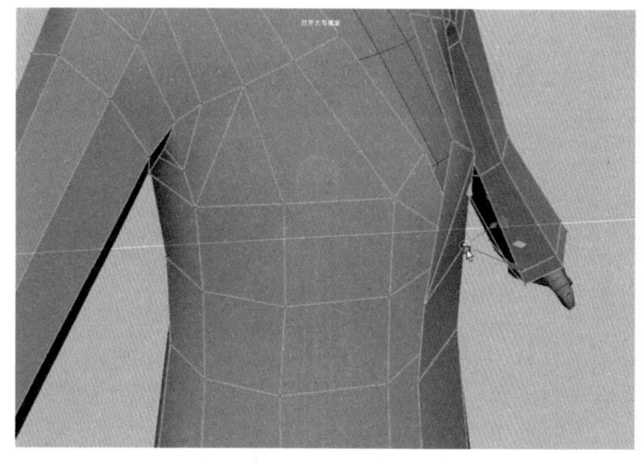

图 7-78 调整顶点位置

29 按照步骤28的方法，选择如图7-79左图所示的顶点，将其捕捉至如图7-79右图所示的位置。

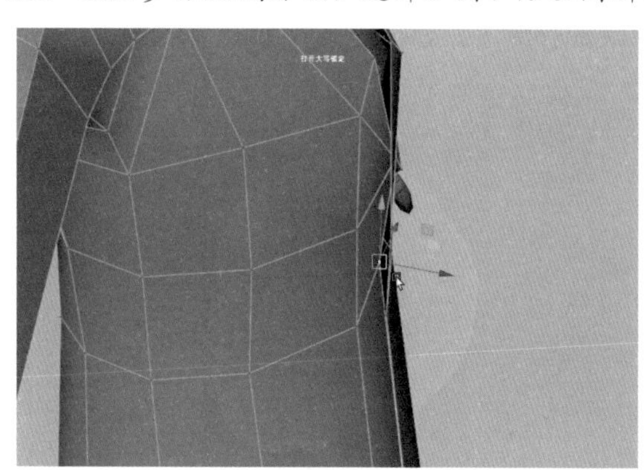

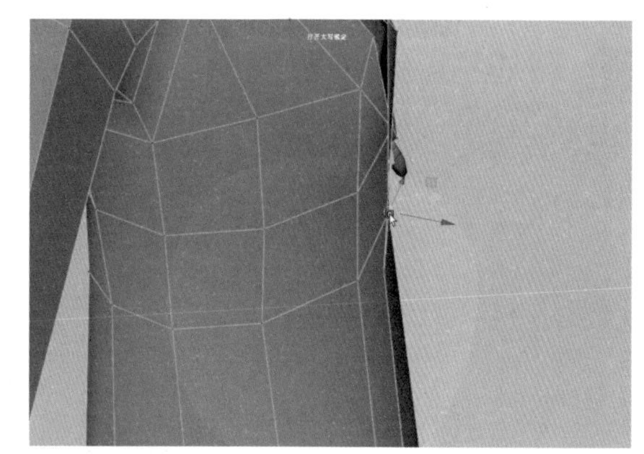

图 7-79 继续调整顶点位置

30 调整完成后，大衣的显示结果如图7-80所示。

31 选择身体模型，按Shift键并右击，从弹出的快捷菜单中选择“镜像”命令，然后选择身体模型交界处的所有顶点，按Shift键并右击鼠标，从弹出的快捷菜单中选择“合并顶点”|“合并顶点”命令，如图7-81所示。

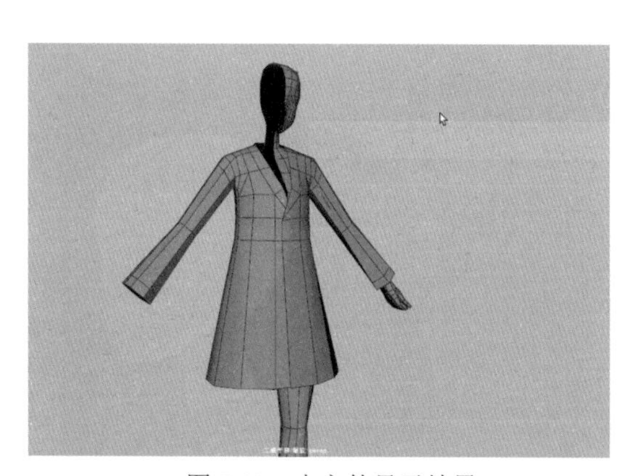

图 7-80 大衣的显示结果

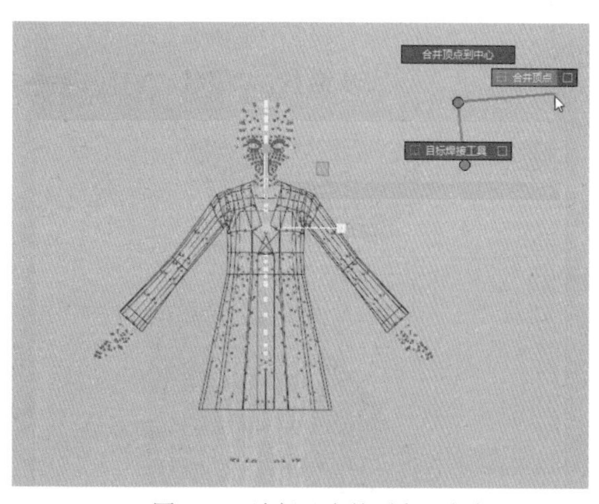

图 7-81 选择“合并顶点”命令

32 选择如图 7-82 所示的面。

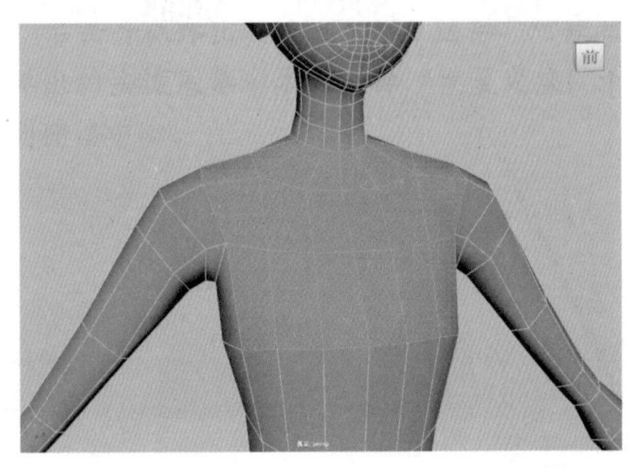

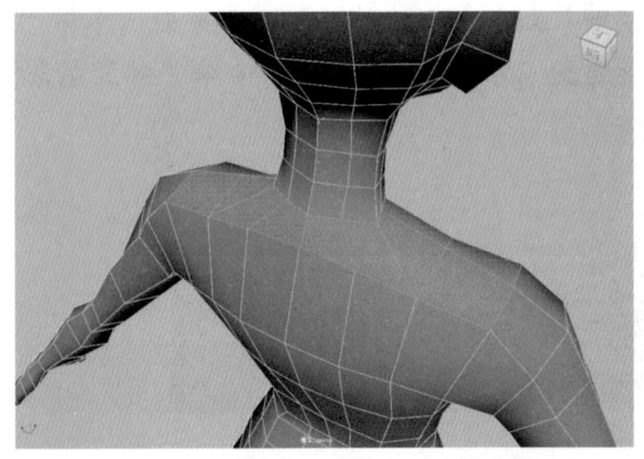

图 7-82　选择面

33 按Shift键并右击鼠标，从弹出的快捷菜单中选择“复制面”命令，如图 7-83 所示。

34 复制后的模型显示结果如图 7-84 所示。

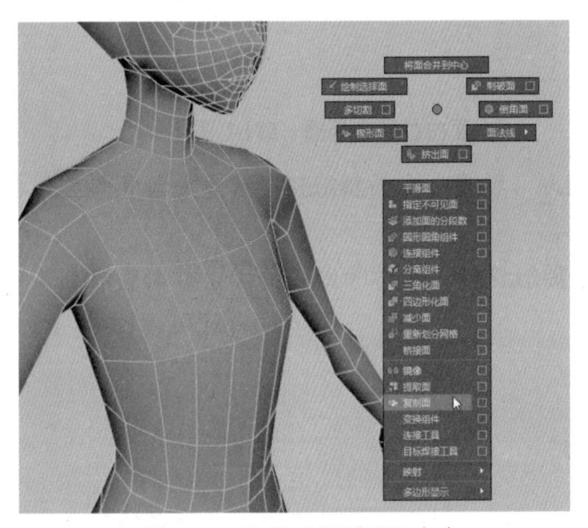

图 7-83　选择“复制面”命令

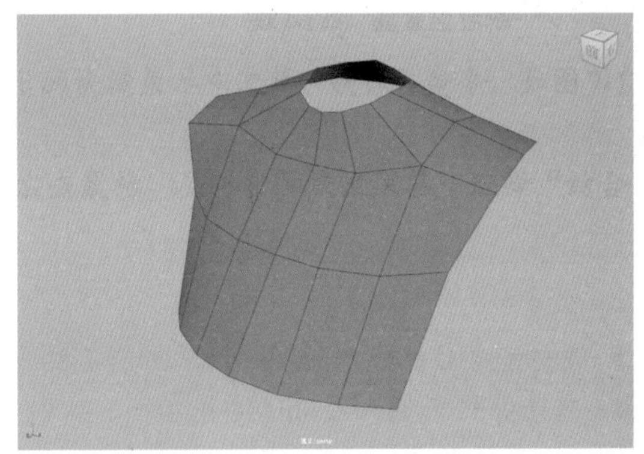

图 7-84　复制后的模型显示结果

35 选择领口的一圈线，按Ctrl+E快捷键激活“挤出”命令，向上挤出，如图 7-85 所示，制作出高领的效果。

36 调整内搭的造型和布线，结果如图 7-86 所示。

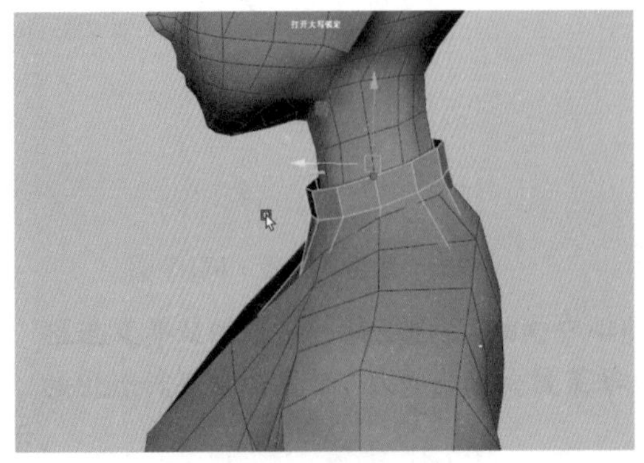

图 7-85　向上挤出边

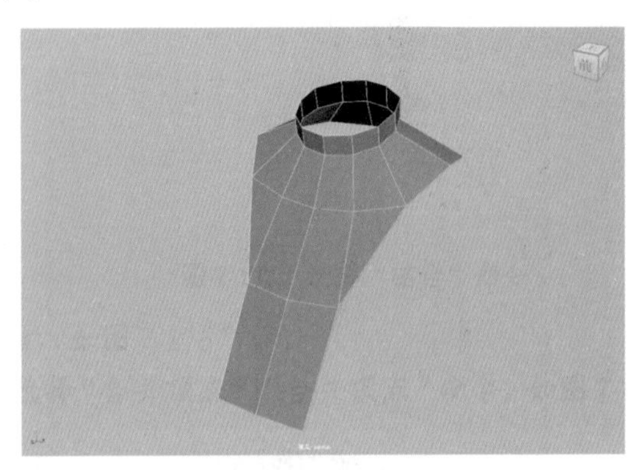

图 7-86　调整内搭的造型和布线

37 选择大衣领口处的一圈边，按Ctrl+E快捷键激活“挤出”命令，向上挤出，如图 7-87 所示。

38 进入点模式，然后按Shift键并右击鼠标，从弹出的快捷菜单中选择“合并顶点”|“目标焊接工具”命令，如图 7-88 所示。

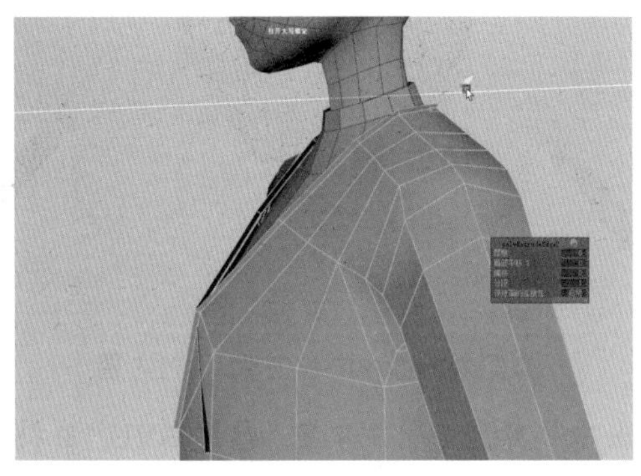

图 7-87　挤出边

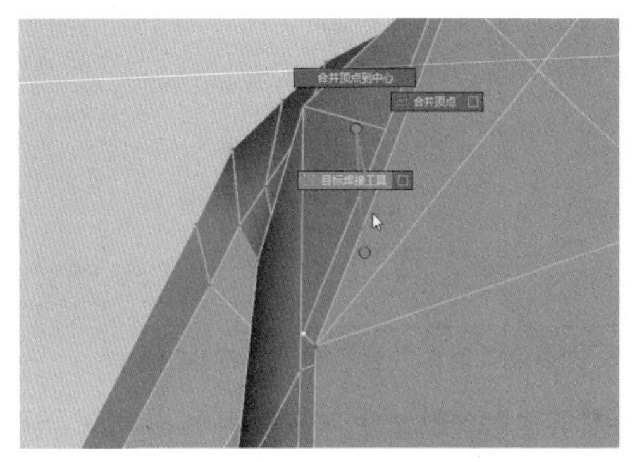

图 7-88　选择“目标焊接工具”命令

39 按Shift键并右击鼠标，从弹出的快捷菜单中选择“合并顶点”|“目标焊接工具”命令，焊接顶点，调整大衣的布线，结果如图 7-89 所示。

40 选择如图 7-90 所示的面。

图 7-89　焊接顶点

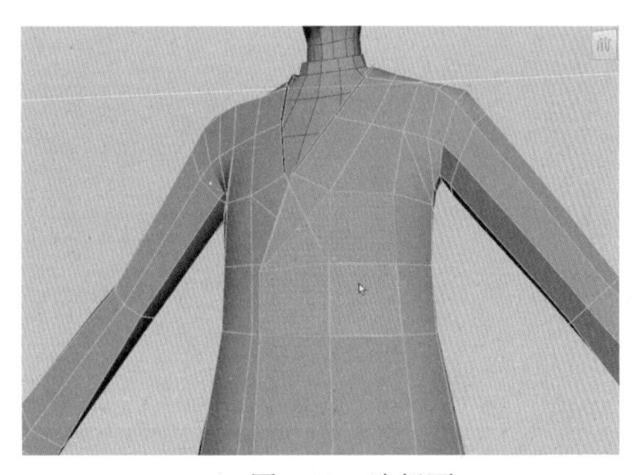

图 7-90　选择面

41 按H键将其隐藏，隐藏后即可显现出里面的模型，按Shift键并右击鼠标，从弹出的快捷菜单中选择“合并顶点”|“目标焊接工具”命令，如图 7-91 所示。

42 按照步骤38的方法，焊接顶点，结果如图 7-92 所示，焊接完成后按Ctrl+Shift+H键显示隐藏的模型。

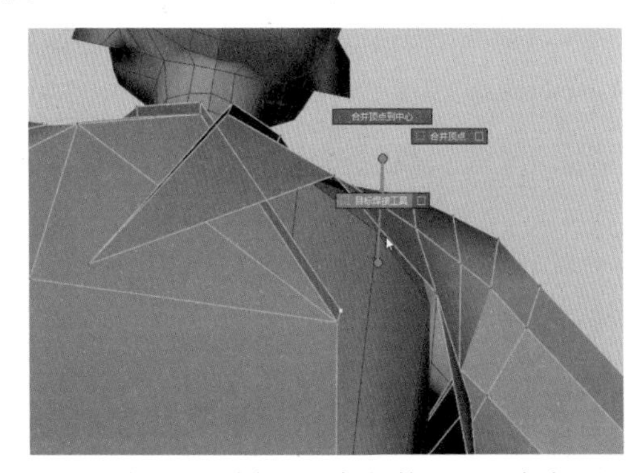

图 7-91　选择“目标焊接工具”命令

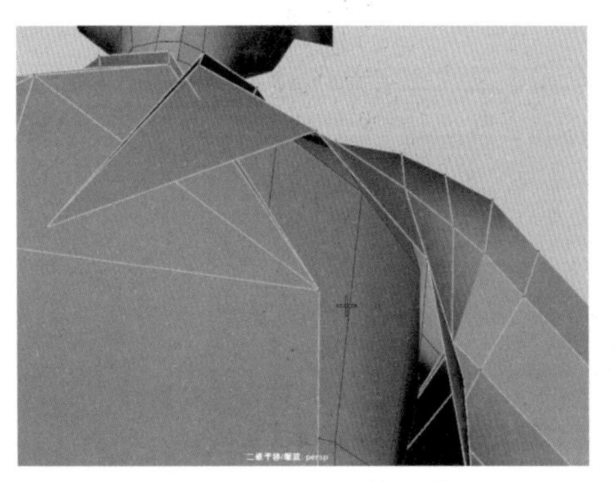

图 7-92　焊接顶点

43 选择大衣领口处一圈边，按Ctrl+E快捷键激活“挤出”命令，向外挤出，如图7-93所示，制作出翻领的结构。

44 按照步骤38的方法，焊接顶点，结果如图7-94所示。

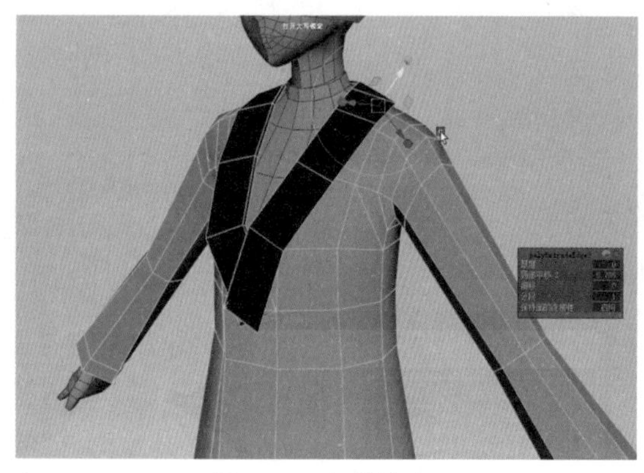

图 7-93　向外挤出

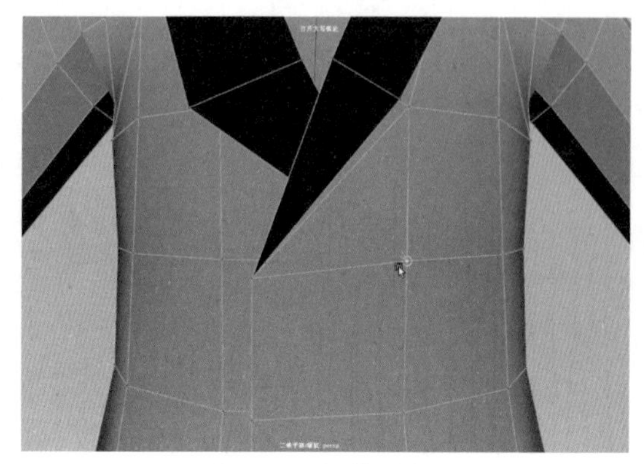

图 7-94　焊接顶点

45 选择如图7-95所示的边。

46 按Ctrl+E快捷键激活“挤出”命令，向外挤出，如图7-96所示。

图 7-95　选择边

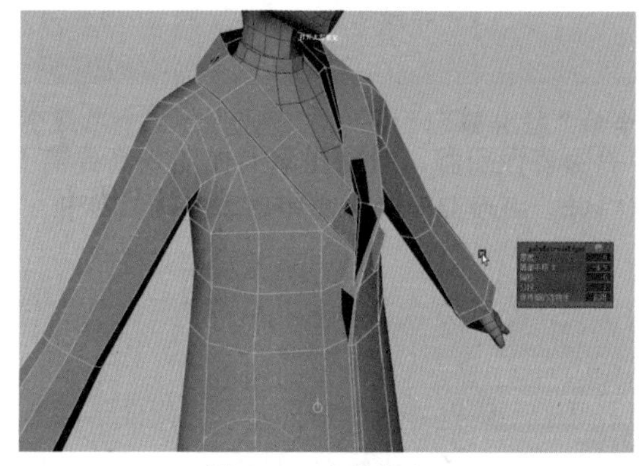

图 7-96　向外挤出

47 选择大衣左半边的面，按H键将其隐藏，调整右半边大衣的布线，选择如图7-97所示的位置，调整完成后再按一次H键，显示出隐藏的面。

图 7-97　调整右半边大衣的布线

48 选择大衣右半边的面，按H键将其隐藏，调整左半边大衣的布线，选择如图7-98所示的位置，调整完成后再按一次H键，显示出隐藏的面。

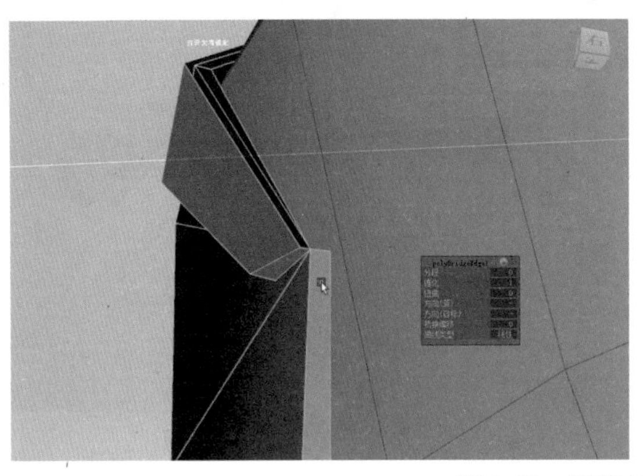
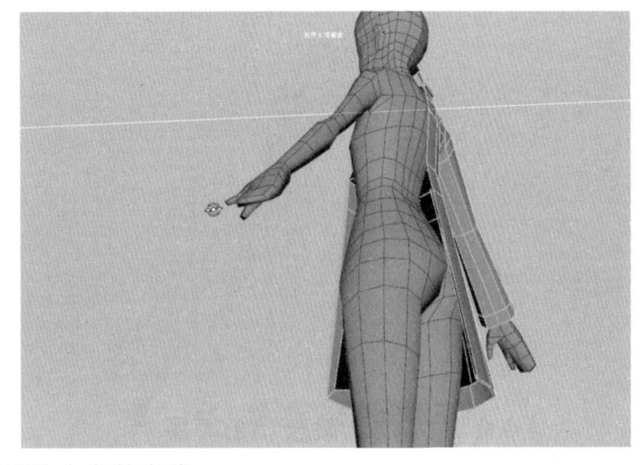

图 7-98 调整左半边大衣的布线

49 调整结束后观察模型，结果如图7-99所示。

50 按Shift键并右击鼠标，从弹出的快捷菜单中选择“多切割”命令，在如图7-100所示的位置切割面，添加线段。

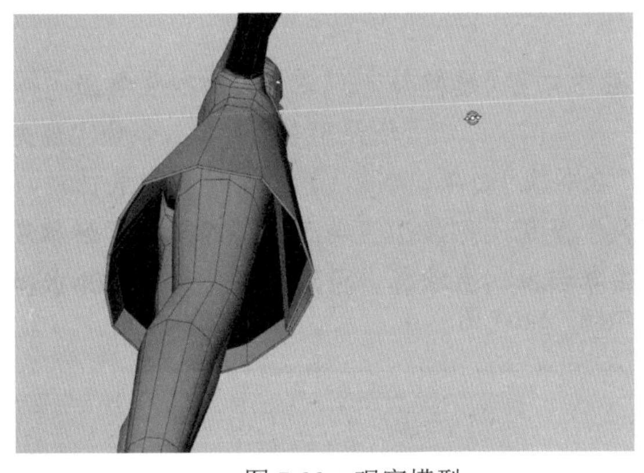

图 7-99 观察模型

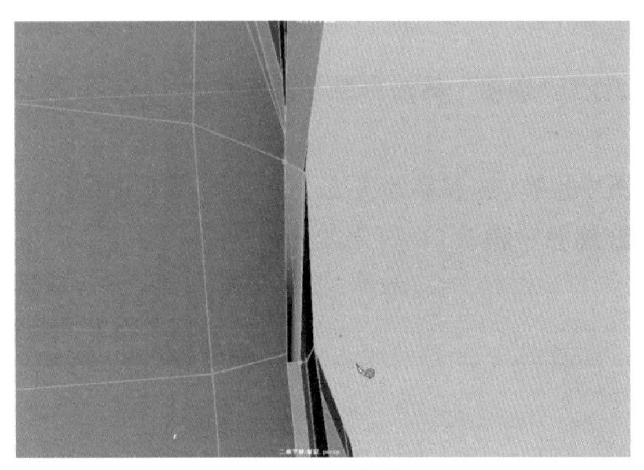

图 7-100 添加线段

51 选择如图7-101左图所示的边，按Ctrl+E快捷键激活“挤出”命令，向下挤出边，如图7-101右图所示。

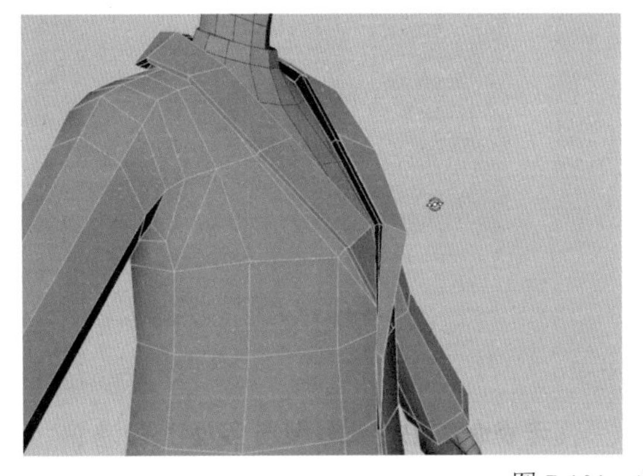
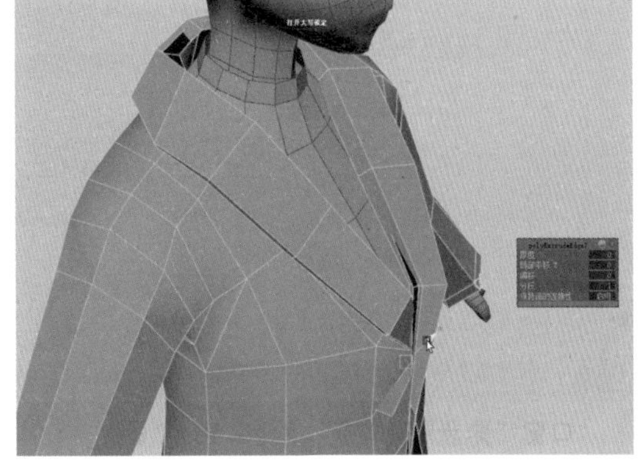

图 7-101 向下挤出边

52 调整大衣领口处和下摆处的顶点，如图 7-102 所示。

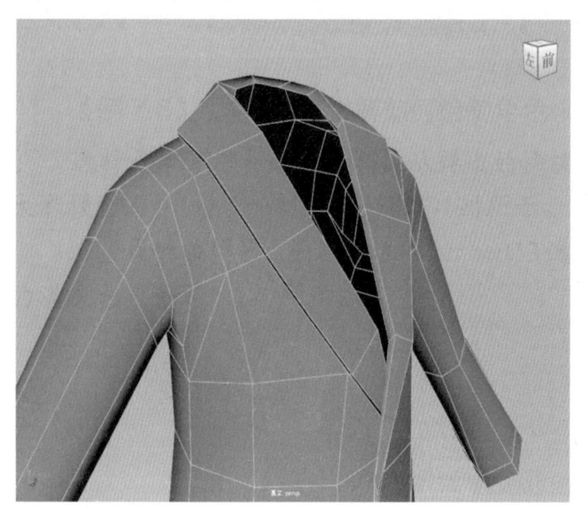
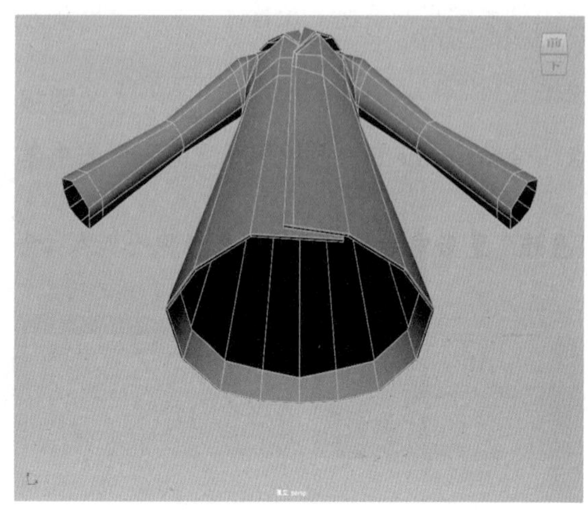

图 7-102　调整大衣领口处和下摆处的顶点

53 选择下半身的面，按Shift键并右击鼠标，从弹出的快捷菜单中选择“复制面”命令，如图 7-103 所示。

54 删除多余的面，并调整裤子的布线，如图 7-104 所示，按Delete键将其删除。

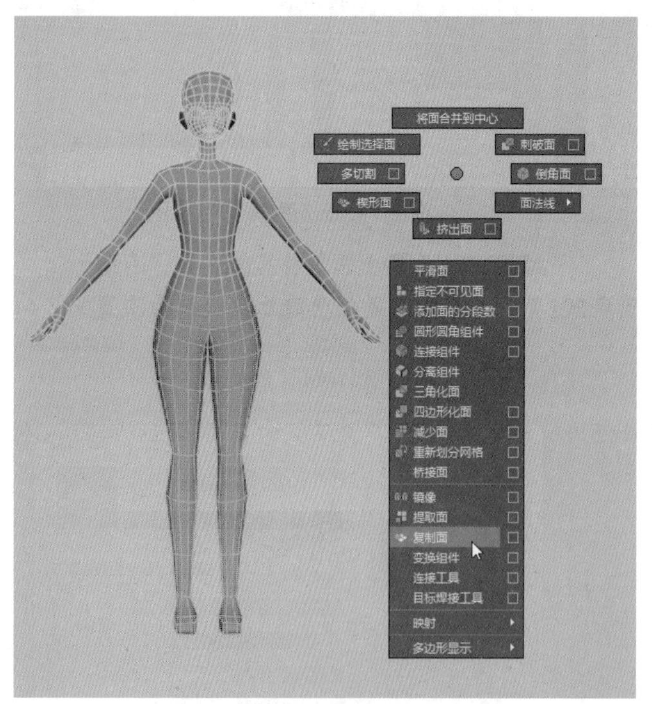

图 7-103　选择“复制面”命令

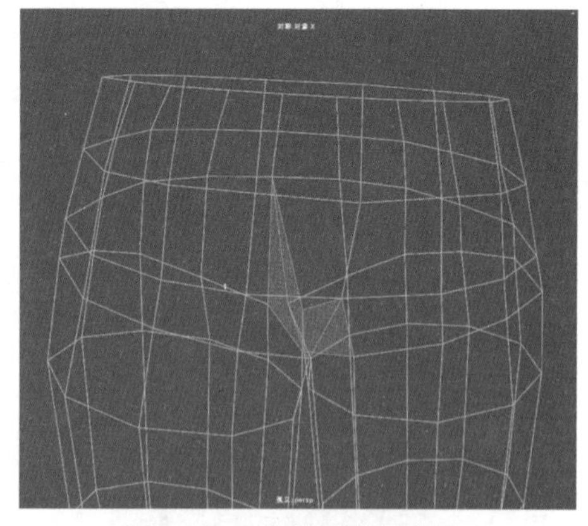

图 7-104　选择面将其删除

55 选择左右两边相对应的顶点，然后按Shift键并右击鼠标，从弹出的快捷菜单中选择“合并顶点”|“合并顶点到中心”命令，如图 7-105 所示。

56 按照步骤 55 的方法，合并裤子后面的两边顶点，如图 7-106 所示。

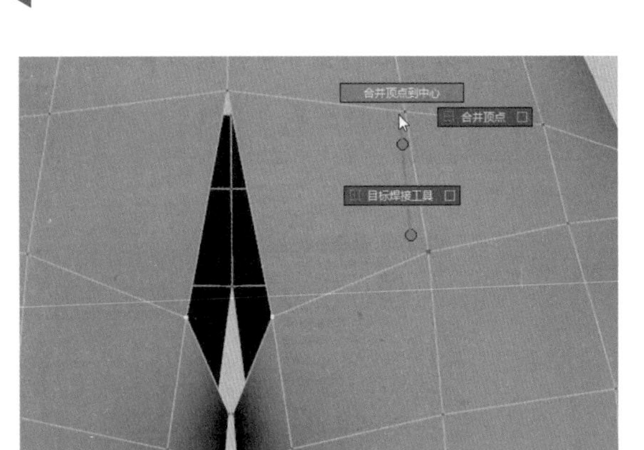

图 7-105　选择“合并顶点到中心”命令

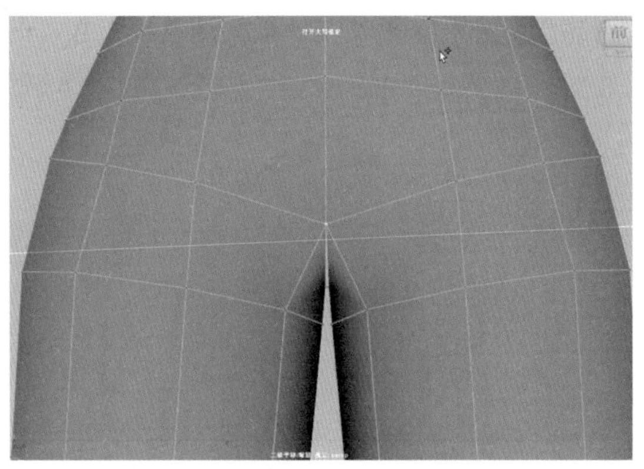

图 7-106　合并裤子后面的两边顶点

57 调整裤子背后的布线，如图 7-107 所示。

58 按照身体模型，调整裤子的造型和布线，如图 7-108 所示。

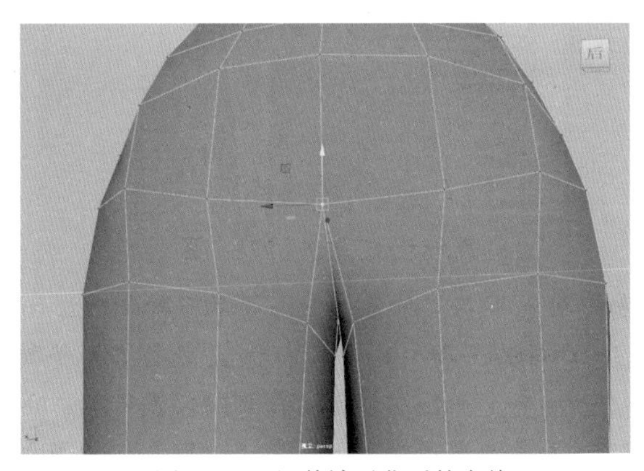

图 7-107　调整裤子背后的布线

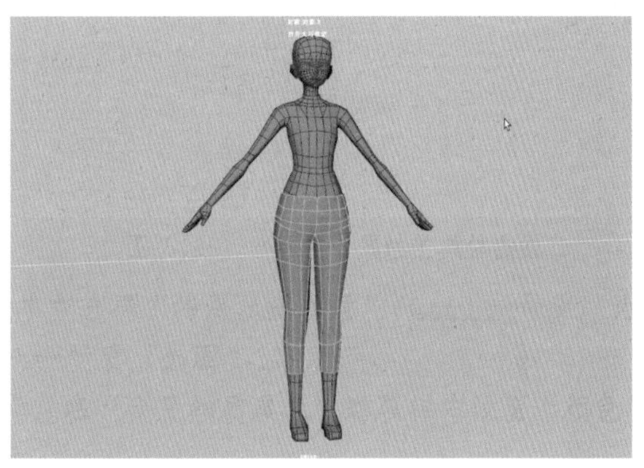

图 7-108　调整裤子的造型和布线

59 选择裤腿上的面，按Shift键并右击鼠标，从弹出的快捷菜单中选择“复制面”命令，结果如图 7-109 所示。

60 按Shift键并右击鼠标，从弹出的快捷菜单中选择“多切割”命令，调整提取出的面的造型和布线，结果如图 7-110 所示。

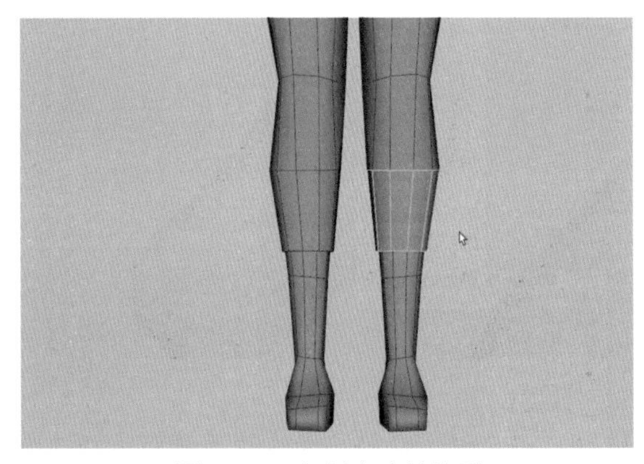

图 7-109　复制出选择的面

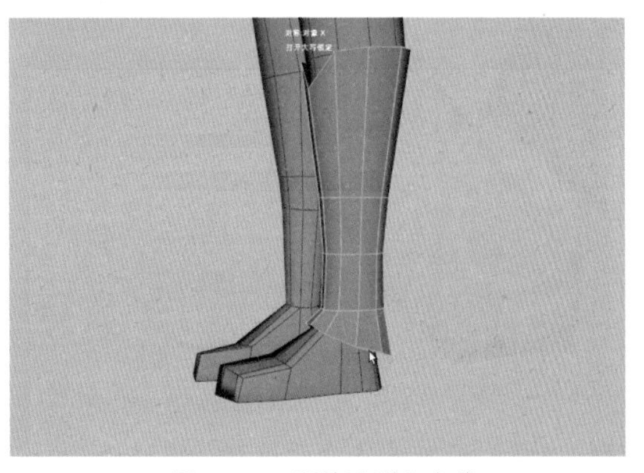

图 7-110　调整造型和布线

61 选择如图7-111所示的边。

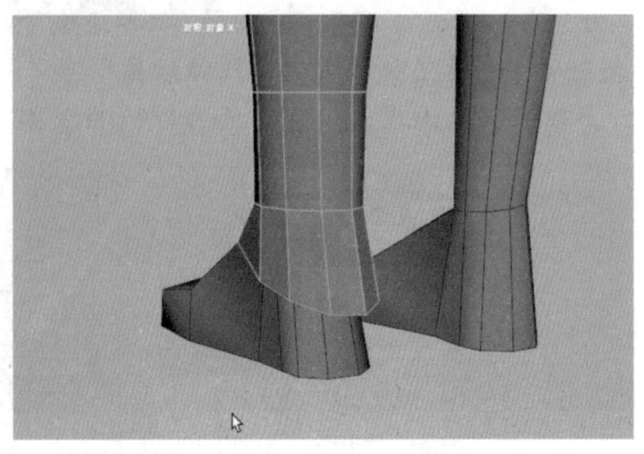
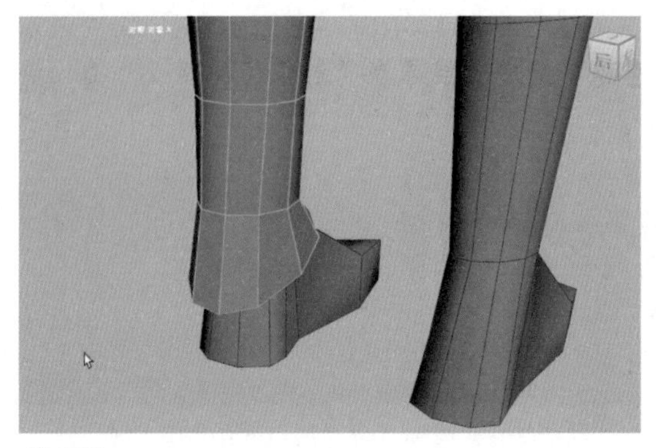

图 7-111 选择边

62 按Ctrl+E快捷键激活“挤出”命令，向下挤出边，然后再次激活“挤出”命令，挤出如图7-112所示的边。

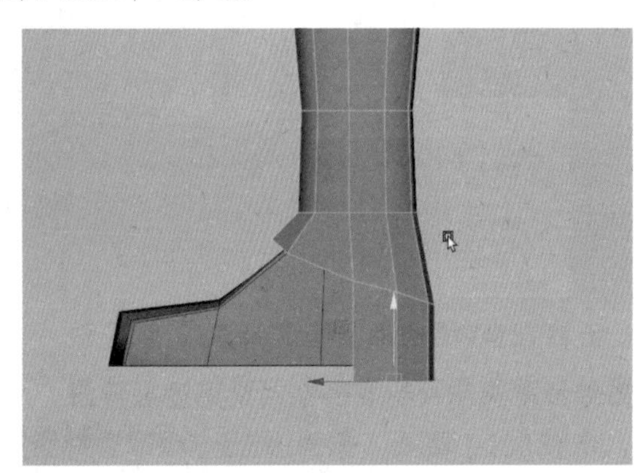
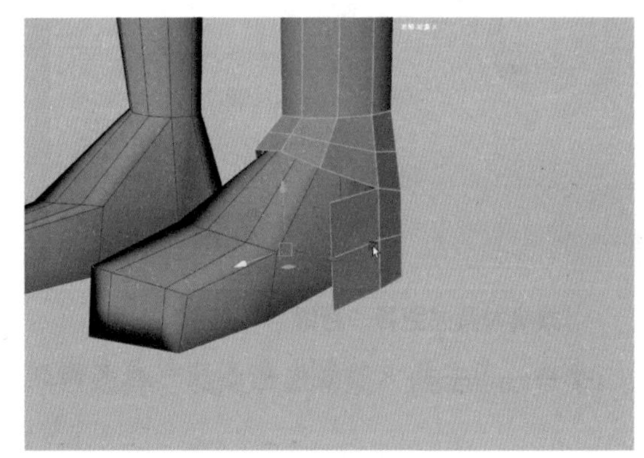

图 7-112 挤出边

63 按Shift键并右击鼠标，从弹出的快捷菜单中选择“合并顶点”|“目标焊接工具”命令，焊接顶点，结果如图7-113所示。

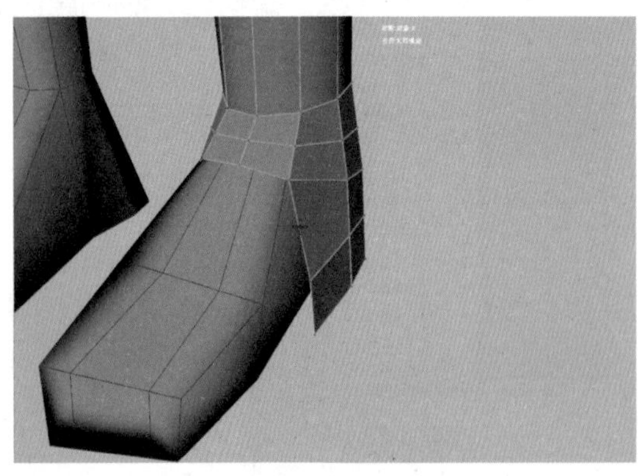
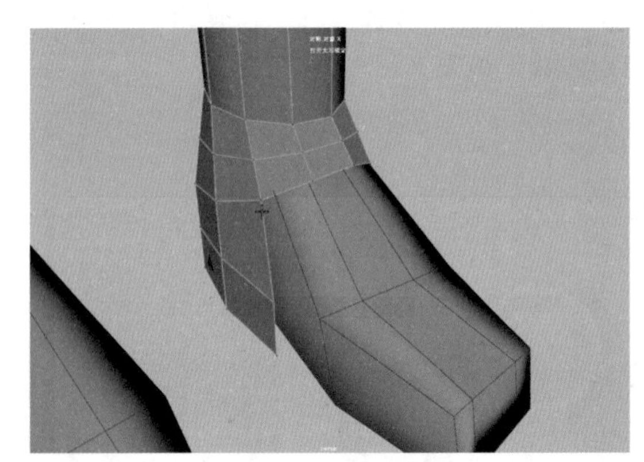

图 7-113 焊接顶点

64 选择鞋子前端左右两边相对应的边，按Shift键并右击鼠标，从弹出的快捷菜单中选择“桥接面”命令，如图7-114所示。

65 按照步骤64的方法，继续桥接面，结果如图7-115所示。

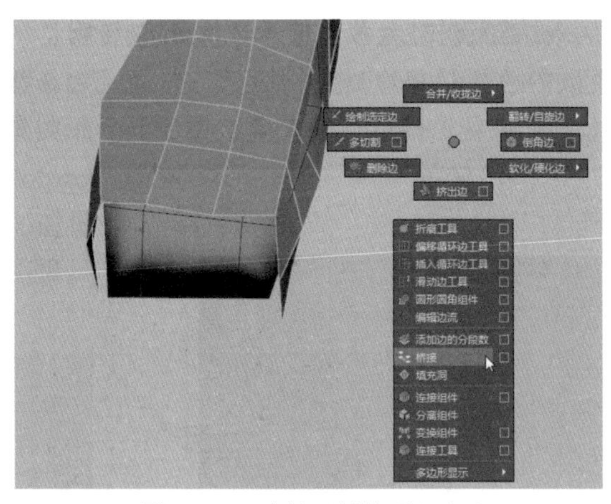

图 7-114　选择“桥接面”命令

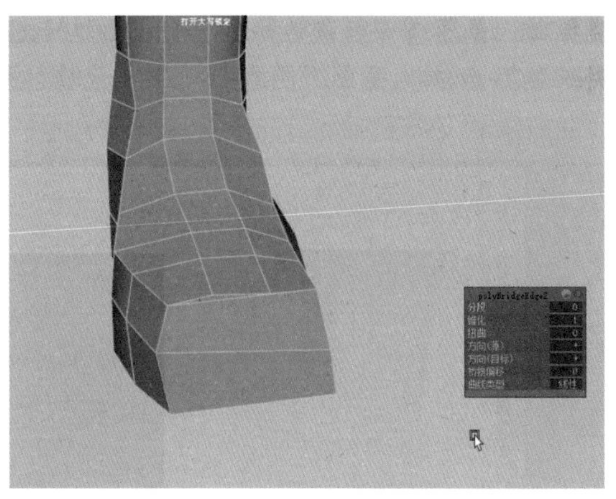

图 7-115　继续桥接面

66 按Shift键并右击鼠标，从弹出的快捷菜单中选择“多切割”命令，切割模型，按Shift键并右击鼠标，从弹出的快捷菜单中选择“合并顶点”|“目标焊接工具”命令，焊接顶点，并调整鞋头的造型，结果如图 7-116 所示。

67 选择靴子底部的一圈边，按Shift键并右击，从弹出的快捷菜单中选择“填充洞”命令，结果如图 7-117 所示。

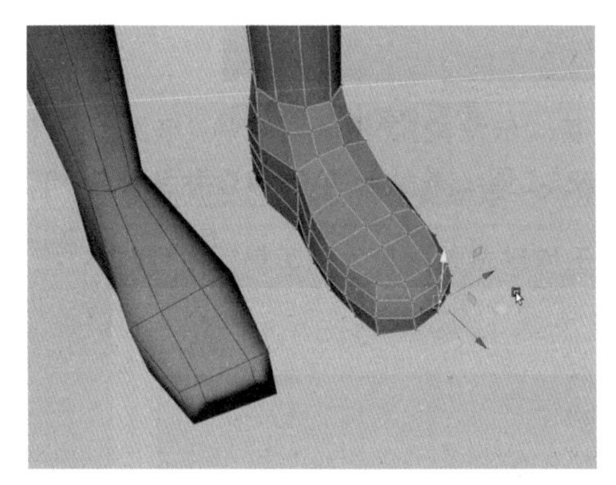

图 7-116　调整鞋头的造型

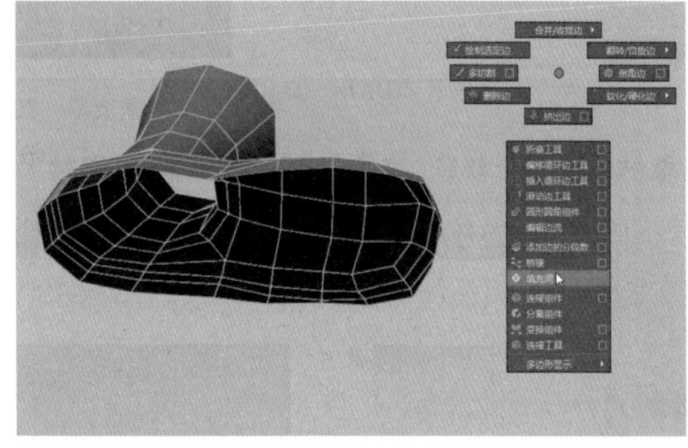

图 7-117　选择“填充洞”命令

68 按Shift键并右击鼠标，从弹出的快捷菜单中选择“多切割”命令切割模型，然后选择如图 7-118 左图所示的面，然后按Ctrl+E快捷键激活“挤出”命令，向下挤出面，如图 7-118 右图所示。

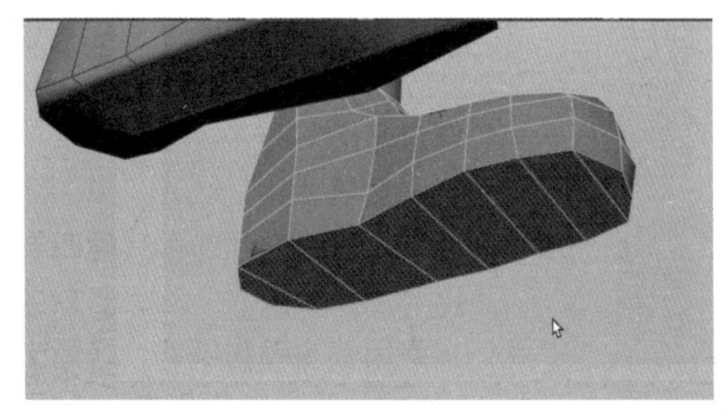

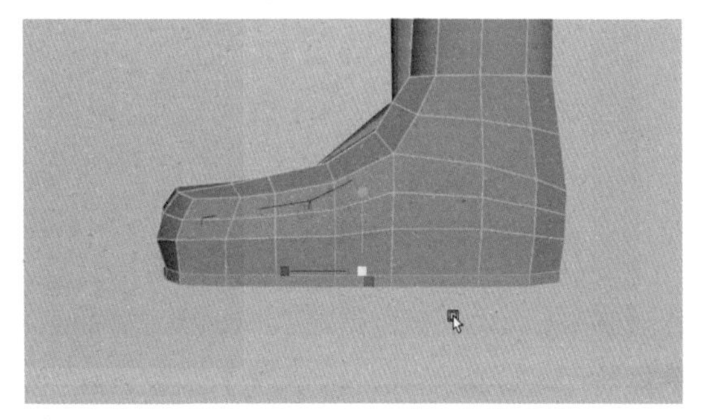

图 7-118　向下挤出面

69 选择靴子开口处的边，按Ctrl+E快捷键激活“挤出”命令，向内挤出边，如图 7-119 所示。

70 按照步骤 69 的方法，再次向内挤出边，如图 7-120 所示。

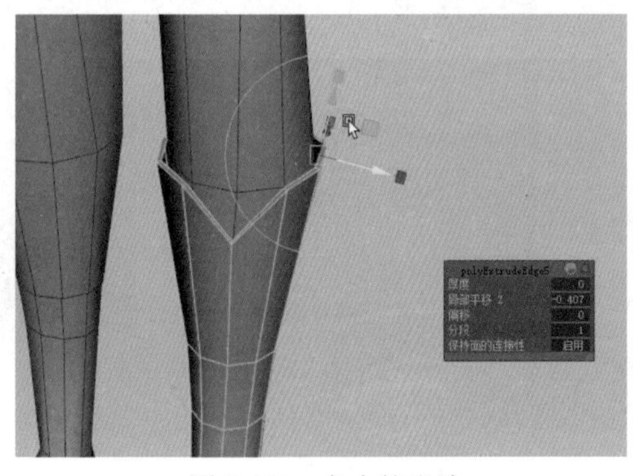

图 7-119　向内挤出边

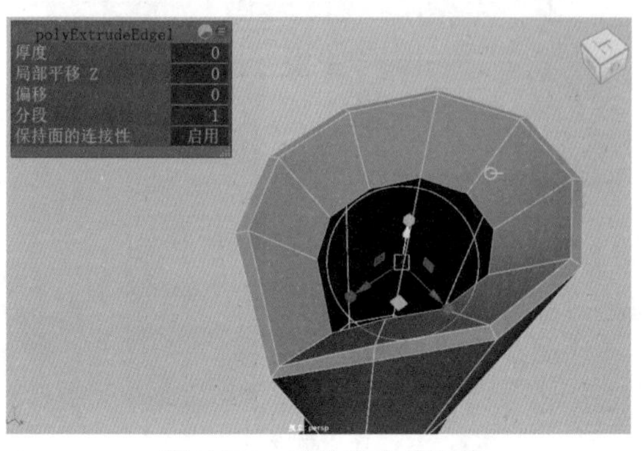

图 7-120　再次向内挤出边

71 按Ctrl键并右击鼠标，从弹出的快捷菜单中选择“到顶点”|“到顶点”命令，如图 7-121 所示。

72 按Shift键并右击鼠标，从弹出的快捷菜单中选择“合并顶点”|“合并顶点到中心”命令，如图 7-122 所示。

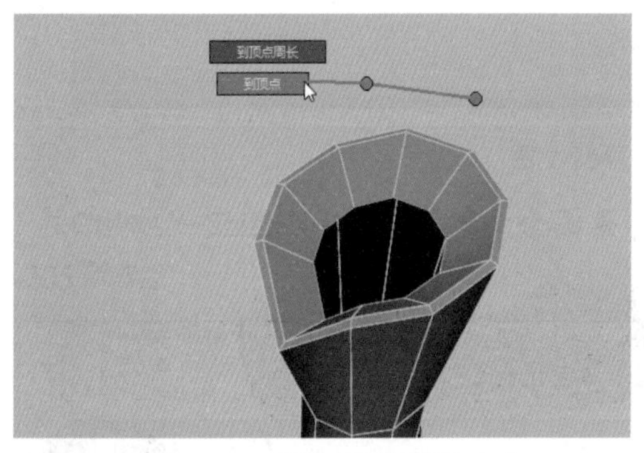

图 7-121　选择“到顶点”命令

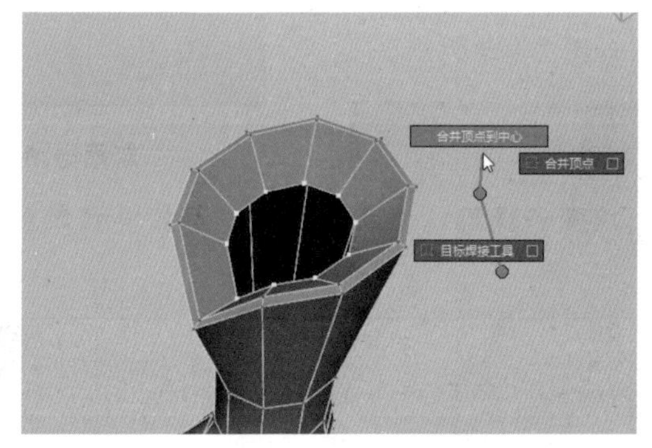

图 7-122　选择“合并顶点到中心”命令

73 选择合并的顶点，并向下拖曳，如图 7-123 所示。

74 选择靴子模型，按Shift键并右击，从弹出的快捷菜单中选择“镜像”命令，结果如图 7-124 所示的顶点。

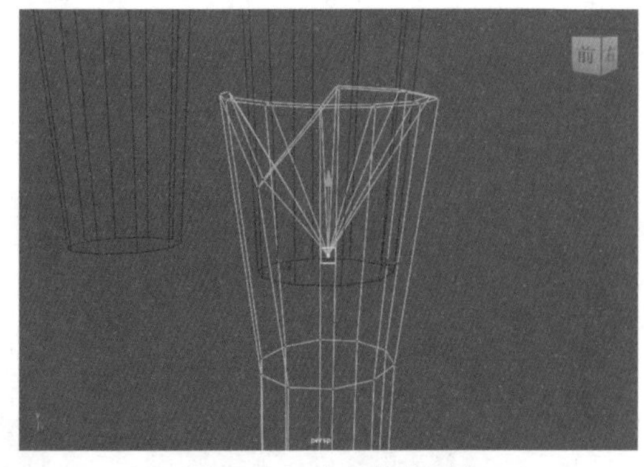

图 7-123　向下拖曳顶点

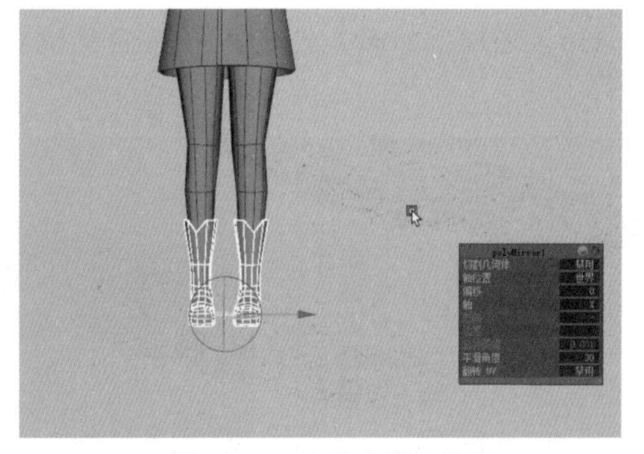

图 7-124　镜像出靴子模型

75 按照步骤 69 的方法，制作出领口的结构，结果如图 7-125 所示。

76 按照步骤69到步骤73的方法，制作出袖口的结构，结果如图7-126所示。

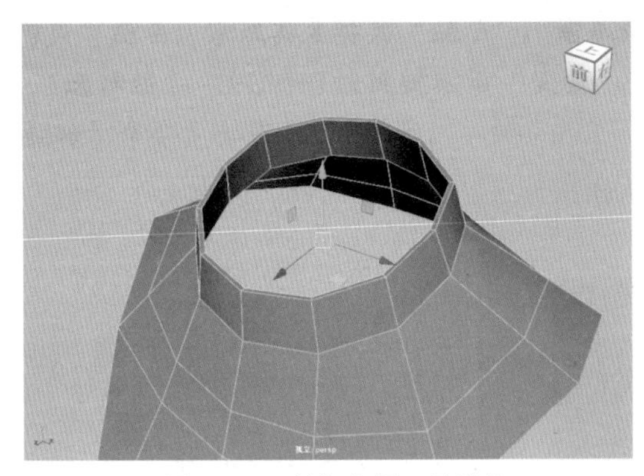

图 7-125　制作出领口的结构

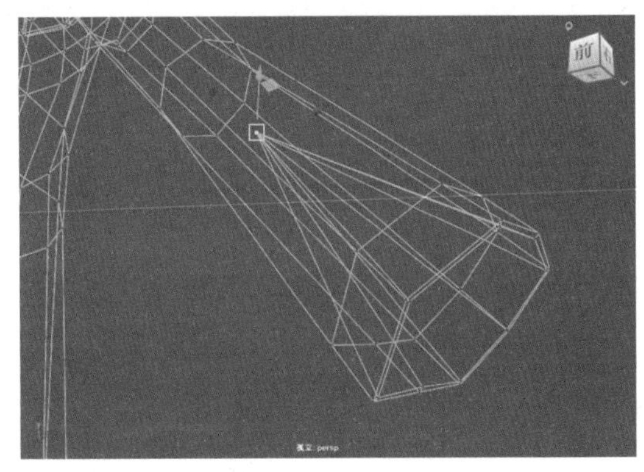

图 7-126　制作出袖口的结构

77 按Shift键并右击鼠标，从弹出的快捷菜单中选择“圆柱体”命令，在场景中创建一个圆柱体模型，在“属性编辑器”面板中设置“轴向细分数”文本框的数值为12，如图7-127所示。

78 调整圆柱体模型的方向和位置，如图7-128所示。

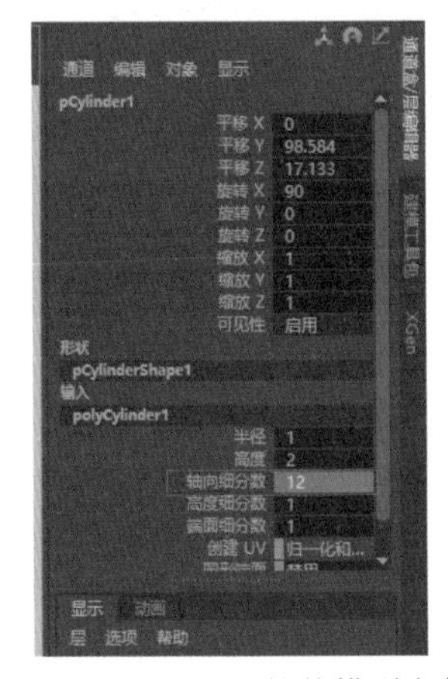

图 7-127　设置圆柱体模型参数

图 7-128　调整圆柱体模型的方向和位置

79 选择边，按Ctrl+B快捷键激活“倒角”命令，制作出如图7-129所示的结构。

80 选择纽扣模型，按Ctrl+D快捷键进行复制，并调整第二个纽扣模型的位置，结果如图7-130所示。

图 7-129　制作出倒角结构

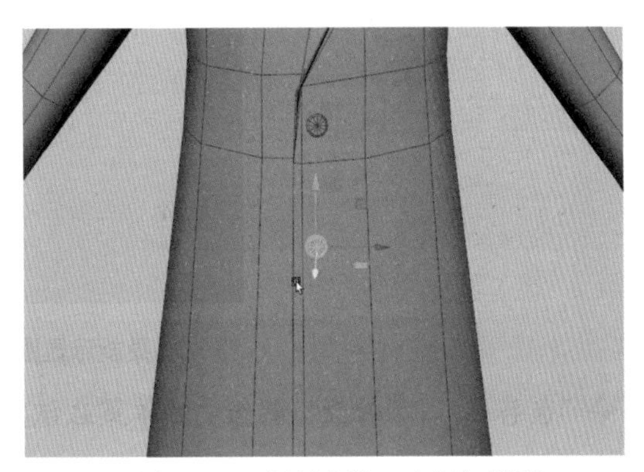

图 7-130　复制出第二个纽扣模型

7.5 制作角色发型

【例 7-4】 本实例将讲解如何制作角色发型。 视频

01 选择头部上的面，按Shift键并右击鼠标，从弹出的快捷菜单中选择“复制面”命令，如图 7-131 所示。

02 复制出所选的面，对其进行调整，结果如图 7-132 所示。

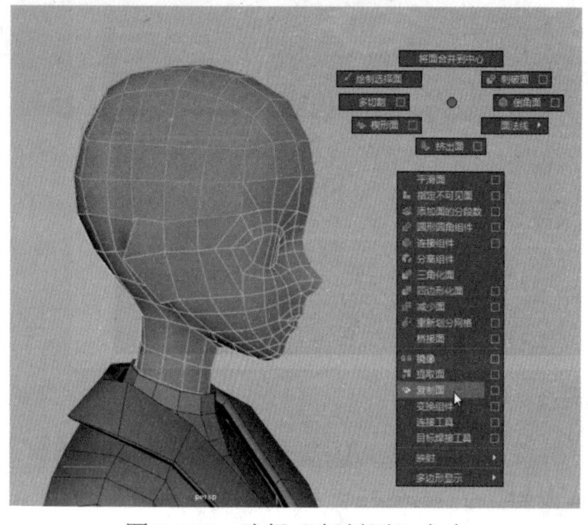

图 7-131 选择“复制面”命令

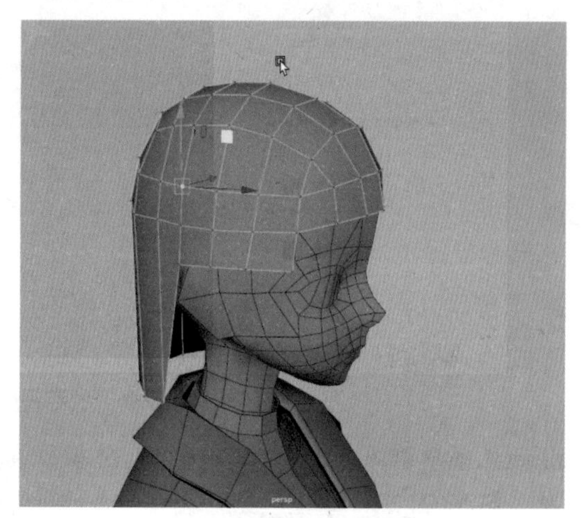

图 7-132 调整复制出的面

03 选择边，按Shift键并右击鼠标，从弹出的快捷菜单中选择“编辑边流”命令，如图 7-133 所示。

04 优化边的分布，使模型更加平滑，显示结果如图 7-134 所示。

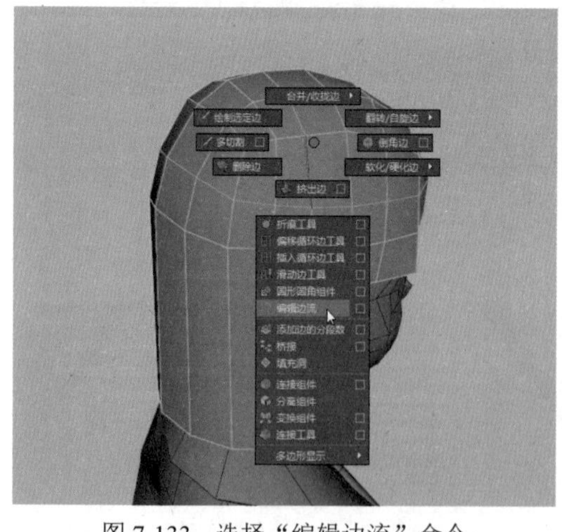

图 7-133 选择“编辑边流”命令

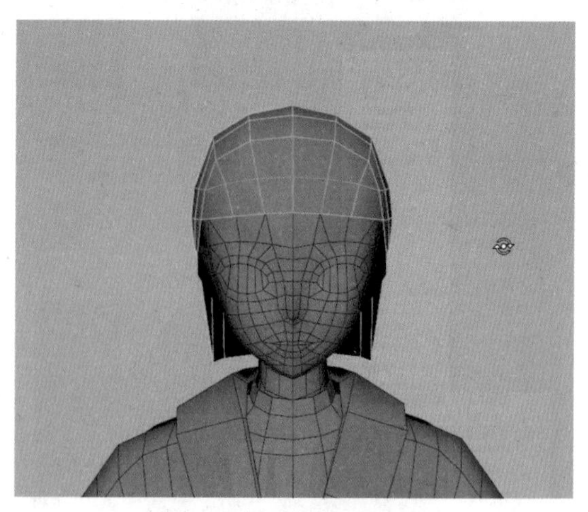

图 7-134 优化边的分布

05 按Shift键并右击鼠标，从弹出的快捷菜单中选择“复制面”命令，如图 7-135 所示。

06 选择复制出的面，对其造型进行调整，如图 7-136 所示。

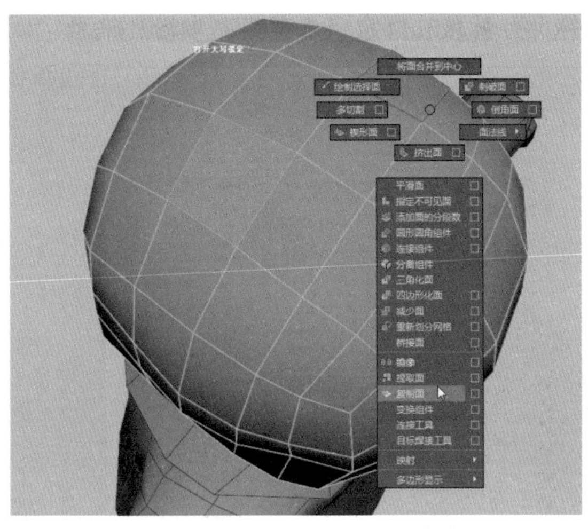

图 7-135　选择“复制面”命令

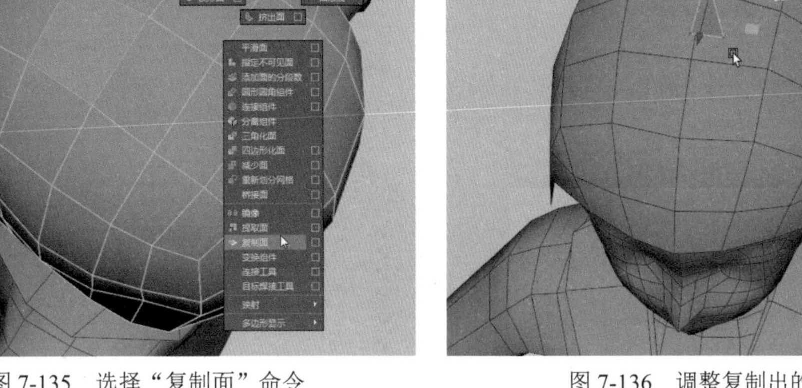

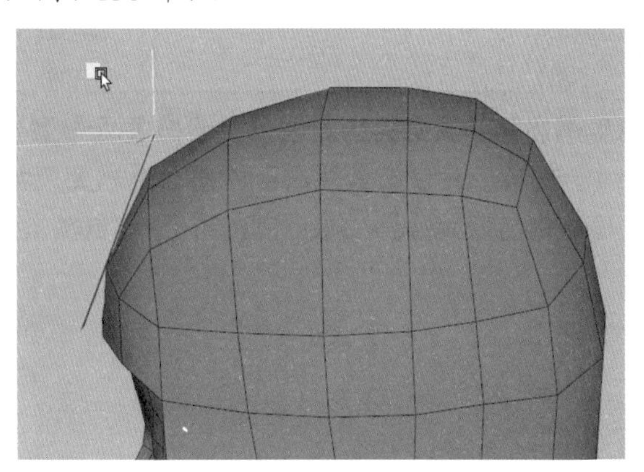

图 7-136　调整复制出的面

07 选择边，按Ctrl键并右击鼠标，从弹出的快捷菜单中选择“环形边工具”|“到环形边并切割”命令，如图 7-137 所示。

08 添加线段后，调整平面模型的造型，结果如图 7-138 所示。

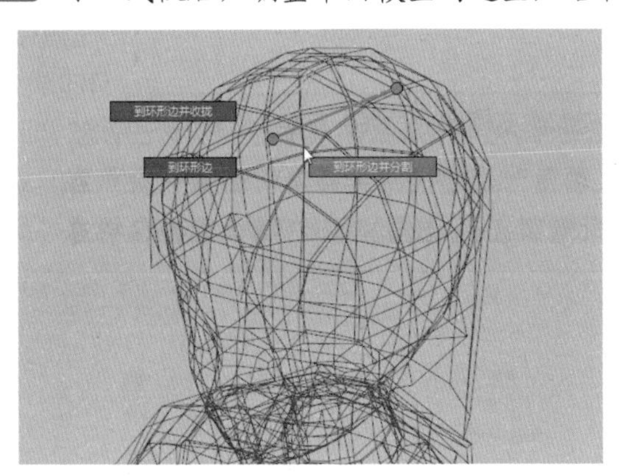

图 7-137　选择“到环形边并切割”命令

图 7-138　调整平面模型的造型

09 按Shift键并右击鼠标，从弹出的快捷菜单中选择“多切割”命令，添加线段，调整平面的造型，结果如图 7-139 所示。

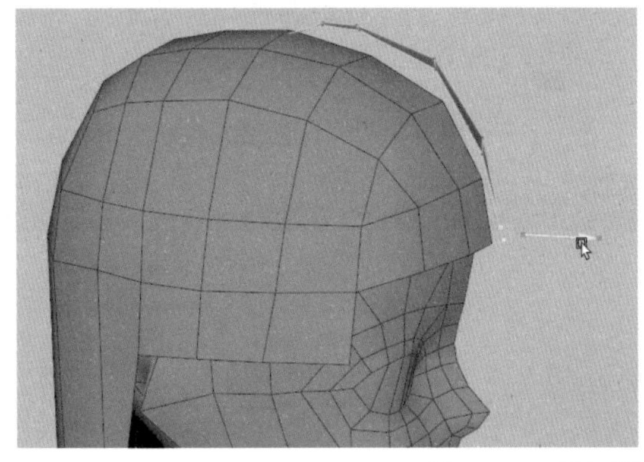

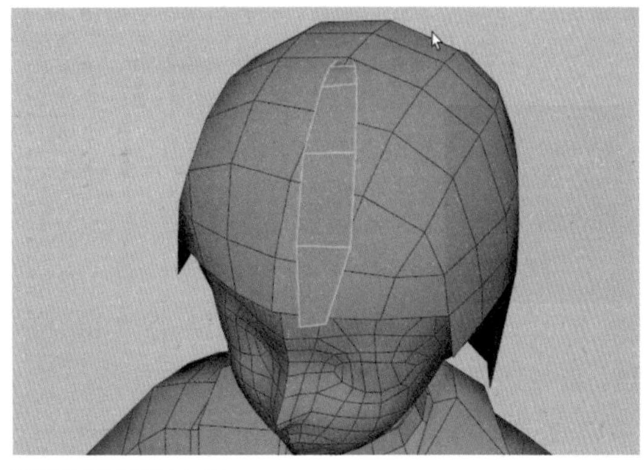

图 7-139　添加线段并调整平面的造型

10 选择平面模型，按Ctrl+D快捷键进行复制，调整副本模型的位置和方向，结果如图7-140所示。

11 按Shift键并右击鼠标，从弹出的快捷菜单中选择“平面”命令，如图7-141所示。

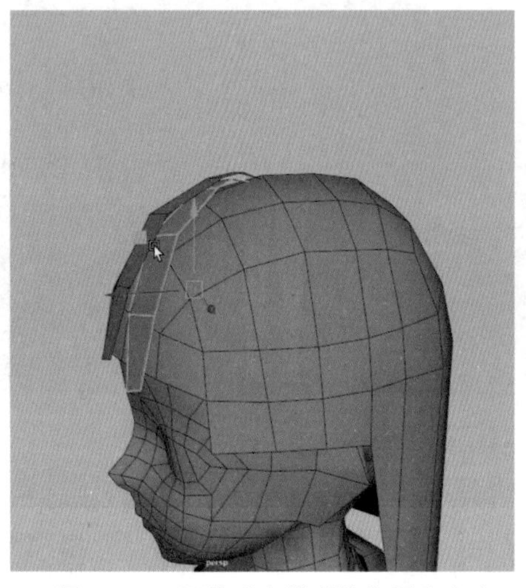

图7-140 调整副本模型的位置和方向

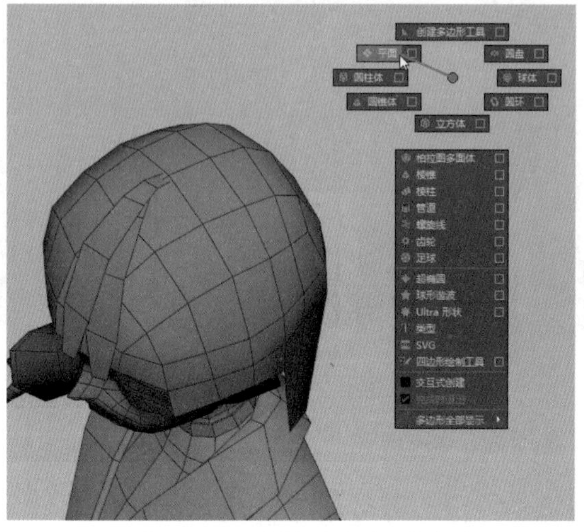

图7-141 选择“平面”命令

12 按照步骤6到步骤9的方法，调整创建的平面模型的造型，如图7-142所示。

13 按Shift键并右击，从弹出的快捷菜单中选择“镜像”命令，如图7-143所示。

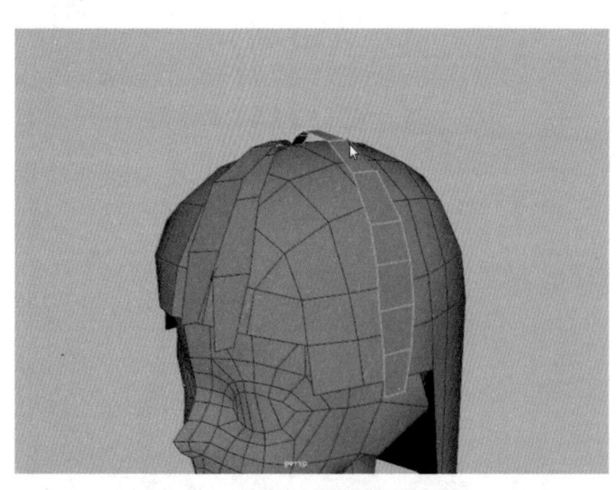
图7-142 调整创建的平面模型的造型

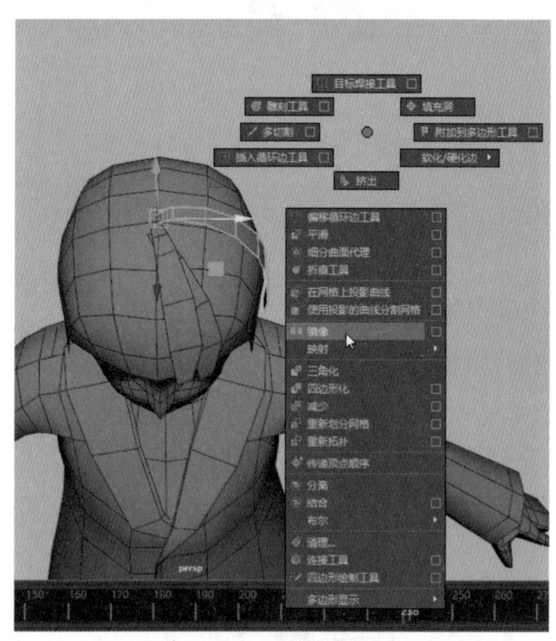

图7-143 选择“镜像”命令

14 镜像后，调整模型的造型，如图7-144所示。

15 按照步骤11的方法，创建一个平面，多次按Ctrl键并右击鼠标，从弹出的快捷菜单中选择“环形边工具”|“到环形边并切割”命令，添加线段，调整其造型，结果如图7-145所示。

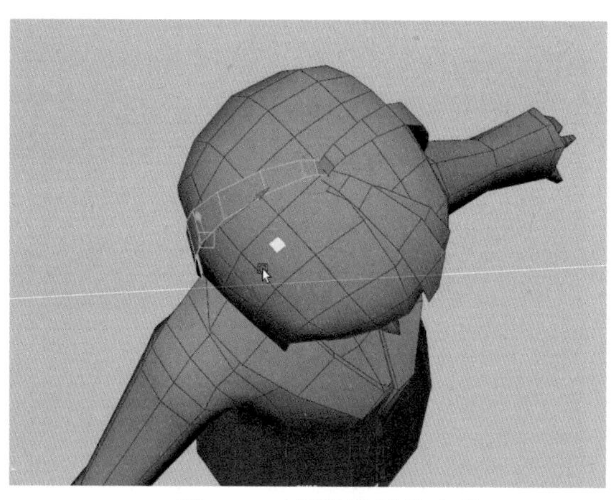

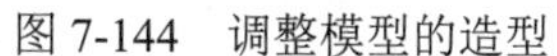

图 7-144 调整模型的造型

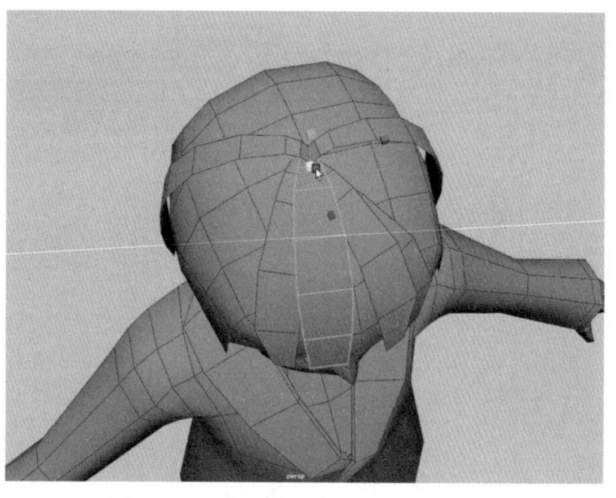

图 7-145 继续创建并编辑平面

16 按照步骤10到步骤15的方法，制作出刘海部位的造型，结果如图7-146所示。

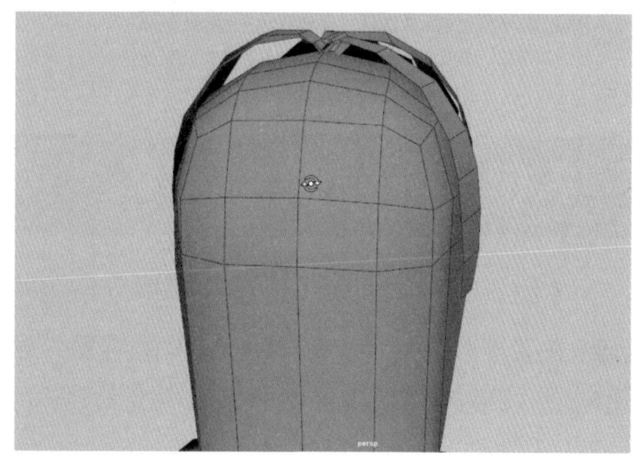

图 7-146 制作出刘海部位的造型

17 按照步骤10到步骤15的方法，制作出头发的造型，如图7-147所示。

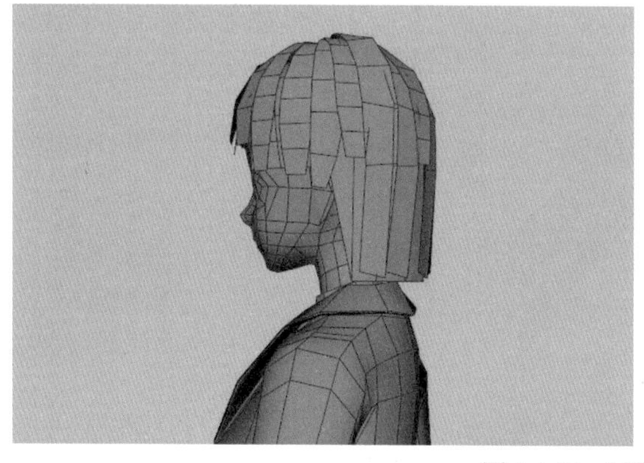

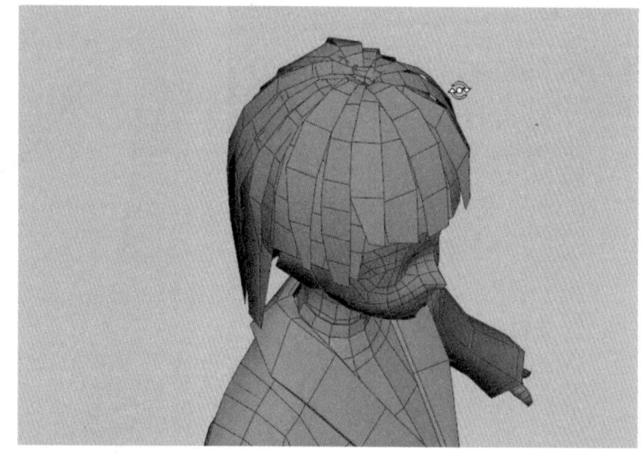

图 7-147 制作出头发的造型

18 选择所有的头发模型，按Shift键并右击鼠标，从弹出的快捷菜单中选择“结合”命令，如图7-148所示。

19 角色的发型显示结果如图7-149所示。

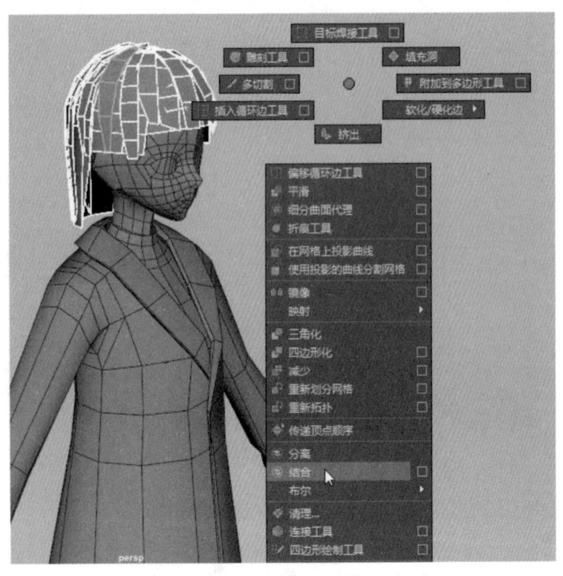

图 7-148　选择“结合”命令

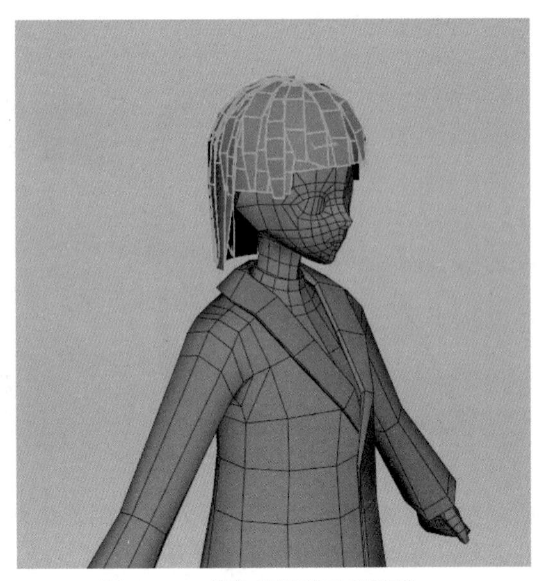

图 7-149　角色的发型显示结果

7.6　拆分模型 UV

【例 7-5】 本实例将讲解如何拆分角色模型 UV。 视频

01 在菜单栏中选择“UV” | “UV编辑器”命令，如图 7-150 所示。

02 在“UV编辑器”窗口中框选所有的UV，然后在菜单栏中选择“创建” | “平面”命令，如图 7-151 所示。

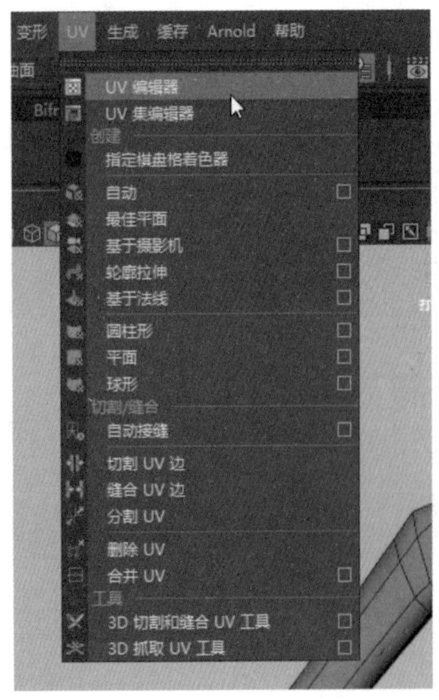

图 7-150　选择“UV 编辑器”命令

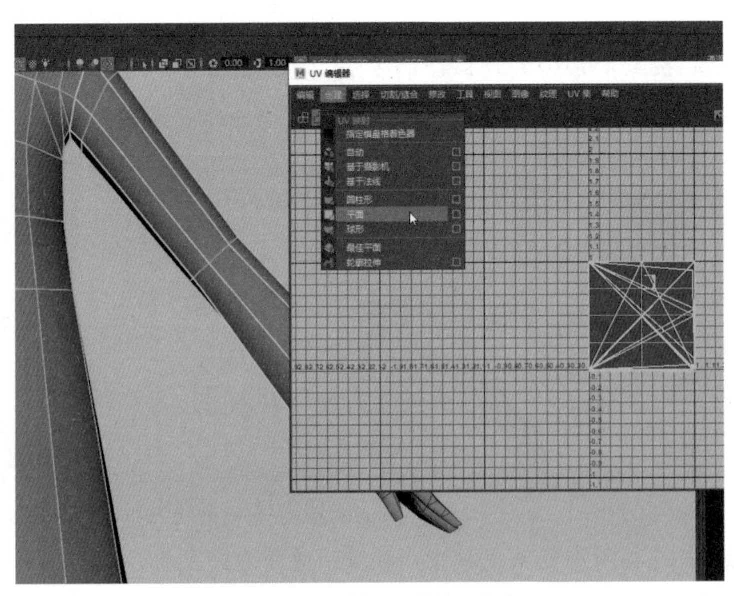

图 7-151　选择“平面”命令

03 选择如图 7-152 所示的边。

04 在“UV编辑器”窗口中按Shift并右击，从弹出的快捷菜单中选择“剪切”命令，如图7-153所示。

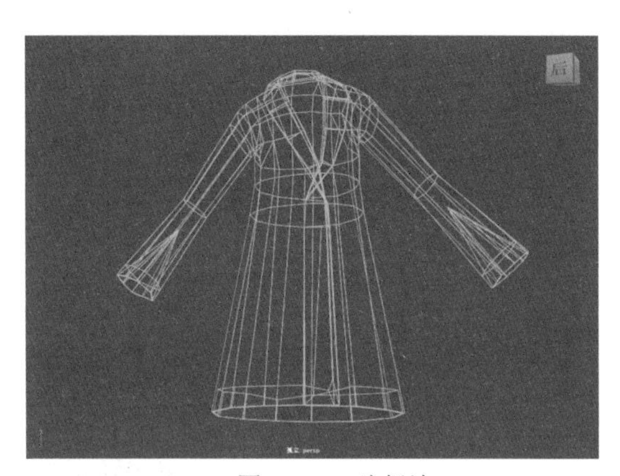

图7-152　选择边

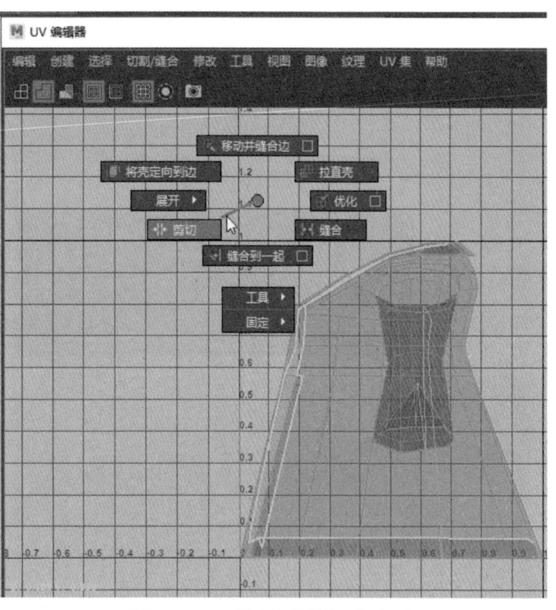

图7-153　选择“剪切”命令

05 选择一个UV并将其拖曳出来，然后按Shift键并右击鼠标，从弹出的快捷菜单中选择“展开”|“展开”命令，如图7-154所示。

06 展开后模型的UV显示结果如图7-155所示。

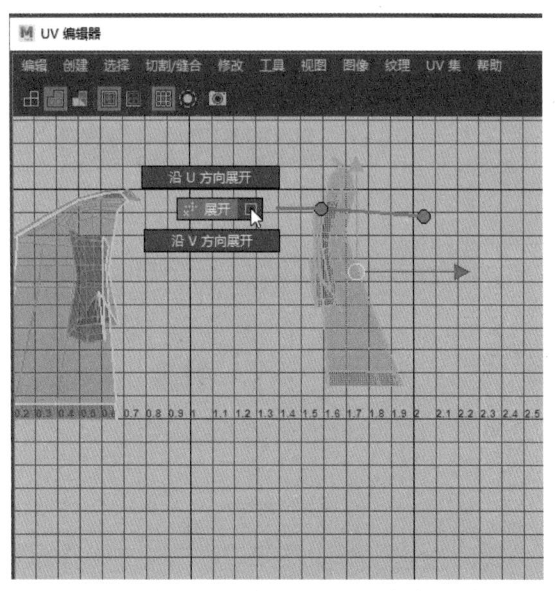

图7-154　选择“展开”命令

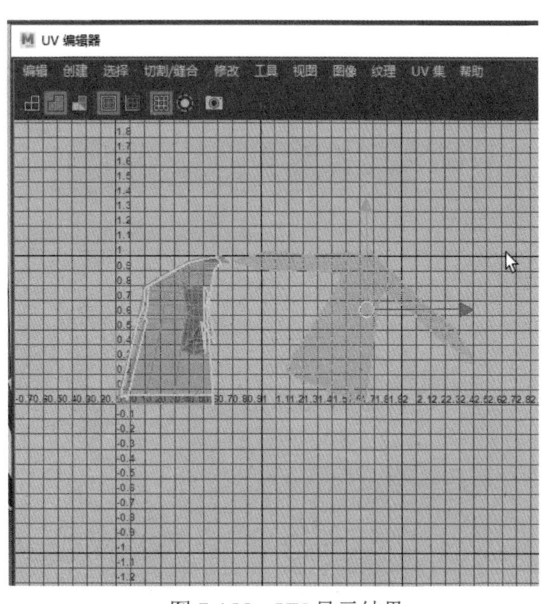

图7-155　UV显示结果

07 若用户在展开UV的过程中弹出“修复非流形几何体”对话框，提示用户该几何体可能存在不连续、有空洞或者重叠等问题，用户可以选择“始终修复非流形几何体”复选框，然后单击“修复”按钮，如图7-156所示。

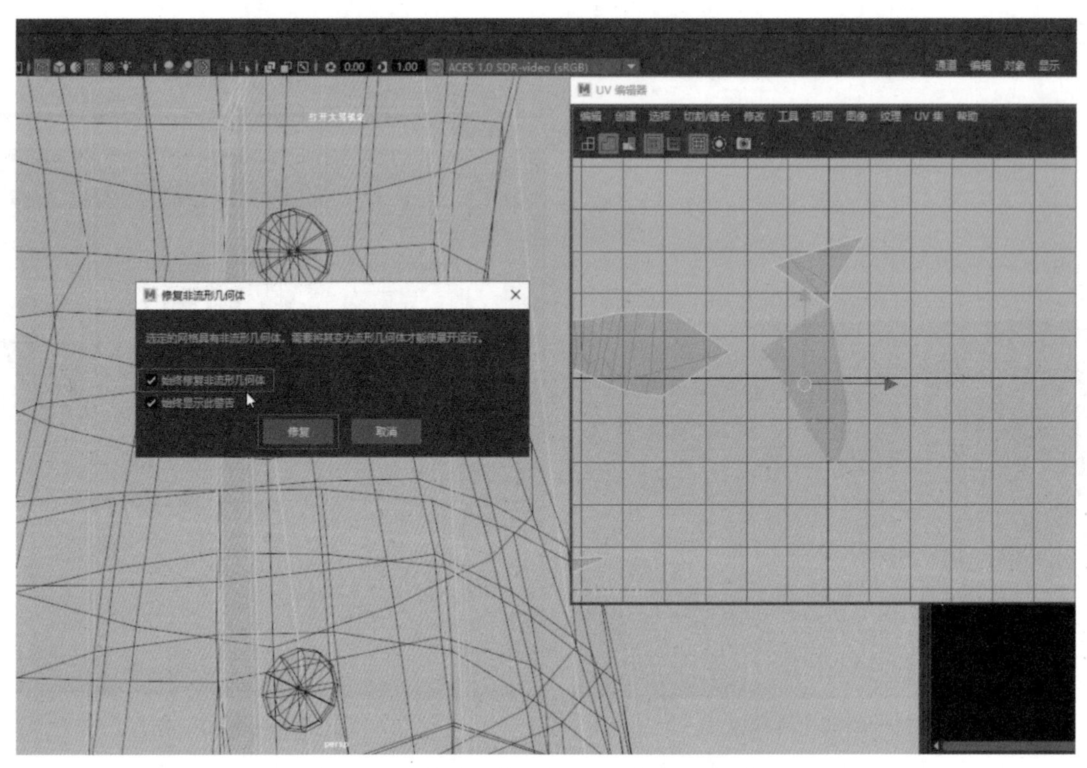

图 7-156　设置“修复非流形几何体”对话框

08 修复后，UV的显示结果如图 7-157 所示。

09 选择边，然后按Shift键并右击鼠标，从弹出的快捷菜单中选择“移动并缝合边”命令，如图 7-158 所示。

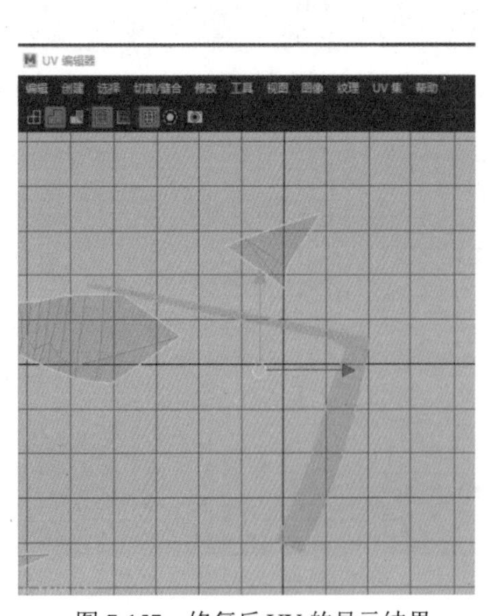

图 7-157　修复后 UV 的显示结果

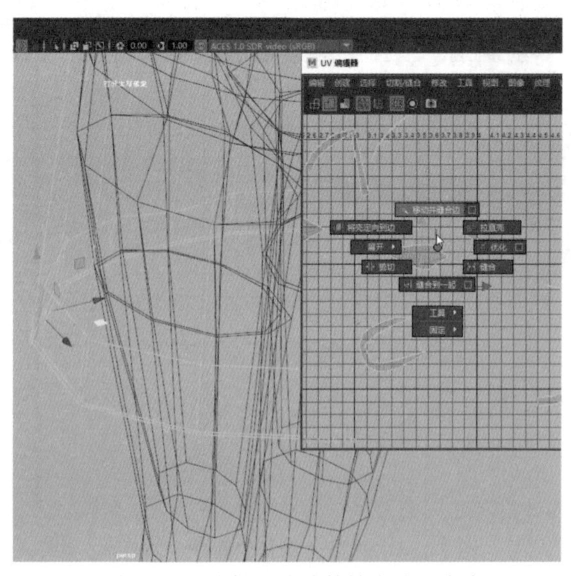

图 7-158　选择“移动并缝合边”命令

10 选择袖口里面的边，然后按Shift键并右击鼠标，从弹出的快捷菜单中选择“移动并缝合边”命令，如图 7-159 所示。

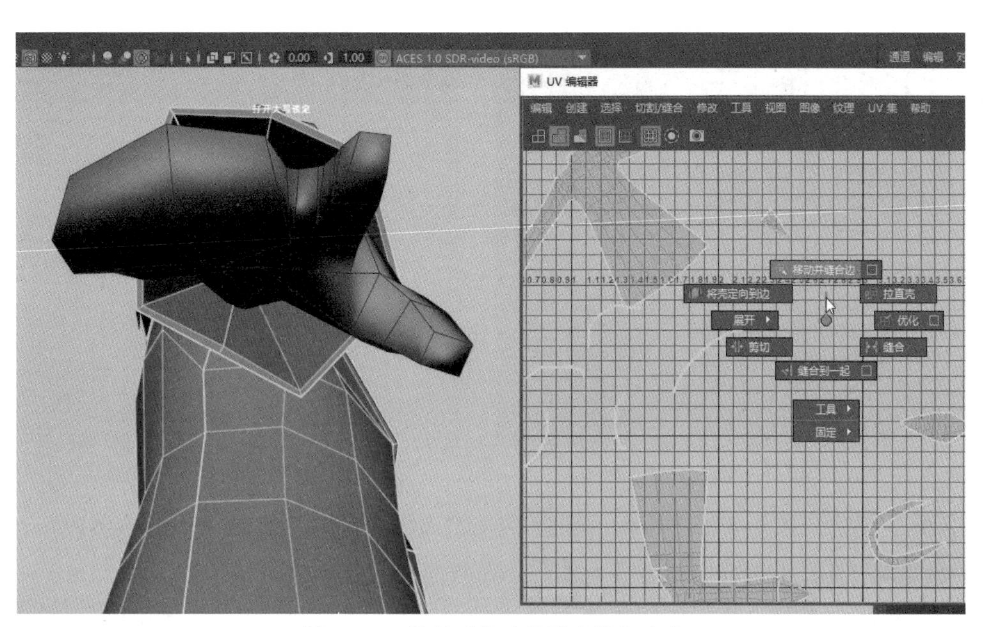

图 7-159 选择“移动并缝合边”命令

11 选择袖口内的面，然后按Shift键并右击鼠标，从弹出的快捷菜单中选择“展开”|“展开”命令，如图 7-160 所示。

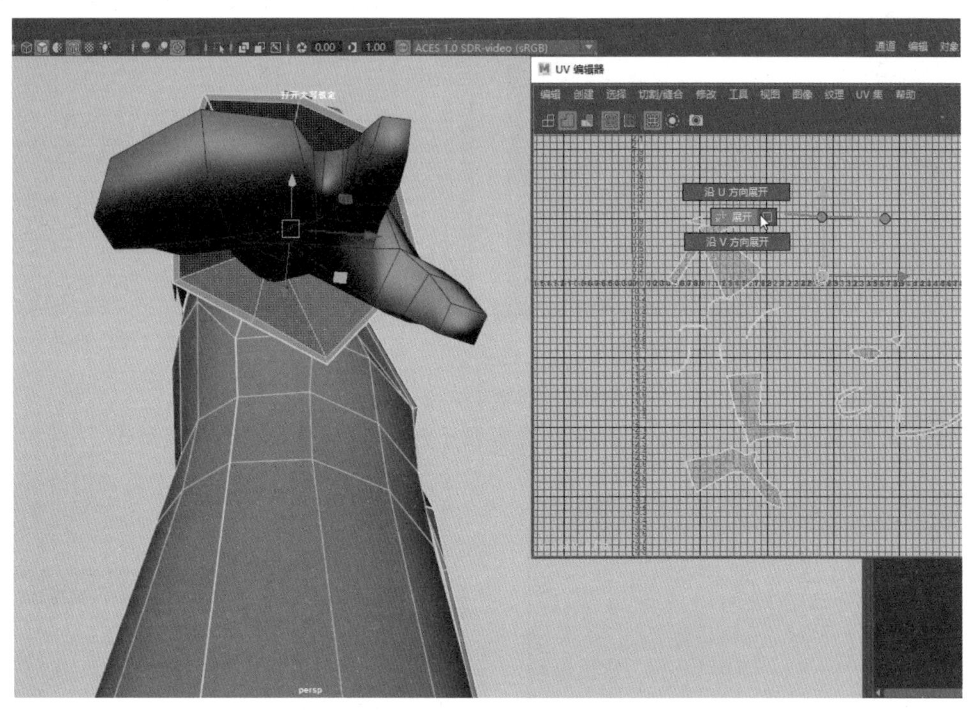

图 7-160 选择“展开”命令

12 按照步骤3到步骤11的方法，继续拆分衣服模型的UV，选择拆分后的所有UV，按Shift键并右击鼠标，从弹出的快捷菜单中选择“排布”|“排布UV”命令，如图 7-161 所示。

13 将大衣的UV排布至第一象限，如图 7-162 所示。

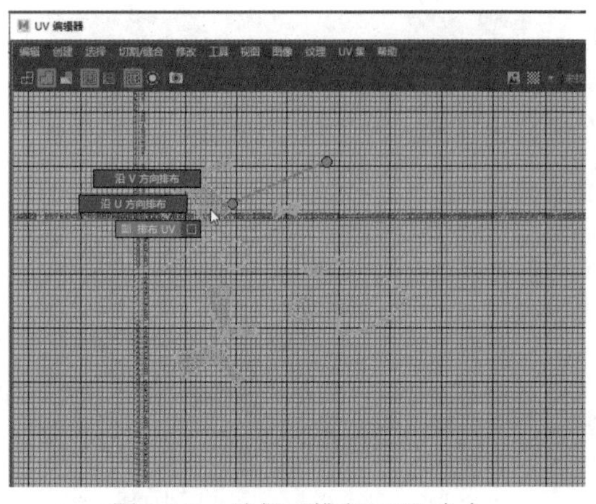

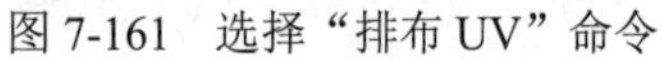
图 7-161　选择“排布 UV”命令

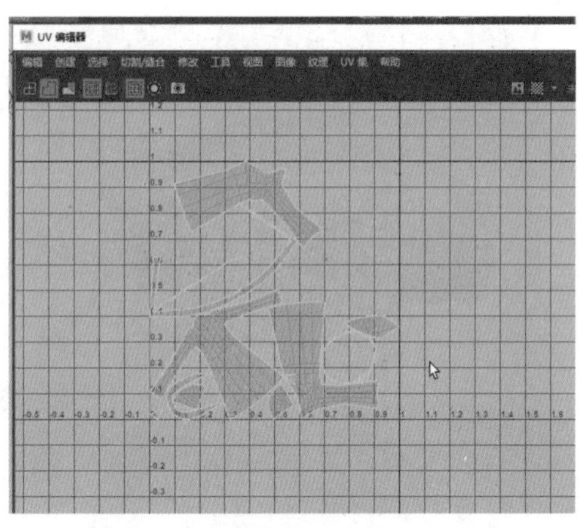

图 7-162　排布大衣的 UV

14 选择裤子模型，在菜单栏中选择“创建”|“平面”命令，然后选择如图 7-163 所示的边，在“UV编辑器”窗口中按Shift键并右击鼠标，从弹出的快捷菜单中选择“剪切”命令。

15 按Shift并右击鼠标，从弹出的快捷菜单中选择“展开”|“展开”命令，然后按Shift键并右击鼠标，从弹出的快捷菜单中选择“排布”|“排布UV”命令，如图 7-164 所示。

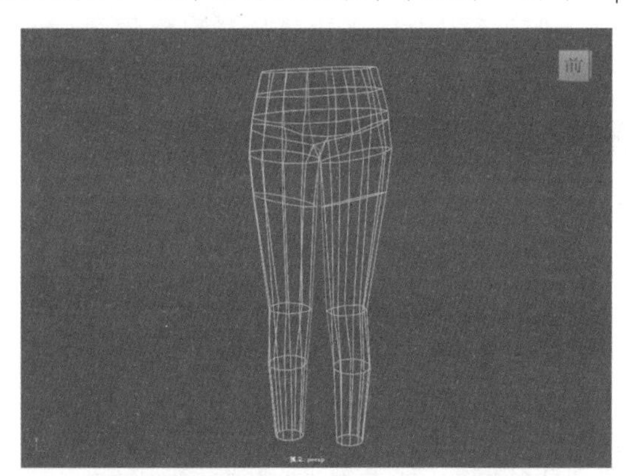

图 7-163　选择边并进行剪切操作

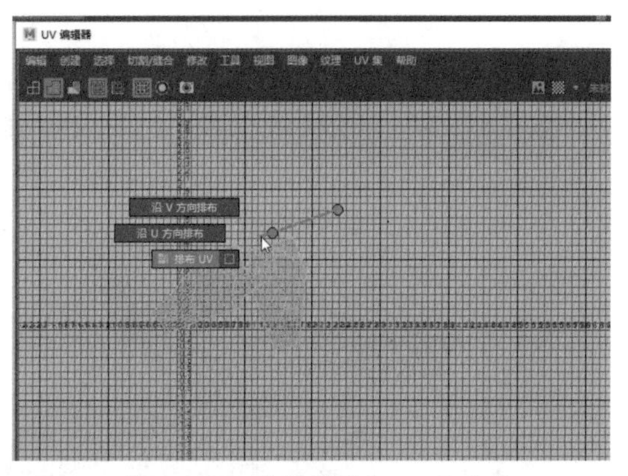

图 7-164　选择“排布 UV”命令

16 将裤子的UV排布至第一象限，如图 7-165 所示边。

17 按照步骤 14 到步骤 15 的方法，拆分并排布靴子的UV，结果如图 7-166 所示。

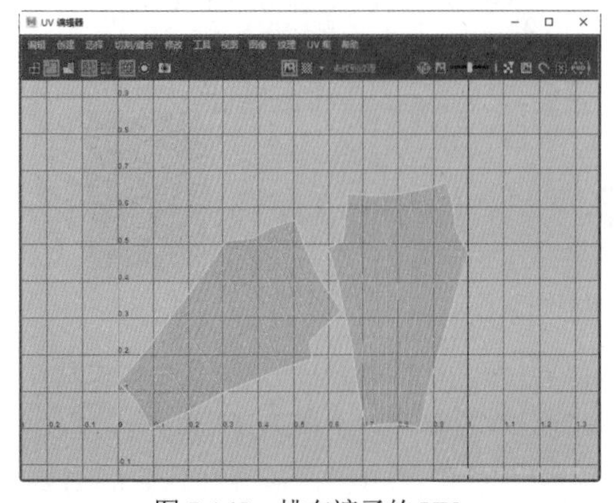

图 7-165　排布裤子的 UV

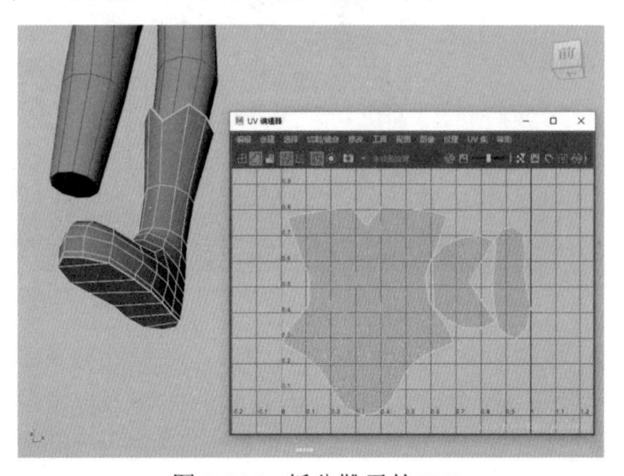

图 7-166　拆分靴子的 UV

18 继续拆分并排布内搭的UV，结果如图 7-167 所示。

19 选择身体模型，删除多余的面，只留下暴露在外的身体部位，结果如图 7-168 所示。

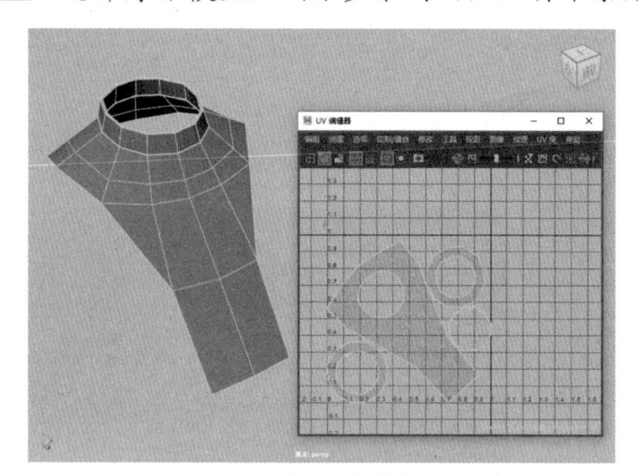

图 7-167　拆分内搭的 UV

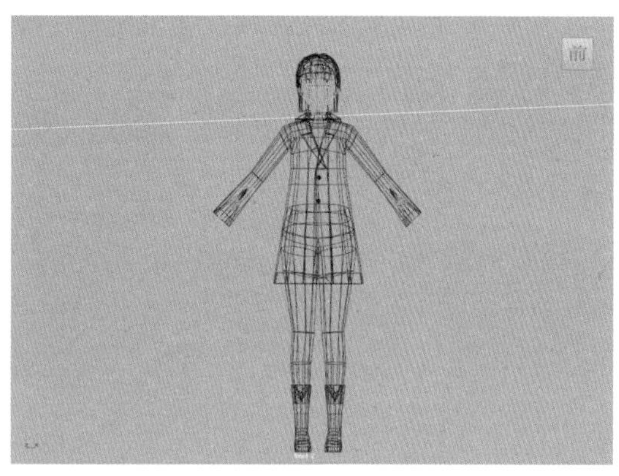

图 7-168　删除多余的面

20 选择头部范围内如图 7-169 所示的边。

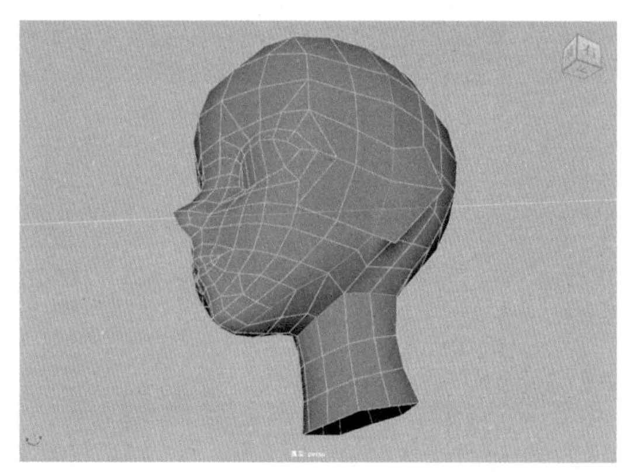

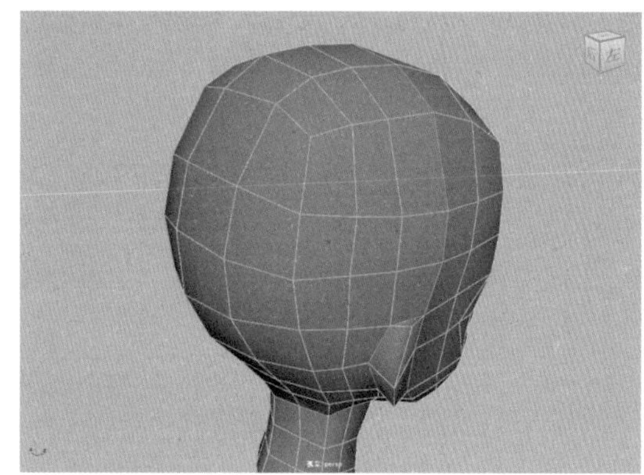

图 7-169　选择边

21 在“UV编辑器”窗口中按Shift键并右击鼠标，从弹出的快捷菜单中选择“剪切”命令，再按Shift键并右击鼠标，从弹出的快捷菜单中选择“展开”|“展开”命令，拆分头部的UV，结果如图 7-170 所示。

22 按照步骤 20 到步骤 21 的方法，拆分并排布手臂的UV，如图 7-171 所示。

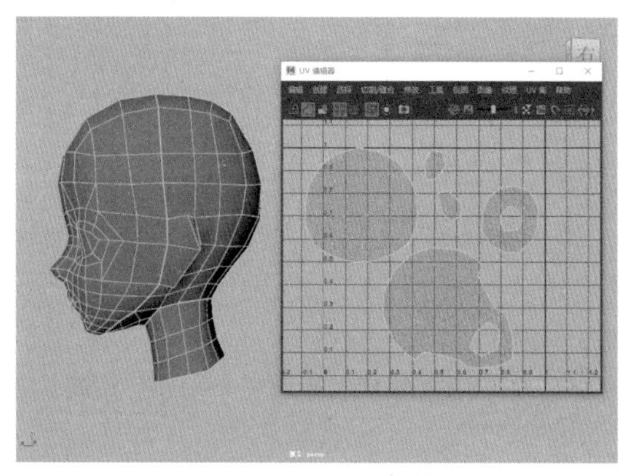

图 7-170　拆分头部的 UV

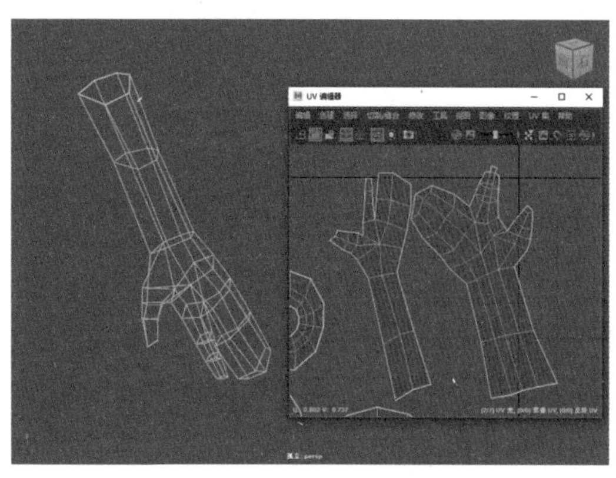

图 7-171　拆分手臂的 UV

23 拆分完身体部位的UV后，删除左半边的面，结果如图7-172所示。

24 右击并从弹出的快捷菜单中选择“对象模式”命令，在菜单栏中分别选择“修改”命令，从弹出的快捷菜单中依次选择“重置变换”和“冻结变换”命令，如图7-173所示，使坐标轴回到栅格中心。

图7-172　删除左半边的面

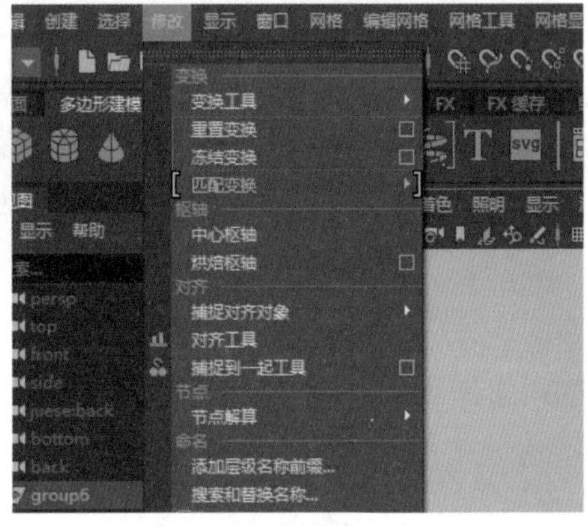

图7-173　重置坐标轴

25 选择身体模型，按Shift键并右击鼠标，从弹出的快捷菜单中选择“镜像”命令，如图7-174所示。

26 选择身体模型和镜像出的模型，按Shift键并右击鼠标，从弹出的快捷菜单中选择“结合”命令，如图7-175所示。

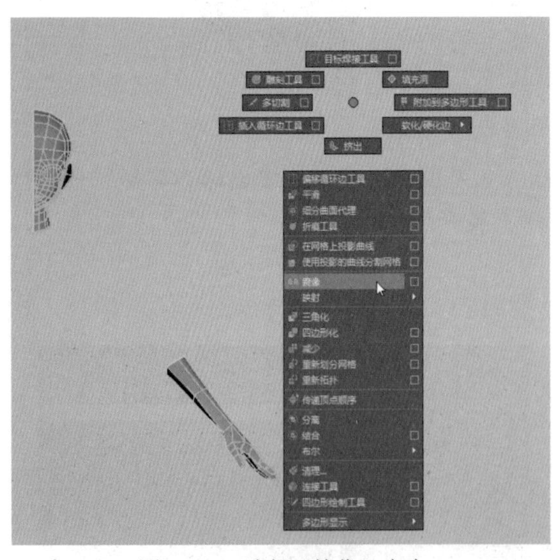

图7-174　选择“镜像”命令

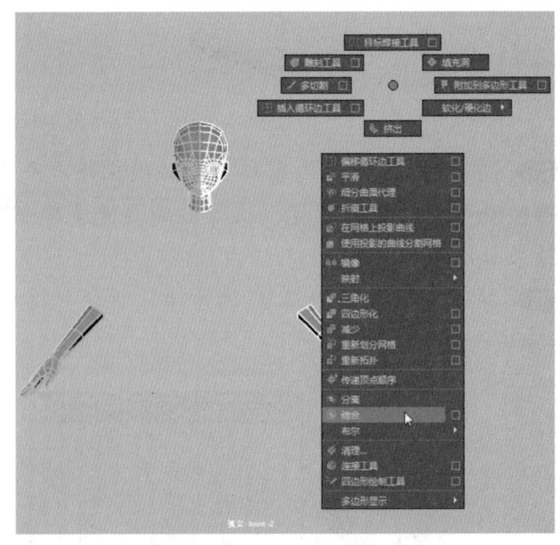

图7-175　选择“结合”命令

27 框选交界处的顶点，按R键沿X轴向中心收缩，如图7-176所示。

28 按Shift键并右击鼠标，从弹出的快捷菜单中选择“合并顶点”|“合并顶点”命令，如图7-177所示。

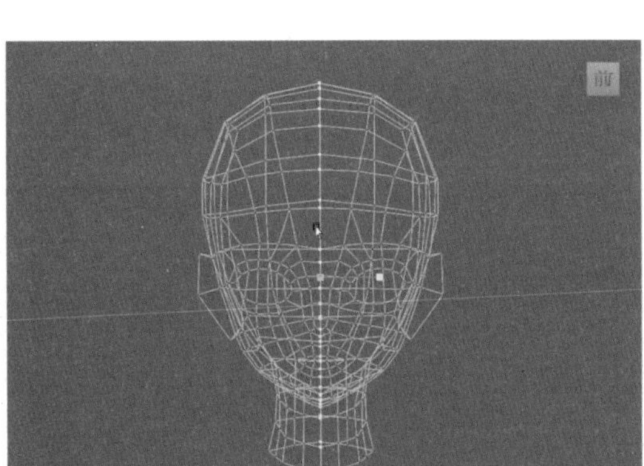
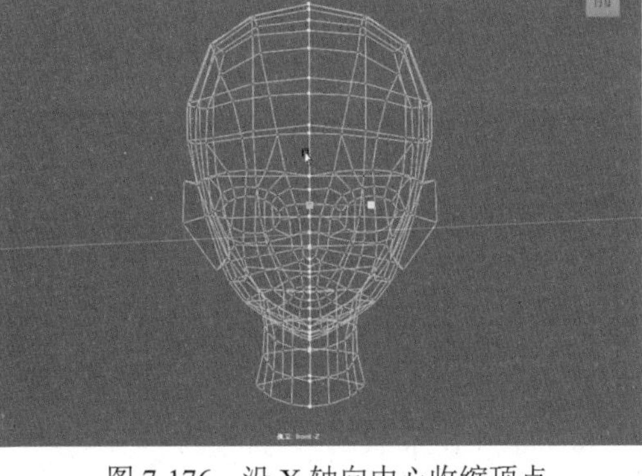

图 7-176　沿 X 轴向中心收缩顶点

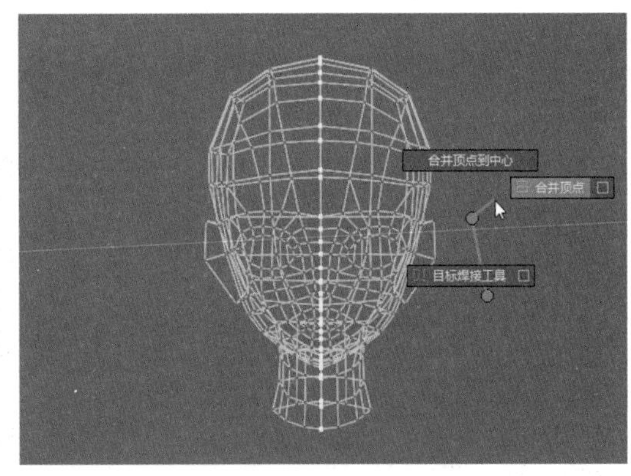

图 7-177　选择“合并顶点”命令

29 拆在“UV编辑器”窗口中按Shift键并右击鼠标，从弹出的快捷菜单中选择“移动并缝合边”命令，结果如图 7-178 所示。

30 按Shift并右击，从弹出的快捷菜单中选择“展开”|“展开”命令，如图 7-179 所示。

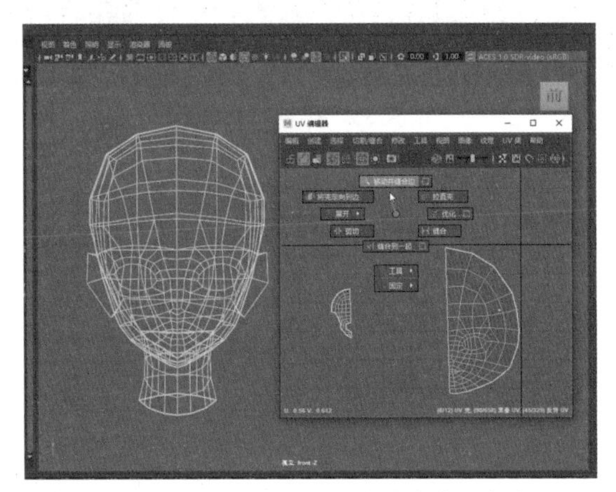

图 7-178　选择“移动并缝合边”命令

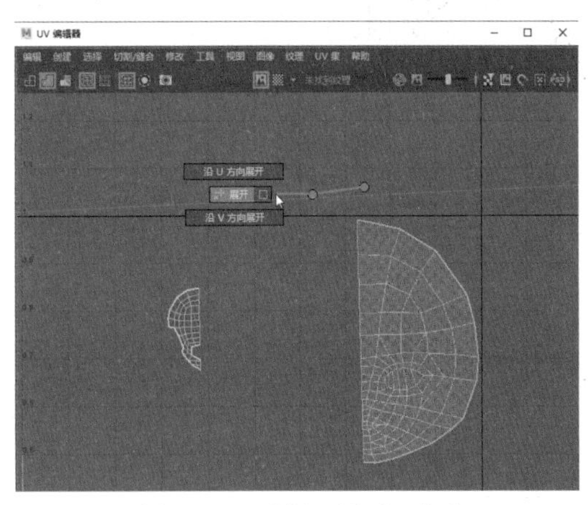

图 7-179　选择“展开”命令

31 按Shift键并右击鼠标，从弹出的快捷菜单中选择“排布”|“排布UV”命令，结果如图 7-180 所示。

32 按照步骤 14 到步骤 15 的方法拆分并排布纽扣的UV，结果如图 7-181 所示。

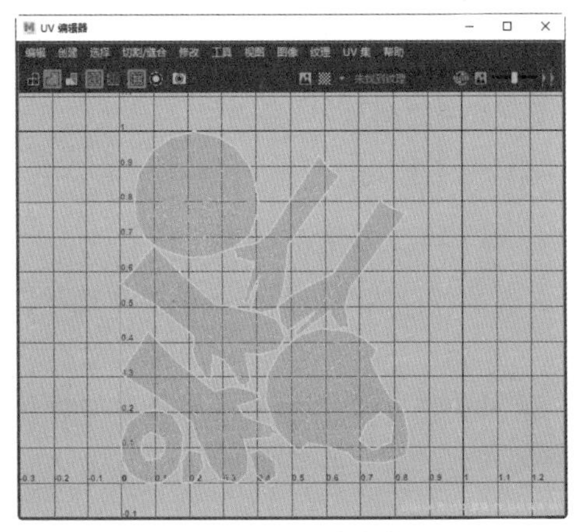

图 7-180　排布身体的 UV

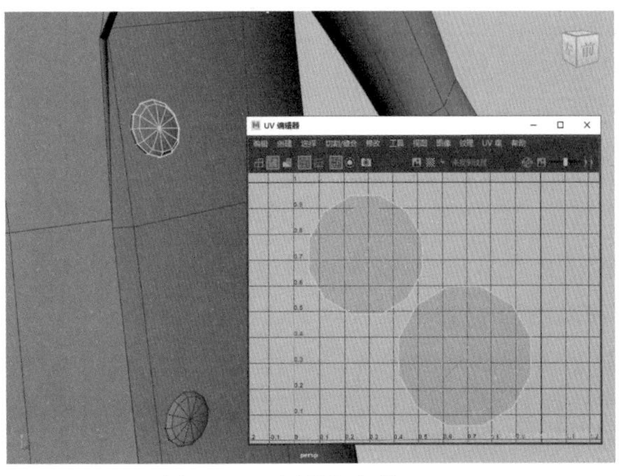

图 7-181　拆分纽扣的 UV

33 按照步骤14到步骤15的方法拆分并排布头发的UV，结果如图7-182所示。

34 拆分完所有部位的UV后，将UV摆放整齐，结果如图7-183所示。

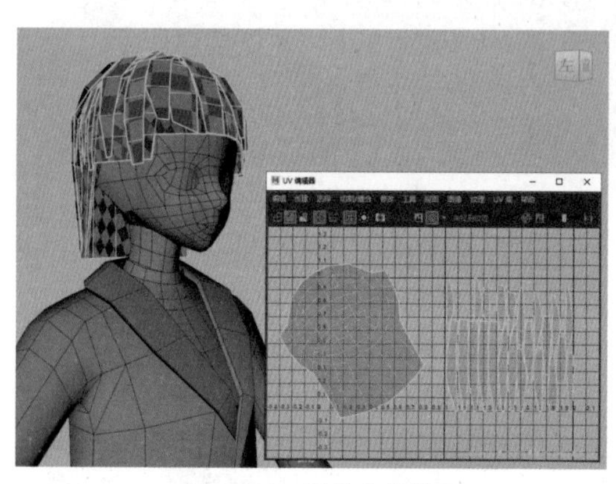

图 7-182　拆分头发的 UV

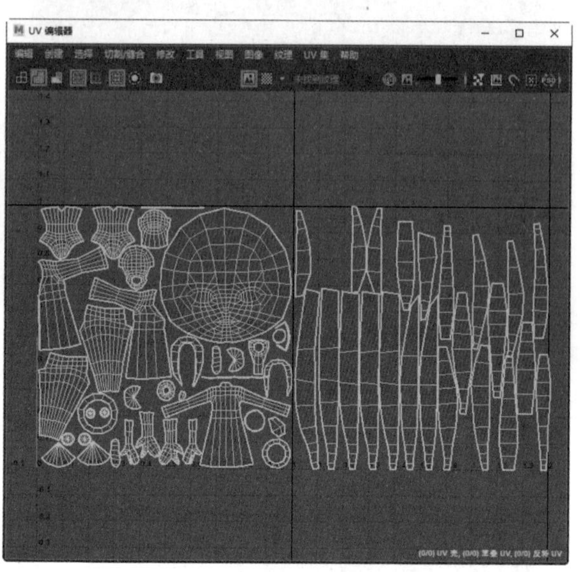

图 7-183　摆放所有的 UV

35 选择如图7-184所示的UV切割边。

36 在场景中按Shift键并右击鼠标，从弹出的快捷菜单中选择“硬化/软化边”|“硬化边”命令，如图7-185所示。

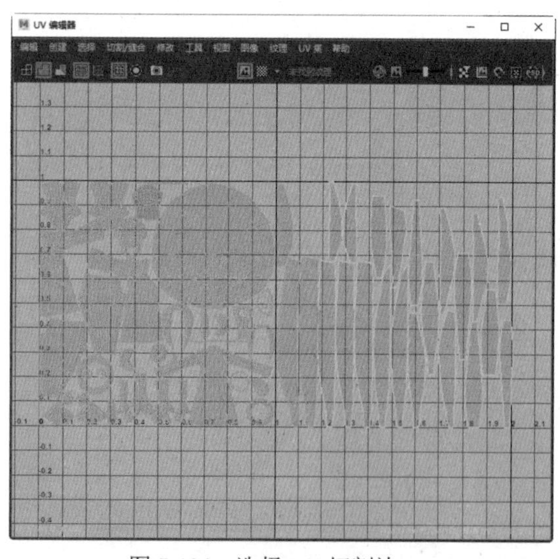

图 7-184　选择 UV 切割边

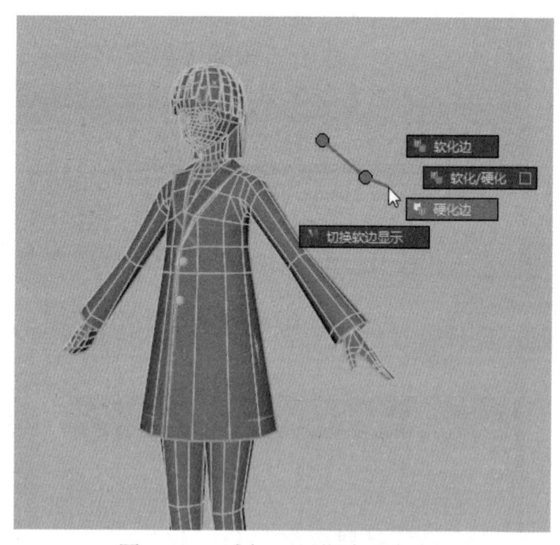

图 7-185　选择“硬化边”命令

37 选择大衣模型的UV切割边，在场景中按Shift键并右击鼠标，从弹出的快捷菜单中选择“硬化/软化边”|“软化边”命令，如图7-186所示。

38 按住Shift键加择裤子和鞋子模型上的UV切割边，按Shift键并右击鼠标，从弹出的快捷菜单中选择“硬化/软化边”|“软化边”命令，如图7-187所示。

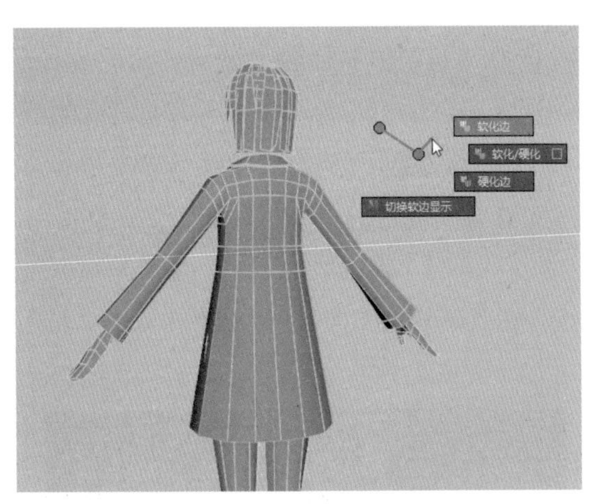

图 7-186 选择“软化边”命令

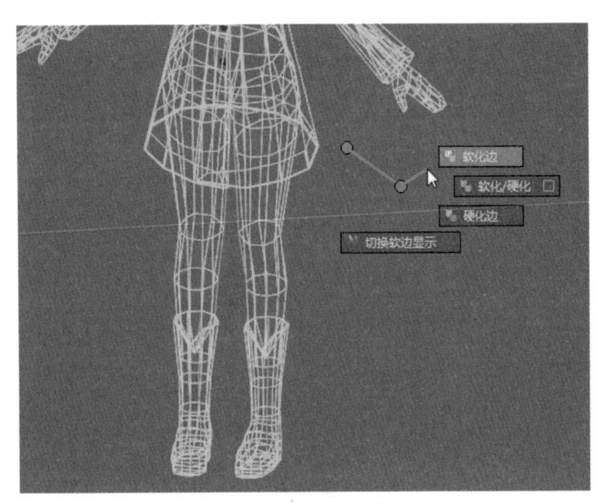

图 7-187 选择“软化边”命令

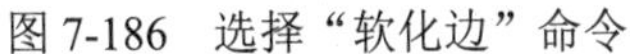

注 意

在圆柱类的模型上，如果不使用软化边进行 UV 切割，可能会导致 UV 在平面展开时存在明显的间断，不利于纹理贴图的制作和渲染。通过使用软化边，可以让 UV 在圆柱模型表面上更加流畅地展开，从而获得更好的纹理贴图效果。

39 选择身体模型，在“UV编辑器”窗口中框选所有的UV，然后在菜单栏中选择“图像”|“UV快照”命令，如图 7-188 所示。

40 打开“UV快照选项”窗口，单击“文件名”文本框右侧的浏览按钮，设置保存路径，单击“图像路径”下拉按钮，选择PNG选项，设置“大小X(像素)”和“大小V(像素)”文本框中的数值均为4096，设置“边颜色”为红色，然后单击“应用”按钮，如图 7-189 所示。

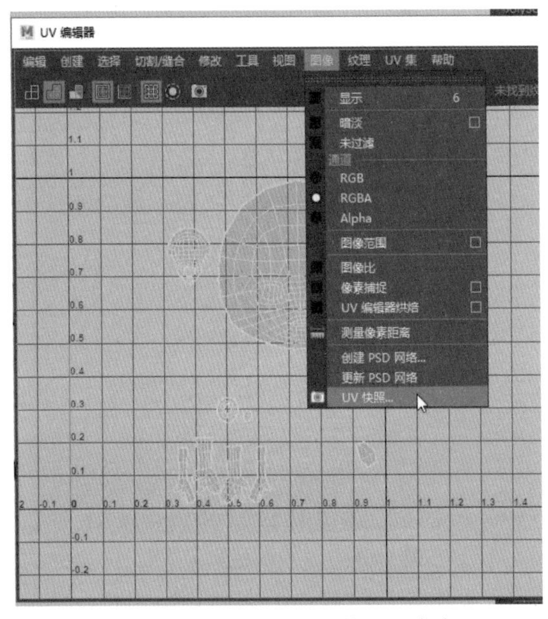

图 7-188 选择“UV 快照”命令

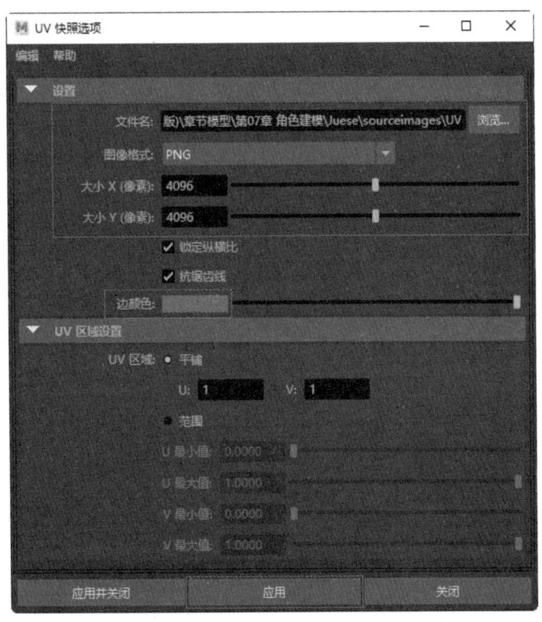

图 7-189 设置“UV 快照选项”窗口

7.7 绘制模型贴图

【例 7-6】 本实例将讲解如何绘制角色模型贴图。 视频

01 选择大衣模型，右击鼠标，从弹出的快捷菜单中选择“指定收藏材质”| Lambert命令，为大衣模型添加Lambert材质，如图 7-190 所示。

02 在“属性编辑器”面板中选择lambert13选项卡，在“公用材质属性”卷展栏中设置“颜色”为浅灰色，如图 7-191 所示。

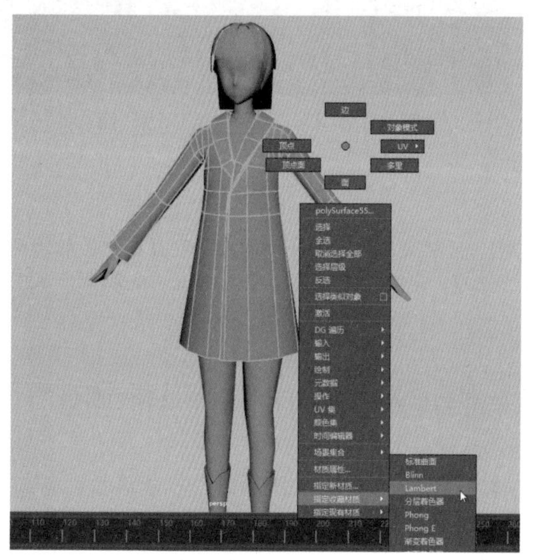

图 7-190 选择 Lambert 命令

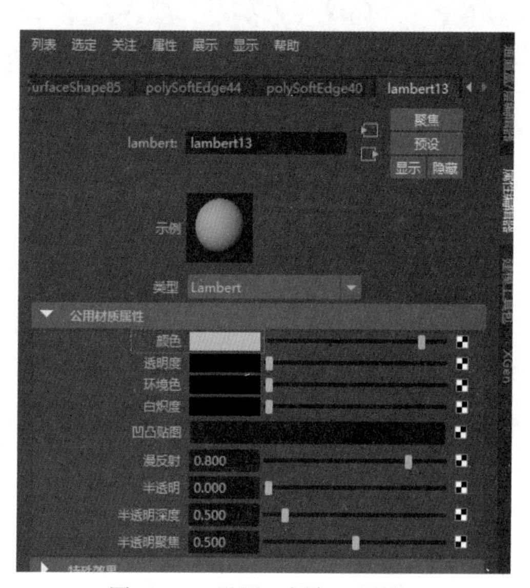

图 7-191 设置“颜色”属性

03 “颜色”属性的具体参数如图 7-192 所示。

04 设置完成后，大衣颜色的显示结果如图 7-193 所示。

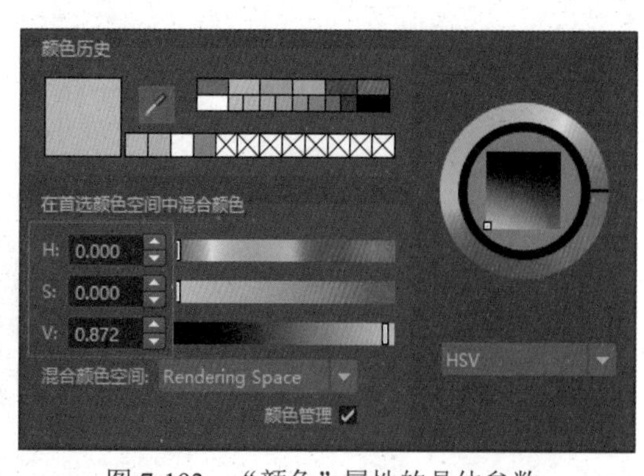

图 7-192 “颜色”属性的具体参数

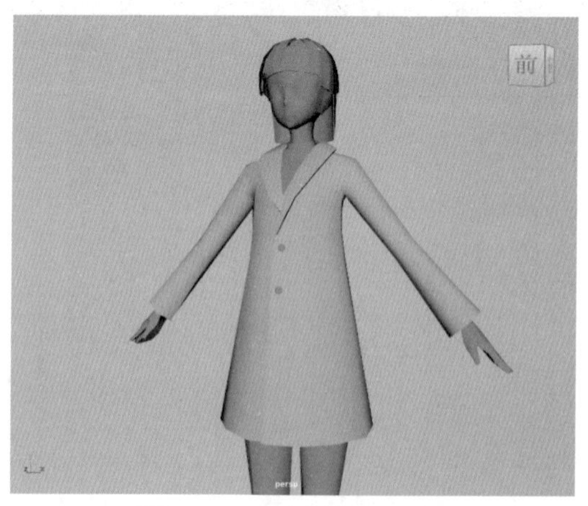

图 7-193 大衣颜色显示结果

05 选择内搭模型，右击鼠标，从弹出的快捷菜单中选择“指定收藏材质”| Lambert命令，为内搭模型添加Lambert材质，如图 7-194 所示。

06 在“属性编辑器”面板中选择lambert14选项卡，在“公用材质属性”卷展栏中设置“颜色”为深灰色，“颜色”属性的具体参数结果如图 7-195 所示。

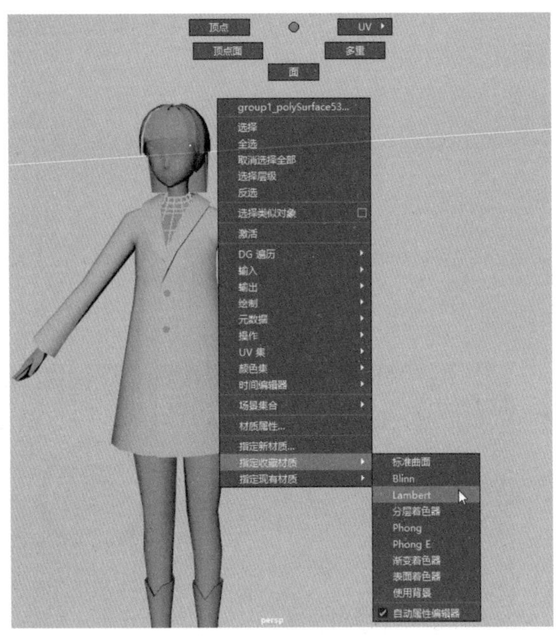

图 7-194　选择 Lambert 命令

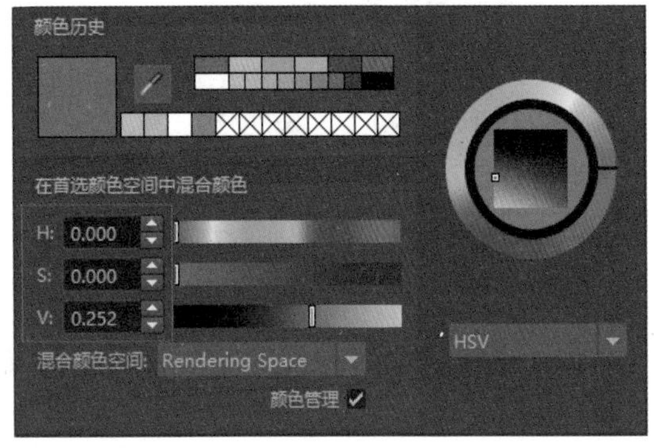

图 7-195　“颜色”属性的具体参数

07 选择裤子模型，右击鼠标，从弹出的快捷菜单中选择“指定收藏材质”| Lambert命令，为裤子模型添加Lambert材质，为裤子模型添加Lambert材质，如图 7-196 所示。

08 在“属性编辑器”面板中选择lambert6选项卡，在“公用材质属性”卷展栏中设置“颜色”为黑色，“颜色”属性的具体结果如图 7-197 所示。

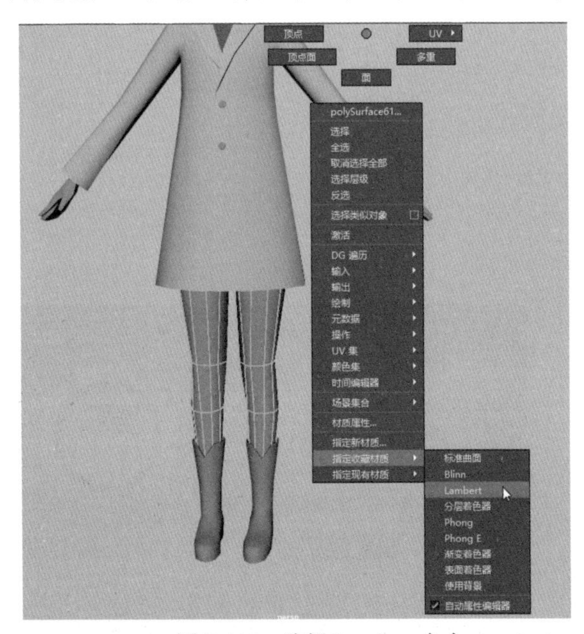

图 7-196　选择 Lambert 命令

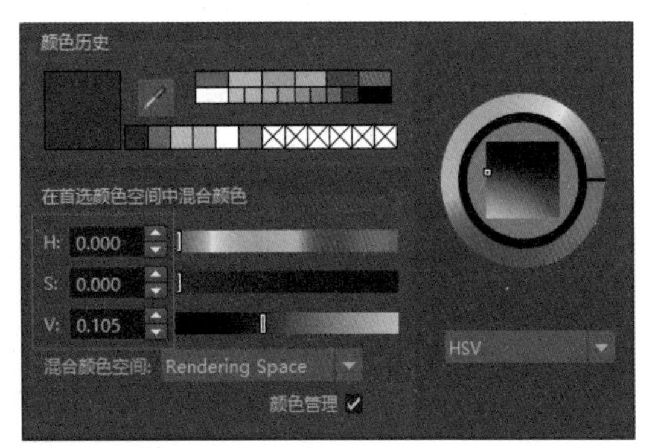

图 7-197　“颜色”属性的具体参数

09 选择靴子模型，右击鼠标，从弹出的快捷菜单中选择“指定收藏材质”| Lambert命令，为靴子模型添加Lambert材质，如图7-198所示。

10 在“属性编辑器”面板中选择lambert7选项卡，在“公用材质属性”卷展栏中设置“颜色”为卡其色，“颜色”属性的具体结果如图7-199所示。

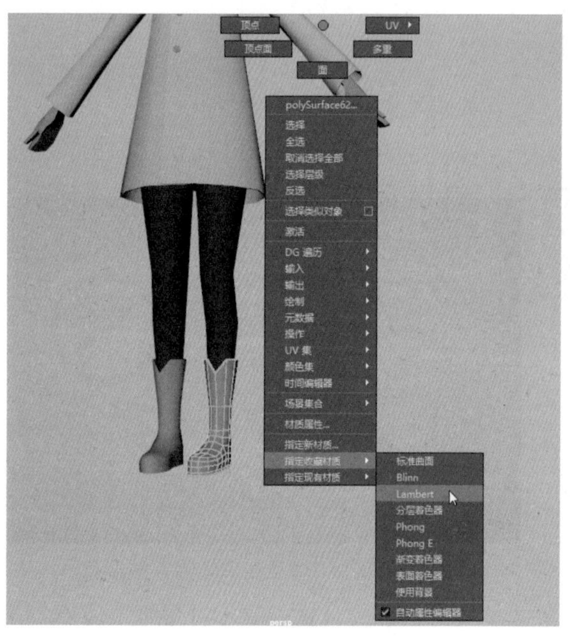

图 7-198　选择 Lambert 命令

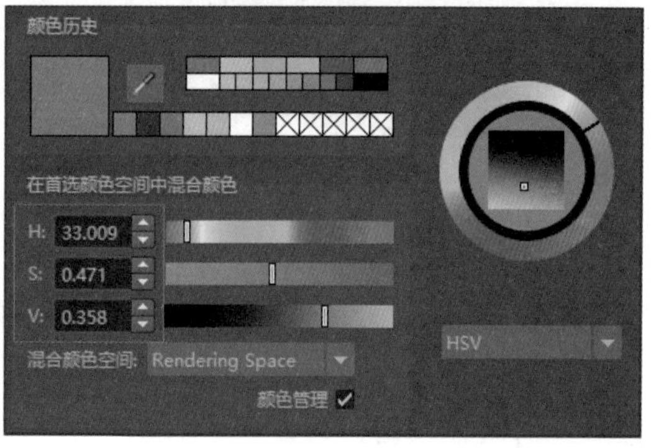

图 7-199　“颜色”属性的具体参数

11 选择发型模型，右击鼠标，从弹出的快捷菜单中选择“指定收藏材质”| Lambert命令，为发型模型添加Lambert材质，如图7-200所示。

12 在“属性编辑器”面板中选择lambert12选项卡，在“公用材质属性”卷展栏中设置“颜色”为卡其色，“颜色”属性的具体结果如图7-201所示。

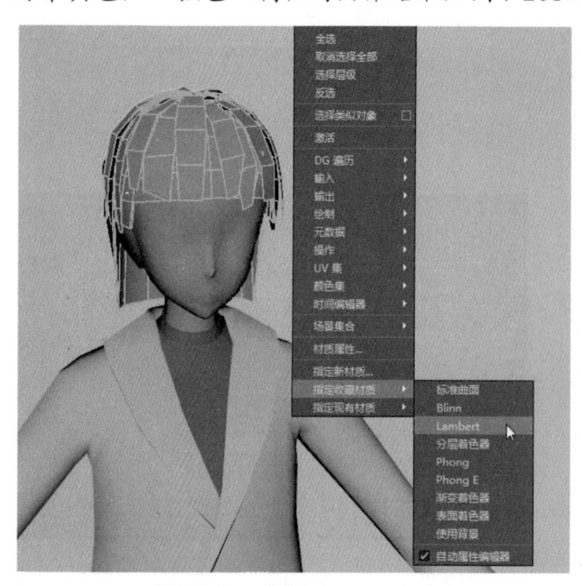

图 7-200　选择 Lambert 命令

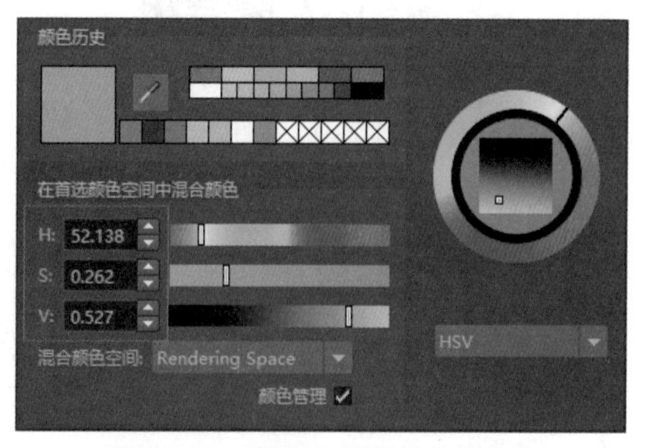

图 7-201　“颜色”属性的具体参数

13 打开Photoshop软件，导入UV图像文件，按Ctrl+Alt+Shift+N快捷键新建一个图层，然后在界面右上角的“颜色”面板中选择肉色作为皮肤的颜色，选择“底色”图层，按Alt+Delete快捷键进行填充，如图 7-202 所示。

图 7-202　填充底色

14 按Ctrl+Alt+Shift+N快捷键新建一个图层，按照UV绘制出左半边眉毛、眼睛和嘴巴的轮廓，如图 7-203 所示。

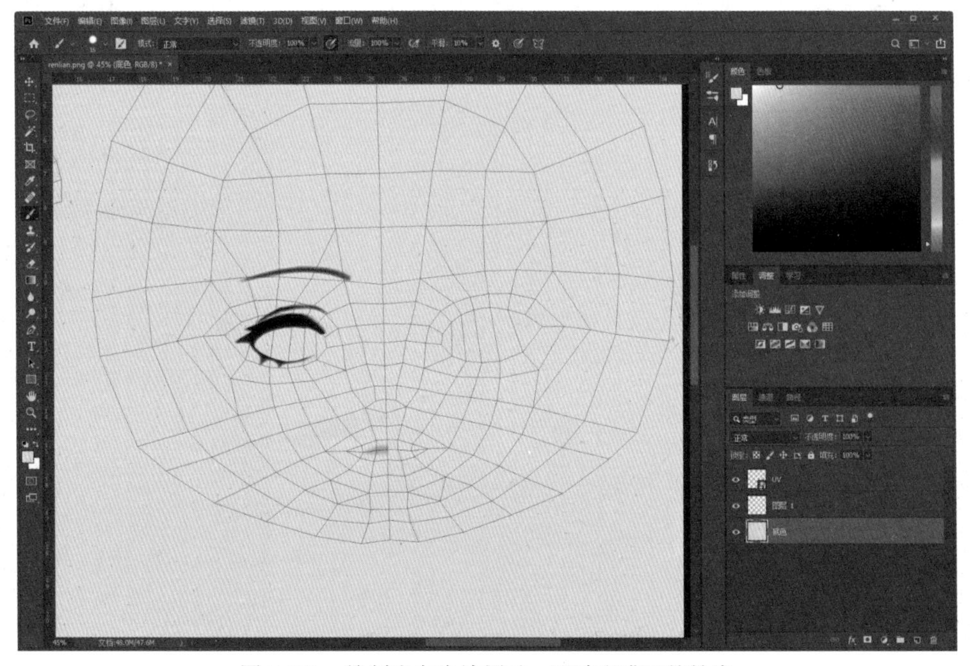

图 7-203　绘制出左半边眉毛、眼睛和嘴巴的轮廓

15 按Ctrl+Alt+Shift+N快捷键新建一个图层，绘制出眼球，如图7-204所示。

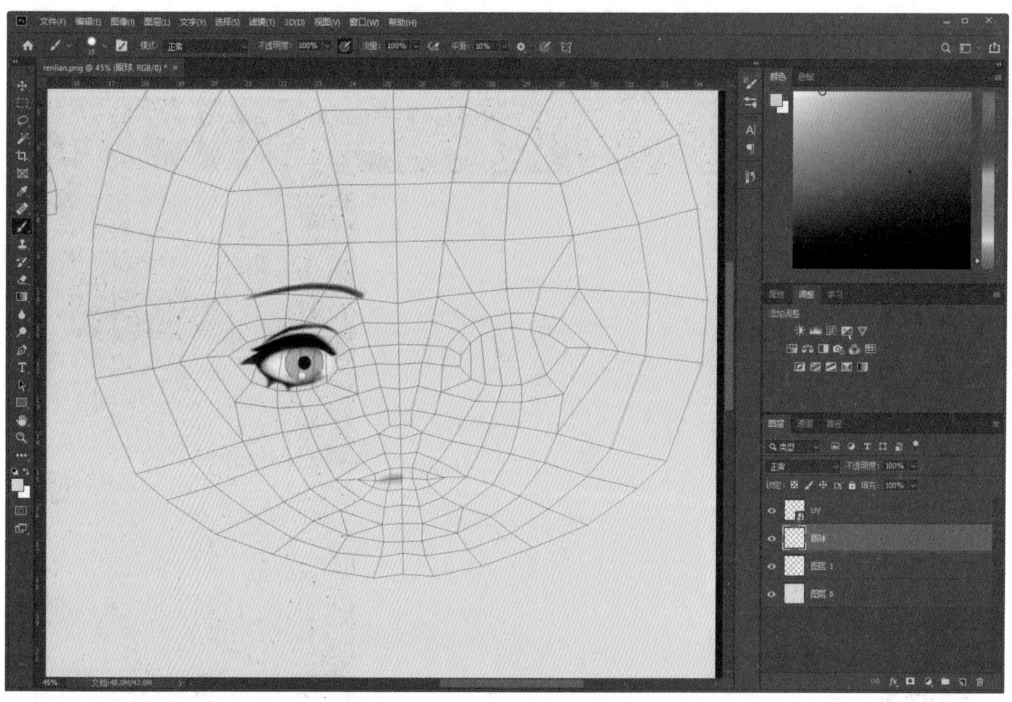

图 7-204　绘制出眼球

16 按Ctrl+Alt+Shift+N快捷键新建一个图层，继续细化贴图，绘制出鼻子、眼影和腮红，如图7-205所示。

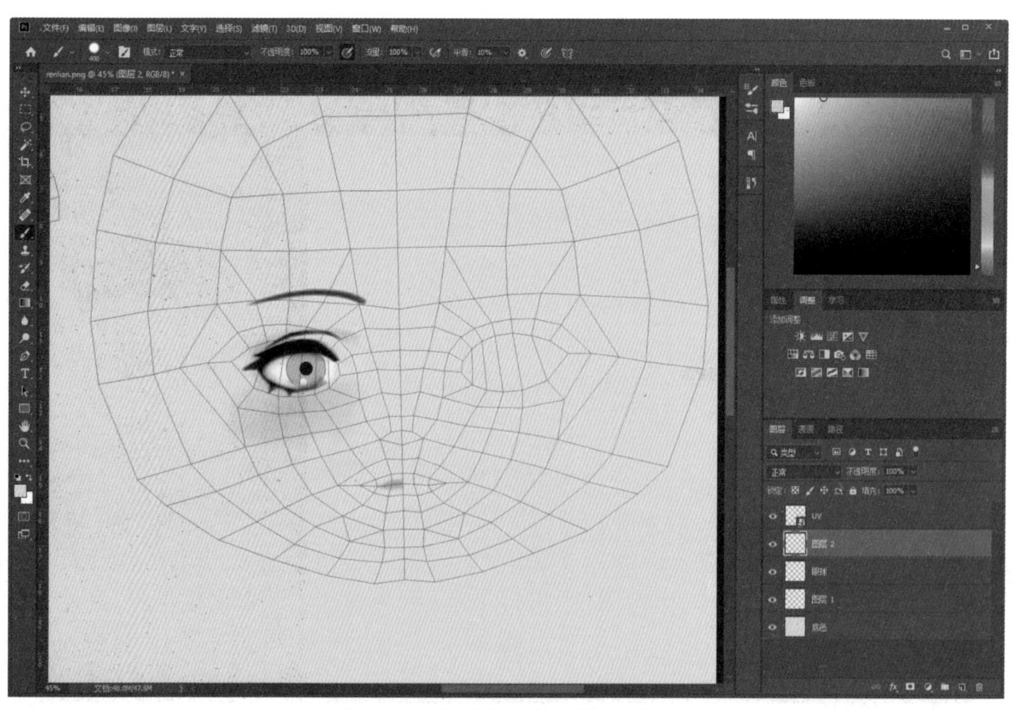

图 7-205　绘制出鼻子、眼影和腮红

17 选择所有的贴图，按Ctrl+G快捷键进行打组，然后选择组1，按Ctrl+J快捷键复制组，双击“组1 拷贝”图层，修改其名称为“组 2”，结果如图 7-206 所示。

18 选择组2，按Ctrl+T快捷键激活“变换”命令，右击鼠标并从弹出的快捷菜单中选择“水平翻转”命令，如图 7-207 所示。

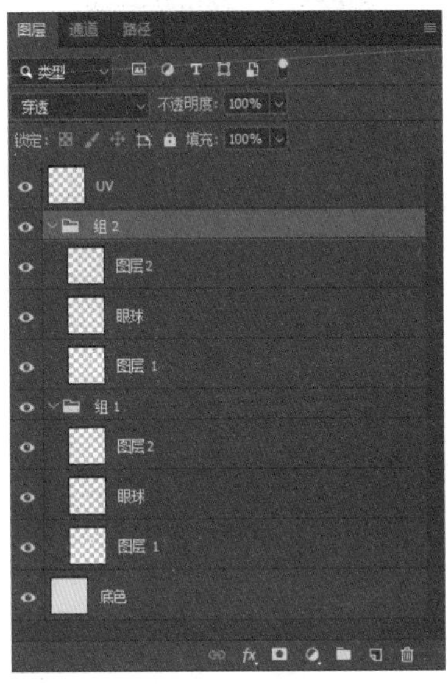

图 7-206　复制组

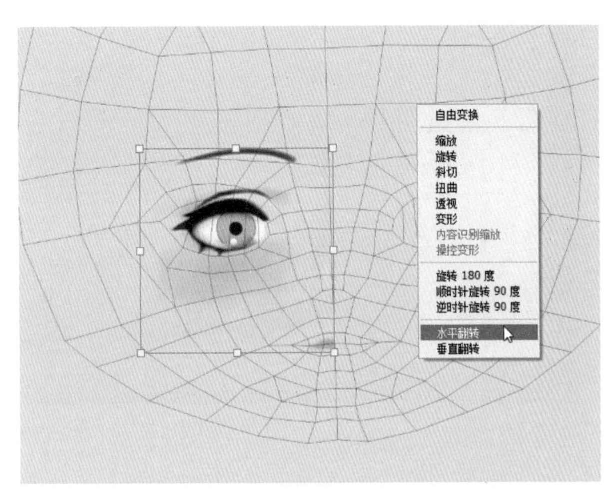

图 7-207　选择“水平翻转”命令

19 水平翻转后将其移动至相对应的位置，脸部的贴图显示结果如图 7-208 所示。

图 7-208　贴图显示结果

20 单击UV图层左侧的👁按钮，隐藏该图层，然后在菜单栏中选择“文件”｜“另存为”命令，如图 7-209 所示。

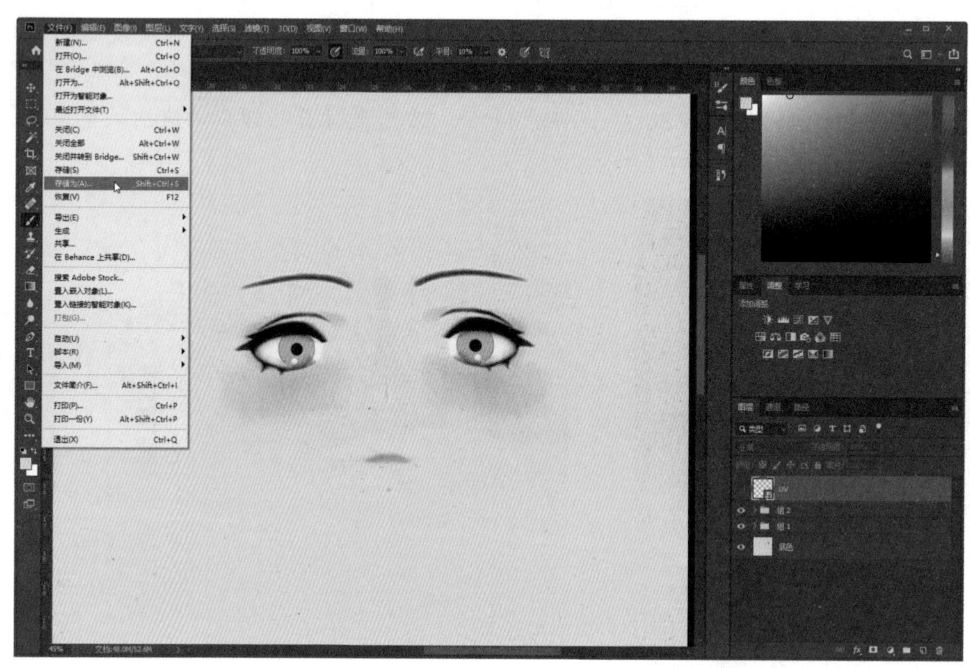

图 7-209　选择“另存为”命令

21 打开“另存为”对话框，设置图像文件保存的路径，在“文件名”文本框中输入renlian.png，单击“保存类型”的下拉按钮，从弹出的下拉列表中选择PNG(*.PNG;*.PNG)选项，然后单击“保存”命令，如图 7-210 所示。

22 回到Maya软件中，选择身体模型，右击鼠标，从弹出的快捷菜单中选择“指定收藏材质”|Lambert命令，为身体模型添加Lambert材质，如图 7-211 所示。

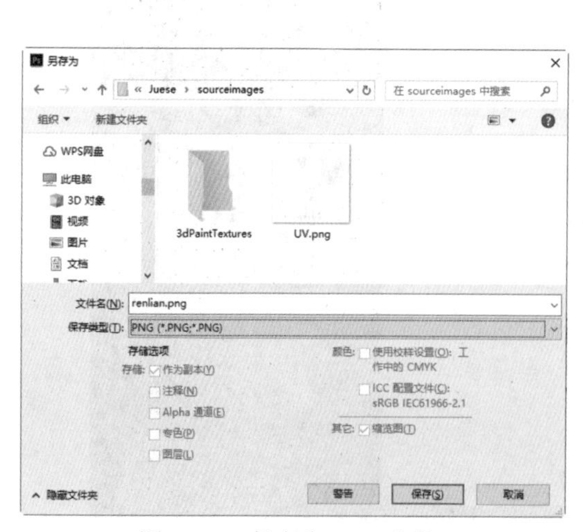

图 7-210　保存为 PNG 文件

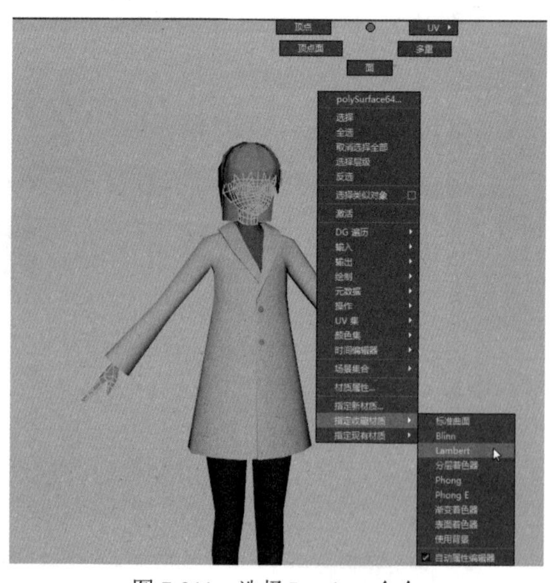

图 7-211　选择 Lambert 命令

23 在“属性编辑器”面板中，在“公用材质属性”卷展栏中，单击“颜色”选项右侧的■按钮，如图 7-212 所示。

24 打开“创建渲染节点”窗口，选择“文件”选项，如图 7-213 所示。

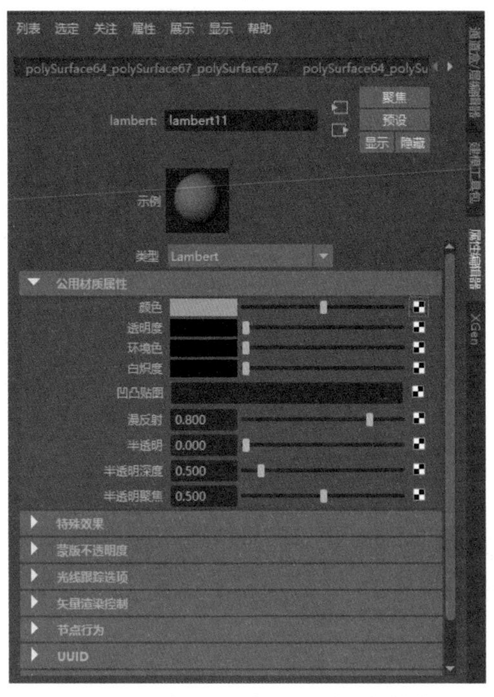

图 7-212　单击“颜色”选项右侧的按钮

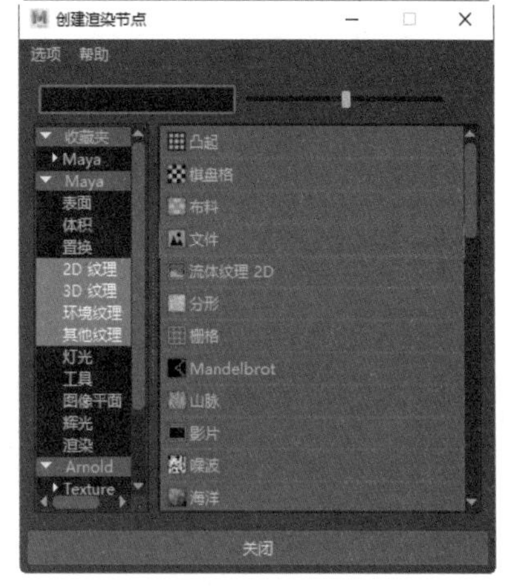

图 7-213　选择“文件”选项

25 在“文件属性”卷展栏中，单击“图像名称”文本框右侧的按钮，如图 7-214 所示。

26 在弹出的对话框中选择renlian.png贴图文件，然后单击“打开”按钮，如图 7-215 所示。

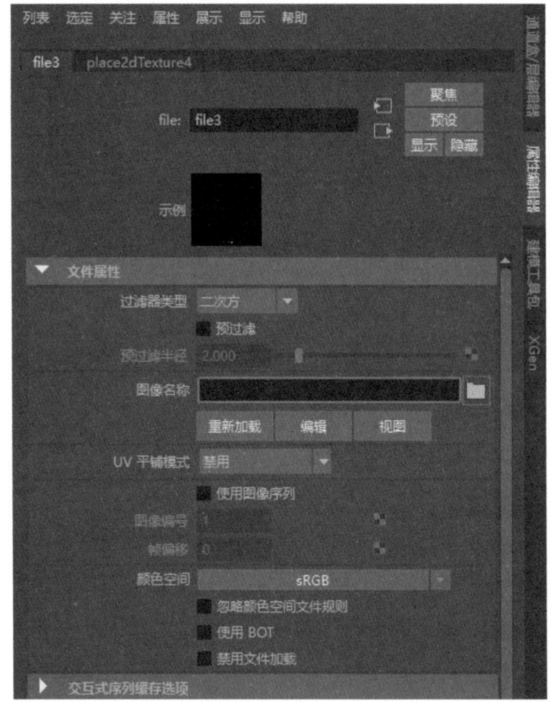

图 7-214　单击“图像名称”选项右侧的按钮

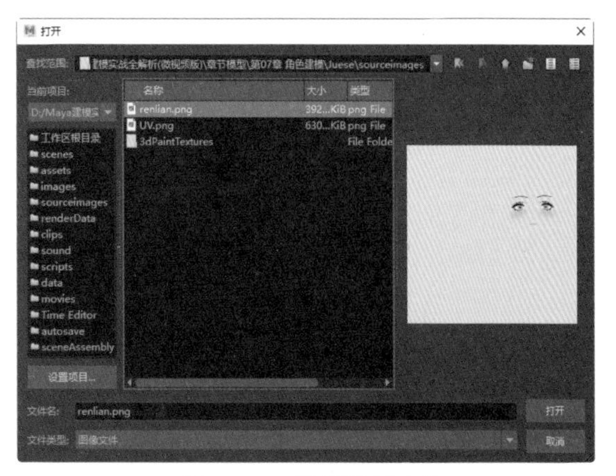

图 7-215　选择贴图文件

27 设置完成后，模型在Maya中的显示结果如图7-216所示。

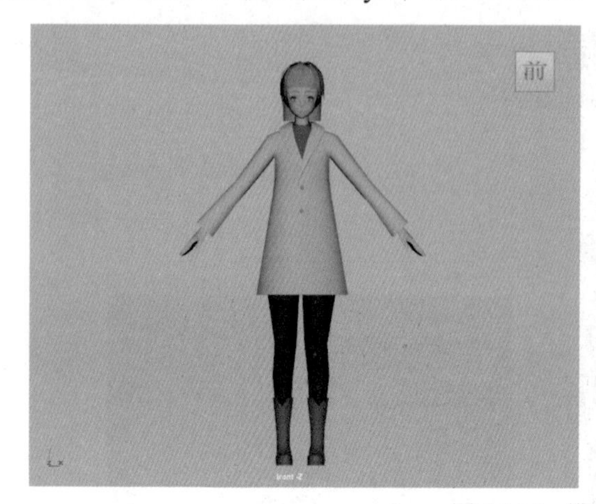

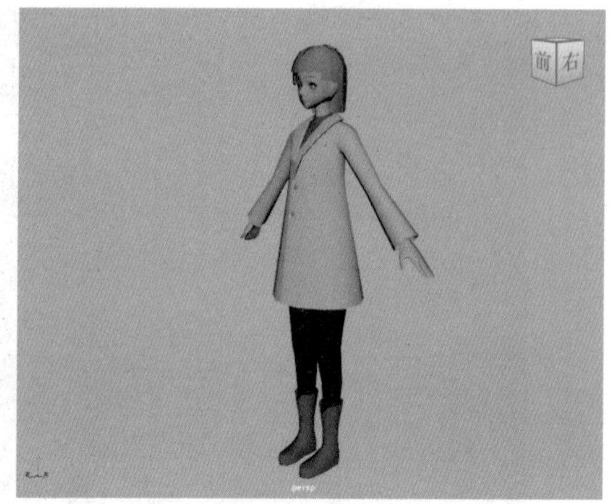

图7-216　模型的显示结果

7.8 思考与练习

1. 简述当进行不同风格(写实、卡通等)的角色建模时，需要注意的建模技巧。
2. 简述在Maya中进行角色建模时，需要注意的问题。